Handbuch der Hydrologie

Wesen, Nachweis, Untersuchung und Gewinnung unterirdischer Wasser: Quellen, Grundwasser, unterirdische Wasserläufe, Grundwasserfassungen

Von

E. Prinz

Zivilingenieur

Zweite, ergänzte Auflage

Mit 334 Textabbildungen

Berlin

Verlag von Julius Springer

1923

ISBN 978-3-642-50382-5 ISBN 978-3-642-50691-8 (eBook)
DOI 10.1007/978-3-642-50691-8

Softcover reprint of the hardcover 2nd edition 1923

Vorwort zur ersten Auflage.

Der „Hydrologie", die als selbständiger Zweig der allgemeinen Gewässerkunde die Erforschung und Nutzbarmachung des „unterirdischen Wassers" zum Gegenstand hat, fehlte bisher eine zusammenhängende Darstellung, die ihrer wachsenden Bedeutung entspräche.

Aus der Schule A. Thiems hervorgegangen, hat Verfasser, gestützt auf eine mehr als dreißigjährige erfolgreiche Tätigkeit als Hydrologe, durch die vorliegende Arbeit den Versuch gemacht, diese Lücke auszufüllen.

Die Arbeit soll zunächst die bisher als brauchbar erwiesenen wissenschaftlichen hydrologischen Methoden an praktischen Beispielen schildern und dem Berufshydrologen ein brauchbares Handbuch liefern. Sie soll aber auch dem Nichtfachmann das Verständnis für Hydrologie erleichtern. Dies gilt in erster Linie für den Studierenden, der in Ermangelung eines besonderen Lehrstuhls für Hydrologie die technische Hochschule meist mit unklaren und lückenhaften Vorstellungen vom unterirdischen Wasser und von Quellen verläßt.

Aber auch bei manchem Hygieniker, dessen Urteil sich auf einem richtigen Verständnis der hydrologischen Verhältnisse aufbauen soll, bei Bürgermeistern, Stadtverordneten, städtischen Bau- und Verwaltungsbeamten sowie Fabrikleitern, die für das ihnen anvertraute Wasserversorgungswesen die Verantwortung tragen, findet man nicht selten unrichtige Anschauungen vom unterirdischen Wasser.

Diesen sowie endlich dem Rechtsgelehrten, der sich angesichts der neuen Wassergesetzgebung mehr als bisher mit dem im Untergrunde fließenden Wasser zu beschäftigen haben wird, soll in der nachstehenden Arbeit Aufklärung und Belehrung geboten werden.

Ein derartig weitgestecktes Ziel erforderte breiteste Allgemeinverständlichkeit, und aus diesem Grunde sind rechnerische Ableitungen unter Hinweis auf das am Schlusse gegebene Literaturverzeichnis, das die zur weiteren Verfolgung einschlägigen Werke nennt, auf das notwendigste Maß beschränkt worden.

Dagegen wurde der hygienischen Bedeutung des unterirdischen Wassers für den Menschen dadurch gebührende Rechnung getragen, daß überall neben dem „Hydrologischen" auch das „Hygienische" in den Vordergrund gestellt worden ist.

Aus dieser Gegenüberstellung ergab sich, daß die hygienischen Eigenschaften des unterirdischen Wassers wesentlich durch die Verschiedenartigkeit der Hohlräume, in denen das Wasser entsteht und sich fortbewegt, bedingt sind.

Diese Erkenntnis hat dazu geführt, mit dem Aufbau der Darstellung von der Grundlage auszugehen, daß, je nachdem das unterirdische Wasser in Hohlräumen fließt, die von Haufwerken mit Filtrationswirkung gebildet werden, oder in Spalten und Klüften ohne eine derartige Wirkung, zwischen „Grundwasser" und „unterirdischen Wasserläufen" streng zu unterscheiden ist. Das sind die maßgebenden Grundbegriffe, die zueinander in Gegensatz gebracht werden müssen, nicht aber — wie bislang üblich — Grundwasser und Quellen. Von diesem Gesichtspunkte aus sind Quellen nur rein mechanische Erscheinungen, und der Begriff „Quellwasser" wird in seiner irreführenden Auslegung und in qualitativem Sinne hinfällig.

Die in dem Buche gegebene Übersicht der verschiedenen Grundwasservorkommnisse dürfte davon überzeugen, daß der Reichtum der Erde an unterirdischem Wasser größer ist, als allgemein angenommen wird.

Daß man fast überall in der Lage ist, hinreichende Dauermengen von Grundwasser zu finden, beweisen am besten die zahlreichen Grundwasserwerke Deutschlands. Hier sind es namentlich die Großstädte gewesen, die nach und nach den Widerstand gegen das Grundwasser aufgegeben haben und denen es mit wenigen Ausnahmen gelang, vom Flußwasser zur Grundwasserversorgung überzugehen. So z. B. die Städte Berlin, Breslau, Hamburg, Hannover, Lübeck, Posen, Stuttgart. Man darf allerdings dabei nicht übersehen, daß in Deutschland nicht allein die Grundwasserforschung hoch entwickelt ist, sondern daß hier auch die Grundwasserverhältnisse besonders günstig liegen, und daß die Möglichkeit, das Grundwasser vom Eisen zu befreien, die Lösung vieler Grundwasserfragen wesentlich erleichtert, wenn nicht ganz und gar ermöglicht hat. Dies gilt namentlich für Norddeutschland.

Auch die endliche Lösung der Grundwasserfrage der Stadt Prag ist ein lehrreiches Beispiel dafür, daß selbst unter besonders schwierigen Verhältnissen große Grundwassermengen nachgewiesen und nutzbar gemacht werden können.

Aber auch in anderen Ländern ist der Grundwasserreichtum groß und harrt seiner Hebung und Nutzbarmachung.

Allerdings kommt es auch heute noch, wenn auch selten, vor, daß Fassungsanlagen teilweise oder ganz versagen. Das sind aber meist nur solche Fälle, wo in leichtsinniger Weise mit untauglichen Mitteln Brunnen oder sogar ganze Fassungen angelegt werden und wo bei fehlender Erkenntnis der Tragweite erschöpfender Vorarbeiten an diesen, bzw. an der Nichtheranziehung eines wissenschaftlich geschulten, erfahrenen Hydrologen gespart werden soll.

Leider sind in der letzten Zeit Bestrebungen im Gange, die Hydrologie in ein besonderes Abhängigkeitsverhältnis zur Geologie zu bringen und die Wasserfachmänner auf dem von ihnen begründeten und erfolgreich ausgebauten Gebiet der unterirdischen Gewässerkunde in den Hintergrund zu drängen. Bei aller Anerkennung der Verdienste einzelner Geologen um die Hebung der hydrologischen Wissenschaft sind diese Bestrebungen deshalb bedauerlich, weil sie meist von Sachverständigen ausgehen, die von hydrologischer Kenntnis und Erfahrung unberührt geblieben, nicht selten in ihrem Drang nach der Erforschung des Erdinnern das Wasser vergessen und dem Gefäß mehr Aufmerksamkeit schenken als dem Inhalt.

Man scheint in solchen Kreisen zu übersehen, daß die erfolgreiche Lösung hydrologischer Aufgaben vor allem die wassertechnische Beherrschung der Materie zur Voraussetzung hat. Ist diese Beherrschung nicht vorhanden, so ist dann in der Regel der wenig Beneidenswerte sowohl der Bauherr, der für die unnütz ausgegebenen Kosten aufkommen muß, als auch der Wasserfachmann, dem zugemutet wird, die Verantwortung für einen Bau zu übernehmen, der zwar auf geologisch richtigen Anschauungen — jedoch hydrologisch verfehlten, unbrauchbaren Unterlagen errichtet werden soll.

Möge das Buch zum Nutzen aller, die unterirdischen Wassers bedürfen, auch in dieser Richtung zur Aufklärung beitragen!

Die Arbeit des Verfassers zerfällt in zwei Teile.

Der vorliegende selbständige Band behandelt die allgemein gültigen hydrologischen Gesetze, die Quellen im allgemeinen, das Grundwasser, die unterirdischen Wasserläufe und Grundwasserfassungen.

Sollte die Arbeit eine günstige Aufnahme finden, so ist beabsichtigt, in einem zweiten Bande diejenigen hydrologischen Erscheinungen und Maßnahmen zu behandeln, für welche sich allgemein gültige Gesetze und Vorschriften nicht aufstellen lassen, d. s. die verschiedenen Quellen als Einzelerscheinungen und die Quellfassungsarbeiten.

Berlin W. 15, im Mai 1919.

E. Prinz.

Vorwort zur zweiten Auflage.

Das in zweiter Auflage erscheinende Buch bringt einige wesentliche Ergänzungen aus dem Gebiete der neueren hydrologischen Forschung.

Die in einigen Besprechungen der ersten Auflage aufgeworfene Frage, warum sich Verfasser über die Wünschelrute vollständig ausgeschwiegen habe, gibt ihm Veranlassung, wenigstens an dieser Stelle seine Stellung zur Wünschelrute in kurzen Worten anzudeuten.

Auch der Verfasser ist dem Wesen der Wünschelrute nachgegangen, und zwar nicht allein theoretisch, sondern auch praktisch. Das Ergebnis läßt sich kurz dahin zusammenfassen, daß nur eines feststeht, nämlich: Die Drehung der Wünschelrute in der Hand besonders veranlagter Menschen. Warum der Ausschlag der Rute erfolgt und in welchen Beziehungen er zum Wasser, zu Metallen und sonstigen Bodenschätzen steht, das ist das bislang ungelöste Rätsel. Gesetzt aber den Fall, daß die Rute tatsächlich imstande ist, zuverlässig unterirdisches Wasser nachzuweisen, so muß die Frage, ob die Rute im Wasserfinden der hydrologischen Wissenschaft überlegen ist, ganz entschieden verneint werden. Eine Statistik der Wasserfundzahlen aus etwa 270 Versuchsfeldern mit mehreren tausend Bohrungen, die von wissenschaftlich geschulten Hydrologen angesetzt worden sind, ergibt folgende Treffzahlen, welche die Fundzahlen, die aus der Rutenliteratur bekannt geworden sind, weit hinter sich lassen.

U. Huber, Reichenberg in Böhmen, 99 v. H. wasserfündige Bohrungen.
E. Prinz, Berlin, 99 v. H.
E. Rutsatz, Cöln, 100 v. H.
A. Thiem †, Leipzig, 93 v. H.
G. Thiem, Leipzig, 97 v. H., dort wo genaue geologische Karten zur Verfügung standen.
G. Thiem, Leipzig, 92 v. H., dort wo genaue Karten fehlten.
C. Wahl, Trier, 99 v. H.

Der Altmeister der Hydrologie, A. Thiem, ist mit der zweitniedrigsten Zahl vertreten. Dieses ist daraus zu erklären, daß auch die wissenschaftliche Hydrologie Erfahrung erst sammeln mußte, um sich bis zur heutigen Vollkommenheit entwickeln zu können. Im übrigen sei noch bemerkt, daß es, wie aus den Seiten 48 bis 52 dieses Buches hervorgeht, eine geologische Formation, die ganz ohne Wasser wäre, überhaupt nicht gibt. Allerdings ist genau zu unterscheiden zwischen Wasserfündigkeit überhaupt und genügendem, brauchbarem Wasservorkommen. Und wenn in der neuzeitlichen Wünschelrutenliteratur besonders hervorgehoben wird, daß die Rute namentlich auf den Kriegsschauplätzen der Jahre 1914—1918 besonders große Erfolge erzielt habe, so ist demgegenüber zu betonen, daß in jenem alluvialen und diluvialen Kriegsgelände, daß sich von Flandern bis tief hinein nach Rußland erstreckt, fast überall Wasser gefunden wird, und es ist nicht zu viel gesagt, wenn man behauptet, daß man hier sogar eine besondere Wünschelrute haben müßte zum Nachweise solcher Stellen, wo kein Wasser im Untergrunde vorhanden ist.

Auch Verfasser ist der Ansicht, daß unsere wissenschaftliche Erkenntnis ausbaufähig ist und weiter ausgebaut werden muß. Gelingt es den Rutengängern einwandfrei nachzuweisen, daß die Anwendung der Wünschelrute der wissenschaftlichen Forschung gleichwertig ist, so wird man gewiß bereit sein, der Rute die ihr dann gebührende Stellung auch in der hydrologischen Wissenschaft einzuräumen. Wie indessen die bisherige Erfahrung lehrt, ist die Zeit dazu noch nicht als gekommen anzusehen.

Zehlendorf bei Berlin, im März 1923.

Der Verfasser.

Inhaltsverzeichnis.

Zahlentafeln.

1. Das Wasser der Erde.

Das gesamte, in tropfbar flüssiger Gestalt auftretende Wasser der Erde läßt sich mit Bezug auf seine Lage zur Erdoberfläche in zwei Gruppen teilen:

1. Das über der Erdoberfläche sich befindende Wasser, das man als Tage- oder Oberflächenwasser bezeichnet, und
2. das unter der Oberfläche entstehende, sich sammelnde und in Bewegung befindliche Wasser, das man im allgemeinen unterirdisches Wasser nennt.

2. Der Gegenstand der Hydrologie.

Der Zweig der Wasserkunde, welcher sich mit dem Oberflächenwasser wissenschaftlich beschäftigt, heißt Hydrographie, den Zweig, dem die Erforschung des unterirdischen Wassers obliegt, bezeichnet man als Hydrologie oder Lehre vom unterirdischen Wasser.

A. Das unterirdische Wasser.

Das unterirdische Wasser ist meist oberirdischer Herkunft und erfüllt teilweise oder ganz die Hohlräume der Erdkruste.

Die unvermittelte Erkenntnis vom Vorhandensein des unterirdischen Wassers ist nur ausnahmsweise dort möglich, wo es in Gestalt von Quellen oder sonstigen natürlichen Aufschlüssen zutage tritt. In allen andern Fällen muß man sich erst Zutritt zu ihm schaffen durch künstliche Eingriffe in die Erddecke und durch Versuche feststellen, in welcher Tiefe und in welcher Menge und Beschaffenheit es tatsächlich vorhanden ist.

Aus diesem Grunde ist die Auffindung und der Nachweis unterirdischen Wassers in den meisten Fällen mühsam, zeitraubend und kostspielig.

Man wird bei hydrologischen Arbeiten nur dort auf Erfolg rechnen können, wo der Untergrund nicht aus einer festgefügten Masse besteht, sondern aus Erdschichten, die von Hohlräumen durchsetzt sind. Solche unterirdischen Hohlräume sind die erste Grundbedingung für die Entstehung, Sammlung und Fortbewegung jeglichen unterirdischen Wassers, denn sie stellen die Gefäße dar, ohne welche die Bildung eines größeren zusammenhängenden Flüssigkeitskörpers nicht denkbar ist.

Eine der Hauptaufgaben der praktischen Hydrologie muß demnach die Auffindung solcher unter Tag liegender Gefäße sein, die zur unterirdischen Wasseransammlung erforderlich sind.

Da die Zahl, Größe und sonstige Beschaffenheit dieser Gefäße vom geologischen Aufbau des Untergrunds abhängen, so ist klar, daß hydrologische Forschungsarbeiten ohne Kenntnis des geologischen Aufbaues des Untergrundes nicht erfolgreich sein können.

So wichtig die geologische Kenntnis unterirdischer Hohlräume in hydrologischer Beziehung auch ist, so notwendig ist es indessen, besonders hervorzuheben, daß geologische Feststellungen der Sachlage nach nur den Ausgangspunkt für die ihnen folgende hydrologische Forschung darstellen.

Nicht alle Hohlräume der Erde enthalten oder führen Wasser in genügender Menge und erwünschter Beschaffenheit, und das, worauf es in erster Linie bei hydrologischen Untersuchungen ankommt, ist nicht das Flüssigkeitsgefäß, sondern der Inhalt bzw. dessen Menge und Größe und besondere Eigenschaften.

Man ersieht aus dieser Feststellung nicht allein, in welcher Weise sich praktische Geologie und Hydrologie wirksam ergänzen müssen, sondern auch, daß bei allen geo-hydrologischen Arbeiten nicht die geologischen, sondern die hydrologischen Aufnahmen und Feststellungen ausschlaggebend sind.

I. Unterscheidung des unterirdischen Wassers in Grundwasser und unterirdische Wasserläufe.

Die von Hohlräumen durchsetzten und zur Ansammlung unterirdischen Wassers dienenden Erdschichten bezeichnet man als wasserführende Schichten oder Wasserträger.

Je nach der Beschaffenheit der Hohlräume, in welchen sich das unterirdische Wasser bildet, sammelt und fortbewegt, sind sowohl seine hydraulischen als sonstigen Eigenschaften verschieden.

Man kann im großen und ganzen unterscheiden zwischen:

1. Hohlräumen, die dadurch entstehen, daß sich einzelne Gesteinstrümmer von einer gewissen Korngröße zu losen Haufwerken zusammensetzen. Die zwischen den einzelnen Gesteinskörnern sich bildenden Hohlräume summieren sich zu einem zusammenhängenden Gefäß, und das sich darin sammelnde Wasser bildet keinen einheitlichen, zusammenhängenden Flüssigkeitskörper, sondern einzelne Wasserfäden, die allerdings in hydraulischer Verbindung miteinander stehen.

Die Hohlräume eines aus losen Gesteinstrümmern sich zusammensetzenden Wasserträgers bezeichnet man als Poren und das sich in einem porösen Untergrund bildende unterirdische Wasser als Grundwasser.

2. Hohlräumen, deren Entstehung darauf zurückzuführen ist, daß in festen, zusammenhängenden Gebirgsmassen Risse, Spalten, Fugen, Klüfte, Höhlen und sonstige Unterbrechungen auftreten. In solchen Gefäßen stellt das unterirdische Wasser einen zusammenhängenden Flüssigkeitskörper dar, ähnlich den oberirdischen Wasserläufen, und man bezeichnet das in einem klüftigen Untergrund auftretende Wasser als unterirdische Wasserläufe.

Den Unterschied zwischen Grundwasser und unterirdischen Wasserläufen kann man sich am leichtesten so vorstellen, wie dies in Abb. 1 veranschaulicht ist.

Ist der volle Querschnitt eines Wassergerinnes *A* nur mit Wasser gefüllt und das Gerinne unter Tags, so haben wir es mit einem unterirdischen Wasserlauf zu tun. Wird der Querschnitt *A* mit Sand, Kies und ähnlichen Trümmergesteinen ausgefüllt, so geht er in den Schnitt *B* über und es entsteht Grundwasser.

Wird das Wasser in beiden Gerinnen *A* und *B* in Bewegung gesetzt, so erkennt man unschwer, daß bei einem derartigen hydraulischen Vorgang zwischen *A* und *B* sich insofern ein Unterschied einstellen muß, als im Querschnitt *A* die Reibungswiderstände bei der Bewegung der Flüssigkeit sich auf die Wandungen des Gerinnes beschränken, während im Querschnitt *B* zu diesen, sozusagen äußeren Widerständen noch innere Widerstände[1]) treten, welche die Füllmasse des Gerinnes zusätzlich der Wasserbewegung entgegensetzt.

Der Widerstand bei unterirdischen Wasserläufen hängt demnach nur von der Beschaffenheit der Wandungen des Gerinnes ab, der Widerstand beim Grundwasser außerdem und wesentlich von der Beschaffenheit des Materials, welches das Grundwassergerinne ausfüllt.

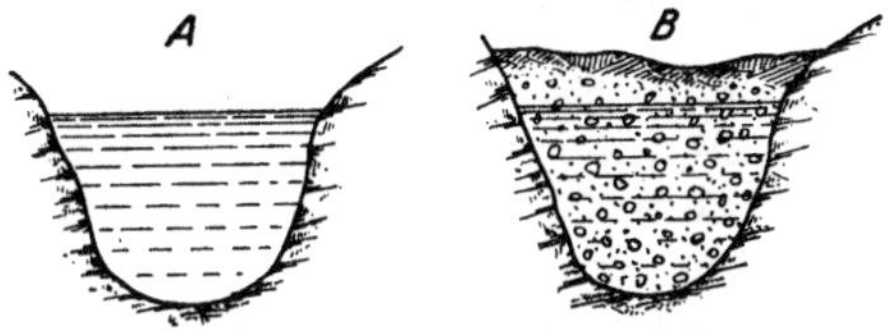

Abb. 1. Schematische Darstellung des Unterschiedes zwischen unterirdischem Wasserlauf und Grundwasser.

Da nun der benetzte Umfang des sich aus zahlreichen kleinen Kanälen zusammensetzenden Grundwasserträgers viel größer sein muß als der benetzte Umfang eines unterirdischen Wasserlaufs, der meist nur aus einem, wenn auch verästelten Gerinne besteht, so folgt daraus, daß im allgemeinen die Bewegungsvorgänge und die damit zusammenhängenden Folgeerscheinungen bei Grundwasserträgern andrer Art sein müssen als bei unterirdischen Wasserläufen.

Der vergleichsweise höhere Widerstand der Grundwasser führenden Schichten muß zunächst eine geringere Wassergeschwindigkeit zur Folge haben. Ist darnach die Wassergeschwindigkeit des Grundwassers kleiner als die Geschwindigkeit unterirdischer Wasserläufe, so braucht das Grundwasser zur Zurücklegung des gleichen Weges erheblich mehr Zeit als ein unterirdischer Wasserlauf. Das Grundwasser muß daher mehr Gelegenheit haben, seine von der Oberfläche mitgebrachten Eigenschaften zu verändern. Die verzögerte natürliche Geschwindigkeit des Grundwassers führt nicht allein zu einem Ausgleich der Temperatur- und Mengenschwankungen des zu Grundwasser gewordenen Ober-

[1]) Sonstige innere Widerstände, welche durch das Aneinandergleiten der Wasserfäden, Turbulenz usw. erzeugt werden, sind hier vernachlässigt.

flächenwassers, sondern vermöge der verhältnismäßig kleinen Durchgangsquerschnitte des Wassers auch zu einer durchgreifenden Befreiung desselben von Schwebestoffen und Verunreinigungen oberirdischen Ursprungs, einem Vorgang, den man als „Reinigung durch den natürlichen Boden“ bezeichnen kann.

Die verhältnismäßig hohen Widerstände der Grundwasserträger kommen aber auch in der Gestaltung des Grundwasserspiegels zum Ausdruck. Unter dem dämpfenden Einfluß der Bodenwiderstände bildet der Wasserspiegel des Grundwassers ziemlich regelmäßig entwickelte Flächen, die nur geringen Veränderungen unterworfen sind.

Bei unterirdischen Wasserläufen fallen alle aus der rückhaltenden Wirkung des Grundwasserträgers sich ergebenden Folgeerscheinungen fort, und wir finden hier daher im allgemeinen weder einen durchgreifenden Ausgleich der Temperatur-, Spiegel- und Mengeschwankungen, noch eine reinigende Wirkung des vom Wasser durchlaufenen Bodens. Die Spiegel der unterirdischen Wasserläufe unterscheiden sich in nichts von den Spiegeln oberirdischer Wasserläufe.

II. Begriffsbestimmung von Grundwasser und unterirdischen Wasserläufen.

Je nach der Art des Wasserträgers hat man es sonach in hydrologischer Beziehung mit zwei voneinander abweichenden Arten des unterirdischen Wassers zu tun und es ergeben sich aus dem Vorstehenden folgende Begriffsbestimmungen:

1. Das Grundwasser ist jenes unterirdische Wasser, welches sich in den Trümmergesteinen der Erdkruste, die zu Haufwerken von mehr oder weniger ausgesprochen gesetzmäßiger Durchlässigkeit gelagert sind, sammelt und nach den Gesetzen der Filtration fortbewegt.

Das Charakteristische des Grundwassers sind die bei seiner Bewegung zu überwindenden besonderen Bodenwiderstände, die für seine hydrologischen und sonstigen Eigenschaften von ausschlaggebender Bedeutung sind.

Die gewöhnlichen Folgen der Bodenwiderstände sind:

a) ein Wasserspiegel, dessen Gestalt infolge der Bodenwiderstände ein großes Beharrungsvermögen zeigt und bei der Wasserentnahme ausgeprägte Absenkungsflächen bildet;

b) verhältnismäßig kleine Wassergeschwindigkeiten;

c) geringe Schwankungen des Spiegels, der Ergiebigkeit und Temperatur;

d) Zurückhaltung der vom Wasser geführten Schwebestoffe und sonstiger Beimengungen anorganischer und organischer Art oder kurz gesagt: Filtrationswirkung.

2. Unterirdische Wasserläufe führen im Gegensatze hierzu jenes Wasser, welches sich in den Spalten, Klüften, Höhlen und sonstigen unterirdischen Gerinnen des festen Gebirges nach den Gesetzen, die für die Bewegung des Wassers in Gerinnen im allgemeinen Geltung haben, bewegt.

Die gewöhnlichen Folgen dieser hydrologischen Verhältnisse sind:

a) lebhafter Wechsel im Verlaufe des Wasserspiegels;

b) verhältnismäßig große Wassergeschwindigkeiten;

c) große Schwankungen der Ergiebigkeit und Temperatur;

d) keinerlei filtrierende Wirkung und daher wenigstens zeitweise auftretende Trübungen. Derartige Wässer „gehen in der Regel mit dem Regen", wie der Volksmund richtig sagt.

Die Zweiteilung des unterirdischen Wassers in Grundwasser und unterirdische Wasserläufe ist nicht allein vom hydrologischen, sondern auch vom hygienischen Standpunkt aus ungemein wichtig.

Die rückhaltende, ausgleichende und reinigende Wirkung des Grundwasserträgers bringt es mit sich, daß das Grundwasser dem Wasser der unterirdischen Wasserläufe im allgemeinen gesundheitlich weit überlegen sein muß. Während einerseits das Grundwasser ein auf natürlichem Wege erzeugtes Filtrat darstellt, ist andrerseits das von unterirdischen Wasserläufen geführte Wasser hinsichtlich seiner Beschaffenheit vom Oberflächenwasser oft kaum zu unterscheiden. Die Unterscheidungsmerkmale zwischen Oberflächenwasser und unterirdischen Wasserläufen sind meist rein äußerlicher Art und beschränken sich darauf, daß das eine Wasser über, das andere unter der Erde fließt. Auf die Wasserbeschaffenheit ist dies von keinerlei Einfluß und man kann daher sagen, daß unterirdische Wasserläufe oft nichts anderes sind als unter Tag gesunkene oberirdische Wassergerinne.

Aus diesem Grunde wird man auch leicht verstehen, warum unterirdische Wasserläufe in hygienischer Beziehung vielfach so wenig einwandfrei sind. Die großen gesundheitlichen Enttäuschungen und Gefahren, welche unterirdische Wasserläufe und die von ihnen gespeisten Quellen bisher gebracht haben, sind lediglich auf die durchaus irrige Vorstellung zurückzuführen, daß in natürlich gewachsenem Untergrund nur reines Wasser fließe. Dies ist aber durchaus nicht der Fall und nur dort zu erwarten, wo das von der Oberfläche stammende Wasser von Haus aus rein ist oder einen natürlichen Reinigungsvorgang durchgemacht hat.

Ein derartiger Vorgang kann zustande kommen im Deckgebirge und selbst im Untergrund, wenn die Spalten und sonstigen Gerinne durch Einlagerungen von filtrierenden Eigenschaften ausgefüllt sind. Wir werden im Abschnitt „Reinigende Wirkung des natürlich gewachsenen Bodens", Seite 264, auf derartige Fälle näher eingehen.

Eine ausgesprochene Grenze zwischen Grundwasser und unterirdischen Wasserläufen gibt es naturgemäß nicht und kann es auch nicht geben. Wie es überall in der Natur Übergänge gibt, so besteht auch im allgemeinen keine ausgesprochene Grenze zwischen Grundwasser und unterirdischen Wasserläufen, und man wird oft nicht in der Lage sein, entscheiden zu können, ob man es mit der einen oder anderen Wasserart ausschließlich zu tun hat oder ob beide vermischt auftreten.

Auch ist es selbstverständlich, daß es sowohl gesundheitlich minderwertige Grundwässer gibt als auch hygienisch einwandfreie unterirdische Wasserläufe.

Ebenso wie über die Wassermenge entscheidet auch über den hygienischen Wert der einzelnen Wasserart von Fall zu Fall nur die Untersuchung.

III. Die Entstehung des unterirdischen Wassers.

Der Ursprungsort des unterirdischen Wassers ist nach den heutigen, fast allgemein als richtig anerkannten wissenschaftlichen Anschauungen ein doppelter:

1. die Atmosphäre,
2. das Erdinnere.

1. Der atmosphärische Ursprung des unterirdischen Wassers.

Über die Entstehung des unterirdischen Wassers aus der Atmosphäre gibt es zur Zeit zwei Theorien:

a) die Versickerungstheorie und
b) die Verdichtungstheorie.

a. Versickerungstheorie.

Nach der Versickerungstheorie zerfallen im allgemeinen die aus der Atmosphäre als Nebel, Tau, Regen und Schnee auf die Erdoberfläche herabfallenden meteorischen Niederschläge in 4 Teile, von denen

1. ein Teil oberirdisch abfließt,
2. ein Teil verdunstet,
3. ein Teil von den Pflanzen als Nährwasser aufgenommen wird und
4. ein Teil in den tieferen Untergrund versickert oder versinkt.

Ob das Wasser wirklich versickert oder, streng betrachtet, nur versinkt, hängt von der geologischen Beschaffenheit des Untergrundes ab. Versickerungsvorgänge sind porösen Schichten eigen, Versinkung findet dort statt, wo der Untergrund durch Risse, Spalten, Klüfte u. dgl. mit der Oberfläche in Verbindung steht.

Wie groß die Gesamtmenge der Niederschläge und deren unter 1—4 genannten Teilmengen sind, läßt sich im allgemeinen auch nicht annähernd angeben, da sowohl die Niederschlagsmengen von Ort zu Ort und von Jahr zu Jahr schwanken, als auch die einzelnen Teilgrößen von einer ganzen Reihe von örtlichen, zum Teil sich ändernden Nebenumständen abhängig sind.

Die Niederschlagshöhe nimmt im allgemeinen mit der geographischen Breite und ebenso von der Küste nach dem Innern des Festlandes ab.

Nach Fritzsche (1) betragen z. B. die jährlichen Niederschlagsmengen:

zwischen	90—80° nördl.	Breite	340 mm	zwischen	90—80° südl.	Breite	} 300 mm
„	80—70° „	„	259 „	„	80—70° „	„	
„	70—60° „	„	348 „	„	70—60° „	„	
„	60—50° „	„	504 „	„	60—50° „	„	1021 „
„	50—40° „	„	508 „	„	50—40° „	„	870 „
„	40—30° „	„	522 „	„	40—30° „	„	573 „
„	30—20° „	„	786 „	„	30—20° „	„	638 „
„	20—10° „	„	947 „	„	20—10° „	„	1100 „
„	10— 0° „	„	1716 „	„	10— 0° „	„	1812 „

Umgekehrt wächst die Regenmenge mit der Bodenerhebung. Sie kann dabei in bergigem Gelände auf kurze Entfernungen starken Schwankungen unterliegen. Ein bemerkenswertes Beispiel hierfür ist nach Supan (2) die Umgebung von Honolulu, deren Oberfläche von Seehöhe bis zu 200 m steigt und wo fast jede Straße eine andre Regenmenge hat. Das dreijährige Mittel (1890—1892) schwankte innerhalb der Stadt auf eine Entfernung von 8 km zwischen 612 und 3652 mm, also um das Sechsfache.

Nach den Ermittlungen von Studnička kann man für Böhmen als Regenstufe rund 70 mm jährliche Regenzunahme für je 100 m wachsende Seehöhe annehmen.

Wie groß die Schwankungen der Niederschlagsmengen auf dem europäischen Festland sind, ergibt sich aus folgender Zusammenstellung der mittleren jährlichen Niederschlagshöhen.

Ort	Mittl. jährl. Niederschlags-höhen	Ort	Mittl. jährl. Niederschlags-höhen
In der Provinz Posen . . .	513 mm	In Athen	382 mm
„ Brandenburg	541 „	„ Bergen	2253 „
„ Ostpreußen .	600 „	„ Brüssel	700 „
„ Schlesien . .	680 „	„ Paris	483 „
„ Rheinland .	754 „	„ Prag	389 „
„ Westfalen. .	804 „	„ Triest	1101 „
Im Harz[1].	833 „	„ Wien	566 „

Die Niedrigst- und Höchstwerte zeigen noch größere Unterschiede. Die geringsten jährlichen Niederschlagsmengen sind nach Jefferson (3) bisher gemessen worden in Iquique mit 0,6 mm, Copiapó in Chile mit 17 mm und nach Supan (2) in der Walfischbai mit 7 mm. Debundja (am Abhang des Kamerungebirges) hat einen jährlichen Niederschlag von 10 469 mm, Cherrapundji in Bengalen (1250 über See) den bisher beobachteten Höchstwert von 11 627 mm.

Der oberirdisch sichtbar abfließende Anteil der gesamten Niederschlagsmenge hängt sowohl von der Gestalt der Erdoberfläche, besonders ihren Neigungsverhältnissen, als auch von ihrer geologischen Beschaffenheit ab. Nicht weniger von Einfluß auf die Größe des oberirdischen Abflusses sind die jeweilige Niederschlagsgröße und ihre Dauer, sowie die Jahreszeiten und ebenso die Art der Pflanzendecke, welche sich nicht allein vielfach von Jahr zu Jahr, sondern auch mit den Jahreszeiten ändern kann.

Die der Verdunstung verfallende Teilmenge des Niederschlags steht ebenfalls in einem Abhängigkeitsverhältnis zur Gestalt und geologischen Beschaffenheit der Erdoberfläche sowie ihrer Pflanzendecke und außerdem zu dem Abstande des unterirdischen Wasserspiegels von der Erdoberfläche. Zugleich ist neben Temperatur, Windrichtung, Luftdruck und Luftfeuchtigkeit auch die Beschaffenheit des Bodens von Einfluß auf die Verdampfungsgröße. Ist dieser feinkörnig, so fördert seine Kapillarkraft die Verdunstung dadurch, daß sie das Wasser aus der

[1]) Im Westharz 1030, im Ostharz 633 mm.

Tiefe an die Erdoberfläche hebt und es auf diese Weise der Verdunstung zugänglich macht.

Nach den Angaben von Lüdecke (4) ergaben z. B. Versuche, die Rodway in Laramie (Vereinigte Staaten) angestellt hat, daß bei

einer Tiefe des Grundwasserstandes von .	15	30	45	55 cm
die Verdunstung im Tag betrug	5,3	3,9	2,5	2,0 mm.

Auch die von der Pflanzendecke zurückgehaltenen bzw. zu ihrer Ernährung notwendigen und von ihnen der Verdunstung zugeführten Wassermengen sind großen Schwankungen unterworfen und lassen sich kaum von Fall zu Fall bewerten.

Von den auf die nördlichen Rieselfelder der Stadt Berlin geförderten 58,5 Mill. m^3 Wasser im Jahre 1910 gelangten z. B.

33 Mill. m^3 wieder in die Spree,
21 Mill. m^3 verdunsteten, und nur etwa
4 Mill. m^3 kamen in das Grundwasser bzw. zur Aufnahme durch die Feldfrüchte.

Endlich bedingen im großen und ganzen die gleichen örtlichen Verhältnisse, wie sie bei den Teilmengen an Abfluß, Verdunstung und Pflanzenverbrauch erwähnt wurden, auch die Teilmengen, die für die Bildung von unterirdischem Wasser in Frage kommen.

Letztere Teilmengen schwanken von Ort zu Ort und bewegen sich selbst innerhalb desselben Flächenabschnittes je nach der Jahreszeit in weit auseinanderliegenden Grenzen.

Regelmäßig niederfallender Landregen erzeugt in der Regel mehr unterirdisches Wasser als die gleiche oder sogar größere Regenmenge, die als Sturzregen oder Wolkenbruch niedergeht. Ebenso erzeugen langsam schmelzende Schnee- und Eismassen mehr unterirdisches Wasser als die gleichen Wassermengen in Regen ausgewertet, und zwar namentlich dann, wenn der Boden vor Auftauen der Schneedecke nicht gefroren ist, da er dann unter dem Schneeschutz einen großen Teil seiner sommerlichen Durchlässigkeit behält.

Überblickt man die große Anzahl der so verschiedenen Ursachen, welche den Zerfall des Niederschlages in die einzelnen Unterabteilungen bedingen und die gar nicht erschöpfend aufgezählt werden können, so kommt man zu der Überzeugung, daß es unmöglich ist, irgendwelche auch nur angenähert richtige Zahlen über das gegenseitige Mengenverhältnis von Niederschlagsgröße, Abfluß, Verdunstung, Pflanzenverbrauch und Versickerung anzugeben.

Die leider immer noch in der Fachliteratur anzutreffende Dreiteilung der Niederschlagsmengen (welche den Pflanzenverbrauch vollständig vernachlässigt) in je ein Drittel, entfallend auf Abfluß, Verdunstung und Versickerung, ist demnach eine ganz wertlose Durchschnittsannahme, die auch nicht angenähert mit der Wirklichkeit übereinstimmt.

Zum Beweis der Richtigkeit der Versickerungstheorie wird vielfach der gleichsinnige Verlauf von Niederschlagsmenge und Grundwasserstand herangezogen. Es soll nicht bestritten werden, daß ein derartiger Parallelismus tatsächlich an verschiedenen Orten beobachtet wird, daß also Höchst- und Mindestwerte von Niederschlag und Grundwasserstand (vgl. Abschnitt „Grundwasserspiegelschwankungen“, S. 97) als Ursache und Folgeerscheinung hingestellt werden können.

Demgegenüber ist indes hervorzuheben, daß weder im allgemeinen noch im besonderen bis jetzt feststeht, welche Zeitabschnitte zwischen dem Auffallen eines Regentropfens auf den Boden und seinem Durchgang durch einen bestimmten Grundwasserquerschnitt, der unterhalb des Niederschlagsortes liegt, verstreichen. Die Zeit, welcher das atmosphärische Wasser bedarf, um aus dem Zustande der Bodenfeuchtigkeit in den oberen Schichten in denjenigen des Grundwassers in den tieferen Lagen überzugehen, ist im allgemeinen ebenso unbekannt wie jene, deren es bedarf, um einen gewissen wagerechten Weg zurückzulegen. Natürliche Grundwassergeschwindigkeiten von 1 m im Tag sind als gering zu bezeichnen. Es legt in einem solchen Grundwasserstrom das Wasser im Jahre rund 400 m zurück; wenn mithin Niederschlagsort und Beobachtungsstelle nur 4 km auseinander liegen, so gehören 10 Jahre dazu, um die Wirkung großer Niederschläge an dem oberen Orte in Gestalt hoher Grundwasserstände am unteren zur Erscheinung zu bringen.

Aus dieser Tatsache allein muß man folgern, daß es ungemein schwierig und gewagt ist, zeitlich eng benachbarte Höchst- und Mindesterscheinungen von Niederschlags- und Grundwasserstandshöhe in ein gegenseitiges Abhängigkeitsverhältnis zu bringen, und daß noch andere Ursachen als der Niederschlag auf den Grundwasserstand wirken müssen.

In dieser Hinsicht spielt vor allem das Oberflächenwasser eine große Rolle, da ein erheblicher Teil desselben auf seinem Weg durch Vermittlung durchlässiger Bach-, Fluß- und Seesohlen unterirdisch versickert und in nicht zu unterschätzendem Maße zur Vergrößerung des Grundwasserreichtums und zu Spiegelschwankungen beiträgt.

Auch das auf dem Wege der unterirdischen Verdichtung entstehende Grundwasser wirkt neben dem Sickerwasser gewiß auf den jeweiligen Grundwasserstand, doch sind die Anteilswerte, die jeder dieser Wassergattungen bei der Bildung von Grundwasser zukommen, nach dem heutigen Stand der hydrologischen Wissenschaft so gut wie unerforscht und auch nicht annäherungsweise bestimmbar.

b. Verdichtungstheorie.

Der Jahrhunderte hindurch als einzig richtig anerkannten Versickerungstheorie stellte Volger (5) eine neue Theorie über die Entstehung des Grundwassers gegenüber.

Volger ist der Ansicht, Niederschlag vermöge in den Boden niemals so tief einzudringen, daß sich unterirdisches Wasser daraus bilden könne. Er behauptet, daß mit Wasserdampf gesättigte Luft fast einzig und allein als Erzeuger von unterirdischem Wasser in Frage komme und geht so weit, die Bildung von unterirdischem Wasser auf dem Wege der Versickerung als nahezu ausgeschlossen zu bezeichnen.

Diese Volgersche Verdichtungs- oder Kondensationstheorie ist durch zahlreiche Forscher bekämpft worden. Ein ausführliches Verzeichnis der hier einschlägigen Literatur bringt Henle (6).

Eine teilweise Zustimmung fand Volger bei Soyka (7), der den Nachweis zu führen suchte, daß die Schwankungen des Grundwassers gleichsinnig mit dem sog. „Sättigungsdefizit", d. i. dem Unterschied zwischen dem möglichen und wirklichen Feuchtigkeitsgehalt der Luft, verlaufen.

Nach Soyka haben u. a. König (8), Mezger (9, 10, 11) und Haedicke (12) neue Beweise für die Richtigkeit dieser Theorie zu erbringen versucht. Mezger führt aus, daß Wasserdampf nicht durch Luftströmungen oder auf dem Wege der Diffusion, sondern durch besondere Dampfströmungen in den Boden gelangt.

Die Volgersche Theorie stützt sich auf die Beobachtung, daß im abgekühlten Boden bei Zufuhr von feuchter Luft durch wärmere Winde eine gewisse Wasserdampfmenge in den oberen Bodenschichten verdichtet und in die Tiefe geleitet wird.

Je geringer der Temperaturunterschied ist, desto geringer ist die verdichtete Wassermenge, und deshalb ist mit einer gewissen Wahrscheinlichkeit die größte Verdichtungswassermenge im Winter zu erwarten.

Die vielfach gemessenen Verdichtungswassermengen sind indessen oft so gering, daß sie zur Stützung der Volgerschen Theorie nicht besonders dienen können.

Nach den Mitteilungen von Lüdecke (13) hat Latham (14) als Mittel von 30 Jahren folgende Verdichtungswassermengen pro Monat festgestellt:

Jan.	1,54 mm	April	0,10 mm	Juli	0,001 mm	Okt.	0,96 mm
Febr.	1,17 „	Mai	0,03 „	Aug.	0,05 „	Nov.	0,66 „
März	0,46 „	Juni	0,07 „	Sept.	0,05 „	Dez.	2,41 „

d. h. für das ganze Jahr 7,50 mm.

Die stärkste Jahresverdichtung wurde im Jahre 1893 mit 32,9 mm, die geringste im Jahre 1899 mit 2,41 mm gemessen.

In jedem Jahre gibt es Monate, in denen die Verdichtungswassermenge Null oder nahezu Null war.

Aus den Messungen Lathams würde sich ergeben, daß die auf dem Wege der Verdichtung entstehende Grundwassermenge im Vergleich zur Regenwassermenge nahezu verschwindend ist.

Als weiterer Beweis für die Richtigkeit der Volgerschen Theorie wird angeführt, daß zwischen der Dampfspannung über und unter der Erdoberfläche und Grundwasserstand bzw. Quellerguß ebenso ein gewisser Paralellismus besteht wie zwischen Niederschlag und Grundwasserspiegelgang.

Auch zu dieser Beweisführung ist zu bemerken, daß es noch unentschieden ist, ob erhöhte Dampfspannung erhöhten Grundwasserstand erzeugt oder ob erhöhter Grundwasserstand eine Zunahme der Dampfspannung bewirkt, welches also Ursache und welches Wirkung ist. Beides ist möglich.

Im großen und ganzen läßt sich auch von der Verdichtungstheorie behaupten, daß zur Zeit die Wechselwirkungen zwischen atmosphärischer Dampfspannung und Grundwasserstand noch nicht so weit erforscht sind, um ein abschließendes Urteil abgeben zu können.

Recht interessante Mitteilungen über die praktische Gewinnung von Trinkwasser aus der Luftfeuchtigkeit mittels besonderer Kondensationsanlagen hat Reichle (14[a]) veröffentlicht.

2. Das Erdinnere als Ursprung des unterirdischen Wassers.

In Ergänzung der Versickerungs- und Verdichtungstheorie hat Sueß (15) die Behauptung aufgestellt, daß als Ursprungsort des unterirdischen Wassers nicht allein die Atmosphäre, sondern auch das Erdinnere in Frage komme. Sueß bezeichnet das aus der Atmosphäre stammende Wasser als vados[1]), das aus dem Erdinnern kommende als juvenil.

Über vadoses und juveniles Wasser berichtet Näheres Delkeskamp (16).

Das juvenile Wasser ist nach Sueß das verdichtete Entgasungsergebnis der feuerflüssigen, langsam erstarrenden Tiefengesteine und demnach eine Neubildung, die den Wasserhaushalt der Erde vermehrt.

Die Theorie des juvenilen Wassers stützt sich auf das Auftreten wässeriger, vulkanischer Begleiterscheinungen (Dampfwolken, Regengüsse) und den Wassergehalt der Gesteine magnetischen Ursprungs.

Die auf streng wissenschaftliche Beobachtungen sich aufbauende Sueßsche Theorie des juvenilen Wassers hat insofern zu Mißdeutungen geführt, als man versucht hat, nicht allein zahlreiche Thermal-, sondern auch Süßwasserquellen als juvenil in solchen Fällen hinzustellen, wo es sich zweifellos um vadoses Wasser handelt.

Beispiele einer derartigen Verirrung liefern Winkel (17) und Heilmann (18), indem sie die Ansicht vertreten, daß viele Wasserwerke während der Wasserklemme (z. B. Wiesbaden) ihren Wasserbedarf aus juvenilem Wasser decken.

Die Sueßsche Theorie hat auch verschiedene Gegner gefunden. Es scheint festzustehen, daß das meiste Thermalwasser nichts anderes ist als unterirdisches Wasser atmosphärischen Ursprungs, welches infolge Berührung oder Durchdringung mit heißen Gasen nachträglich erhitzt worden ist. Besondere Betrachtungen über diesen Gegenstand stellt Schneider (19) an.

Von den Gegnern Sueß' seien in erster Linie Brun (20) und Stutzer (21) genannt. Brun kommt durch seine Untersuchungen an Vulkanen zu der Überzeugung, daß es kein juveniles Wasser geben kann.

Nach Ansicht des Verfassers kann man annehmen, daß es Wasser juvenilen Ursprungs gibt und daß sein Entstehungsort in erster Linie in großen Tiefen oder in der Nähe von Eruptionskontakten zu suchen ist. Von vielen dürfte die Menge des juvenilen Wassers aber überschätzt werden.

---

[1]) Vadosus = seicht, juvenilis = jugendlich, jungfräulich.

3. Erzeugung unterirdischen Wassers durch Versickerung und Versinkung aus Oberflächengewässern.

Zur Vermehrung der unterirdischen Wassermenge tragen auch wesentlich die Wasserverluste der oberirdischen Gewässer bei, welche tatsächlichen Verluste nicht selten ungenügend gewürdigt werden.

Diese Verluste finden sowohl bei gewöhnlicher Wasserführung an den durchlässigen Stellen von Flußrinnen und Seebecken als auch bei Hochwasser in dem überfluteten Vorland statt.

Nach Fischer (22) können die versickerten Wassermengen ungemein groß sein. So verschwanden im Oderlauf auf dem Wege von Ratibor bis Hohensaathen während des Hochwassers im Sommer 1902 in 26 Tagen 340 Mill. m³ bei einer Gesamtwasserführung von 1950 Mill. m³. Der Verlust berechnet sich demnach auf 17 v. H. Im Jahre 1903 betrug er 16 v. H.

Derartige Abflußverluste finden auch im Winter statt; sie sind dann jedoch geringer als im Sommer.

Nachstehende Zusammenstellung nach Fischer gibt die durchschnittlichen Wasserverluste der Oder in den Jahren 1896/1905:

Stromstrecke	Millionen m³			m³ in der Sekunde		
	Winter	Sommer	Jahr	Winter	Sommer	Jahr
Ratibor-Steinau	38	208	246	2	13	8
Steinau-Pollenzig	595	515	1110	38	32	35
Pollenzig-Hohensaathen und Warthe unterhalb Landsberg	241	273	514	15	17	16
Zusammen	874	996	1870	55	62	59

Auf je 1 km Flußlänge ergeben sich als Jahresmittel folgende Verluste für die Oder:

Von Ratibor bis Steinau . . . . 30 ltr/sk auf 1 km,
von Steinau bis Pollenzig . . . . 180 ltr/sk auf 1 km,
von Pollenzig und Landsberg bis Hohensaathen 83 ltr/sk auf 1 km.

Diese bedeutenden Wassermassen können nur an den Boden verloren gegangen sein, da auf 59 m³/sk Gesamtverlust nur 3 m³/sk als Verlust infolge Verdunstung entfallen. Die vorstehenden Zahlen sind selbstredend nur als Annäherung zu bewerten.

Empfänger des Wassers sind die den Oderlauf querenden Urstromtäler (vgl. Abschnitt „Wasserführende Schichten", S. 26), welche als eine Art unterirdischer Entwässerungskanäle aufzufassen sind. Ähnliche Wasserverluste an die durchlässigen Bodenschichten kommen auch in anderen Flußtälern vor. So ist z. B. nach den Mitteilungen von Keller (23) anzunehmen, daß bei jeder Hochflut der Donau rund 20 Mill. m³ Wasser oberhalb Ulm versickern und unterirdisch aufgespeichert werden.

Aber auch die Wasserführung der unterirdischen Spalten und Klüfte wird in der Regel durch Versinkung der Tagewässer erheblich von der Oberfläche aus vermehrt. Der Versinkungsvorgang wird nicht selten durch einen Versickerungsvorgang dann eingeleitet, wenn die obersten Schichten eines klüftigen Untergrundes durch Sand und Kies abgedeckt sind. Dies ist namentlich dann der Fall, wenn über einem klüftigen Untergrund schottergefüllte Bach- und Flußtäler verlaufen, deren Sohle durchlässig ist. Es findet dann stets in solchen deckenden Schichten eine Vorreinigung des Wassers statt, die je nach Art der Bodendecke hygienisch durchgreifend sein kann oder auch nicht.

Das Beispiel eines derartigen Versickerungsvorganges finden wir in den schotterführenden Tälern der Oder und Sieber im Harzvorlande (Abb. 2).

Der Versickerungsvorgang verteilt sich über verhältnismäßig große Laufstrecken und ist bei niedrigen Wasserständen unschwer zu erkennen. In der Tiefe geht die Versickerung in eine Versinkung des Wassers über.

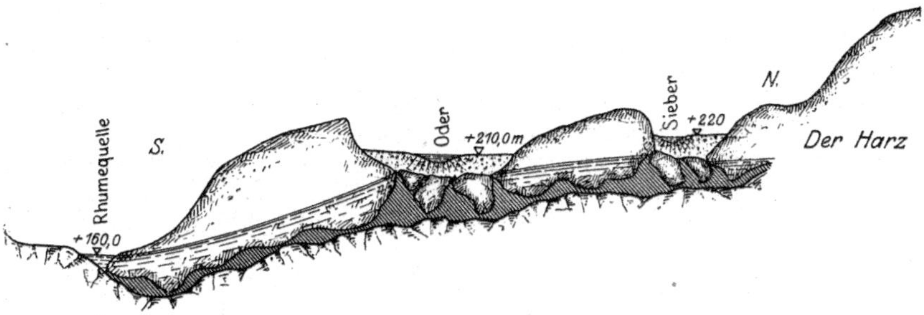

Abb. 2. Schematische Darstellung des Versinkens der Oder und Sieber in den Untergrund. (Nach Thuernau.)

Nach Thuernau (24) sind die Verluste der Oder und der Sieber infolge Wasserabgabe an den Untergrund abhängig von der Wassermenge und wachsen mit der Menge bzw. dem Wasserstand.

Das Verhältnis des Wasserverlustes zur jeweiligen Wassermenge nimmt jedoch mit steigendem Wasserstand ab.

Nach den bisherigen Messungen können für beide Flüsse die Wasserverluste geschätzt werden:

bei hohen Wasserständen auf	10— 25 v. H.,
bei mittleren Wasserständen auf	30— 40 ,,
bei niedrigen Wasserständen auf	70—100 ,,

Treten die Spalten und Klüfte unmittelbar zutage, so verschwinden sowohl atmosphärische Niederschlagsmenge als auch oberirdische Wasserläufe in ihnen ohne weiteres. Da in solchen Fällen die besonderen Widerstände deckender, aus losen Haufwerken bestehender Schichten fehlen, so ist der Versickerungsvorgang ein bedeutend schnellerer.

Versickerungsstellen in Bach- und Flußwasserrinnen bezeichnet man als Schwalglöcher, Schlinger, Ponore usw. (vgl. 197).

Solche Versickerungsstellen liegen sowohl in den Uferböschungen als auch in der Sohle selbst, und man nimmt sie wahr an den wirbelnden Bewegungen der Wasseroberfläche und an dem gurgelnden Geräusch, welches das in die Tiefe abstürzende Wasser erzeugt.

Nur dort, wo das Gerinne mit undurchlässigen oder nahezu wasserdichten Ablagerungen ausgekleidet ist, findet keine Wasserabgabe an den Untergrund statt. Je nach dem Verhältnis der Wasserführung und Versinkung zerfällt dann der oberirdische Wasserlauf in abwechselnd wasserführende und trockene Teilstrecken.

Nicht selten sind die wasserführenden Strecken im Winter länger als im Sommer. Die Ursache dieser Erscheinung ist die Vereisung der Versickerungsstellen, wodurch eine vorübergehende Verdämmung der Spalten und Klüfte erzeugt wird.

Die hohe Durchlässigkeit klüftiger Landschaften findet ihren natürlichen Ausdruck in der hydrographischen Beschaffenheit der Oberfläche, welche zur Zeit geringer Niederschläge wasserarm oder vollständig trocken erscheint und nur vorübergehend oberirdisches Wasser aufweist. Die Wasserbewegung in solchen Gebieten findet hauptsächlich unterirdisch statt.

Wie groß die Wasserverluste offener, klüftiger Gerinne sein können, ergibt auch folgende Zusammenstellung nach Stille (25) über die Wasserabgabe der Beeke im Jahre 1901 (fast niederschlagsfreie Zeit) an das ihren Lauf begleitende Plänergebirge.

Ort der Messung	Zwischenraum Meter	Wassermenge der Beeke l. r/sk	Verlust auf den lfd. Mtr. ltr/sk
Am Altenbeekener Viadukt		1180	
	3900		0,18
An der Schafwäsche		490	
	1300		0,25
An Pelizaeus' Mühle		164	
	160		0,37
Am Bokober		104	
	120		0,28
Hinter den Schwalglöchern am Bleichplatze		71	
	120		0,07
Am Stauwerk der Eisenbahnpumpstation		62	

IV. Unterirdisches Wasser und Flußdichte.

Das Versickern bzw. Versinken des oberirdischen Wassers in den Untergrund kommt in der sog. Flußdichte zum Ausdruck, worunter man nach Gravelius (26) die mittlere Flußlänge in Kilometern auf 1 km² Landfläche versteht.

Man findet, daß die Flußdichte desto kleiner wird, je größer die Durchlässigkeit des Untergrundes ist, da dann ein Teil der atmosphärischen Niederschläge seinen Weg nicht ober-, sondern unterirdisch nimmt.

Nach Neumann (27) beträgt die Flußdichte:

Gebiet		Flußdichte (Flußlänge km auf 1 km²)	Jährl. Niederschlag mm
Auf der Pommerschen Seeplatte	durchlässig	0,36	595
In Nordschleswig	durchlässig	0,56	730
Im Elbsandsteingebirge	durchlässig	0,99	820
Im Berner Oberland	undurchlässig	1,28	1200
Im Lausitzer Granitgebirge	undurchlässig	1,43	686
Im Harz	undurchlässig	1,77	527

V. Der Einfluß des Waldes auf die Entstehung des unterirdischen Wassers.

Die Rolle, welche der Wald im Wasserhaushalt der Natur und insbesondere bei der Bildung von unterirdischem Wasser spielt, ist eine vielfach umstrittene und bis heute noch nicht genügend geklärte Frage.

Im allgemeinen kann man annehmen, daß der Wald auf das Grundwasser in dreifacher Weise wirkt: den Niederschlag vergrößernd, die Versickerung fördernd und den Grundwasserspiegel durch Entnahme senkend. Er wirkt also auf das Grundwasser sowohl vermehrend als auch vermindernd.

Aus den bisherigen Feststellungen scheint hervorzugehen, daß die wasservermehrende Rolle des Waldes vielfach überschätzt wird. Die sehr oft vertretene Ansicht, daß der Wald die Niederschlagsmenge vermehre, stützt sich in erster Linie auf die Tatsache, daß Steppen, Wüsten und kahle Landschaften bedeutend regenarmer sind als bewaldete Erdteile.

Dieser Tatsache kommt aber nur eine durch örtliche Verhältnisse bedingte Beweiskraft zu, da in vielen Fällen das Fehlen von Wald und Pflanzenwuchs nichts anderes ist als die natürliche Folge geringer Niederschlagsmengen. Sehr oft wird hier Ursache und Wirkung verwechselt, und es läßt sich behaupten, daß nicht allein das Fehlen von Wald die Niederschlagsverhältnisse verschlechtert, sondern daß auch umgekehrt mangelhafte Niederschläge der Entstehung von Wald ungünstig entgegenwirken.

Eine Vermehrung der Niederschlagsmengen durch Wald kann wohl dadurch entstehen, daß die pflanzliche Verdunstung des Waldes die Luftfeuchtigkeit erhöht und zugleich durch Abkühlung die Verdichtung der Wasserdämpfe fördert.

Nach Hann (28) ist dies tatsächlich der Fall. Der Wald verhindert die Entstehung sehr hoher Lufttemperaturen durch Beschattung des Bodens. Auch die Bodentemperatur wird durch Waldbestand herabgedrückt. Der Frost dringt im Walde weniger tief ein als im Flachlande. Luftfeuchtigkeit wird durch all diese Umstände im Walde erhöht. Die Bodenfeuchtigkeit erleidet einen um 62 v. H. geringeren Verlust während der Wachstumzeit als im Freien. Die Verluste sind insbesondere gering unter der Streudecke. Durch letztere wird das Eindringen von Wasser in den Boden bis zum doppelten Betrage begünstigt. Dadurch erhöht und bewahrt der Wald den Wassergehalt des Bodens trotz des eigenen hohen Bedarfs an Wasser. Der Wald wird dadurch zum Regler des im Boden kreisenden Wassers und einer ziemlich gleichmäßigen Speisung der Quellen, Bäche und Flüsse.

Daß Wald stellenweise den Niederschlag erhöhen kann, ergibt sich daraus, daß in den nördlichen Zentralprovinzen Indiens die mittlere Regenmenge nach der Wiederbewaldung des durch Raubbau entwaldeten Gebiets in den Jahren 1876—1885 um 12 v. H. stieg. In Hamburg beträgt die Vermehrung der Niederschläge 3 v. H. infolge des Waldeinflusses von Schweden her. Nach J. Schubert erzeugt der Wald in Westpreußen und Posen 2 v. H. und darüber (aber weniger als 10 v. H.), in Schlesien 2—6 v. H. Niederschlagszuwachs. Der Einfluß des Waldes auf die Zunahme der Regenmenge ist daher in unseren Breiten sehr geringfügig.

Die Zunahme der Regenmenge kommt aber nicht allein dem Walde zugute, sondern auch den benachbarten Landflächen ohne Waldbestand.

Nach Ney (29) wird die Förderung des Versickerungsvorganges durch den Wald meist dort überschätzt, wo es sich um ebene Waldflächen handelt, da ein erheblicher Teil des Niederschlags vom Blatt-, Nadel- und Astwerk der Bäume zurückgehalten und daher dem Boden entzogen wird. Auch die Bodenstreu des Waldes soll auf die Versickerung ungünstig wirken.

Wesentlich günstiger soll indessen die Wirkung des Waldes auf die Bildung von unterirdischem Wasser sein, wenn der Wald im Gefälle liegt. Dann bildet die pflanzliche Bodendecke ein Hindernis, welches den oberirdischen Wasserabfluß hemmt bzw. das Wasser zurückstaut, wodurch die Versickerung gefördert wird.

Nach den Erhebungen von Marchand (30) soll im allgemeinen Wald in der Ebene den Grundwasserspiegel erniedrigen. Für die Waldgebiete in den „Landes" (in Frankreich) gibt er das Maß dieser Erniedrigung mit mindestens 50 cm an, so daß der Wald etwa 100 m^3 Wasser dem Hektar Boden mehr entziehen würde als jede andere Pflanzengattung. Die mittlere Regenhöhe über dem Waldgebiete der „Landes" ist 850—900 mm und die Verdunstung durch den Wald beträgt 450 mm im Jahr, ist also etwa $4^1/_2$ mal so groß als die Wassermenge, welche der Senkung des Grundwasserspiegels entspricht.

Die durch den Wald dem Untergrund entzogene Wassermenge erhöht indessen die Luftfeuchtigkeit und dadurch auch die Regenhöhe um etwa 600 mm im Mittel pro Jahr, die sie auf eine 7—8 mal größere Fläche als jene des Waldes verteilt. Danach würde also der Wald die Rolle einer Zusatzanlage spielen, welche das im Boden angehäufte Wasser auf ein sehr ausgedehntes Gebiet in Gestalt von verstärkten Regengüssen verteilt.

Derselben Ansicht ist Henle (6), der dem Wald keine absolute Regenvermehrung zuspricht, sondern ebenfalls annimmt, daß der Wald nur eine andere Verteilung der Niederschläge innerhalb seines Bestandes und seiner nächsten Umgebung verursacht.

Die Ansichten über die Rolle des Waldes beim Verhalten der Niederschläge gehen daher weit auseinander. Es wird Sache der Zukunft sein diesen strittigen Punkt in einwandfreier Weise zu klären.

Über den Einfluß des Waldes auf das Grundwasser haben namentlich Ototzkij (31) und Ebermayer (32, 33) gründliche Untersuchungen durchgeführt. Auf Grund der in den Jahren 1893—1897 innerhalb und außerhalb der Wälder in den Steppen des südwestlichen Rußland und in einigen Waldungen bei St. Petersburg angestellten Versuche kam Ototzkij zu dem Ergebnis, daß im Walde das Grundwasser bedeutend tiefer steht als in den Steppen, auch wenn letztere dicht begrast sind.

Er stellte nach dem Wald zu ein Sinken des Grundwasserspiegels fest. Der Betrag der Senkung soll stellenweise über 10 m betragen haben und mit zunehmender Walddichte und dem Alter der Bäume (bis 60 und 80 Jahre) wachsen. Nach dem Abtrieb des Waldes soll wieder ein Steigen des Grundwassers stattfinden (Abb. 3 zeigt einen von Ototzkij seiner Abhandlung beigefügten Schnitt durch das Gelände, aus welchem die Lage des Grundwasserspiegels hervorgeht).

Zu wesentlich anderen Ergebnissen kommt Ebermayer, der in Gemeinschaft mit Hartmann genaue hydrologische Messungen auf den Versuchsfeldern von Mindelheim und Wendelstein in Bayern angestellt hat.

Ebermayer begnügte sich nicht mit dem Einmessen der Grundwasserspiegel, sondern führte eine einwandfreie hydrologische Aufnahme des untersuchten Geländes durch, deren Zuverlässigkeit sich namentlich auf Grund von genauen Querschnitten und Höhenschichtenlinien des Grundwasserspiegels nachprüfen läßt. Aus sämtlichen Beobachtungen Ebermayers geht hervor, daß auf den genannten Ver-

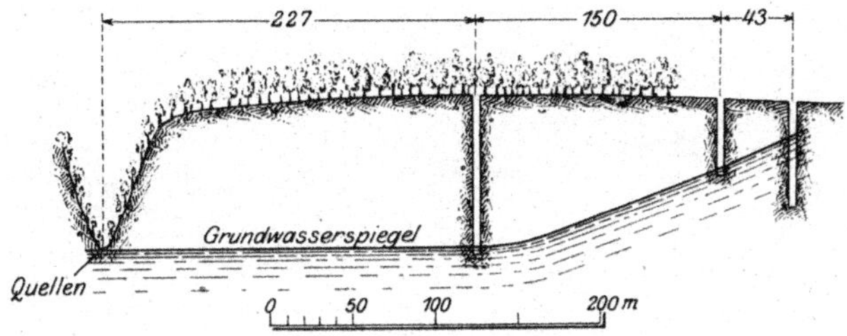

Abb. 3. Abgesunkener Grundwasserspiegel im Wald. (Nach Ototzkij.)

suchsfeldern nirgends eine Absenkung des Grundwasserstandes infolge eines besonderen Wasserverbrauchs durch den Wald eingetreten ist. Eine derartige Erscheinung hätte sich in Gestalt eines Absenkungstrichters oder ähnlicher Störungen im natürlichen Spiegelverhalten zeigen müssen. Hiervon ist aber nicht die Rede, und wo unter dem Wald der Abstand zwischen Oberfläche und Wasserspiegel größer als im unbewaldeten Gelände wird, ist das lediglich auf die Verschiedenheit zwischen Oberflächen- und Grundwassergefälle zurückzuführen.

Ebermayer bringt einen Schnitt durch das Lechtal bei Schwabstadel (Abb. 4), aus dem sogar hervorgeht, daß unter dem Wald der Grundwasserspiegel weniger tief unter Flur steht als im unbewaldeten Freiland.

Der Widerspruch zwischen den Ototzkijschen und Ebermayerschen Beobachtungen läßt sich vielleicht dadurch erklären, daß Ototzkij seine Aufnahmen auf das Messen der Wasserstände beschränkt hat, ohne auf die rein hydrologischen Untergrundverhältnisse näher einzugehen. Es kann aus den Darstellungen von Ototzkij mit hoher Wahrscheinlichkeit darauf geschlossen werden, daß die von ihm beobachteten Wasserspiegel keinem zusammenhängenden Grundwasserstrom angehören, sondern Zufallsspiegel sind, denen ein hydraulischer Zusammenhang abgeht und die auch nicht natürlich sein können, da, wie aus Abb. 3 hervorgeht, die Schlucht mit ihren Quellabflüssen eine natürliche Entwässerungsanlage darstellt, die sich in einem Absinken des Wasserspiegels nach dem Quellort bemerkbar machen muß.

Man wird daher bis zur Erbringung eines glaubwürdigen Gegenbeweises die Ergebnisse der *Ebermayerschen* Feststellungen als die richtigen und den Einfluß des Waldes auf einen ergiebigen Grundwasserstrom in Gestalt von Spiegelsenkungen als unerwiesen annehmen müssen.

Auch verschiedene vom Verfasser aufgenommene Wasserspiegelstände in bewaldeten Gebieten bestätigen durchaus die Richtigkeit dieser Annahme und der *Ebermayerschen* Meßergebnisse.

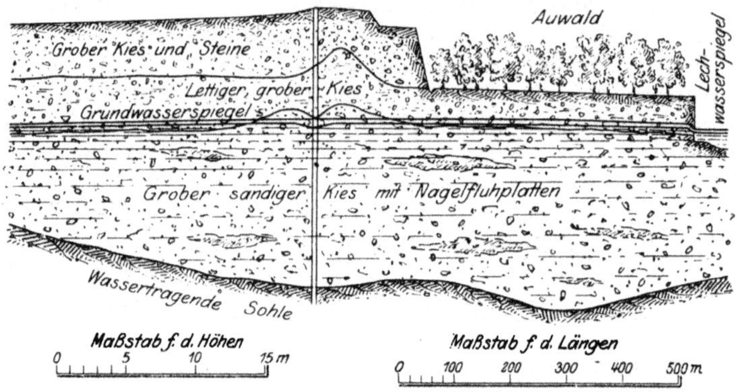

Abb. 4. Durch Wald unbeeinflußter Grundwasserspiegel. (Nach *Ebermayer*.)

Kann demnach nach dem heutigen Stand der Grundwasserforschung von einer entwässernden Wirkung des Waldes auf einen Grundwasserstrom nicht die Rede sein, so muß andererseits zugegeben werden, daß eine Senkung des Grundwasserspiegels wohl dort vorkommen kann, wo es sich um stillstehendes Grundwasser handelt. Hier lehrt die Erfahrung, daß versumpfte, abflußlose Grundwasserbecken durch das Anpflanzen starkwüchsiger Bäume (Weiden, Erlen, Eukalyptusarten usw.) infolge ihres hohen Wasserverbrauchs wirksam entwässert werden können.

Bei allen derartigen Erscheinungen ist aber genau zu unterscheiden zwischen ergiebigen Grundwasserströmen und erschöpflichen, toten Wasseransammlungen, denen ein ständiger unterirdischer Zufluß abgeht.

VI. Bedeutung der Entstehungstheorien für die Praxis.

Es ist unmöglich, aus *einer* Theorie alle unterirdischen Wassererscheinungen erklären zu wollen und anzunehmen, daß sich je nach Zeit und Ort das unterirdische Wasser nach der einen oder anderen Theorie oder vielleicht in einer Weise bildet, die bisher nicht bekannt ist.

Für den Nachweis und die Erschließung des unterirdischen Wassers zu Wasserversorgungszwecken sind die Theorien seiner Entstehung ohne irgendwelche praktische Bedeutung.

In der Wasserversorgungstechnik wird stets die Hauptfrage lauten: „Ob, wo und in welcher Menge die benötigte unterirdische Wassermenge dauernd gewinnbar ist?"

Daß die Hydrologie trotz der immer noch herrschenden Meinungsverschiedenheiten und Unklarheiten über die Entstehung des unterirdischen Wassers sich die Wege zur hydrologischen Erkenntnis des Untergrundes gebahnt und eine große Reihe der schwierigsten Wasserfragen mit vollem Erfolg gelöst hat, bedarf wohl keines besonderen Beweises. Es genügt, in der Statistik der städtischen Wasserwerksbetriebe nachzuschlagen, um sich hiervon zu überzeugen.

Mit vorstehendem soll indessen nicht gesagt werden, daß die praktische Hydrologie kein Interesse an der richtigen Erfassung des Entstehungsvorganges des unterirdischen Wassers hat. Gelingt dies, so steht zu erwarten, daß auch die Praxis hieraus wird entsprechenden Gewinn ziehen können.

VII. Mutmaßliche Menge und Beständigkeit des unterirdischen Wassers.

Die Menge des oberirdischen Wassers beträgt nach Kruemmel (34) rund 1300 Mill. km³ + 100 Mill. m³, welch letzterer Betrag als Fehlergrenze gilt.

Nach einem Versuch, die unterirdischen Wassermengen auszuwerten, den Delesse (35) anstellt und den Soyka (7) auszugsweise wiedergibt, kann man annehmen, daß das unterirdische Wasser in tropfbarflüssiger Form in allen porösen und klüftigen Schichten des Erdinnern vorkommt, welche eine niedrigere Temperatur als 100° C aufweisen. Wird die durchschnittliche Temperaturzunahme im Erdinnern mit 1° C für den 33 fallenden Meter angesetzt, so müßte der wasserführende Mantel der Erde eine Mächtigkeit von etwa 3300 m aufweisen. Da aber die Dampfbildung abhängig vom Druck ist und der Druck mit der Erdtiefe zunimmt, so wäre die Annahme dahin zu erweitern, daß nicht nur bis zu 3300 m, sondern bis etwa 18 500 m Erdtiefe und bis zu einer Temperatur von etwa 600° C flüssiges Wasser im Erdinnern vorkommen kann. Beträgt die Dichte der Erde in dem wasserführenden Gürtel im Durchschnitt 2,5, und werden als durchschnittlicher Wassergehalt dieses Erdgürtels 5 v. H. in Rechnung gesetzt, so ergibt sich als mutmaßliche unterirdische Wassermenge eine solche von

$$^4/_3 \times 3{,}14\ (6370{,}0^3 - 6351{,}5^3)\ 2{,}50 \times 0{,}05 = 1\,278\,900\,000\ \text{km}^3,$$

wenn der Erdhalbmesser mit 6370 km angenommen wird.

Daraus ergibt sich, daß nach den Berechnungen von Delesse die gesamte unterirdische Wassermenge der Erde nahezu gleich der Menge des Oberflächenwassers sein müßte.

Halbfaß (36) berechnet die mutmaßlichen Wassermengen der oberen Erdrinde, indem er seine Betrachtungen auf alluviale und diluviale Ablagerungen beschränkt und gelangt unter der Annahme, daß die unterirdische Wassermenge in der Umgebung von Berlin das $^4/_5$fache der jährlichen Niederschlagsmenge (nach Beyschlag und Wahnschaffe), daß ferner die unterirdische Wassermenge in der Hochebene von Bayern das 3fache (nach Ramann) und im oberen Rheintal das 5fache (nach Keilhack) betrage, zu dem Ergebnis, daß man mit Rücksicht auf Gegenden, wo der Untergrund nicht aus ehemaligen Gletscherböden (also aus weniger durchlässigen Ablagerungen) besteht, die unterirdische Wassermenge der oberen Schichten auf das 1,5—2fache der jährlichen Niederschlagsmenge ansetzen könne.

Da die jährlichen Niederschläge der ganzen Erde nach Fritzsche (1) rund 465 000 km^3 betragen, so berechnet sich der unterirdische Wasservorrat der obersten quartären Erdschichten zu rund 800 000 km^3.

Eine weitere theoretische Frage ist die: „Nimmt der Wasserreichtum der Erde zu oder ab, und in welchem Verhältnis stehen mutmaßlich Zu- und Abgang?“

Überwiegt der Zugang, so muß ein Steigen des unterirdischen Wassers stattfinden und damit zusammenhängend ein allmähliches Überfluten der Erdrinde eintreten. Überwiegt der Abgang, so ist die natürliche Folge hiervon eine Austrocknung der Erde und eine Vernichtung des gesamten organischen Lebens auf derselben.

Ein Zugang kann, wie wir auf S. 11 gesehen haben, aus dem Erdinnern stattfinden durch Neuentstehung von juvenilem Wasser.

Eine Zufuhr von Wasser ist indessen auch aus dem Weltraum denkbar, welche Möglichkeit Hoerbiger-Fauth (37, 38) vertreten, indem sie behaupten, daß jährlich große Mengen von Eismeteoriten aus dem Weltraum auf die Erde fallen. Die Richtigkeit dieser Theorie versuchen Hoerbiger-Fauth u. a. durch die Beobachtung zu beweisen, daß z. B. die jährlichen Nilpegelstände in auffallender Weise der Sternschnuppenhäufigkeit um einige Wochen folgen.

Eine Abnahme des Wasservorrats der Erde kann dadurch eintreten, daß ständige erhebliche Wassermengen bei der Verwitterung der Gesteinsmassen und beim Vordringen in die Tiefe verbraucht werden.

Verluste an das Weltall sind denkbar durch Abstoßung von Wasserdampf in den Weltraum.

Über die Menge der im vorstehenden angedeuteten Zu- und Abgänge lassen sich irgendwelche stichhaltigen Zahlen nicht angeben. Man muß sich mit der Feststellung begnügen, daß solche Vorgänge möglich sind.

Bemerkt sei nur noch, daß nach Hoerbiger etwa 20 v. H. des jährlichen Niederschlags aus dem Weltall stammen sollen. Dieser Zugangsgröße müßte ein numerisch gleicher Abgang entsprechen, wenn der jetzige Wasserreichtum der Erde konstant bleiben soll.

So interessant die vorstehenden Betrachtungen über die Größe der Wassermenge unseres Erdballs und ihre Vermehrung bzw. Minderung vom rein theoretischen Standpunkt aus auch sein mögen — in praktischer Beziehung sind sie ohne Belang, da es in der hydrologischen Praxis lediglich darauf ankommt, von Fall zu Fall festzustellen, ob die verlangte Wassermenge in einem bestimmten Geländeabschnitt tatsächlich vorhanden ist oder nicht.

Nach den bisherigen Erfahrungen läßt sich behaupten, daß die Menge des unterirdischen Wassers weder von Entgasungsvorgängen der Erde noch von den Wetterlaunen des einen oder des anderen Jahres abhängt, sondern von den Mittelwerten der Bruecknerschen 36jährigen Klimaperioden (39), die auf Grund langjähriger Beobachtungen als unveränderlich angesehen werden müssen.

VIII. Die unterirdischen Wasserwege und der Kreislauf des Wassers.

Vom physikalischen Standpunkte aus ist jedes Gestein bis zu einem gewissen Grade fähig, Wasser in flüssiger Gestalt aufzunehmen bzw. fortzuleiten.

Man kann sich davon überzeugen, indem man die Gewichte eines Gesteinsstückes in lufttrockenem und in ausgeglühtem Zustande miteinander vergleicht. Der Gewichtsunterschied stellt die Menge des im Gestein enthaltenen sog. hygroskopischen Wassers dar, das man auch als Bergfeuchtigkeit bezeichnet.

Läßt man das ausgeglühte Gesteinsstück in der Luft liegen, so sättigt sich dasselbe bald abermals mit Wasser.

Die Gefäße, in welchen das hygroskopische Wasser festgehalten wird, werden von den Gesteinsporen gebildet. Die das Wasser zurückhaltenden Kräfte aber sind Adhäsions- bzw. Kapillarkräfte, und da sonach das hygroskopische Wasser auf mechanischem Wege dem Gestein nicht entzogen werden kann, so spielt es in der praktischen Hydrologie nur insofern eine Rolle, als es die Gesteine in wassergesättigtem Zustande erhält, so daß sie zu weiterer Aufnahme von Wasser unfähig sind.

Daraus ergibt sich, daß Gesteinsporen als Wasserwege von untergeordneter Bedeutung sind.

Sie sind indessen nicht die einzigen Hohlräume, welche den Untergrund durchlässig machen.

Untersucht man ein aus festgefügten Gesteinen bestehendes Gebirge, so findet man bald, daß dasselbe von zahlreichen Haarrissen, Spalten und Klüften durchzogen ist, also von Hohlräumen, die das auf die Erdoberfläche fallende Niederschlagswasser aufnehmen und unterirdisch fortleiten.

Das sind Wasserkanäle, die den oberirdischen Gerinnen ähnlich sind und großes Aufnahmevermögen besitzen können. Ihre Querschnitte schwanken von den feinsten, nur Bruchteile eines Millimeters betragenden, kaum wahrnehmbaren Haarrissen bis zu den oft Hunderte von Quadratmetern messenden Querschnitten unterirdischer Klüfte und Höhlen, welche die Gebirge durchqueren.

Auf dieser in der Regel weit verzweigten Klüftigkeit des sonst festen, noch zusammenhängenden Gebirges beruht dessen Wasserführung.

Das von Spalten und Klüften geführte Wasser haben wir auf S. 2 als unterirdische Wasserläufe bezeichnet.

Schreitet die Klüftigkeit weiter fort, so zerfällt das feste Gestein in einzelne Trümmer, die abbröckeln und in die Tiefe gleiten, sich so nach und nach zu Trümmerhaufen sammelnd, welche die weniger steilen Flanken und den Fuß der Gebirge bedecken. Unter dem Einfluß der atmosphärischen Kräfte und namentlich durch fließendes Wasser werden die einzelnen Gesteinstrümmer weiter zerlegt, aufgearbeitet, fortgetragen und wieder abgelagert.

Auf diese Weise entstehen namentlich in den Flußniederungen große Anschüttungen von losen, mehr oder weniger gerundeten Gesteinstrümmern, die man je nach ihrer Größe als Sande, Kiese, Grande und Gerölle oder kurz als Geschiebe bezeichnet.

Zwischen den einzelnen Geschieben befinden sich nun Hohlräume, die sich zu einem weitverzweigten, zusammenhängenden Netz von Kanälen zusammensetzen, so daß dadurch ein wasseraufnahmefähiges, durchlässiges Gebilde zustande kommt. Im Gegensatz zum zusammenhängenden, klüftigen Gestein werden diese losen Haufwerke von einer hydraulisch zusammenhängenden Wassermasse durchflossen, die wir als Grundwasser bezeichnet haben.

Über dem Grundwasserkörper liegt ein Gürtel, dessen Hohlräume nicht vollständig mit Wasser, sondern mit einem Gemisch von Wasser, Luft und Bodengasen gefüllt sind. Man bezeichnet ihn als den Gürtel der Bodenfeuchtigkeit, der ebenfalls unter der Einwirkung von Adhäsions- und Kapillarkräften steht.

Bodenfeuchtigkeit und Bergfeuchtigkeit stellen hydraulische Übergänge zwischen Oberflächen- und unterirdischem Wasser dar.

Die unterirdischen Wasserwege beruhen demnach vorwiegend auf der Klüftung des festen Gebirges und der Durchlässigkeit loser Haufwerke.

Längs dieser Wege bewegt sich das unterirdische Wasser entweder zur Oberfläche steigend oder in die Tiefe sinkend.

In beiden Bewegungsrichtungen erleidet das unterirdische Wasser Änderungen, denn ebensowenig wie das Oberflächenwasser stellt das unterirdische Wasser einen Dauerzustand dar.

Besonders mannigfaltig sind die Wechselbeziehungen und Wechselwirkungen zwischen ober- und unterirdischem Wasser und es kann auf natürlichem Wege jedes Oberflächenwasser in unterirdisches Wasser übergeführt werden und umgekehrt.

Die Aufeinanderfolge dieser Zustände nennt man den Kreislauf des Wassers.

Die Bahnen des Wasserkreislaufs sind teils ober-, teils unterirdisch, und jedes Wasserteilchen kann beim Zurücklegen seines Kreislaufs vorübergehend alle drei Aggregatzustände des Wassers durchmachen, also den ausdehnbar-flüssigen als Dampf, den tropfbar-flüssigen als Wasser und den festen in Gestalt von Eis.

Je nach den örtlichen Verhältnissen kann die zurückgelegte Bahn ein vollständiger oder nur stückweiser Kreislauf sein, doch läßt sich im allgemeinen sagen, daß für ein einmal in den Kreislauf geratenes Wasserteilchen der Zustand des meteorischen Wassers den Anfangs- und Endzustand seines Umlaufs bildet.

Am Kreislauf des Wassers nehmen teil:

1. das atmosphärische Wasser,
2. das Oberflächenwasser,
3. die Boden- bzw. Bergfeuchtigkeit,
4. das Grundwasser,
5. die unterirdischen Wasserläufe und
6. das juvenile Wasser.

Den sichtbaren Übergang von Grundwasser und unterirdischen Wasserläufen zu Oberflächenwasser bilden die Quellen.

Nachstehendes Schema gibt einen Überblick über die während des Kreislaufs möglichen einzelnen Wechselbeziehungen und Übergänge.

In Abb. 5 sind die verschiedenen Kreislaufzustände je nach ihrem allgemeinen hygienischen Verhalten in der Weise auseinandergehalten, daß hygienisch meist einwandfreier Zustand durch weiße, hygienisch meist verdächtiger dagegen durch kreuzweis schraffierte Flächen hervorgehoben ist.

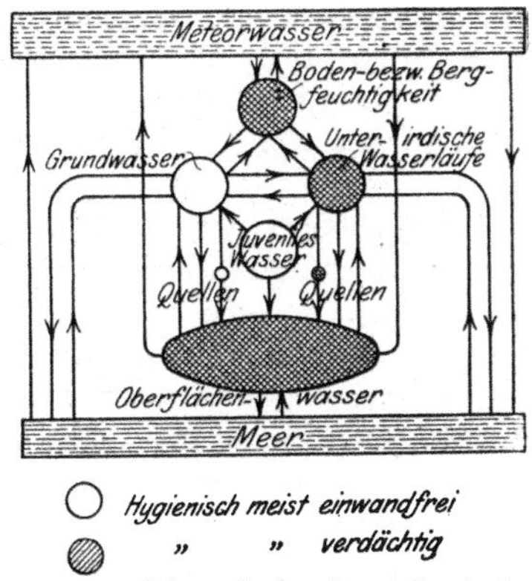

Abb. 5. Schematische Darstellung des Kreislaufs des Wassers.

Es ist jedoch zu betonen, daß je nach den Umständen Grundwasser ebenso hygienisch unbrauchbar sein kann als das Wasser unterirdischer Wasserläufe. Andererseits gibt es auch Oberflächenwasser, das als gesundheitlich einwandfrei angesehen werden kann.

Die Zeitdauer für den Übergang von Meteor- zu Grundwasser bzw. unterirdischen Wasserläufen hängt von so viel von Ort zu Ort veränderlichen Bedingungen ab, daß sie als unbestimmbar gelten kann. Es läßt sich nur so viel behaupten, daß je länger dieser Übergang dauert, desto durchgreifender die hygienisch ungünstigen Eigenschaften des Oberflächenwassers beseitigt werden.

Aus den Betrachtungen über den Kreislauf des Wassers ergibt sich, daß die Anschauung (die auch im alten Wasserrecht zum Ausdruck kommt), dem unterirdischen Wasser käme eine Sonderstellung unter den Gewässern der Erde zu, keineswegs zutreffend ist. Das unterirdische Wasser bildet nur ein Glied der in sich geschlossenen Kette des Wasserkreislaufs der Erde, und man wird seinen Eigenheiten und seiner Bedeutung für den Menschen und den Haushalt der Natur nur dann gerecht, wenn man sich auf den Standpunkt stellt, daß fast jeder künstliche Eingriff in das unterirdische Wasser zugleich einem künstlichen Eingriff in das Oberflächenwasser gleichkommt.

B. Quellen im allgemeinen.

Schneiden die hydraulisch zusammenhängenden Strombahnen des unterirdischen Kreislaufs die Erdoberfläche, so entstehen Quellen.

Quellen sind demnach nichts anderes als natürliche Ausflüsse des unterirdischen Wassers auf der Erdoberfläche. Man findet sie überall dort, wo die wasserführenden Schichten zur Erdoberfläche in ein natürliches Entwässerungsverhältnis treten.

Man kann Quellen auch als natürliche Entlastungs- bzw. Zapfvorrichtungen des unterirdischen Wasservorrats bezeichnen.

Ebensowenig wie aus der besonderen Mechanik einer Zapfstelle auf die Eigenschaften des aus der Zapfvorrichtung ausfließenden Wassers geschlossen werden kann, ebensowenig ist es angängig, allein daraus, daß unterirdisches Wasser zutage tritt, auf irgendwelche allgemein gültigen Eigenschaften des Quellwassers schließen zu wollen.

Aus dieser Erkenntnis folgt, daß sämtliche Quellerscheinungen rein mechanischer Art sind und daß es unzulässig ist, Quellen mit Rücksicht auf ihre chemischen, hygienischen und sonstigen qualitativen Eigenschaften irgendeine Sonderstellung unter den Gewässern der Erde einräumen zu wollen und vom Quellwasser als einer besonderen Wasserart zu reden.

Maßgebend für die Eigenschaften des Quellwassers ist einzig und allein die Beschaffenheit der die Quellen speisenden wasserführenden Schichten.

Besteht der wasserführende Untergrund aus gut filtrierenden Schichten hinreichender Mächtigkeit, haben wir es also mit Grundwasser zu tun, so muß das Quellwasser die Eigenschaften eines guten, hygienisch einwandfreien Grundwassers besitzen.

Entstammt dagegen das die Quelle speisende Wasser Spalten, Klüften und ähnlichen unterirdischen Wasserwegen, so wird das Quellwasser mit allen jenen Eigenschaften behaftet sein, die sich aus der besonderen Beschaffenheit des von unterirdischen Wasserläufen durchsetzten Wasserträgers ergeben.

In hygienischer Beziehung ist somit nur zu unterscheiden zwischen Quellen, die von Grundwasser, und Quellen, die durch unterirdische Wasserläufe gespeist werden.

Das Wort bzw. der Begriff Quelle sollte daher niemals in qualitativem Sinne angewendet werden. Je nach der Wasserart, welche die jeweilige Quelle zutage fördert, gibt es sowohl gute, hygienisch einwandfreie Quellen als auch solche, die gesundheitlich verdächtig oder unbrauchbar sind.

Die Art des Quellaustritts, seine Umgebung, Höhenlage u. dgl. sind nur äußere Merkmale von untergeordneter hygienischer Bedeutung und daher Quellenaustritte nicht anders zu bewerten denn als Wunden der Erdkruste, denen das unterirdische Wasser entströmt.

Worauf es hier in erster Linie ankommt, sind die durch ihre Herkunft bedingten Eigenschaften der Flüssigkeit und nicht die Begleitumstände, unter welchen sie aus dem Erdkörper herausquillt.

Daß es auch vom hydrologischen Standpunkt aus unrichtig ist, das von Quellen geführte Wasser als eine besondere Wassergattung anzusehen, ergibt sich aus folgenden Betrachtungen:

Haben wir in dem Schnitt *A* (Abb. 6) einen Grundwasserträger, in dem der natürliche Grundwasserspiegel durch die Linie *MN* dargestellt ist, so kann sich in der Beschaffenheit des Wassers nichts ändern,

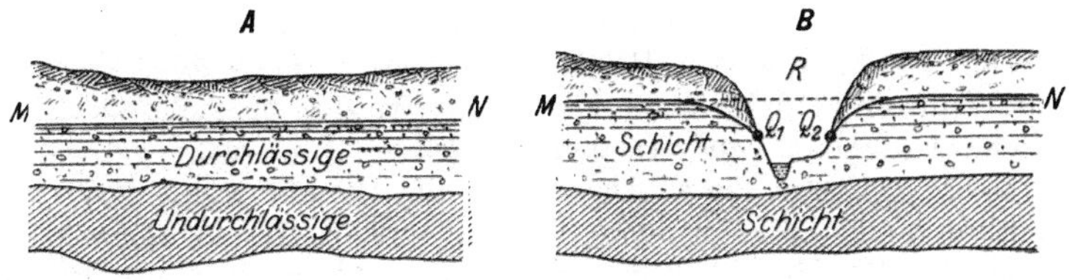

Abb. 6. Schematische Darstellung der Entstehung einer durch Grundwasser gespeisten Quelle.

wenn der Schnitt *A* durch die natürlich oder künstlich entstehende Erosionsrinne *R* in den Schnitt *B* übergeht. Die Folge dieses Eingriffes ist einzig und allein die Entstehung der Quellen Q_1 und Q_2, die durch das Anschneiden des Grundwasserspiegels zustande kommen und deren Einwirkung auf das Grundwasser sich nur in der Bildung der angedeuteten Absenkungskurve zeigt. Der Einfluß auf das Wasser des Untergrunds ist nur hydraulischer Art — eine Änderung der Wasserbeschaffenheit ist gänzlich ausgeschlossen.

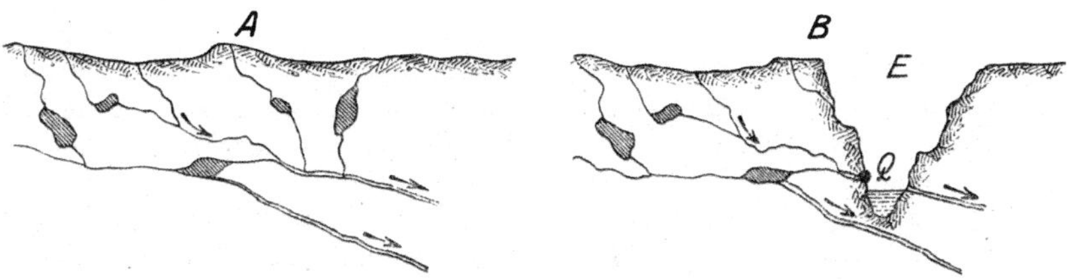

Abb. 7. Schematische Darstellung der Entstehung einer durch unterirdische Wasserläufe gespeisten Quelle.

Ganz ähnlich verhält sich die Sachlage, wenn wir es mit einem unterirdischen Wasserlauf zu tun haben.

Wird das unterirdische Gerinne (Abb. 7) nachträglich durch die Erosionsschlucht *E* angeschnitten, so ist die Folge davon die Quelle *Q*, und das in derselben an den Tag tretende Wasser ist weiter nichts als das Wasser des unterirdischen Wasserlaufs mit allen seinen unveränderten Eigenschaften.

Quellerscheinungen im besonderen sollen in einem weiteren Bande dieser Arbeit ausführlich behandelt werden.

C. Grundwasser.

Nach der im Abschnitt „Das unterirdische Wasser“ (S. 4) gegebenen Begriffserklärung haben wir unter Grundwasser jenes unterirdische Wasser zu verstehen, welches sich in den zu losen Haufwerken geschichteten Trümmergesteinen von ausgesprochen gesetzmäßiger Durchlässigkeit sammelt und nach den Gesetzen der Filtration fortbewegt.

Die Entstehung von Grundwasser setzt demnach voraus:

1. eine Anhäufung von Haufwerken, die man in ihrer Gesamtheit als wasserführende Schichten oder Wasserträger bezeichnet, und
2. eine Unterlage, auf welcher die losen Haufwerke gelagert oder in die sie eingebettet sind. Diese Unterlage muß, wenn sich eine zusammenhängende Wassermasse bilden soll, undurchlässig sein, da sonst das in den durchlässigen Schichten sich sammelnde Wasser in die Tiefe sinken müßte.

Die aus undurchlässigen Schichten bestehende Unterlage eines Grundwasserträgers nennt man wassertragende Sohle.

I. Der geo-hydrologische Aufbau des grundwasserführenden Untergrundes.

1. Die wasserführenden Schichten.

Vom rein hydrologischen Standpunkt aus ist es ziemlich belanglos, welcher geologischen Formation die aus losen Haufwerken sich zusammensetzenden Grundwasserträger entstammen. Ebensowenig hydrologische Bedeutung ist denjenigen Kräften beizumessen, welche die Zerlegung des festen Gebirges in die einzelnen Gesteinstrümmer hervorgerufen haben.

(Wie wir später im Abschnitt „Unterirdische Wasserläufe“ auf S. 189 sehen werden, ist dort das Gegensätzliche der Fall, da bei der Entstehung unterirdischer Wasserläufe gerade die Art der geologischen Formationen und die das Gebirge zersetzenden Kräfte die Hauptrolle spielen.)

Für die Grundwasserträger ist die hydrologische Hauptfrage die: „Durch welche Naturkräfte haben die Gesteintrümmer den Weg von ihrem Ursprung bis zu ihrer Ablagerungsstätte zurückgelegt und wie groß ist die Entfernung der beiden letzteren?“

Als geschiebeführende und Ablagerungen erzeugende Kräfte kommen in Betracht:

1. die lebendige Kraft des Wassers,
2. „ „ „ „ Eises, und
3. „ „ „ „ Windes.

Man bezeichnet diese Kräfte auch als „fluviatil, glazial und volatil“ und unterscheidet daher zwischen Grundwasserträgern, welche fluviatilen, glazialen und volatilen Ursprungs sind.

Geschiebe, welche nach erfolgter Zertrümmerung des Muttergesteins am Entstehungsort liegen geblieben sind, heißen „sedentär“.

Fluviatile Wasserträger verdanken ihre Entstehung der lebendigen Kraft des fließenden Wassers. Man bezeichnet sie auch als alluvial oder Alluvionen. Ist ihre Ablagerung in Seebecken vor sich gegangen, so nennt man sie lakustrin. Alle fluviatilen Wasserträger sind entsprechend ihrer Erzeugungsart stets regelmäßig geschichtet.

Glaziale Wasserträger sind das Ergebnis von Gletscherwirkung und im rein glazialen Zustande in der Regel ein regelloses Gemisch von Gesteinstrümmern jeder Gestalt und Größe. Man bezeichnet sie auch als diluvial oder Diluvium.

Hydrologischen Wert erhalten glaziale Bildungen erst durch Auswaschung, Schlemmung und Sortierung der einzelnen Geschiebe, welche Arbeit auch hier das fließende Wasser besorgt. Das Ergebnis dieser Wasserarbeit sind ebenfalls regelmäßig geschichtete Wasserträger, die entsprechend ihrer doppelten Herkunft fluvioglazial genannt werden.

Volatile Wasserträger entstehen durch die tragende Kraft des Windes. Auch sie sind regelmäßig aufgebaut und werden auch als äolisch bezeichnet.

a. Alluviale wasserführende Schichten (Alluvium).

Die zur Bildung und Fortleitung des Grundwassers sich hervorragend eignenden losen Haufwerke alluvialen Ursprungs sind das Ergebnis der Verwitterung der festen Gebirge und der Erosion, d. h. der Fortspülung der abgetrennten Gesteinstrümmer.

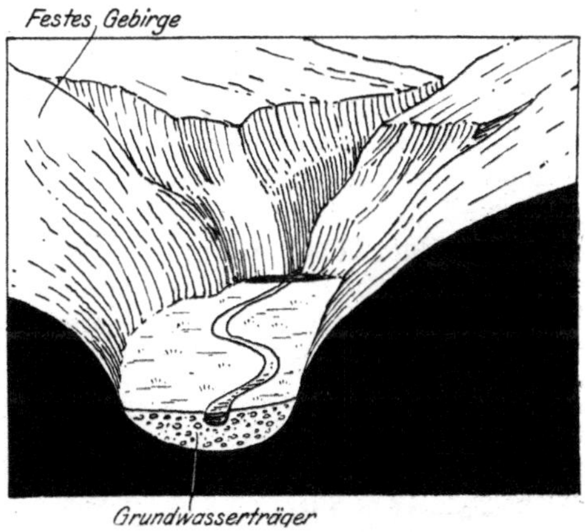

Abb. 8. Schematische Darstellung der Gebirgsabtragung und der Aufschüttung von Grundwasserträgern.

Die Zerstörung des Gebirges erfolgt vorwiegend durch chemische, physikalische und biologische Einwirkung von Luft, Wasser, Temperatur und Pflanzentätigkeit. Die Erosion ist eine Wirkung des oberirdisch abfließenden Wassers, also der Bäche, Flüsse und Ströme. Die im Wege der Erosion fortgeführten Gesteinstrümmer werden nicht allein gegenseitig abgeschliffen und zerkleinert, sondern sie höhlen auch im Untergrund, über den sie sich fortbewegen, Rinnen, Kanäle und sonstige Vertiefungen aus, in denen dann unter Umständen die einzelnen Gesteinstrümmer in Gestalt gewaltiger Grundwasserträger abgelagert werden.

Die Bildung alluvialer Grundwasserträger ist dauernd im Fortschreiten begriffen und geschieht auf Kosten des der Abtragung verfallenden festen Gebirges, wie dies Abb. 8 darstellt.

Die mechanisch mitgeführten Stoffe unterliegen auf dem zurückgelegten Wege einer allmählichen Ausscheidung durch Absetzung. Dieser Ablagerungsvorgang ist u. a. abhängig von der lebendigen Kraft des fließenden Wassers, der Größe, Gestalt und Schwere der einzelnen Geschiebe und vollzieht sich in der Art, daß im allgemeinen im Gebirge das grobe Gerölle und weiter talab nach und nach Kies, Sand und Schlamm abgelagert wird.

Wie Domaszewsky (40) angibt, trägt z. B. die Donau faustgroße Steine bis Preßburg, leichten Schotter bis Budapest, Sand bis Widdin und Schlamm bis zum Schwarzen Meer.

Über die Gesetze der Geschiebeführung u. dgl. schreiben u. a. eingehend Wang (41) und Collet (42).

Nach Bonney (43) bestehen folgende Beziehungen zwischen der Geschwindigkeit des fließenden Wassers und den bewegten Schwebestoffen.

Geschwindigkeit in Sek.	Schwebestoff, der mitgeführt wird
0,076 m	Schlamm
0,152 m	feiner Sand
0,213 m	grober Sand, feiner Kies
0,305 m	gröberer Kies
0,686 m	Kies von 25 mm Durchmesser
1,219 m	schwerere Rollsteine

Die auf vorstehend geschilderte Weise entstehenden alluvialen Ablagerungen sind die besten und mächtigsten Grundwasserträger. Sie begleiten die oberirdischen Wasserläufe und vermitteln die unterirdische Entwässerung der festen Gebirge in die Bäche, Flüsse und Seen.

Die Menge der von den fließenden Gewässern mitgeführten Schwebestoffe gibt uns nicht allein eine Vorstellung von der Mächtigkeit und Flächenausdehnung alluvialer Ablagerungen, sondern auch von der nach und nach fortschreitenden Zerstörung des Festlandes.

Nach den Mitteilungen von Supan (2) betragen die jährlichen Mengen der von der Rhône mitgeführten Stoffe (gemessen bei Pont du Scex, 6 km oberhalb des Genfer Sees):

		Winterhalbjahr	Sommerhalbjahr	Jahr
Wassermenge	Mill. m^3	678	5375	6053
gelöste Stoffe	Mill. kg	210	735	945
schwebende Stoffe	Mill. kg	34	3060	3094
Gesamtstoffführung	Mill. kg	244	3795	4039

Dadurch, daß sich bei einer bestimmten Wassergeschwindigkeit die Gerölle in solche scheiden, die liegen bleiben, und in solche, welche vom Wasser fortgetragen werden, bis auch sie der Größe, dem Gewicht und der Gestalt nach zur Ablagerung kommen, erfolgt eine Sortierung der Geschiebe nach Korngröße und es entstehen auf diese Weise lose Ablagerungen von gesetzmäßiger Regelmäßigkeit und Durchlässigkeit, die ein natürliches Filter darstellen.

In der regelmäßigen, durch die Gesetze der Geschiebeführung bestimmten Ablagerung liegt der hohe hydrologische Wert alluvialer Wasserträger, da sich in ihnen auch die Wasserbewegung gesetzmäßig vollziehen muß. Man ist daher berechtigt, innerhalb eines durch gesetzmäßige Vorgänge aufgebauten Haufwerks aus einzelnen Beobachtungen Schlüsse auf das Gesamtverhalten des Wasserträgers zu ziehen.

Aus diesem Grunde sind die alluvialen Bildungen in hervorragendem Maße zur Vornahme systematischer hydrologischer Untersuchungen geeignet.

Im allgemeinen nimmt die Mächtigkeit der Alluvionen sowohl in lotrechtem als auch wagerechtem Sinne mit der Entfernung vom Gebirge zu und erreicht das Höchstmaß in der Nähe der Flußmündungen. Je weiter man flußaufwärts steigt, desto schmäler wird der zusammenhängende Wasserträger, um schließlich durch aufragende Kuppen des anstehenden Gebirges in einzelnen Rinnen aufgelöst zu werden. Die Horizontalität des Geländes verliert hierbei ebenfalls ihren durchgängigen Charakter und es entstehen einzelne voneinander getrennte Wasserträger, wie in Abb. 9 dargestellt ist.

Wir sehen in der Abb. 9 vier mit Geschieben desselben Ursprungs gefüllte Talfurchen in der aus Granit bestehenden Unterlage, die hydraulisch voneinander getrennt sind.

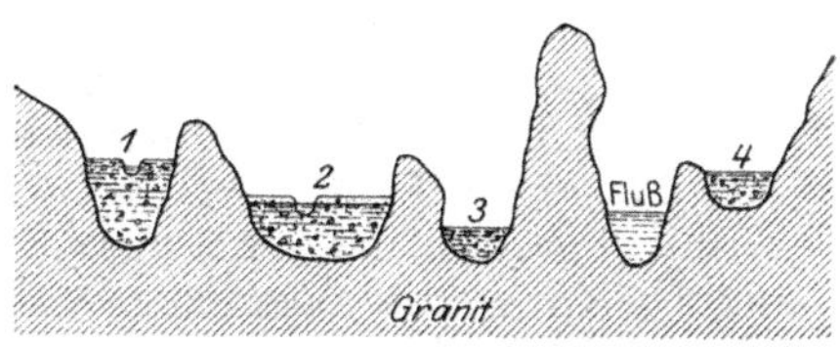

Abb. 9. Auflösung eines zusammenhängenden Grundwasserträgers in einzelne Rinnen.

Ein hydraulischer Ausgleich der getrennten Grundwasserträger findet weiter talabwärts dort statt, wo die aufragenden Kuppen unter die Spiegelfläche des Grundwasserträgers sinken.

Die Nähe des Gebirges kommt auch in der Zusammensetzung und filtrierenden Wirkungsweise des Grundwasserträgers zum Ausdruck. In der Nähe des Gebirges ist der von den einzelnen Geschieben zurückgelegte Weg kurz, der Übergang vom Hochwasser zum mittleren und gewöhnlichen Wasserstand vollzieht sich öfter als im Tal und dazu in kurzen Zwischenräumen. Infolgedessen ist der Grundwasserträger ein in seiner Korngröße wenig abgestuftes Gemisch von feinen und groben Sanden und ungerollten Geschieben und Blöcken. Aus diesem Grunde ist die Durchlässigkeit von Ort zu Ort stark wechselnd und die Filterwirkung verschieden und zum Teil gering.

Dem anstehenden Gebirge sind meist Verwitterungserzeugnisse vorgelagert, welche nur in die Tiefe abgeglitten snd und keinen längeren Wasserweg durchgemacht haben. Sie sind infolgedessen meist grobkörnig und von scharfkantigen Blöcken durchsetzt, und das Wasser bewegt sich hier zum Teil wie in Spalten und Hohlräumen von ungenügender Filtrationswirkung. Man bezeichnet derartige am Entstehungsort abgelagerte Trümmerbildungen als B e r g k i e s. Bergkiese sind im allgemeinen minderwertige Grundwasserträger.

b. Diluviale wasserführende Schichten (Diluvium) erster Ordnung.

Im Gegensatz zur Alluvialzeit, welche noch fortdauert, stellt das Diluvium ein abgeschlossenes geologisches Zeitalter der Vergangenheit dar. Während des Diluviums war der größte Teil von Europa und Amerika mit Inlandeis und Gletschern bedeckt, und man bezeichnet diesen für die Hydrologie äußerst wichtigen Zeitabschnitt auch als Eiszeit.

Die hydrologisch wichtigsten Vorgänge während der Eiszeit sind:

1. die Moränenbildung und
2. die Ablagerung der aus den Moränen durch das Schmelzwasser des Eises ausgewaschenen Gesteinstrümmer zu regelmäßig geschichteten, durchlässigen Haufwerken.

Von den verschiedenen Moränenarten spielt in hydrologischer Hinsicht die Grundmoräne die größte Rolle, und zwar nicht nur wegen ihrer allgemeinen Verbreitung, sondern auch infolge ihrer Mächtigkeit und Geschiebeführung.

Die Grundmoräne des Inlandeises ist durch weitere Zerstückelung und Zermalmung der vom Eis fortgeführten Gesteinstrümmer entstanden und stellt einen sich rauh und kratzig anfühlenden Lehm dar, der mit zahlreichen Mineralsplittern, Körnern, Findlingen, Blöcken und sonstigen Geschieben, die in ihm regellos durcheinander lagern, förmlich gespickt ist. Aus diesem Grunde führt die Masse, aus der sich die Grundmoräne zusammensetzt auch den Namen Geschiebemergel oder Geschiebelehm.

Der Geschiebelehm kann im großen und ganzen als undurchlässig gelten und ist daher geeignet, sowohl die wassertragende Sohle als auch die Seitenwände der Grundwasserträger zu bilden.

Wird der Geschiebelehm der Einwirkung von fließendem Wasser ausgesetzt, so löst er sich auf in seine Bestandteile, das sind Schlamm, Sand, Kies und größere Gerölle, die je nach ihrer Größe und Schwere vom fließenden Wasser fortgetragen, sortiert und abgelagert werden. Diese Auswaschungs-, Schlamm- und Sortierungsarbeit haben während der Eiszeit die Schmelzwässer des Inlandeises vollzogen, wie dies in Abb. 10 schematisch dargestellt ist.

Das Ergebnis der Eisschmelzung sind nicht allein die als Haupttäler bezeichneten Furchen in der Grundmoräne, deren Verlauf parallel mit dem unteren Eisrand geht und die dazu oft senkrecht stehenden Quertäler, sondern auch die Ausfüllung dieser Täler mit regelmäßig geschichteten Sanden, Kiesen und Granden sowie tonigen Zwischenlagen, die je nach der Jahreszeit und der damit zusammenhängenden Stärke des Abschmelzungsvorganges abgelagert worden sind.

Man bezeichnet diese Ablagerungen, wie wir bereits gesehen haben, als geschichtetes oder fluviatiles Glazialdiluvium (abgekürzt fluvioglazial) und hat in ihnen ebenso wie in den Alluvionen die regelmäßigsten, wasserreichsten Grundwasserträger von bedeutender Länge und Mächtigkeit zu suchen.

Eine weitere hydrologisch wichtige Eigenschaft der Eiszeit ist, daß sie sich nicht auf einen Vorstoß und Rückzug beschränkt hat, sondern daß in ihr wiederholte Vereisungen mit zum Teil erheblichen Schwankungen der Ausdehnung vorgekommen sind. Auf diese Weise fand ein wiederholter, wechselnder Kampf zwischen dem Vordringen des Eises und der Abschmelzung statt und die Folge davon sind sowohl über- als auch nebeneinander liegende Abschmelzrinnen mit geschichteten durchlässigen Ablagerungen.

Die am meisten verbreitete Ansicht ist die, daß es mehrere Eiszeiten gegeben hat mit je einer wärmeren Zwischenzeit, die man als interglazial bezeichnet. Es gibt Forscher, welche 3 oder 4 Eiszeiten annehmen. Geikie (44) spricht sogar von 6 Vereisungsperioden.

Die Zeit, welche zwischen dem Tertiär und der ersten Eiszeit liegt, bezeichnet man als präglazial.

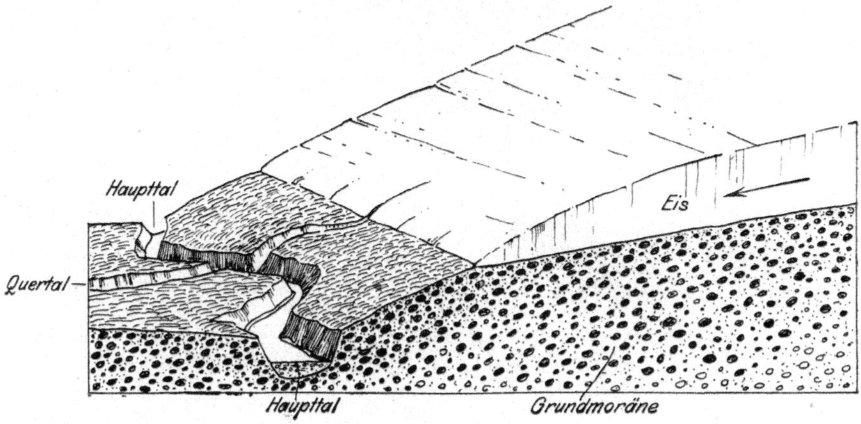

Abb. 10. Auswaschung von Tälern in der Grundmoräne durch das Schmelzwasser des Inlandeises.

Präglaziale wasserführende Schichten sind die Ablagerungen voreiszeitlicher Wasserläufe und am besten in den von der späteren Vereisung verschont gebliebenen Landstrichen erhalten.

Die Zahl der glazialen und interglazialen Schichten, sowie ihre gegenseitigen Beziehungen hängen vollständig ab von den örtlichen Vereisungsverhältnissen. Irgendein Schema läßt sich in dieser Beziehung nicht angeben, und es ist Sache der praktischen Geo- und Hydrologie, auf Grund von Bohrungen zu entscheiden, ob z. B. auf eine glaziale Grundwasserrinne in der Tiefe noch eine weitere glazialen oder interglazialen Ursprungs folgen kann oder nicht.

In all den Fällen, wo Bohrungen im Diluvium hydrologisch ergebnislos ausfallen, sollte man die Bohrarbeiten nicht eher einstellen, als bis das Liegende des Diluviums erreicht ist.

c. Die eiszeitlichen grundwasserführenden Ablagerungen Europas.

Die Vereisung von Europa erstreckte sich fast über die ganze nördliche Hälfte dieses Erdteils, einen Flächenraum von rund 6 Mill. km² einnehmend. Ein Bild der Vereisung Europas in verschiedenen Eisstadien gibt Abb. 11.

Man nimmt an, daß Norddeutschland mindestens 3 Eiszeiten durchgemacht hat.

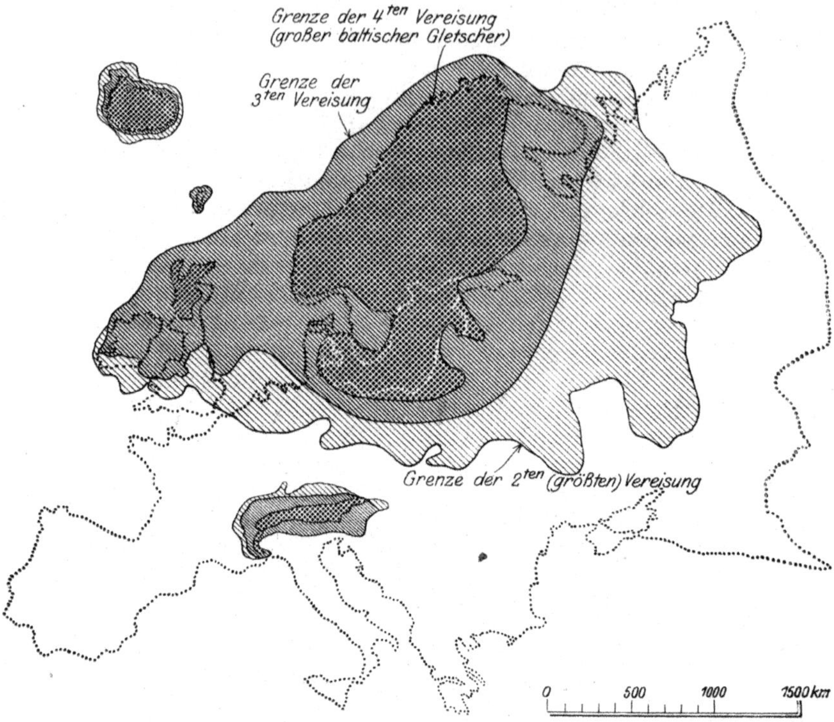

Abb. 11. Flächenausdehnung der Vereisung von Europa. (Nach Geikie.)

Der hydrologisch wertvollste Teil des europäischen Vereisungsgebietes ist Norddeutschland nebst den Ländern der baltischen Tiefebene.

d. Das nordische Vereisungsgebiet Norddeutschlands (Urstromtäler).

Durch das Abschmelzen der ungeheuren Eismassen, die über Norddeutschland lagerten, sind gewaltige Wassermassen in Bewegung gesetzt worden, welche das ganze vorgelagerte Land zerpflügt und wieder zugeschüttet bzw. eingeebnet haben, so daß heute Norddeutschland ein weit ausgedehntes Flachland darstellt.

Das Ergebnis dieser Abschmelzungs-, Erosions- und Ablagerungsvorgänge (vgl. Abb. 10) sind mehr oder weniger zusammenhängende Täler, die mit geschichteten, durchlässigen und undurchlässigen Ablagerungen vollständig ausgefüllt sind.

Derartige mit tiefen Aufschüttungsmassen erfüllte ehemalige Flußtäler stellen demnach die Überreste alter eiszeitlicher Schmelzwasserrinnen dar, die viel zu weit und zu tief für die heutigen oberirdischen

Wasserläufe sind, so daß diese entweder in ihnen unterirdisch ganz verschwinden oder sie nur als spärliche Reste ehemaliger größerer Flüsse durchqueren.

Besonders ausgebildet und auch hydrologisch wertvoll für die Wasserversorgung norddeutscher Städte und gewerblicher Anlagen ist das eiszeitliche Flußnetz der Norddeutschen Tiefebene, dessen Entwicklung aus Abb. 12 ersichtlich ist.

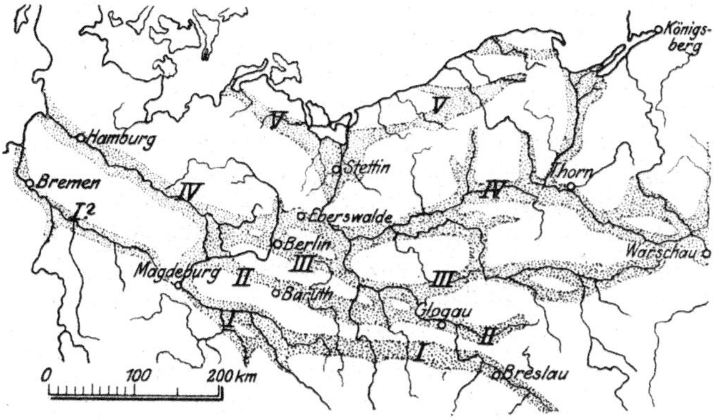

Abb. 12. Die Urstromtäler Norddeutschlands. (Nach Wahnschaffe.)

Die am Rande des immer weiter nach Norden zurückweichenden Eises entstehenden Schmelzwässer haben die sog. „Urstromtäler“ im Untergrund ausgewaschen, deren Richtung von Ost nach West, parallel

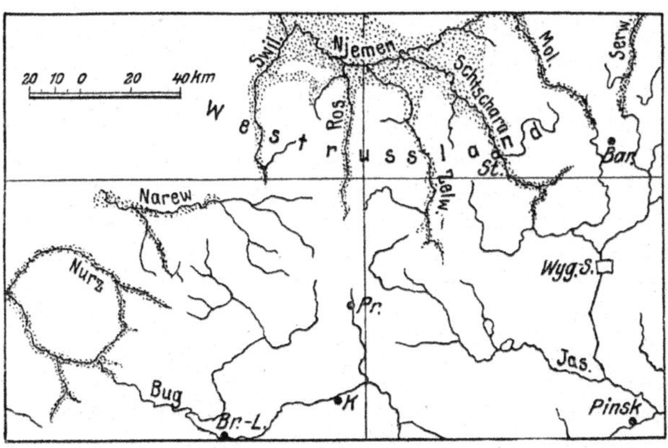

Subglaziale Rinnen und Senken.

Abb. 13. Grundwasserführendes Rinnensystem im Pripetbecken. (Nach Woldstedt.)

mit dem Rand des Inlandeises verläuft. Sie sind nacheinander in süd-nördlich sich folgender Abstufung entstanden. Das südlichste Urstromtal ist das sog. „Breslau-Magdeburger“ Tal (I), welches das älteste ist. Dann folgt das „Glogau-Baruther“ (II), das „Warschau-Berliner“ (III) und das „Thorn-Eberswalder" Tal (IV). Am Rand der Ostsee verläuft der „Baltische Urstrom" (V).

Diese Haupttäler stehen durch zahlreiche Quertäler miteinander in hydraulischer Verbindung. Eine große Zahl deutscher Städte bezieht aus den Grundwasserträgern dieser Täler bzw. ihrer Ausläufer ein ausgezeichnetes Grundwasser.

So z. B. aus	Tal	I	Ratibor, Breslau,
„	„	II	Glogau, Forst i. L.,
„	„	III	Berlin und Vororte,
„	„	IV	Thorn, Bromberg,
„	„	V	Köslin usw.

Grundwasserführende Urstromtäler beschränken sich nicht auf die Norddeutsche Tiefebene ausschließlich. Sie lassen sich, wie aus Abb. 13 nach den Mitteilungen von Woldstedt (45) ersichtlich, auch weiter nach dem Osten zu, und zwar bis tief nach Rußland hinein verfolgen.

Die Urstromtäler haben oft große Breiten von 10—30 km, und die Mächtigkeit der sie ausfüllenden Wasserträger übersteigt nicht selten 40—50 m.

e. Die alpinen Vergletscherungsgebiete.

Hydrologisch nicht minder wichtig als die Vereisung Nordeuropas durch die nordischen Inlandeismassen ist auch die Vergletscherung, die von den Alpen ausging und die sich sowohl auf das nördliche wie südliche Vorland dieses Gebirgszugs erstreckte.

Über die Vereisung dieser Gebiete und deren geo-hydrologische Folgeerscheinungen gibt die beste Auskunft das Werk von Penck und Brueckner: „Die Alpen im Eiszeitalter" (46).

Für die Alpen hat Penck eine besondere Gliederung der Vereisung, die von der nordischen Einteilung vollständig abweicht, aufgestellt. Es sind namentlich die sog. Günz-, Mindel-, Riß-, Würm- und Bühl-Vereisungsstadien mit ihren gewaltigen, starke unterirdische Wasserführung begünstigenden Schotterablagerungen für die Wasserversorgung von Oberbayern, Norditalien und der Schweiz ungemein wichtig.

Hydrologisch besonders wertvoll und lehrreich sind die Vorarbeiten A. Thiems (47) zur Wasserversorgung von München, die volles Licht auf die eigenartige unterirdische Wasserführung des nördlichen alpinen Vorlandes werfen.

Eines der gewaltigsten und wasserreichsten Grundwasserbecken Europas unterteuft die Poebene, welche mit ungeheuren, in zahlreiche Wasserstockwerke gegliederten Sand- und Schottermassen, die aus den Alpen stammen und zum Teil dem Pliozän angehören, angefüllt sind (Abb. 14).

Zahlreiche norditalienische Städte, so z. B. Venedig (48), Mailand (49) und Turin (50) beziehen das Wasser aus diesen Schichten.

Vielfach wird leider im Gebirge und im Vorland desselben der hydrologische Wert der in den eiszeitlichen Sand- und Schottermassen sich bewegenden Grundwassermengen bei weitem unterschätzt und ihnen nicht die Aufmerksamkeit geschenkt, die sie vom hydrologischen Standpunkte aus verdienen. Der Grund dieser Vernachlässigung der Grundwässer in Gebirgsgegenden ist nicht allein darin zu suchen, daß man mit Bezug auf Menge in der Regel mehr Vertrauen zu sichtbar auftretenden Quellen als zu unsichtbar unterirdisch fließendem Grundwasser hat, sondern daß man den Quellen auch nachrühmt, sie mit natürlichem Gefälle, also ohne Hebungskosten, fortleiten zu können.

Diese Ansichten sind in vielen Fällen unrichtig, da in der Regel die unterirdische Grundwasserführung größer ist als die sichtbare Quellschüttung, die ja nur einen Teil der ersteren darstellt, und da man meist in der Lage ist, auch das Grundwasser so hoch zu fassen, daß es mit genügendem natürlichem Überdruck zur Abgabe an die Verbraucher gelangen kann.

Lehrreiche Beispiele dafür, daß man auch in quellreichen gebirgigen Gegenden mit Vorteil zum Bezug von Grundwasser übergehen kann, sind die neuen Fassungen der Städte Lugano, Luzern, Basel und Freiburg i. Schweiz.

f. Grundwasserführende Schichten gemischten Ursprungs.

In verschiedenen, zwischen nordischer und alpiner Vergletscherung liegenden Gebieten trifft man wasserführende Ablagerungen, die aus einem Gemenge von Geschieben nordischen und alpinen Ursprungs bzw. solchen, die aus Mittelgebirgen entstammen, bestehen. Die Anteilswerte der Geschiebe verschiedenen Ursprungs schwanken je nach den eiszeitlichen und örtlichen Verhältnissen.

Als Beispiel seien hier angeführt die präglazialen Saale- und Muldeschotter des Leipziger Flachlandes, welche stark mit nordischem Gletschermaterial gemischt sind und nach den Ermittlungen A. Thiems (51) in der Hydrologie Leipzigs eine große Rolle spielen.

In hydrologischer Hinsicht sind Ursprung sowie das Mischungsverhältnis der verschiedenen Geschiebearten namentlich dann wichtig, wenn Geschiebe aus härtebildenden Mineralien vorwiegen, da man dann in solchen Gebieten mit hartem Wasser rechnen muß. So sind z. B. die Geschiebe des Neckars reich an wasserlöslichen Härtebildnern, und aus diesem Grunde hat man es auf Grund der Vorarbeiten Smrekers (52) vorgezogen, das Grundwasser für

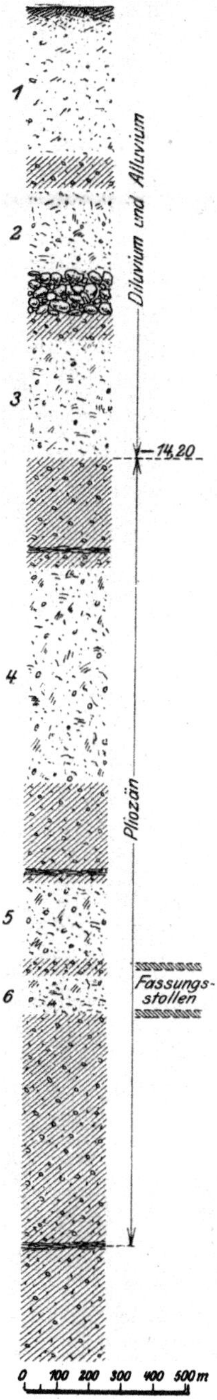

Abb. 14. Schnitt durch die Schichten der Wasserfassung von Sangano (Turin).

die Stadt Mannheim nicht in den benachbarten Neckargeschieben, sondern in den weiter entfernten Rheinablagerungen zu fassen, welche weicheres Grundwasser liefern.

g. Die eiszeitlichen wasserführenden Ablagerungen Nordamerikas.

Die Vergletscherung von Nordamerika ist der Flächenausdehnung nach derjenigen von Europa bedeutend überlegen. Ihre Größe wird

Abb. 15. Flächenausdehnung der Vereisung von Nordamerika. (Nach Wright.)

auf 15—20 Mill. km² geschätzt. Sie erstreckt sich etwa 1000 km weiter nach Süden als die europäische Vereisung, d. h. bis in die Breite von Sizilien.

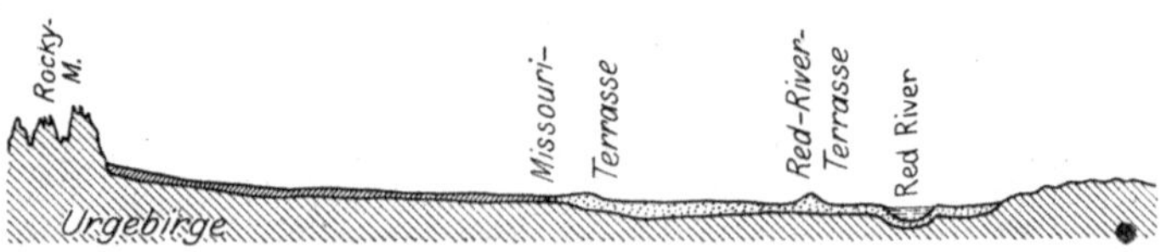

Abb. 16. Glaziale Bedeckung zwischen Rocky-Mountains und Red-River. (Nach Dawson.)

Über die Ablagerungen der amerikanischen Eiszeit oder „drift" gelten dieselben geo-hydrologischen Betrachtungen wie über die europäischen Glazialbildungen. Eine genaue Beschreibung der amerikanischen Eiszeit gibt Wright (53).

Hunderte von Fuß mächtig sind die Glazialablagerungen der durch Bohrungen nachgewiesenen alten Täler Nordamerikas, die vielfach mit präglazialen Sanden und Kiesen ausgefüllt und grundwasserführend sind.

Die Ausbreitung der amerikanischen „drift“ und einen Schnitt durch die glazialen Bodenbedeckungen zwischen Rocky-Mountains und dem Red-River zeigen Abb. 15 und Abb. 16.

Die hydrologische Bedeutung der amerikanischen „drift“ wird dadurch herabgedrückt, daß in Nordamerika vielfach die voreiszeitlichen, tieferen Schichten große Mengen gespannten Wassers führen. Es ist erklärlich, daß man einem Wasser, welches natürlich über Tag ausfließt, den Vorzug einräumt und diesen Vorteil durch Tiefbohrungen erkauft.

h. Diluviale grundwasserführende Schichten zweiter Ordnung.

Zu den wasserführenden fluvioglazialen Bodenerscheinungen des Diluviums gehören neben den vorstehend beschriebenen Hauptwasserträgern noch folgende untergeordnete Bildungen:

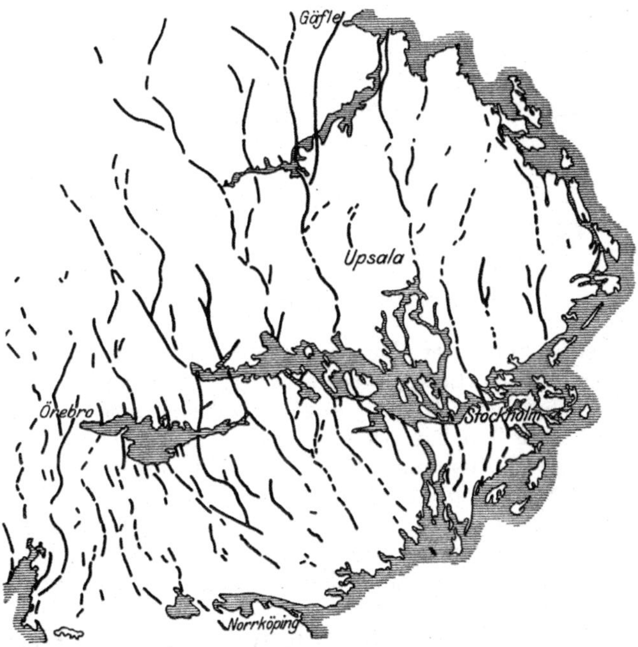

Abb. 17. Verlauf der größeren Ose in den Mälarprovinzen. (Nach **Högbom**.)

1. die sog. „Kames“ und „Drummel“ („Drumlins“), d. h. gesellig auftretende runde oder längliche Hügel, die oft einen geschichteten Kern aus durchlässigem fluvioglazialen Material enthalten. Besonders bekannt sind die Kames und Drumlins aus der Nähe der Alpen, aus Norddeutschland (54), England (44) und Nordamerika (53);
2. die Ose (Åsar) oder Wallberge.

Die Ose bestehen im wesentlichen aus Sand, Kies und Gerölle, die oft bänderartig wechsellagern oder Kreuzschichtung zeigen (vgl. Abb. 20). Sie bilden meist lange, oft sehr schmale Rücken und setzen sich mitunter zu einem ganzen Netz in der Art zusammen, daß auf den sog. Hauptos ganze Scharen von Nebenosen stoßen.

Die Geologen sind der Ansicht, daß die Ose entweder die Reste supraglazialer Ablagerungen darstellen, die sich auf dem Eis abgelagert haben und beim Wegschmelzen des Eises liegen geblieben sind, oder daß es sich um subglaziale Auffüllungen von Schmelzwasserrinnen handelt, die unter der Eisdecke in tunnelartiger Gestalt zur Ausbildung kamen.

Ose erreichen oft eine beträchtliche Länge sowie Mächtigkeit und sind infolge ihrer hydrologisch günstigen Lagerung und Durchlässigkeit für Wasserversorgungszwecke gut geeignet.

Mit die beste und regelmäßigste Entwicklung haben die Ose in den Mälarprovinzen Schwedens, wo sie für die Anlage von Landstraßen und Eisenbahnen ebenso richtungbestimmend sind wie die Urstromtäler für die Verbindungswege Norddeutschlands.

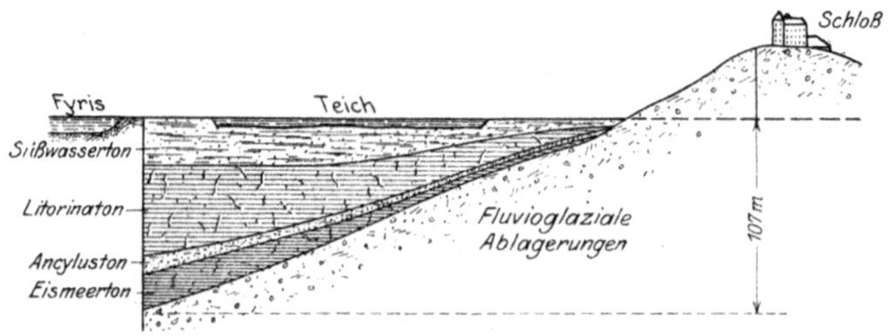

Abb. 18. Schnitt durch den Uppsala-Os. (Nach Högbom.)

Eine Übersichtskarte der Ose der Mälarländer zeigt Abb. 17.

Ein hervorragendes Beispiel eines wasserführenden Oses ist der Uppsala-Os, welcher etwa 450 km lang ist und eine lotrechte Mächtigkeit von mehr als 140 m hat, wovon etwa 40 m über Flur in Gestalt eines Rückens ragen. Aus dem Uppsala-Os (Abb. 18) wird ein Teil des Wassers für die Stadt Uppsala bezogen.

Wassergewinnungsanlagen, die durch Ose gespeist werden, haben nach den Mitteilungen von Richert (55) u. a. die schwedischen Städte Oerebro, Karlslund, Christianstad, Falun, Luleå, Karlshamm usw.

i. Lotrechte Mächtigkeit quartärer grundwasserführender Schichten.

Die Mächtigkeit quartärer Grundwasserträger hängt in erster Linie von der Tiefe der Erosionsrinnen, in welchen sie zur Ablagerung gekommen sind, und den Ablagerungsverhältnissen des die Ablagerungen erzeugenden fließenden Wassers ab.

Alluviale Grundwasserträger haben nach den Erfahrungen des Verfassers eine durchschnittliche Höchstmächtigkeit von etwa 20 Metern. Vielfach ist ihre senkrechte Entwicklung erheblich geringer.

Diluviale wasserführende Schichten sind in der Regel Alluvionen in der Mächtigkeit erheblich überlegen.

Anhaltepunkte darüber geben die Tiefen des an verschiedenen Stellen durchbohrten Alluviums und Diluviums, doch ist dabei zu berücksichtigen, daß die erbohrten Tiefen auch undurchlässige Einlagerungen enthalten.

Das Diluvium der Mark z. B. ruht auf jung- bzw. alttertiären Schichten, und diese Unterlage bildet nach Behrend (56) eine ziemlich regelmäßige Mulde, deren tiefster Punkt annähernd genau in der Mitte (unterhalb der Stadt Berlin) liegt.

Nach Wahnschaffe (54) schwankt die Mächtigkeit der diluvialen Decke im Weichbilde der Stadt Berlin zwischen 34 und 126 Metern.

Über die erbohrte Mächtigkeit der Quartärablagerungen eines Teils von Nordeuropa gibt folgende Zusammenstellung nach Wahnschaffe Auskunft.

Mächtigkeit der quartären Ablagerungen Norddeutschlands und der Niederlande.
(Nach Wahnschaffe.)

Ort	Mächtigkeit m
Tönning i. Schl.-Holstein . . .	358
Büttel b. Brunsbüttel	246
Strasburg i. d. Uckermark . .	204+....
Utrecht	160
Berlin (Friedrichstraße 8) . . .	126
Gorkum (Niederlande)	120
Stettin (Elisabethstraße) . . .	105,8
Danzig (Krebsmarkt)	100+....
Warnemünde	100

Keilhack (57) berechnet, daß bei den märkischen Diluvialablagerungen von einer Durchschnittsmächtigkeit von etwa 197 m auf die letzte Eiszeit rund 7 m, auf die vorletzte 50 m, auf die erste 140 m entfallen.

Die größten bisher bekannt gewordenen Mächtigkeiten haben Ablagerungen von Trümmergesteinen in der Wüste. Walther (58) führt z. B. an, daß in einem Bohrloch bei Askabad nicht weniger als 666 m von ständig wechselndem Löß, Sand und Kies erbohrt worden sind.

k. Regelmäßige Schichtung der grundwasserführenden Schichten.

Von größter hydrologischer Wichtigkeit ist ein regelmäßiger Aufbau der wasserführenden Schichten. Auf einen solchen kann man nur dort rechnen, wo die schichtenaufbauenden Kräfte an fließendes Wasser oder Wind gebunden waren.

Alluviale und äolische Schichten sind aus diesem Grunde in der Regel von großer Regelmäßigkeit.

Diluviale Schichten zeigten sehr häufig Unregelmäßigkeiten und sonstige Störungen.

Oft kann man bei fluviatilen Wasserträgern eine äußerst regelmäßige, aus mehreren hundert übereinander gelagerten Schichten von wechselnder Körnung bestehende Lagerung wahrnehmen. Abb. 19 zeigt eine Aufnahme von Tornquist (59), aus welcher die einzelnen Jahresbänder der Schichtung nebst Störungen deutlich zu ersehen sind.

Abb. 19. Schichtung von Diluvialsanden, südlich von Gumbinnen. (Nach Tornquist.)

l. Hydrologische Unregelmäßigkeiten und Störungen in den wasserführenden Schichten.

Unregelmäßigkeiten und Störungen im wasserführenden Untergrund sind in hydrologischer Hinsicht deshalb unerwünscht, weil sie die Arbeit erschweren und sehr oft auf die Erkenntnis der tatsächlichen hydrologischen Verhältnisse irreführend einwirken.

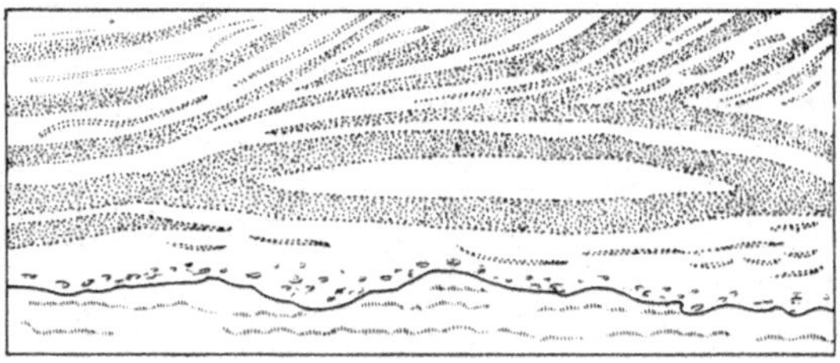

Abb. 20. Schnitt durch einen unregelmäßig gelagerten, bänderartigen Wasserträger.

Bei alluvialen Grundwasserträgern sind Unregelmäßigkeiten im Aufbau darauf zurückzuführen, daß infolge von Wechseln des Wasserstandes bzw. der Wassergeschwindigkeit auch die geschiebeführende Kraft des Wassers großen Schwankungen unterliegt. Es kommt dann zu einer äußerst wechselvollen Ablagerung der Geschiebe in verschiedener Korngröße, in welcher durch- und undurchlässige Schichten häufig wechseln. Die durchlässigen Schichten bilden dann nicht selten Bänder von verschiedener Durchlässigkeit, so daß das Wasser nicht mit gleichmäßiger Geschwindigkeit durch den ganzen durchlässigen Querschnitt fließt, sondern sich in einzelnen Bahnen, mit verschiedener Geschwindigkeit fortbewegt.

Die undurchlässigen Einlagerungen haben oft nur die Gestalt von auskeilenden Bändern, Linsen u. dgl., und dies hat meist zur Folge, daß derartig aufgebaute Wasserträger hydrologisch schwierig zu bearbeiten sind und undankbare Versuchsfelder für Wassergewinnungsarbeiten darstellen.

Einen Schnitt durch einen derartig unregelmäßigen, bänderartigen Wasserträger gibt Abb. 20.

Bedeutend größere Unregelmäßigkeiten zeigen Wasserträger diluvialen Ursprungs.

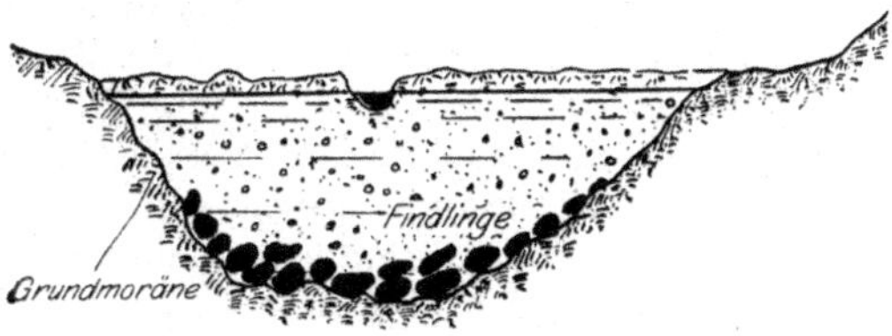

Abb. 21. Schnitt durch einen Grundwasserträger mit einer Pflastersohle.

Auch hier kommt wechselhafte Lagerung vor infolge der Schwankungen der geschiebeführenden Wasserkraft wie bei reinen Alluvialbildungen.

Für diluviale Wasserträger sind oft charakteristisch Anhäufungen von Findlingen und größeren Blöcken, welche in die durchlässigen Schichten eingelagert sind. Derartige Hindernisse erschweren die Bohrungen oft so stark, daß man es vorzieht, die Bohrversuche an anderer Stelle zu wiederholen. Vielfach bilden Findlinge, wie in Abb. 21 dargestellt ist, auf der wassertragenden Sohle einen pflasterartigen Belag. Derartige diluviale Steinpflaster zeigen in der Regel den Übergang von den durchlässigen Schichten zur Grundmoräne an.

Die größten, hydrologisch unangenehmsten Störungen in diluvialen Grundwasser-

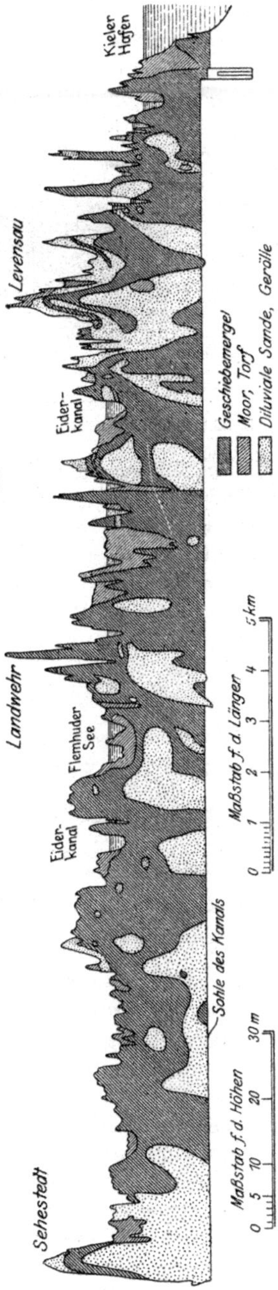

Abb. 22. Schichtenstörungen, durch die stauchende Kraft des Inlandeises hervorgerufen. (Nach Haas.)

trägern sind diejenigen, die durch die schiebende, pressende, stauchende und verwerfende Kraft des vorwärtsschreitenden Gletschereises in der noch weichen Masse der eiszeitlichen Ablagerungen hervorgerufen worden sind.

Der ursprünglich einheitliche, regelmäßig aufgebaute Grundwasserträger wurde durch diese Kraft in einzelne Bänder und Nester zerrissen, denen jeder hydraulische Zusammenhang abgeht und die deshalb einer systematischen hydrologischen Forschung große Schwierigkeiten entgegensetzen.

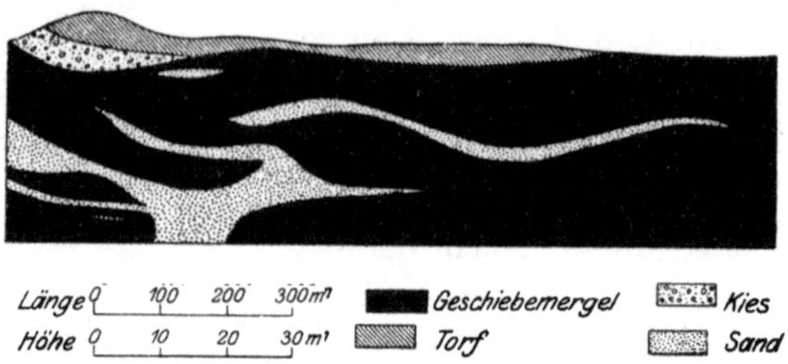

Abb. 23. Schichtenstörungen durch Eisschub im Untergrunde bei Scharfstorf (b. Wismar).

Einen lehrreichen Aufschluß derartiger Schichtenstörungen haben die Grabarbeiten am Kaiser-Wilhelm-Kanal ergeben. In Abb. 22 ist nach Haas (60) ein Teil des durch Graben erschlossenen Untergrundes dargestellt. Man sieht deutlich, wie durch Stauchung des vorrückenden Eises die Sande und Mergel auf- und übereinander geschoben worden sind, und begreift, daß solche Fälle leicht dazu verleiten, aus den Bohrergebnissen, die nur ein unklares Bild des Untergrundaufbaues geben können, auf mehrere übereinander liegende und durch Mergelbänke getrennte Wasserstockwerke zu schließen. Der Querschnitt wechselt

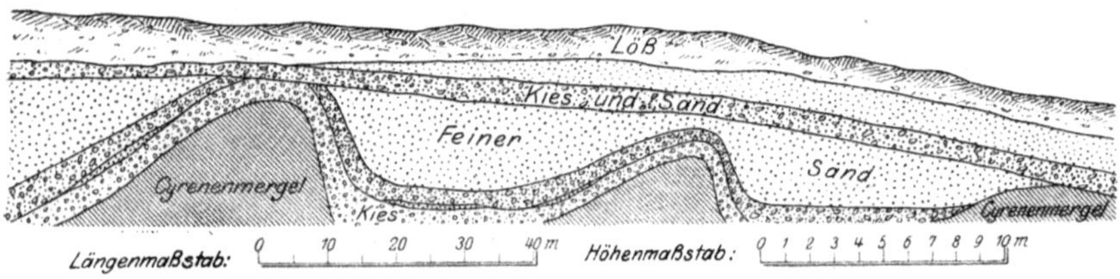

Abb. 24. Schichtenstörungen infolge tektonischer Bewegung bei Ober-Ingelheim. (Nach Steuer.)

von Meter zu Meter, und hydrologische Aufnahmen in einem solchen Untergrund werden nur dann zuverlässig sein, wenn sie auf Grund eines engmaschigen Netzes von Bohrungen durchgeführt sind.

Ein nicht minder lehrreiches Bild durch Eisschub nachträglich gestörter diluvialer wasserführender Schichten zeigt Abb. 23, welche den vom Verfasser erbohrten Querschnitt eines für die Stadt Wismar in Aussicht genommenen Wasserfassungsgeländes darstellt.

Nachträgliche Störungen in alluvialen und diluvialen Wasserträgern werden ferner hervorgerufen durch das Abrutschen von lehmigen und tonigen Seitenwänden, durch welche Beimengungen die an den Ufern liegenden Schichten einen Teil ihrer Durchlässigkeit verlieren.

Auch durch tektonische Bewegungen können Unregelmäßigkeiten und Störungen im Untergrund hervorgerufen werden.

So sind z. B. fluviatile und diluviale Ablagerungen des Rheintals bei Ober-Ingelheim (Abb. 24) durch nachträgliche Aufpressung des Cyrenenmergels, auf dem sie aufgelagert sind, sattelartig verbogen worden, worüber Steuer (61) näher berichtet.

Die unterirdische Störung ist durch spätere regelmäßige Ablagerungen vollständig verwischt und kommt nicht im geringsten in der Gestaltung der Oberfläche zum Ausdruck.

m. Tertiäre und ältere grundwasserführende Schichten.

Regelmäßig geschichtete wasserführende Schichten sind durchaus nicht beschränkt auf das Quartär. Sie kommen auch in älteren Formationen vor und unter Umständen, bis zum Urgebirge reichend, sind sie dann ebenfalls in hydrologischer als auch gesundheitlicher Beziehung ausgezeichnete Wasserträger.

Bei wasserführenden Schichten älteren geologischen Ursprungs muß der praktisch tätige Hydrologe allerdings stets damit rechnen, daß sie meist von mächtigen jüngeren Deckgebirgen überlagert sind und daß dadurch die hydrologischen Vorarbeiten wesentlich erschwert werden.

Als hervorragende ältere Grundwasserträger gelten namentlich die Sande pliozänen, miozänen, oligozänen und eozänen Ursprungs.

Gute pliozäne Wasserträger sind bekannt aus Belgien, Frankreich, Rußland, England und Amerika (vgl. Zusammenstellung auf S. 48).

Nach den Mitteilungen Sokolows (62) findet man z. B. in der Talrinne des Vorläufers des heutigen Dnjestr, dessen Ursprung nach der Zusammensetzung der von ihm hinterlassenen Sande und Gerölle ebenfalls in den Karpathen zu suchen ist, fluviatile Ablagerungen pliozänen und miozänen Ursprungs, die stark wasserführend sind.

Aber auch noch ältere lose Sandschichten, Sandsteine und Konglomerate können ausgezeichnete Grundwasserträger sein und nicht allein Wasser in großer Menge, sondern in vorzüglicher hygienischer Güte liefern.

Sandsteine und Konglomerate nehmen allerdings eine hydrologische Sonderstellung insofern ein, als sie je nach Umständen Grundwasser oder unterirdische Wasserläufe oder beides zugleich enthalten können.

n. Grundwasserführende Sandsteine und Konglomerate.

Den Übergang von den losen Haufwerken zu den festen, zusammenhängenden Gebirgsarten stellen die verkitteten Trümmergesteine dar, deren einzelne Teile durch mineralische Bindemittel verbunden sind.

Zu den verkitteten Trümmergesteinen rechnen wir die Sandsteine, Breccien, Konglomerate und Arkosen. Sie bestehen vorwiegend aus Quarzkörnern und ihre hydrologischen Eigenschaften sind davon abhängig, ob das Bindemittel, die Fülle, tonig, kalkig, dolomitisch usw. ist. Bemerkenswert ist nach den Angaben von Rinne (63), daß bei vielen Sandsteinen die Quarzkörner im Bindemittel stecken, ohne sich gegenseitig zu berühren, so daß sie gewissermaßen in der Fülle schweben, während sie doch bei der Lagerung vor der Verkittung einander berühren mußten. Man kann annehmen, daß das Bindemittel infolge seiner Ausdehnung beim Kristallisationsprozeß die einzelnen Körner voneinander entfernt hat (Abb. 25). Es muß dann das Raummaß des gekitteten Gesteins größer sein als das Raummaß der losen Sande, aus denen es hervorgegangen ist.

Durch Zersetzung des Bindemittels findet nicht selten eine Auflösung des verkitteten Gesteins statt in seine ursprünglichen Bestandteile. Ein ursprünglich stark durchlässiger Wasserträger, der im Laufe eines geologischen Zeitraums durch Umwandlung mehr oder weniger undurchlässig geworden ist, wird also nach und nach abermals in einen guten Wasserträger zurückverwandelt.

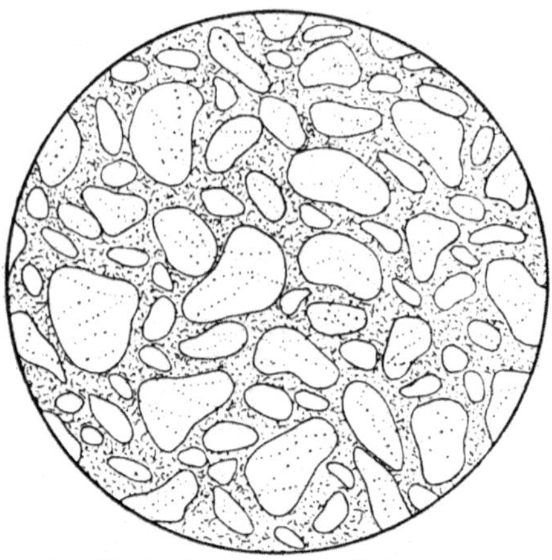
Abb. 25. Sandstein mit rundlichen Quarzkörnern. (Nach Rinne.)

Erstreckt sich die Absandung nur auf einzelne Teile eines räumlich ausgedehnten Sandsteingebirges, so erscheint in einer und derselben Formation das unterirdische Wasser bald als Grundwasser, bald als individueller Wasserlauf, je nachdem es sich im gänzlich abgebauten oder im klüftigen Sandstein bewegt. Es wird dadurch die hydrologische Erkenntnis der herrschenden Zustände wesentlich erschwert, und der hygienische Erfolg einer Wasserfassung wird davon abhängen, ob in der zerbröckelten Sandsteinmasse natürlich filtriertes oder unfiltriertes Wasser gefaßt wird.

Wir finden also in verkitteten Trümmergesteinen die eigenartige und hydrologisch höchst wichtige Erscheinung, daß das Oberflächenwasser in die Tiefenlagen der noch zusammenhängenden Sandsteinmassen zunächst durch Spalten und Klüfte eindringt und hier später durch die abgebröckelten, angehäuften, losen Sandmassen eine Reinigung durchmacht. Daraus erklärt sich, daß das aus Sandsteinen kommende Wasser vielfach rein und bakteriologisch einwandfrei ist.

Beurteilt man die verschiedenen Trümmergesteine nach ihrer Durchlässigkeit, so nehmen die Sandsteine die erste Stelle ein (vgl. Zusammenstellung auf S. 48 bis 52).

Von bedeutender Wasserführung ist z. B. der Dakotasandstein Nordamerikas, der sich auch durch große Regelmäßigkeit der Zusammensetzung auszeichnet. Die einzelnen Sandkörner, aus denen der Dakotasandstein zuammengefügt ist, haben durchschnittlich eine Korngröße von etwa $^1/_4$ bis 2 mm. Ein zementierendes Bindeglied ist nur in beschränktem Maße vorhanden und aus diesem Grunde ist das Gestein ungemein porös (64). Der Dakotasandstein hat oft eine Mächtigkeit von über 100 Metern und ist sowohl der Träger von Grundwasser mit freiem als auch gespanntem Wasserspiegel. Wie groß die Wasserführung des Dakotasandsteins sein muß, beweist die Tatsache, daß fast die ganze Wassermenge am großen Wasserfall des Missouri in Montana im Betrage von etwa 23 500 ltr/sk aus dem Sandstein kommt.

o. Grundwasserführende Schichten äolischen Ursprungs.

Ähnlich wie die Wasserkraft kann auch die Kraft des Windes Haufwerke zusammentragen, deren Hohlräume zur Ansammlung und Fortbewegung von Wasser geeignet sind.

Während das Wasser vorwiegend in der Richtung seines natürlichen Gefälles zerstörend und aufbauend wirkt, ist der Wind im Bereiche seiner Tätigkeit vollkommen frei. Das Ergebnis der Windtätigkeit sind äolische oder volatile Ablagerungen mit allgemein fehlender Schichtung.

Die bewegende Kraft des Windes unterliegt denselben Gesetzen wie die des Wassers. Nach Thoulet (2) sind folgende Windgeschwindigkeiten nötig, um Quarzsand von verschiedener Korngröße in Bewegung zu setzen.

	Korndurchmesser mm	Windgeschwindigkeit m i. d. Sek.
Allerfeinster Sand .	0,03	0,25
Sehr feiner Sand .	0,12	1,50
Feiner Sand . . .	0,32	4,00
Mittlerer Sand . .	0,60	7,40
Grober Sand . . .	1,04	11,40

Das Hauptergebnis der Windtätigkeit sind die Dünen und die vulkanischen Tuffe. Beide können gute Wasserträger sein.

Man unterscheidet Strand- oder Meeres- und Binnenlanddünen. Letztere können geradezu ungeheuere Abmessungen in der Wüste annehmen.

Den Baustoff der Stranddünen liefert das Meer, die Sandmassen der Wüste zum Teil das Meer, vorwiegend jedoch das benachbarte feste Gebirge, welches durch den Wind fortlaufend abgenagt und in feine Teile zerlegt und verweht wird.

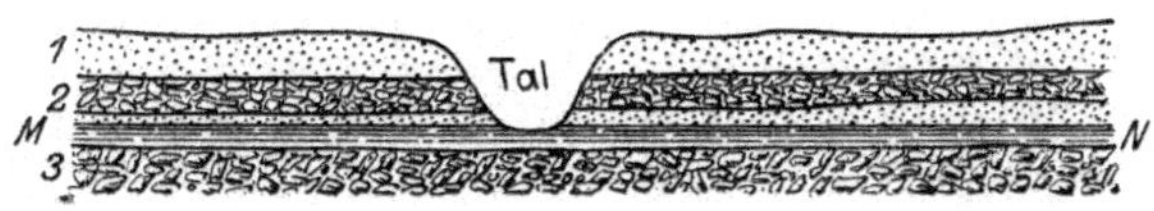

1, 2, 3 . . . verschiedene Tuffe; M N . . . Grundwasserspiegel.
Abb. 26. Schnitt durch die wasserführenden Tuffe der Campagna. (Nach Giordano.)

Ausgedehnte Sandflächen, die vorzügliche Grundwasserträger bilden, sind vielfach in der vegetationsarmen Diluvialzeit durch Verwitterung von Sandstein, Konglomeration u. dgl. entstanden. Der auf diese Weise gebildete Sand und Kies wurde vom Wind weggetragen und an der nächsten Bodenerhebung dünenartig aufgeschüttet.

Ablagerungen dieser Art finden sich u. a. nach den Mitteilungen von Reuter (65) im Juravorland. Die Ursprungwasserfassung der Stadt Nürnberg und die Brunnenanlagen der Städte Bamberg und Erlangen stehen in solchen Sanden volatilen Ursprungs.

Volatile wasserführende Schichten vulkanischen Ursprungs, die aus durchlässigem Tuff bestehen (Abb. 26), findet man u. a. in der römischen Campagna. Diese Tuffe sind das Ergebnis von vulkanischem Aschenregen.

2. Übersicht der wichtigsten geologischen Haupt- und Unterstufen.

Eine Übersicht der wichtigsten geologischen Haupt- und Unterstufen (mit der jüngsten beginnend) gibt die nachstehende Zusammenstellung:

				Geologische Farbenbezeichnung:
Känozoisch	Quartär		Alluvium	helle, beliebige Farben
			Diluvium (Pleistozän)	
	Jungtertiär (Neogän)		Pliozän	gelb in Abstufungen
			Miozän	
	Alttertiär (Eozän)		Oligozän	
			Eozän	
Mesozoisch	Kreide oder Kretazeisch	Untere	Danien	grün
			Senon	
			Turon	
			Cenoman	
		Obere	Gault	
			Neocom oder Wealden	
	Jura		Malm oder weißer Jura	blau
			Dogger oder brauner Jura	
			Lias oder schwarzer Jura	
	Trias		Keuper	violett
			Muschelkalk	
			Buntsandstein	
Paläozoisch	Perm (Dyas)		Zechstein	rötlich
			Rotliegendes	
	Karbon		Oberkarbon (produktive Steinkohlenformation)	grau
			Unterkarbon (Kulm)	
	Devon		Oberdevon	braun
			Mitteldevon	
			Unterdevon	
	Silur		Obersilur	neutral
			Untersilur	
	Kambrium		Oberkambrium	dunkelgrün
			Mittelkambrium	
			Unterkambrium	
Archäisch	Eozoisch		Kristallinische Schieferformation	rosa, rot
	Azoisch		Urgneisformation	

3. Die Verbreitung der wasserführenden Schichten.

Wasserführende Schichten sind über die ganze Erde verbreitet und nehmen sowohl in lotrechter als auch in wagerechter Richtung unter Umständen ganz gewaltige Ausdehnung an.

Aus diesem Grunde wird es auch erklärlich, warum überhaupt fast überall, wo man sich zu genügender Bohrlochtiefe entschließt, Wasser gefunden wird.

Finden von Wasser ist allerdings nicht gleichbedeutend mit Wasserreichtum und brauchbarer Wasserbeschaffenheit, und es ist wohl zu unterscheiden zwischen ergiebigen und unergiebigen Schichten sowie zwischen brauchbarem und unbrauchbarem Wasservorkommen.

Die ergiebigsten, zuverlässigsten und mit verhältnismäßig einfachen Mitteln zu erschließenden Wasserbehälter bilden, wie bereits erwähnt, die wasserführenden Schichten alluvialen und diluvialen Ursprungs.

Über die Verbreitung der alluvialen, diluvialen und äolischen Bildungen auf der Erdoberfläche gibt v. Tillo (66) folgende Zahlen (in Hundertsteln der einzelnen Erdteile), wobei zu bemerken ist, daß drei Viertel des gesamten Festlandes mit Schutt, Geröll, Kies, Sand und Muttererde, also Trümmergesteinen, bedeckt sind.

	Nord-amerika	Europa	Asien	Süd-amerika	Afrika	Austra-lien	Gesamt-land-fläche
	Hundertstel der Erdteile						
Alluvium	1	5	3	27	2	—	4,5
Diluvium	23	36	1	4	—	—	7,1
Äolische Bildungen (Flugsand)	—	—	8	1	13	19	6,2

Aus der Zusammenstellung geht hervor, daß die größten Alluvialgebilde in Südamerika liegen. Ausschlaggebend hierfür ist die ungeheure Alluvialebene des Amazonenstroms.

Die diluvialen Bildungen bedecken in Nordamerika 23, in Europa sogar 36 v. H. der Landfläche. Man ersieht daraus, welche große Bedeutung für die Bildung von Grundwasser die Eiszeit hat.

Es ist selbstredend, daß die angegebenen Zahlen nur angenäherte Werte sind, und daß nur ein Teil der Trümmergesteine als wasserführend in Frage kommt.

Über Bodenbildung und Bodeneinteilung gibt gute Auskunft die Arbeit von Ramann (67).

Eine tabellarische Schichtenfolge Mitteldeutschlands für den Gebrauch auf geologischen Wanderungen hat Brandes (68) veröffentlicht. Die Sedimentärgeschiebe des norddeutschen Flachlandes behandelt in leichtverständlicher Weise Hucke (69), Literatur über sedimentäre Diluvialgeschiebe des mitteldeutschen Flachlandes enthält eine Zusammenstellung von Roedel (70).

Das Diluvium Deutschlands behandeln u. a. ausführlich Wahnschaffe (54) und E. Geinitz (71)

Die wasserführenden Schichten Englands hat Woodward (72) übersichtlich zusammengestellt.

Die auf S. 48 bis 54 stehenden Zusammenstellungen des Verfassers geben einen Überblick der wichtigsten wasserführenden Schichten älteren Ursprungs in Deutschland und Österreich-Ungarn, Belgien und Frankreich, England und Amerika und insbesondere der wasserführenden Schichten Norddeutschlands.

a. Wasserführende Schichten älteren Ursprungs in Deutschland, Österreich-Ungarn, Belgien, Frankreich, England und Nordamerika.

Formation	Deutschland und Österreich-Ungarn	Belgien und Frankreich	England	Nordamerika
Jung-Tertiär	Miozäne Kiesablagerungen: In Sachsen, Thüringen, in Oberschlesien die Weichsel aufwärts mit dem Wiener Becken zusammenhängend. Im Wiener Becken die Sande von Pötzleinsdorf und Neudorf. (Artesisches Wasser.)	Plio- und miozäne Sande in Belgien. (Brüsseler-, Ypern-Sande.) Pliozäne Schichten von Landes, helvetische Sande der Provence. Miozäne marine Molasse in Südfrankreich.	Die jungtertiären Crag- und Chillesfordbeds-Ablagerungen.	Ogallala - Sande, Arikaree-Sande. (Mehrere Wasserstockwerke.) Gering-Sande. Pliozäne Schichten in Florida. Miozäne Sande in Florida. (Jacksonville-Schichten.) (Mehrere Wasserstockwerke.)
Alt-Tertiär	Sande und Quarzite der Braunkohlenformation in Norddeutschland. (Wenig Wasser.) Eozäne und oligozäne Sande der ungarischen Tiefebene. (Sarmatische Stufe.) (Reich an artesischem Wasser.)	Sande von Fontainebleau[1]) Kalke und Gipse von Champigny[2]) Sande von Beauchamps[3]) „ „ Soissons[4]). „ „ Bracheux. „ und Sandsteine von Jonchéry. Eozän namentlich im Becken von Paris. Untereozäner Flisch in den Alpen.	Oligozäne Schichten im Hampshire - Becken, Norden der Insel Wight. Eozäne Schichten im Becken von London und Southampton. Sande von Thonet. (2 Wasserstockwerke.) Sande von Bagshot. (Sehr stark wasserführend.)	Whiteriver-Schichten. Laramie-Sande. (In Wioming, Itah, Kolorado.) Längs des Ozeans und des Golfs von Mexiko bis zum Rio-Grande, in Florida, Loussiana. (Apalachicola- und Vicksburg-Schichten.)

[1]) 1. Wasserstockwerk unter Paris. [2]) 2. Wasserstockwerk unter Paris. [3]) 3. Wasserstockwerk unter Paris. [4]) 4. Wasserstockwerk unter Paris.

Formation	Deutschland und Österreich-Ungarn	Belgien und Frankreich	England	Nordamerika
Kreide.	Norddeutschland, Westfalen. (Becken von Münster, Quellen von Paderborn.) Glaukonit-Sandsteine in Sachsen, Mitteldeutschland, Oberschlesien. Böhmischer Quadersandstein. Senone, turone und cenomane Sandsteine in Böhmen. (Artesische Brunnen in Káraný für Prag.) Karst, Istrien.	Kreidestuffe in Belgien Senone Kreide (Wasserfassung von Loing, Lunain, Quellen der Vanne.) Turone Kreide (Mehrere Wasserstockwerke [Quellen der Avre].) Cenomane Kreide. Grünsande. (Brunnen von Passy und Grenelle.)	Sande von Hastings in Südengland, im Themsetal, in Southampton. Tumbridge Wells. (Lower green- und upper green-Sande [Midhurst, Darking, Cambridgeshire, Tauton, Shaftsbury, Bridgeport].) Turone Kreide. Senone Kreide. (Speist die meisten Brunnen von London.)	Senone Niobara-Kalke. Cenomane Dakota-Sandsteine. (Namentlich im Missourital.) (Ausgezeichnete wasserführende Schicht; speist viele artesische Brunnen.)
Jura.	Verschiedene Kalke in Norddeutschland, Schlesien, Württemberg. (Blautopf.) In Bayern das Weißjuragebiet (γ-Lage). Jurakalke der österreichischen Alpen. (Schwarzaquellen, Kaiserbrunnen für die Stadt Wien). Karpathen.	Neokom-Sande. Oxford-Mergel. Bathonien-Kreide. Lias-Kreide. Konchylien-Sandstein. Muschelkalk.	Marlstone in Northampton. (Artesisches Wasser.) Milfordsande in Dorset, Sommerset. Lincolnlimestone. (Artesisches Wasser.) Oolithe von Gloucester, Buckingham, Bedford. (Starke Quellen, viele Brunnen.) Upper Portlandbeds.	Wasserführende Kalke und Sandsteine in der Sierra Nevada, am Westabhange der Rocky-Mountains, auf Alaska.

Formation	Deutschland und Österreich-Ungarn	Belgien und Frankreich	England	Nordamerika
Trias.	Vogesen-Sandstein. Wellenkalk. Keuper. (Vielfach salzhaltiges Wasser.) Buntsandstein in Norddeutschland, Thüringen, im Spessart, Schwarzwald, Harz, in Oberschlesien. In den Alpen verschiedene Triaskalke. (Ein Teil der Quellen der 2. K.-Franz-Josefs Hochquelleitung für Wien.) Dachsteinkalke. Linzer Sandstein, Wettersteinkalke, Werfener Schichten. (Gipshaltig, hartes Wasser.)	Vogesen-Sandstein. Morvan-Sandstein. Liaskalkmergel. (Fassung von Haye für Brüssel.)	Newredsandstone. Mottled Sandstone. (Zahlreiche Quellen.)(Sommerset, Dorset, Bristol, Cardiff, Gloucester, Warwick, Nottingham, Gainsborough, Lincoln, Manchester, Birmingham, Liverpool.)	Rote Trias-Sandsteine von Connecticut, Newredsandstone am Ostabhange des Alleghanygebirges und in den Rocky-Mountains.
Perm.	Konglomerate und Sandsteine des Schwarzwaldes, Erzgebirges. Zechsteinkonglomerate. (Meist hartes Wasser.)	Sandsteine von Autun, Bourbon, Limousin.	Magnesian Limestone und verschiedene Kalke. (Wasser meist hart, tiefe Brunnen.) (Nottinghamshire, Derbyshire, Yorkshire, Durham, Northumberland.)	In Ost-Nordamerika, Kansas, Nebraska, Kolorado. (Kalke meist tonig, gipshaltig, wenig Wasser.)

Formation	Deutschland und Österreich-Ungarn	Belgien und Frankreich	England	Nordamerika
Karbon.	Kohlenkalke. (Wasserfassung von Aachen.) Grauwackensandstein des Vogtlandes. Kohlenkalke in Oberschlesien mit zwei Wasserhorizonten.	Kohlensande von Dinant, Visé, Couvin, Tournai, Frasne, Givet. (Zeichnen sich durch Grotten und Höhlenflüsse aus.) Wasserfassung des Bocq für Brüssel.) Roter Marmor von Flandern.	Kalk- und Sandsteine von Yorkshire, Staffordshire, Yoredale, Millstonegrite. (Speist viele Quellen und tiefe Brunnen.) Ebenso die Kalke der Coalmeasuresstufe. (Leeds, Bradford, Halifax, Oystermouth, Brigend, Clevedon.)	Konglomerate von Pottsville, Sande und Konglomerate von Mauch' Chunk und Pocono. Nebraskakalke der Wabaunsee- und Cottonwoodstufe. (Artes. Wasser.) Kalke der Coalmeasuresstufe, Kalke von Saint-Louis, (Vaucluse-Quellen.) Red-Well-Kalke in Kolorado. (Viel Wasser.)
Devon	Quarzit- und Phyllitschichten des Taunus. (Wasserfassungsstollen für Wiesbaden, Homburg usw.) Grauwackensandsteine in Thüringen. Koblenzschichten. Viséschichten. (Hängen mit Belgien zusammen.)	In den Ardennen und in der franko-belgischen Mulde enthalten die Falten der devonischen Kalke viel Wasser und Höhlen. (Grotte von Han, Rochefort.) Kalkschichten von Couvin, Frasne, Givet. Koblenzschichten. (Wasserfassung von Seraing.)	Hat große Ausbreitung, liegt aber meist tief. Im Oldredsandstone artesische Brunnen. (Hereford, Chepstow, Newport, Cardiff.)	Roter Sandstein von Catskill. Sandstein von Chemoung und Portage, Kalke von Heidelberg, Onondage, St.-Peter-Sandstein in Iowa.

Formation	Deutschland und Österreich-Ungarn	Belgien und Frankreich	England	Nordamerika
Silur.	Silurische Kalke des Fichtelgebirges, in Thüringen und Böhmen. (Wenig Wasser.)	Silurische Kalke und Sandsteine. (Wasserarm.) In den Pyrenäen Cordiolakalk mit zum Teil guter Wasserführung.	Fest, wenig geklüftet und zur Wasserführung wenig geeignet. WasserführendeKalkbänke eingelagert. (Insel Man, Wasser süß, 10° Härte.)	Niagarakalke. Kalke und Sandsteine von Clinton, Kalke von Trenton, Kalksandstein von Neuyork. (Wasser ist mineralisch.) Kalkstein von Chapy (dgl.). (Salzquellen bei Salina und Syrakus, N. Y.)
Kambrium.	In den an Deutschland grenzenden russischen Ostseeprovinzen Obolus-Sandsteine mit wasserführenden Konglomeraten und Geröllen am Übergang zum Urgebirge.	Schichten meist undurchlässig. Wenig Wasser in den Schichten von Contentin, Granville. Bei Cherbourg Quellen in feldspathaltigen kambrischen Sandsteinen.	Sehr unregelmäßig und sehr tiefliegend. Sandsteine und Kalke von Caerfai wasserführend.	Keweenawschichten enthalten rote Sandsteine und Konglomerate, die wasserführend sind. Potsdamsandstein (an der Silurgrenze, sehr wasserhaltig und 200—350 m mächtig) in Illinois, Michigan, Wisconsin und Minnesota (Jackson) versorgt verschiedene Städte mit Wasser.
Urgebirge.	Gneis, Granit usw. sind vorwiegend undurchlässig und nur in engen Spalten wasserführend. Quellen in ihnen sind meist spärlich. Regelmäßige Wasserführung findet nur in verwitterten Teilen statt (Bergkies). — Nordenskjöld (73) gibt an, daß man fast überall im Granit Wasser finden könne. Von 100 Bohrungen sollen 80 wasserführend sein. —Wasserfassungen in Granit haben u. a. Rennes, Quimpex, Guimarães, Falmouth, Penryn, Camborne, Bodmin.			
VulkanischeGesteine			Schichten vulkanischen Ursprungs verhalten sich, wenn sie spaltig und klüftig sind, ähnlich wie das Urgebirge. Wasserführende Bänder findet man dort, wo z. B. die flüssige Lavamasse Verwitterungserzeugnisse zugedeckt hat oder selbst porös ist, so daß Wasser durchsickern kann. — Vulkanischen Schichten entspringen u. a. die Quellen von Clermont-Ferrand, Puy de Barme, Puy de Grevenoire, Pavin usw.	

b. Die wasserführenden Schichten Norddeutschlands.

		Hauptverbreitungsgebiet	Als wasserführender Untergrund		Bemerkung
			brauchbar	unbrauchbar	
	Alluvium.	Über ganz Norddeutschland.	Hervorragende Wasserträger mit im allgemeinen großer Ergiebigkeit.	Ausnahmsweise salzig durch zusitzende Salzfäden aus der Tiefe oder andere salzhaltige Zuflüsse.	Regelmäßig gelagert. Die meisten städt. Wasserwerke beziehen ihr Wasser aus alluvialen Schichten.
	Diluvium.	dgl.	dgl.	dgl.	Bei Stauchungserscheinungen u. in Grundmoränen verwickelte Lagerungsverhältnisse. Sonst wie Alluvium.
Tertiär oder Braunkohlenformation.	Pliozän.	Wenig verbreitet. Sylt. Fluviatile Mastodonschotter in Thüringen, Hessen. Kieseloolithschotter d. unter. Rheintales.	Wenig Wasser.	—	Posener Flammenton. Darunter meist unbrauchbares Wasser. Salzig, humushaltig.
	Miozän.	Rheinland, Unterelbe, Mecklenburg, Braunkohlensande i. d. Mark. Posen, Schlesien, Westpreußen.	Unter dem Glimmerton reichlich Wasser in feinen Sanden	Wasser d. Braunkohlensande meist unbrauchbar. Viel Humus, Eisenvitriol, schwefelwasserstoffhaltig.	dgl.
	Oligozän.	Rhein bis Rußland, Meeressand von Kassel, Bernsteinsande des Samlandes.	Zum Teil grobkörnige Sande (Magdeburg), wasserführend.	—	Septarienton, wichtig als trennende Schichtzwischen süßem und salzigem Wasser.
	Eozän.	Von der Niederelbe bis Pommern und stellenweise ostwärts.	—	Meist ohne Wasser. An d. Kreidegrenze mitunter salzhaltig (Berlin [bei 210 m Tiefe], Lübeck).	Vorwiegend Tonschichten bis zu mehreren hundert Metern Mächtigkeit.
Trias.	Kreide	Rügen über Tag, sonst fast überall im Untergrund.	Wasser brauchbar, aber in geringen Mengen.	Stellenweise salzig (West- und Ostpreußen, Westfalen).	—
	Jura.	Im Untergrund v. Vorpommern, Posen, Ostpreußen. Meist inselartig entwickelt.	—	Stellenweise salzig, wie z. B. bei Hermsdorf b. Berlin b. 310 m Tiefe.	—

		Hauptverbreitungsgebiet	Als wasserführender Untergrund		Bemerkung
			brauchbar	unbrauchbar	
Trias.	Keuper.	Wenig verbreitet bzw. bekannt (Rüdersdorf).	Geringe Ergiebigkeit.	—	—
	Muschelkalk.	dgl. (Rüdersdorf).	—	—	—
	Buntsandstein.	dgl. (Rüdersdorf, Helgoland).	—	—	—
Zechstein oder Salzformation.		Von der deutsch-holländischen Grenze bis Rußland. Aufgelagert auf der Steinkohlenformation:	—	Meist unbrauchbar infolge hohen Salzgehaltes.	Salz- u. Kalilager. Liefert zahlreiche Soolquellen und versalzt mitunter alle darüberliegenden Schichten.

4. Undurchlässige Schichten.

Das Ansammeln von Wasser zu einem Grundwasserkörper ist nur dann möglich, wenn eine undurchlässige Unterlage oder ein undurchlässiges Gerinne vorhanden ist. Die Unterlage bzw. die Wände des Gerinnes verhindern das Absinken des Grundwassers in weitere Tiefe.

Die Wände bzw. die undurchlässige Sohle bezeichnet man auch als „wassertragenden Untergrund" oder kurz „wassertragende Sohle".

Als undurchlässig gelten im allgemeinen: die verschiedenen Lehme, Mergel, Tone und Letten aller geologischen Stufen, sowie die ungeklüfteten, kristallinischen Sedimentär- und Massengesteine.

Für die praktischen Zwecke der Hydrologie ist es meist ganz gleichgültig, zu welcher geologischen Formation die wassertragende Sohle gehört.

Im senkrechten Sinne findet häufig innerhalb der wasserführenden Schichten eine Wechsellagerung zwischen durchlässigen und undurchlässigen Schichten statt, wodurch nach oben deckende Schutzschichten entstehen, zugleich aber eine Verwicklung der hydrologischen Erscheinungen eintritt, die zu Trugschlüssen führen kann.

Als besonders undurchlässige Deckschichten können namentlich die verschiedenen Tone gelten, die meist in stillstehenden Wässern zur Ablagerung gekommen sind. Tone bestehen vorwiegend aus mineralischen Teilchen von einer Kleinheit, welche nicht selten die Größe der meisten Bakterien unterschreitet. Aus diesem Grunde spielen feine Tone eine hygienisch wichtige Rolle dort, wo sie als undurchlässige, deckende Schicht auftreten, das darunterliegende Wasser gegen das Eindringen von Verunreinigungen von oben her schützend.

Haben die undurchlässigen Ein- oder Überlagerungen der wasserführenden Schichten größere räumliche Ausdehnung, so kann unter Umständen der freie Grundwasserspiegel (wie im Abschnitt „Freie und gespannte Grundwasserspiegel", Seite 91, näher erläutert) in einen gespannten übergehen.

Die unterirdische Fortbewegung des Grundwassers hat zur Voraussetzung, daß das Grundwassergerinne ebenso wie ein oberirdisches Gerinne Gefälle habe. Dies ist indessen nicht so zu verstehen, daß allenthalben Parallelität zwischen Grundwasserspiegel und undurchlässiger Sohle herrsche. Es kommt nur darauf an, daß die Gesamtentwicklung der wassertragenden Sohle im Gefälle liege.

Sehr oft ist der Verlauf der wassertragenden Sohle ein unregelmäßiger und die Mächtigkeit der wasserführenden Schicht infolgedessen veränderlich. Es kommen dann Querschnittsveränderungen im Grundwasserträger infolge Hebens und Senkens der undurchlässigen Schichten vor, wie dies aus Abb. 27 hervorgeht. Die Einschnürung des Grundwasserträgers ist in dem dargestellten Querschnitt eine doppelte. Sie ist die Folge einer Erhebung der undurchlässigen Sohle zwischen *a b c* und zugleich einer Senkung der undurchlässigen Deckschicht zwischen *e f g*.

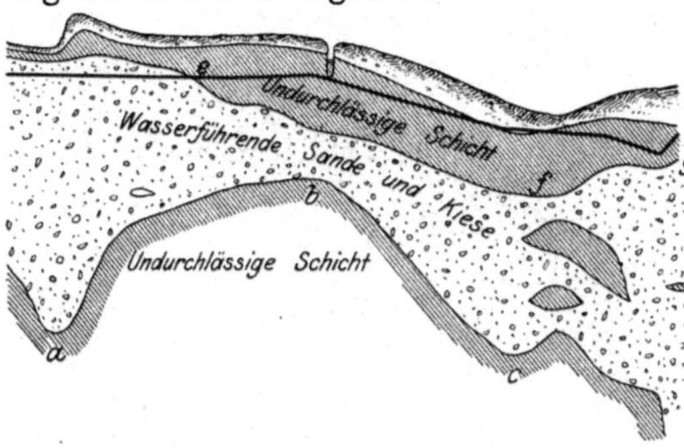

Abb. 27. Einschnürung des wasserführenden Untergrunds durch undurchlässige Schichten zwischen Malul-Spart und Joita (Rumänien). (Nach Cucu.)

Nicht selten findet man in der wassertragenden Sohle örtliche Vertiefungen, die mit großen Mengen durchlässiger Geschiebe ausgefüllt sind. Durch derartige Vertiefungen zeichnen sich namentlich alpine Trogtäler aus. So ist z. B. im Gastentale (Berner Oberland) anläßlich der Bauarbeiten am Lötschbergtunnel nach den Mitteilungen von Salomon (74) eine mit großen Wassermassen gefüllte Talvertiefung angefahren worden, die mit Flußgerölle von etwa 200 m Mächtigkeit ausgefüllt ist.

Den besten Aufschluß über die Gestalt und die sonstige Beschaffenheit der wassertragenden Sohle gibt ein Höhenschichtenplan derselben, wie aus Abb. 28 hervorgeht.

Man kann auf diese Weise unterirdische Unregelmäßigkeiten, Erhebungen und Rinnen leicht erkennen.

Die Erkenntnis langer und tiefer Rinnen in der undurchlässigen Sohle ist für die Anordnung von Fassungsanlagen besonders wichtig. Ein derartiger Höhenschichtenplan gibt auch Aufschluß über den ursächlichen Zusammenhang zwischen unregelmäßiger Sohle, unregelmäßigem Grundwasserspiegel und Richtungsänderungen der Grundwasserströmung (vgl. Abb. 74).

Es ist indessen irrig, anzunehmen, daß sog. undurchlässige, aus Lehm, Mergel und Ton bestehende Schichten stets unbedingt undurchlässig sind. Oft genügen 25—30 v. H. beigemischter Sand, um ein Gebilde zu erzeugen, welches Wasser aufnimmt und durchläßt.

Nach Pichard (75) schwankte die Durchsickerungszeit für 0,5 m starke, sandfreie Lehm- und Kalkbänder zwischen 20 und 55 Tagen und für solche mit Sandeinlagerungen zwischen 16 Tagen und 28 Stunden.

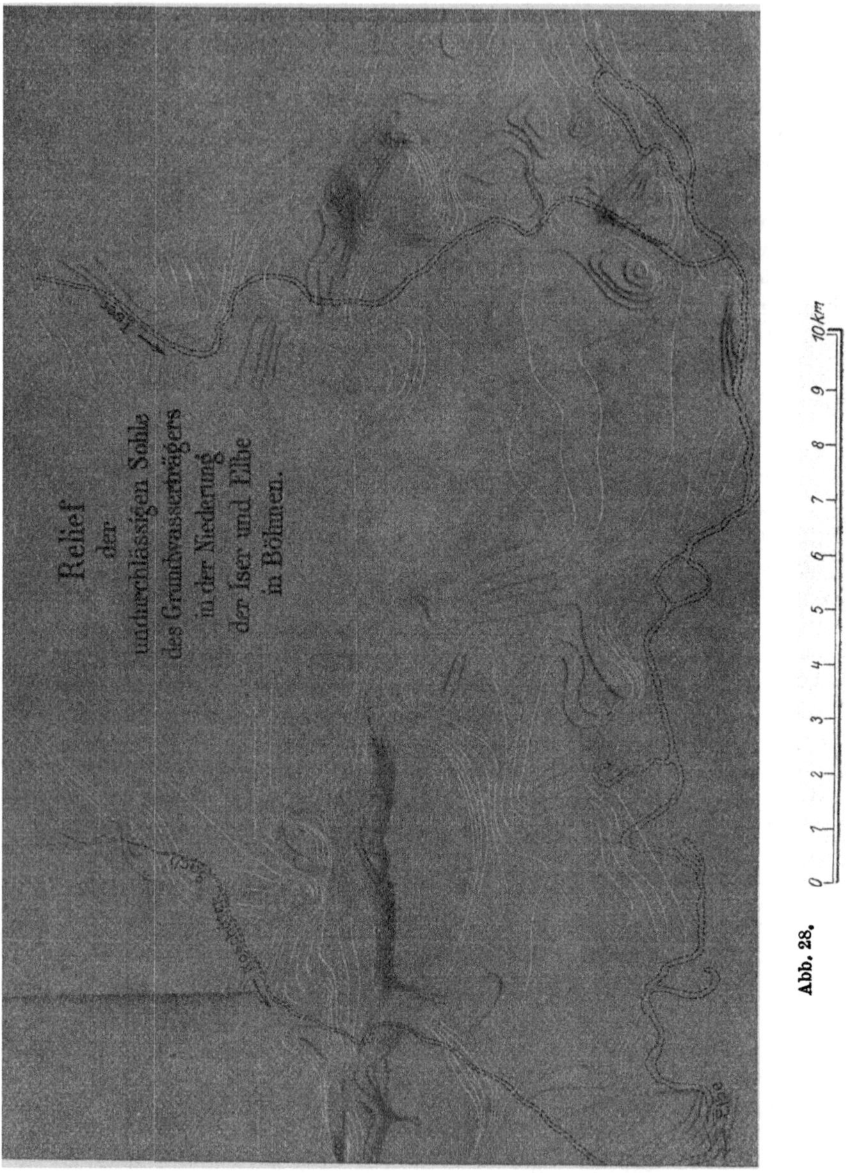

Abb. 28.

Ursprünglich undurchlässige Schichten können trotz aller Undurchlässigkeit der Masse, aus der sie bestehen, auch nachträglich durchlässig werden. So tritt mitunter der Fall ein, daß bei Wasserfassungen infolge von Absenkung und Trockenlegung des wasserführenden Untergrundes in der undurchlässigen Deckschicht Risse und Spalte entstehen, welche dann Wasser von der Oberfläche oder aus den oberen Schichten in die Tiefe leiten. Über einen derartigen Fall, wo Spiegelmessungen während des Versuchsbrunnenbetriebs die vollständige hydraulische Trennung der unteren wasserführenden Schichten von einem darüberliegenden Wasserstockwerk mit moorigen Einlagerungen ergeben hatte, berichtet Luehrig (76). Die Wasserfassung lieferte volle 11 Jahre hindurch einwandfreies Wasser. Erst im 12. Jahre trat eine Verschlechterung desselben ein durch Zusitzen von moorhaltigem, saurem und an Eisen und Mangan reichhaltigem Wasser aus der oberen Schicht.

Mitunter ist das Rissigwerden der schützenden, undurchlässigen Schichten eine vorübergehende oder nur zeitweise wiederkehrende Erscheinung. Wird z. B. die aus Ton bestehende Deckschicht erneut mit Wasser gesättigt, so schließen sich unter Umständen die geöffneten Spalten wieder bis zur Wasserdichtheit, und daraus erklärt sich oft das schwankende Verhalten von Wasserfassungsanlagen mit Bezug auf die chemischen und sonstigen Eigenschaften des gefaßten Wassers.

Im Gegensatz zu den vorstehenden Erörterungen können auch durchlässige Schichten nachträglich undurchlässig werden durch Ausscheidung von Bindemitteln im wasserführenden Untergrund. So kann man mitunter beobachten, daß lose Sandkörner durch Kalk-, Eisen- und Manganausscheidungen auf lange Strecken zu einer festen, undurchlässigen Einlagerung zusammengekittet worden sind.

Durch Eisenverkittung entsteht der sog. Ortstein, durch Kalkausscheidung Wiesenkalk und andere Kittbildungen von oft großer Flächenausdehnung. So berichtet Ramann (67), daß die Kalksande vieler Flüsse des Alpenvorlandes (Isar, Iller) nach erfolgter Ablagerung verkittete Gebilde darstellen. Solche Ablagerungen haben nicht selten die Bildung gespannter Wasserspiegel zur Folge.

Ursprünglich durchlässige Schichten werden auch undurchlässig durch Versickerung von unreinem Oberflächenwasser in den Untergrund, wie dies vielfach bei Fassungsanlagen, die in der Nähe von Flüssen liegen, beobachtet werden kann. Führt z. B. ein Fluß bei Hochwasser viele trübende Stoffe (Ton, Lehm, Humus), so findet bei Abgabe des Wassers an den Untergrund eine Verschlickung des Flußbettes statt, die auch in größere Tiefen vordringt. Auf diese Weise verwandelt sich nach und nach eine durchlässige Bach- und Flußsohle in ein undurchlässiges Bett. Die Verschlammung vollzieht sich in gleicher Weise wie das „Totlaufen" eines künstlichen Filters.

Auch künstliche Stauanlagen, wie Wehre, können das Undurchlässigwerden von Flußbetten beschleunigen.

Die Undurchlässigkeit von Flußsohlen, die auf Verschlammung zurückzuführen ist, ist selten eine durchgehende; meist wechseln undurchlässige Strecken mit durchlässigen. Dieser Wechsel der Durchlässigkeit beeinflußt die Anreicherung von Grundwasserträgern durch Oberflächenwasser störend und erschwert darum oft die hydrologischen Aufnahmen.

Über den Wechsel von Durchlässigkeit im Flußbett der Leine bei Hannover findet man nähere Angaben von Thumm, Groß und Kolkwitz (77) in den „Mitteilungen der Königlichen Landesanstalt für Wasserhygiene zu Berlin-Dahlem".

5. Wasserstockwerke.

Infolge mehrfacher Wechsellagerung zwischen durchlässigen und undurchlässigen Schichten entstehen sog. „Wasserstockwerke", die entweder hydraulisch voneinander unabhängig sind oder miteinander in Verbindung stehen. Die Zahl der aufeinanderfolgenden Stockwerke kann erheblich sein. So führt z. B. der Untergrund von Fürstenfeld in der Steiermark nach den Mitteilungen von Stur (78) sieben übereinanderliegende Stockwerke. Im Becken von Paris besteht der Untergrund aus folgenden 5 Stockwerken:

	Formation	Stufe	Mächtigkeit m	Wasserführende Schichten
1.	Oligozän	Stampien	40—60	Sande von Fontainebleau
2.	Eozän	Ludien	10—20	Gips (Travertin)
3.	„	Wermélien	15—45	Sande von Beauchamp
4.	„	Iprésien	35—50	Sande von Soissons
5.	Kreide	Albien	5—20	Grünsande (Brunnen v. Passy, Grenelle).

Die Po-Ebene führt 5 Stockwerke und stellenweise mehr. In Nordamerika hat man es mitunter mit 10-, 15facher Gliederung des wasserführenden Untergrundes zu tun. So hat z. B. nach den Mitteilungen von Howson (79) der Untergrund der Stadt Baton-Rouge (Luisiana) 14 wasserführende Schichten von 1,5—58 m Mächtigkeit.

In der Regel haben die einzelnen Stockwerke nicht allein verschiedene Spiegellagen, wodurch die hydrologischen Feststellungen oft sehr erschwert werden, sondern auch Wasser von verschiedener Beschaffenheit. Im letzteren Fall ist beim Bohren und Erschließen des Wassers namentlich dann große Vorsicht geboten, wenn einzelne Stockwerke schlechtes und unbrauchbares Wasser führen, da dann die Gefahr besteht, daß von solchen Schichten aus eine schädliche Beeinflussung der brauchbaren Stockwerke stattfindet.

6. Artesische Becken und Mulden.

Bei muldenartigem Verlauf der undurchlässigen Sohle und undurchlässigen Zwischenlagerungen in wasserführenden Schichten entstehen beckenartige unterirdische Wasserbehälter. Erfolgt die Wasserspeisung eines derartigen, nahezu allseitig von undurchlässigen Wandungen begrenzten Beckens von Versickerungsstellen aus, die hoch über der undurchlässigen Decke liegen, so wird der Wasserspiegel in einen Spannungszustand genau so versetzt, als wenn es sich um ein allseitig geschlossenes Rohr handeln würde, das von einem Hochbehälter aus unter Wasserdruck gesetzt wird.

Wird die undurchlässige Deckschicht durchbohrt, so steigt entsprechend dem jeweiligen Drucküberschuß der Wasserspiegel über

Flur, wie in Abb. 29 dargestellt ist, und das Wasser ergießt sich springbrunnenartig zutage. Derartiges natürlich über Flur ausfließendes Wasser nennt man „artesisch", und die unterirdischen Behälter, welchen das unter Spannung stehende Wasser entspringt, „artesische Becken" oder „Mulden".

Oft entstehen derartige Becken durch Absinken der wassertragenden Sohle in die Tiefe.

Die Verbreitung artesischer Becken erstreckt sich über die ganze Erde und beschränkt sich nicht allein auf die jüngeren Formationen, sondern reicht vielfach hinunter bis zum Urgebirge.

Von den artesischen Becken Europas seien als Wasserbehälter von großer Ergiebigkeit nur genannt das Becken von Paris, die artesische Mulde, welche die ungarische Tiefebene ausfüllt, und die großen Becken der iberischen Halbinsel, welche die meisten spanischen Flüsse begleiten [vgl. J. Mesa y Ramos (80)].

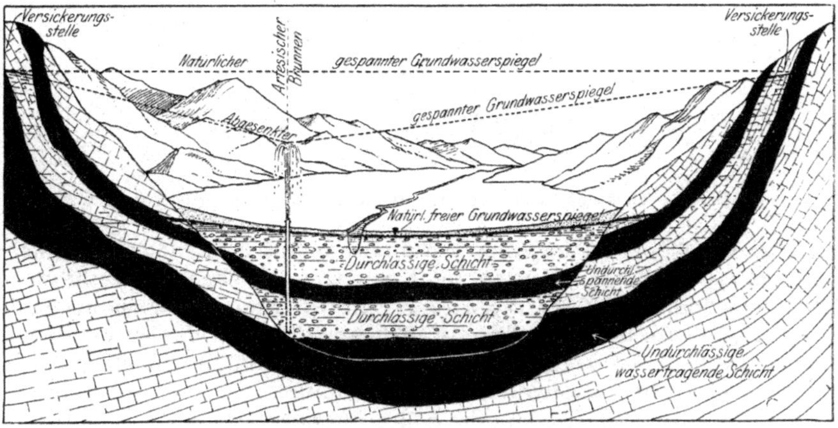

Abb. 29. Schematische Darstellung eines artesischen Beckens.

Hervorragend ergiebige artesische Becken finden sich auch im tieferen Untergrund der Sahara und von Ägypten [vgl. Rolland (81), Gradenwitz (92)], in Nordamerika [vgl. Water Supply and Irrigation Paper, Washington und Knight (83)] und Australien [vgl. Richert (84)].

Eines der größten artesischen Becken besitzt nach den Angaben von Todd und Hall (85) der Staat Dakota. Das Becken ist äußerst regelmäßig entwickelt, und die wasserführenden Schichten bestehen aus grobkörnigen Sanden, die zur Kreideformation gehören. Sie liegen an der tiefsten Stelle etwa 200 m unter Flur und keilen am Beckenrand aus. Gegenwärtig besitzt Dakota etwa 400 artesische Brunnen, die täglich rund 600 000 m³ Wasser liefern. Der ergiebigste Brunnen, der 200 ltr/sk Wasser abfließen läßt, liegt in Chamberlain. Die Steighöhe der einzelnen Brunnen über Flur schwankt vielfach zwischen 70 und 110 m.

Bei regelmäßigem Einfall der die artesische Spannung erzeugenden Schichten, wie dies z. B. bei den großen Becken von Wioming und Dakota der Fall ist (Abb. 30), kann man mit Hilfe des Neigungsmessers (Klinometers) für jede beliebige Bohrlochstelle angenähert die Tiefe ermitteln, in welcher mit hoher Wahrscheinlichkeit das artesische Wasser angefahren wird.

Knight (83) gibt eine ausführliche Tabelle, aus welcher der Zusammenhang zwischen Schichteneinfall und Mehrtiefe bis zum Auftritt von Wasser im Becken von Wioming ersichtlich ist.

Bei	10°	Einfall	ist	die	Mehrtiefe	für	je	100 m	Entfernung	17,50 m
„	25°	„	„	„	„	„	„	100 „	„	46,75 „
„	50°	„	„	„	„	„	„	100 „	„	119,00 „
„	75°	„	„	„	„	„	„	100 „	„	370,00 „

Diese Zahlen ändern sich natürlich von Fall zu Fall und setzen genaue Kenntnis des Verlaufs der Schichten voraus. Aus diesem Grunde kann man ihnen nur örtlichen Wert beimessen.

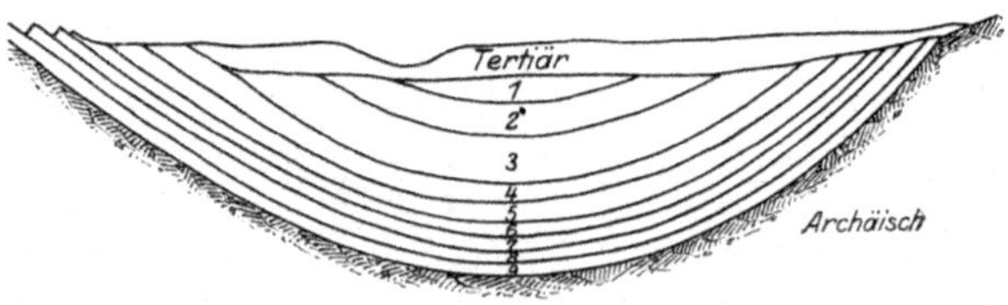

Abb. 30. Schnitt durch das artesische Becken von Wioming. (Nach Knight.)

Die Größe der artesischen Spannung hängt u. a. ab vom Höhenunterschied zwischen Auslauf und Speisung. Vielfach herrscht noch die Meinung, daß z. B. die artesischen Grundwassererscheinungen in der Norddeutschen Tiefebene in Anbetracht der oft beträchtlichen Wassersäulenhöhe über Flur in ursächlichem Zusammenhang mit den entfernten, hohen Randgebirgen stehen müßten. Dies ist jedoch durchaus nicht der Fall, da innerhalb des Norddeutschen Flachlandes genügend hohe Bodenerhebungen vorhanden sind, die, als Speisegebiete in Frage kommend, artesischen Druck von mehreren Atmosphären über Flur zu erzeugen imstande sind.

So liegen z. B. nach Supan (2) im norddeutschen Flachland

Die höchsten Punkte			Die tiefsten Talpunkte				
In Holstein	auf	+ 160 m	In Hamburg	auf	+ 3 m	über	N. N.
„ Mecklenburg	„	+ 180 „	„ Berlin	„	+ 37 „	„	„
„ Pommern (Turmberg)	„	+ 330 „	„ Küstrin	„	+ 13 „	„	„
„ Preußen	„	+ 310 „	„ Bromberg	„	+ 37 „	„	„

Da es sich meist um geringes Grundwassergefälle und große Durchflußquerschnitte handelt, welche nur an vereinzelten Stellen durch artesische Bohrungen entwässert werden, so ist der natürliche Gefällsverlust bzw. Spannungsabfall beim Abfluß nicht groß, und daraus erklärt sich der vielfach in den artesischen Brunnen des norddeutschen Flachlandes herrschende hohe artesische Wasserüberdruck.

7. Grundwasserströme.

Besteht der Untergrund aus durchlässigen Geschieben von hinreichender Längen- und Tiefenentwicklung, die in einem undurchlässigen Gerinne eingelagert sind, so sind die Hauptbedingungen für die Entstehung von Grundwasser und seine Fortbewegung im Gerinne gegeben.

Wenn die Erde durchsichtig oder wenn es möglich wäre, in derselben Weise eine hydrographische Karte der unterirdischen Wasserläufe anzufertigen, wie dies für die Oberflächenwasser der Fall ist, so würde sich ergeben, daß unter der Erde alle jene hydrographischen Erscheinungen vorhanden sind, welche wir von der Erdoberfläche her kennen. Wir würden wahrnehmen können, daß auch unterirdisch einzelne Wasser-

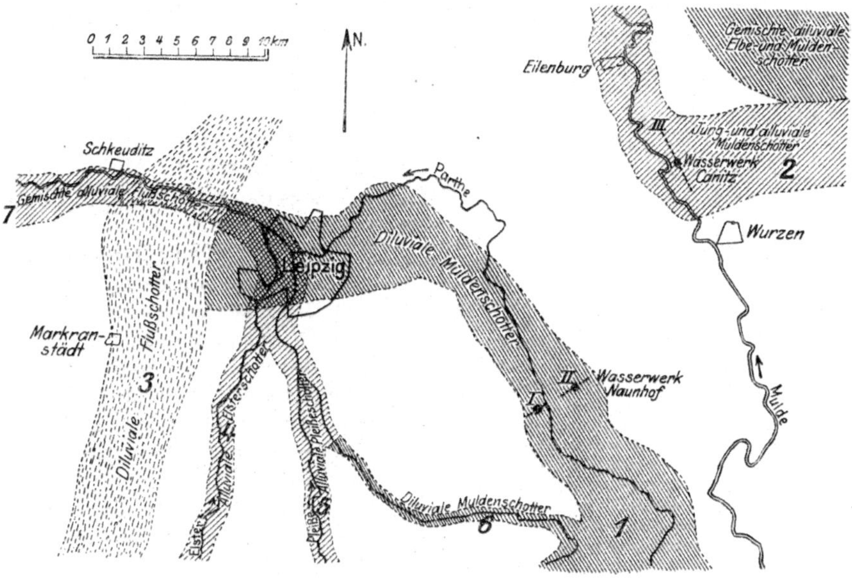

Abb. 31. Grundwasserströme in der Umgebung von Leipzig. (Nach A. Thiem.)

fäden sich zu Adern, Bächen, Flüssen und Strömen gewaltiger Tiefen und Breiten summieren, und daß in diese unterirdischen Wasserwege Teiche, Seen, Gefällsbrüche, Stromschnellen, Wasserfälle, kurz alle jene Erscheinungen, welche die Oberflächenwasser begleiten, eingeschaltet sind. Der Unterschied ist nur der, daß unter der Erde infolge der großen Reibungswiderstände des Untergrundes die Wassergeschwindigkeiten klein und die Gefälle erheblich größer sind. Umgekehrt sind an Breite und Tiefe die Grundwasserströme den oberirdischen Wasserläufen weit überlegen. Grundwasserstrombreiten von 10—15 km und darüber sind nichts Seltenes.

Als Beispiel derartiger gewaltiger Grundwasserströme seien vor allen genannt die in den Urstromtälern Norddeutschlands sich bewegenden Grundwasserläufe. (Vgl. Abb. 12.) Nur wenige hiervon sind bis jetzt hydrologisch bearbeitet und der Ausdehnung nach einwandfrei festgestellt worden.

Sorgfältige Aufnahmen der in der Nähe von Leipzig fließenden Grundwasserströme hat A. Thiem (86) (87) durchgeführt. Der Verlauf dieser Ströme geht aus Abbildung 31 hervor. Man kann hier deutlich unterscheiden:

1. den Muldestrom im Diluvium bei Naunhof, der bis zu 80 000 m³/Tag Wasser für die Stadt liefert (I., II. Wasserwerk),
2. den Muldestrom im Diluvium bei Wurzen, dem zur Zeit etwa 50 000 m³/Tag Wasser entnommen werden (III. Wasserwerk),
3. den Elsterstrom im Diluvium,
4. den Elsterstrom im Alluvium,
5. den Pleißestrom im Alluvium,
6. den diluvialen Muldestrom, der in das alluviale Pleißebett mündet,
7. den Grundwasserstrom der gemischten Flußschotter.

Sämtliche vorstehend genannten Grundwasserströme lassen sich durch die petrographische Beschaffenheit der die Grundwasserträger bildenden Geschiebe voneinander unterscheiden.

Über die zahlreichen Grundwasserströme, welche die Schweiz durchziehen, berichtet ausführlich Hug (88).

In Abb. 32 ist der Verlauf der Grundwasserströme im Suhr-, Wyne- und oberen Wiggertal dargestellt.

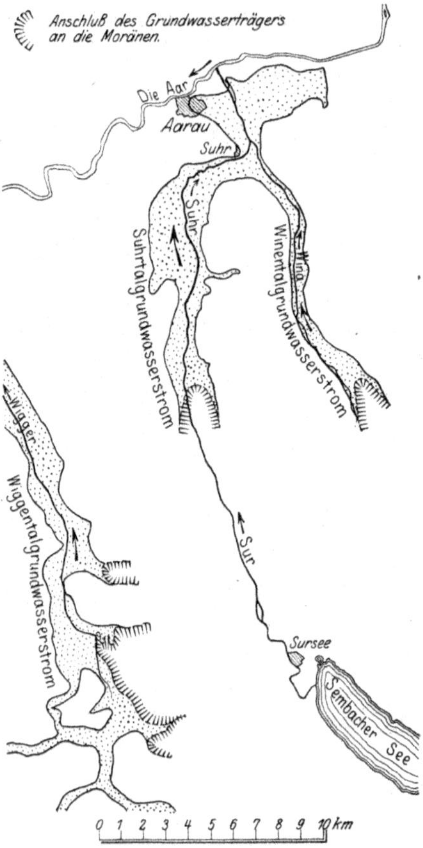

Abb. 32. Grundwasserströme im Suhr-, Wyne- und oberen Wiggertal (Schweiz). (Nach Hug.)

Ein weiteres lehrreiches Beispiel verschiedener Grundwasserströme liefern die Täler der Elbe und Iser in Böhmen. (Vgl. Abb. 74.)

Das in diluvialen Schichten auftretende Grundwasser speist hier in Gestalt eines einheitlichen Grundwasserstromes, welcher von der Mündung der Iser bis zur Mündung der Moldau in die Elbe den Untergrund durchfließt, sowohl die Iser als auch die Elbe und Moldau. Parallel zum Lauf der Elbe läuft noch ein zweiter Grundwasserstrom von Dříz über Wšetat-Přívor nach Melnik, der sich wieder aus verschiedenen Teilströmen zusammensetzt, deren Ursprung in der unter dem Diluvium liegenden Kreide zu suchen ist.

Auch das nördliche Vorgelände des Harzes durchziehen nach den hydrologischen Feststellungen des Verfassers zahlreiche Grundwasserstromrinnen, deren Eigentümlichkeit darin besteht, daß ihre Wasserspiegel große Höhenunterschiede aufweisen. Oberhalb von Halberstadt münden diese Teilströme in das Holtemmetal, sich hydraulisch ausgleichend.

Durch unterirdische, undurchlässige Rücken, die oberirdisch nicht sichtbar sind, kann ein scheinbar einheitlicher Grundwasserstrom in einzelne Teilströme aufgelöst werden, wie aus Abb. 33 ersichtlich ist.

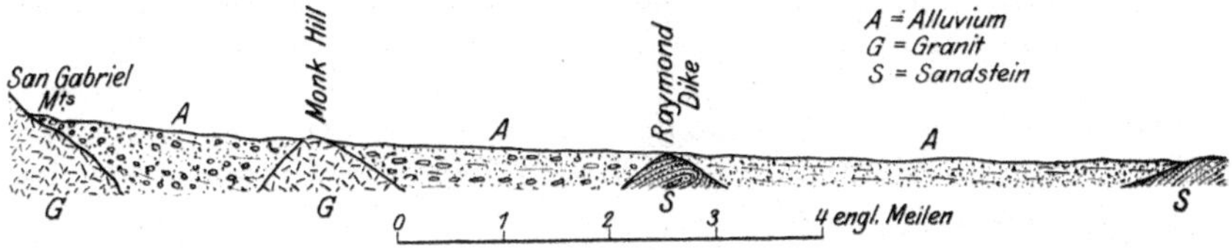

Abb. 33. Auflösung eines zusammenhängenden Grundwasserstromes in Teilströme. (Nach Mendenhall.)

Sie stellt nach den Mitteilungen von Mendenhall (89) einen Schnitt durch das mit Alluvionen ausgefüllte San Gabrieletal in Kalifornien dar, welches von unsichtbaren Granit- und Sandstein- bzw. Schieferrücken durchzogen ist.

In der nachstehenden Zusammenstellung sind die Tiefen und Breiten einiger hydrologisch erforschter Grundwasserströme enthalten.

Grundwasserstrom	Tiefe m	Breite m	Wasserentnahme m³/Tag
im Muldetal bei Naunhof	12—18	4000—5000	80 000
im Elstertal bei Leipzig	5—20	5000—6000	15—20 000
im Muldetal bei Wurzen	8—9	4000	60 000
in der Hochebene von München (zwischen Johanniskirchen und Pliening) . .	—	11 000	—
im Elbetal zwischen Káraný und Melnik	5—18	25 000	—
im Fiener Bruch (Elbetal)	25—40	15 000	—

II. Aufsuchung von Grundwasser.

Am einfachsten ist die Aufsuchung von Grundwasser dort, wo das Grundwasser als Quelle sichtbar zutage tritt, da man sich in solchen Fällen darauf beschränken kann, die Grundwassererscheinungen vom Quellort aus unter Tags bergwärts zu verfolgen.

Bei unsichtbarem Grundwasser gibt es eine ganze Reihe von oberirdischen Anzeichen, die darauf schließen lassen, daß der Untergrund grundwasserführend ist.

Anzeichen von Grundwasser.

a. Oberflächenbeschaffenheit.

Der Grundwasser suchende Hydrologe kann häufig schon aus der Beschaffenheit der Erdoberfläche Schlüsse darauf ziehen, ob der Untergrund wasserführend sein wird oder ob wenig oder keine Aussicht auf

Grundwasservorkommen vorhanden ist. Als Merkmale sind zu beachten: Trockenheit als auch Nässe, besondere, feuchte oder nasse Standorte liebende Pflanzen, sog. warme Stellen in zugefrorenen oberirdischen Wasserläufen, Teichen und Seen, Schmelzstellen in der Schneedecke und vor allem Eisenausscheidungen an der Oberfläche, in Wassergräben, Pfützen u. dgl., die darauf hinweisen, daß zeitweise eisenhaltiges Grundwasser aus der Tiefe zusickert. In vielen Fällen bilden solche Eisenausscheidungen eine schillernde Haut, welche auf dem Spiegel oberirdischer Wasseransammlungen schwimmt.

Bei einer flüchtigen Begehung und Besichtigung des Geländes hat als allgemeine Richtschnur für die Aufsuchung von Grundwasser zu gelten:

1. Ist die Oberfläche trocken, so kann dies veranlaßt sein entweder durch wirkliche Trockenheit oder auch durch hohe Durchlässigkeit des Untergrundes und tiefe Lage des Grundwasserspiegels unter Flur.
2. Ist die Oberfläche feucht oder naß, so ist dies zurückzuführen entweder auf hohen Grundwasserstand oder auf schwer durchlässigen Boden, der die Versickerung der Niederschläge in die Tiefe hindert.

Man ersieht daraus, daß weder oberirdische Trockenheit noch Nässe eines Ortes für die Beurteilung der hydrologischen Verhältnisse des Untergrundes allein ausschlaggebend sind Hier entscheidet nur die Feststellung der unterirdischen Ursachen der einen oder der anderen Erscheinung.

Trockenheit und Nässe können demnach je nach den sie begleitenden Nebenumständen hydrologisch günstige oder auch ungünstige Anzeichen sein.

Weitere Aufschlüsse über die Wahrscheinlichkeit unterirdischer Wasserführung gewinnt man auf Grund von orographischen, hydrographischen und geologischen Karten.

b. Sichtbare Talbildungen.

Als günstiges Anzeichen für das Vorhandensein von Grundwasser gilt eine nahezu wagerechte Entwicklung der Oberfläche, da man daraus auf fluviatile Ablagerungen und regelmäßigen Aufbau des Untergrundes schließen kann. Aus diesem Grunde sollten Talbildungen stets, wenn es sich um Grundwasser handelt, der Ausgangspunkt hydrologischer Vorarbeiten sein.

c. Verdeckte Talbildungen.

Nicht alle Talbildungen sind dem Auge sichtbar, denn es kann durch nachträgliche Zuschüttung ein Teil ihrer Wagerechtigkeit verloren gegangen und das Flußbett verlegt worden sein.

Derartige, durch spätere glaziale Ablagerungen verschüttete Flußrinnen und Flußverlegungen sind mehrfach beobachtet worden. In Abb. 34 ist nach Geikie (44) die Verlegung des Tillon Burn und des Calder-Water, sowie der präglaziale Verlauf dieser beiden Wasserrinnen dargestellt.

Über ähnliche Erscheinungen in der Nähe von Neuhausen am Rhein und Küßnacht bei Zürich berichtet Keilhack (90).

Auch in Fennoskandien kommen zahlreiche derartige Fluß-Verschüttungen und -Verlegungen vor, wie Hoegbom (91) näher angibt.

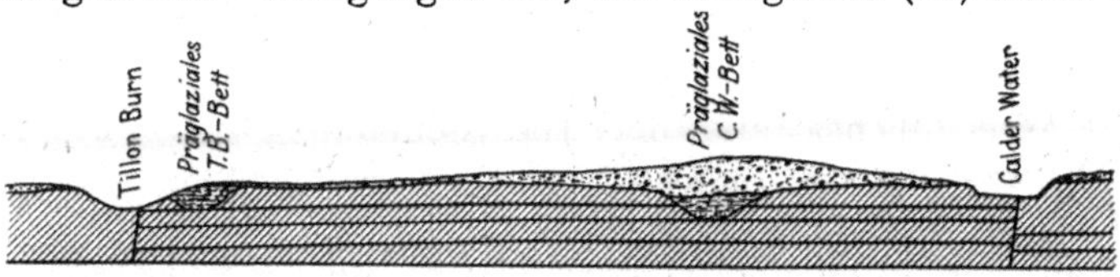

Abb. 34. Verlegung und Verschüttung von Flußrinnen durch glaziale Vorgänge. (Nach Geikie.)

Die Auffindung verschütteter ehemaliger Flußrinnen ist meist nur möglich mit Hilfe von Bohrungen und oft Sache des Zufalls.

d. Flußterrassen.

Hydrologisch besonders wichtige Talbildungen sind die Flußterrassen. Flußterrassen sind in der Regel die Reste alter Talniederungen, die durch Aufschüttung über dem jetzigen Flußwasserspiegel entstanden sind. Diese Aufschüttungen sind zum Teil wieder vom Fluß fortgeführt worden, so daß ihre Reste die beiden Seiten des Flußlaufes begleiten.

Abb. 35. Inntalterrassen bei Zirl. (Nach Ampferer.)

Ihr hydrologischer Wert liegt in ihrem regelmäßigen Aufbau und in ihrer mitunter großen Längenentwicklung. Sie liegen meist hochwasserfrei und sind daher aus hygienischen Gründen zur Anlage von Fassungen besonders geeignet, da Fassungen, die in ihnen angelegt sind, vom Hochwasser nicht überflutet werden können. Mitunter sind die Terrassen nur auf der einen Flußseite entwickelt. Bei Flüssen, welche schlangenartig die Talauen gekreuzt haben, werden die Terrassen in einzelne untergeordnete Abschnitte zerlegt und verlieren dadurch an hydrologischem Wert.

Deutlich entwickelt sind Flußterrassen namentlich am Fuße der Hochgebirge, wie Abb. 35 zeigt, in welcher die Inntalaufschüttungen bei Zirl dargestellt sind.

Ein anschauliches Bild der Terrassenbildung eines Flusses gibt Abb. 36, welche nach Mandoul (92) die Entwicklung der Terrassen der Garonne bei Toulouse darstellt.

Schnitt I stellt die ursprüngliche tertiäre Hochfläche zwischen Pujaudran und Balma dar, in welche durch die abziehenden Gletscherwässer das Bett eines Gletscherstromes (Schnitt II) eingegraben wurde. Mit der Abnahme der Wassermenge fand ein Absinken des Wassergerinnes

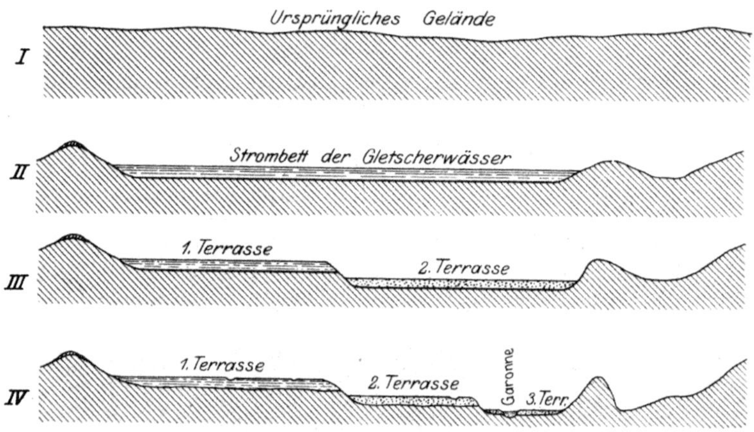

Abb. 36. Geschichtliche Entwicklung der Terrassen der Garonne bei Toulouse. (Nach Mandoul.)

bei fortschreitender Erosion statt, und so sind nach und nach die Terrassen 1, 2 und 3 (Schnitt III und IV) entstanden. Sämtliche Terrassen sind ausgezeichnete Wasserträger und versorgen u. a. die Stadt Toulouse mit Grundwasser.

Bei vielen Flüssen lassen sich zwei, drei und vier übereinanderliegende Terrassen nachweisen, die verschiedenen geologischen Zeitaltern angehören können. So haben z. B. die Roer und die Urft nach Kurtz (93) drei Terrassen. Die oberste Terrasse der Roer liegt im Mittel 100 m über dem jetzigen Flußbett, die mittlere etwa 70 m und die untere 30 m darüber.

Am Rhein kann man deutlich eine Haupt-, Mittel- und Niederterrasse unterscheiden. Die Mittelterrasse liegt 20 und mehr Meter, die Hauptterrasse nicht selten sogar 100 m über dem Flußspiegel.

In der Regel haben die Niederterrassen das feinste, die Mittelterrassen gröberes Korn, und die Hauptterrassen bestehen vorwiegend aus Kiesen.

Deutlich entwickelten Terrassen begegnet man z. B. am Unterlauf der Iser in Böhmen, längs der Mulde bei Wurzen usw.

Der Abstand der Terrassen voneinander kann mehrere Kilometer betragen.

Sind die Terrassen rein diluvialen Ursprungs, so ist ihre Schichtung oft unregelmäßig und von wechselnder Durchlässigkeit. Aus diesem Grunde sind Terrassen alluvialen Ursprungs solchen eiszeitlichen Ursprungs vorzuziehen.

e. Bodenerhebungen, Einschnitte.

Vereinzelte Kuppen und Erhebungen sowie Hügellandschaften lassen in Gegenden glazialer Vorgänge (also z. B. in Norddeutschland, im Alpenvorland usw.) darauf schließen, daß wir es mit Stirnmoränen zu tun haben, deren innerer Aufbau verwickelt und daher zur Vornahme hydrologischer Untersuchungen wenig geeignet ist.

Geländeeinschnitte in Gestalt von Straßen- und Eisenbahnabtragungen, Sand-, Kies- und Tongruben geben in der Regel Aufschluß darüber, aus welchen Schichten der Untergrund zusammengesetzt ist.

f. Vorhandene Brunnen.

In bewohnten Gegenden bieten über die Grundwasserverhältnisse willkommene Anhaltepunkte die vorhandenen Brunnen in Ortschaften, an Bahnwärterhäusern usw. Brunnen, die stets eine genügende Menge Wasser liefern, lassen darauf schließen, daß das Gelände einen gewissen Dauervorrat an Wasser oder sogar eine laufende Ergiebigkeit besitzen wird. Deshalb wird es stets zweckmäßig sein, durch Umfrage wenigstens angenähert zuverlässige Anhaltepunkte über den Wasserreichtum vorhandener Brunnenanlagen sich zu verschaffen.

Sind Brunnen vorhanden, welche zur Zeit großer Trockenheit bzw. besonders niedriger Grundwasserstände versiegen, so ist damit noch keineswegs bewiesen, daß der Untergrund wasserarm oder nur zeitweise wasserführend ist, da das Trockenwerden der Brunnen durch nicht genügende Tiefe derselben verursacht sein kann. Es ist eine alte Erfahrung, daß namentlich Landbrunnen, die zur Zeit hoher Grundwasserstände gebaut worden sind, in der Regel in Jahren niedriger Wasserstände trocken werden. Diese Erscheinung ist darauf zurückzuführen, daß man aus Sparsamkeitsgründen Dorfbrunnen nicht tiefer macht, als zur Gewinnung eines etwa einen halben Meter hohen Brunnenwasserstandes nötig ist. Damit ist im allgemeinen dem Wasserbedürfnis der Landbevölkerung genügt. Daß solche seichten Brunnen, wenn der Grundwasserstand in trockenen Jahren um den nicht seltenen Betrag von dreiviertel bis einem Meter sinkt, vollständig trocken werden, ist klar. Aus dieser Erkenntnis heraus ergibt sich die Notwendigkeit, nicht allein die Wasserspiegel der vorhandenen Brunnen, sondern auch die Brunnensohlen einzumessen. Trägt man dann die Brunnenspiegel und Brunnensohlen in zusammenhängenden Geländeschnitten, die einen einheitlichen Horizont haben, auf, so wird sich aus solchen Schnitten leicht ablesen lassen, ob wir es mit einem zusammenhängenden Grundwasserspiegel zu tun haben, der die einzelnen trockenen Brunnensohlen unterteuft, oder ob die Brunnenspiegel verschiedenen Wasserstockwerken angehören.

Bei der Feststellung der Spiegel in Landbrunnen ist stets zu ermitteln, ob die Spiegellage eine natürliche oder künstlich beeinflußte ist. Ist der Spiegelmessung eine Wasserentnahme vorausgegangen, so hat naturgemäß eine Absenkung des Brunnenspiegels stattgefunden, und man wird ein richtiges Meßergebnis erst dann erzielen, wenn der abgesenkte Spiegel seine natürliche Lage wieder erreicht hat. Der Aufstieg des Spiegels in die natürliche Lage vollzieht sich namentlich bei Landbrunnen sehr langsam dann, wenn die Brunnen gemauert und die Brunnenfugen, wie dies oft der Fall ist, mit Moos, Werg und ähnlichen Stoffen gegen das Eindringen von Sand in den Brunnen geschützt sind. Solche Dichtungsstoffe verfilzen sehr leicht, und die natürliche Folge davon ist, daß der hydrauliches Zusammenhang zwischen Brunnen und Grundwasserträger viel zu wünschen übrig läßt. Die zugestopften Fugen sind nur in beschränktem Maße durchlässig, und es vergehen oft Stunden, bevor das von außen langsam zusickernde Wasser seine natürliche Lage im Brunnen wieder erreicht hat.

Für orientierende Zwecke eignen sich besonders die Brunnen der Bahnwärterhäuser, da in ihrer Nähe oft die Bolzen des Landesnivellements anzutreffen sind. Man kann leicht und mit geringem Zeitaufwand solche Brunnenspiegel an die Vermessungsbolzen anschließen und sich so ein ziemlich genaues Bild des Grundwasserspiegels verschaffen.

Aus den Höhenunterschieden zwischen den Sohlen benachbarter, versiegender und stets wasserführender Brunnen kann man überdies angenähert dasjenige Maß abschätzen, um welches der Grundwasserspiegel schwankt.

Sind im Sinne der vorstehenden Betrachtungen die Anzeichen für das Vorhandensein von Grundwasser günstig, so kann der Hydrologe zum Nachweis von Grundwasser schreiten.

III. Nachweis von Grundwasser durch Messung natürlicher Grundwasseraustritte.

Auch der Nachweis einer vom Untergrund geführten Grundwassermenge ist dann am einfachsten, wenn das Grundwasser entweder sichtbar als Quelle zutage tritt oder unsichtbar oberirdische Wasserläufe speist und so ihre Wassermenge vermehrt.

Man sollte daher stets, wo dies angeht, Grundwasserquellen und oberirdische Wasserläufe zum Ausgangspunkt hydrologischer Untersuchungen machen.

Bei Grundwasserquellen, wie bei Quellen überhaupt, ist bei der Messung stets zu berücksichtigen, daß nicht immer die Quellschüttung der gesamten, vom Untergrund geführten Wassermenge entspricht.

Nicht minder wichtig wie sichtbare Quellaustritte sind für die hydrologische Erkenntnis jene unterirdischen Wassermengen, welche den oberirdischen Wasserläufen unsichtbar zuströmen. Man kann sich vom Vorhandensein der Grundwasserspeisung oberirdischer Wasserläufe durch Augenschein am besten im Gebirge oder im Vorlande des Gebirges überzeugen.

In wasserarmen Zeiten wird stellenweise das Bett eines Gebirgsbaches trocken, dann tritt durch seitliches Zusitzen Wasser auf, verschwindet wieder, und dieser Vorgang wiederholt sich staffelweise mehrfach. Oft würde der Bruchteil eines Meters an höherer Geschiebedeckung genügen, um diesen hydrologischen Wechsel zwischen oberirdischem und unterirdischem Wasser zu beseitigen und einen zusammenhängenden, unsichtbaren Grundwasserlauf zu erzeugen.

Die Grundwasserspeisung der meisten Oberflächenwasser vollzieht sich indessen unsichtbar unterhalb des Wasserspiegels in den durchlässigen Sohlen und Seitenwänden der Gerinne. Wie gewaltig und stetig die unsichtbare Speisung der Oberflächenwässer durch Grundwasser sein muß, beweist am besten z. B. die Tatsache, daß in regenarmen Sommerzeiten die Wasserführung sämtlicher Bäche und Flüsse Norddeutschlands mit Ausnahme des Rheins (der durch abgeschmolzenes Gletscherwasser gespeist wird) fast nur durch Grundwasserzufuhr zustande kommt. Wäre dies nicht der Fall, so müßten zur Zeit der fehlenden Sommerniederschläge fast alle Gewässer Norddeutschlands versiegen. Ähnliche Zustände würden sich auch überall dort ergeben, wo die aus den vergletscherten Hochgebirgen kommenden Schmelzwässer fehlen.

Das Verhältnis des oberirdischen zum unterirdischen Wasser kann ein dreifaches sein:

Entweder wird das oberirdische Wasser durch unterirdisches gespeist, oder es wird Tagewasser an den Untergrund abgegeben, oder ober- und unterirdisches Wasser verhalten sich gegenseitig indifferent.

Mit welcher von diesen drei Wechselbeziehungen man es zu tun hat, läßt sich zunächst durch unmittelbare Messung der fließenden Oberflächenwassermengen feststellen. Nimmt die Wassermenge innerhalb einer bestimmten Uferlänge zu, ohne daß auf dieser Strecke dem Gerinne weiteres Oberflächenwasser zufließt, so ist der Wasserzuwachs nur auf unterirdische Wasserzufuhr zurückzuführen. Wir müssen daraus schließen, daß innerhalb der Meßstrecke der Wasserlauf von einem unsichtbaren unterirdischen Wasserstrom begleitet und gespeist wird. In diesem Falle wird also Grundwasser zu Oberflächenwasser, und der Grundwasserstrom beendigt entweder als Teilmenge oder Ganzes seinen unterirdischen Lauf in einem Bach, Fluß oder See.

Wie groß in einzelnen Fällen die Grundwasserspeisung sein kann, beweisen die durch Messung festgestellten folgenden Zahlen: Auf 100 m Uferlänge empfängt der Metelsdorfer Bach bei Wismar 2,8, die Parthe zwischen Abtnaundorf und Händels Bad bei Leipzig 4,8, der Große Weiße See bei Riga 1,5 bis 2,0, der Müggelsee bei Berlin 8,9 ltr/sk Grundwasser.

Ergibt dagegen die Flußwassermenge innerhalb einer Meßstrecke eine Wasserabnahme, so speist Flußwasser den Untergrund, und wir haben es entweder mit dem Ursprung einer unterirdischen Wasserströmung oder der Vermehrung eines bereits vorhandenen, den Flußlauf begleitenden Grundwasserstromes zu tun.

Bei undurchlässigen Gerinnen herrscht in der Regel Indifferenz zwischen Oberflächen- und Grundwasser.

Die Indifferenz zwischen Oberflächen- und Grundwasser kann mitunter nur eine scheinbare sein und zu Trugschlüssen dann führen, wenn der oberirdische Wasserlauf innerhalb einer Strecke unterirdisches Wasser empfängt und die gleiche Wassermenge wieder an den Untergrund abgibt.

In solchen Fällen sind die Meßergebnisse irreführend, und man ist nur dann in der Lage, die tatsächlichen Wechselbeziehungen zwischen Oberflächen- und Grundwasser richtig zu beurteilen, wenn ein genauer Höhenschichtenplan des Grundwasserspiegels vorliegt (vgl. Abschnitt „Grundwasserspiegel" S.105).

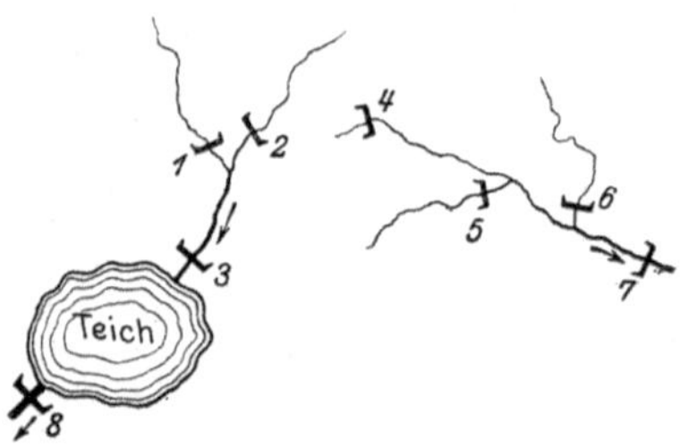

Abb. 37. Anordnung von Überfällen zur Ermittlung der Grundwasseraustritte in Bachläufen.

Hat man verschiedene sichtbare Wasserläufe innerhalb eines Versuchsfeldes, so wird man stets gut tun, vorher durch Augenschein festzustellen, in welchen Strecken eine größere Wasserzunahme anzunehmen ist und darnach über das ganze Versuchsfeld Überfälle verteilen (Abb. 37).

Werden z. B. die Überfälle 1—8 fortlaufend gemessen, so ergeben sich aus dem Unterschied der einzelnen Wassermengen die auf die einzelnen Bach- oder Flußstrecken entfallenden unterirdisch zufließenden Wassermengen, und man kann daraus die Ortslage und Aufeinanderfolge der vorzunehmenden Bohrungen bestimmen. Der Mengenunterschied zwischen Überfall 3 und 8 ergibt die Wassermenge, welche der Teich unterirdisch empfängt.

IV. Vorrichtungen zur Messung von Wassermengen.

Die Art der zur Bestimmung einer fließenden Wassermenge zweckmäßig anzuwendenden Meßvorrichtungen richtet sich sowohl nach der Wassermenge als auch nach dem zur Verfügung stehenden Gefälle.

Man kann unterscheiden zwischen unmittelbarer und mittelbarer Messung.

Für unmittelbare Messung der Wassermenge kommen u. a. in Frage: Geeichte Gefäße, der Wasserzoll, Öffnungen in dünner Wand, Überfälle, Wassermesser.

Die unmittelbare Messung erfolgt durch Berechnung aus Durchflußquerschnitt und Geschwindigkeit. Zur Bestimmung der Geschwindigkeit dienen u. a.' Gerinne, Schwimmer und Flügel.

1. Unmittelbare Messung.

a. Geeichte Gefäße.

Ist die Menge klein und das Gefälle derartig, daß die Einschaltung eines Gefäßes möglich ist, so verwendet man zur Messung mit Vorteil geeichte Gefäße. Ein derartiges Gefäß besteht nach Huber (94) aus einem Blechzylinder von etwa 15 l Inhalt (Abb. 38), der unterhalb der Einlaufmündung eine Marke trägt, welche den Behälterinhalt angibt.

Zur Messung größerer Wassermengen, die etwa 10 ltr/sk überschreiten, eignen sich besondere Eichkästen, die aus Bohlen an-

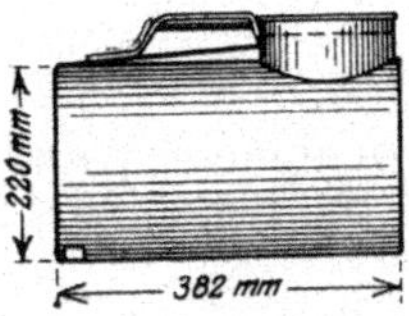

Abb. 38. Geeichtes Meßgefäß nach Huber.

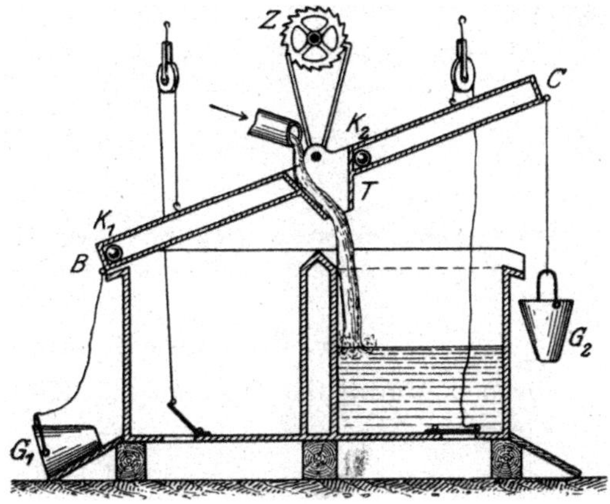

Abb. 39. Eichkasten.

gefertigt und am besten mit Zinkblech ausgeschlagen werden. Abb. 39 stellt einen solchen Eichkasten dar. Der Kasten ist doppelseitig und jedes Abteil mit Abfluß nach den Gefäßen G_1 und G_2 versehen. Die Zulaufrinne BC ermöglicht durch den trichterartigen Ansatz T eine wechselweise Speisung der beiden Kastenhälften, wobei die beiden Laufgewichte K_1 und K_2 mitwirken, die bei erfolgter Füllung der Gefäße G_1 und G_2 in Tätigkeit treten. Die Zahl der Kastenfüllungen kann mittels Übertragung auf das Zählwerk Z selbsttätig festgestellt werden. Die vorstehend beschriebene Meßvorrichtung eignet sich besonders zur Vornahme von Einzelmessungen in beschränkter Zahl.

b. Der Wasserzoll.

Am einfachsten ist der sog. Wasserzoll von Bornemann (95), der allerdings nur Annäherungswerte liefert. Der Bornemannsche Wasser-

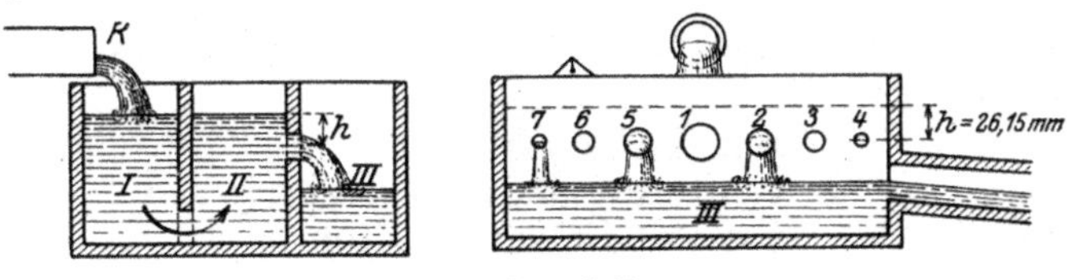

Abb. 40. Wasserzoll nach Bornemann.

zoll besteht, wie aus Abb. 40 hervorgeht, aus einem großen Holzkasten, welcher durch 2 Scheidewände in 3 Abteilungen I, II und III getrennt ist. Die Teile I und II dienen zur Beruhigung des Wasserspiegels und zur Ablagerung etwaiger Sinkstoffe. In der Wand zwischen II und III sind 7 kreisförmige Öffnungen angebracht, von denen die mittlere den größten Durchmesser besitzt. Die übrigen Öffnungen sind paarweise gleich groß und liegen symmetrisch zur mittleren Öffnung. Die Größe der Öffnungen nimmt gegen den Kastenrand ab. Die den einzelnen Öffnungen bei einer Druckhöhe von $h = 26{,}15$ mm entströmenden Wassermengen sind:

Öffnung	1 $d = 26{,}15$ mm,	$Q_1 = \ldots\ldots$	54,72 m³/Tag
„	2 $d = 13{,}08$ „	$Q_2 = 2 \cdot 5{,}44 =$	10,88 „
„	3 $d = 6{,}54$ „	$Q_3 = 2 \cdot 1{,}41 =$	2,82 „
„	4 $d = 3{,}27$	$Q_4 = 2 \cdot 0{,}39 =$	0,78 „
		$Q =$	69,20 m³/Tag

Der Holzkasten muß horizontal liegen. Die Höhe h wird eingestellt durch entsprechendes Schließen der Ausflußöffnungen mittels Pfropfen.

c. Öffnungen in dünner Wand.

Für den Abfluß des Wassers aus Öffnungen in dünner Wand gilt die Formel:

$$Q = \mu F \sqrt{2\,g\,h}, \tag{1}$$

worin Q die Wassermenge,
μ ein Beiwert,
F der Querschnitt der Öffnung,
h die Druckhöhe als der Abstand vom Wasserspiegel bis zum Schwerpunkte der Öffnung,
g die Beschleunigung.

Will man die aus einer Öffnung in dünner Wand ausfließende Wassermenge bestimmen, so ist zu berücksichtigen, daß durch die Öffnung nicht allein die Ausflußgeschwindigkeit des Strahles herabgesetzt, sondern auch der Querschnitt des Strahles eingeschnürt wird.

Der der Geschwindigkeitsminderung entsprechende Beiwert φ ist im Mittel etwa $= 0{,}96$.

Für den Einschnürungsbeiwert α ergibt sich nach Bubendey (96) als ungefährer Mittelwert

$$\alpha = 0{,}64.$$

Auf die Ausflußmenge ist das Produkt beider $\mu = \varphi\,\alpha$ von Einfluß. μ hängt ab:

1. von der Druckhöhe,
2. von der Gestalt der Öffnung und
3. von der Größe der Öffnung.

Nach Hamilton Smith (96, 97) ergeben sich die nachstehenden Tafeln I und II für den Ausfluß des Wassers aus quadratischen und runden Öffnungen in einer senkrechten dünnen Wand.

d. Tafeln der Beiwerte μ für den Ausfluß aus Öffnungen in dünner Wand.

Tafel I.

Beiwerte μ für den Ausfluß aus quadratischen Öffnungen in dünner Wand bei 10° C.

Abstand vom Wasserspiegel bis zur Mitte der Öffnung m	Seite des Quadrates					
	0,006 m	0,015 m	0,03 m	0,06 m	0,18 m	0,30 m
0,12	—	0,637	0,621	—	—	—
0,15	—	0,633	0 619	0,605	0,597	—
0,18	0,660	0 630	0,617	0,605	0,598	—
0 21	0,656	0,628	0,616	0,605	0,599	0,596
0,24	0,652	0,625	0,615	0,605	0,600	0,597
0,27	0,650	0,623	0,614	0,605	0,601	0,598
0,30	0,648	0 622	0 613	0,605	0,601	0,599
0,40	0,642	0,618	0,610	0,605	0,602	0,601
0,60	0,637	0,615	0,608	0,605	0,604	0,602
0,90	0,632	0,612	0,607	0,605	0,604	0,603
1,20	0,628	0,610	0,606	0,605	0,603	0,602
1,80	0,623	0,609	0,605	0,604	0,603	0,602
2,40	0,619	0,608	0,605	0,604	0,603	0,602
3,00	0,616	0,606	0,604	0,603	0,602	0,601
6,00	0,606	0,603	0,602	0,602	0,601	0,600
30,00	0,599	0,598	0,598	0,598	0,598	0,598

Tafel II.

Beiwerte μ für den Ausfluß aus kreisförmigen Öffnungen in dünner Wand bei 10° C.

Abstand vom Wasserspiegel bis zur Mitte der Öffnung m	Durchmesser des Kreises					
	0,006 m	0.015 m	0,03 m	0,06 m	0,18 m	0,30 m
0,12	—	0,631	0,618	—	—	—
0,15	—	0,627	0,615	0,600	0,592	—
0,18	0,655	0,624	0,613	0,601	0,593	—
0,21	0,651	0,622	0,611	0,601	0,594	0,590
0,24	0,648	0,620	0,610	0,601	0,594	0,591
0,27	0,646	0,618	0,609	0,601	0,595	0,591
0,30	0,644	0.617	0,608	0,600	0,595	0,591
0,40	0,638	0,613	0,605	0,600	0,596	0,593
0,60	0,632	0,610	0,604	0,599	0,597	0,595
0,90	0,627	0,606	0,603	0,599	0,597	0,597
1,20	0,623	0,605	0,602	0,599	0,598	0,596
1,80	0,618	0,604	0,600	0,598	0,597	0,596
2,40	0,614	0,603	0,600	0,598	0,596	0,596
3,00	0,611	0,601	0,598	0,597	0,596	0,595
6,00	0,601	0,598	0,596	0,596	0,596	0,594
30,00	0,593	0,592	0,592	0.592	0,592	0,592

Für rechteckige Öffnungen von größerer Breite sind die Beiwerte μ um 0,012 bis 0,015 höher als für quadratische Öffnungen von gleicher Höhe und dem gleichen Abstand vom Wasserspiegel.

e. Überfälle.

Besonders geeignete Meßvorrichtungen zur Ermittlung laufender Ergiebigkeiten sind vor allem die sog. Überfälle, das sind Einschnitte in Stau- und Gefäßwände, durch welche die zu messende Menge mit freiem Spiegel strömt.

Die Zahl der in der Praxis angewendeten Überfälle ist groß. Genaue Angaben über Überfälle enthalten u. a. die Arbeiten von Ruehlmann (98), Weyrauch (99) und Gerhardt (100).

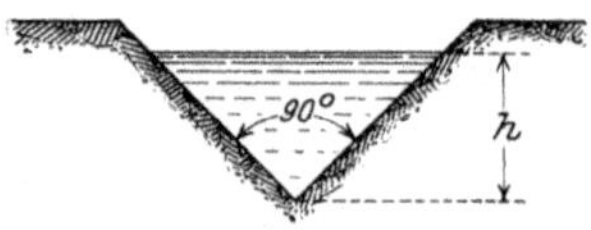

Abb. 41. Überfall mit dreieckigem Querschnitt.

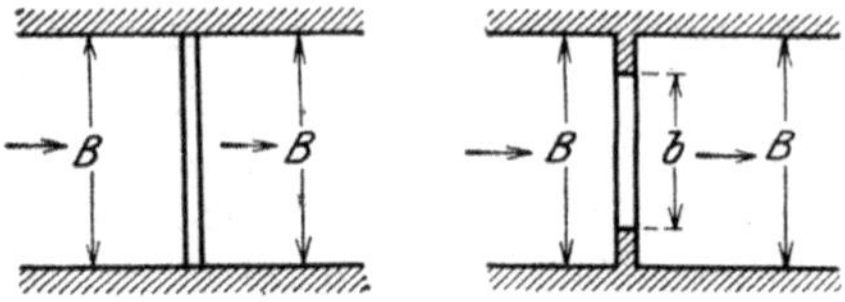

Abb. 42. Rechteckige Überfälle mit ein- und dreiseitiger Zusammenziehung.

Zum Messen kleinerer Wassermengen eignen sich nach den Mitteilungen von Luedecke (101) insbesondere Überfälle von dreieckigem Querschnitt (Abb. 41). Die Überfälle mit dreieckigem Querschnitt unterscheiden sich nach der Größe des Winkels, den die beiden Kanten miteinander bilden. Luedecke hat für die durch einen dreieckigen Überfall, dessen Kanten einen Winkel von 90° bilden, fließenden Wassermenge aus den Messungen von Thomson und Cone die Formel abgeleitet:

$$Q = 0{,}0138\, h^{2,5}. \tag{2}$$

Nach Engels (102) berechnet sich die Wassermenge zu

$$Q = 0{,}014\, h^2 \cdot \sqrt{h} = 0{,}014\, h^{2,5}.$$

In der Anwendung überwiegen die Überfälle mit rechteckigem Querschnitt.

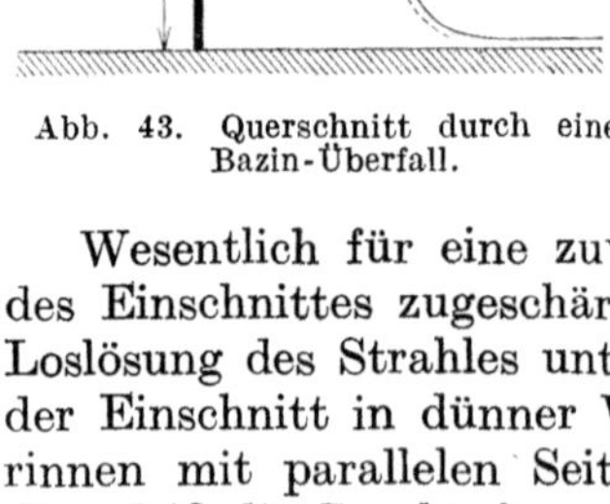

Abb. 43. Querschnitt durch einen Bazin-Überfall.

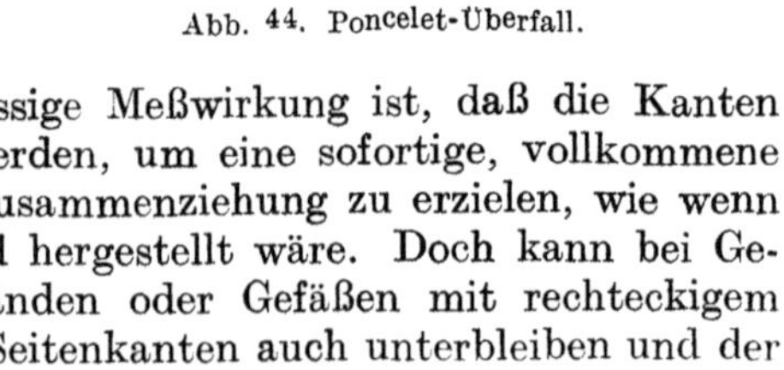

Abb. 44. Poncelet-Überfall.

Wesentlich für eine zuverlässige Meßwirkung ist, daß die Kanten des Einschnittes zugeschärft werden, um eine sofortige, vollkommene Loslösung des Strahles unter Zusammenziehung zu erzielen, wie wenn der Einschnitt in dünner Wand hergestellt wäre. Doch kann bei Gerinnen mit parallelen Seitenwänden oder Gefäßen mit rechteckigem Grundriß die Zuschärfung der Seitenkanten auch unterbleiben und der Einschnitt die volle Breite des Gerinnes einnehmen.

Über die Einschnittsform von Überfällen, deren Durchflußmenge proportional mit der Strahlhöhe zunimmt, gibt eine Abhandlung von Rother (103) rechnerische Betrachtungen von praktischer Bedeutung.

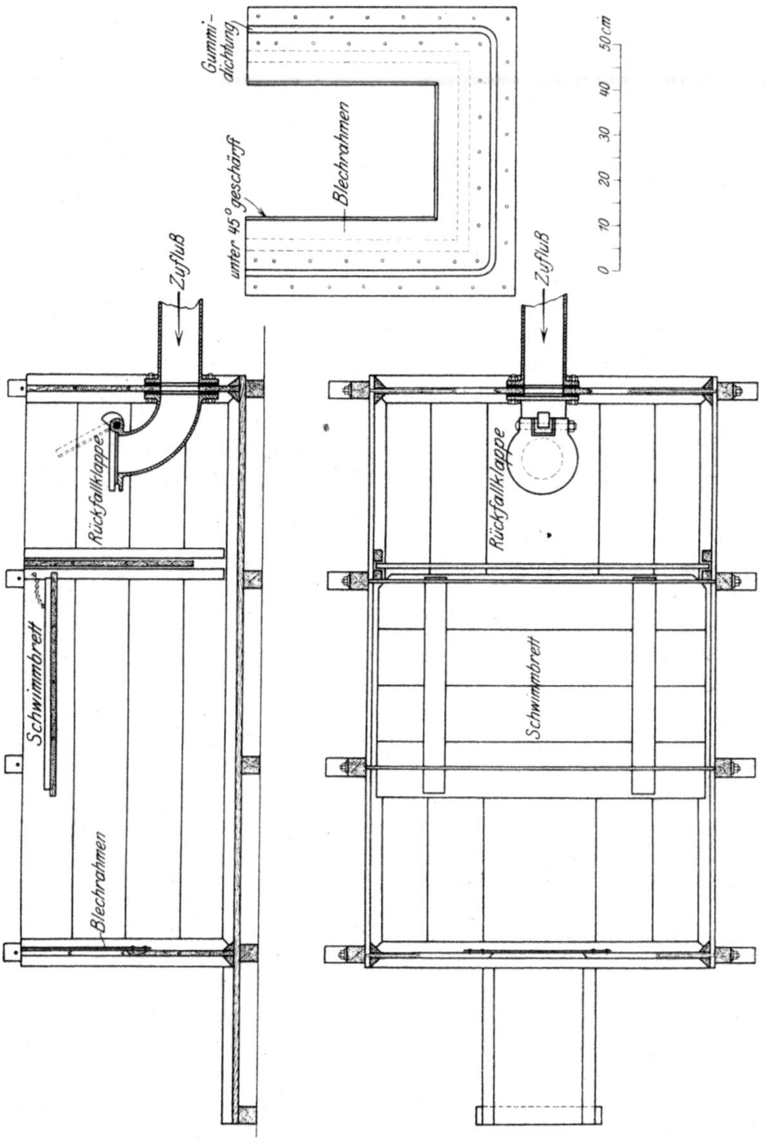

Abb. 45. Meßkasten mit Poncelet-Überfall.

Die zur Verwendung kommenden Überfälle sollen, wenn irgend möglich, sog. vollkommene Überfälle sein, bei denen der Unterwasserspiegel tiefer liegt als die Überfallkante. Ist (Abb. 42) B die Gerinnebreite und b die Überfallbreite, so bezeichnet man Überfälle mit $b = B$

(einseitige Zusammenziehung des Wasserstrahls) als **Bazin - Überfälle** oder **Castelsche** Überfälle; mit $b < B$ (dreiseitige Zusammenziehung des Wasserstrahls) als **Poncelet - Überfälle.**

Über **Bazinsche** Überfälle findet man genaue Angaben von **Bazin** in den Annales des Ponts et Chaussées, Octobre 1888, sowie in (104).

Die über einen Bazin-Überfall fließende Wassermenge kann berechnet werden nach der Formel:

$$Q = \tfrac{2}{3}\,\mu_0 \sqrt{2gh} \cdot l \cdot h_0^{3/2}, \qquad (3)$$

worin nach Rehbock (105)

$$\mu_0 = 0{,}605 + \frac{1}{1100}h_0 + \frac{h_0}{12\,p}$$

zu setzen ist, und bedeutet (Abb. 43):

Q die Wassermenge in m³/sk,
l die Überfallänge in m,
h_2 die Überfallhöhe in m,
g die Erdbeschleunigung in m/sk,
p die Höhe der Überfallwand in m.

Diese Gleichung ist ihrer Einfachheit wegen besonders gut für den praktischen Gebrauch geeignet. Nach Rehbock weichen die aus Formel (2) berechneten Werte von $\mu_0 = 30$ mm bis zu den größten Überfallhöhen um nicht mehr als 0,005 von den wahren Werten ab.

Die Messung setzt voraus, daß der Wasserstrahl durch beiderseitige parallele Wandungen bis zum Unterwasserspiegel geführt werde, daß eine ausreichende Lüftung des Raumes unter dem Strahl durch Öffnungen in den Seitenwänden stattfindet, und daß die Überfallhöhe h_0 wenigstens in der Entfernung $5\,h_0$ oberhalb der Meßkante bestimmt wird, damit die Meßstelle außerhalb der durch den Absturz verursachten Senkung des Wasserspiegels liegt.

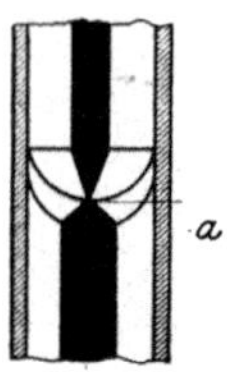

Abb. 46. Schellbachrohr.

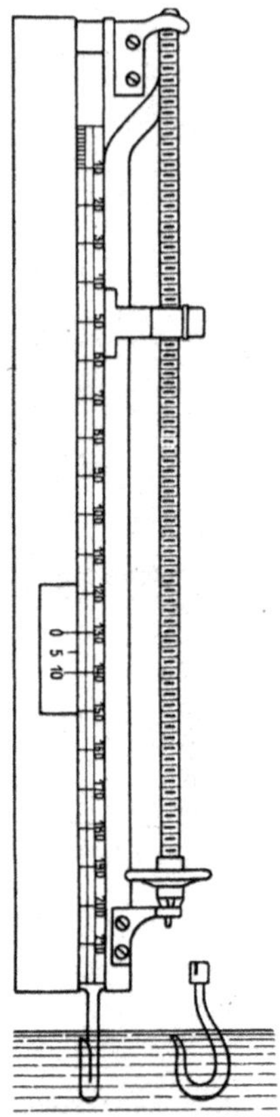

Abb. 47. Meßstab für Strahlhöhen. (Nach Boyden.)

Poncelet-Überfälle haben überall Verbreitung gefunden. Sie sind bereits für Mengen von 2 ltr/sk an und auch bei kleinen Überfallhöhen brauchbar. Abb. 44 zeigt einen Poncelet-Überfall im offenen Graben.

In Verbindung mit einem Meßkasten (Abb. 45) eignet sich der Poncelet-Überfall namentlich für alle Meßzwecke, wenn das Wasser gefördert wird.

Nach den Angaben von Poncelet soll der Abstand der Überfallkanten von den Wänden bzw. der Sohle 0,54 m betragen. Die Messung der Strahlhöhe hat etwa 1,5 m oberhalb der Überfallwand zu erfolgen. Mit Rücksicht darauf, daß die Meßüberfallkante nicht selten durch

Abb. 48a, 48b. Zusammenlegbarer Meßkasten. (Nach Meinzer und Kelton.)

Sackung ihre wagerechte Lage verliert, empfiehlt Huber (94) eine öftere Nachprüfung der Überfallkantenlage und eine Messung der Strahlhöhe je 10 cm rechts und links von der Durchflußöffnung. Der

Berechnung der Strahlhöhe wird das arithmetische Mittel aus beiden Ablesungen zugrunde gelegt.

Am Meßkasten bringt man zweckmäßig zur bequemen und genauen Ablesung der Strahlhöhen ein Wasserstandsbeobachtungsglas an. Hierzu eignet sich am besten ein sog. Schellbachrohr (Abb. 46), welches auf der Rückseite einen schwarz-weißen Streifen trägt. Der Punkt *a*, an welchem der Strich scharf eingeschnürt ist, ermöglicht eine bequeme und scharfe Ablesung, zumal aus optischen Gründen die Parallaxe nur wenig beeinflußt wird.

Eine sehr genaue Messung der Strahlhöhen gestattet die in Abb. 47 dargestellte Stellvorrichtung nach Boyden, die mit einem Haken ausgerüstet ist, welcher in das Wasser eintaucht, und dessen Spitze von unten dem Wasserspiegel genähert wird. Bei eingetauchten Maßstäben, die dem Wasserspiegel von oben genähert werden, ist das Maßergebnis ungenau.

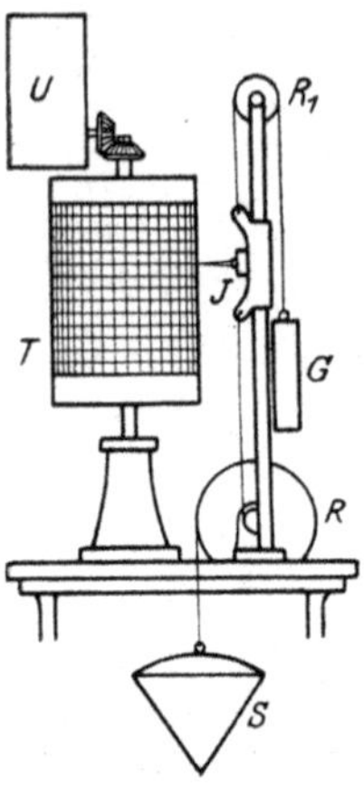

Abb. 49. Schreibpegel nach Budau.

Ein Nonius vervollständigt diese Meßvorrichtung.

Einen leicht beweglichen, zusammenlegbaren Meßkasten haben Meinzer und Kelton (106) verwendet (Abb. 48a, 48b).

Das Kastengerüst besteht aus galvanisierten Eisenrohren, die Wände sind aus wasserdichtem Segelleinen hergestellt. Dieser Meßkasten eignet sich insbesondere zur Messung von Quellergiebigkeiten eines weit ausgedehnten Versuchsfeldes.

Handelt es sich um die genaue Ermittlung täglich schwankender Wassermengen bzw. der Mindest- und Höchstwerte derselben, so empfiehlt sich die Anordnung eines Schwimmers, welcher die Spiegelschwankungen selbsttätig auf einer beweglichen Trommel aufzeichnet. Abb. 49 gibt einen derartigen Schreibpegel nach den Angaben von Budau (107) wieder. Der Schwimmer *S* ist durch das Gegengewicht *G* ausgeglichen und mittels einer Schnur mit der Rolle *R* so verbunden, daß er diese bei seiner Auf- und Abwärtsbewegung in Drehung versetzt. Diese Drehung wird durch einen zweiten Schnurlauf, der über die Rolle R_2 geht, auf den Schreibstift *J* übertragen, der seine jeweilige Stellung auf der Trommel *T* aufzeichnet. Die Trommel wird durch das Uhrwerk *U* gedreht. Die Beschreibung eines praktischen Schreibwerks für Überfälle gibt Lummert (108).

Aus der nachstehenden Tabelle können die angenäherten Wassermengen, welche den Strahlhöhen von 1—30 cm und den Überfallbreiten von 20—100 cm eines Poncelet-Überfalls zukommen, ohne weiteres mit einer für die Praxis hinreichenden Genauigkeit abgelesen werden.

f. Wassermengen in Litern in der Sekunde (ltr/sk), gemessen durch einen Poncelet-Überfall.

Strahlhöhe	Überfallbreite cm								
	20	30	40	50	60	70	80	90	100
cm	Menge in ltr/sk								
1	0,4	0,62	0,84	1,06	1,28	1,50	1,72	1,94	2,16
2	1,1	1,69	2,28	2,87	3,46	4,05	4,64	5,23	5,82
3	1,9	2,96	4,02	5,08	6,14	7,20	8,26	9,32	10,38
4	2,9	4,49	6,08	7,67	9,26	10,85	12,44	14,03	15,62
5	4,1	6,29	8,48	10,67	12,86	15,05	17,24	19,43	21,62
6	5,3	8,14	10,98	13,82	16,66	19,50	22,34	25,18	28,02
7	6,6	10,17	13,74	17,31	20,88	24,45	28,02	31,59	35,16
8	8,1	12,45	16,80	21,15	25,50	29,85	34,20	38,55	42,90
9	9,6	14,79	19,98	25,17	30,36	35,55	40,74	45,93	51,12
10	11,2	17,28	23,36	29,44	35,52	41,60	47,68	53,76	59,84
11	12,8	19,81	26,82	35,05	40,84	47,85	54,86	61,87	68,88
12	14,6	22,59	30,58	38,57	46,56	54,55	62,54	70,53	78,52
13	16,4	25,41	34,42	43,43	52,44	61,45	70,46	79,47	88,48
14	18,3	28,37	38,44	48,51	58,58	68,65	78,72	88,79	98,86
15	20,3	31,44	42,58	53,72	64,86	76,00	87,14	98,28	109,42
16	22,3	34,58	46,86	59,14	71,42	83,70	95,98	108,26	120,54
17	24,5	37,91	51,32	64,73	78,14	91,55	104,96	118,37	131,78
18	26,6	41,21	55,82	70,43	85,04	99,65	114,26	128,87	143,48
19	28,8	44,65	60,50	76,35	92,20	108,05	123,90	139,75	155,60
20	30,9	48,01	65,12	82,23	99,34	116,44	133,55	150,66	167,77
21	33,2	51,37	69,94	88,31	106,68	125,05	143,42	161,79	180,16
22	35,6	55,25	74,90	94,55	114,20	133,85	153,50	173,15	192,80
23	37,8	58,76	77,72	100,68	121,64	142,60	163,56	184,32	205,48
24	40,1	62,39	84,68	106,97	129,26	151,55	173,84	196,13	218,42
25	42,4	66,10	89,80	113,50	137,20	160,90	184,60	208,30	232,00
26	44,7	69,79	94,88	119,97	145,06	170,15	195,24	220,33	245,42
27	47,2	73,67	100,14	126,61	153,08	179,55	206,02	232,49	258,96
28	49,6	77,49	105,38	133,27	161,16	189,05	216,94	244,83	272,72
29	52,2	81,53	110,86	140,19	169,52	198,85	228,18	257,51	286,84
30	54,6	85,46	116,32	147,18	178,04	208,90	239,76	270,62	301,48

Eine praktische graphische Meßkarte zur Bestimmung von Wassermengen bei Überfallwehren hat Kretschmer veröffentlicht (109).

g. Wassermesser.

Fortlaufende Messungen mit hinreichender Genauigkeit können auch durchgeführt werden mit Hilfe von Wassermessern. Wassermesser lassen sich in Zu- oder Abflußleitungen einbauen, doch sind hierbei alle technischen Nebenumstände zu berücksichtigen, die auf die Empfindlichkeit der Wassermesser von Einfluß sind. Bei Quellen die Sand führen, sind vor dem Wassermesser wirksame Sandfänge anzuordnen. Auch bei Wassermessern empfiehlt es sich, die durchfließenden Wassermengen von Registriervorrichtungen fortlaufend aufzeichnen zu lassen. Einen Woltmannmesser mit Registrierapparat gibt Abb. 50 wieder.

Abb. 50. Woltmannmesser mit Registrierapparat. (Nach Siemens und Halske A.-G.)

2. Mittelbare Messung.

In solchen Fällen, wo infolge unzureichenden Gefälles die Bildung von Wasserstrahlen bzw. Wassersäulen unmöglich ist, und wo bei Anstauung Wasseraustritte aus Bach- und Flußsohlen zu befürchten sind, muß man sich in der Regel darauf beschränken, die Wassermengen durch Rechnung oder Messung der Geschwindigkeit in Gerinnen mittelbar zu bestimmen.

Genaue Beschreibungen solcher Meßverfahren enthalten u. a. die Arbeiten von Gerhardt (100), Moeller (110), Friedrich (111) usw.

a. Bestimmung der Wassergeschwindigkeit in Gerinnen.

Tabellen zur Bestimmung der durchfließenden Wassermengen für Rinnenbreiten von 20, 30 und 40 cm hat Müller (112) veröffentlicht.

Für die Berechnung der Wassergeschwindigkeit in Gerinnen bis 50 m Breite und unter Berücksichtigung der Art des Gerinnewiderstandes gibt ein besonders einfaches und zuverlässiges Meßverfahren Fischer (113) an, indem er die Beziehungen zwischen der Oberflächengeschwindigkeit eines Gerinnes und der mittleren Querschnittsgeschwindigkeit genau untersucht. Er hat auf Grund von etwa 3500 genauen Messungen Tabellen aufgestellt, aus denen bei bekanntem Querschnitt die der gemessenen größten oder mittleren Oberflächengeschwindigkeit zugehörige mittlere Querschnittsgeschwindigkeit unmittelbar abgelesen werden kann.

Das Fischersche Verfahren ist bisher das einfachste bekannte Verfahren zur Ermittelung der Abflußmengen von Gerinnen. Die Ergebnisse zeichnen sich durch hohe Genauigkeit aus.

Für Gerinne von über 10 m Wasserspiegelbreite ist die von Groeger (114) angegebene Formel ebenfalls einfach, denn sie geht auf die Hagensche Grundformel $v_m = k \cdot T^{\alpha} \cdot J^{\beta}$ zurück. Auch ihre Zuverlässigkeit ist durch zahlreiche Vergleichsversuche nachgewiesen worden.

Die Groegersche Formel lautet je nach der Querschnittstiefe verschieden, nämlich:

$$V_m = 23{,}781 \cdot T_m^{0{,}776} \cdot J^{0{,}458} \text{ für } T_m = 0{,}20-2{,}0 \text{ m} \quad (4)$$

und

$$V_m = 22{,}11 \cdot T_m^{0{,}58} \cdot J^{0{,}43} \text{ für } T_m > 2{,}0 \text{ m.} \quad (5)$$

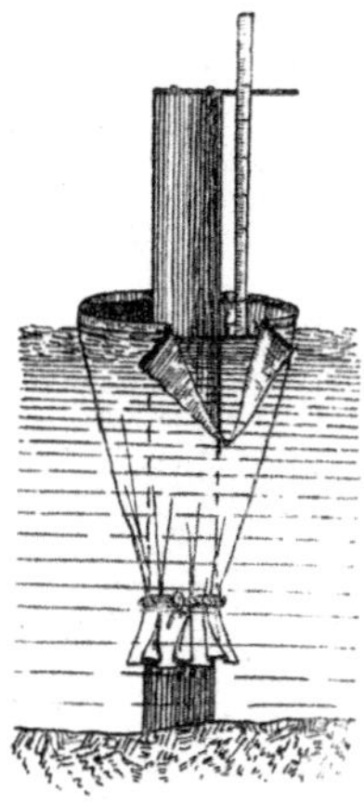

Abb. 51. Pegelschutz gegen Wellenbewegung. (Nach Hajós.)

V_m ist die mittlere Geschwindigkeit in einem Flußquerschnitt mit über 10 m Wasserspiegelbreite, T_m die mittlere Querschnittstiefe und J das Spiegelgefälle.

Die Formel ist deshalb leicht zu benützen, weil sie sich logarithmisch wiedergeben läßt:

$$\lg V_m = \lg 23{,}781 + 0{,}776 \lg T_m + 0{,}458 \lg J, \quad \text{oder}$$
$$\lg V_m = \lg 22{,}11 + 0{,}58 \lg T_m + 0{,}43 \lg J.$$

Groeger hat die Ergebnisse der Formel auch graphisch dargestellt.

Die zur Feststellung der Wasserstände in Gerinnen erforderlichen Pegelmessungen sollen stets in ruhigem Wasser vorgenommen werden. Muß man mit Wellenbewegungen rechnen, so leistet gute Dienste nach den Mitteilungen von Hajós (115) ein Pfahl (Abb. 51), der zwecks Aufhebung der Spiegelbewegung durch Wellenschlag mit einem doppelten Mantel aus Sackleinwand umgeben wird, durch dessen Maschen das Wasser eindringen kann.

b. Schwimmer.

Zur Messung von Wassergeschwindigkeiten in offenen Gerinnen bedient man sich auch sog. Schwimmer.

Im Notfall kann jedes Holzstück von beliebiger Gestalt als Schwimmer verwendet werden. Halbgefüllte Flaschen, Blechkugeln und unbrauchbar gewordene Glühbirnen, welche an der Verschraubung mit einem Bleistück zu belasten sind, eignen sich hierzu ebenfalls. Es ist aber zu beachten, daß der Schwimmer dem Wind möglichst wenig Angriffsfläche biete, daß er leicht sei zwecks Vermeidung der sonst eintretenden Voreilung und daß er möglichst lotrecht schwimme. Neigen Oberflächenschwimmer stark nach rückwärts oder vorne, so ist das ein Zeichen dafür, daß sie bereits in Schichten von größerer bzw. geringerer Geschwindigkeit tauchen und keine Oberflächenschwimmer mehr sind.

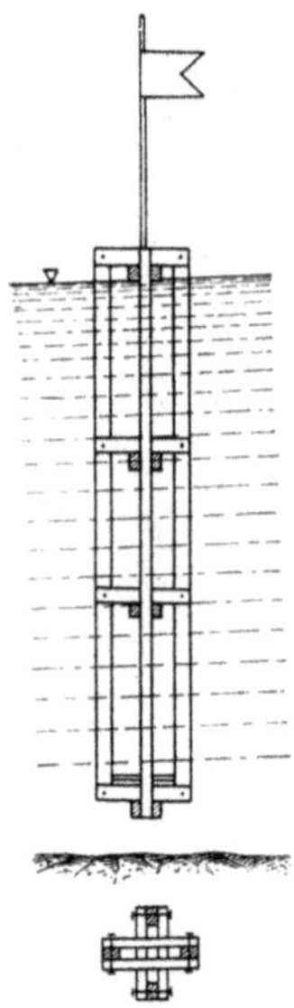

Abb. 52. Stabschwimmer aus Holz. (Nach Grote.)

Als Tiefenschwimmer sind zu gebrauchen hohle Körper, die so belastet sind, daß sie eben untergehen. Damit der Tiefenschwimmer eine bestimmte Tiefe einhält, ist der Schwimmer zweckmäßig an einen Oberflächenschwimmer anzuhängen. Dieser zeigt dann die jeweilige Stelle an, an der sich der Tiefenschwimmer befindet.

Als Stabschwimmer kann der Cabeosche Stab dienen, der aus einer geschlossenen hohlen Blechröhre von 3—4 cm Durchmesser besteht und aus einzelnen, gleich langen Stücken zusammengeschraubt werden kann. Die Röhre wird durch Metallkugeln so beschwert, daß sie aus dem Wasser nur wenig hervorragt.

Man nimmt an, daß dieser Stab, der in wenig geneigter Lage schwimmt, sich mit einer Geschwindigkeit bewegt, die der mittleren Geschwindigkeit der ganzen Lotrechten annähernd gleich ist.

Ein von Grote (100) verwendeter Stabschwimmer ist in Abb. 52 dargestellt. Er besteht aus einem Holzlattengerüst, das am Fuße mit Eisen belastet ist. Die Meßergebnisse waren nur 3—5 v. H. größer als die Ergebnisse von Flügelmessungen.

c. Hydrometrische Flügel.

Der zur Messung der Wassergeschwindigkeit dienende hydrometrische Flügel von Woltmann, der verschiedentlich verbessert worden ist, besteht im Prinzip aus einem vierflügeligen Rädchen, das durch die Geschwindigkeit des fließenden Wassers in Bewegung gesetzt wird.

Für besonders große Tiefen, große Geschwindigkeiten, also auch besonders große Wassermengen, ist eine geeignete Meßvorrichtung der Schwimmflügel.

Woltmann- und Schwimmflügel kommen nur ausnahmsweise bei hydrologischen Aufnahmen in Betracht, da die bei hydrologischen Aufgaben nachzuweisenden Wassermengen selten den Betrag von einigen Hundert Sekunden-Litern überschreiten. Nähere Beschreibungen der verschiedenen Meßflügelarten findet man in der bereits angegebenen Literatur.

3. Vergleichende Zusammenstellung des Genauigkeitsgrades verschiedener Meßvorrichtungen.

In welchem Genauigkeitsgrad die verschiedenen Meßvorrichtungen zueinander stehen, hat u. a. Friedrich (111) untersucht und hierbei festgestellt, daß unter gleichen Verhältnissen in einem trapezartig angelegten Werkkanal die Meßergebnisse folgende waren:

	Mittlere Geschwindigkeit m	Wassermenge m³	Fehler bezogen a. d. Flügelmessung v. H.
Gemessen mit Schwimmer	0,734	5,046	+ 7,7
„ „ Röhre	0,726	4,937	+ 5,0
„ „ Flügel	0,684	4,684	—
Gerechnet nach Ganguillet-Kutter	0,832	5,720	+ 22,0
„ „ Bazin	0,780	5,362	+ 14,4

Wasserspiegelbreite = 7,5 m,
Wassertiefe = 1,12—1,25 m,
Wasserquerschnitt = 6,875 m²,
Spiegelgefälle = 0,8 v. H.

4. Messung der aus artesischen Bohrungen aufsteigenden Wassermengen.

Ein besonderes Annäherungsverfahren zum Messen der aus einem artesischen Bohrloch ausfließenden Wassermengen gibt Todd (116) an. Fließt der Strahl senkrecht (Abb. 53) aus, so genügt die Messung der Strahlhöhe *a b*. Die zugehörigen Werte findet man in Abteilung *A*

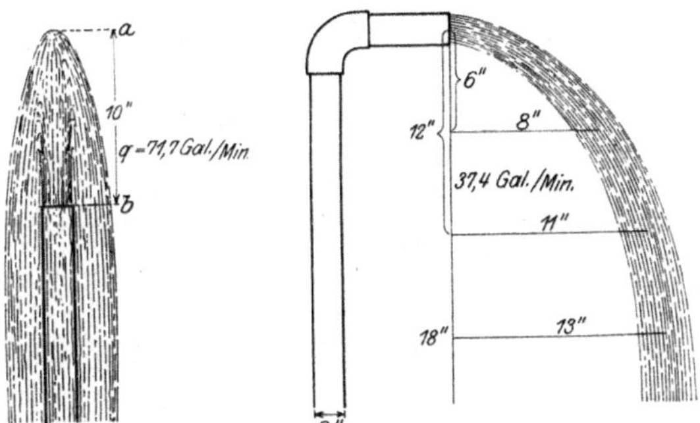

Abb. 53. Messung artesischer Bohrlochergiebigkeiten am Wasserstrahl.

der nachstehenden Zusammenstellung. Ist an das Bohrloch ein wagerechter Auslauf angesetzt, so ist das Meßverfahren etwas umständlicher. Man mißt von der Mitte des Auslaufs auf einer Lotrechten abwärts 6″ oder 12″, und von hier aus die Entfernung bis zur Mitte des Wasserstrahls und sucht die zugehörigen Werte in Abteilung *B*.

Wassermengen in Gallonen in der Minute[1]).

A. Lotrechter Abfluß					B. Wagrechter Abfluß				
Strahlhöhe	Durchmesser des Bohrrohres				Wagrechte Strahllänge	dm = 1″		dm = 2″	
						Höhe des Wasserstrahls			
″	1″	1½″	2″	3″	″	6″	12″	6″	12″
1½	3,96	8,91	15,80	35,60	6	7,01	4,95	27,71	19,63
1	5,60	12,60	22,40	51,40	7	8,18	5,77	32,33	22,90
2	7,99	18,00	32,00	71,90	8	9,35	6,60	37,40	26,18
3	9,81	22,10	39,20	88,30	9	10,51	7,42	41,56	29,45
4	11,33	25,50	45,30	102,00	10	11,68	8,25	46,18	32,72
5	12,68	28,50	50,70	113,80	11	12,85	9,08	50,80	35,99
6	13,88	31,20	55,50	124,90	12	14,02	9,91	55,42	39,26
7	14,96	33,70	59,80	134,90	13	15,19	10,73	60,03	42,54
8	16,00	36,00	64,00	144,10	14	16,36	11,56	64,65	45,81
9	17,01	38,30	68,00	153,10	15	17,53	12,38	69,27	49,08
10	17,93	40,30	71,70	161,30	16	18,70	13,21	73,89	52,35
15	21,95	49,30	87,80	197,50	20	23,37	16,51	92,36	65,44
20	25,37	57,00	101,60	228,50	25	29,11	20,64	115,45	81,80
25	28,49	64,10	114,00	256,40	30	35,06	24,77	138,54	98,16
30	30,94	69,40	123,40	277,60	35	40,45	26,64	161,63	114,52
60	43,80	98,60	175,20	394,30	für jeden weiteren Zoll sind zuzurechnen				
96	55,60	125,00	222,20	500,00					
120	62,20	139,90	248,70	559,50					
144	68,00	153,10	272,20	612,50		1,15	0,82	4,62	3,27

Bei größerem Durchmesser wird die Menge ermittelt:

für 3″ durch Multiplikatikation der für 2″ geltenden Abflußmenge mit **2,25**
„ 4″ „ „ „ „ 2″ „ „ „ **4,00**
„ 4½″ „ „ „ „ 2″ „ „ „ **5,06**
„ 5″ „ „ „ „ 2″ „ „ „ **6,25**
„ 6″ „ „ „ „ 2″ „ „ „ **9,00**
„ 8″ „ „ „ „ 2″ „ „ „ **16,00**

5. Zusammenstellung

der aus **Sekunden-Litern** abgeleiteten Minuten-Liter, Stunden-Kubikmeter, Tages-Kubikmeter.

Sek.-Liter	Min.-Liter	Stund.-Kubikmeter	Tages-Kubikmeter	Sek.-Liter	Min.-Liter	Stund.-Kubikmeter	Tages-Kubikmeter	Sek.-Liter	Min.-Liter	Stund.-Kubikmeter	Tages-Kubikmeter
1	60	3,6	86,4	35	2100	126,0	3024,0	140	8400	504,0	12096,0
2	120	7,2	172,8	40	2400	144,0	3456,0	150	9000	540,0	12960,0
3	180	10,8	259,2	45	2700	162,0	3888,0	160	9600	576,0	13824,0
4	240	14,4	345,6	50	3000	180,0	4320,0	170	10200	612,0	14688,0
5	300	18,0	432,0	55	3300	198,0	4752,0	180	10800	648,0	15552,0
6	360	21,6	518,4	60	3600	216,0	5184,0	190	11400	684,0	16416,0
7	420	25,2	604,8	65	3900	234,0	5616,0	200	12000	720,0	17280,0
8	480	28,8	691,2	70	4200	252,0	6048,0	300	18000	1080,0	25920,0
9	540	32,4	777,6	75	4500	270,0	6480,0	400	24000	1440,0	34560,0
10	600	36,0	864,0	80	4800	288,0	6912,0	500	30000	1800,0	43200,0
12	720	43,2	1036,8	85	5100	306,0	7344,0	600	36000	2160,0	51840,0
14	840	50,4	1209,6	90	5400	324,0	7776,0	700	42000	2520,0	60480,0
16	960	57,6	1382,4	95	5700	342,0	8208,0	800	48000	2880,0	69120,0
18	1080	64,8	1555,2	100	6000	360,0	8640,0	900	54000	3240,0	77760,0
20	1200	72,0	1728,0	110	6600	396,0	9504,0	1000	60000	3600,0	86400,0
25	1500	90,0	2160,0	120	7200	432,0	10368,0				
30	1800	108,0	2592,0	130	7800	468,0	11232,0				

[1]) Siehe vergleichende Zahlenwerte Seite **401**.

Zusammenstellung

der aus Minuten-Litern abgeleiteten Sekunden-Liter, Stunden-Kubikmeter, Tages-Kubikmeter.

Min.-Liter	Sek.-Liter	Stund.-Kubik-meter	Tages-Kubik meter	Min.-Liter	Sek.-Liter	Stund.-Kubik-meter	Tages-Kubik-meter	Min.-Liter	Sek.-Liter	Stund.-Kubik-meter	Tages-Kubik-meter
1	0,0166	0,060	1,440	35	0,5833	2,100	50,400	140	2,3333	8,400	201,600
2	0,0333	0,120	2,880	40	0,6666	2,400	57,600	150	2,5000	9,000	216,000
3	0,0500	0,180	4,320	45	0,7500	2,700	64,800	160	2,6666	9,600	230,400
4	0,0666	0,240	5,760	50	0,8333	3,000	72,000	170	2,8333	10,200	244,800
5	0,0833	0,300	7,200	55	0,9166	3,300	79,200	180	3,0000	10,800	259,200
6	0,1000	0,360	8,640	60	1,0000	3,600	86,400	190	3,1666	11,400	273,600
7	0,1166	0,420	10,080	65	1,0833	3,900	93,600	200	3,3333	12,000	288,000
8	0,1333	0,480	11,520	70	1,1666	4,200	100,800	300	5,0000	18,000	432,000
9	0,1500	0,540	12,960	75	1,2500	4,500	108,000	400	6,6666	24,000	576,000
10	0,1666	0,600	14,400	80	1,3333	4,800	115,200	500	8,3333	30,000	720,000
12	0,2000	0,720	17,280	85	1,4166	5,100	122,400	600	10,0000	36,000	864,000
14	0,2333	0,840	20,160	90	1,5000	5,400	129,600	700	11,6666	42,000	1008,000
16	0,2666	0,960	23,040	95	1,5833	5,700	136,800	800	13,3333	48,000	1152,000
18	0,3000	1,080	25,920	100	1,6666	6,000	144,000	900	15,0000	54,000	1227,000
20	0,3333	1,200	28,800	110	1,8333	6,600	158,400	1000	16,6666	60,000	1440,000
25	0,4166	1,500	36,000	120	2,0000	7,200	172,800				
30	0,5000	1,800	43,200	130	2,1666	7,800	187,200				

Zusammenstellung

der aus Stunden-Kubikmetern abgeleiteten Sekunden-Liter, Minuten-Liter, Tages-Kubikmeter.

Stund.-Kubik-meter	Sekun-den-Liter	Minut.-Liter	Tages-Kubik-meter	Stund.-Kubik-meter	Sekun-den-Liter	Minut.-Liter	Tages-Kubik-meter	Stund.-Kubik-meter	Sekun-den-Liter	Minut.-Liter	Tages-Kubik-meter
1	0,277	16,66	24	35	9,722	583,33	840	140	38,888	2333,33	3360
2	0,555	33,33	48	40	11,111	666,66	960	150	41,666	2500,00	3600
3	0,833	50,00	72	45	12,500	750,00	1080	160	44,444	2666,66	3840
4	1,111	66,66	96	50	13,800	833,33	1200	170	47,222	2833,33	4080
5	1,388	83,33	120	55	15,277	916,66	1320	180	50,000	3000,00	4320
6	1,666	100,00	144	60	16,666	1000,00	1440	190	52,777	3166,66	4560
7	1,944	116,66	168	65	18,055	1083,33	1560	200	55,555	3333,33	4800
8	2,222	133,33	192	70	19,443	1266,66	1680	300	83,333	5000,00	7200
9	2,500	150,00	216	75	20,833	1250,00	1800	400	111,111	6666,66	9600
10	2,777	166,66	240	80	22,222	1333,33	1920	500	138,888	8333,33	12000
12	3,333	200,00	288	85	23,610	1416,66	2040	600	166,666	10000,00	14400
14	3,888	233,33	336	90	25,000	1500,00	2160	700	194,444	11666,66	16800
16	4,444	266,66	384	95	26,388	1583,33	2280	800	222,222	13333,33	19200
18	5,000	300,00	432	100	27,777	1666,66	2400	900	250,000	150000,0	21600
20	5,555	333,33	480	110	30,555	1833,33	2640	1000	277,777	16666,66	24000
25	6,944	416,66	600	120	33,333	2000,00	2880				
30	8,333	500,00	720	130	36,111	2166,66	3120				

Zusammenstellung
der aus Tages-Kubikmetern abgeleiteten Sekunden-Liter, Minuten-Liter, Stunden-Kubikmeter.

Tag.-Kub.-Meter	Sekunden-Liter	Minut.-Liter	Stund.-Kubikmeter	Tag.-Kub.-Meter	Sekunden-Liter	Minut.-Liter	Stund.-Kubikmeter	Tag.-Kub.-Meter	Sekunden-Liter	Minut.-Liter	Stund.-Kubikmeter
1	0,0115	0,6944	0,0416	35	0,4051	24,3055	1,4583	140	1,6203	97,2222	5,8333
2	0,0231	1,3888	0,0833	40	0,4629	27,7777	1,6666	150	1,7360	104,1666	6,2500
3	0,0347	2,0833	0,1250	45	0,5208	31,2500	1,8750	160	1,8518	111,1111	6,6666
4	0,0462	2,7777	0,1666	50	0,5787	34,7222	2,0833	170	1,9675	118,0555	7,0833
5	0,0578	3,4722	0,2083	55	0,6365	38,1944	2,2916	180	2,0833	125,0000	7,5000
6	0,0694	4,1666	0,2500	60	0,6944	41,6666	2,5000	190	2,1990	131,9444	7,9166
7	0,0810	4,8611	0,2916	65	0,7523	45,1388	2,7083	200	2,3148	138,8888	8,3333
8	0,0925	5,5555	0,3333	70	0,8101	48,6111	2,9166	300	3,4722	208,3333	12,5000
9	0,1041	6,2500	0,3750	75	0,8680	52,0833	3,1250	400	4,6296	287,7777	16,6666
10	0,1157	6,9444	0,4166	80	0,9259	55,5555	3,3333	500	5,7870	347,2222	20,8333
12	0,1388	8,3333	0,5000	85	0,9837	59,0277	3,5416	600	6,9444	416,6666	25,0000
14	0,1620	9,7222	0,5833	90	1,0416	62,5000	3,7500	700	8,1018	486,1111	29,1666
16	0,1851	11,1111	0,6666	95	1,0995	65,9723	3,9583	800	9,2592	555,5555	33,3333
18	0,2083	12,5000	0,7500	100	1,1574	69,4444	4,1666	900	10,4166	625,0000	37,5000
20	0,2314	13,8888	0,8333	110	1,2731	73,3888	4,5833	1000	11,5740	694,4444	41,6666
25	0,2893	17,3611	1,0416	120	1,3888	83,3333	5,0000				
30	0,3472	20,8333	1,2500	130	1,5045	90,2777	5,4166				

V. Feststellung von fließendem und ruhendem Grundwasser.

Das praktische Endziel einer jeden hydrologischen Untersuchung ist der Nachweis einer bestimmten Grundwassermenge. Soll eine auf Grund der nachgewiesenen Wassermenge zu erbauende Wasserfassung Dauerwert haben, so ist die erste Grundbedingung die, daß sich das nachgewiesene Grundwasser nicht mit der Zeit erschöpfe, sondern in der gebrauchten Menge dauernd der Fassung zufließe.

Wir haben also wohl zu unterscheiden zwischen fließendem und ruhendem Grundwasser oder fließenden Grundwasserergiebigkeiten und toten Wasseransammlungen.

Der Unterschied zwischen fließendem und ruhendem Grundwasser kommt in der Gestalt der Spiegelfläche zum Ausdruck. Fließendes Grundwasser hat Spiegelgefälle, bei ruhendem Grundwasser ist der Wasserspiegel dagegen eine wagerechte Fläche.

1. Fließendes Grundwasser.

a. Wagerechte Bewegung des Grundwassers.

Aus einer großen Anzahl von hydrologisch bearbeiteten Versuchsfeldern geht hervor, daß zumeist die Bewegungsrichtung des Grundwassers mit derjenigen des Flußwassers nahezu zusammenfällt. Nur in der Nähe der oberirdischen Wasserläufe findet insofern eine Ausnahme statt, als hier in der Regel das Grundwasser einen mehr oder weniger senkrechten Weg zum sichtbaren Wasserlauf einschlägt. Die Erklärung hierfür ist darin zu suchen, daß das Grundwasser fast regelmäßig zur Speisung des Oberflächenwassers dient, und daß somit durch die entwässernde Wirkung des Oberflächenwassers das Grundwasser auf denkbar kürzestem Wege nach seinem Empfänger abgeleitet wird.

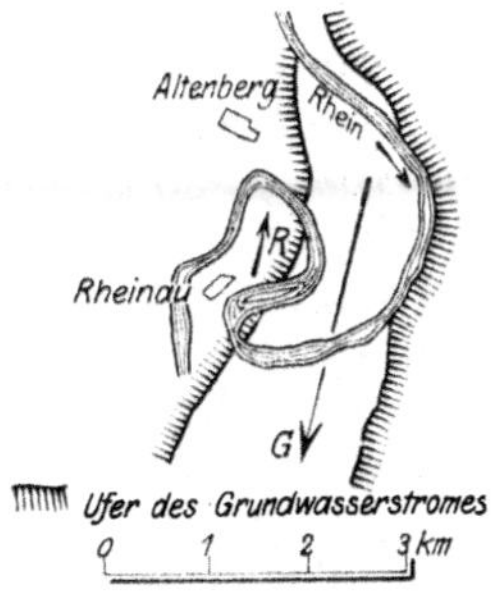

Abb. 54. Gegensätzliche Bewegungsrichtung von Grundwasser und Fluß bei Rheinau. (Nach Hug.)

Ausnahmsweise kann es indessen vorkommen, daß die Richtung eines Grundwasserstromes sogar entgegengesetzt der Stromrichtung eines Flusses, mit dem er in hydraulischer Verbindung steht, verläuft. Über einen derartigen Fall im Oberlauf des Rheins bei Rheinau berichtet Hug (88) (Abb. 54).

Zeigen die Grundwasserspiegel Gefälle, so ist im Zusammenhange mit der Durchlässigkeit der Nachweis dafür erbracht, daß sich das Grundwasser im Untergrund bewegt, da dort, wo Gefälle herrscht, auch Bewegung sein muß. Bei Vorhandensein von Gefälle ist aus Kausalgründen ein Zustand der Ruhe ausgeschlossen.

b. Der Grundwasserspiegel.

α. Messung der Grundwasserspiegel.

Das Einmessen der Grundwasserspiegel ist eine der wichtigsten hydrologischen Aufgaben. Die Spiegelaufdeckungen, welche der Messung dienen, sollten stets gleichmäßig über das ganze Versuchsfeld verteilt werden. Dort, wo unregelmäßige Untergrundsverhältnisse aufgedeckt sind, ist der Verteilung der einzelnen Meßstellen besondere Aufmerksamkeit zuzuwenden.

In Anbetracht der großen Wichtigkeit, welche dem unterirdischen Wasser zukommt, wäre es zu begrüßen, wenn über die ganze bewohnte Erde ein Netz von unterirdischen Wasserpegeln errichtet und regelmäßig beobachtet würde. Der Anfang hierzu ist in Deutschland gemacht. Die preußische Landesanstalt für Gewässerkunde läßt zur Zeit an rund 400 Beobachtungsstellen durch wöchentliche Messungen die Schwankungen des Grundwasserstandes feststellen. In Sachsen umfaßt der Grundwasserbeobachtungsdienst der geologischen Landesanstalt rund 400 Brunnen. Im ganzen dürfte die Zahl der Grundwasserbeobachtungsstellen in Deutschland, die durch staatliche und städtische Dienststellen regelmäßig gemessen werden, mehrere Tausend betragen. Es ist zu erhoffen, daß in absehbarer Zeit der Grundwasserbeobachtungsdienst sich über alle Kulturländer der Erde erstrecken wird, und daß wir dann über die Gestalt des unterirdischen Wasserspiegels durch Karten ebenso genaue Kenntnis erhalten, wie über die Gestalt der Erdoberfläche durch die Höhenschichtenlinien der Landesaufnahmen.

Die meisten Grundwasserbeobachtungsstellen liegen in den Flußtälern. Mit Recht macht Koehne (117) darauf aufmerksam, daß es ungemein wichtig ist, auch auf den Höhen, wo das Grundwasser gewissermaßen seinen Ursprung hat, Beobachtungsstellen in genügender

Zahl einzurichten, da sie für die Lösung der Entstehungsfrage des Grundwassers besonders wichtig sind.

Zur Ermittelung des Spiegelgefälles ist es notwendig, den Grundwasserspiegel auf dem zu untersuchenden Gelände aufzudecken und der Beobachtung bzw. Messung zugänglich zu machen.

Zu diesem Zwecke wird ein mehr oder minder weitmaschiges Netz von Spiegelaufdeckungen, die durch Bohrung oder Schürfung hergestellt werden, über das Versuchsfeld gelegt. Sind natürliche Spiegelaufdeckungen in Gestalt von Quellen oder Grundwasseraustritten vorhanden, so können solche in das Beobachtungsnetz einbezogen werden. Ebenso sind die Spiegel bereits vorhandener Brunnenanlagen eine willkommene Ergänzung des Beobachtungsmaterials.

Bei natürlichen Spiegelaufdeckungen und solchen, welche nicht allein der Messung dienen, ist indessen Vorsicht geboten, da die Spiegel laufender Quellen und beanspruchter Brunnen nicht selten falsch sind. Im Absatz „Falsche Grundwasserspiegel“ auf S. 91 wird auf solche Spiegel näher eingegangen werden.

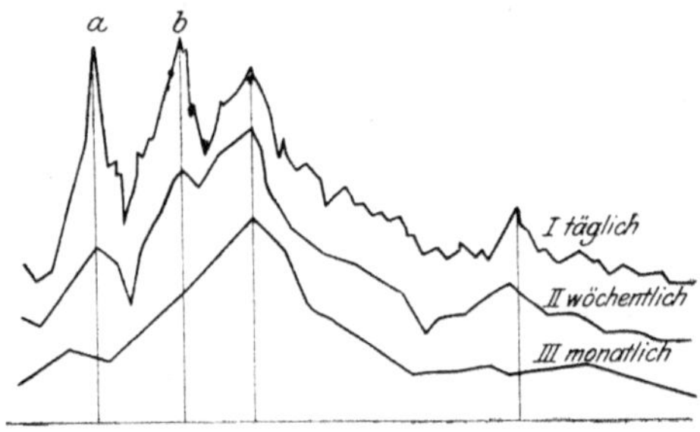

Abb. 55. Bild des Spiegelganges in Abhängigkeit von den Zeitabschnitten, in welchen gemessen wird.

Die Aufnahme der Grundwasserspiegel erscheint öfters einfacher, als sie in Wirklichkeit ist, da es oft schwer hält, gänzlich unbeeinflußte Wasserspiegel zu erhalten.

Auf das durch die Meßergebnisse gewonnene Bild sind von großem Einfluß die Zeitabschnitte, in welchen die Spiegel gemessen werden. In Abb. 55 entspricht Kurve *I* der täglichen, Kurve *II* der wöchentlichen, Kurve *III* der monatlichen Messung. Man sieht aus der Gestalt der einzelnen Kurven deutlich, daß die monatliche Kurve ein unvollständiges Bild der tatsächlichen Spiegelschwankungen gibt, da in dem Gang der Kurve die beiden Hochwasserstände *a* und *b* gar nicht zur Kenntnis des Beobachters gelangen.

Das einfachste, zweckmäßigste und billigste Mittel zur fortlaufenden Messung von Grundwasserspiegeln sind Beobachtungsrohre.

Beobachtungsrohre sind niemals nach Art der Nortonrohre in den Untergrund zu treiben, sondern in vorgebohrte Rohrfahrten zu setzen, da beim Rammen der Rohre in den Untergrund beim Durchfahren von Tonlagen die Lochung der Rohre leicht verstopft werden kann.

Als Beobachtungsrohre eignen sich Rohre jeder Art, also Holz-, Zement-, Steinzeug-, Eisenrohre usw., doch ist es meist empfehlenswert, zu Beobachtungsrohren schmiedeeiserne Rohre von etwa 25—100 mm i. L. zu verwenden.

Beobachtungsrohre sind stets am unteren Ende zu lochen. Es genügt, wenn zwecks Herstellung einer hydraulischen Verbindung zwischen Wasserträger und Beobachtungsrohr das untere Rohrende auf eine

Länge von etwa 0,75 bis 1,0 m mit Bohrungen von $^1/_2$ bis 2 mm Lochweite versehen wird. Ist der Untergrund grobkörnig, so bedarf die Lochung keines besonderen Schutzes gegen Sandeintrieb. Besteht jedoch der Untergrund aus feinen Sanden, so muß gegebenenfalls eine Versandung der Beobachtungsrohre durch das Auflegen von Gewebe passender Maschenweite verhindert werden. Auch ist es zweckmäßig, Beobachtungsrohre, die in feinen Sanden stecken, mit einem Kiesmantel zu umgeben. Das untere Ende der Beobachtungsrohre wird mittels eines Holzpfropfens gegen Versandung von unten geschützt. Beobachtungsrohre ohne besondere seitliche Lochung, bei welchen das untere, offen bleibende Rohrende die hydraulische Verbindung zwischen Grundwasserträger und Rohrinnerem vermitteln soll, sind zu verwerfen, da sie sehr leicht durch Sandeintrieb von unten oder durch Vorlagern von gröberen Geschieben verstopft und so unbrauchbar werden. Den oberen Abschluß der Beobachtungsrohre bildet am zweckmäßigsten eine Muffe, die mittels eines Endstopfens geschlossen wird. Bei den Beobachtungsrohren, die zur Aufstellung des Entwässerungsplans für das Gebiet des linken Niederrheins gedient haben, bestand nach Abb. 56 der obere Abschluß aus einer schmiedeeisernen Kappe. Die Lösung der Kappe geschah mittels eines besonderen Federbügels.

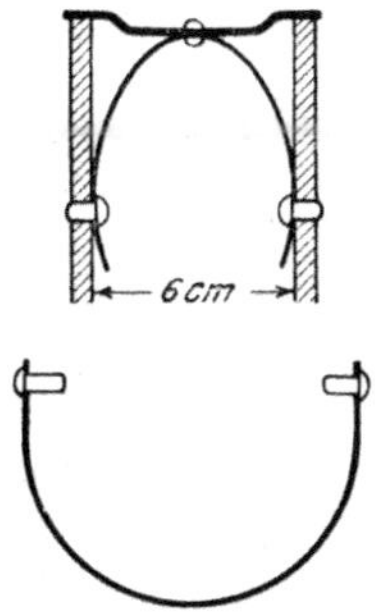

Abb. 56. Verschlußdeckel eines Beobachtungsrohres mit Federbügel zum Öffnen.

Da Beobachtungsrohre sehr oft durch unberufene Hände in ihrer Höhenlage verschoben und beschädigt werden, so müssen sie gegen solche störende Eingriffe durch Anker geschützt werden.

Zur Messung der Grundwasserspiegel in Beobachtungsrohren und Brunnen eignet sich jeder schmiedeeiserne Stab mit Teilung, der an einem Stahlmeßband oder einer Gliederkette aufgehängt wird. Der Stab soll vor der Verwendung gerauht und geglüht, gegebenenfalls auch mit Kreide eingerieben werden, damit sich die Spiegelmarke deutlich bemerkbar mache.

Abb. 57. Rangs Spiegelmesser.

Beim Messen ist stets zu berücksichtigen, daß durch das Eintauchen des Meßstabes Wasser verdrängt wird. Sind die Beobachtungsrohre eng, so muß das Maß der Wasserverdrängung, die eine Erhöhung des zu messenden Spiegels zur Folge hat, berücksichtigt und eine gewisse Fehlerkonstante in Rechnung gesetzt werden.

Ein bewährter Spiegelmesser ist **Rangs** Spiegelmesser (D. R. G. M.) mit akustischem Signal (Abb. 57), welches beim Eintauchen ertönt. Die Meßvorrichtung ist mit tassenartigen Rillen, die 1 cm Abstand haben, versehen. Beim Eintauchen füllen sich die Tassen mit Wasser.

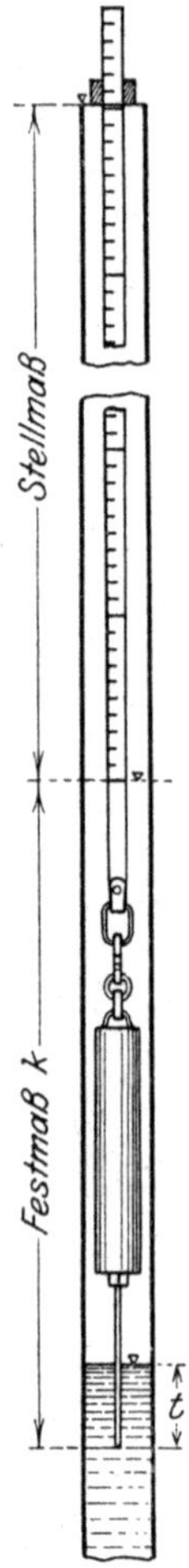

Abb. 58. Spiegelmesser. (Nach G. Thiem.)

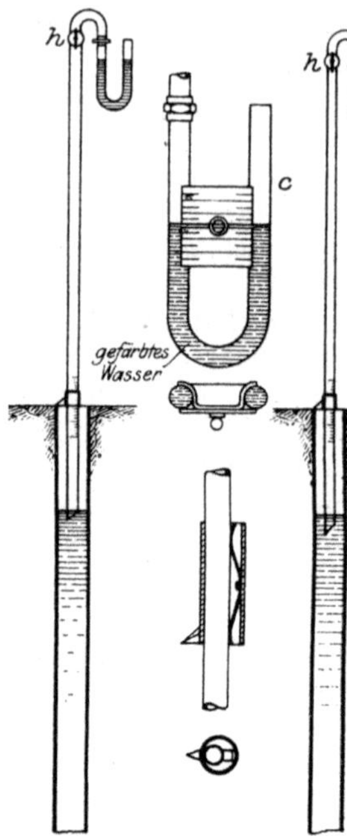

Abb. 59. Wasserstandsmesser. (Nach Kunath.)

Zur genauen Messung von Grundwasserspiegeln dient nach den Angaben von G. Thiem (118) ein an einem Stahlmeßband aufgehängtes Senkel, in welches eine Stahlnadel von 1,5 mm Dicke eingeschraubt ist (Abb. 58). Das Senkel muß so schwer sein, daß durch sein Gewicht das Meßband straff gespannt wird. Der Abstand *k* ist ein Festmaß, und nur die Tauchtiefe *t* der Nadel wird gemessen. Die Nadel wird, um die Eintauchtiefe genau ermitteln zu können, in eine Lösung von allerfeinster Schlämmkreide in Schwefeläther getaucht. Die dünne Nadel hat den Vorzug, daß die durch sie erzeugte Wasserverdrängung im Beobachtungsrohr so klein ist, daß sie praktisch nicht ins Gewicht fällt.

Eine andere Meßvorrichtung zum Messen der Grundwasserspiegel ist der **Kunath**sche Wasserstandsmesser (Abb. 59). Das unter den Grundwasserspiegel reichende Messingrohr von etwa 5—6 mm l. W. ist am unteren Ende schräg zugeschnitten und endet in das U-förmige Wassermanometer mit dem Absperrhahn *h*. Das Manometer ist mit Teilung versehen und farbigem Wasser gefüllt. Auf dem Messingrohr ist bei *c* ein Schieber mit Schleppfeder und Nase angebracht. Wird das Rohr bei geöffnetem Hahn *h* in den Brunnen gesteckt, so beginnt der Spiegel im äußeren Schenkel des Manometers gegen denjenigen im inneren Schenkel zu steigen, sobald das Rohr eintaucht, und der Spiegel sinkt an der Tauchseite. Durch Heben des Rohres bis zum Gleichgewicht läßt sich die Spiegellage genau feststellen. Vor dem Herausnehmen des Rohres ist der Hahn *h* zu schließen.

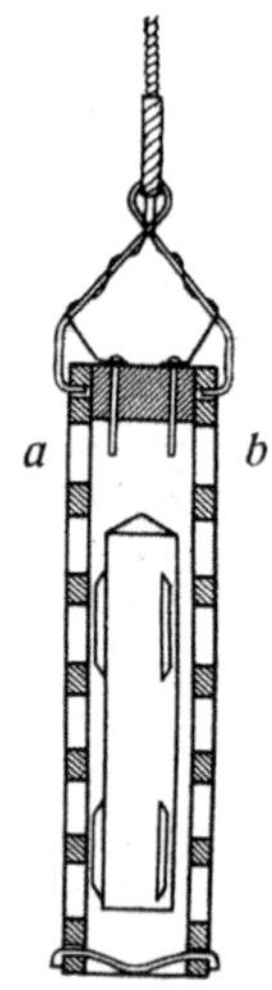

Abb. 60. Spiegelmesser. (Nach Stocker.)

Gerhardt (100) empfiehlt, das untere Ende des Rohres

nicht abzuschrägen, sondern konisch zu erweitern, da sich dadurch der Augenblick des Luftabschlusses noch schärfer ermitteln läßt.

Eine einfache elektrische Vorrichtung zur Messung von Grundwasserspiegeln gibt Stocker (119) an (Abb. 60). Die Vorrichtung besteht aus einem leichten Metallhohlzylinder, welcher sich in einem gelochten Gehäuse frei bewegen kann. Die ganze Vorrichtung hängt an elektrischen Leitungsdrähten. Beim Herablassen bleibt der Schwimmer nach Erreichen des Wasserspiegels stehen, das Gehäuse senkt sich aber weiter, bis ein Kontakt zwischen der Schwimmerspitze und den beiden Stäben *a* und *b* hergestellt ist. Den Zeitpunkt der Berührung meldet eine Klingel. Die Drähte, an welchen die Meßvorrichtung heruntergelassen wird, tragen eine genaue Einteilung, so daß man die erreichte Tauchtiefe leicht ablesen kann.

c. Freie und gespannte Grundwasserspiegel.

Grundwasserspiegel können zweierlei Art sein: frei oder offen und gespannt oder artesisch.

α. Freie Grundwasserspiegel.

Grundwasserspiegel mit freier Oberfläche entsprechen den Wasserspiegeln, welche in offenen Gerinnen der Oberflächenwässer herrschen. Man findet sie allenthalben dort, wo die wasserführenden Schichten nicht von undurchlässigen überlagert sind, so daß sich die Oberfläche des Spiegels ungehindert, frei entwickeln kann.

β. Gespannte Grundwasserspiegel.

Gespannte Grundwasserspiegel entsprechen den Spiegeln in geschlossenen Kanälen und Rohrleitungen, wenn diese unter Druck stehen.

Gespannte Spiegel entstehen in wasserführenden Schichten dann, wenn die wasserführende Schicht eine undurchlässige Decklage besitzt von einer derartigen Mächtigkeit, daß sie unter den natürlichen Grundwasserspiegel reicht und daher den Spiegel sich nicht frei entwickeln läßt, sondern ihn spannt. Aus Abb. 61 ist der Übergang des freien in den gespannten Spiegel ersichtlich.

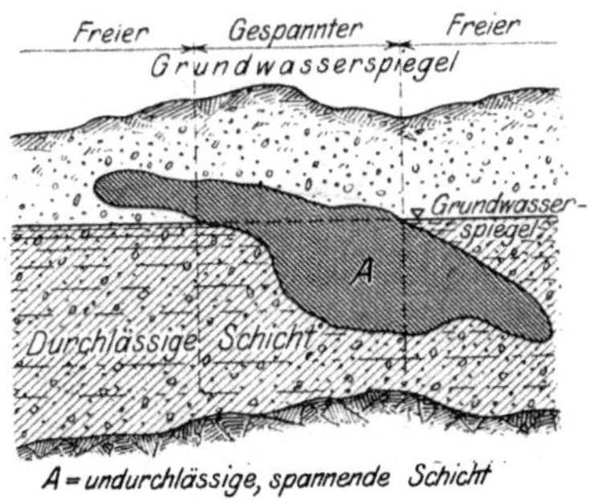

Abb. 61. Überführung eines freien Grundwasserspiegels in einen gespannten durch eine undurchlässige Einlagerung in den Grundwasserträger.

Grundwasser mit gespanntem Spiegel kommt in allen geologischen Formationen vor. Es ist allerdings zu betonen, daß die meisten gespannten Grundwasserströme einen Spiegel aufweisen, der in natürlichem Zustande unter Flur liegt. Nimmt man die Erdoberfläche als Nullebene an und bezeichnet jene gespannten Grundwasserspiegel als positiv, welche über die Nullebene steigen, dagegen jene als negativ, welche unter die Erdoberfläche fallen, so lassen sich sämtliche gespannte Grundwässer mit Bezug auf natürliche Spiegellage einteilen in positiv und negativ gespannte.

Positiv gespanntes Wasser fließt über Flur aus, und man bezeichnet es auch als „artesisch“. Es ist daher falsch den Ausdruck „artesisch“ auf gespannte Wasserspiegel im allgemeinen anzuwenden.

Über die Verbreitung von ungespannten und gespannten Grundwasserströmen in der Norddeutschen Tiefebene hat Verfasser (120) Untersuchungen angestellt, aus denen hervorgeht, daß die Mehrzahl der angeführten Grundwasserströme gespanntes Wasser führt.

In hydrologischer Beziehung ist von besonderer Tragweite, daß ein gespannter Spiegel nicht immer zur Voraussetzung das Vorhandensein einer im landläufigen Sinne undurchlässigen Deckschicht aus Ton, Lehm u. dgl. hat, die ihn überlagert. Wie Verfasser (120) nachgewiesen hat, genügen oft geringe Beimengungen von tonigen und lehmigen Eigenschaften, um in einer sonst durchlässigen Schicht einen gespannten Wasserspiegel zu erzeugen. Die Ansicht, daß gespannte Spiegel nur durch ausgesprochen undurchlässige Deckschichten, also Lehm, Ton usw., hervorgerufen werden, ist demnach nicht stichhaltig und muß dahin ergänzt werden, daß auch feiner, aus losen Körnern bestehender Sand imstande ist, gespannte Grundwasserspiegel zu erzeugen, wenn der Sand durch tonige Beimengungen verunreinigt ist. Es ist durchaus nicht notwendig, daß der Ton beim Bohren oder Ausschachten als Bindemittel der einzelnen Sandkörner in Erscheinung trete.

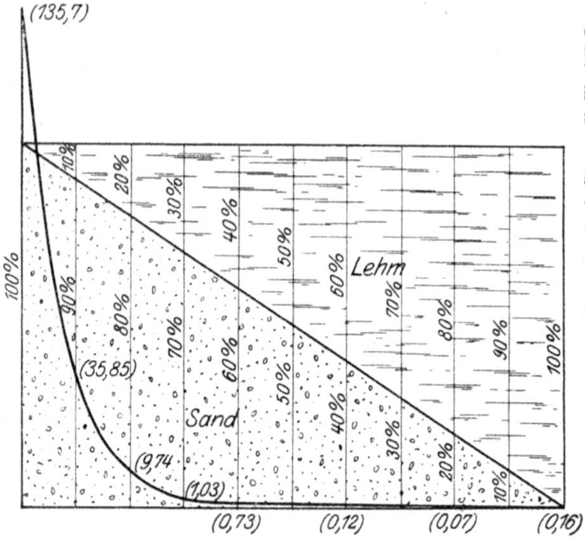

Abb. 62. Schaulinie des Wasseraufnahmevermögens von Sand- und Lehmgemisch. (Nach Gennerich.)

In welchem Maße tonige Beimengungen die Durchlässigkeit reiner Sande herabzudrücken vermögen, geht klar hervor aus den Mitteilungen von Gennerich (121) bzw. Abb. 62, welche angibt, wie groß das Wasseraufnahmevermögen von Sand ist, dessen Reinheit durch Lehmzusatz nach und nach herabgesetzt wird. Die Schaulinie lehrt, daß z. B. reiner Sand 135,7 g Wasser aufnimmt. Werden reinem Sand nur 10 v. H. Lehm zugesetzt, so sinkt das Wasseraufnahmevermögen auf 35,85 g. Schon daraus ersieht man, wie ungemein schnell Lehmzusatz den Sand fast undurchlässig macht. Bei 30 v. H. Lehmzusatz beträgt das Aufnahmevermögen des Sandes nur 1,03 g. Der Sand wird also praktisch vollkommen undurchlässig und ist wahrscheinlich schon bei diesem Verunreinigungsgrade imstande, gespannte Grundwasserspiegel zu erzeugen. Welches Mischungsverhältnis zwischen Sand und Lehm die Grenze darstellt, an welcher ein ungespannter Wasserspiegel in einen gespannten übergeht, ist zur Zeit noch nicht ermittelt.

Gespannte Spiegel entstehen auch durch schwer durchlässigen feinen Sand oder durch undurchlässige Zwischenlagerungen in durchlässigem Material, und es kommt dann zur Ausbildung sog. Wasserstockwerke, wie wir bereits im Abschnitt „Wasserstockwerke“ S. 58 gesehen haben.

So einfach die Erkenntnis der natürlichen Lage bei freien Grundwasserspiegeln ist, so schwierig ist sie meist bei gespannten, denn gespannte Spiegel sind ungemein empfindlich und reagieren auf jede noch so geringe Änderung der Spannung, auch wenn die Entfernung der Störungsstelle ziemlich groß ist. Dies erklärt sich daraus, daß bei freiem Grundwasserspiegel die Änderungen der Spiegellage rein materiellen Ursprungs sind und nur durch tatsächliche Schwankungen der schwer beweglichen Grundwassermasse hervorgerufen werden. Bei gespannten Spiegeln werden Änderungen dagegen durch Druckfortpflanzung, also rein dynamische Molekularbewegungen, erzeugt, deren Geschwindigkeit gleich der Schallgeschwindigkeit ist.

d. Falsche und unechte Grundwasserspiegel.

Sollen die für die Beobachtung in Frage kommenden Grundwasserspiegel ein richtiges Bild der hydrologischen Zustände des Untergrundes geben, so muß nicht allein jede Spiegeländerung im Untergrunde in den Beobachtungsstellen in Erscheinung treten, sondern die Spiegel müssen auch unbeeinflußt sein, und zwar weder durch künstliche Eingriffe noch durch natürliche Störungen im Untergrunde.

Wir können, je nachdem die Spiegel künstlich oder natürlich beeinflußt sind, unterscheiden zwischen falschen und unechten Grundwasserspiegeln.

α. Falsche Grundwasserspiegel.

Falsche Grundwasserspiegel sind eine Folgeerscheinung künstlicher Beeinflussung durch Wasserentnahme, Stauung u. dgl. oder nicht genügender hydraulischer Verbindung zwischen Beobachtungsspiegel und wasserführendem Untergrund. Sie lassen sich naturgemäß durch geeignete Gegenmittel wieder in echte überführen.

Im allgemeinen ist es ungemein schwer, in von Flüssen durchzogenem Gelände diejenigen Stellen zu finden, wo der Einfluß der oberirdischen Wasserstandsbewegung auf den Grundwasserstand Null ist. In Ländern mit hoher Kultur sind es die zahlreichen Schiffahrtskanäle, Schleusen und sonstige Wasserbauwerke, ferner Rieselfelder, Wasserhaltungen u. dgl., welche fast stets den Grundwasserspiegel bis zu einem gewissen Grad künstlich beeinflussen oder beherrschen. So beeinflußte Grundwasserspiegel geben kein natürliches, sondern ein falsches Bild der hydraulischen Vorgänge im Untergrund. Ebenso sind vorhandene Brunnen als Meßstellen nur dann zu gebrauchen, wenn ihr Spiegel echt, d. h. zur Zeit der Messung durch Wasserentnahme unbeeinflußt ist. Man findet nicht selten, daß alte Hausbrunnen schwer durchlässig sind, und die Folge davon ist, daß die Ausgleichung des Spiegels nach erfolgter Entnahme längere Zeit dauert.

Wie verschieden die Spiegelbewegungen eng benachbarter Brunnen sein können, zeigt Abb. 63. Kurve *I* gibt den Spiegelgang eines nicht beanspruchten (also eines Brunnens mit echtem Spiegel), Kurve *II* den Gang eines gebrauchten und gut durchlässigen und Kurve *III* den Spiegelgang eines stark beanspruchten und schlecht durchlässigen Brunnens wieder. Spiegel *II* und *III* sind teilweise falsch.

Eine ständige Fehlerquelle sind auch die Beobachtungsrohre dann, wenn sie nur mangelhaft oder gar nicht mit dem Untergrund in hydraulischer Verbindung stehen, also mehr oder weniger verstopft sind.

Ob das Beobachtungsrohr den richtigen Spiegel anzeigt oder nicht, läßt sich dadurch leicht feststellen, daß man in das Rohr einige Liter Wasser gießt. Bewirkt der Aufguß nur eine vorübergehende Erhebung des Meßspiegels, so kann man daraus schließen, daß der Spiegel echt ist. Je rascher der künstlich erhöhte Spiegel in seine natürliche Lage herabsinkt, desto freier ist die hydraulische Verbindung mit dem Untergrund und umgekehrt. Ändert sich der künstlich erzeugte Meßspiegel nicht oder sehr langsam, so ist das Beobachtungsrohr mehr oder weniger verstopft und unbrauchbar. Man muß dann entweder das Beobachtungsrohr reinigen oder, wenn dies nicht geht, ein neues Beobachtungsrohr niederbringen.

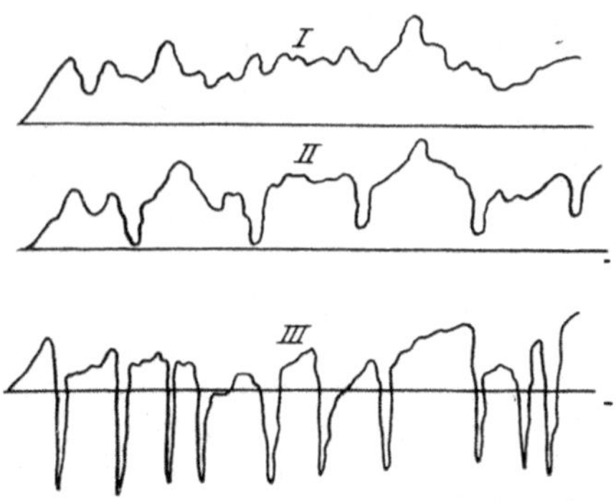

Abb. 63. Spiegelgang in einem nicht beanspruchten (I), einem beanspruchten durchlässigen (II) und einem beanspruchten, schlecht durchlässigen (III) Brunnen.

Falsche Spiegel findet man sehr häufig auf Versuchsfeldern mit gespannten Spiegeln dann, wenn der natürliche Spiegel über Flur liegt. Wird das Beobachtungsrohr nicht ganz wasserdicht von dem undurchlässigen Deckgebirge umschlossen, so fließt zwischen Beobachtungsrohr und undurchlässiger Schicht Wasser entweder zutage oder unterirdisch ab, und durch diesen Wasserverlust entsteht eine örtliche Spiegelsenkung. Oft genügen geringfügige Wasserverluste, um eine derartige Spiegelsenkung zu erzeugen. Es ist nicht selten schwierig, ein undicht gewordenes Beobachtungsrohr nachträglich abzudichten, zumal wenn die Spannung des Wassers hoch ist. Es ist dann nicht möglich, den Beobachtungsspiegel in seine natürliche Lage zu heben. In solchen Fällen läßt sich die richtige natürliche Lage des Spiegels unter Umständen auf graphischem Wege auf Grund des Gesetzes, daß bei gespanntem Wasser die Absenkung des Spiegels linear mit der Wasserentnahme wächst, ermitteln.

Auf diese Weise hat z. B. Verfasser bei den Vorarbeiten für die

Wasserversorgung der Stadt Wismar wiederholt falsche Wasserspiegel des artesisch auftretenden Wassers einer Korrektur unterwerfen müssen.

Ein Beispiel möge das angewendete Verfahren näher erläutern (Abb. 64).

Das Verfahren setzt voraus, daß man dem Beobachtungsrohr an mindestens zwei Stellen Wasser entnehmen kann. In Abb. 64 geschieht dies an den Stellen a und b. Werden die aus dem Bohrrohr kommenden Abflußmengen m_1 und n_1 gemessen und in Abhängigkeit von der zugehörigen Absenkung aufgetragen, so erhält man die gebrochene Ergiebigkeitsgerade N_1, M_1, A_1. Bestimmt man zugleich mit jeder der Mengen m_1 und n_1 die bei derselben Absenkung seitlich austretenden Mengen m_2 und n_2 und trägt die Summen $m_1 + m_2$ und $n_1 + n_2$ in Abhängigkeit von der Absenkung auf, so kann man in dem Punkte A_2, in welchem die Verbindungslinie der Endpunkte N_2M_2 die Bohrlochachse schneidet, die richtige Lage des natürlichen Grundwasserspiegels annehmen, vorausgesetzt, daß keine weiteren unbekannten unterirdischen Wasserverluste stattfinden.

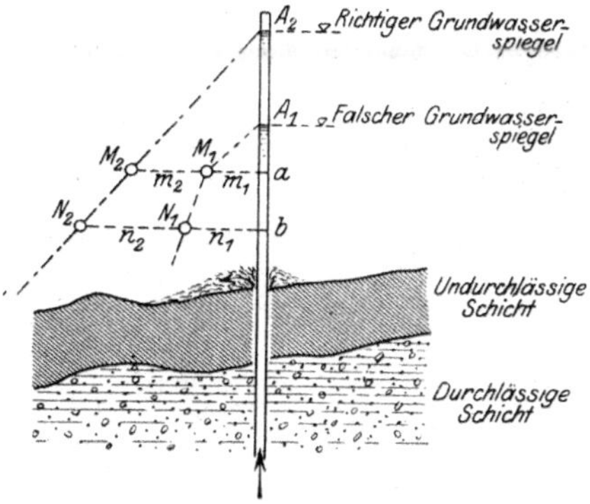

Abb. 64. Graphische Ermittlung des richtigen Grundwasserspiegels in einem artesischen Bohrloch, welches Nebenwasser verliert.

Unterläßt man derartige Richtigstellungen und verwendet kritiklos falsche Spiegel zur Ableitung von Höhenschichtenplänen, so stellt das so entstandene Bild nicht die tatsächlichen hydrologischen Zustände dar.

Besonders verwickelt werden die Spiegelverhältnisse dann, wenn man es nicht mit einem, sondern mit mehreren gespannten Wasserstockwerken zu tun hat, deren Spiegel verschieden hoch liegen. Hat man z. B. ein unteres Stockwerk, dessen Spiegel höher liegt als der Spiegel des oberen Stockwerks, so wird durch zusetzendes Wasser aus dem unteren Stockwerk der Spiegel des oberen gehoben, und wir erhalten an der Meßstelle eine Wasserkuppe, deren Spiegel höher liegt als der natürliche Spiegel des oberen Stockwerks. Der so beeinflußte Spiegel ist falsch. In Abb. 65 ist das Zustandekommen eines solchen Spiegels veranschaulicht.

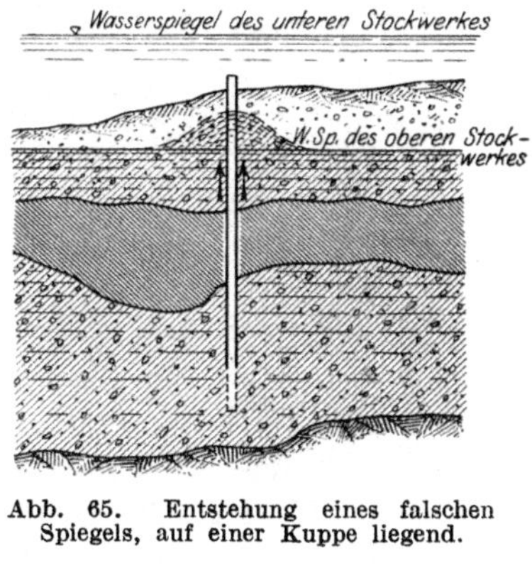

Abb. 65. Entstehung eines falschen Spiegels, auf einer Kuppe liegend.

Wird dagegen das obere Stockwerk von einem darunterliegenden unterteuft, das aus durchlässigen, aber teilweise trockenen Schichten besteht, so kann durch eine das untere Stockwerk anfahrende Bohrung Wasser in die Tiefe abfließen. Wir erhalten in der Ortslage der Bohrung einen unterirdischen Abfluß, der eine örtliche Senkung des oberen Spiegels erzeugt, und der Spiegel des Beobachtungsrohres liegt in einer Spiegelmulde. Auch dieser Spiegel ist falsch und für Meßzwecke ungeeignet. Abb. 66 stellt ein derartiges Spiegelverhalten dar.

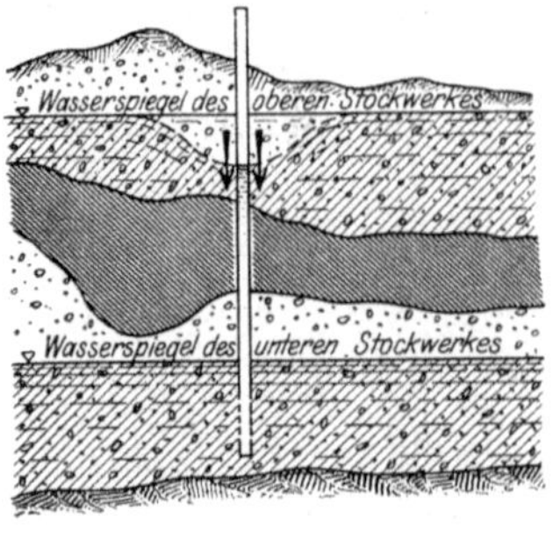

Abb. 66. Entstehung eines falschen Spiegels, in einer Mulde liegend.

β) Unechte Grundwasserspiegel.

Unechte Grundwasserspiegel werden durch natürliche Störungen im Untergrund, Schichtenwechsel und besondere physikalische oder chemische Eigenschaften des Grundwassers hervorgerufen.

Im Gegensatz zu den falschen Grundwasserspiegeln ist im allgemeinen die Überführung unechter Spiegel in echte eine technische Unmöglichkeit, da man unterirdische Störungen weder beseitigen, noch Schichtenwechsel ändern und unerwünschte natürliche physikalische und chemische Eigenschaften des Wassers beseitigen kann.

A. Thiem hat eine ganze Reihe typischer Fälle, welche das Zustandekommen unechter Spiegel erklären, in seinem Werke über die Vorarbeiten für das Wasserwerk der Stadt Leipzig beschrieben (51).

1. Fall (Abb. 67). Eine wenig durchlässige, inselartig ausgebildete Schicht ist von einem undurchlässigen Tonband unterlagert. Das Niederschlagswasser sammelt sich unter Bildung eines zusammenhängenden Spiegels auf der isolierten Schicht und sinkt an den Rändern der Insel langsam in die tiefer liegende Kiesschicht, die ebenfalls einen zusammenhängenden Wasserspiegel hat. Da die schwer durchlässige obere Schicht große Reibungswiderstände der Bewegung des Wassers entgegensetzt, so muß der obere Wasserspiegel steil gegen den Inselrand abfallen. Brunnen *I* und *III* zeigen trotz ziemlich geringer Entfernung voneinander große Spiegelunterschiede, wogegen der Spiegelunterschied der Brunnen *III* und *IV*, die im Stromstrich des von *IV* nach *III* fließenden Grundwassers liegen, nur gering ist. Nach den Spiegellagen der Brunnen *I* und *III* fließt das Grundwasser in der Abbildung von rechts nach links, nach den Spiegellagen der Brunnen *II* und *IV* dagegen von links nach rechts, also gegensinnig. In Wirklichkeit ist die zwischen Brunnen *III* und *IV* liegende Wasserkuppe nur eine untergeordnete Erscheinung von örtlicher Bedeutung. Die maßgebenden hydrologischen Verhältnisse werden durch die Brunnenspiegel *III* und *IV* bestimmt.

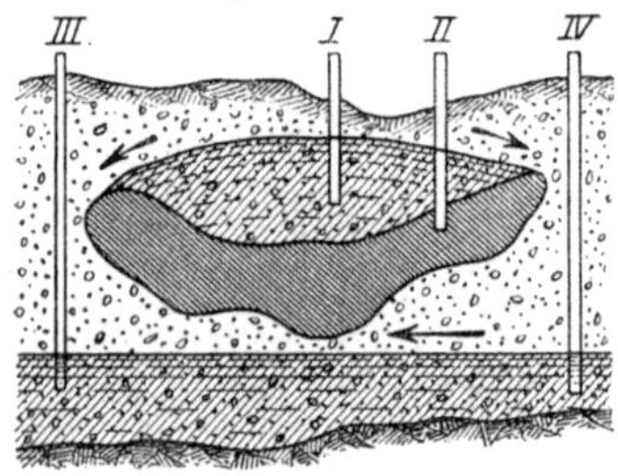

Abb. 67. Entstehung eines unechten Wasserspiegels in einer wenig durchlässigen Schicht, die auf einem Tonband lagert.

2. Fall (Abb. 68). Der undurchlässige Untergrund hat die Gestalt

einer tischförmigen Auskeilung. Das Grundwasser bewegt sich in der Richtung vom Brunnen *V* nach Brunnen *I*. Da in der Einbuchtung *a* Ruhe herrscht, so müssen die Spiegel *V* und *IV* auf einer Wagerechten liegen. Das gleiche gilt von den Spiegeln *I* und *II*, da in der Bucht *b* ebenfalls Ruhe herrscht. Entwickelt man auf Grund sämtlicher Spiegel *I*—*V* einen Spiegelquerschnitt, so zeigt sich folgende Erscheinung: Zwischen *I* und *II* ist das Gefälle Null, zwischen *II* und *IV* starkes Gefälle und zwischen *IV* und *V* das Gefälle abermals Null. Daß derartige Spiegelzustände in einem zusammenhängenden Grundwasserstrom undenkbar sind, ist selbstverständlich. Maßgebende Spiegel sind nur die Spiegel *I*, *III* und *V*, welche das wahre Gefälle anzeigen. Die Spiegel *II* und *IV* sind unecht und also unbrauchbar.

Durch welche Störungen im Untergrund unechte Spiegel erzeugt werden, ist oft schwer festzustellen. Man kann nur behaupten, daß solche Störungen in der Regel irreführend sind. Sie zu erkennen und zwecks Vermeidung von Trugschlüssen auszuschalten, ist nicht allein Sache der Beobachtung, sondern hydrologischer Schulung und Erfahrung.

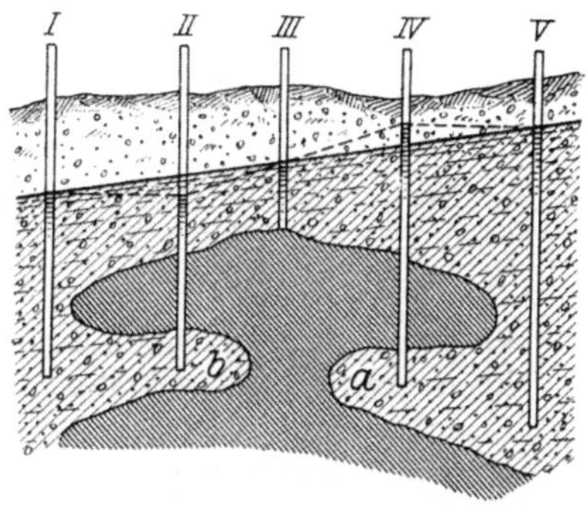

Abb. 68. Unechte Spiegel infolge einer tischförmigen Auskeilung der undurchlässigen Sohle.

Unechte Spiegel können auch dort entstehen, wo im Untergrund Gase (z. B. freie Kohlensäure, Sumpfgas) in erheblicher Menge auftreten oder wo das Wasser Gelegenheit hat, große Mengen löslicher Salze aufzunehmen. Im ersteren Falle entsteht ein Gemisch von Gas und Wasser, welches spezifisch leichter als das umliegende Wasser ist. Die Folge davon ist eine örtliche Spiegelerhebung im Beobachtungsrohr.

Die Quelle des Sumpfgases sind meist Torf- und Faulschlamm-(Sapropel-)Schichten oder sandige und tonige Ablagerungen mit reichlichen Resten von Wasserpflanzen und Wassertieren. Sumpfgas in größerer Menge ist sowohl in alluvialen Schichten (z. B. in Schleswig-Holstein) als auch in diluvialen Bildungen (z. B. in Jütland) in den verschiedensten Tiefenlagen erbohrt worden.

Verfasser hat Spiegelerhebungen bis zu 0,5 m beobachtet, die durch Untergrundgase hervorgerufen worden sind.

Hat man es mit örtlich mineralischem Wasser zu tun, so tritt eine Spiegelsenkung ein. Die Erkenntnis des wahren Sachverhalts liefert eine chemische Analyse.

e. Natürliche Schwankungen des Grundwasserspiegels.

Die Lage des natürlichen Grundwasserspiegels ist ebenso Schwankungen unterworfen wie die Lage der Spiegel der Oberflächenwässer. Die Spiegelschwankungen werden beeinflußt nicht allein durch Niederschlags-, Versickerungs- und Verdunstungsverhältnisse, sondern vor allem auch durch benachbartes Oberflächenwasser. Wir können unterscheiden zwischen täglichen, jährlichen und säkularen Grundwasserspiegelschwankungen. Bei allen diesen Schwankungen lassen sich periodisch auftretende Höchst- und Mindestwerte beobachten.

A. Thiem (47) ist z. B. der Meinung, daß für die natürlichen Grundwasserschwankungen auf der Münchener Hochebene ein Zeitraum von etwa 24 bis 28 Jahren angenommen werden kann, in welcher Zeit je einmal der Höchst- und Mindestwert des Grundwasserstandes erreicht wird. Es ist wahrscheinlich, daß die Spiegelschwankungen mit den Bruecknerschen (39) 36 jährigen Klimaperioden zusammenhängen.

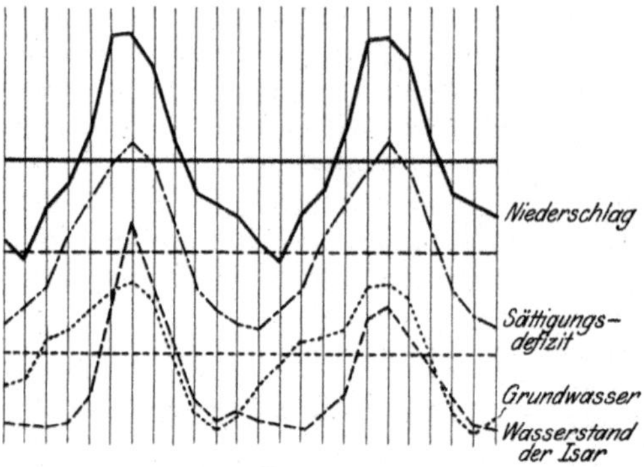

Abb. 69. Doppeljahresperiode des Niederschlages, des Sättigungsdefizits und des Grundwasserstandes in München. (Nach Soyka.)

Besonders eingehend hat sich Soyka (7) mit Grundwasserspiegelschwankungen befaßt, deren hauptsächlichste Ergebnisse Keilhack (90) wiedergibt.

Wie aus der zahlreichen einschlägigen Literatur hervorgeht, herrscht in vielen Grundwassergebieten Parallelismus zwischen der Größe des Niederschlags und dem Grundwasserstand. Aus Abb. 69 geht dies für München deutlich hervor. Hier sind die größten Niederschläge in den Monaten Juni-Juli, der höchste Grundwasserstand im Monat Juli und daher Parallelismus vorhanden. Ausführliche Mitteilungen über die Schwankungen der Grundwasserstände in München hat Mezger (122) veröffentlicht.

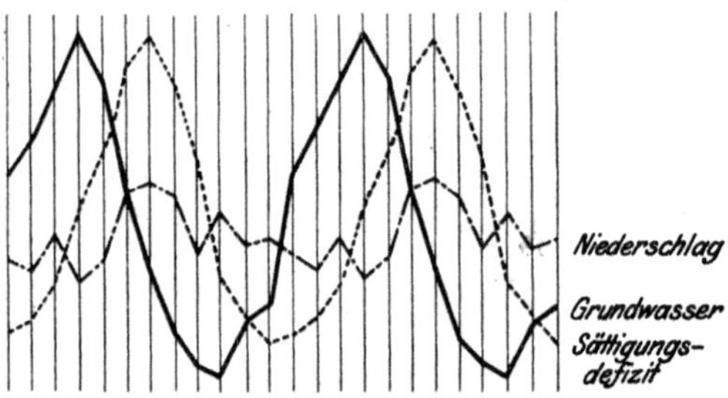

Abb. 70. Doppeljahresperiode des Niederschlages, des Sättigungsdefizits und des Grundwasserstandes in Berlin. (Nach Soyka.)

In Berlin dagegen ist Abb. 70) ein gleichsinniges Verhalten von Niederschlagsmenge und Grundwasserstand nicht zu erkennen.

Viele Forscher sind der Ansicht, daß man ohne weiteres dort, wo Parallelismus zwischen Niederschlagsmenge und Grundwasserstand herrscht, auf die Richtigkeit der sog. Versickerungstheorie schließen könne. Dies ist indessen durchaus nicht richtig, da in vielen Fällen der Grundwasserspiegel vom benachbarten Oberflächenwasser beherrscht und auf diese Weise der Parallelismus nicht durch Versickerung von Niederschlägen, sondern durch erhöhten Wasserstand benachbarter Wasserläufe verursacht wird.

Das an zahlreichen Orten, wie z. B. in Berlin, zu beobachtende Fehlen gleichsinniger Bewegung von Niederschlagsmenge und Grundwasserstand hat Soyka veranlaßt, die Grundwasserschwankungen in Beziehung zum sog. Sättigungsdefizit zu bringen, d. i. diejenige Menge atmosphärischen Wasserdampfes, welche von der Luft, entsprechend ihrem jeweiligen Feuchtigkeitsgrade und ihrer Temperatur, noch aufgenommen werden kann.

In der Tat zeigen z. B. die in Abb. 69 und 70 dargestellten Spiegelgänge, daß sowohl für München als auch für Berlin ein ausgesprochener Parallelismus zwischen Sättigungsdefizit und Grundwasserstand herrscht.

Es bleibt in Ermangelung genauer Beobachtungen zur Zeit aber unentschieden, ob bei höherem Grundwasserstand infolge höherer Verdunstung von Grundwasser das Sättigungsdefizit durch das Grundwasser günstig beeinflußt wird oder ob umgekehrt das erhöhte Sättigungsdefizit die Grundwassermenge vermehrt. Beides wäre denkbar.

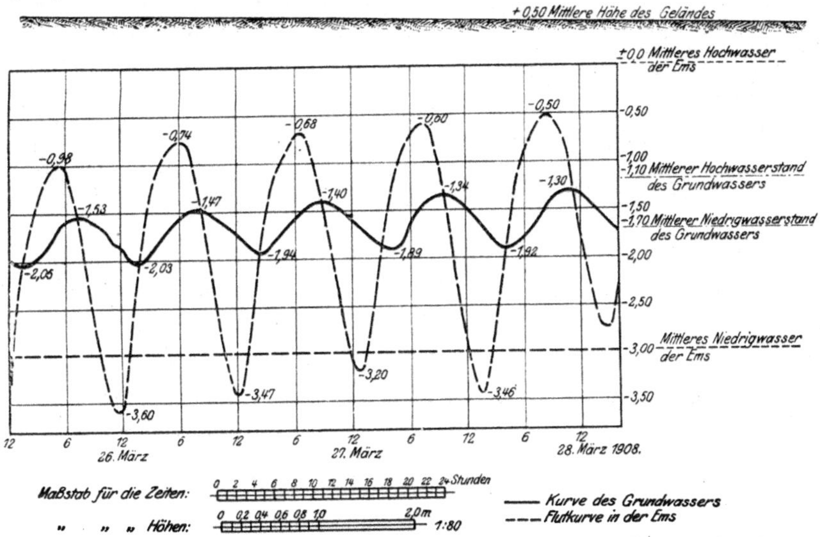

Abb. 71. Schwankungen des Grundwasserspiegels in der Nähe der Emdener Seeschleuse.

Für München läßt sich im übrigen der Grundwasserhochstand im Juni-Juli viel einfacher durch den in diese Zeit fallenden Hochwasserstand der benachbarten Flüsse erklären, der wiederum eine Folge der Gletscherschmelze im Hochsommer ist. In Abb. 69 ist nachträglich auch die Wasserführung der Isar eingetragen, deren Höchstwasserstand ebenfalls mit dem höchsten Grundwasserstand zusammenfällt.

Ein gleiches Abhängigkeitsverhältnis von der Wasserführung der aus den Alpen kommenden Flüsse zeigen die Grundwasserstände der Umgebung von Wien, Salzburg und die vom Rhein beherrschten Grundwasserspiegel der Rheinniederung.

Vom hydrologischen Standpunkt aus läßt sich über den Parallelismus zwischen Grundwasserstand und Niederschlagsmenge bzw. Sättigungsdefizit zur Zeit nur so viel behaupten, daß eine allgemein gültige gesetzmäßige Beziehung zwischen diesen drei Größen nicht besteht und daß von Fall zu Fall ihr gegenseitiges Abhängigkeitsverhältnis durch örtliche Beobachtungen festgestellt werden muß.

Einfach und klar sind die Wechselbeziehungen zwischen Grundwasserstand und Oberflächenwasser dann, wenn zwischen beiden hydraulischer Zusammenhang besteht. Man wird deshalb allenthalben dort, wo die Grundwasserspiegel von benachbarten Flußläufen beherrscht werden, gleichsinnigen Verlauf bei beiden Spiegelarten finden und umgekehrt aus dem Parallelismus beider auf hydraulischen Zusammenhang schließen können.

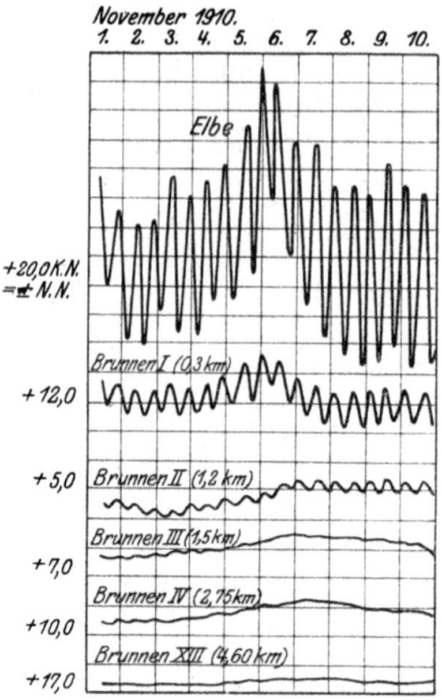

Abb. 72. Grundwasserspiegelschwankungen, beeinflußt durch die Entfernung vom benachbarten Oberflächenwasser (Elbe). (Nach Bohlmann.)

Beim Steigen und Sinken des Grundwasserspiegels tritt mitunter im Parallelismus der einzelnen Spiegel eine Verzögerung ein. Es hat dies seinen Grund in den Unregelmäßigkeiten der wassertragenden Sohle, in unterirdischen Mulden und Rücken, welche als Wasserspeicher und Stauanlagen wirken und die Wasserstandsbewegungen ebenso verzögernd beeinflussen wie oberirdische Seen oder Hindernisse im Durchflußquerschnitt.

Besonders scharf ausgeprägt sind die Schwankungen jener Grundwasserspiegel, die unter dem Einfluß der Gezeiten stehen. So zeigen (Abb. 71) die Spiegel im Emsgebiet und an anderen Orten außerordentlich rasche und große, überall gleichzeitig verlaufende Veränderungen. Sie weichen in ihrem Verhalten wesentlich von den binnenwärts liegenden Spiegeln ab.

Über ähnliche Spiegelbewegungen in der Umgebung von Lübeck berichtet Friedrich (123), (124).

In welchem Maß Grundwasserschwankungen, die vom benachbarten Oberflächenwasser beeinflußt werden, binnenwärts verflachen, geht nach den Mitteilungen von Bohlmann (125) aus Abb. 72 hervor.

Man sieht aus der Darstellung, daß im Brunnen *I* (0,3 km von der Elbe entfernt) sämtliche Spiegelschwankungen der Elbe noch deutlich zum Ausdruck kommen, daß aber bereits im Brunnen *III* (1,5 km von der Elbe entfernt) der Einfluß des Elbewasserstandes nahezu verschwunden ist.

Es ist deshalb bei der Beurteilung von Grundwasserspiegelschwankungen wichtig zu wissen, wie groß die Entfernung des die Spiegel beeinflussenden Oberflächenwassers vom benachbarten Grundwasserstandort ist.

Bei allen vom Oberflächenwasser beherrschten Grundwasserspiegeln ist noch zu beachten, daß bei Hochwasserstand im Fluß oder bei Flut im Meere die Erhöhung der beeinflußten Grundwasserspiegel nur dann eine materielle ist, wenn die wasserführenden Schichten des Untergrunds allenthalben durchlässig sind. Sind undurchlässige Überlagerungen vorhanden, so daß die Grundwasserspiegel als gespannt gelten können, so sind die Grundwasserspiegelschwankungen nur auf Druckänderungen infolge der schwankenden Mächtigkeiten der benachbarten Oberflächenwassersäule zurückzuführen. Derartige Schwankungen pflanzen sich, wie bereits erwähnt, mit Schallgeschwindigkeit fort, und daraus ist der vielfach rasche Wechsel der Grundwasserstände in der Nähe der Flüsse und des Meeres erklärlich. Daher findet man auch z. B., daß bei großen Seeflächen an der Windseite die Grundwasserspiegel mehr steigen als an der Leeseite. Dies ist nicht etwa die Folge des Winddrucks auf den Grundwasserspiegel oder sogar von Zusammenpressung der deckenden Schichten, wie man mitunter lesen kann, sondern einfach daraus erklärlich, daß an der Windseite der Seespiegel durch angewehtes Wasser erhöht und dadurch im gleichen Sinne der Grundwasserspiegel beeinflußt wird.

f. Größe der natürlichen Grundwasserspiegelschwankungen.

Das Maß der natürlichen Grundwasserspiegelschwankungen wechselt je nach der Größe der sie bestimmenden Ursachen von Jahr zu Jahr. Besonders trockene Jahre kommen in außergewöhnlich großen Grundwasserspiegelsenkungen zum Ausdruck. Für das durch anhaltende Trockenheit auffallende Jahr 1911 hat Geinitz (126) gezeigt, daß z. B. in Mecklenburg die Senkung des Grundwasserspiegels rund 1 bis 2 m betragen hat. Ähnliche Spiegelverhältnisse herrschten nach den Mitteilungen Keilhacks (127) im Gebiet der unteren Havel, der Spree, Neiße, Elster und Saale. Die Einwirkung des regenarmen Sommers 1911 machte sich noch im Jahre 1912 und darüber hinaus im Niedergang des Grundwasserspiegels bemerkbar.

Im allgemeinen kann man Schwankungsgrößen von etwa 0,5 bis 1,0 m in normalen Niederschlagsjahren als Durchschnittswerte betrachten. Ausnahmsweise hat z. B. Verfasser eine jährliche Spiegelschwankung von 3,40 m beobachtet.

Mit die bedeutendsten Spiegelschwankungen treten in der Nähe der See auf. So berichtet Voller (128), daß im Zippelhausbrunnen bei Hamburg der Spiegel in der Zeit vom 14. bis 24. April 1903, also in 10 Tagen, um den hohen Betrag von 1,97 m schwankte.

Die mittleren jährlichen Grundwasserspiegelschwankungen betragen:

im Spreetal bei Berlin	580 mm
in der Wietzeniederung bei Hannover	550 ,,
in der Hochebene von München	320 ,,
in der Gegend von Erlangen	121—870 mm
im Maintal bei Frankfurt	430 mm

g. Höhenschichtenlinien des natürlichen Grundwasserspiegels.

Verbindet man auf einer Karte, in welcher die natürlichen Grundwasserspiegel eingetragen sind, sämtliche Spiegel gleicher Höhenlage durch je eine Kurve, so erhält man eine Kurvenschar, welche in ihrer Gesamtheit den sog. Höhenschichtenplan des natürlichen Grundwasserspiegels liefert (Abb. 73). Die Höhenlagen werden am besten mittels eines Nivellierinstrumentes ermittelt. Im Notfalle und namentlich bei vorbereitenden Untersuchungen ausgedehnter Versuchsfelder können auch barometrische Höhenmessungen brauchbaren Dienst leisten. Da nun der Grundwasserspiegel täglichen Schwankungen unterliegt, so ist es zweckmäßig, dem Höhenschichtenplan nur solche Spiegelmessungen zugrunde zu legen, die an einem Tage aufgenommen worden sind. Hat man ein ausgedehntes Versuchsfeld vor sich, so ist es von Vorteil, die Spiegel des gesamten Beobachtungsnetzes in einzelne Reviere einzuteilen und durch verschiedene Meßgehilfen einmessen zu lassen. Geht dies nicht, so kann man sich in der Weise helfen, daß man einen oder noch besser mehrere Grundwasserspiegel, die über das Versuchsfeld verteilt sind, täglich beobachtet und mit Hilfe der in ihnen etwa festgestellten Spiegelschwankungen eine Korrektur der zeitlich auseinanderliegenden Spiegelmessungen vornimmt.

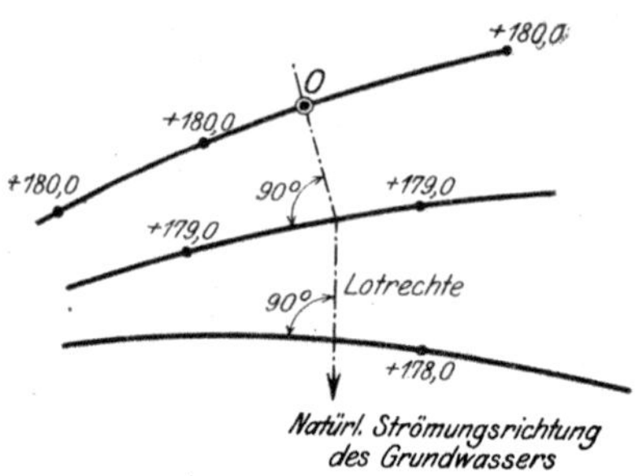

Abb. 73. Verbindung gleichhochliegender Grundwasserspiegel (+ 180, + 179, + 178) zu einem Höhenschichtenplan.

Dem Höhenschichtenplan kann man sowohl gemessene Spiegel als auch solche, welche durch Interpolation ermittelt wurden, zugrunde legen. Die Interpolation muß aber stets in der Strömungsrichtung des Grundwassers erfolgen. Geschieht dies nicht, so entsteht meist ein falsches Bild der tatsächlichen Spiegelzustände.

Je mehr Wasserspiegel durch Messung aufgenommen sind, und je größer die Regelmäßigkeit der Höhenschichtenlinien ist, desto besser wird das zeichnerische Ergebnis mit der Wirklichkeit übereinstimmen. Der Höhenschichtenplan eines natürlichen Grundwasserspiegels gibt sofort mit einer für die Praxis hinreichenden Genauigkeit und Klarheit Auskunft über die Größe und Richtung des Grundwassergefälles sowie den Wechsel desselben.

Je mehr die Horizontalkurven eines Höhenschichtenplanes aneinanderrücken, desto größer ist das Grundwassergefälle und umgekehrt. Will man die Richtung, in welcher sich das Grundwasser in einer bestimmten Ortslage *O* bewegt, aus dem Höhenschichtenplan ableiten, so hat man von dieser Stelle aus (Abb. 73) eine Senkrechte auf die benachbarte Horizontalkurve zu errichten, von dem Schnittpunkte aus auf die nächstgelegene Kurve überzugehen usw. Auf diese Weise läßt sich mit ziemlicher Genauigkeit der Weg ermitteln, den ein Grundwasserteilchen im Untergrunde zurücklegt.

Nur in ganz seltenen Fällen ist die durch den Höhenschichtenplan dargestellte Fläche angenähert eine Ebene. Meist stellt sie eine wellige Mantelfläche dar, in welcher ein- und ausspringende Falten erkennbar sind, sowie Störungen, die entweder hydraulischer Art oder auch durch Wechsel in der Durchlässigkeit hervorgerufen sein können.

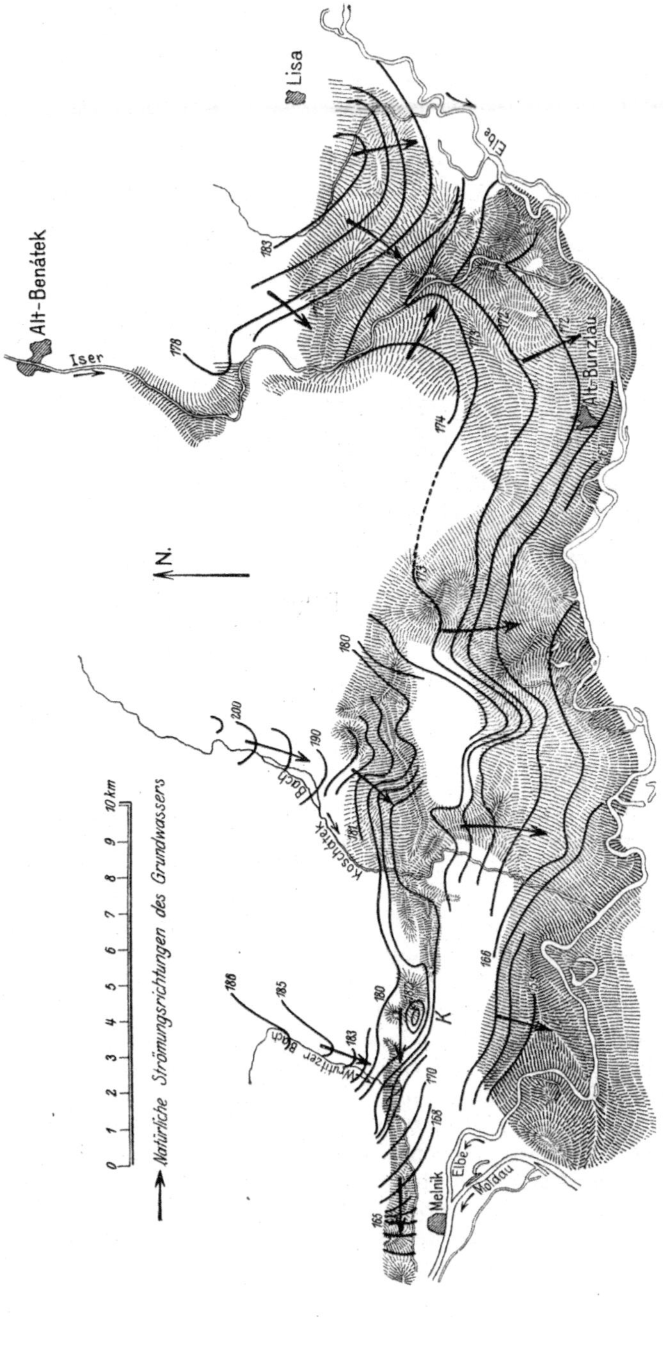

Abb. 74. Höhenschichtenplan des natürlichen Grundwasserspiegels in der Elbeniederung zwischen der Mündung der Iser und Melnik.

Ein richtig ermittelter Höhenschichtenplan gibt ein so klares Bild der hydrologischen Zustände des Untergrundes wie kein anderes Hilfsmittel, und man sollte daher stets auf seine Herstellung besondere Sorgfalt verwenden und sich nicht, wie das vielfach üblich ist, auf die Eintragung des Grundwasserspiegels in Querschnitte beschränken.

In Abb. 74 ist der Höhenschichtenplan des natürlichen Grundwasserspiegels der Elbeniederung zwischen der Mündung der Iser in die Elbe und Melnik zur Darstellung gebracht. Man erkennt aus den eingetragenen Stromrichtungen, daß sowohl Elbe als auch Iser durch Grundwasser gespeist werden, und daß noch ein seitlicher Grundwasserstrom, der sich wieder verzweigt, vorhanden ist.

Der Höhenschichtenplan gibt aber nicht allein Auskunft über den Grundwasserkörper selbst, sondern auch über die Gestalt der undurchlässigen Sohle, Unregelmäßigkeiten in derselben, Hindernisse im Untergrund u. dgl., wie aus Abb. 74 ebenfalls hervorgeht. (Vgl. Abb. 28.)

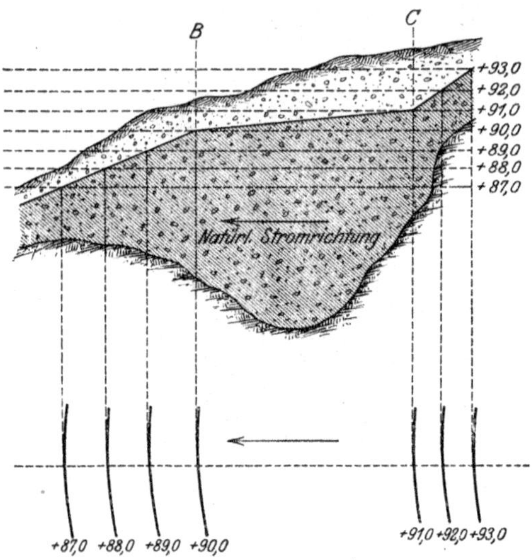

Abb. 75. Änderung des Grundwassergefälles infolge Änderung der Sohlenneigung und Vergrößerung des Durchflußquerschnitts.

Kleinere Unregelmäßigkeiten und Störungen werden durch die ausgleichende Wirkung eines Grundwasserstroms um so mehr verwischt, je größer die Wasserführung des Grundwasserstroms ist.

Da man auf mehrere Kilometer Länge die Mengenzunahme eines Grundwasserstroms infolge von Niederschlagswasser als gering annehmen kann, so wird man in solchen Fällen, wo keine seitlichen Grundwasserzuflüsse stattinden, aus einem Wechsel im Abstand der Horizontalkurven nur auf Veränderungen des Gefälles der undurchlässigen Sohle oder auf veränderliche Durchlässigkeit schließen können.

Abb. 75 wird dies erläutern.

Zwischen den Schnitten *AB* und *BC* nimmt der Durchflußquerschnitt bedeutend zu, und damit zusammenhängend tritt bei unverminderter Wasserführung eine Verkleinerung des Gefälles ein. Man kann also aus dem vergrößerten Abstand der Horizontalkurven + 90,0 und + 91,0 auf einen Wechsel der Sohlenneigung schließen.

Aus dieser Betrachtung folgt auch, daß die Größe des Grundwassergefälles an und für sich keinen Maßstab für die Größe der Durchlässigkeit bzw. Wassermenge bildet (vgl. auch Zusammenstellung der Grundwassergefälle im Zusammenhange mit der spez. Ergiebigkeit auf S. 131).

Bei Versuchsfeldern, die von oberirdischen Wasserläufen durchzogen werden, sind Höhenschichtenpläne nicht selten das einzig brauchbare Mittel, um die hydraulischen Wechselbeziehungen zwischen Grund- und Oberflächenwasser einwandfrei festzustellen.

Findet zwischen Grund- und Oberflächenwasser kein Wasseraustausch statt, verhalten sich also beide Wasserarten gegenseitig indifferent, so kommt dies in den Grundwasserhorizontalen dadurch zum Ausdruck, daß die Höhenschichtenlinien den oberirdischen Wasserlauf ohne jegliche Ablenkung und Störung durchqueren (Abb. 76).

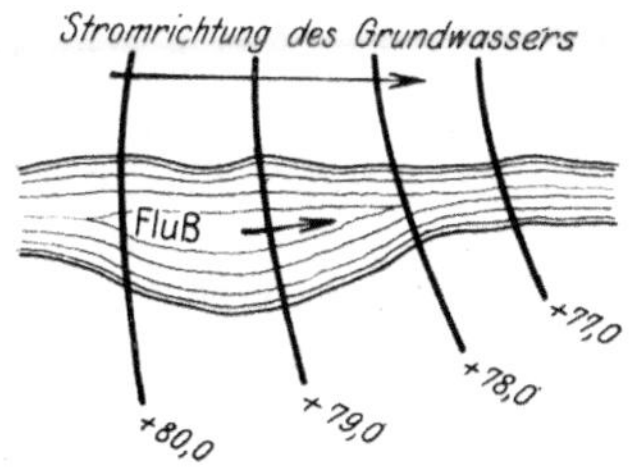

Abb. 76. Die Höhenschichtenlinien des Grundwassers zeigen an, daß sich Oberflächen- und Grundwasser indifferent verhalten.

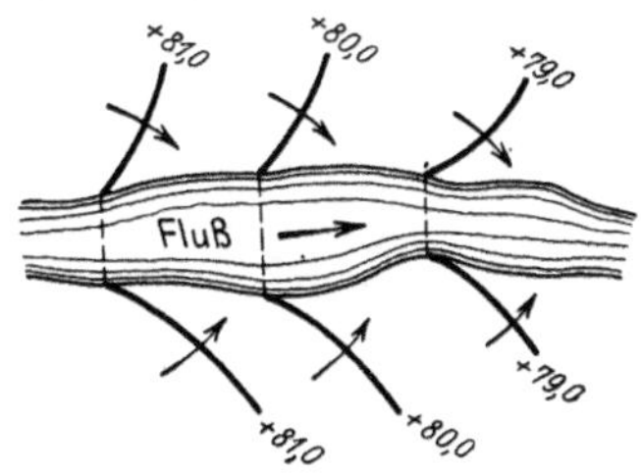

Abb. 77. Die Höhenschichtenlinien zeigen an, daß der Fluß Grundwasser empfängt.

Empfängt der Fluß unterirdisches Wasser, was in der Regel vorkommt, so biegen die Grundwasserhorizontalen flußaufwärts um, wie Abb. 77 zeigt.

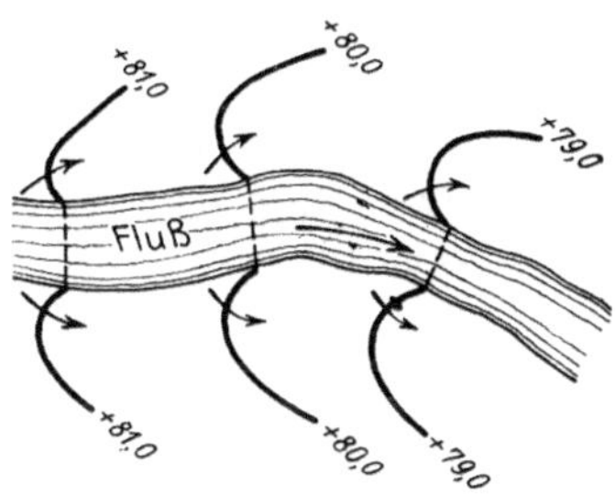

Abb. 78. Die Höhenschichtenlinien zeigen an, daß der Fluß Wasser an den Untergrund abgibt.

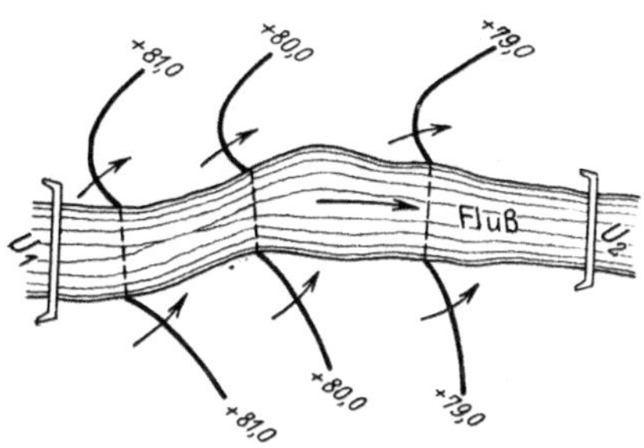

Abb. 79. Die Grundwasserhorizontalen zeigen an, daß der Fluß am linken Ufer Wasser verliert und am rechten Grundwasser empfängt.

Gibt der Fluß Wasser an den Untergrund ab, so schwenken die Grundwasserhorizontalen in die Richtung flußabwärts, wie in Abb. 78 dargestellt ist.

Hat man es dagegen mit einem Fluß zu tun, der auf der einen Seite Grundwasser empfängt und auf der anderen Seite Wasser an den Untergrund verliert, so verlaufen die Grundwasserhorizontalen nach Abb. 79. Die rechte Uferseite ist die wasserempfangende, die linke die wasserverlierende.

Würde man sich in einem solchen Falle darauf beschränken, die Beziehungen zwischen Grundwasser und Fluß durch Messung der

Wassermenge mittels der Überfälle U_1 und U_2 festzustellen, so würde, vorausgesetzt, daß Zu- und Abfluß gleich groß sind, die Messung den Trugschluß ergeben, daß Fluß- und Grundwasser gegenseitig indifferent sind. Die wahren hydraulischen Beziehungen ergibt nur ein Höhenschichtenplan.

Fälle, in welchen Wasserverlust und Wasseraufnahme innerhalb kurzer Flußstrecken wechseln, sind durchaus nicht selten. Man kann sie häufig beobachten in der Nähe von Stauanlagen, also Wehren, Schleusen und durchlässigen Talsperren. Oberhalb der Stauanlagen liegt gewöhnlich der Grundwasserspiegel tiefer, unterhalb höher als der benachbarte Flußspiegel.

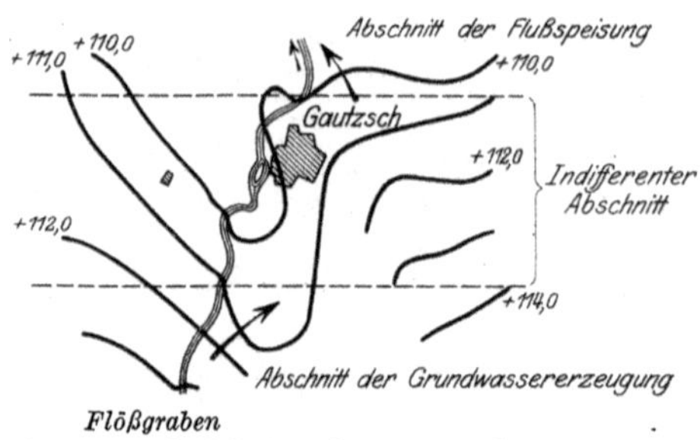

Abb. 80. Wechsel der Beziehungen zwischen Oberflächen- und Grundwasser. (Nach A. Thiem.)

Ein Beispiel aus der Praxis gibt Abb. 80, welcher A. Thiems (51) Aufnahmen für das Vorprojekt zur Wasserversorgung von Leipzig zugrunde liegen. Man sieht aus dem Verlauf der Grundwasserhorizontale 110, daß der Flößgraben oberhalb der Gautzscher Mühle Wasser an den Untergrund abgibt. Unterhalb der Mühle ist der Flößgraben indifferent und weiter abwärts nimmt er Grundwasser auf.

α. Störungen in den Höhenschichtenlinien des Grundwasserspiegels.

Selten und nur dann ist der Verlauf der Grundwasserhorizontalen ein regelmäßiger, wenn der wasserführende Untergrund gleichmäßig durchlässig ist, und Störungen weder im Aufbau der durchlässigen Schichten noch der undurchlässigen Sohle vorkommen.

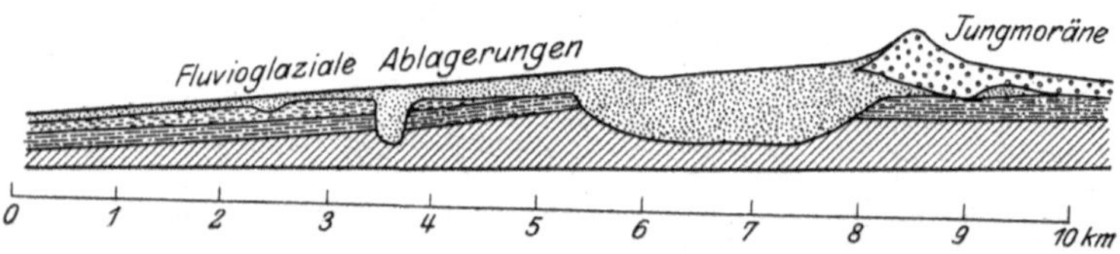

Abb. 81. Profil des Isartales zwischen Pullach und Schäftlarn, den Übergang von der Moräne zu fluvioglazialen Ablagerungen darstellend. (Nach Penck.)

Eine der Hauptquellen des unregelmäßigen Verlaufs von Grundwasserhorizontalen ist Wechsellagerung im Untergrund, welche veränderliche Durchlässigkeit zur Folge hat. Derartige unregelmäßige Wechsellagerungen sind namentlich dort anzutreffen, wo das ungeschichtete Diluvium in geschichtetes übergeht, wo also Moränen an fluvioglaziale Ablagerungen grenzen.

Der Übergang einer Moräne zum regelmäßig aufgebauten Untergrund ist aus dem Geländeschnitt Abb. 81 ersichtlich, welcher Pencks (46) Werk über „Die Alpen im Eiszeitalter" entnommen ist.

Hydrologisch hat derartige Verhältnisse namentlich A. Thiem anläßlich seiner Vorarbeiten für das Wasserwerk der Stadt München näher untersucht (47), wie dies aus Abb. 82 hervorgeht.

Man sieht aus dem Bild der Grundwasserhorizontalen, daß sie von Deisenhofen ab nordwärts ziemlich regelmäßig verlaufen. Die Unregel-

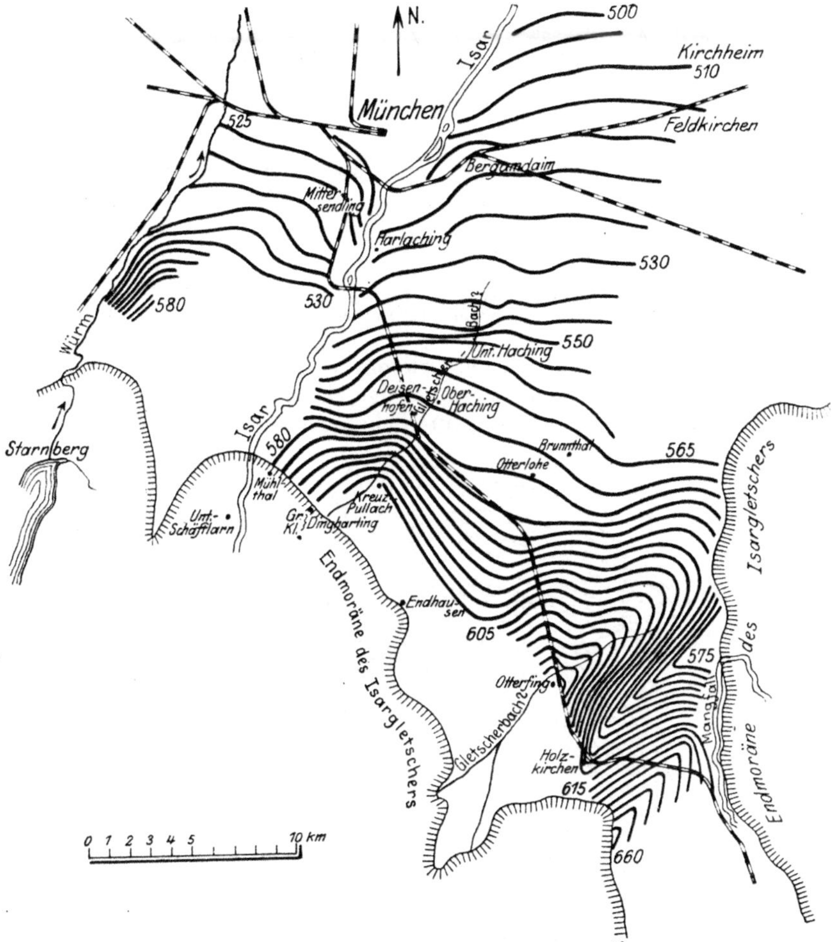

Abb. 82. Höhenschichtenplan des natürlichen Grundwasserspiegels im Moränengebiet südlich von München. (Nach A. Thiem.)

mäßigkeit beginnt dort, wo sich die Horizontalen in die von den Endmoränen der Isar gebildete Einschnürung hineinschieben. Am auffallendsten treten die Unregelmäßigkeiten zutage zwischen dem Mangfalltal und Holzkirchen. Man sieht hier, daß die Stromrichtung von Nordwest-Südost bis Südost-Nordwest wechselt. Je größer die Nähe des eigentlichen Gletschergebiets ist, desto größer sind die Untergrundsstörungen und die Unregelmäßigkeiten im Verlauf der Grundwasserhorizontalen. Nach Norden zu wird der Einfluß der Gletscherwirkung immer geringer und infolgedessen der Verlauf der Grundwasserhorizontalen immer regelmäßiger.

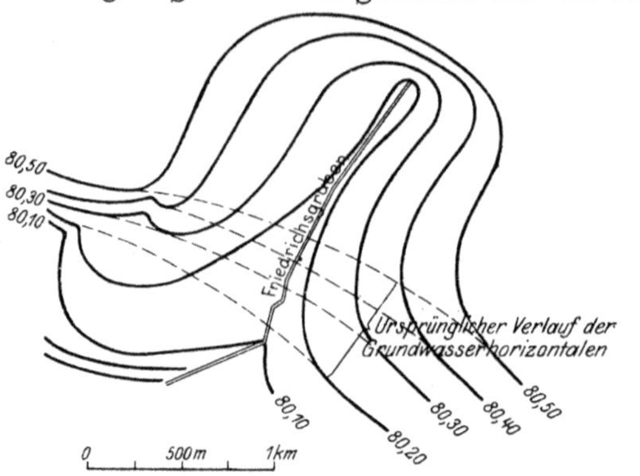

Abb. 83. Ablenkung der Grundwasserhorizontalen aus ihrer natürlichen Lage durch den Friedrichsgraben bei Hohensalza.

Störungen erleiden die Grundwasserhorizontalen auch durch natürliche und künstliche Entwässerungsvorgänge jeder Art und durch Zutritt des Wassers aus dem tieferen Untergrunde. Quellen, Abzugsgräben u. dgl. bilden die Grundwasserhorizontalen zu Schleifen aus, wie dies aus Abb 83 hervorgeht.

Aus der von den abgelenkten Grundwasserhorizontalen umschriebenen Fläche erkennt man die Größe der Entwässerungswirkung, aus dem Verlauf der Horizontalen die veränderte Richtung und Größe des ursprünglichen Grundwassergefälles.

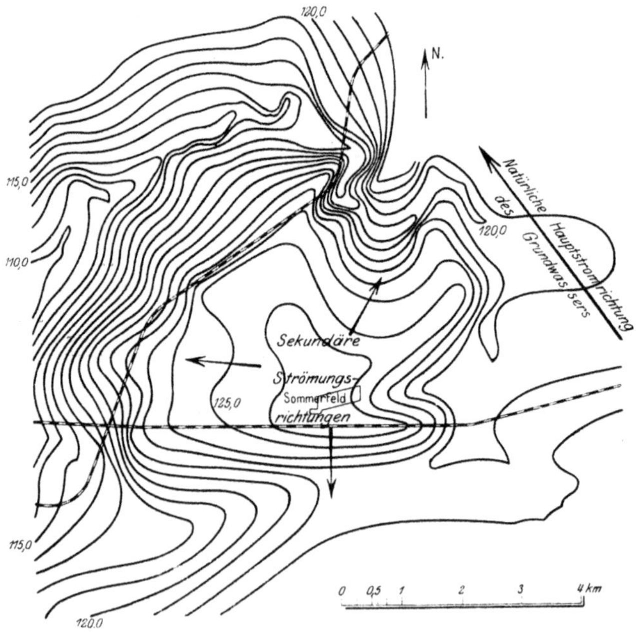

Abb. 84. Kuppenförmige Störung der Grundwasserhorizontalen bei Sommerfeld. (Nach A. Thiem.)

Eine kuppenförmige Störung der Höhenschichtenlinien des natürlichen Grundwasserspiegels hat A. Thiem (51) festgestellt zwischen den Flüssen Parthe und Pleiße bei Leipzig (Abb. 84). Es handelt sich hier um ein Beispiel, das dem Fall 1, auf S. 96 beschrieben, entspricht.

Die Kuppe ist eine oberflächliche Erscheinung, der eigentliche Grundwasserstrom fließt in der Tiefe unter der Wasserkuppe in der angegebenen Richtung von Südost nach Nordwest.

Auch in Abb. 74 auf S. 103 ist eine kuppenartige Erhebung *K* des natürlichen Grundwasserspiegels ersichtlich, welche auf den Ausbruch gespannten Wassers aus einem tiefer liegenden Wasserstockwerk zurückzuführen ist, wodurch eine Überflutung des oberen Stockwerks eintritt. Die kuppenartige Erhebung *K* entspricht der auf S. 95 gegebenen Abb. 65 eines falschen Grundwasserspiegels.

β) Veränderlichkeit des Verlaufs der Grundwasserhorizontalen.

Die in den Grundwasserhorizontalen zum Ausdruck kommende natürliche Stromrichtung des Grundwassers ist nahezu unveränderlich nur dort, wo das Grundwasser gänzlich oder nahezu vollständig der Einwirkung benachbarten Oberflächenwassers entzogen ist.

Große Grundwasserströme, die von untergeordneten oberirdischen Wasserläufen begleitet werden, zeigen je nach ihren Wasserständen nur selten eine merkliche Richtungsänderung, die sich auf wenige Bogenminuten beschränkt.

Die Nachbarschaft größerer Flüsse macht sich jedoch stets auch in der Stromrichtung des Grundwassers bemerkbar, und die Ablenkung des Grundwassers aus seiner natürlichen Richtung ist desto größer, je größer die Spiegelschwankungen im Fluß sind.

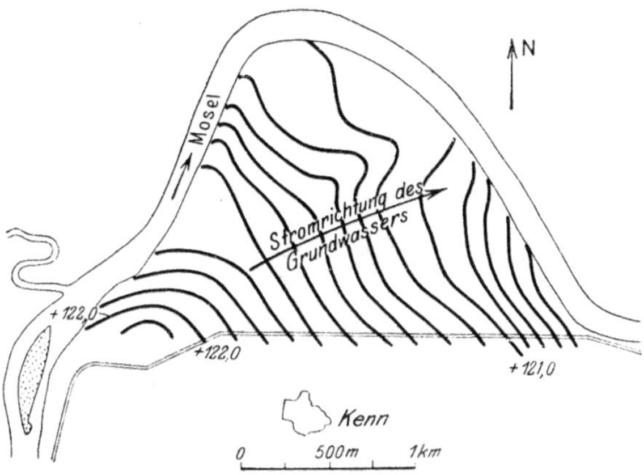

Abb. 85. Normaler Verlauf des Grundwassers des Moseltales bei Kenn. (Nach Wahl.) (Höhenschichtenlinien vom 13. Febr. 1908.)

Am größten ist der Einfluß des oberirdischen Wassers auf die Richtung des Grundwassers dort, wo die wasserführenden Schichten halbinselartig vom Flußwasser bespült werden. Das Grundwasser steht dann vollständig unter dem Einfluß des Flußwassers, dessen lebendige Kraft auf die Grundwasserrichtung wie ein Drehzwilling wirkt. Diese Kraft ist bei Hochwasser imstande, die Richtung des Grundwassers zeigerartig flußabwärts so weit zu drehen, daß das Grundwasser eine Richtung annimmt, die nahezu entgegengesetzt zur normalen verläuft.

Ein Beispiel für derartige hydrologische Zustände sind die Grundwasserverhältnisse in den Alluvionen der Mosel bei Kenn. Nach Wahl

(129) ist der normale Verlauf des Grundwassers, wie in Abb. 85 dargestellt, von Südwesten nach Nordosten gerichtet.

Bei Niedrigwasser der Mosel findet eine Ablenkung des Grundwassers bergwärts statt (Abb. 86), und bei Hochwasser (Abb. 87) kann man deutlich wahrnehmen, daß die Richtung des Grundwassers vollständig umkehrt und daß längs der ganzen Uferstrecke infiltriertes Moselwasser, das zu Grundwasser geworden ist, landeinwärts strömt.

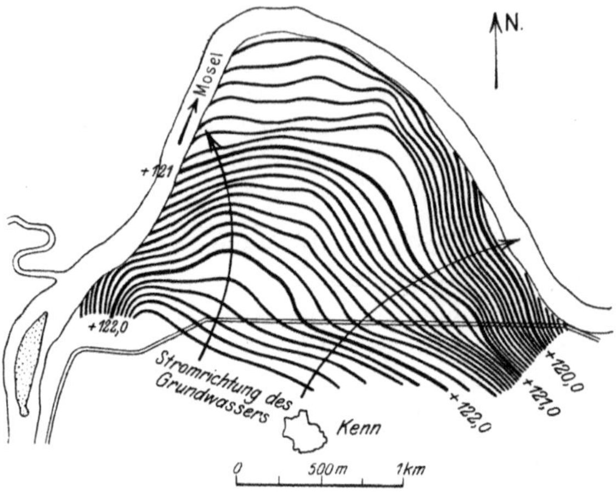

Abb. 86. Ablenkung der Grundwasserstromrichtung im Moseltal bei Kenn bei Niedrigwasser. (Nach Wahl.) (Höhenschichtenlinien vom 16. Okt. 1908.)

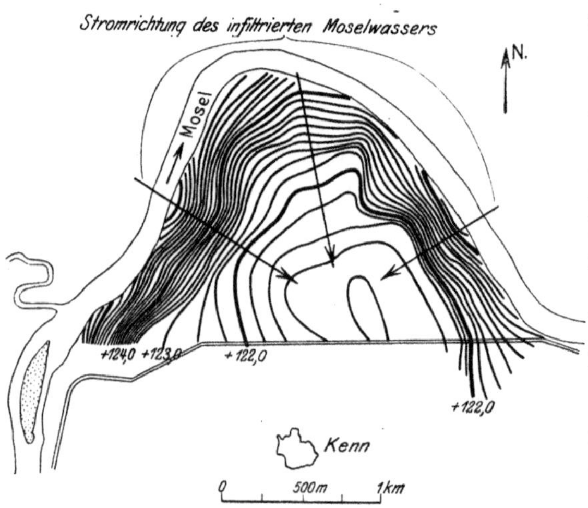

Abb. 87. Umkehr der Grundwasserstromrichtung im Moseltal bei Kenn bei Hochwasser. (Nach Wahl.) (Höhenschichtenlinien vom 12. März 1908.)

γ. Höhenschichtenlinien des natürlichen Grundwasserspiegels in festen, geklüfteten Gebirgen.

Der Natur der Sache nach sollte man meinen, daß ein zusammenhängender, regelmäßiger Grundwasserspiegel, der sich durch Höhenschichtenlinien darstellen läßt, nur möglich ist in solchen Fällen, wo der wasserführende Untergrund aus losen Haufwerken von ausgesprochen regelmäßiger Lagerung besteht.

Wie die Erfahrung indessen lehrt, kommt es ausnahmsweise zur Bildung eines regelmäßigen Spiegelgefälles auch dort, wo die Klüftigkeit des festen Gebirges aus unzähligen feinen Haarrissen und Spalten besteht, welche der Bewegung des Wassers einen ebenso großen Widerstand entgegensetzen, als wenn der Untergrund aus porösen Sand- und Kieslagen bestände (Abb. 88). Das ist z. B. der Fall in der tieferen Kreide der Champagne und in Belgien.

Einen Höhenschichtenplan des natürlichen Grundwasserspiegels aus dem Kreidegebiet von Lüttich hat Dumont (130) bereits im Jahre 1855 aufgestellt und hieraus seine Wasserfassungsmaßnahmen abgeleitet.

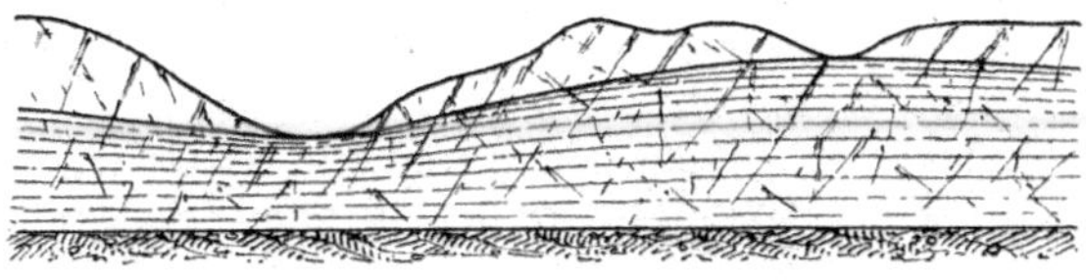

Abb. 88. Durch Haarrisse und feine Spalten geklüftetes Gebirge, in welchem sich ein zusammenhängender Grundwasserspiegel bildet.

Auch die Sandsteine gehören zu den festen Gebirgsarten, die sich durch gleichmäßige Durchlässigkeit auszeichnen, was ja leicht dadurch erklärlich ist, daß die Sandsteine nichts anderes sind als ehemalige lose Haufwerke, die nachträglich durch ein Bindemittel zu einer zusammen-

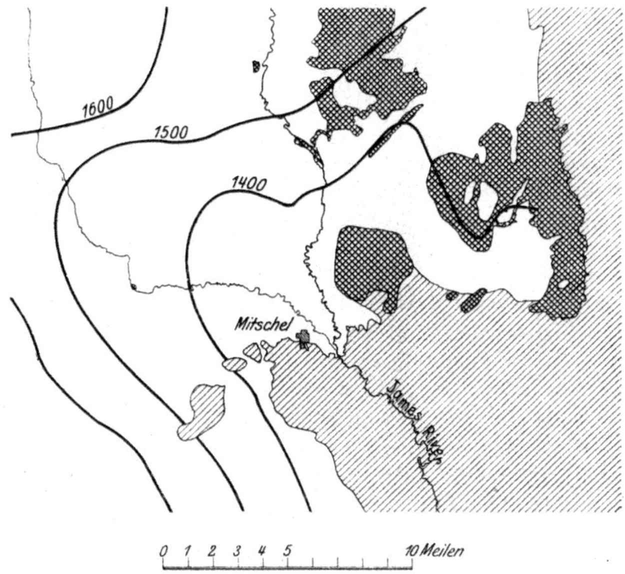

Gebiet mit unter Tag liegendem Grundwasserspiegel.

Gebiet mit artesischem Abfluß über Tag.

Abb. 89. Höhenschichtenplan des Grundwassers im artesischen Becken von Süd-Dakota. (Nach Todd und Hall.)

hängenden Masse verkittet worden sind, ohne jedoch die ursprüngliche Durchlässigkeit ganz zu verlieren. Aus diesem Grunde kommt es mitunter auch in Sandsteinen zur Ausbildung eines regelmäßigen Grundwasserspiegels, der sich durch Horizontalen darstellen läßt.

Meist führen die älteren Sandsteine gespanntes Wasser.

In Abb. 89 ist der Höhenschichtenplan des artesischen Grundwasserbeckens von Süd-Dakota nach den Mitteilungen von Todd und Hall (85) dargestellt. Er läßt an Regelmäßigkeit nichts zu wünschen übrig, woraus geschlossen werden kann, daß der aus Bentonsandsteinen sich zusammensetzende Grundwasserträger von nahezu gleichmäßigem Korn bzw. Durchlässigkeit sein muß. In der Tat zeigen die mehr als 100 Fuß mächtigen Bentonsandsteine ein auffallend einheitliches rundes Korn und bedeutenden Wasserreichtum.

Überaus lehrreiche Höhenschichtenpläne artesischer Grundwasserströme in Kalifornien findet man auch in den Arbeiten von Mendenhall (89) (131).

δ. Höhenschichtenlinien des Grundwasserspiegels in bebauten Stadtgebieten.

Mitunter begegnet man der Ansicht, daß in zusammenhängenden, bebauten Stadtgebieten der Grundwasserspiegel durch örtliche Brunnenwasserentnahme, Verdrängung durch Hausfundamente und Keller sowie andere Tiefbauten große Störungen erleidet. Dies ist nur in beschränktem Maße der Fall. Die Größe der Störungen hängt dann ab sowohl von der Stärke des Grundwasserstroms als auch der Entnahmemenge. Ist der Grundwasserstrom nur einigermaßen ergiebig, so verwischt er die örtlichen Störungen leicht, und es wird durch die Bebauung an der Richtung des Grundwasserstroms kaum etwas und der Spiegel nur durch örtliche Absenkung unwesentlich verändert.

Es beweisen dies Grundwassermessungen des Verfassers in verschiedenen Städten sowie die Ermittlungen über den Grundwasserstand in den Bebauungsgebieten von München (132), Basel (133) usw.

h. Das Grundwassergefälle.

α. Die Größe des natürlichen Grundwassergefälles.

Die Spiegelaufnahmen gestatten in den fließenden Grundwasservorkommen die Feststellung des die Bewegung bedingenden Spiegelgefälles.

Die Größe des natürlichen Spiegelgefälles wechselt nicht allein von Ort zu Ort, sondern auch innerhalb eines Grundwasserstromabschnittes, ganz wie beim Oberflächenwasser.

Als mittlere Gefällsgrößen gelten nachstehende Werte:

	Mittl. Grundwassergefälle 1: . . . .
Alluvionen des Lomnitztales bei Hirschberg in Schlesien	1 : 40
„ der Umgebung von Nürnberg	1 : 40 bis 1 : 300
„ des Aaretales bei Olten	1 : 170
„ des Lechtales bei Augsburg	1 : 330
„ der Spree bei Berlin (Müggelsee)	1 : 390
„ des Neckartales bei Mannheim	1 : 200 bis 1 : 600
„ der Pleiße, Elster, Mulde bei Leipzig	1 : 660 bis 1 : 980
„ der Spree bei Berlin (Neu-Rahnsdorf)	1 : 920
„ des Moseltales bei Kenn	1 : 1500
„ des Rheintales bei Straßburg im Elsaß und Köln	1 : 1700
In den Dünen bei Haarlem in Holland	1 : 3300

Aus der Zusammenstellung ergibt sich, daß in der Nähe des Gebirges, dort, wo also die Sortierung des wasserführenden Materials noch nicht gründlich erfolgt ist, und große Widerstände im Untergrund herrschen, die Gefälle am größten sind. Nach den Flußmündungen zu wird es im allgemeinen immer kleiner.

Gefällschwankungen von 10—20 v. H. innerhalb eines und desselben Grundwasserstromabschnitts sind nach den Erfahrungen des Verfassers durchaus nichts Seltenes.

Nach den Beobachtungen von A. Thiem schwankte z. B. das Gefälle des Grundwasserspiegels in der Umgebung von Naunhof innerhalb einer halbjährigen Beobachtungszeit zwischen 5,21 und 6,22 m auf 4,6 km. Da es sich hier um einen gespannten Grundwasserstrom handelt, bei dem die Zunahme der Menge proportional dem Gefälle ist, so betrug in dieser Zeit die Zunahme der Ergiebigkeit $\frac{6{,}22-5{,}21}{5{,}21} = {}^1/_5 =$ rund 20 v. H.

β. Wechsel des Grundwassergefälles.

Nicht selten findet man, daß geringes Grundwassergefälle plötzlich stark zunimmt. Eine solche Zunahme ist in der Regel auf Störungen im Untergrunde zurückzuführen, so wenn beispielsweise grobkörnige und daher stark durchlässige Kiesschichten auskeilen, die Durchlässigkeit infolge von Tonbeimengungen wechselt oder eine Einschnürung oder Erweiterung des Durchflußquerschnittes stattfindet, wie bereits auf S. 104 erwähnt worden ist.

So fand Piefke (134), daß in der Nähe des alten Berliner Wasserwerks am Stralauer Tor das Grundwassergefälle infolge plötzlichen Auskeilens einer flach streichenden Kiesschicht unvermittelt 10—20mal größer wird als auf dem übrigen Teil des Normalschnittes, wo das Gefälle fast ohne Ausnahme nur 1 : 1300 beträgt. Eine derartig große Steigerung des Grundwassergefälles ist nötig, um das Grundwasser in dem weniger durchlässig gewordenen Boden in Bewegung zu halten.

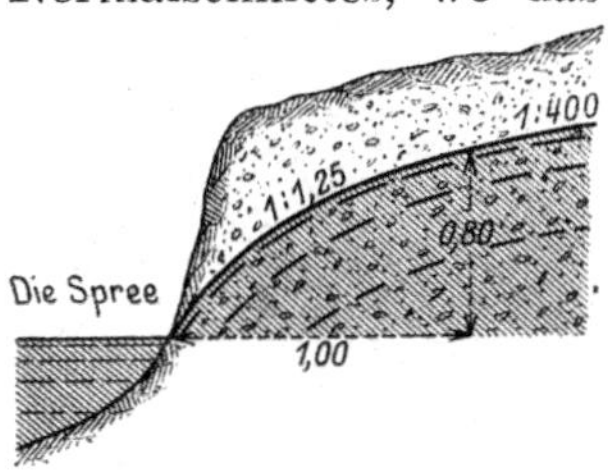

Abb. 90. Zunahme des Grundwassergefälles in Flußnähe.

Über eine Veränderung des Grundwassergefälles durch Änderung des Durchflußprofils berichtet auch Smreker (135). Bei Mainz schwankt das Gefälle im Oberlauf des Grundwasserstroms zwischen 1 : 200 bis 1 : 300 und nimmt infolge Erweiterung des Grundwasserquerschnittes im Unterlauf den Betrag von 1 : 500 bis 1 : 600 an.

Auch in der Nähe von oberirdischen Wasserläufen tritt häufig eine Gefällvermehrung auf, wenn das Flußbett durch Anhäufung von Schlamm und ähnlichen dichtenden Mitteln schwer durchlässig geworden ist. Verfasser hat wiederholt beobachtet, daß das Grundwassergefälle in der Nähe von Flüssen und Seen, die von Grundwasser gespeist werden, ziemlich unvermittelt in das 10—30fache des bergwärts herrschenden Gefälles übergeht. Dieser Gefällzuwachs wird zur Überwindung der erhöhten Widerstände der verschlammten Uferteile gebraucht. Die sonst ziemlich gerade Gefällinie des Grundwasserstroms nimmt in solchen Fällen in der Nähe des Grundwasserempfängers die Gestalt einer Absenkungskurve an.

Über einen derartigen Gefällswechsel in der Nähe des Spreeufers bei Berlin berichtet auch Piefke (136) (Abb. 90). Nach seinen Angaben betrug das Grundwassergefälle 0,8 m auf eine Entfernung von nur 1,0 m vom Flußufer, also 1 : 1,25, während das allgemeine Grundwassergefälle sich weiter landeinwärts in den Grenzen von 1 : 400 bis 1 : 1300 bewegte.

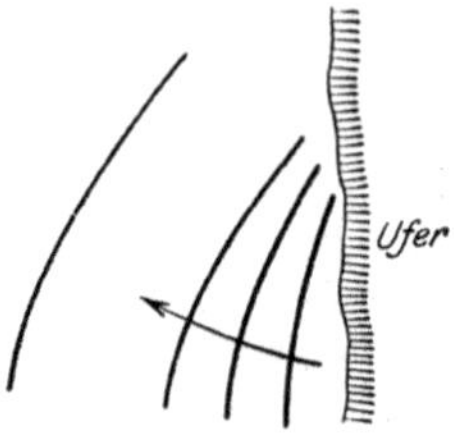

Vom Ufer nach der Strommitte kann ebenfalls ein Wechsel im Grundwassergefälle eintreten (Abb. 91). Es ist dies nicht allein aus einer Änderung des Durchflußquerschnitts zu erklären, sondern auch aus einer Zunahme der Durchlässigkeit nach dem Taltiefsten. Diese Zunahme der Durchlässigkeit hat ihren Grund im gröberen Korn der wasserführenden Schichten nach der Strommitte zu, da hier infolge der größeren Geschwindigkeit auch größere Geschiebe zur Ablagerung gekommen sind. Vgl. das Beispiel auf S. 287.

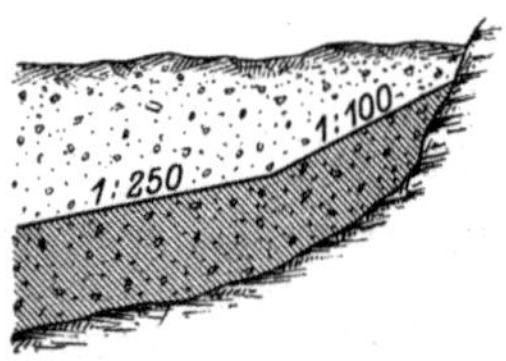

Abb. 91. Abnahme des Grundwassergefälles nach der Grundwasserstrommitte.

2. Ruhendes Grundwasser.

In Ruhe verharrendes Grundwasser ist für hydrologische Zwecke ungeeignet, da ihm eine laufende Ergiebigkeit nicht zukommt.

Man hat es mit ruhendem Grundwasser zu tun, wenn die Grundwasserspiegel allenthalben auf einer wagerechten Ebene liegen. Mit dieser Erkenntnis können im allgemeinen in einem solchen Fall die hydrologischen Erhebungen als abgeschlossen betrachtet werden.

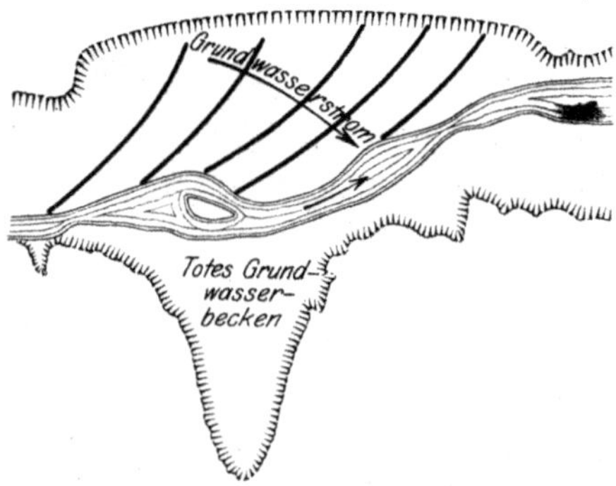

Abb. 92. Totes Grundwasserbecken, begleitet von einem Grundwasserstrom.

Nach den Erfahrungen des Verfassers gehören ruhende Grundwasseransammlungen zu den Seltenheiten der Natur. Sie beschränken sich in der Regel auf die obersten durchlässigen und wasserführenden Schichten, die nur nester- oder linsenartig ausgebildet und wenig ergiebig sind. Solche ruhenden Grundwasseransammlungen gleichen den oberirdischen Tümpeln ohne Zu- und Abfluß und enthalten Grundwasser nur zu Zeiten großer Feuchtigkeit und Niederschläge. Quellen, die von ihnen gespeist werden, haben nur kleine Schüttung und versiegen in trockenen Zeiten in der Regel.

Ausnahmsweise kann einer ruhenden Grundwasseransammlung

Wasser dauernd dann entnommen werden, wenn, wie aus Abb. 92 ersichtlich, das tote Grundwasserbecken hydraulisch mit einem vorbeifließenden ergiebigen Grundwasserstrom zusammenhängt. Wir haben es dann mit einem unterirdischen Teich zu tun, der nur scheinbar eine tote Wassermasse darstellt. Wird er beansprucht, so fließt ihm seitlich Grundwasser zu.

Welche sonstigen Vorgänge im Untergrund dem Ruhezustand des Grundwassers entgegenwirken, ist auf S. 155 und 156 auseinandergesetzt.

VI. Bestimmung der Grundwassermenge.

Zur Bestimmung der Grundwassermenge bieten sich zwei Wege dar:

1. die mittelbare Bestimmung aus Beobachtungsergebnissen, die rechnerisch in Zusammenhang gebracht werden müssen, und
2. die unmittelbare Bestimmung durch tatsächliche Messung der Menge.

Die mittelbare Bestimmung kann geschehen entweder mittels:

der Versickerungsmenge als Teilbetrag des Niederschlags und des Niederschlagsgebietes, oder

des Durchflußquerschnitts und der Geschwindigkeit:

Für unmittelbare Bestimmung kommen in Betracht:

die Messung natürlicher Quellergiebigkeiten und

der Versuchsbrunnenbetrieb, der die zum Nachweis stehende Menge teilweise oder ganz fördert.

VI1. Mittelbare Bestimmung der Grundwassermenge.

1. Bestimmung der Grundwassermenge aus Versickerungsmenge und Niederschlagsgebiet.

Setzt man die auf ein unterirdisches Niederschlagsgebiet kommende Versickerungsmenge (unter Vernachlässigung desjenigen Wasserbetrages, welcher durch Verdichtung entsteht) $= M$ und die Fläche des unterirdischen Niederschlagsgebiets $= F$, so muß die unterirdische Wassermenge betragen

$$Q = M \cdot F \,. \tag{6}$$

a. Versickerungsmenge.

Wie bereits im Abschnitt „Der atmosphärische Ursprung des unterirdischen Wassers", S. 8, erläutert worden ist, ist es unmöglich, aus der Niederschlagsgröße eines Gebiets in zuverlässiger Weise diejenige Wassermenge abzuleiten, die in den Untergrund versickert und so die Bildung einer bestimmten Grundwassermenge im Untergrund zur Folge haben könnte.

b. Niederschlagsgebiet.

Aber selbst wenn dies der Fall wäre, so ist stets zu bedenken, daß in vielen Fällen das oberirdische Niederschlagsgebiet dem unterirdischen Einzugsgebiet nicht gleich ist, da sich oberirdische und unterirdische Wasserscheiden nur ausnahmsweise decken.

c. Festlegung des Niederschlagsgebiets durch unterirdische Wasserscheiden.

Sowohl der Abfluß des oberirdischen als auch des unterirdischen Wassers wird durch Wasserscheiden geregelt, welche die Bodenoberfläche bzw. den Untergrund in einzelne Entwässerungsgebiete zerlegen.

Die meisten oberirdischen Wasserscheiden sind scharf ausgeprägt und lassen sich unschwer mit Hilfe des Nivellierinstruments aufnehmen und zeichnerisch feststellen.

Ungemein schwieriger und zeitraubender ist dagegen die Ermittlung der meisten unterirdischen Wasserscheiden.

Ist der geologische Aufbau des Wasserträgers einfach, so läßt sich wohl angenähert durch eine geologische Aufnahme der Verlauf einer unterirdischen Wasserscheide bestimmen. Da aber die Kräfte, welche den Untergrund aufgebaut haben, in der Regel in keinem gesetzmäßigen Zusammenhang mit denjenigen Kräften stehen, die bei der Bildung der Oberflächengestalt ausschlaggebend sind, so wird in vielen Fällen die Bestimmung eines unterirdischen Entwässerungsgebiets mit Hilfe einer geologischen Oberflächenaufnahme zu falschen Schlußfolgerungen führen. Die Unzulänglichkeit eines derartigen theoretischen, die tatsächlichen Untergrundsverhältnisse außer acht lassenden Verfahrens ersieht man aus Abb. 93. Hier ist der Streifen zwischen den beiden Flußläufen oberirdisch durch die Wasserscheiden Wo_1 und Wo_2 in drei Niederschlagsgebiete, das mittlere von der Breite N, die seitlichen von den Breiten N_1 und N_2 zerlegt. Unterirdisch dagegen besteht nur eine Zweiteilung in die Entwässerungsgebiete von den Breiten n_1 und n_2 durch die bei Wu liegende, nicht sichtbare, unterirdische Wasserscheide. Offenbar sind die Quellergiebigkeiten Q_1 und Q_2 in erster Linie abhängig von der Lage der unterirdischen Wasserscheide Wu und weit entfernt von jeder verhältnismäßigen Beziehung zu den Breiten der oberirdischen Niederschlagsgebiete.

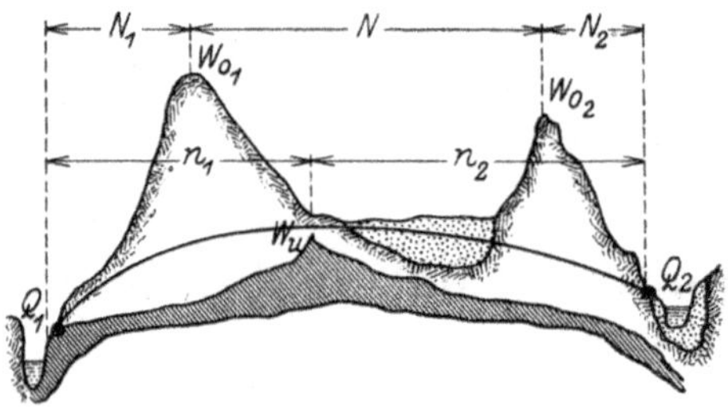

Abb. 93. Ober- und unterirdische Wasserscheiden.

Wenn demnach, wie dies immer noch häufig genug vorkommt, sachverständige Berechnungen von Grundwasserergiebigkeiten auf Grund von Tagesaufnahmen aufgestellt werden, so muß gegen ein derartiges unsachliches Verfahren Einspruch erhoben werden.

Die Gefahr für den Hydrologen liegt in einer Überschätzung der Größe des Niederschlagsgebietes. In der Tat lehrt die Erfahrung, daß unergiebige Fassungen, deren mutmaßliche Wasserschüttung lediglich auf Grund von oberirdischen Aufnahmen bestimmt worden ist, durchaus nichts seltenes sind.

Aber auch die Unterschätzung kann bedenklich werden, indem sie z. B. dazu veranlaßt, brauchbare Bezugsorte unbenutzt liegen zu lassen.

Die Auffindung von Grundwasserscheiden ist meist Sache des Zufalls und nur dann wahrscheinlich, wenn es sich um räumlich ausgedehnte Untersuchungen handelt, die sich auf zwei oder mehrere benachbarte oberirdische Entwässerungsgebiete erstrecken. Man wird dann zwar häufig finden, daß in der Nähe einer oberirdischen Wasserscheide

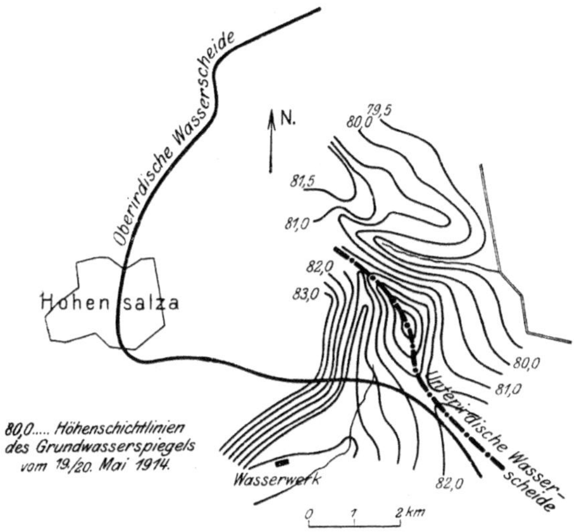

Abb. 94. Verlauf einer ober- und unterirdischen Wasserscheide.

auch eine unterirdische verläuft. Aber der Abstand beider kann je nach den ober- oder unterirdischen Bodenverhältnissen in erheblichen Grenzen schwanken, und auch die Richtungen, welche die Wasserscheiden einschlagen, können bedeutend voneinander abweichen.

In der hydrologischen Literatur begegnet man kaum oder höchst selten Hinweisen auf das Vorhandensein unterirdischer Grundwasserscheiden, und es möge hier deshalb auf zwei besonders scharf ausgeprägte Grundwasserscheiden aufmerksam gemacht werden. Die eine ist östlich von Hohensalza vom Verfasser (137) nachgewiesen worden (Abb. 94). Die Grundwasserscheide trennt das zur Oder gehörige Grundwassergebiet von demjenigen, das zur Weichsel entwässert.

Die in Abb. 95 zur Darstellung gebrachte unterirdische Wasserscheide verläuft zwischen Rhein und Maas und ist gelegentlich der systematischen hydrologischen Vorarbeiten zwecks Aufstellung eines

Entwässerungsplans für das Gebiet des linken Niederrheins durch den Verein zur Aufstellung dieses Plans aufgenommen worden (138). Bemerkenswert ist, daß der Teilstrom, welcher zum Rhein hin sich bewegt,

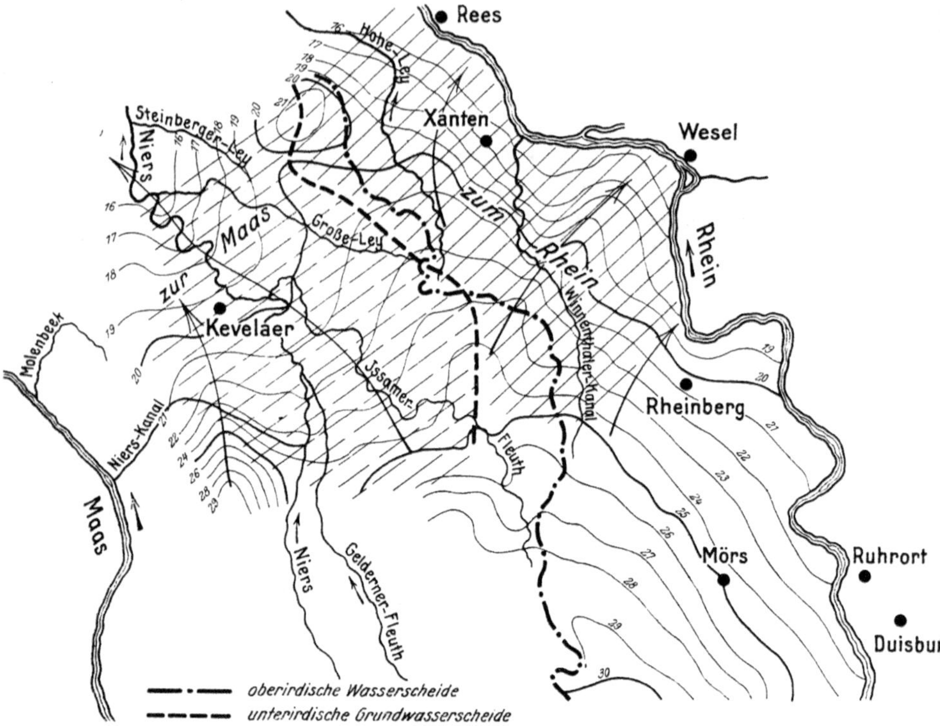

Abb. 95. Höhenschichtenlinien zwischen Rhein und Maas nebst Verlauf der ober- und unterirdischen Wasserscheide. (Wasserspiegel vom Dez. 1908 bis Okt. 1909, gemittelt.)

auf den Rhein nahezu normal fließt. Der zum Maasgebiet gehörige Teilstrom hat im Gegensatz hierzu eine Richtung, die zur Maas ziemlich parallel läuft.

2. Bestimmung der Grundwassermenge aus Durchflußquerschnitt und Geschwindigkeit.

Die Wasserteilchen eines Grundwasserstromes, die zu irgendeiner Zeit in einem ebenen, zur Stromrichtung senkrechten Querschnitt sich befinden, bleiben, ebenso wie in einem oberirdischen Wasserlauf, keineswegs in einer Ebene. Selbst nach Verlauf der kleinsten Zeit findet eine Umstellung in eine Fläche statt, welche durch die zwischengelagerten Bodenteile hindurch den Träger des Grundwasserstromes schneidet. Es ist dann in der verflossenen Zeit der Hohlrauminhalt des von dieser Fläche und der ursprünglichen Ebene begrenzten Teils des Grundwasserträgers durch die Ergiebigkeit des Grundwasserstroms einmalig angefüllt worden. Auf diese Weise tritt an die Stelle des Durchflußquerschnitts der Hohlrauminhalt des Grundwasserträgers.

Bezeichnet

Q die Ergiebigkeit des Grundwasserstroms,
t die verflossene Zeit,
F den Querschnitt des Grundwasserträgers,
s den mittleren Abstand zwischen der Ebene und der aus ihr entstandenen Fläche,
p das Verhältnis des Hohlrauminhalts zum Gesamtinhalt des Grundwasserträgers,

so gilt

$$Q\,t = F \cdot s \cdot p, \tag{7}$$

und demnach

$$\frac{Q}{F} = p \cdot \frac{s}{t}. \tag{8}$$

Hierin ist unter dem Quotienten $\frac{s}{t} = v$ die Fortschrittsgeschwindigkeit des Grundwasserstroms zu verstehen. Aus ihr entsteht durch Multiplikation mit dem Hohlrauminhaltverhältnis p die auf den vollen Querschnitt F des Grundwasserstroms bezogene Geschwindigkeit $\frac{Q}{F}$, so daß

$$Q = F\,p\,v \tag{9}$$

zu setzen ist.

Diese Formel kann in doppelter Weise zur Bestimmung der Ergiebigkeit eines Grundwasserstroms ausgedeutet werden, und zwar, in dem man zu dem Durchflußquerschnitt F

1. das Produkt $p \cdot v$ oder
2. jeden der beiden Faktoren p und v einzeln ermittelt.

2a. Der Durchflußquerschnitt.

Der Durchflußquerschnitt eines jeden Grundwasserlaufs ist durch die Gestalt und Größe des aus undurchlässigen Schichten bestehenden Gerinnes, in welches die wasserführenden Ablagerungen eingebettet sind, gegeben.

In den meisten Fällen ist das Gerinne nicht allenthalben wasserdicht, und es sitzen ihm dann seitlich zufließende Wasserfäden, Wasseradern und Nebenströmungen zu. Auch die Sohle des Gerinnes wird unter Umständen aus tieferliegenden Stockwerken Wasser erhalten.

Der Durchflußquerschnitt ist niemals einheitlich, da in ihm sowohl ein Wechsel im Korn und in der Schichtung der wasserführenden Ablagerungen stattfindet, als auch undurchlässige Einlagerungen vorkommen, welche vom eigentlichen Durchflußquerschnitt in Abzug gebracht werden müssen.

Die Ermittlung des Durchflußquerschnitts geschieht am einfachsten und zweckmäßigsten mit Hilfe von Bohrungen, welche die Grundwasserströmung überqueren. Schürfungen sind nur dann angebracht, wenn der Durchflußquerschnitt geringe Mächtigkeit und Ergiebigkeit besitzt, da sonst die Wasserhaltungskosten sehr groß werden. Gestatten es die Vorflutverhältnisse, so führt am besten ein Schlitz oder Graben zum Ziele. Man beginnt mit der Grabarbeit an der tiefsten Stelle, um das Grabengefälle zur Entwässerung auszunützen.

Die erbohrten Schichtenfolgen werden von Wechsel zu Wechsel in besondere Bohrtabellen eingetragen und die erbohrten Erdproben aufbewahrt. Als Beispiel eines solchen Schichtenverzeichnisses diene die auf S. 278 gegebene Bohrtabelle.

Durch Auftragen der erbohrten Schichtenfolgen zu einem zusammenhängenden Geländestreifen erhält man den Durchflußquerschnitt, welcher die Grundwasserströmung quer schneidet. Mehrere hintereinander laufende derartige Querschnitte geben Aufschluß darüber, ob und in welchem Maße sich der Durchflußquerschnitt ändert. Aus mehreren Querschnitten können auf zeichnerischem Wege die zugehörigen Längsschnitte abgeleitet werden.

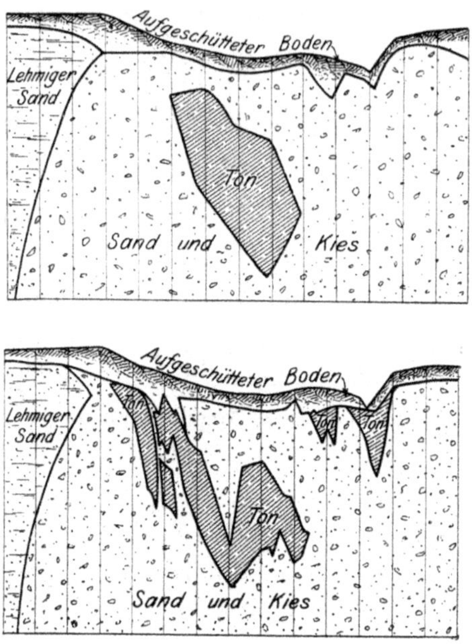

Abb. 96. Vergleich eines erbohrten (oben) mit einem ausgeschachteten (darunter) Bodenschnitt.

Das Abbohren des Untergrunds kann entweder durch Trockenbohrung oder mittels des sog. Spülbohrverfahrens vorgenommen werden.

Zu den auf Grund von Bohrungen ermittelten Querschnitten ist indessen zu bemerken, daß durch Bohrungen niemals ein dem tatsächlichen Aufbau des Untergrunds entsprechendes Bild gewonnen wird. Beim Trockenbohren werden oft dünne Erdschichten von hydrologischer Bedeutung überbohrt, auch findet im Bohrer selbst eine Umsetzung und Sortierung des Bohrgutes statt, so daß die dem Bohrer entnommenen Erdproben niemals den natürlichen Lagerungsverhältnissen ganz genau entsprechen. Gänzlich unbrauchbar für hydrologische Zwecke ist das Spülbohrverfahren, da dem Spülbohrverfahren nicht allein die Mängel des Trockenbohrens in erhöhtem Maße zukommen, sondern auch durch das beim Bohren verwendete Spülwasser der natürliche Grundwasserspiegel künstlich und irreführend beeinflußt wird.

Es ist deshalb bei der Beurteilung von erbohrten Bodenschnitten stets eine gewisse Vorsicht geboten.

Wie sich ein erbohrter Bodenschnitt zu einem solchen stellt, welcher durch Ausschachtung nachträglich gewonnen worden ist und daher die wahren Lagerungsverhältnisse wiedergibt, zeigt Abb. 96.

2b. Bestimmung der Grundwassermenge mit Hilfe des Produkts $p \cdot v$.

a. Die auf den Querschnitt des Wasserträgers bezogene Geschwindigkeit.

Aus der Formel (9) $Q = F \cdot p \cdot v$ (S. 119) ergibt sich die ideelle Wassergeschwindigkeit zu

$$p \cdot v = \frac{Q}{F}.$$

Will man demnach die ideelle Geschwindigkeit in einem Grundwasserträger ermitteln, so genügt es, eine Fläche F aus ihm herauszuschneiden und durch diese eine bestimmte Wassermenge Q durchzuleiten. Man erhält dann den Quotienten $\frac{Q}{F}$, der zugleich die ideelle Grundwassergeschwindigkeit darstellt.

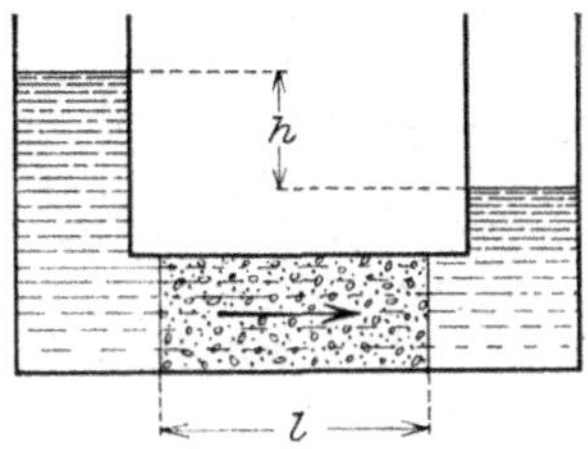

Abb. 97. Der Durchgangswiderstand „h“ eines Filterkörpers von der Länge „l“.

Praktisch läßt sich dies einfach in der Weise durchführen, daß man aus dem Körnergemenge des Grundwasserträgers ein Filter nach Abb. 97 künstlich aufbaut und durch dieses Wasser durchsickern läßt.

Zahlreiche Hydrauliker fanden bei derartigen Versuchen, daß Filtergeschwindigkeit und Druckhöhenverlust bzw. Gefälle einander proportional sind. Die gefundene Formel lautet:

$$\frac{Q}{F} = p \cdot v = k \cdot \frac{h}{l}, \tag{10}$$

worin h der Durchgangswiderstand, gemessen durch den Höhenunterschied der Spiegel vor und hinter dem Filter, l die Filterdicke und k ein Beiwert ist, der nur von der Beschaffenheit der Filterschicht abhängt.

b. Der Durchlässigkeitswert „k“ oder die Bodenkonstante.

Der Beiwert „k“ wird auch als Durchlässigkeitsbeiwert bezeichnet. Man nennt ihn auch Bodenkonstante, da er für ein und dasselbe Bodenmaterial konstant ist. Er stellt das Maß der Durchlässigkeit eines aus einem Körnergemisch zusammengesetzten Bodens dar.

Aus Formel (10) ergibt sich

$$k = \frac{Q}{F} \cdot \frac{l}{h}. \tag{11}$$

c. Die Bestimmungsgrößen des Durchlässigkeitsbeiwerts „k".

Die Durchlässigkeit eines aus losen Bestandteilen zusammengesetzten Untergrundes hängt im wesentlichen von folgenden vier Bestimmungsgrößen ab:

1. der Korngröße der einzelnen Bodenteile,
2. ihrer Gestalt,
3. der Lagerung, und
4. dem Mischungsverhältnis, in dem sie zueinander stehen.

Im natürlich gewachsenen Zustande ist es nicht möglich, diese vier Bestimmungsgrößen innerhalb des unzugänglichen Untergrundes im Wege der unmittelbaren Wahrnehmung festzustellen. Man muß sich darauf beschränken, bei Anwendung der gebräuchlichen Bohrverfahren die den Untergrund zusammensetzenden Bestandteile an den Tag zu fördern. Auf diese Weise gewinnt man wohl ein Bild der Zusammensetzung des Untergrundes nach Korngröße und Gestalt. Auch ist man in der Lage, durch Siebversuche die jeweiligen Anteilswerte der einzelnen Korngrößen zahlenmäßig zu ermitteln.

Mit dieser Erkenntnis ist aber die für die Praxis überaus wichtige Frage, wie groß die tatsächliche Durchlässigkeit des natürlich gewachsenen Bodens ist, keineswegs auch nur angenähert in brauchbarer Weise gelöst, da die ausschlaggebende Größe, das ist die natürliche Lagerung der einzelnen Geschiebe, unbekannt bleibt.

Man kann wohl die mittels der Bohrwerkzeuge zutage geförderten Bohrproben auf ihre Durchlässigkeit experimentell untersuchen und bedient sich hierbei mit Vorteil der auf S. 128 angegebenen Vorrichtung und ähnlicher Hilfsmittel. Da es aber niemals möglich ist, in einem derartigen Versuchsgefäß die natürlichen Lagerungsverhältnisse eines gewachsenen Bodens herzustellen, und sei die hierbei angewendete Sorgfalt noch so groß, so ist einleuchtend, daß die in einem Laboratorium gewonnenen Meßergebnisse der Durchlässigkeitsversuche niemals mit der Wirklichkeit in Einklang stehen werden. Es können auf solche Weise wohl Annäherungswerte erzielt werden, doch haben solche im günstigsten Falle nur örtliche und daher untergeordnete Bedeutung, da die Durchlässigkeit eines räumlich ausgedehnten Grundwasserträgers sowohl im lotrechten als auch wagerechten Sinne stetig wechselt.

Vom praktischen Standpunkt aus läßt sich aus dem an den Tag geförderten Bohrbefund zunächst nur so viel behaupten, daß, je gleichmäßiger die Korngröße des Bohrgutes ist, desto größer die Durchlässigkeit sein wird. Wechselt die Korngröße, so schieben sich in die sonst frei bleibenden Hohlräume der großen Körner die Bodenbestandteile von kleinerer Korngröße und der prozentuelle Porenraum bzw. die Durchlässigkeit sinkt. Die günstigsten Durchlässigkeitsverhältnisse werden stets dann herrschen, wenn bei möglichst großem Korn eine möglichst große Gleichheit an einzelnen Kornelementen herrscht.

Denkt man sich durch einen Grundwasserstrom Querschnitte gelegt, so werden durch dieselben die freien Durchgangsflächen des Untergrundes geschnitten, und deren Summe ist, wenn Querschnittsfläche und Korngröße gleich sind, konstant. Wächst dagegen die Größe der einzelnen Bodenelemente, aber immer gleiches Korn vorausgesetzt, so verkleinert sich bei gleichbleibender Durchflußfläche der benetzte Umfang, und auf diese Weise wird die Durchlässigkeit bzw. Ergiebigkeit wachsen, ganz wie dies bei sichtbar fließendem Wasser der Fall ist, wenn der benetzte Umfang abnimmt.

α. Die Korngröße.

Will man aus Bodenproben, welche mittels des Bohrverfahrens zutage gefördert werden, Schlüsse auf die Durchlässigkeit des gewachsenen Bodens ziehen, so ist dies zunächst dadurch möglich, daß man das Bohrgut mittels mechanischer Analyse in eine beliebige Anzahl von Korngrößen zerlegt. Die Trennung der einzelnen Bodenteilchen nach ihrer Korngröße erfolgt am einfachsten und zweckmäßigsten durch Siebe von verschiedener Maschenweite, doch ist die Trennung nach einzelnen Korngrößen durch das Siebverfahren niemals eine vollkommene, da das Fallen der unregelmäßig gestalteten Bodenteile durch die Siebmaschen nicht allein von ihrer Größe, sondern auch von ihrer Gestalt und Stellung zu den Sieböffnungen abhängt.

Die Trennung der einzelnen Korngrößen kann auch durch das sog. Spülverfahren vorgenommen werden, doch ist das Spülverfahren viel umständlicher und zeitraubender als das Sieben. Das Spülverfahren ist zudem mit noch größeren Ungenauigkeiten behaftet als das Sieben, da sich im Spülverfahren neben der ungleichförmigen Gestalt der einzelnen Bodenteile auch das spezifische Gewicht derselben störend bemerkbar macht.

Bei Siebversuchen ist die Wahl der einzelnen Siebnummern von besonderer Bedeutung, da bei unregelmäßiger Aufeinanderfolge der einzelnen Maschenweiten unter Umständen ein ganz falsches Bild der Körnung entstehen kann, wie besonders Mayer (139) festgestellt hat.

Wird z. B. ein Siebsatz mit der Lochweitensteigerung 0,5, 1,0, 1,25, 1,5, 2,0 mm angewendet, so ist der Zuwachs bei einer Lochweite von

0,50 mm	auf	1,00 mm	100	v. H.,
1,00 „	auf	1,25 „	25	„
1,25 „	auf	1,50 „	20	„
1,50 „	auf	2,00 „	33 1/3	„ ,

also unregelmäßig. Mayer empfiehlt daher, die Wahl der aufeinanderfolgenden Lochweiten so zu treffen, daß die Größe der jeweiligen Zunahme wenigstens angenähert gleich ist. Als praktisch brauchbare Reihe ergibt sich z. B. die Folge eines Siebsatzes von

1,0 1,6 2,5 4,0 6,3 10 mm, wobei der Zuwachs in Hundertsteln beträgt:

60 56 60 57,5 59, also genügend gleichwertig ist.

Dieses System hat den Vorteil, daß jede vierte Zahl beinahe oder absolut genau das Vierfache der Ausgangszahl ist.

Über die Benennung der einzelnen Bodenarten in Abhängigkeit von ihrer Korngröße herrscht in der Literatur große Unstimmigkeit. Nach

R. Attenbergs Vorschlag wären zu bezeichnen Gesteinstrümmer von über 2,0 mm als Steine, von 2,0—0,2 mm als Sand, von 0,2—0,02 mm als Staub, von 0,02—0,002 mm als Ton. Man findet aber auch z. B. daß die Bezeichnung Sand mitunter auf Korngrößen angewendet wird, welche zwischen 0,05 und 7 mm liegen.

Es wäre zwecks Vereinfachung und Vermeidung von Unklarheiten erwünscht, hier eine einheitliche Bezeichnung aufzustellen, die sich nach Ansicht des Verfassers durch Angabe jener Siebmaschenweite erreichen ließe, die z. B. 50 v. H. des jeweiligen Korngemisches durchfallen läßt und 50 v. H. zurückhält. (Vgl. auch Bohrtabelle S. 278.)

Soll ein wasserführender Untergrund für Wassergewinnungszwecke praktischen Wert haben, so muß im Durchschnitt sein Korn so groß sein, daß er hinreichend durchlässig ist. Im allgemeinen läßt sich sagen, daß jene Bodenschichten, die aus Elementen bestehen, deren Korngröße im Mittel etwa unter 0,01—0,03 mm liegt, für praktisch-hydrologische Zwecke nicht mehr geeignet sind.

β. Die Korngestalt.

Die Gestalt der einzelnen Bodenkörner hängt hauptsächlich von ihrer Entstehung und ihrer Größe ab. Da die meisten wasserführenden Schichten, insofern sie aus Trümmergesteinen bestehen, auf dem Wege der Wanderung und Umlagerung entstanden sind, so wird, je länger ihr Weg von ihrem Ursprung zur jetzigen Lagerstätte gewesen ist, und je öfter eine Umlagerung stattgefunden hat, auch desto mehr abgeschliffen und abgerundet das einzelne Korn sich zeigen.

Im Kapitel „Die wasserführenden Schichten“, S. 27, ist bereits erörtert worden, daß man je nach der Entstehungsart zwischen sedentären, fluviatilen, glazialen, fluvioglazialen und volatilen Ablagerungen unterscheiden kann. Aus der Gestalt und aus sonstigen physikalischen Eigenschaften des einzelnen Kornes kann man fast ausnahmslos Rückschlüsse ziehen auf die Verfrachtungsart, welche das Korn durchgemacht hat.

Sedentäre Geschiebe, welche nach erfolgter Zertrümmerung des Muttergesteins an Ort und Stelle geblieben sind, zeigen meist die Gestalt zackiger, scharfer Splitter, die ganz regellos in allen möglichen Größen vermischt sind. Ihre Durchlässigkeit ist dann gering, wenn sie stark mit feinen Bodenteilen belastet sind. Ist dies nicht der Fall, so wird die Durchlässigkeit mitunter so groß, daß von einer Filterwirkung derartiger Geschiebe nicht mehr die Rede sein kann.

Glaziale Geschiebe sind je nach Art und Länge ihres Weges entweder scharfkantig oder mehr oder weniger abgerundet. Ersteres dann, wenn es sich um rein glaziale Geschiebe handelt, die durch Wasserkräfte wenig umgelagert sind.

Haben wir es mit fluvioglazialen Geschieben zu tun, so ist das Korn meist geschliffen, gerundet.

Fluviatile und volatile Geschiebe haben infolge der verhältnismäßig langen Wege, die sie zurückgelegt haben, und dadurch, daß sie vom fließenden Wasser oder Wind immer wieder von neuem in Bewegung gesetzt worden sind, fast stets eine Gestalt, die sich der Kugel oder dem Ellipsoid nähert.

Dort, wo es sich um unregelmäßige Gestalt der einzelnen Kornarten handelt, ist es kaum möglich, irgendwelche gesetzmäßigen Beziehungen zwischen Länge, Breite und Dicke der einzelnen Körner zu ermitteln. Dagegen haben Versuche, die Allen Hazen (140) mit regelmäßig abgeschliffenem Sand, wie er vielfach in Alluvionen angetroffen und zu Filterzwecken verwendet wird, durchgeführt hat, gezeigt, daß die drei Achsen, die im allgemeinen für ein gerundetes Sandkorn angegeben werden können, in dem Verhältnis 1,38 : 1,05 : 0,69 zueinander stehen, wobei der Inhalt des Sandkorns dem einer Kugel vom Durchmesser „Eins" entspricht.

Wie Koehler (141) bemerkt, kann man aus diesen Beziehungen durch Setzen der längeren Achse = 1 das bemerkenswerte Ergebnis finden, daß sich die 3 Achsen zueinander verhalten wie 1 : 0,75 : 0,50.

Es folgt daraus, daß es sich bei aufgearbeiteten Sanden um ein allgemein gültiges Gesetz handelt, nach welchem der Inhalt gerundeter Sandkörner dem Inhalt einer Kugel entspricht, deren Durchmesser gleich ist der dritten Wurzel aus dem Produkt der für die drei Achsen gefundenen Werte.

Im Einklang mit diesen Betrachtungen findet man, daß z. B. die Geschiebe kurzer Berg- und Küstenflüsse vorwiegend aus scharfkantigen Körnern verschiedenster Größe bestehen, und daß im Unterlauf großer Ströme die abgerundete Korngestalt bei nahezu gleicher Korngröße vorherrscht.

Besonders bemerkenswert ist nach den Ermittlungen von Nessig und Daubrée (141), daß Flußsande (Oder, Rhein, Donau, Saale usw.) von 1,0 mm und geringerer Korngröße zahlreiche splittrige Kornteile, deren Größe kleiner als 0,1 mm ist, aufweisen. Der Grund für diese Erscheinung ist darin zu suchen, daß die größeren, also schwereren Bodenteile an der Sohle der fließenden Gewässer gerollt, dagegen die kleineren also leichteren Kornsorten, in der Schwebe gehalten und nur wenig oder gar nicht abgeschliffen werden. Dieses Verhalten spielt bei Wasserfassungen in feinen Sanden eine wichtige Rolle und es wird darauf im Absatz: „Fassungswiderstände", S. 343, noch näher eingegangen werden.

Dagegen weisen volatile Geschiebe, z. B. Heide- und Dünensande, welche ständig vom Wind umgelagert werden, fast in der Regel nur gerundete Gemengteile auf bei nahezu vollständigem Fehlen von splittrigen Gebilden.

γ. Der mittlere Korndurchmesser.

Der Umstand, daß jeder aus losen Haufwerken aufgebaute durchlässige Untergrund aus einem Mineralgemenge aller möglichen Größen und Gestalten besteht, läßt die Frage entstehen, ob es nicht möglich ist, für ein solches Gemenge ein charakteristisches Merkmal zu finden, in welchem seine hydrologischen Eigenschaften und insbesondere seine Durchlässigkeit in praktisch brauchbarer Weise zum Ausdruck kämen.

Wie verschiedene Untersuchungen gezeigt haben, hängen die physikalischen Eigenschaften eines hydrologisch brauchbaren Mineralgemenges nur in untergeordnetem Maße von der Gestalt der einzelnen Bodenteile ab. Die Hauptrolle spielt hier die Korngröße. Um nun die veränderliche Korngröße auf eine einheitliche Grundlage zu bringen, haben verschiedene Forscher, wie z. B. Hazen, Seelheim, Gisevius usw. (141) versucht, einen sog. „mittleren Korndurchmesser" zu ermitteln, d. h. einen Durchmesser, welcher den Charakter des betreffenden Korngemisches anzeigen soll.

Man hat z. B. diesen mittleren Korndurchmesser in der Weise bestimmt, daß zunächst die Anzahl der Körner, deren Gesamtgewicht genau ermittelt worden ist, bestimmt wurde. Durch Division des Gesamtgewichtes mit der Anzahl der Körner erhält man das durchschnittliche Gewicht der einzelnen Körner, für welche leicht der Durchmesser der inhaltsgleichen Kugel gefunden werden kann, wenn das spezifische Gewicht des Sandes bekannt ist.

Der auf diese und ähnliche Weise ermittelte mittlere Korndurchmesser ist indessen zu irgendwelchen praktisch brauchbaren Schlußfolgerungen nicht verwendbar, und zwar aus folgenden Gründen:

Hat man ein Bodengemenge, das aus feinen Sanden besteht, dem einige große Geschiebe beigemengt sind, so genügt ein verhältnismäßig geringer Prozentsatz von solchen Geschieben, um einen mittleren Korndurchmesser zu erhalten, der bedeutend größer ist, als der Größe der meisten Körner entspricht. Es ist ferner zu beachten, daß die Kapillarerscheinungen im wasserführenden Untergrunde, also gerade die Erscheinungen, welche mit der Entstehung des Grundwassers und der Wasserbewegung bzw. Durchlässigkeit innig zusammenhängen, fast ausschließlich von den feinsten Bodenteilen abhängen. Aus diesen und ähnlichen Gründen geht hervor, daß das charakteristische Merkmal der Durchlässigkeit eines Mineralgemenges nicht der sog. mittlere Korndurchmesser sein kann, sondern ein Durchmesser, in welchem vor allem das Mitvorhandensein der feineren Bodenteile zum Ausdruck kommt. Nur in solchen Fällen, wo das Korn ziemlich gleichmäßig ist, wird der mittlere Korndurchmesser dem wirklichen entsprechen.

Von diesem Gesichtspunkte aus hat Hazen (140) besondere Versuche angestellt, um jene Korngröße zu ermitteln, welche der Durchlässigkeit am zweckmäßigsten entspricht. Er bezeichnet sie als „effektive Größe" des Sandes. Die effektive Sandgröße wird durch jene Maschenweite dargestellt, welche 10 v. H. des Sandgemisches durchfallen läßt und 90 v. H. zurückhält. Auch dieses Verfahren hat beschränkte Gültigkeit und eignet sich nur für solche Sande, die eine ziemlich gleichmäßige Körnung aufweisen.

Die Grenzen, innerhalb welchen die effektive Sandgröße einen Maßstab für die physikalischen Eigentümlichkeiten eines Sandgemisches bildet, legt Hazen durch den Begriff des sog. „Gleichförmigkeitsbeiwertes" fest [vgl. auch Koehler (141)].

δ) Der Gleichförmigkeitsbeiwert.

Um den Gleichförmigkeitsbeiwert zu erhalten, bestimmt Hazen jene Siebmaschenweite, die von dem zu untersuchenden Sande 60 v. H.

durchfallen läßt und den Rest zurückhält. Dieses Maß, dividiert durch die effektive Größe, ergibt den Gleichförmigkeitsbeiwert. Sind z. B. in einem Sandgemisch 60 v. H. der Bodenteile feiner als 0,5 mm und 10 v. H. feiner als 0,25 mm, so ist der

$$\text{Gleichförmigskeitsbeiwert} = \frac{0{,}50}{0{,}25} = 2{,}00.$$

Es ist einleuchtend, daß, je größer dieser Wert ausfällt, um so ungleichmäßiger die Zusammensetzung des Sandgemisches sein wird, und daß umgekehrt die Korngröße vollkommen gleichförmig sein muß, wenn der Gleichförmigkeitsbeiwert den Wert 1 erreicht. Hazen gibt an, daß, solange der Gleichförmigkeitsbeiwert den Wert 5 nicht übersteigt, die charakteristische Korngröße durch die „effektive" ausgedrückt werden kann.

Der Ansicht Koehlers (141), daß allein das Verfahren richtig ist, welches bei der Charakterisierung eines Sandgemisches jene Korngröße als maßgebend betrachtet, die dem Sandgemisch sein besonderes Gepräge verleiht, kann man nur beipflichten.

Bedient man sich bei der Untersuchung von Erdproben der beiden von Hazen aufgestellten Begriffe „effektive Korngröße" und „Gleichförmigkeitsbeiwert", so hat man ein einfaches und praktisch befriedigendes Mittel, um verschiedene Sandgemische nach ihrem Durchlässigkeitswert miteinander vergleichen zu können.

ε) Die Lagerung.

Wie bereits bemerkt worden ist, hängt die Durchlässigkeit des wasserführenden Untergrundes nicht allein von dem Hohlraum, der zwischen den einzelnen Körpern entsteht, und der Krongröße, sondern auch von der gegenseitigen Lagerung der einzelnen Körner ab. Es geht dies aus den Versuchen von G. Thiem (142) hervor, mittels welcher die Durchlässigkeit bestimmt wurde:

1. bei vollkommen regelloser Lagerung der Bodenteile, und
2. bei Lagerung der Geschiebe, gleichlaufend mit der Durchflußrichtung.

Es wurde hierbei festgestellt, daß bei feinem Sand von ausgesprochener Kugelgestalt die Schichtung parallel zur Stromrichtung kaum eine erhebliche Erhöhung der Durchlässigkeit bewirkt, daß aber bei Kies von unregelmäßiger, zum Teil kantiger Gestalt die Durchlässigkeit bei parallel zum Wasserdurchfluß laufenden Schichten das 3,68fache der Durchlässigkeit bei unregelmäßiger Lagerung beträgt.

Man sieht hieraus, welch bedeutenden Einfluß die Lagerung der Geschiebe auf die Durchlässigkeit haben kann, und daß es unzulässig ist, ohne Kenntnis der natürlichen Lagerungsverhältnisse auf die tatsächliche Durchlässigkeit Schlüsse ziehen zu wollen.

ζ. Das Mischungsverhältnis der Körner.

Die Körnung des aus einzelnen Gesteinstrümmern sich zusammensetzenden Grundwasserträgers ist sehr verschieden, und auch das Mischungsverhältnis der einzelnen Korngrößen schwankt in weiten Grenzen.

Ein durchlässiger Wasserträger kann sich zusammensetzen aus Staub, Sand, Kies, Grand und Geröllen. Auch Ton und Lehm bestehen aus losen, wenn auch ganz kleinen Gesteinsstücken und lassen sich in trockenem Zustande zerreiben. Die Größe der Tonteile liegt etwa unter 0,015—0,005 mm, ist also kleiner als die der kleinsten Lebewesen, der Bakterien.

In der Hydrologie ist es üblich, die grundwasserführenden Schichten je nach Korngröße, Korngestalt und Mischungsverhältnis mit Beiworten zu bezeichnen, und es ergeben sich dann Zusammenstellungen wie: sandiger Ton, toniger Sand, feiner und grobgemischter Sand, Sand mit Kies usw. Auch diese mehr oder weniger willkürlichen Bezeichnungen für Gemische sind durch subjektive Anschauungen beeinflußt, und es wäre zu empfehlen, auch bei Gemischen durch Siebung das tatsächliche Mischungsverhältnis der verschiedenen Korngrößen zahlenmäßig festzustellen, wie dies bereits bei der Korngröße in Vorschlag gebracht worden ist.

d. Die Ermittlung des Durchflußbeiwerts „k“ durch Laboratoriumsversuch.

Im Sinne der Ausführungen auf S. 121 ist ein gangbarer Weg zur Ermittlung des Durchlässigkeitsbeiwertes „k“ aus der Formel (11), S. 121,

$$k = \frac{Q}{F} \cdot \frac{l}{h},$$

ein Laboratoriumsversuch, wie ihn Darcy (143) als erster angestellt hat.

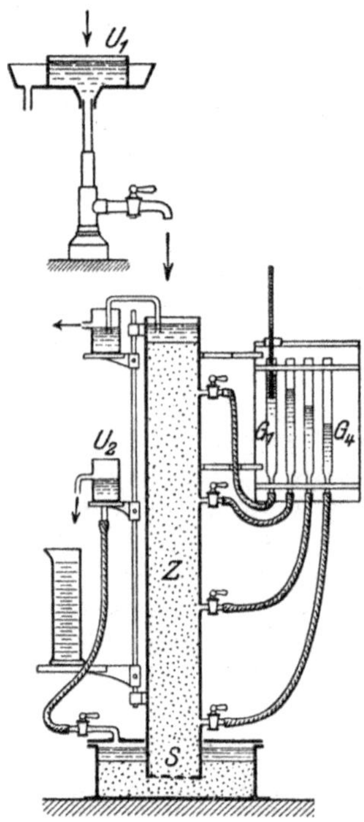

Abb. 98. Versuchsvorrichtung zur Ermittlung des Durchflußbeiwerts „k“.

Als Versuchsvorrichtung zur Ermittlung von k empfiehlt sich die in Abb. 98 dargestellte Anordnung.

Der auf seine Durchlässigkeit zu prüfende Erdaushub wird unter Wasser in den Zylinder Z gebracht und zwecks möglichst dichter Lagerung geschüttelt. Die Höhe der auf dem Sieb S ruhenden Filtrierschicht soll etwa 1 m betragen. Sie wird in drei bis vier gleiche Teile geteilt, welche bei gleichem Widerstand des Materials die Gleichmäßigkeit der Lagerung erweisen. Die unveränderliche Zuflußmenge und Spiegellage wird durch den Überfall U_1 und den Abfluß U_2 erzeugt. Die Schaugläser $G_1 \ldots G_4$ müssen hinreichend weit sein, um ebene Spiegel zu erzeugen, deren Lage durch in Millimeter geteilte Maßstäbe mit verschieblicher Einteilung nach Noniusart gemessen wird. Die Ansätze für die Verbindungsschläuche sollen zwecks Entlüftung besondere Luftauslässe erhalten. Die Durchmesser der Anschlußlöcher erhalten etwa

1 mm i. L. und sind bei sehr feinem Sand durch Gewebe- oder Wattepfropfen gegen Sandaustritt zu schützen.

Darcy verwendete zu seinen Versuchen eine Filtersandmischung, die sich aus verschiedenen Korngrößen zusammensetzte. Von dieser Sandmischung gingen durch

ein Sieb von	0,77 mm	Maschenweite	58 v. H.
,, ,, ,,	1,10 ,,	,,	13 ,,
,, ,, ,,	2,00 ,,	,,	12 ,,

Der Überschuß war gröberer Kies.

Darcy fand für diese Mischung $k = 0{,}0003$ m/sk.

In nachstehender Zusammenstellung sind einige weitere durch Versuche ermittelte Werte von k angegeben.

Art des Materials	Korndurchmesser mm	k (m/sk)	Beobachter
Dünensande in Holland	—	0,0002	Penninck
Sand mit Spuren von Lehm	—	0,0008	Königl. Kanalkommission
Flußsand	0,1—0,3	0,0025	in Münster
Flußsand	0,1—0,8	0,0088	,,
Filtersand (Hamburg)	—	0,0077	,,
Feiner Kies	2,0—4,0	0,0300	Welitschkowsky
Mittelkies	4,0—7,0	0,0351	,,

Bei der Ermittlung der Durchlässigkeit durch die auf S. 128 beschriebene Anordnung muß man sich stets dessen bewußt sein, daß die Ergebnisse niemals genau der Wirklichkeit entsprechen können, da die Lagerungsverhältnisse in der Versuchsvorrichtung anders sein werden als im natürlich gewachsenen Boden.

e. Die Ermittlung des Durchlässigkeitsbeiwerts „k" in natürlich gelagertem Untergrunde.

Wird in der Bestimmungsgleichung

$$k = \frac{Q}{F} \cdot \frac{l}{h},$$

unter F die Flächeneinheit und $\frac{h}{l}$ ein Gefälle vom Werte „Eins" verstanden, so erhält der Wert von k die Bedeutung der Menge, die in der Zeiteinheit bei einem Gefälle vom Einheitswerte durch die Flächeneinheit des Wasserquerschnittes sich bewegt.

Hiervon ausgehend nannte Thiem (144) [vgl. auch Forchheimer (145)] den Wert k die Einheitsergiebigkeit des Untergrundes und gab ein Verfahren, das sog. „ε-Verfahren" an, um den Wert k in natürlich gewachsenem Untergrunde zu bestimmen, dessen ausführliche Darlegung auf S. 179 gegeben ist.

Dem gleichen Zwecke dient auch das von Lummert (146) vorgeschlagene Verfahren (S. 187).

f. Die Ermittlung der spezifischen Ergiebigkeit des Untergrundes nach A. Thiem.

Nicht das absolute Maß „k" der Durchlässigkeit, sondern nur einen Vergleichswert dafür liefert ebenfalls unter Ausschaltung der Fehlerquellen, die dem künstlichen Aufbau eines Versuchsfilters anhaften, das von A. Thiem stammende Verfahren der Ermittlung der sog. spezifischen Ergiebigkeit des Untergrundes.

Dieses Verfahren besteht darin, daß man in natürlich gewachsenem Boden einen Brunnen vortreibt, diesem eine bestimmte Wassermenge entnimmt und nach Erreichung des Beharrungszustandes die der Fördermenge zukommende Spiegelsenkung ermittelt.

Den Quotienten aus Fördermenge und Spiegelsenkung bezeichnet A. Thiem als „Spezifische Ergiebigkeit des Untergrundes", welche besagt, wie groß die Wassermenge ist, die ein Brunnen bei einem Meter Spiegelsenkung liefert.

Da bei verschieden großen und verschieden gebauten Brunnen sowohl Brunnendurchmesser als auch Brunnenbauweise die Brunnenergiebigkeit in verschiedener Weise beeinflussen, so verlangt das Verfahren, daß zur Erzielung gleicher Eintrittsflächen Gewebe, Durchmesser und Länge des Filterkorbes stets die gleichen seien.

Die auf solche Weise ermittelte spezifische Ergiebigkeit kann allerdings nur dann einen zuverlässigen Maßstab für die Ergiebigkeit des Untergrundes abgeben, wenn wir es mit gespanntem Wasser zu tun haben (vgl. S. 173), da nur für gespanntes Wasser Proportionalität zwischen Ergiebigkeit und Absenkung vorausgesetzt werden darf.

Doch ist bei großer Mächtigkeit der wasserführenden Schicht, großer Ergiebigkeit und geringer Absenkung der Fehler auch bei freiem Spiegel meist so gering, daß er praktisch vernachlässigt werden kann.

Immer aber stellt die spezifische Ergiebigkeit nur ein relatives Maß für die Beurteilung der Durchlässigkeit eines Untergrundes dar. Sie läßt sich nur auf Grund von Erfahrungen auf Versuchsfeldern oder Fassungsgebieten genau bekannter Ergiebigkeit als vergleichender Maßstab benützen. Als absolutes Maß kann sie nicht angesehen werden.

Wird die spezifische Ergiebigkeit mit σ bezeichnet, so läßt sich annehmen, daß die aus zwei Versuchsfeldern zu gewinnenden Wassermengen sich wie die zugehörigen Werte der Produkte $\sigma \cdot F \cdot \frac{h}{l}$ zueinander verhalten werden. Sind etwa für zwei Versuchsfelder bei dem einen $\sigma = 1{,}52$ ltr/sk, $F = 30\,000$ m², $\frac{h}{l} = 0{,}0012$, bei dem anderen $\sigma = 6{,}40$ ltr/sk, $F = 20\,000$ m², $\frac{h}{l} = 0{,}001$ gefunden worden, so verhält sich die aus dem zweiten zu gewinnende Wassermenge zu der aus dem ersten gewinnbaren wie:

$$1{,}52 \cdot 30\,000 \cdot 0{,}0012 : 6{,}40 \cdot 20\,000 \cdot 0{,}001 = 54{,}72 : 128{,}00.$$

Wenn also aus dem ersten Versuchsfelde dauernd 2560 m³/Tag gewonnen werden, so ist bei dem zweiten auf eine Ergiebigkeit von $\frac{54,72}{128,0} = \frac{2560}{x}$ oder $\frac{128,0}{54,72} \cdot 2560 = 6000\,m^3$/Tag zu rechnen.

Der Vergleichswert der spezifischen Ergiebigkeiten wird dadurch gemindert, daß es bei einem Pumpversuch mit Handbetrieb und im kleinen kaum möglich ist, den Beharrungszustand zu erreichen, und daß infolge des starken Durchlässigkeitswechsels der meisten wasserführenden Schichten die Werte der spezifischen Ergiebigkeiten in weiten Grenzen schwanken. Man kann sie daher oft nur als Zufallswerte betrachten, die nur über ein ganz eng begrenztes Entnahmegebiet Aufschluß geben.

Es sei daher hervorgehoben, daß die Ermittlung der Durchlässigkeit mittels der Thiemschen spezifischen Ergiebigkeit nur ein ganz rohes Annäherungsverfahren ist, das vorzugsweise dazu dient, diejenigen Stellen eines Versuchsfeldes festzulegen, welche sich durch hohe Durchlässigkeit auszeichnen und infolge dieser Eigenschaft zur Anlage eines Versuchsbrunnens bzw. einer endgültigen Fassung gut eignen.

Nachstehende Zusammenstellung enthält die spezifischen Ergiebigkeiten verschiedener hydrologisch untersuchter Versuchsfelder im Zusammenhang mit dem Grundwassergefälle.

Versuchsfeld	Spez. Ergiebigkeit ltr/sk (σ)			Grundwassergefälle 1 : . . .	Beobachter
	kleinste	höchste	Mittelwert		
Alluvionen der Lomnitz b. Hirschberg	0,78	1,14	0.96	1 : 40	A. Thiem
Diluvium bei Wasa (Smedsby) . .	0 20	3,30	1,45	1 : 270	E. Prinz
Alluvium der Neiße b. Forst i. L.	1,90	5,70	3,85	1 : 660	„
Diluvium bei Luckenwalde	0,30	15,86	3,94	1 : 900	„
Diluvium bei Stendal	2,33	6,00	5,15	1 : 950	„
Alluvionen der Mosel bei Kenn .	0,50	122,00	16,50	1 : 1500	C. Wahl
Alluvionen des Rheins bei Köln .	1,70	128,00	29,10	1 : 1700	„

Eine spezifische Ergiebigkeit von 1—2 ltr/sk bei einer Filterkorbweite von 200 mm und 3—5 m Filterlänge rechnet nach den Erfahrungen des Verfassers bereits zu den guten Ergiebigkeiten.

Eine rechnerische Behandlung der spezifischen Ergiebigkeit gibt Weyrauch (147).

2c. Bestimmung der Grundwassermenge mit Hilfe der einzelnen Faktoren p und v.

a. Der Verhältniswert p.

Man kann sich den Verhältniswert p (S. 121) am einfachsten vorstellen durch einen Würfel, dessen Seite a_1 ein Teilbetrag der Seite a ist (Abb. 99). a entspricht dem Gesamtinhalt des Wasserträgers, a_1 der Größe seines Hohlrauminhaltes. Es ist

$$a_1^3 = p\,a^3$$

$$p = \frac{a_1^3}{a^3}.$$

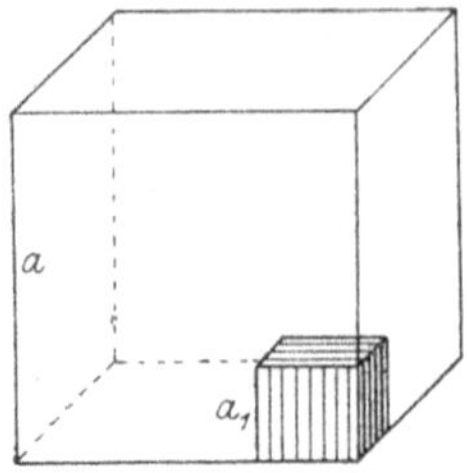

Abb. 99.

Zu bemerken ist, daß der Hohlrauminhalt jener Grundwassermenge entspricht, die eine durchlässige, wasserführende Schicht aufzunehmen und auf mechanischem Wege fortzuleiten vermag. In dieser Wassermenge ist also jenes Wasser, das durch die Kapillarwirkung in den Poren der Geschiebe zurückgehalten und als Boden- bzw. Bergfeuchtigkeit bezeichnet wird, nicht enthalten.

Wie groß die kapillar gebundene Wassermenge ist, hat z. B. King (148) festgestellt und gefunden, daß

Sanden	von	0,374 mm	Korndurchmesser	nur	15,29	v. H.
,,	,,	0,185 ,,	,,	,,	14,35	,,
,,	,,	0,155 ,,	,,	,,	12,86	,,
,,	,,	0,118 ,,	,,	,,	10,02	,,
,,	,,	0,083 ,,	,,	,,	8,42	,,

ihres Wassergehaltes durch natürliche Entwässerung entnommen werden konnte. Nach $2^1/_2$ Jahren enthielten die Sande immer noch einen Rest Wasser.

b. Rechnerische Auswertung des Hohlrauminhalts.

Der Hohlrauminhalt loser Bodenteile läßt sich leicht rechnerisch ermitteln, wenn man annimmt, daß sämtliche Bodenteile gleiche Gestalt und Größe haben. Sowohl für die Kugel- als auch für die Ellipsoidgestalt sind mit Bezug auf Lagerung zwei gegensätzliche Fälle denkbar: die dichteste Lagerung, wenn Kugeln bzw. Ellipsoide so zueinandergestellt sind, daß die Mittelpunkte aller die Spitzen von Tetraedern bilden, die allerdings bei Ellipsoiden keine regelmäßigen sind, lockerste Lagerung unter Ausschluß von Hohlräumen zwischen nicht sich berührenden Körnern, wenn die Mittelpunkte in Geraden von drei zu einander senkrechten Richtungen, bei den Kugeln aber in den Ecken von Würfeln liegen. Abb. 100 zeigt diese beiden Lagerungsverhältnisse.

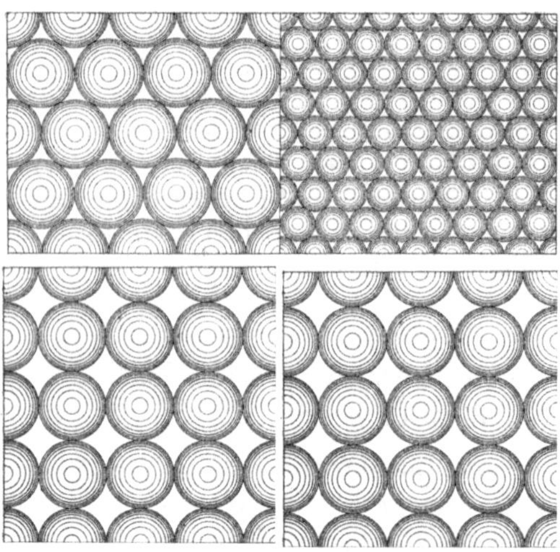

Abb. 100. Dichteste und lockerste Lagerung von Kugelhaufwerken. Wagerechte Schnitte.

Im ersteren Falle läßt sich der Hohlrauminhalt berechnen zu 26,18 v. H., im zweiten zu 47,64 v. H. des Gesamtinhaltes, ganz gleich, ob es sich um Kugeln oder Ellipsoide handelt. Letztere sind liegend zu denken. [Vgl. Lueger (149), Weyrauch (147), und Koehler (141).]

Da sich aber die natürlich gewachsenen Grundwasserträger weder aus Bodenteilen gleicher Gestalt, noch gleicher Größe zusammensetzen, so stellt jeder Grundwasserträger in Wirklichkeit eine ungleichmäßige Mischung von Körnern dar. Wenn es nun auch für jede Kornmischung einen kleinsten Hohlrauminhalt gibt, so ist doch die, im übrigen mehr-lösliche, Bestimmung jener Lagerungsart, welcher der kleinste Hohlrauminhalt entspricht, praktisch genommen eine wertlose Arbeit, weil in der Natur die verschiedensten Lagerungsverhältnisse unter weitgehender Steigerung der Hohlraumgröße durch Aussparungen, Bildung von Gängen, Gewölben u. dgl. eintreten können.

c. Ermittlung des Hohlrauminhalts durch Laboratoriumsversuche.

Den natürlichen Lagerungsverhältnissen besser entsprechende Werte für den Hohlrauminhalt, als sie durch Rechnung zu erwarten sind, lassen sich durch Laboratoriumsversuche ermitteln.

Flügge (150), Renk (151), Welitschkowsky (152), Wollny (153) und andere Forscher haben derartige Versuche durchgeführt.

Nach Flügge besteht die Vorrichtung, mit welcher der Untergrund in möglichst ungestörter Lagerung zutage gefördert werden kann, aus einem zugeschärften, dünnwandigen Messingzylinder von 400—500 cm³ Inhalt, der durch leichte Schläge in dem zu untersuchenden Boden vorgetrieben wird. Der Zylinder ist dreiteilig, und der Inhalt des mittleren Drittels wird in der Weise für die Versuche verwendet, daß man eine trockene Bodenprobe von bekanntem Inhalt wiegt, die so erhaltene Zahl durch das spezifische Gewicht des Bodens dividiert und den so bestimmten Rauminhalt vom Gesamtrauminhalt abzieht. Der Unterschied ist der Hohlrauminhalt.

Der so ermittelte Hohlrauminhalt natürlich gewachsener Bodenarten beträgt z. B.:

nach Flügge (150)	23,1—28,9	v. H.	Sand und Kies zu gleichen Teilmengen,
„ „	35,6—40,8	„	Sand,
„ „	38,4—40,1	„	Kies,
„ „	36,2—42,5	„	Lehm,
„ Schwarz (154)	52,7	„	Lehm mit organischer Substanz,
„ „	84,0	„	mooriger Boden mit 82 v.H. org. Substanz.

Die Größe des Hohlrauminhalts in Abhängigkeit vom Korndurchmesser ersieht man aus folgender Zusammenstellung:

Bodenart	Korndurchmesser mm	Hohlrauminhalt v. H. nach	
		Renk (151)	Welitschkowsky (152)
Feiner Sand	unter 0,3	55,5	41,87
Mittelsand	0,3—1,0	55,5	40,64
Grober Sand	1,0—2,0	37,9	37,38
Feiner Kies	2,0—4,0	37,9	35,47
Mittelkies	4,0—7,0	37,9	35,93
Grober Kies	7,0—20,0	—	35,24

Nach Soyka (155) steht die Zahl der einzelnen Körner im umgekehrten Verhältnis zu den dritten Potenzen der Halbmesser und wächst, wie aus nachstehender Tabelle hervorgeht, äußerst schnell mit abnehmender Korngröße.

Halbmesser	Korninhalt	Kornzahl im Liter bei dichter Lagerung	Kornzahl im Liter bei lockerer Lagerung
0,005	0,00000052	1413295,000000	1000766,000000
0,010	0,00000419	176661,900000	125097,000000
0,050	0,00052360	1413,295000	1000,766000
0,100	0,00418879	176,661900	125,097000
0,500	0,52359890	1,413295	1,000766
1,00	4,18879200	176662	125097
5,00	523,59890000	1413	1001
10,00	4188,79200000	177	125

Nach den Mitteilungen von Piefke (136) wurde durch zahlreiche Laboratoriumsversuche festgestellt, daß die aus dem Taldiluvium bei Berlin stammenden Grande rund 24 v. H., die scharfen Sande 30 v. H., die feinen Sande 33 v. H. Hohlrauminhalt hatten.

Der mittlere Wert für den Berliner Untergrund und viele wasserführende Haufwerke kann zu etwa 25 v. H. angenommen werden.

d. Beziehungen zwischen Durchlässigkeitsbeiwert und Hohlrauminhalt.

Nach Slichter (156) ist für ganz reinen Sand von gleichmäßigem Korn bei 10° C zu setzen:

$$k = k_1 \cdot d^2 \text{ m/sk}, \qquad (12)$$

worin d den Korndurchmesser in Millimetern bedeutet.

Der Beiwert k_1 ist abhängig von dem Verhältnis p des Hohlrauminhalts der Sandschicht zu ihrem Gesamthohlrauminhalt, das, wie auf S. 132 festgestellt, bei Ausschluß von Aussparungen in der Schicht, zwischen 0,26 und 0,48 liegt.

Die Beziehungen zwischen p und k_1 sind aus folgender Gegenüberstellung zu entnehmen:

p =	0,26	0,28	0,30	0,32	0,34	0,36	0,38	0,40	0,42
k_1 =	0,0009	0,0012	0,0015	0,0019	0,0023	0,0029	0,0031	0,0037	0,0042

p =	0,44	0,46	0,47
k_1 =	0,0052	0,0061	0,0068

e. Die Grundwassergeschwindigkeit v.

Für die Bestimmung von Grundwassermengen ist die Geschwindigkeit maßgebend, mit der sich das Grundwasser über die undurchlässige Sohle in wagrechter Richtung fortbewegt. Die der Neigung der Sohle folgende lotrechte Komponente kann, ihrer Geringfügigkeit entsprechend, ebenso wie beim oberirdischen Wasser vernachlässigt werden.

Zu bemerkenswerter Ausbildung in lotrechter Richtung kommt die Geschwindigkeit nur da, wo Oberflächenwasser in Grundwasser durch

Versickerung übergeht. Dies erfolgt in erster Linie in dem zwischen Oberfläche und Grundwasserspiegel liegenden Gürtel der Bodenfeuchtigkeit.

In Anbetracht der wesentlichen Rolle, die bei dieser Bewegung die Kapillarkräfte des Bodens spielen, finden sich einige Angaben über Kapillarbewegung im nächsten Abschnitt.

f. Die Kapillarbewegung des Grundwassers.

Die kapillare Bewegung des Grundwassers kann sowohl ab- als auch auf- und seitwärts erfolgen. Die kapillare Geschwindigkeit, mit der sich das auf einen filtrierenden Untergrund gefallene Wasser nach der Tiefe zu bewegt, ist sehr gering. Sie soll nach Hofmann (157) kaum 1,3—2,0 m pro Jahr betragen. Durch Abwärtsbewegung wird der Versickerungsvorgang beschleunigt und die Grundwassermenge auf Kosten der Bodenfeuchtigkeit vermehrt, durch aufwärts wirkende Kapillarkräfte das Gegenteil bewirkt.

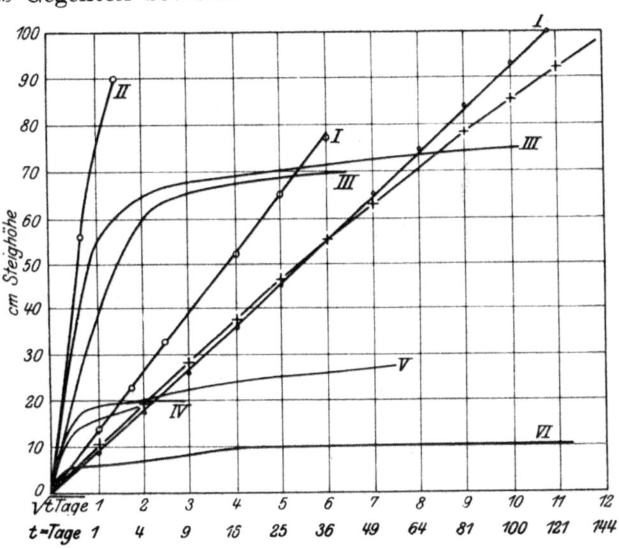

Korngröße:

I unter 0,01 mm — *IV* 0,10—0,25 mm
II 0,01—0,05 mm — *V* 0,25—0,50 mm
III 0,05—0.10 mm — *VI* 0.50—1,00 mm

Abb. 101. Kapillares Ansteigen des Wassers in Schlämmerzeugnissen. (Nach Edler.)

Diese Bewegungsvorgänge sind ungemein verwickelt und bis auf den heutigen Tag auch nicht angenähert ergründet. Im allgemeinen ist soviel festgestellt, daß, je feiner die Poren sind, in denen sich das Wasser kapillar bewegt, auch desto weiter das Wasser von der Ausgangsstelle aus befördert wird. Da aber mit der Abnahme der kapillar wirkenden Querschnitte die Widerstände wachsen, so wird auch die Geschwindigkeit der kapillaren Bewegung desto kleiner sein, je kleiner der Durchmesser der Kapillarröhren wird und umgekehrt.

Aus Laboratoriumsversuchen, die Edler mit künstlich hergestellten Schlämmerzeugnissen angestellt hat und deren Ergebnisse Luedecke (4) wiedergibt, lassen sich die in Abb. 101 abgebildeten Schaulinien ableiten.

Als Abszissen gelten die Quadratwurzeln aus der Zahl der Beobachtungstage, als Ordinaten die kapillaren Steighöhen des Wassers. Am energischesten verläuft die Kapillarbewegung in dem Schlämmerzeugnis II (Löß). Es folgt daraus, daß Löß ein besonders hohes Wasserhaltungs- und Aufnahmevermögen besitzen muß. Die Schaulinien I und II stellen nur Bruchstücke dar, da die kapillare Bewegung in den Schlämmerzeugnissen I und II infolge zu kurzer Röhren nicht vollständig beobachtet werden konnte.

Nach King (148) gelten für die lotrechte Hebung des Grundwasserspiegels in natürlich gewachsenem Boden folgende Beobachtungswerte:

Tiefe des Grundwassers unter Flur	In 24 Stunden wurde das Wasser gegen die Oberfläche gehoben	
	in feinem Sandboden	in schwerem Lehmboden
30 cm	11,8 mm	10,2 mm
60 ,,	10,4 ,,	8,1 ,,
90 ,,	6,1 ,,	5,0 ,,
120 ,,	4,5 ,,	4,5 ,,

Nach den Mitteilungen von Koehler (141) erreicht die kapillare Hebung ihre größte, überhaupt mögliche Geschwindigkeit in einem Sande, dessen Korngröße etwa zwischen 0,05 und 0,1 mm liegt, und zwar dann, wenn dessen Bestandteile so gelagert sind, daß die kapillaren Zwischenräume einen bestimmten Durchmesser (wahrscheinlich 0,03 mm) besitzen. Bei einem Korndurchmesser von 2,2—2,5 mm hört die Kapillarwirkung auf.

Die kapillare Steighöhe in Sanden beträgt nach Grebe (158) nicht über $^1/_3$ m, wenn das Gemisch sich aus 46—50 v. H. Körnern bis 0,3 mm Durchmesser und 50—54 v. H. Körnern von 1,0—0,3 mm Durchmesser zusammensetzt, und nicht über $^1/_2$ m bei feinem Korn (rund 80 v. H. kleiner als $^1/_3$ mm).

Über kapillare Bewegungen des Wassers in den Richtungen aufwärts, abwärts und seitwärts hat nach Luedecke Diro Kitao Versuche angestellt und eine Theorie der Kapillarbewegung entwickelt, deren Richtigkeit durch Beobachtungen bestätigt wird.

Nach dieser Theorie findet die kapillare Bewegung so statt, daß, wenn h den vom Wasser zurückgelegten Weg und t die dazu gebrauchte Zeit bedeutet, der Wert

$$\frac{h}{\sqrt{t}} = \frac{\text{Wasserbewegung in Zentimetern}}{\sqrt{\text{Zeit in Stunden}}}$$

in den allerersten Stunden klein ist, zuerst mit der Zeit noch weiter abnimmt, dann wieder wächst, nach Verlauf einer längeren Zeit aber erneut abnimmt. Unter sonst gleichen Umständen ist der Wert $\frac{h}{\sqrt{t}}$ bei Durchsickerung größer als bei wagerechter Bewegung und bei dieser größer als bei Aufsaugung. Bei allen drei Bewegungsarten ist h eine endliche Größe für $t = \infty$, d. h. alle drei Bewegungen haben im Boden eine Grenze.

Die kapillare Steighöhe ist aber nicht allein vom Durchmesser der kapillaren Röhren abhängig, sie wird auch vom Feuchtigkeitsgrad des Bodens beeinflußt. So fanden z. B. nach Luedecke (4) Briggs und Laphan die kapillare Steighöhe in trockenem Sandboden zu 37 cm und in feuchtem Sandboden zu 167 cm.

Auch die Temperatur ist von Einfluß auf die Kapillarität. Steigt die Bodentemperatur, so wird die Oberflächenspannung geringer. Es wird dann mehr Wasser in die tieferen Schichten gezogen, als wenn der Boden kälter wird.

g. Ermittlung der Grundwassergeschwindigkeit durch Versuche in natürlich gewachsenem Boden.

Je nach der Richtung, in welcher sich das Grundwasser bewegt, kann man unterscheiden zwischen einer lotrechten und wagerechten Bewegung, und demnach auch zwischen einer lotrechten und wagerechten Geschwindigkeit. Die Bezeichnungen lot- und wagerecht sind selbstredend nicht in streng mathematischem Sinne aufzufassen.

Lotrechter Bewegungsrichtung unterliegen sowohl die in den Boden versickernden natürlichen Niederschläge als auch dasjenige Oberflächenwasser, welches auf natürlichem oder künstlichem Wege in den Untergrund eingestaut wird.

Die lotrechte Bewegung der meisten Niederschläge bis zur Erreichung des Grundwasserspiegels vollzieht sich vorwiegend unter dem Einfluß der Kapillargesetze und ist verhältnismäßig klein. (Vgl. S. 135.) Erheblich größer sind die lotrechten Geschwindigkeiten desjenigen Wassers, welches in den Untergrund bei natürlichen Überflutungen, auf Rieselfeldern, bei künstlicher Grundwassererzeugung usw. eingestaut wird. So betrugen z. B. die lotrechten Versickerungsgeschwindigkeiten bei künstlich versickerten Wässern nach Spöttle (159) und Scheelhase (160):

in humosem Kalksand	0,006	mm/sk
in Isarkalksand	0,0089	,,
in Ziegellehm	0,0099	,,
in Sanden bei Frankfurt a. M. . .	0,0058—0,1116	,,

das sind also 0,5—1,0 m im Tag.

Bei der Mengenbestimmung des fließenden Grundwassers spielen die lotrechten Geschwindigkeiten nur eine untergeordnete Rolle. Ausschlaggebend hierfür sind in erster Linie die wagerechten Geschwindigkeiten.

α. Messung der Grundwassergeschwindigkeit durch Grundwasserwellen.

Ein Weg zur unmittelbaren Messung von natürlichen, wagerechten Grundwassergeschwindigkeiten kann in der Beobachtung natürlich entstehender oder künstlich erzeugter Grundwasserwellen[1]) erblickt werden.

Ist in Abb. 102 der Punkt G der Wellenscheitel, der sich längs einer Parallelen zum natürlichen Grundwasserspiegel MN bewegt, so gilt theoretisch für die Bewegung des Grundwassers das Darcysche Gesetz

$$v = k \cdot \frac{h}{l}$$

und sowohl für die Welle als auch den Grundwasserspiegel ist h die gleiche Größe, so daß sich beide mit gleicher Geschwindigkeit bewegen müßten.

Haben wir eine Reihe von Beobachtungsstellen, in denen die Bewegungen des Grundwasserspiegels fortlaufend beobachtet werden, so können wir das Auftreten einer solchen Welle und ihren Durchgang durch die einzelnen Beobachtungsstellen mittels Spiegelmessungen feststellen. Die gegenseitige Entfernung zweier Durchgangsstellen im Zusammenhalt mit der Zeit, in welcher der Durchgang der Welle stattfindet, läßt uns das Maß der Grundwassergeschwindigkeit rechnerisch auswerten.

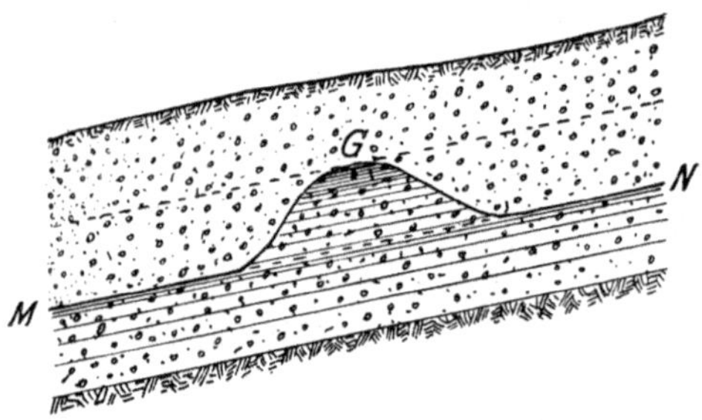

Abb. 102. Auftreten einer Welle im Grundwasser.

Die Art der unmittelbaren Grundwassergeschwindigkeitsbestimmung mittels Wellen ist im allgemeinen mit großer Vorsicht zu gebrauchen, wenn man nicht groben Irrtümern unterliegen will. Die Zuverlässigkeit solcher Wellenmessungen hängt vor allem davon ab, ob der Untergrund allenthalben durchlässig ist oder nicht. In all den Fällen, wo der durchlässige Untergrund durch undurchlässige Einlagerungen unterbrochen wird (Abb. 103), tritt, sobald die undurchlässige Schicht unter den Grundwasserspiegel reicht, ein hydraulischer Wechsel beim Grundwasserspiegel insofern ein, als der freie Grundwasserspiegel in einen gespannten übergeführt wird. Die Grundwasserwelle stellt eine Erhöhung der Grundwassersäule dar, also auch eine Steigerung der hydraulischen Spannung. Diese Spannungssteigerung in Gestalt einer Welle bewegt sich mit der natürlichen Grundwassergeschwindigkeit nur dort fort, wo sie sich frei bewegen kann, wo also der Untergrund durchlässig ist.

Sobald eine Grundwasserwelle gegen eine undurchlässige Schicht stößt, kommt das Pascalsche Gesetz zur Geltung, und die Spannungs-

[1]) Lueger hat in die Literatur den Ausdruck „Grundwasserwelle" als gleichbedeutend mit Grundwasserspiegel eingeführt, von der Beobachtung ausgehend, daß der Grundwasserspiegel vielfach eine wellige Gestalt hat. Der Ausdruck Grundwasserwelle im Sinne Luegers ist irreführend, da in jedem Grundwasserspiegel Wellen als vorübergehende Sondererscheinungen auftreten, ähnlich wie beim Oberflächenwasser. Es empfiehlt sich daher, Grundwasserwelle und Grundwasserspiegel streng auseinanderzuhalten.

steigerung, die von der Wellenerhöhung herrührt, pflanzt sich dort, wo der Grundwasserspiegel nicht mehr frei, sondern gespannt ist, nicht mehr mit der Geschwindigkeit der sich frei bewegenden Grundwassermasse fort, sondern mit der Geschwindigkeit des Schalls.

In Abb. 103 bewegt sich die Welle über dem freien Spiegel bis zum Punkte *m* mit natürlicher Geschwindigkeit. Vom Punkte *m* bis zum Punkte *n* herrscht Spannung des Grundwasserspiegels und für zwei Beobachter in den Punkten *M* und *N* tritt eine Spiegelerhebung, die dem Auftreten der Welle entspricht, gleichzeitig ein. Man kann deshalb das Auftreten der Welle im Punkte *N* beobachten, wiewohl der Weg der Welle im Punkte *M* beendet ist.

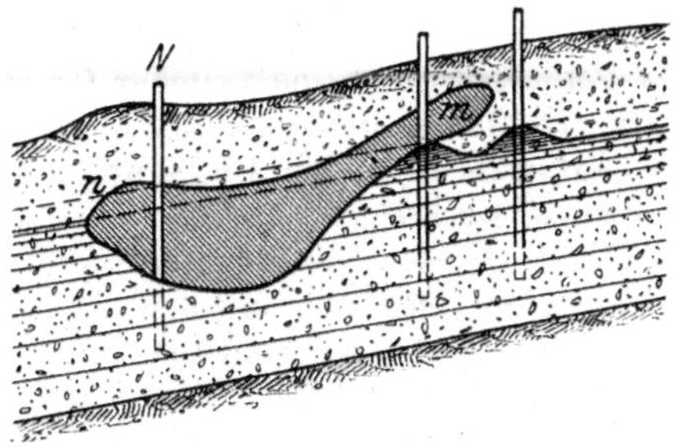

Abb. 103. Falsches Bild einer Wellenmessung bei undurchlässiger Einlagerung im durchlässigen Untergrund.

Im übrigen ist zu bedenken, daß in Wirklichkeit eine Grundwasserwelle in der Regel breit laufen wird in der Weise, daß der oberhalb des Scheitels *G* liegende Wellenteil stromaufwärts, der andere stromabwärts fließt. Bis zum völligen Ausgleich des Spiegels bleibt zwar eine Erhebung, deren Scheitel sich stromabwärts bewegt, doch ist es fraglich, mit welcher Geschwindigkeit dies geschieht.

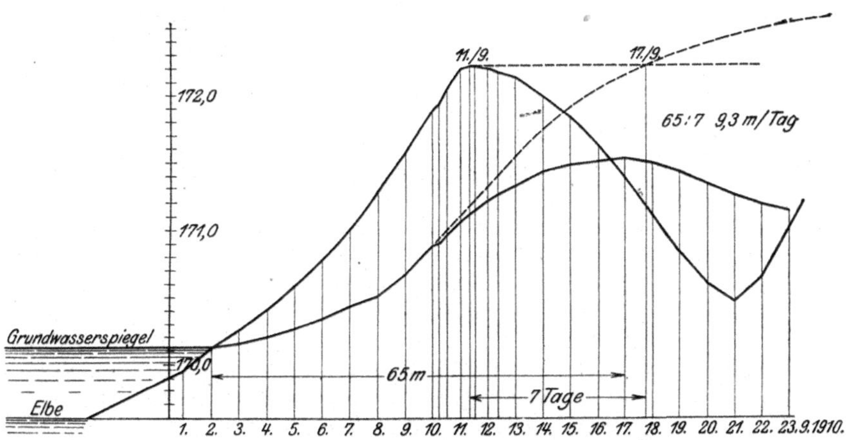

Abb. 104. Ermittelung der natürlichen Grundwassergeschwindigkeit durch eine Grundwasserwelle im Elbetal bei Karaný. (Nach Opatrný.)

Das Beispiel einer Wasserwelle, die im Untergrund fortschreitet, ist in Abb. 104 gegeben. Die Grundwasserwelle ist durch das Hochwasser der Elbe bei Káraný in Böhmen hervorgerufen worden. Die Geschwindigkeit, mit welcher die Wasserwelle im Untergrund landeinwärts fortgeschritten ist, wurde mit 9,3 m im Tag berechnet. Ob diese Geschwindigkeit der tatsächlichen gleich zu setzen ist, erscheint in Anbetracht der vorstehenden Bemerkung zweifelhaft.

Beobachtungen an Grundwasserstellen hat u. a. Heß (161) veröffentlicht.

β. Messung der Grundwassergeschwindigkeit durch das Thiemsche Kochsalzverfahren.

Zur Ermittlung natürlicher Grundwassergeschwindigkeiten bediente sich A. Thiem des sog. „Kochsalzverfahrens". Dieses Verfahren (162) beruht auf folgender Erwägung: Man denke sich in einem ruhenden Grundwasserkörper mittels eines Rohrbrunnens einen Salzkern eingeführt. Dieser Salzkern befinde sich in Ruhe und seine Salzdichte vermindere sich nur infolge der Diffussion in die Umgebung. Der Höchstwert des Salzgehalzes ist an den Ort A gebunden (Abb. 105). Wird nun der Salzkern durch die Geschwindigkeit des Grundwassers in Bewegung gesetzt, so ist die Geschwindigkeit, mit der sich dieser Salzkern fortbewegt, gleich der Geschwindigkeit des Grundwassers.

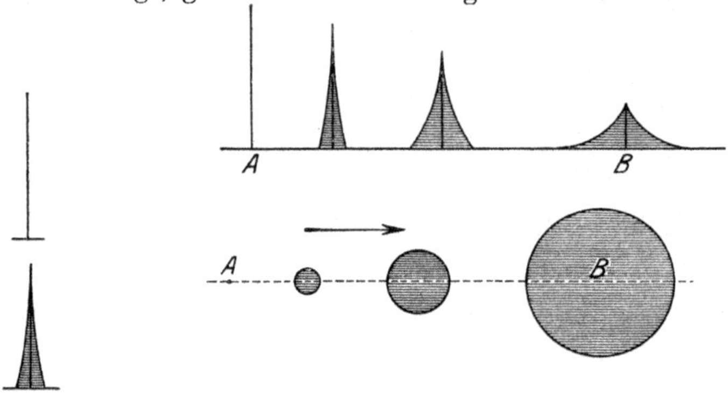

Abb. 105. Schematische Darstellung der Bewegung eines Salzkernes in einer durchlässigen Schicht mit abnehmender Salzdichte infolge von Diffusion.

Haben wir einen Grundwasserstrom der Richtung nach festgelegt, so muß der Salzkern von A nach und nach im Punkt B anlangen. Werden im Punkte B Wasserproben in kurzen Zeitabschnitten entnommen, so wird man mit der Zeit im Punkte B das Auftreten einer Höchstmenge des Salzgehaltes wahrnehmen, und diese zeigt den Durchgang des Salzkerns durch den Punkt B an. Wir sind somit imstande, aus dem zurückgelegten Weg und der hierzu gebrauchten Zeit die Geschwindigkeit des Salzkerns bzw. Grundwassers zu ermitteln.

Gegen dieses einfache Verfahren läßt sich vom theoretischen Standpunkt kaum etwas einwenden. Es führt indessen, wie bereits Thiem betont hat, ebensooft zu groben Irrtümern wie das Verfahren der Geschwindigkeitsbestimmung mittels Wellen. Kochsalzversuche zur Bestimmung von Grundwassergeschwindigkeit sind um so gefährlicher, als sie in den meisten Fällen zu große Geschwindigkeiten des Grundwassers ergeben, also auf eine Grundwassermenge schließen lassen, die in Wirklichkeit gar nicht vorhanden ist.

So hat z. B. die Stadt Prag im Jahre 1889 anläßlich der Vorarbeiten für eine Grundwasserversorgung Salzversuche anstellen lassen, welche Grundwassergeschwindigkeiten von 7,0—9,75 m in der Stunde, also von 168—234 m im Tag ergaben. Diese Zahlen sind als ganz unmöglich zu bezeichnen, da im allgemeinen natürliche Grundwassergeschwindigkeiten von 3—5 m im Tag bereits als hoch angesehen werden müssen.

Die Unmöglichkeit solcher Zahlen und die Unzuverlässigkeit der Prager Salzungsversuche hat Verfasser zahlenmäßig nachgewiesen (163).

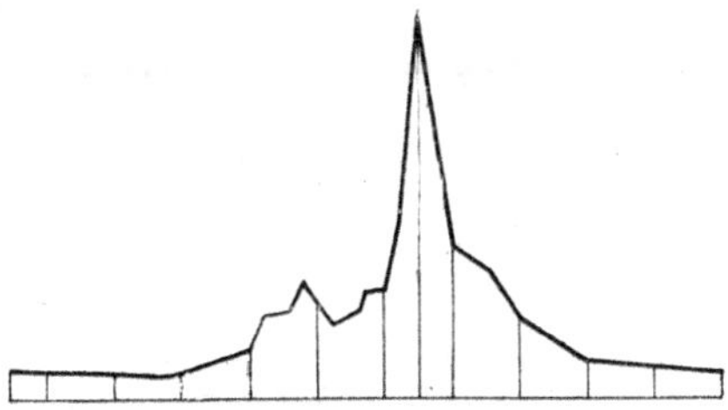

Abb. 106. Theoretischer Verlauf eines Salzversuches mit 1 Scheitelung.

Bei den meisten Salzungsversuchen läßt sich nicht eine einzelne Scheitelung, sondern eine ganze Reihe von solchen feststellen. Während das theoretische Bild des Verlaufes eines Salzversuches der Abb. 106 entsprechen müßte, findet man in Wirklichkeit eine ganze Reihe von Salzscheitelungen, die oft Tausende von Milligramm Kochsalz aufweisen (Abb. 107). Es bleibt dann die Frage offen, welches ist die richtige Scheitelung, da oft die Unterschiede zwischen den einzelnen Erhebungen des Salzgehalts verschwindend klein sind.

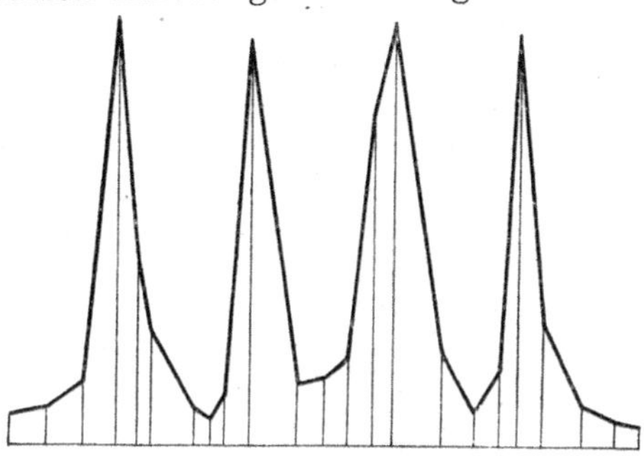

Abb. 107. Wirklicher Verlauf eines Salzversuches mit 4 Scheitelungen.

Die Ursache solcher ganz unbrauchbaren Erscheinungen liegt in erster Linie im ungleichmäßigen Aufbau des Untergrundes. Man findet sehr oft zwischen feinen Sanden grobe, durchlässige Kiesadern und Schottereinlagen, in denen sich das Grundwasser mit einer viel größeren als der durchschnittlichen Geschwindigkeit bewegt. Solche unterirdischen Gänge und Adern von größerer Durchlässigkeit sind im Zusammenhang mit Interferenzerscheinungen die Klippe, an der fast sämtliche Salzversuche scheitern.

γ. Messung der Grundwassergeschwindigkeit durch das Slichtersche Verfahren.

Eine Vervollkommnung des Thiemschen Salzverfahrens soll das Verfahren nach Slichter darstellen. Slichter (164) verwendet für seine Meßversuche statt Kochsalz Chlorammonium (Salmiak), welches in einen Rohrbrunnen gebracht wird. Als Beobachtungsstelle dient ein zweiter Rohrbrunnen, der im Stromstrich des Grundwassers unterhalb des ersten liegt. Die beiden Rohrbrunnen B_1 und B_2 werden durch einen leitenden Draht elektrolytisch verbunden. Im oberen Brunnen B_1

wird die Leitung mit dem eisernen Brunnenmantel durch ein Messingband gekuppelt, im unteren Brunnen B_2 die Leitung durch Kautschuk isoliert. Der Draht des Brunnens B_2, in welchen ein Ampèremesser eingeschaltet ist, führt zu einem Pol der galvanischen Batterie, während der andere Pol mit dem Brunnen B_1 und der inneren Elektrode von B_2 verbunden wird (Abb. 108). Durch den elektrolytischen Strom wird das Wasser im oberen Brunnen B_1 zersetzt, und am Ausschlag des Ampèremessers kann man feststellen, wie das durch die Salmiaklösung besser leitend gewordene Wasser sich dem Brunnen B_2 nähert, und wann das Maximum der Lösung durch Brunnen B_2 durchgeht.

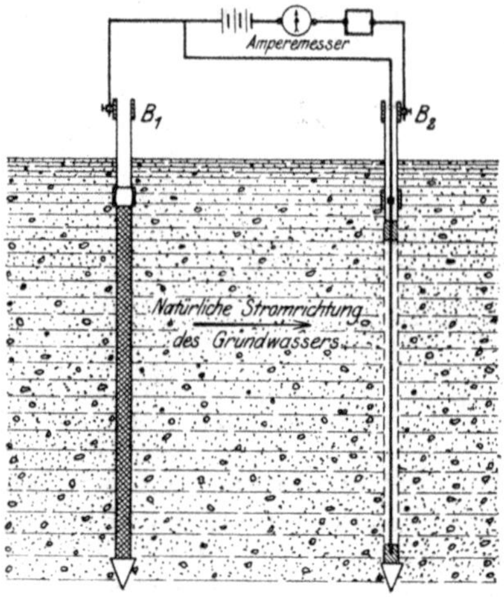

Abb. 108. Vorrichtung zum Messen von Grundwassergeschwindigkeiten. (Nach Slichter.)

Dieses Meßverfahren hat den Vorzug, daß man durch die Größe des Ausschlages am Ampèremesser das Fortschreiten des Salzkernes im Untergrund leicht beobachten kann. In Abb. 109 sind die Ausschläge des Ampèremessers, die während eines Versuches im San-Gabriel-Flußtal beobachtet wurden, graphisch aufgetragen.

Die volle Linie stellt die elektrolytische Stromstärke zwischen Brunnen B_1 und B_2, die punktierte Linie die Stromstärke zwischen der Elektrode im Brunnen B_2 und dem Brunnenmantel B_2 dar. Dem Durchgang des Salzkernes durch den unteren Brunnen B_2 entspricht der Wendepunkt M der punktierten Linie.

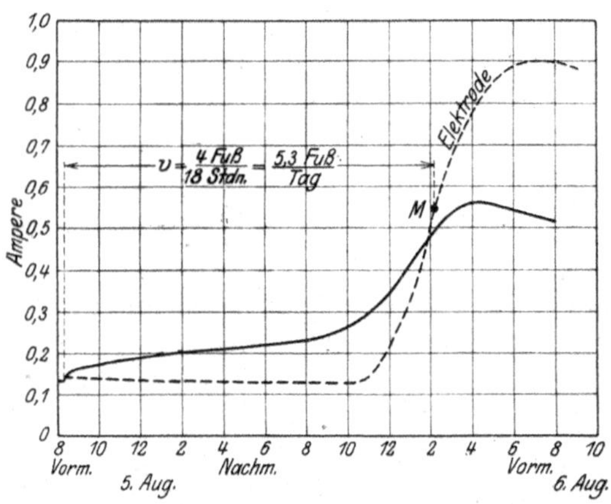

Abb. 109. Schaulinie der Ampèrekurven einer Meßstelle im San-Gabriel-Flußtal (Kalifornien). (Nach Slichter.)

Slichter hat mit Hilfe seines Meßverfahrens eine große Zahl von Grundwassergeschwindigkeiten festgestellt. Eine Auswahl ist in der Zusammenstellung auf S. 143 enthalten.

Bemerkenswert vom hydrologischen Standpunkt sind die in einem Querschnitt gemessenen Grundwassergeschwindigkeiten, die in Abb. 110 eingetragen sind. Man sieht aus Abb. 110, daß die großen Geschwindigkeiten im Kern, die kleineren dagegen am Rande des Grundwasserträgers liegen. Das kann nur so erklärt werden, daß der Kern des wasserführenden Untergrundes aus gröberen und durchlässigeren Geschieben besteht, entsprechend den Geschwindigkeitsverhältnissen des fließenden Wassers, welches die Geschiebe abgelagert hat.

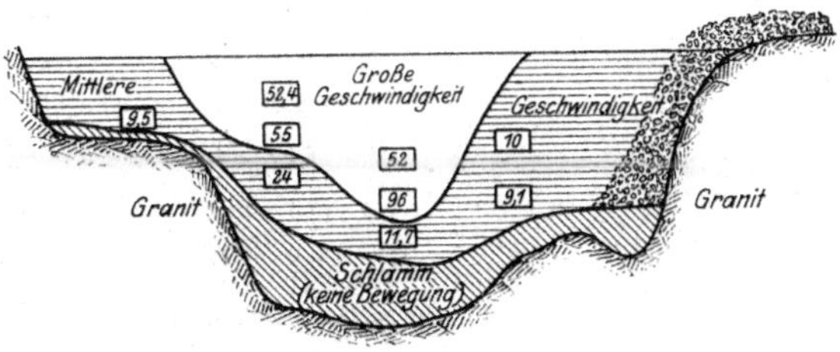

Abb. 110. Schnitt durch das Mohave-River-Tal mit den gemessenen Grundwassergeschwindigkeiten (z. B. 52 Fuß/Tag). (Nach Slichter.)

Eine weitere Ausbildung des Slichterschen Verfahrens stammt von Diénert (165).

Im großen und ganzen haften übrigens dem Slichterschen Verfahren dieselben Mängel an, welche bei dem Thiemschen Salzverfahren angeführt worden sind.

Über das elektrische Leitvermögen des Wassers enthalten Näheres die Seiten 132 und 133.

h. Andere Mittel zur Messung von Grundwassergeschwindigkeiten.

Neben Kochsalz und Salmiak hat man versucht, die Grundwassergeschwindigkeiten zu messen mit Hilfe von Farbstoffen, Bakterien, Aufschwemmungen von Bierhefe u. dgl. Alle diese Hilfsmittel haben für das Grundwasser nur untergeordneten praktischen Wert aus den bereits bei den Salzverfahren angeführten Gründen.

Über die Messung von unterirdischen Wassergeschwindigkeiten in geklüfteten Gebirgen mittels Farbstoff wird eingehend im Abschnitt „Unterirdische Wasserläufe", S. 208, berichtet.

i. Tatsächlich gemessene natürliche Grundwassergeschwindigkeiten.

Ort	Geschwindigkeit Meter/Tag	Bemerkung
Gothenburg	0,5	
Mannheim	1,2—1,6	
Fürth in Bayern	1,5	
Naunhof bei Leipzig	2,5	
Rheintal b. Straßburg	3,0—7,8	
Kiel	4,7	
Kárany in Böhmen	9,3	Ermittelt mittels Grundwasserwellen
Brooklyn	0,33	Nach Slichter
East-Medow	0,80	Nach Slichter
Merrick	0,95	Nach Slichter
Mohave-River	2,9—15,9	Nach Slichter
In den Dünensanden von Haarlem	4,0—5,5 m pro Jahr.	Nach Pennink

k. Veränderlichkeit der natürlichen Grundwassergeschwindigkeit.

Mit dem Gefälle ändert sich auch die Grundwassergeschwindigkeit. Nach den Beobachtungen A. Thiems schwankte z. B. in Naunhof bei

Leipzig die Grundwassergeschwindigkeit innerhalb eines halben Jahres um das 1,2fache. Nach den Erfahrungen des Verfassers sind Geschwindigkeitswechsel von 15—20 v. H. durchaus nichts Seltenes.

Die Grundwassergeschwindigkeit wechselt nicht allein von Zeit zu Zeit, sondern auch innerhalb eines Querschnittes von Ort zu Ort infolge der verschiedenen Wechsellagerung und Durchlässigkeit der wasserführenden Schichten. Aus den Messungen Slichters (Abb. 110) ergibt sich dies deutlich.

Ist der Untergrund aus Bändern verschiedener Durchlässigkeit zusammengesetzt, so findet man mitunter, daß bei Grundwasserströmungen, die ihren Weg im Oberflächenwasser beenden, die Wasserbewegung in den oberen Schichten am größten ist. Das Flußbett wirkt dann ähnlich wie ein künstlich angelegter wagerechter Fassungsstollen, dessen Speisung in erster Linie durch den oberen Teil S_1 der durchlässigen Schicht erfolgt (Abb. 111), wenn zunächst der untere Teil S_2 aus gleich durchlässigem Material gedacht wird.

Daß an der natürlichen Grundwasserbewegung vorwiegend die obersten durchlässigen Schichten beteiligt sind, ergibt sich unter anderem aus der besonders auffallenden Entkalkung der obersten Schichten des Spreetales bei Berlin, die Piefke (134) analytisch nachgewiesen hat.

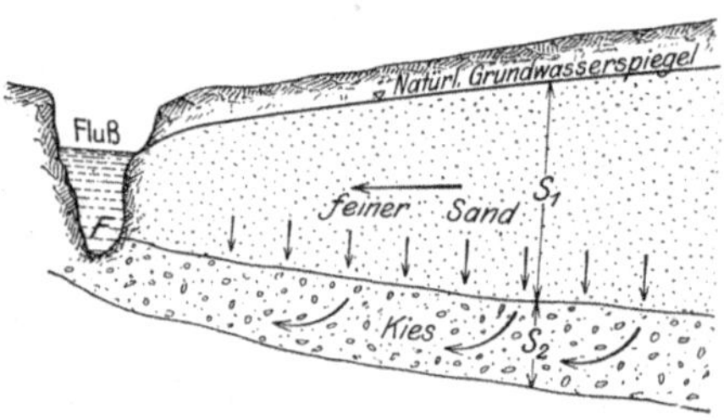

Abb. 111.

Nach den Angaben von Piefke sind hier die oberen Schichten infolge von Auslaugung (unter Mitwirkung von Kohlensäure) fast kalkarm geworden, während die unteren Schichten noch mehr als das 15fache des Kalkgehaltes der oberen führen. Dieser auf die oberen Schichten sich beschränkende Entkalkungsvorgang kann nur aus einer erhöhten Wasserführung derselben erklärt werden. Mit der Tiefe nimmt die Wasserbewegung ab, ohne bis auf Null zu sinken, da auch in der Tiefe noch Wasserbewegung herrschen muß, wie auf S. 156 noch näher erläutert werden wird.

Wird die natürliche Grundwassergeschwindigkeit durch künstliche Entnahme gesteigert, so werden auch die tieferen Schichten zur Speisung der künstlichen Entnahmevorrichtung herangezogen, und die Größe der Grundwasserbewegung in der Tiefe wird mit der Entnahmemenge wachsen müssen.

Ist dagegen feinsandiger Untergrund durch eine stark durchlässige Kiesschicht S_2 (Abb. 111) von großer Flächenausdehnung untergelagert, die im Flußbett F auskeilt, so fallen die Vorbedingungen für die Entstehung einer stärkeren Grundwasserbewegung in den oberen Schichten fort, da das Grundwasser nach dem Prinzip der kleinsten Arbeit seinen Weg durch die einen kleineren Widerstand bietende Kiesschicht nehmen wird. Es kommt in einem solchen Falle zu einer schwächeren Strömung in den oberen Schichten, und die Kiesschicht wirkt wie ein Netz von

Kanälen von besonders großer Durchlässigkeit. An der Grenze zwischen den feinen Sanden und der Kieslage werden alle jene Wasserteilchen aus dem feinen Sand in den Kies übertreten, für welche eine mit der Umleitung verbundene Arbeit kleiner ist als jene, die zur Zurücklegung des kürzeren Weges erforderlich wäre.

Auch hieraus ersieht man, daß die natürlichen Bewegungsvorgänge im Untergrund sehr verwickelt sein können und daß in vielen Fällen der Praxis mit der Ermittlung der Grundwassergeschwindigkeit in einer bestimmten Tiefenlage nicht viel gedient ist.

VI2. Unmittelbare Bestimmung der Grundwassermenge.

1. Bestimmung der Grundwassermenge durch Messung natürlicher Quellergiebigkeiten.

Bei der Messung natürlicher Quellergiebigkeiten ist die wichtigste Frage die Feststellung der Ergiebigkeitsschwankungen und namentlich des kleinsten Quellergusses. Um diese Größen feststellen zu können, sind oft jahrelange Messungen erforderlich, die am besten im Zusammenhang mit Beobachtungen der Niederschlagsmenge, Luftfeuchtigkeit, Temperatur usw. graphisch aufgetragen werden.

Zur Quellmessung dienen am besten Gefäße, Überfälle und sonstige im Abschnitt IV, S. 70 genannten Meßvorrichtungen. Im übrigen sind Quellmessungen und die dazugehörigen Beobachtungen nach den Gesichtspunkten vorzunehmen, die für Versuchsbrunnenanlagen gelten (S. 281).

Beim Feststellen der Abflußmenge ist es unerläßlich, sich davon zu überzeugen, ob die von der Quelle geführte Menge die Gesamtergiebigkeit des Untergrundes oder nur einen Teil davon darstellt. Ist letzteres der Fall, so ist man meist in der Lage, durch geeignete hydraulische und bauliche Maßnahmen die Fassungsmenge zu erhöhen und dadurch unter Umständen bedeutend mehr Wasser zu gewinnen, als der natürlichen Quellschüttung entspricht.

Die Feststellung der Möglichkeit eines Ergiebigkeitszuwachses ist durchführbar durch künstliche Eingriffe in die Quelle, doch ist hierbei Vorsicht geboten, um ungewollte und schädliche Störungen im Quellzulauf zu vermeiden.

Genaues über Quellergiebigkeiten wird Band II dieser Arbeit enthalten.

2. Bestimmung der Grundwassermenge durch Brunnenbetrieb.

Zwecks Ermittlung der Ergiebigkeit eines Grundwasserstromes durch Brunnenbetrieb ist es erforderlich, den Grundwasserstrom teilweise oder ganz zutage zu fördern und die geförderte Wassermenge zu messen. Ein derartiger Betrieb wird als „Versuchsbrunnenbetrieb“ bezeichnet (vgl. S. 285).

Ist die benötigte Wassermenge sehr groß, so wird man sich für den in Frage kommenden Zweck damit begnügen können, nur einen Teil derselben zu fördern. Ist die der Fördermenge entsprechende Breite des entwässerten Streifens des wasserführenden Untergrundes ermittelt, so kann man berechnen, wie groß die Breite des Grundwasserstromes sein müßte, um die gesamte Bedarfsmenge zu liefern.

Ein derartiger Berechnungsvorgang ist aber nur dann zulässig, wenn die wasserführenden Schichten innerhalb des ganzen Grundwasserstromquerschnittes angenähert gleich mächtig und durchlässig sind, denn nur in einem solchen Falle ist man berechtigt, die Wirkung und das Ergebnis eines beschränkten Betriebes zu verallgemeinern.

Liefert z. B. der Grundwasserstrom, dessen Gesamtdurchflußfläche in Abb. 112 dargestellt ist, bei der Entnahmebreite b eines Versuchsbrunnens dauernd die Wassermenge q und wir brauchen

$$Q = 5 \cdot q,$$

so muß die zur Verfügung stehende Breite des Grundwasserstromes mindestens

$$5\,b = B$$

betragen.

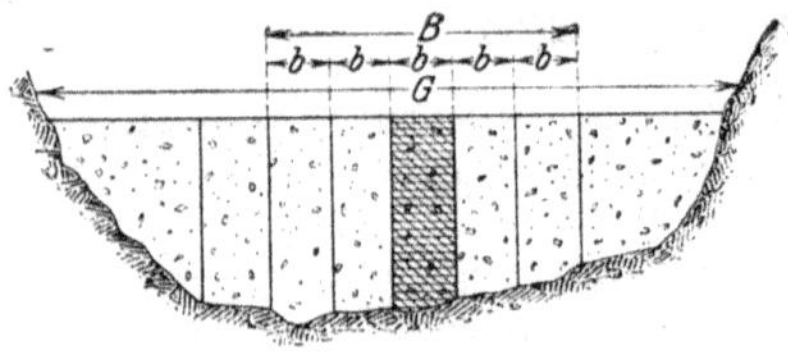

Abb. 112. Schematische Darstellung des Verhältnisses zwischen Grundwasserstrombreite (G) und Entnahmebreite eines Brunnes (b).

Zur Erschließung und Förderung des Wassers bedient man sich fast ausnahmslos lotrechter Brunnen und nur in seltenen Fällen solcher mit wagerechter Achse.

a. Wirkungsweise lotrechter Brunnen.

Für allgemeine Betrachtungen über die Wirkungsweise eines lotrechten Brunnens ist es gleichgültig, ob der natürliche Grundwasserspiegel als frei oder gespannt angenommen wird.

In solchen Fällen, wo der gespannte Spiegel unter Flur liegt, wird der Beobachter bei einer fertigen Brunnenanlage oft im Zweifel darüber sein, ob er einen freien oder gespannten Wasserspiegel vor sich hat. Gewißheit darüber, ob freier oder gespannter Spiegelzustand herrscht, kann unter Umständen das Brunnenergiebigkeitsgesetz liefern. Läßt sich das Gesetz durch eine Gerade darstellen, so hat man es mit gespanntem Wasser zu tun. (Vgl. S. 173.) Ist die Ergiebigkeitslinie gekrümmt, so läßt sich nichts Bestimmtes daraus schließen.

b. Wirkungsweise eines lotrechten Brunnens in wagerechter Richtung.

Zum leichteren Verständnis der Wirkungsweise eines beanspruchten Brunnens ist es empfehlenswert, die hydrologischen Zustände, welche auf die Erkenntnis der Vorgänge im Untergrund von Einfluß sind, so einfach wie möglich anzunehmen.

Der einfachste Zustand wird stets derjenige sein, wo der Wasserträger ein Grundwasserbecken darstellt mit freiem, wagerechtem Wasserspiegel. In einem solchen Falle ist die natürliche Grundwassergeschwindigkeit gleich Null.

Wird in einem solchen Becken ein Brunnen niedergebracht und dem

Brunnen Wasser entnommen, so wird im Brunnen der Wasserspiegel gesenkt und auf diese Weise zwischen Brunnenspiegel und dem Spiegel des umliegenden Wasserbeckens Gefälle erzeugt. Wo Gefälle ist, muß Bewegung eintreten, und die dem Brunnen zunächst benachbarten Wasserteilchen werden infolge der durch das Gefälle entstandenen Störung ihrer Gleichgewichtslage nach dem Brunnen wandern müssen. Diese Bewegung breitet sich nach und nach auf die vom Brunnen weiter entfernt liegenden Wasserteilchen in einer Weise aus, wie sich Wellenkreise in einem ursprünglich ruhigen Wasserspiegel fortpflanzen, wenn man einen Gegenstand in das Wasser wirft.

Denkt man sich das Grundwasserbecken kreisförmig mit wagerechter Sohle und den Beckeninhalt von gleichmäßiger Durchlässigkeit, so werden schließlich sämtliche Wasserteilchen des Beckens in Bewegung gesetzt. Die einzelnen Wege der Wasserteilchen weisen radial nach dem Brunnenmittelpunkt. Sämtliche Wasserteilchen müssen im Brunnen ihren Weg beenden. Die Geschwindigkeit, mit der sie sich bewegen, nimmt nach dem Brunnen hin zu und erreicht den Höchstwert an der Eintrittsstelle in den Brunnen.

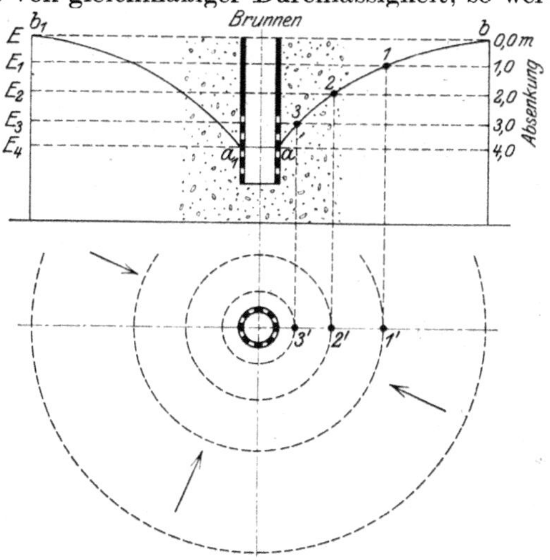

Abb. 113. Schema der Wirkungsweise eines Brunnens in einem Grundwasserbecken ohne Gefälle.

Führt man dem Becken längs des Randes stets so viel Wasser zu, als dem Brunnen entnommen wird, so muß sich nach einer gewissen Zeit im Becken der Gleichgewichtszustand einstellen. Die ursprünglich wagerechte Wasserspiegelfläche geht dann in eine gekrümmte über, welche die Gestalt eines Trichters aufweist. Die tiefste Stelle des Trichters liegt am Brunnenrand. Legt man durch die Brunnenachse lotrechte Ebenen, so ergeben sich als Schnittlinien zwischen diesen und dem Wasserspiegel Kurven, die man als „Absenkungskurven“ bezeichnet. Der trichterförmige entwässerte Raum heißt „Absenkungstrichter“. Die untere Fläche des Absenkungstrichters ist zugleich die obere Begrenzungsfläche des Grundwasserkörpers. Man kann sie auch bezeichnen als Umdrehungsfläche, deren Erzeugende die Absenkungskurve und deren Achse die Brunnenachse ist.

Legt man in gleichen Höhenabständen wagerechte Ebenen E_1, E_2 usw. durch das Becken, so stellen die Schnittlinien dieser Ebenen mit dem Wasserspiegel konzentrische Kreise dar mit wechselndem Abstand, deren gemeinschaftlicher Mittelpunkt die Brunnenachse ist. Nachstehende Abb. 113 erläutert die vorstehenden Betrachtungen.

Auf die angenäherte Gestalt der Absenkungskurve kann man daraus schließen, daß die dem Brunnen zuströmende Wassermenge nach und nach Zylinderflächen in dem durchlässigen Untergrund durchfließen muß, die gegen den Brunnen immer kleiner werden, wie die Zylinderflächen unter den Punkten *b*, 1, 2, 3 und *a*. Da die Durchlässigkeit des Untergrundes allenthalben die gleiche ist, so muß die Geschwindigkeit bei gleichbleibender Wassermenge mit der Abnahme der Filterfläche zunehmen und folgerichtig auch der Druckverlust gegen den Brunnen zu steigen. Die Absenkungskurve muß sonach gegen den Brunnen zu immer steiler abfallen. Umgekehrt endet die Abnahme des Abfalles in tangentialem Anschluß an die ursprüngliche Grundwasserhorizontale erst in unendlicher Entfernung vom Brunnen.

In Wirklichkeit gibt es aber so einfache Beziehungen zwischen Brunnen und Wasserträger nicht, und wenn es solche gäbe, so wäre es praktisch ohne jeden Wert, da sich eine dauernde Wassergewinnung nicht in einer ruhenden Wasseransammlung mit wagerechtem Spiegel erzielen läßt.

Da laufende Brunnenergiebigkeit Grundwasserbewegung voraussetzt, also Gefälle, so kommen wir der Wirklichkeit näher, wenn wir der wassertragenden Sohle des Grundwasserträgers Neigung geben. Es geht dann das Grundwasserbecken in ein Grundwassergerinne mit Sohlneigung über, und an Stelle des Ruhezustandes tritt natürliche Bewegung.

Setzen wir ferner voraus, daß in der Gesamtentwicklung des Grundwassergerinnes S Sohlenneigung und Durchlässigkeit unveränderlich, daß die Entfernung der Seitenwände und die Länge des Gerinnes unendlich sei, und daß die Wassermenge des Gerinnes weder durch Zufluß vermehrt noch durch Entnahme vermindert werde, dann muß in jedem Punkt des Gerinnes die gleiche Geschwindigkeit herrschen. Die Richtungen, in welcher sich die einzelnen Wasserfäden bewegen, müssen zueinander parallel laufen. Die Horizontalkurven des Wasserspiegels werden dann durch unter sich parallel laufende Geraden mit gleichem Abstand dargestellt, die normal zur Bewegungsrichtung stehen. Der Wasserspiegel ist eine Ebene, die mit der Sohle parallel läuft. In einem solchen Gerinne mit Gefälle muß Bewegung eintreten, und wir haben es dann mit einem natürlichen Grundwasserstrom zu tun.

Abgesehen von der Neigung, die Sohle und Wasserspiegel erhalten haben, unterscheidet sich dieser Grundwasserstrom von einem ruhenden Grundwasserbecken unendlicher Ausdehnung dadurch, daß jedes Wasserteilchen sich mit der natürlichen Geschwindigkeit des Grundwasserstromes bewegt. Es wird somit ein, wenn auch nicht vollkommen richtiges Bild von der Wirkung eines Brunnens im Grundwasserstrom dadurch zu gewinnen sein, daß man der Beckensohle ebenfalls Neigung gibt, wodurch jedem Wasserteilchen eine entsprechende natürliche Geschwindigkeit erteilt gedacht wird.

Legt man durch die Brunnenachse zwei rechtwinklig zueinander stehende Schnitte (Abb. 114 und 115), so daß der eine in der Strömungsrichtung liegt, der andere senkrecht dazu, so erhält man vier Äste.

Die beiden Äste des Querschnittes sind symmetrisch zueinander, die Äste des Längsschnittes dagegen verschieden.

Im Querschnitt steht die natürliche Strömungsgeschwindigkeit senkrecht zur künstlichen, und die Folge davon ist, daß die Bewegungsverhältnisse in der Querschnittsebene ungeändert bleiben, wie wenn keine natürliche Geschwindigkeit vorhanden wäre. Im Querschnitt eines Grundwasserstromes sind demnach die Absenkungskurven nicht anders gestaltet als wie in einem Grundwasserbecken. Bei hydrologischen Betrachtungen genügt wegen der Symmetrie die Ermittlung eines Querastes.

Im Längsschnitt fallen dagegen natürliche und künstlich erzeugte Geschwindigkeiten zusammen und die Resultante ist gleich der algebraischen Summe aus beiden Geschwindigkeiten.

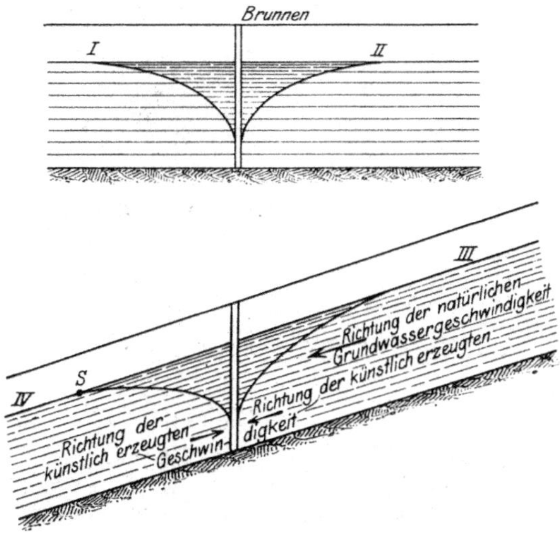

Abb. 114 und 115. Querschnitt und Längsschnitt durch einen Grundwasserstrom.

Im oberen Ast des Längenschnittes sind natürliche und künstliche Geschwindigkeit gleichsinnig und sie müssen sich daher in ihrer Wirkung summieren. Unter diesen Umständen muß die obere Absenkungskurve in ihrem ganzen Verlauf ansteigen und sich asymptotisch dem natürlichen Spiegel nähern.

Im unteren Ast dagegen sind beide Geschwindigkeiten gegensinnig gerichtet, und die Resultante muß gleich dem Unterschied derselben sein. Folgerichtig muß die untere Absenkungskurve dort, wo die künstliche Geschwindigkeit größer ist als die natürliche, ebenfalls ansteigen, dagegen dort, wo das Verhältnis umgekehrt wird, im Sinne des natürlichen Grundwassergefälles fallen. In dem Übergangspunkt zwischen Anstieg und Fall muß die natürliche Geschwindigkeit gleich der künstlichen sein. Ein in diesem Übergangspunkt „*S*“ sich befindendes Wasserteilchen ist demnach in der Gleichgewichtslage und liegt auf der Wasserscheide zwischen dem Speisegebiet des Brunnens und dem talwärts abziehenden Grundwasserstrom.

Diesen Punkt „*S*“ der unteren Absenkungskurve nennt man „untere Scheitelung oder Kulmination“. Alles Wasser eines Grundwasserstromes, welches vom Brunnen abwärts der Scheitelung liegt, ist vom Eintritt in den Brunnen ausgeschlossen. Es liegt außerhalb seines Anziehungsgebietes und gilt für ihn als verloren.

Dem Wesen der Sache nach können sich aber die der Scheitelung S zukommenden Eigenschaften nicht auf diesen einzigen Punkt allein beschränken.

Denken wir uns in Abb. 116 einen Grundwasserstrom von der Breite B und Ergiebigkeit Q z. B. in 33 einzelne Wasserfäden gleicher Breite zerlegt, die in der Richtung MN zueinander parallel fließen.

Wird dem Grundwasserstrom durch den Brunnen b die Menge $^1/_3\,Q$ entzogen, so kommen 11 Wasserfäden in Fortfall und es müssen sich die in der Abb. 116 hervorgehobenen Strombahnen entwickeln. Mit Ausnahme des durch die Brunnenachse gehenden Fadens 17 und der beiden äußersten Fäden 1 und 33 werden sämtliche Wasserfäden mehr oder weniger aus ihrer natürlichen Richtung abgelenkt. Mit der Entfernung von der Achse MN nimmt die Größe der Ablenkung stetig zu, bis sie in den Fäden 12 und 22 den Höchstwert erreicht. Man sieht aus Abb. 116, daß die Fäden 12 und 22 vor ihrem Eintritt in den Brunnen eine Richtung einschlagen, die der natürlichen Richtung des Grundwassers entgegengesetzt ist. Die Fäden 11 und 24 erleiden nur eine geringe Störung ihrer natürlichen Richtung; ihre Bewegung ist stets stromabwärts gerichtet. Die Fäden 1 und 33 fließen in ihrer ursprünglichen Richtung ungestört weiter.

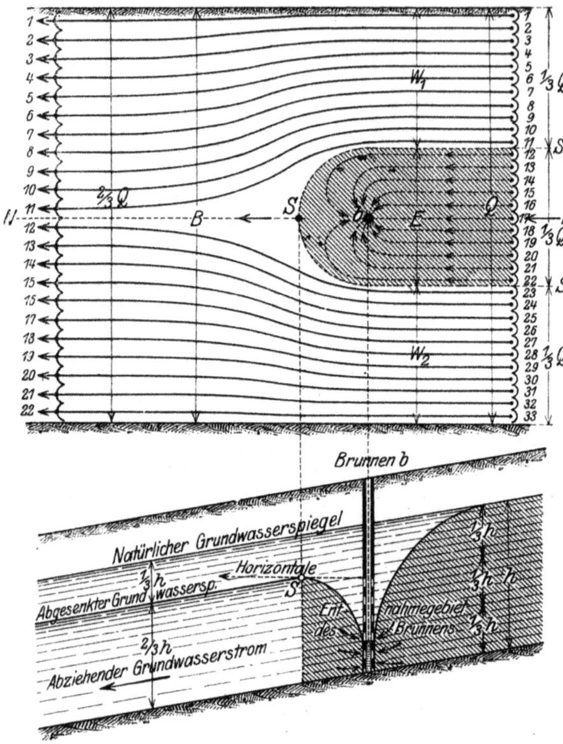

Abb. 116. Schema der Wirkungsweise eines Brunnens in einem Grundwasserstrom.

Die Fäden 12 und 22 schließen eine Gruppe von Wasserfäden ein, die sämtlich ihren Weg im Brunnen beenden, also den Brunnen speisen, während die übrigen Fäden nur mehr oder weniger aus ihrer natürlichen Lage abgelenkt werden und am Brunnen vorbeifließen. Zwischen den Fäden, die in den Brunnen eintreten, und denjenigen, die ihm verloren gehen, muß nun ein Wasserfaden liegen, der sich sowohl zum beanspruchten Brunnen, wie auch zu den verlorengehenden Fäden, also dem abziehenden Grundwasserstrom, neutral verhält, und wir nennen diesen Faden den „neutralen" Wasserweg.

Sämtliche Wasserteile, welche diesen Weg beschreiben und ihn zusammensetzen, müssen im Sinne der vorstehenden Betrachtungen durch den Scheitelpunkt S gehen, und so erhalten wir als neutralen Wasserweg die Kurve $S_1\ S\ S_2$, welche die Wasserscheide zwischen den in den Brunnen eintretenden Wasserfäden und dem abziehenden Grundwasserstrom bildet.

Denken wir uns den Faden $S_1\ S\ S_2$ als Leitlinie einer bis zur wasserdichten Sohle reichenden senkrechten Erzeugenden, so wird dadurch ein Grundwasserkörper begrenzt, der das Entnahmegebiet des Brunnens darstellt. Die Breite dieses Entnahmegebietes ist im vorliegenden Beispiele $E = {}^1/_3\,B$. Alles zwischen der Kurve $S_1 S S_2$ fließende Wasser geht in den Brunnen, alles außerhalb fließende geht für ihn verloren.

Die zwischen dem neutralen Wasserweg und den unbeeinflußten Fäden 1 und 33 liegenden Wasserfäden werden zwar mehr oder weniger aus ihrer ursprünglichen Lage abgelenkt, sie liegen aber außerhalb des Entnahmegebietes des Brunnens und fließen an ihm stromabwärts vorbei. Die Strombreiten W_1 und W_2 stellen demnach jenes Gebiet dar, auf welches der Brunnen nur ablenkend und nicht mehr entwässernd wirkt. Wir nennen die Strombreite $W_1 + E + W_2$ das Einwirkungsgebiet, welches mit dem Entnahmegebiet nicht zu verwechseln ist. In den Einwirkungsstreifen W_1 und W_2 findet wohl eine Beeinflussung der Spiegellage statt, eine Wasserentziehung ist aber ausgeschlossen.

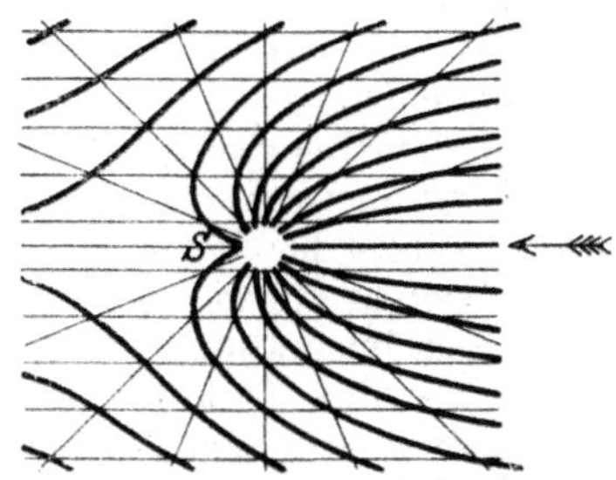

Abb. 117. Graphische Ermittlung der Wasserbahnen im Wirkungsbereiche eines Brunnens. (Nach Baudisch.)

Die Bahnkurven der einem beanspruchten Brunnen zufließenden Wasserteilchen lassen sich am besten mit Hilfe der Theorie des Geschwindigkeitspotentials finden. Die Bahnen verlaufen ähnlich wie die Kraftlinien in einem einheitlichen magnetischen Felde. Baudisch (166) hat die Lösung der Bahnkurvenfrage auch graphisch versucht (Abb. 117). Dieses Verfahren führt auf viel einfacherem Wege zum Ziel. Es besteht darin, daß man die Parallelbewegung einer Flüssigkeit zwischen zwei Ebenen mit der Radialbewegung zu einem Sinkpunkt S graphisch zusammensetzt.

c. Entnahme- und Einwirkungsgebiet eines Brunnens.

Aus dem Vorstehenden ergibt sich, daß bei einem Brunnenbetrieb zwischen Entnahme- und Einwirkungsgebiet genau zu unterscheiden ist.

Innerhalb des Entnahmegebietes tritt sämtliches in ihm fließendes Wasser in den Brunnen.

Das im Einwirkungsgebiet sich befindende Wasser ist dagegen von der Fassung ausgeschlossen und erfährt nur eine Ablenkung aus seiner natürlichen Bahn durch die nach dem Brunnen zu gerichtete künstliche Wasserströmung.

Diese Erkenntnis ist ungemein wichtig bei Aufnahmen und Beweisführungen wasserrechtlicher Art, wo es sich um die Beurteilung der Folgeerscheinungen der Entwässerungswirkung von Brunnenanlagen handelt.

Liegt eine künstliche Beeinflussung des natürlichen Grundwasserspiegels innerhalb der Entnahmegrenze eines Brunnens vor, so ist damit auch eine Wasserentziehung verbunden. Greift dagegen die Beeinflussung nur in das Einwirkungsgebiet ein, so haben wir es mit keiner stofflichen Schädigung, sondern nur mit einer Zustandsänderung der natürlichen Strombahnen bzw. des Wasserspiegels zu tun.

Der Unterschied zwischen Entnahme- und Einwirkungsgebiet wird desto größer, je größer die natürliche Wassergeschwindigkeit ist. Wird diese Geschwindigkeit gleich Null, so fallen Entnahme- und Einwirkungsgrenze zusammen.

Theoretisch reicht die Wirkung der Absenkung auf den natürlichen Spiegel bis in die Unendlichkeit. In der Praxis kann man mit einer für die anzustrebenden Zwecke hinreichenden Genauigkeit annehmen, daß die Grenze der Einwirkung, ähnlich wie bei den Staukurven, im Endlichen liegt und je nach der Entnahmemenge bzw. Absenkung an den Brunnen näher heranrückt oder sich von ihm entfernt. Es kann die Grenze der Brunneneinwirkung dort angenommen werden, wo die natürlichen Spiegelschwankungen des Grundwassers größer sind als die Spiegelschwankungen infolge des Brunnenbetriebes.

Nach den Erfahrungen des Verfassers beträgt die Entfernung, in welcher die täglichen Grundwasserspiegelschwankungen die Einwirkung eines Brunnenbetriebes vollständig verwischen, in grobdurchlässigen Schichten bei einer Entnahme von etwa 200—250 ltr/sk und einer Absenkung von 6—7 m selten mehr als 1,0—1,5 km.

Die nachstehende Zusammenstellung gibt einige zusammengehörige Werte der Entnahmemengen, Absenkungsgrößen und Entnahmebreiten von Versuchsbrunnen aus vorliegenden Beobachtungen wieder.

Versuchsbrunnen	Formation	Entnahmemenge ltr/sk	Absenkung m	Entnahmebreite m	Einwirkungsgrenze m	Beobachter
Mockau b. Leipzig	Diluvium	45,0	4,00	1150	—	A. Gleitsmann
Bukarest	Alluvium	38,8	3,40	620	—	N. Cucu
Döbern (N.-L.) . .	Diluvium	15,5	3,24	700	1300	A. Gleitsmann
Posen	„	39,2	7,40	1120	—	A. Thiem
Salzwedel	„	37,0	6,55	600	1250	E. Prinz

d. Die untere Scheitelung (Kulmination).

So wie beim einzelnen Brunnen bildet sich auch bei einer aus einer Folge eng benachbarter Brunnen bestehenden Fassung ein zusammenhängendes Entnahmegebiet aus, eingeschlossen durch einen neutralen Wasserweg, der den unterhalb der Fassung entstehenden Scheitelpunkt durchläuft.

Alles stromauf der Scheitelung im Entnahmegebiet liegende Grundwasser beendet seinen Weg in der Fassung. Es ist auch ohne theoretische Erörterung klar, daß unter sonst gleichen Umständen die Scheitelung im Unterlaufe um so weiter stromabwärts sich bildet, je breiter der Grundwasserstreifen ist, der von der Fassung ausgenützt wird.

Von den gegebenen Eigenschaften des beanspruchten Grundwasserstroms kommen sein Spiegelgefälle und seine natürliche Geschwindigkeit in der Lage der Scheitelung zum Ausdrucke. Bei geringer Geschwindigkeit trotz großen Gefälles rückt die Scheitelung näher und unter besonderen Umständen so nahe an die Fassung, daß sie im Grenzfalle nicht mehr zu erkennen ist.

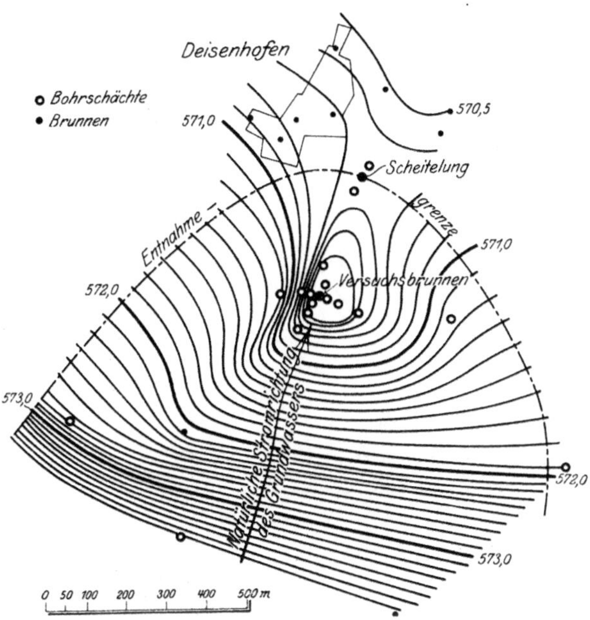

Abb. 118. Ermittlung der Entnahmegrenze eines Brunnens durch Fällen von Senkrechten auf die Höhenschichtenlinien des Wasserspiegels von der unteren Scheitelung aus. (Nach A. Thiem.)

Aus den vorstehenden Betrachtungen ergibt sich, daß von allen hydrologischen Querschnitten der weitaus wichtigste der untere Längenschnitt ist, da sich aus dem Scheitelpunkt S, der mit hinreichender Genauigkeit durch entsprechende Spiegelaufdeckungen bestimmt werden kann, das Entnahmegebiet eines Brunnens ermitteln läßt. Man braucht zu diesem Zwecke nur vom Scheitelpunkt S Senkrechte stromaufwärts auf die Höhenschichtenlinien des abgesenkten Grundwasserspiegels zu errichten. Die von einer solchen Kurve umschriebene Fläche stellt das Entnahmegebiet des Brunnens dar.

Abb. 118 gibt die Ableitung des Entnahmegebietes des Versuchsbrunnens im Gleisental nach A. Thiem (167) wieder.

Man sieht aus der Abbildung, daß der Weg um so mehr geradlinig und parallel zum Stromstrich wird, je weiter aufwärts er vom Brunnen verfolgt wird.

Die Entstehung der unteren Scheitelung wird nur ermöglicht durch ungefaßtes Wasser, welches seitlich der Fassung talabwärts fließt oder unterhalb der Fassung durch Seitenströme in den Hauptstrom gelangt. Auch durch einen benachbarten Fluß, der unterhalb der Fassung liegt, kann infolge Infiltration eine untere Scheitelung erzeugt werden.

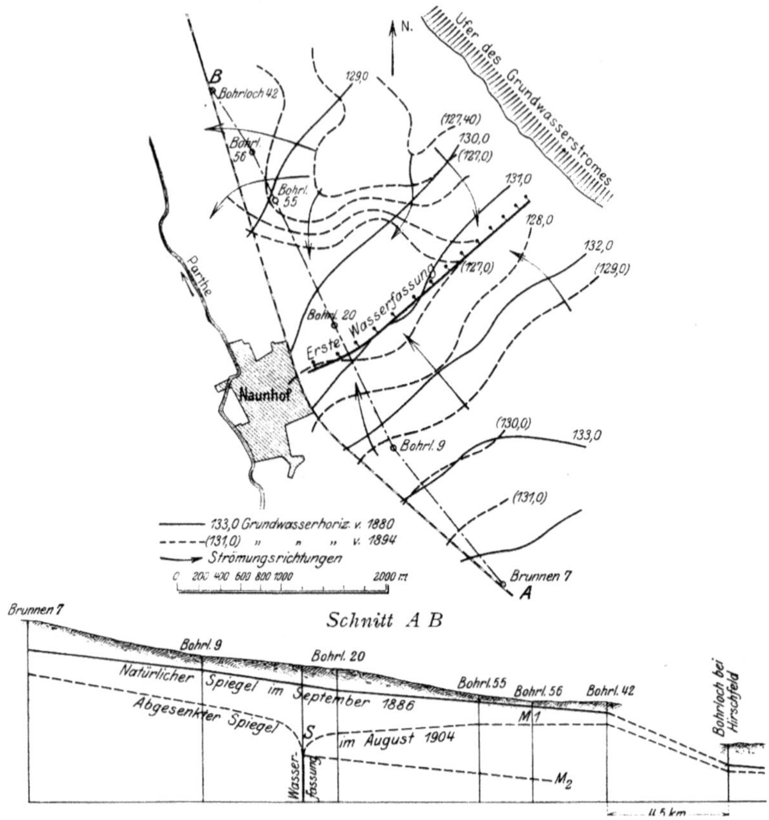

Abb. 119. Entstehung der unteren Scheitelung unterhalb der Wasserfassung der Stadt Leipzig in Naunhof durch seitliche Zuströmung. (Nach A. Thiem.)

Ein anschauliches Bild derartiger Seitenströmungen unterhalb der Fassung gibt Abb. 119, welche die hydrologischen Zustände der Leipziger Wasserfassung in Naunhof darstellt.

Wären keine seitlichen Strömungen unterhalb der Fassung vorhanden, so müßte der Spiegel des abziehenden Grundwasserstromes im Schnitt A B talwärts fallendes Gefälle ($S\,M_2$) aufweisen. Wir sehen aber Gegengefälle ($M_1\,S$) zur Fassung, und dies ist nur möglich infolge einer Spiegelerhebung unterhalb der Fassung, die durch seitlich zufließendes Wasser erzeugt wird. Im Lageplan sieht man die ursprünglichen Höhenschichtenlinien des Grundwassers vor Inbetriebnahme des Wasserwerkes, sowie solche nach 14jährigem Wasserbetrieb. Die aus den Grundwasserhorizontalen des Jahres 1904 abgeleiteten Strömungsrichtungen zeigen deutlich, daß die Herkunft des die untere Scheitelung erzeugenden Wassers nur in seitlichen Zuflüssen gesucht werden kann.

Bei benachbarten Fassungen, die sich gegenseitig beeinflussen, entwickelt sich eine gemeinschaftliche Scheitelung S mit einer gemeinsamen Entnahmegrenze $A\,B$ (Abb. 120).

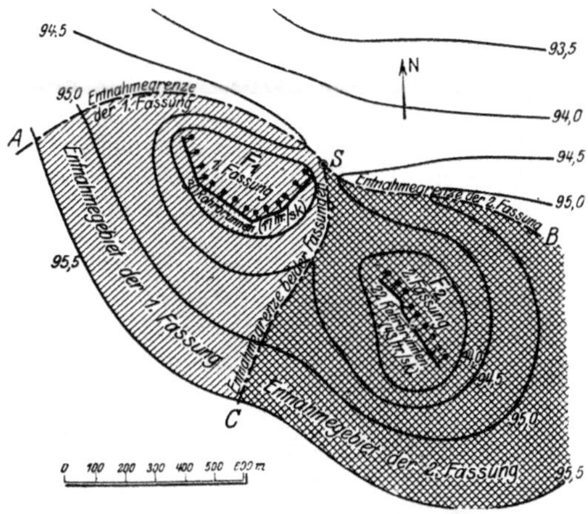

Abb. 120. Bildung einer gemeinsamen Scheitelung S bei zwei benachbarten Fassungen. (Nach G. Thiem.)

Von den beiden Fassungen F_1 und F_2 lieferte im Dauerzustand die Fassung F_1 17, die Fassung F_2 43 ltr/sek Wasser. Aus der Lage der Scheitelung S, welche ganz nahe an die Fassung F_1 herangerückt ist, kann man schließen, daß Fassung F_2 ergiebiger sein muß als Fassung F_1.

Die folgende Zusammenstellung gibt zusammengehörige Werte vom Abstand der unteren Scheitelung, vom Grundwassergefälle und von der Entnahmemenge nach vorliegenden Beobachtungen wieder.

Versuchsbrunnen	Grundwassergefälle 1 : . . .	Entnahmemenge ltr/sk	Abstand der unteren Scheitelung von der Fassungsachse m	Beobachter
Bukarest	1 : 640	38,8	150	N. Cucu
Posen	1 : 80	39,2	160	A. Thiem
Trier.	1 : 1500	34,8	290	C. Wahl
Grimma i. Sa.	1 : 1000	54,0	500	A. Gleitsmann
Luckenwalde	1 : 285	43,6	700	E. Prinz
Wasserfassung Leipzig-Naunhof. .	1 : 700 bis 1 : 980	350,0	3200	A. Thiem

e. Wirkungsweise eines lotrechten Brunnens in lotrechter Richtung.

Die durch den Brunnenbetrieb erzeugte Veränderung in der Gestalt des Grundwasserspiegels und damit seiner Gefällsverhältnisse wirkt, um das noch besonders hervorzuheben, nicht irgendwie beschränkt, sondern durch die ganze Tiefe des Grundwasserträgers bis zur undurchlässigen Sohle hinab. Überall innerhalb der Entnahmegrenze bewegt sich das Grundwasser in der Nähe des Brunnens in mehr oder weniger nach oben steigender Richtung dem Brunneninneren zu.

Unter dem Brunnen liegende ruhige Wasserschichten gibt es während des Brunnenbetriebes nicht.

Auf die Tatsache, daß unterhalb der Brunnensohle keine ruhenden Wasserschichten vorkommen, hat zuerst A. Thiem (168) aufmerksam gemacht und die Richtigkeit dieser Behauptung durch Laboratoriumsversuche und Messung der hydraulischen Spannungszustände im Grundwasserträger nachgewiesen.

Neuere Versuche, die Pennink (169) unter anderem an Kanälen mit unterirdischer Wasserspeisung angestellt hat, bestätigen die Angaben Thiems in außerordentlich beweiskräftiger Weise. Pennink benutzte für seine Versuche eine Vakuum-Peilvorrichtung, mit deren Hilfe sich die Spannungszustände des Grundwassers unterhalb der Kanalsohle genau feststellen ließen.

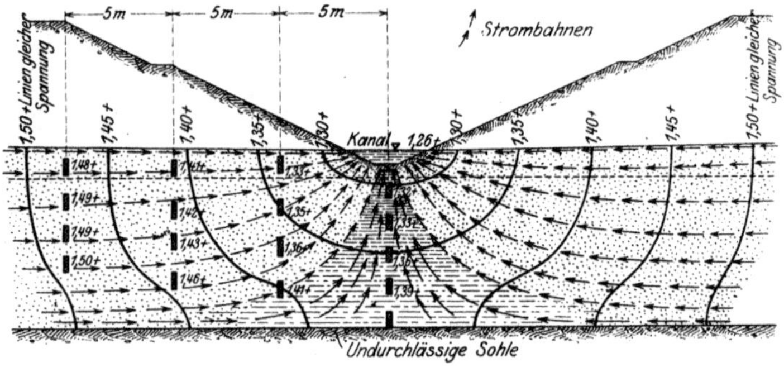

Abb. 121. Linien gleicher Spannung und Strombahnen in einem beanspruchten Grundwasserträger. (Nach Pennink.)

Auf diese Weise ist z. B. die Abb. 121 zustande gekommen. Die Ziffern rechts von den Beobachtungspunkten ▨ geben die Spannungen in Millimetern, bezogen auf die Nullinie, an. Die Strombahnen des Wassers laufen senkrecht zu den Linien gleicher Spannung, und zwar aus der Tiefe nach der Oberfläche zu.

f. Bedeutung der lotrechten Wirkung einer Wasserfassung für den natürlichen Wasserhaushalt.

Die Tatsache, daß die entwässernde Wirkung eines Brunnens (bzw. einer hydraulisch gleichwertigen Fassungsanlage) nicht allein künstliche wagerechte, sondern auch lotrechte Strombahnen erzeugt, hat große Bedeutung im Wasserhaushalt der Natur.

Jede Quelle und jeder oberirdische Wasserlauf, der durch Grundwasser gespeist wird, ist weiter nichts als eine natürliche Entwässerungs- bzw. Fassungsvorrichtung und wirkt im Sinne der vorstehenden Erläuterungen auch entwässernd auf die tieferen wasserführenden Schichten. Wäre dies nicht der Fall, so müßte das in der Tiefe liegende Grundwasser stillstehen und mit der Zeit seine guten Eigenschaften verlieren. So aber wird es durch ein weises Naturgesetz auf natürlichem Wege zur Teilnahme am Kreislauf gezwungen, und es gibt im allgemeinen in der Erdtiefe kein ruhendes Wasser, sondern nur solches, welches sich, wenn auch langsam, nach der Oberfläche zu bewegt und welches stets durch nachsinkendes Wasser von oben ergänzt wird.

g. Der Thiemsche Satz.

Die Wirkungsweise eines unter den vorstehend erörterten Bedingungen beanspruchten lotrechten Brunnens läßt sich durch den Thiemschen Satz ausdrücken:

„Befindet sich in der Absenkungskurve des stromabwärts liegenden Teiles eines durch die Brunnenachse gelegten Längenschnittes eine untere Scheitelung, so entwickelt sich eine durch diese gehende neutrale Grenzfläche, und alles von letzterer umschlossene Wasser, mag es hoch oder tief liegen, beendet seinen Weg im Brunnen."

Verfolgt man die Grenzflächen aufwärts bis zum unbeeinflußten Grundwasser, so schneiden sie im Zusammenhalt mit Spiegel und Sohle einen Grundwasserkörper heraus, dessen hahezu rechteckiger Querschnitt die obere Durchflußfläche für sämtliches in den Brunnen strömende Wasser bildet. Dieser Querschnitt ist der besondere Wasserbezugsort des Brunnens und er verhält sich zum Querschnitt des Grundwasserstromes wie die Brunnenergiebigkeit zur Stromergiebigkeit.

Die in dem Thiemschen Satze vorausgesetzte Scheitelung tritt notwendig ein bei jeder Entnahme, die größer ist als die Menge, die in natürlichem Zustande auf einer dem Durchmesser des Brunnens gleiche Breite des Grundwasserstroms durch den Ort des Brunnens sich bewegt hat. Nur, wenn die Entnahme unter dieses Maß verringert gedacht wird, bleibt die Ausbildung einer solchen Scheitelung aus, und zwar umso eher, je vollkommener durchlässig die Brunnenwandungen sind. Die Absenkungskurve hat dann im stromabwärts liegenden Teile des Längenschnitts Gefälle nur im Sinne der natürlichen Stromrichtung, und es kann nicht allein alles unter dem Brunnen befindliche Wasser von der Fassung ausgeschlossen bleiben, sondern auch bereits durch den Brunnen gefaßtes wieder an den Untergrund verloren gehen.

h. Wirkungsweise mehrerer lotrechter Brunnen.

Werden in einem zusammenhängenden Grundwasserstrom mehrere Brunnen nebeneinander angeordnet und gleichzeitig betrieben, so hängt ihre Wirkungsweise und Ergiebigkeit von ihrer gegenseitigen Entfernung und der Lage im Grundwasserstrome ab.

Liegen die Brunnen rechtwinklig quer zur Stromrichtung, so muß die gegenseitige Entfernung zweier benachbarten Brunnen so gewählt werden, daß sie der Summe der halben Breiten der Entnahmegebiete derselben gleich ist, also $\frac{E}{2} + \frac{E_1}{2}$ beträgt, wenn E und E_1 (Abb. 122) die Entnahmebreiten zweier benachbarten Brunnen darstellen. Ist diese Entfernung kleiner, so greift das Entnahmegebiet des einen Brunnens in das des anderen über, und ein Brunnen entzieht dem anderen Wasser. Ist diese Entfernung größer, so geht zwischen den beiden Brunnen ungefaßtes Wasser hindurch und somit ein Teil des Grundwasserstromes verloren.

Welche Wichtigkeit die richtige Bestimmung der Entnahmebreiten bei der Beurteilung von Grundwassermengen hat, geht z. B. aus folgender Betrachtung hervor:

Denkt man sich einen Grundwasserstrom von der Breite B und einen Brunnen in demselben niedergebracht, der bei einer Entnahmebreite von $\frac{B}{10}$ 5 ltr/sk Wasser liefert, dann beträgt die gesamte aus dem Grundwasserstrom gewinnbare Wassermenge $10 \times 5 = 50$ ltr/sk. Denkt man sich einen zweiten Grundwasserstrom von gleicher Breite B und es ergibt sich, daß ein Brunnen von gleicher Bauweise 10 ltr/sk liefert, wobei aber die Entnahmebreite desselben $\frac{B}{3}$ beträgt, dann stellt sich die aus dem zweiten Grundwasserstrom gewinnbare Gesamtmenge auf $3 \times 10 = 30$ ltr/sk.

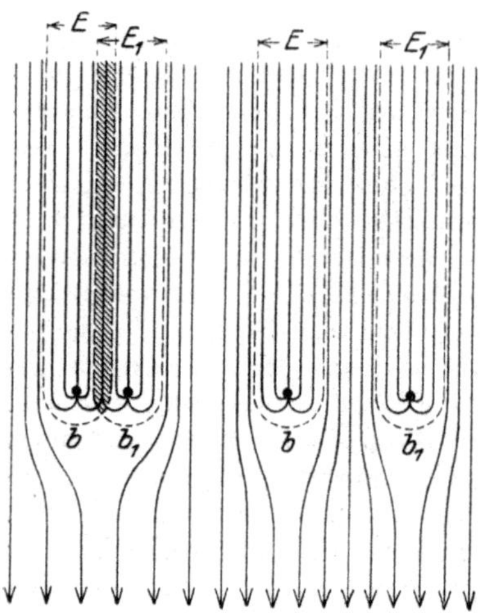

Abb. 122. Zwei benachbarte Brunnen, die sich gegenseitig Wasser entziehen (links) und zwischen welchen ungefaßtes Wasser durchgeht (rechts).

Wiewohl demnach im ersten Falle die Ergiebigkeit eines Brunnens nur die Hälfte der Ergiebigkeit im zweiten Falle beträgt, der Untergrund also im ersten Falle augenscheinlich wasserärmer ist als im zweiten, so lassen sich doch im ersten Falle 20 ltr/sk mehr als im zweiten gewinnen.

Es folgt daraus: Als maßgebende Größe zur Beurteilung des Wasserreichtums eines Untergrundes gilt nicht die Ergiebigkeit eines Brunnens für sich allein, sondern die Ergiebigkeit im Zusammenhange mit der Breite des Entnahmegebietes.

Sind die gegenseitigen Abstände der einzelnen Brunnen so groß, daß zwischen ihnen noch ungefaßtes Wasser durchfließen kann, so bilden die oberen Durchflußflächen der einzelnen Brunnen voneinander unabhängige Flächenstreifen.

Greifen die Durchflußflächen ineinander ein, so muß eine Verminderung der Brunnenergiebigkeit eintreten. Werden die Brunnen eng benachbart, so sinkt ihre Ergiebigkeit fast auf die Ergiebigkeit eines einzelnen herab.

Überquert eine Brunnenfolge den Grundwasserstrom vollständig, schließen sich also die Brunnen an das Ufer an, und findet unterhalb der Fassung kein seitlicher Zufluß statt, so kann sich eine untere Scheitelung nicht ausbilden, da das hierzu notwendige Wasser fehlt. Es muß dann in Ermangelung einer unteren Scheitelung, wenn die Brunnen nicht bis zur wassertragenden Sohle reichen, unter dem Brunnen ungefaßtes Wasser durchfließen.

Legt man dagegen zwei Brunnen im Stromstrich übereinander an, so zeigt ein durch ihre Achsen gelegter Schnitt zwischen beiden eine Scheitelung, von welcher sich nach dem oberen Brunnen der Wasserzufluß gegensinnig, nach dem unteren aber gleichsinnig zur natürlichen Stromrichtung vollzieht. Die Durchflußfläche des unteren Brunnens besteht aus zwei einander gleichen, durch die Durchflußfläche des oberen getrennten Flächenstreifen. Beide Durchflußflächen und damit die Ergiebigkeiten beider Brunnen sind bei gleichzeitigem Betriebe kleiner als bei Einzelbetrieb unter sonst gleichen Umständen, wobei die größere Schmälerung den unteren Brunnen trifft.

Allerdings wächst die Summe der Ergiebigkeiten im gleichzeitigen Betriebe bei einer Vergrößerung des Abstandes beider Brunnen, kann aber bei endlichem Abstande nie die Summe der Ergiebigkeiten im Einzelbetriebe erreichen.

Die gegenseitige Beeinflussung benachbarter Brunnen ist daraus zu erklären, daß bei gleichzeitigem Betriebe jedem Brunnen ein Teil des Wassers entzogen wird, welches dazu dient, die untere Scheitelung bzw. die von dieser ausgehende lotrechte summierende Wirkung zu erzeugen.

i. Wirkungsweise wagerechter Brunnen.

Als wagerechte Brunnenanlagen gelten Sickerschlitze, Stollen und Filtergalerien.

Man kann derartige Anlagen auch auffassen als eine Reihe eng benachbarter lotrechter Brunnen von beschränkter Höhenentwicklung.

Die Enden einer wagerechten Fassung wirken je wie ein halber lotrechter Brunnen und erzeugen radiale Geschwindigkeiten wie diese. Der mittlere Fassungskörper dagegen erzeugt nur senkrecht auf die Fassung gerichtete Geschwindigkeiten, und ist die Fassungsachse normal zur natürlichen Stromrichtung, so ist die künstlich erzeugte Wasserbewegung parallel mit der natürlichen (Abb. 123).

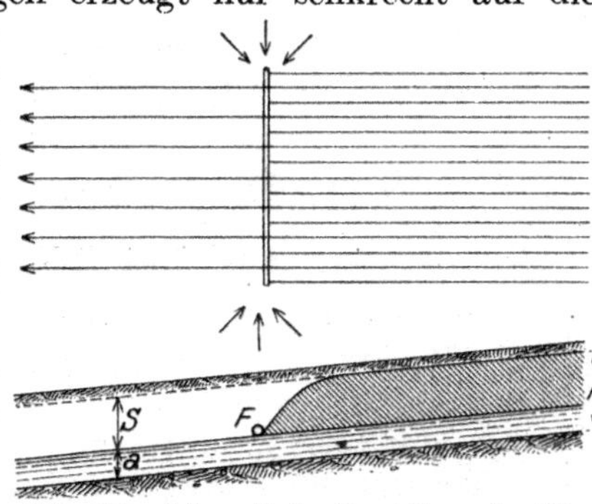

Abb. 123. Schematische Darstellung der Wirkungsweise eines wagerechten Brunnens *F*.

Liegt der Fassungskörper auf der wassertragenden Sohle und überquert er den Grundwasserstrom vollständig, indem er Anschluß an beide Ufer findet, so faßt er sämtliches Wasser.

Liegt der den Grundwasserstrom völlig überquerende Fassungskörper im Abstand a (Abb. 123) über der wassertragenden Sohle, so geht das in der Höhenschicht a fließende Wasser für die Fassung verloren. Fehlt dagegen der Uferanschluß, so entstehen an den beiden wie lotrechte Brunnen wirkenden Fassungsenden lotrechte Scheitelungen, die je nach dem Verhältnis der Stromergiebigkeit zur gefaßten Menge nach der Mitte zu verschwinden oder zu einer gemeinsamen Scheitelung in der Mitte sich vereinigen können.

Im ersteren Falle geht ein Teil des Wassers unter dem Fassungskörper ungefaßt durch, im zweiten wirkt der wagerechte Fassungskörper wie ein lotrechter mit ausgebildeter unterer Scheitelung.

k. Vergleich der Wirkungsweise lotrechter und wagerechter Brunnen.

Vergleicht man die Wirkungsweise eines lotrechten mit derjenigen eines wagerechten Brunnens, so ergibt sich folgender Unterschied von hydrologisch großer Tragweite:

Ein lotrechter Brunnen, der eine untere Scheitelung erzeugt, faßt sämtliches Wasser, das innerhalb seiner Entnahmebreite fließt, gleichgültig, ob es hoch oder tief liegt, auch dann, wenn der Brunnen nicht bis zur wassertragenden Sohle reicht. Voraussetzung ist hierbei, daß genügende Absenkung erzeugt werden kann.

Ein wagerecht liegender Brunnen, der den ganzen Grundwasserstrom so überquert, daß eine untere Scheitelung sich nicht entwickeln kann, faßt nur das über ihm liegende Wasser. Das unter ihm fließende Wasser geht für die Fassung verloren.

Ein wagerechter Brunnen ohne Uferanschluß, der eine untere Scheitelung erzeugt, wirkt dagegen wie ein lotrechter Brunnen.

Will man demnach das gesamte, gleichgültig ob hoch- oder tiefliegende Wasser fassen, so führt sowohl eine lotrechte als auch wagerechte Brunnenanlage zum Ziel, wenn für die Erzeugung einer unteren Scheitelung gesorgt wird.

Will man dagegen tiefliegende Wasserschichten aus chemischen oder sonstigen Gründen von der Fassung ausschließen, so ist dies nur möglich durch vollständige Überquerung des Grundwasserstromes, so daß sich eine untere Scheitelung nicht bilden kann. Das geeignete Mittel hierzu ist ein wagerechter Brunnen mit Uferanschluß.

Die Ausschaltung von über dem Fassungskörper liegenden Wasserfäden ist technisch unmöglich.

VII. Der ungefaßte, abziehende Grundwasserstrom.

In der Natur sind die vorstehend geschilderten Zustände, aus denen sich die Wirkung der einzelnen Brunnenanordnungen leicht erklären läßt, nur unvollkommen vorhanden. Man muß auch damit rechnen, daß zwar eine Brunnenanlage in ihrer Gesamtanordnung unveränderlich ist, daß jedoch die Wasserführung eines Grundwasserstromes Schwankungen unterliegt.

Faßt eine Brunnenanlage das gesamte Wasser zur Zeit des niedrigsten Grundwasserstandes, so wird bei Eintritt eines Höchststandes ungefaßtes Wasser zwischen den Brunnen durchgehen u. dgl. Auch wird man kaum je in die Lage kommen, einen Grundwasserstrom mittels Brunnenanlagen vollständig zu fassen und wird daher stets unterhalb der Fassung einen abziehenden Grundwasserstrom finden. Die Wassermenge des abziehenden Grundwasserstromes, der von der unteren Scheitelung aus unterhalb der Fassung seinen Lauf nimmt und zugleich Anschluß an das seitlich des Entnahmegebietes vorbeifließende Grundwasser sucht, ist gleich der natürlichen Wasserführung, vermindert um die Fassungsmenge.

Die hydraulischen Störungen, welche eine Fassung in den natürlichen Grundwasserverhältnissen hervorruft, verwischen sich mit der Entfernung vom Fassungsort, und sie werden desto eher ausgeglichen, je kleiner die Fassungsmenge im Verhältnis zur gesamten Wasserführung ist. Auch seitlich zufließendes Grundwasser unterhalb der Fassung spielt hierbei eine große Rolle.

Sind die seitlichen Zuflüsse gering, so stellt sich in einer gewissen Entfernung unterhalb der Fassung das natürliche Grundwassergefälle wieder ein bei entsprechender Minderung der Höhe des Wasserquerschnittes. Sind die seitlichen Zuflüsse groß, so wird unterhalb der Fassung bald jede Spur der Wasserentziehung so gut wie vollständig verwischt.

VIII. Theorie der Grundwasserbewegung.

Die durch einen Brunnenbetrieb im Untergrund hervorgerufenen künstlichen hydraulischen Zustände und ihre Folgeerscheinungen lassen sich mit Hilfe der Theorie der Grundwasserbewegung rechnerisch verfolgen. Die Bewegung des Grundwassers in losen Haufwerken geschieht, wie wir bereits erwähnt haben, in den zwischen den einzelnen Körnern entstehenden Hohlräumen, die in ihrer Aufeinanderfolge sich zu unregelmäßig verlaufenden, vielfach verzweigten Kanälen zusammensetzen. Die Querschnitte dieser Kanäle sind veränderlich von Ort zu Ort, ohne die Querschnittsgröße der sog. Haarröhrchen oft zu überschreiten.

Auf dieser Eigentümlichkeit der meisten wasserführenden Schichten ist es möglich, die Theorie der Grundwasserbewegung mit Hilfe der Gesetze, welche für die Haarröhren- oder Kapillarbewegung des Wassers aufgestellt worden sind, aufzubauen.

Als einschlägige neuere Literatur über Grundwasserbewegung seien u. a. genannt die Arbeiten von Budau (107), Forchheimer (145), Imbeaux (170), King (148), Lorenz (171), Lueger (149, 172), Slichter (173), Smreker (174), A. Thiem (175), Versluys (176, 177), Weyrauch (147).

1. Das Poisseuille-Darcy-Dupuitsche Gesetz (Darcysches Gesetz).

Von der Lehre Coulombs und den Versuchen Poisseuilles (178) ausgehend, die sich auf Röhrchen von sehr kleinem Durchmesser erstrecken, fand Darcy (143), indem er Wasser durch ungewaschenen Filtersand hindurchgehen ließ, daß in der Tat genau genug

$$\frac{Q}{F} = p \cdot v = k \cdot \frac{h}{l}$$

sich stellte, worin übereinstimmend mit den vorhergehenden Betrachtungen auf S. 121

Q . . . die Menge,
F . . . den vollen Querschnitt der durchlässigen Schicht,
p . . . das Hohlrauminhaltsverhältnis,
v . . . die auf den freien Querschnitt bezogene Geschwindigkeit,
k . . . einen festen, nur von der Beschaffenheit des Filtermaterials abhängigen Beiwert,
h . . . die bei dem Durchgang des Wassers durch die Filterschicht verbrauchte Druckhöhe, und
l . . . die Länge der Filterschicht

bedeutet.

Dieses Gesetz besagt, daß die Geschwindigkeit der ersten Potenz des Grundwassergefälles proportional ist und nicht wie bei offenen Wasserläufen der Quadratwurzel aus der Druckhöhe $\left(v = \sqrt{2\,g\,h}\right)$.

Dupuit (179) fand das gleiche Gesetz und hat es aus dem Binomen für die Wasserbewegung in Kanälen abgeleitet, indem er das mit dem Geschwindigkeitsquadrat behaftete zweite Glied der Gleichung $h = \alpha\ u + \beta\ u^2$ als verschwindend klein fortfallen ließ.

Der Einfachheit wegen wird das Poisseuille-Darcy-Dupuitsche Gesetz kurz das Darcysche Gesetz genannt.

Die Gültigkeit des Darcyschen Gesetzes ist keine allgemeine, uneingeschränkte.

Aus zahlreichen Versuchen hat sich ergeben, daß das Darcysche Gesetz in erster Linie für kleine Gefälle und kleine Geschwindigkeiten mit hoher Genauigkeit zutrifft. Das sind also Verhältnisse, die den meisten natürlichen Grundwasserträgern eigen sind, und aus diesem Grunde ist man berechtigt, das Darcysche Gesetz für die natürlichen Bewegungsvorgänge in den meisten Grundwasserströmen anzuwenden.

Nach den Erfahrungen des Verfassers gilt die einfache Proportionalität des Darcyschen Gesetzes etwa in den Grenzen eines Grundwassergefälles von 1 : 100 bis 1 : 3000.

Bei größeren Gefällen versagt das Gesetz, da die Wassermenge dann hinter dem Gefällszuwachs zurückbleibt, und zwar in desto größerem Maße, aus je göberem Korn sich das Filtermaterial zusammensetzt. Es kommt auch auf das Mischungsverhältnis der einzelnen Korngrößen an, und die Abweichung vom Darcyschen Gesetz ist desto größer, je mehr die grobe Körnung überwiegt, da in einem solchen Falle die Größe des von den verschiedenen Kornsorten gebildeten Hohlraummaßes abnehmen und infolgedessen der Widerstand wachsen muß.

Das Darcyschen Gesetz versagt aber ebenfalls bei gleichmäßigem Korn, wenn das Gefälle die oben genannten Grenzen übersteigt und ist aus diesem Grunde z. B. bei der künstlichen Filtration, die in der Regel mit hohen Gefällen arbeitet, nicht anwendbar.

Auch bei großen Wassergeschwindigkeiten verliert das Darcysche Gesetz seine Gültigkeit. Dies ist namentlich bei künstlicher Beanspruchung des Untergrundes durch Fassungsanlagen der Fall, wenn sich am Mantel des Fassungskörpers nach erfolgter Entsandung größere Hohlräume entwickeln, in denen die Wasserteilchen transversale Bewegungen ausführen können. Mit diesen transversalen Bewegungen ist ein Verlust an Massenenergie bzw. Druck verbunden. Aus dieser Tatsache erklärt es sich, daß nicht selten die Ergebnisse von Pumpversuchen mit dem Darcyschen Gesetz in Widerspruch stehen.

Die Richtigkeit und Anwendungsfähigkeit des Darcyschen Gesetzes auf natürliche Bewegungsvorgänge in Sandarten von bestimmter Korngröße haben u. a. durch Versuche nachgewiesen Piefke (180), King (148). Übersichtlich zusammengestellt hat derartige Versuche Forchheimer (181).

Die Versuche von Piefke wurden mit verschiedenen Bodensorten, und zwar Grand, grobem Sand, scharfem Sand, feinem Sand und sehr feinem Sand angestellt, die aus verschiedenen Korngrößen gemischt und deren Mischung den natürlichen Verhältnissen möglichst genau angepaßt war.

Die ermittelten Hohlräume betrugen:

bei Nr. I Grand	24,9 v. H.,	d. s.	100 v. H.
„ „ II grober Sand	31,4 „	„	126 „
„ „ III scharfer Sand	32,3 „	„	129 „
„ „ IV feiner Sand	33,6 „	„	134 „
„ „ V sehr feiner Sand	34,0 „	„	137 „

Das Hauptergebnis dieser Versuche wird durch die in Abb. 124 gegebenen Schaulinien zur Darstellung gebracht.

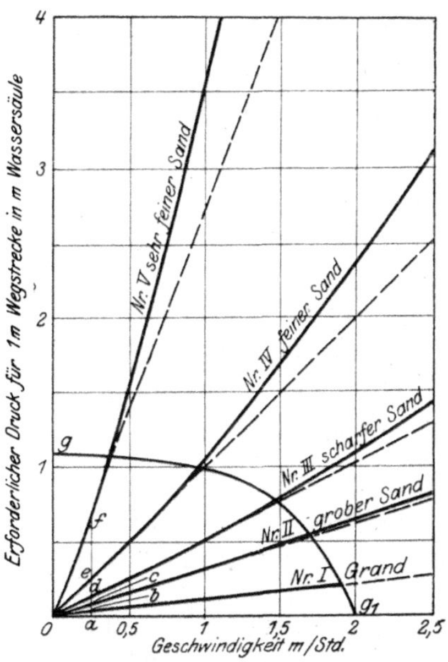

$g\,g_1$ . . . angenäherte Grenze der Gültigkeit des Darcyschen Gesetzes.

Abb. 124. Druckkurven für die Sande I—V. (Nach Piefke.)

Man sieht aus dem Verlauf der einzelnen Linien, daß sie zunächst sämtlich aus dem Anfangspunkt des Koordinatensystems geradlinig auslaufen, dann aber bei Geschwindigkeitswerten, die mit wachsender Korngröße und abnehmendem Hohlrauminhalte wachsen, allmählich in gegen die Achse der Geschwindigkeiten konvexe Kurven übergehen. Für die geradlinigen Abschnitte gilt Proportionalität zwischen Druck bzw. Gefälle und Geschwindigkeit, also das Darcysche Gesetz. Darüber hinaus wächst das Gefälle mit zunehmender Geschwindigkeit desto schneller und stärker, je feiner die Sande sind. Bei sehr feinem Sand (Nr. V) hört die Proportionalität bereits bei 0,25 m Geschwindigkeit in der Stunde auf, bei Grand (Nr. I) erst bei 2,5 m in der Stunde, also bei zehnfacher Geschwindigkeit.

Da nun die natürlichen Grundwasserträger meist aus den zwischen feinem Sand und Grand liegenden Korngrößen bestehen und in ihnen die mittleren Grundwassergeschwindigkeiten selten den Betrag von 0,25 m in der Stunde, das sind 6 m im Tag, überschreiten, so folgt aus den Versuchen von Piefke, daß das Darcysche Gesetz den Bedürfnissen der Praxis mit genügender Genauigkeit Rechnung trägt, womit aber nicht behauptet werden soll, daß es nicht verbesserungsbedürftig wäre.

Auch aus den umfangreichen und mit großer Sorgfalt durchgeführten Versuchen, welche King (148) angestellt hat, geht hervor, daß das Darcysche Gesetz innerhalb praktisch in Frage kommender Grundwassergeschwindigkeiten als durchaus brauchbar bezeichnet werden kann.

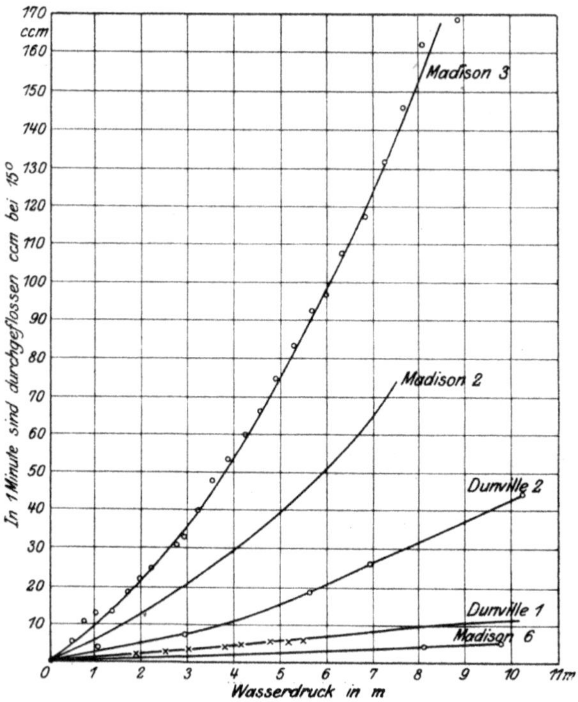

Abb. 125. Durchlässigkeit von Sandsteinen. (Nach King.)

King hat nicht allein lose Haufwerke, sondern auch poröse Amherst-, Madison- und Dunville-Sandsteine auf ihre Durchlässigkeit untersucht. Diese Versuchsergebnisse zeigt Abb. 125 nach einer Zusammenstellung von Luedecke (4).

Aus den Kingschen Originalversuchen hat Luedecke die Abb. 126 abgeleitet, aus der man die Wassermengen ablesen kann, die in einer Minute durch einen Quadratmeter Querschnitt der verschiedenen Sande von 0,52 bis 2,54 mm mittlerem Korndurchmesser bei einem Grundwassergefälle von 0 bis 12 v. H. fließen.

Kresnik (182) hat auf Grund von Versuchen mit feinen Sanden und Sandgemischen mit engen Hohlräumen für solche die Formel:

$$V = \delta(\alpha d - 0{,}01) + \sqrt{\delta} \cdot \sqrt{\delta(\alpha d - 0{,}01)^2 + 1{,}4\,\alpha d}, \qquad (13)$$

gültig für Wasser von 10° C, aufgestellt, worin bedeutet:

V . . . die Geschwindigkeit in m, bezogen auf den vollen Querschnitt und in 24 Stunden,

α . . . das Gefälle,

d . . . den wirksamen Korndurchmesser in Millimetern, und

$\delta = 40 + 52{,}5\,d$ zu setzen ist.

Bei gröberen Sanden mit größeren Hohlräumen geht die Formel über in:

$$V = -1875 \cdot d\gamma + 54{,}77\sqrt{d} \cdot \sqrt{1172\,d\,\gamma^2 + 100 \cdot \alpha \cdot d - 1}, \qquad (14)$$

worin:

$$\gamma = \frac{1}{1 + 1{,}3\,d}.$$

Man sieht daraus, daß Formel (13) für feinere Sande im Einklang mit dem Darcyschen Gesetz steht, da die Wassergeschwindigkeit wesentlich von der ersten Potenz von „α" abhängt. Bei gröberen Sanden nimmt dagegen die Geschwindigkeit nur unter Mitwirkung von „$\sqrt{\alpha}$" zu, so daß Gleichung (14) einen Übergang zu den Geschwindigkeitsformeln für Wasserbewegung in offenen Gerinnen darstellt.

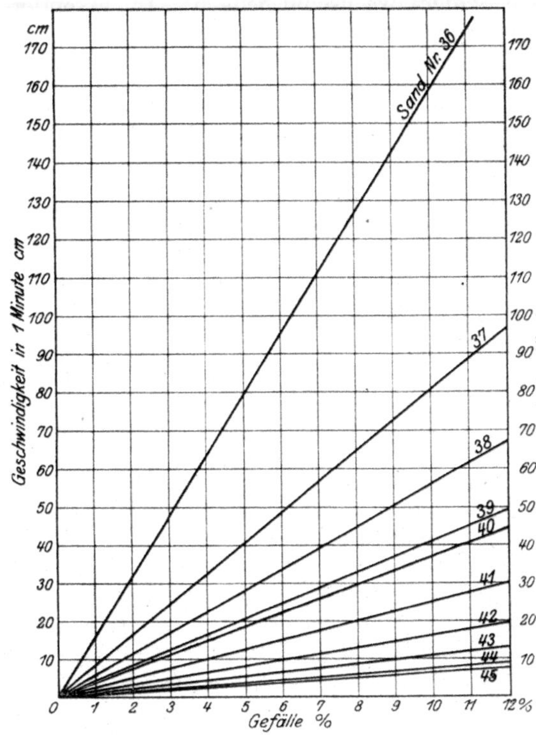

Nr. 36	mittl.	Durchm.	= 2,54	Nr. 41	mittl.	Durchm.	= 0,915
„ 37	„	„	= 1,808	„ 42	„	„	= 0,799
„ 38	„	„	= 1,451	„ 43	„	„	= 0,715
„ 39	„	„	= 1 217	„ 44	„	„	= 0,600
„ 40	„	„	= 1,095	„ 45	„	„	= 0,520

Abb. 126. Durchlässigkeit gesiebter Sande. (Nach King-Luedecke.)

Auch Reynolds (183) hat die Grenze der Gültigkeit des Darcyschen Gesetzes klar erkannt auf Grund seiner Untersuchungen der „kritischen Geschwindigkeiten", aus denen hervorgeht, daß das für Boden mit engen Poren gültige Gesetz der Haarröhrenbewegung bei grobkörnigen Schichten nach und nach in die Gesetze, welche für die Bewegung von Flüssigkeiten in weiten Röhren gelten, übergeht.

Die praktische Anwendbarkeit des Darcyschen Gesetzes ist vielfach angezweifelt und bestritten worden. Namentlich von Smreker (184) im Jahre 1878 und neuerdings (185) in seiner im Jahre 1914 veröffentlichten Dissertation. Smreker hat dort dem Darcyschen Gesetz die Formel

$$\frac{h}{l} = \alpha\, v^2 + \beta\, v^{3/2} \quad \text{oder abgekürzt} \quad \frac{h}{l} = \gamma\, v^{3/2} \qquad (15)$$

gegenübergestellt. Nach dieser neuen Formel wächst also der Bewegungswiderstand nicht wie bei Darcy mit der ersten, sondern mit der dreihalbten Potenz der Geschwindigkeit.

Inzwischen hatte aber im Jahre 1884 Kröber (186) aus Versuchen mit Schichten gleichmäßigen Korns eine Formel abgeleitet, welche die

Ergebnisse seiner Beobachtungen unter das allgemeine Gesetz ordnete

$$\frac{h}{l} = (c\,h\,v)^w. \tag{16}$$

In diesem Gesetz ist außer dem Beiwerte auch der Exponent der Geschwindigkeit mit der Beschaffenheit der durchströmten wasserführenden Schicht wechselnd gedacht. Im besonderen hatte Kröber für die Reihe der von ihm benutzten Schichten den Exponenten durch die Beziehung

$$w = \frac{8 + 2\,d}{8 + d} \tag{17}$$

von dem Korndurchmesser d als dem einzigen Unterscheidungsmerkmale zwischen den einzelnen Schichten abhängig gefunden, während er zugleich für den Beiwert c umgekehrte Proportionalität mit der Korngröße feststellte.

Im Jahre 1915 erweiterte Smreker (187) seine frühere Angabe dahin, daß im Bedarfsfalle in den Formeln (15) der Exponent 3/2 durch einen passend zu bestimmenden Wert m ersetzt werden könne, wodurch die abgekürzte der beiden Formeln in die unter (16) angeführte überging. Smreker schloß hierbei ausdrücklich den Wert $m = 1$ aus, in welchem das von ihm als unbrauchbar angesehene Darcysche Gesetz sich als Sonderfall ergeben würde.

Den Einwänden Smrekers gegen die Brauchbarkeit des Darcyschen Gesetzes wurde nach dem Erscheinen seiner Dissertation eingehend widersprochen von Rother (188). An der trotz der Erwiderungen Smrekers (187) bis in die neueste Zeit fortdauernden Auseinandersetzung beteiligten sich außerdem Lummert (189), Hocheder (190), Versluys (191) u. a. Den derzeitigen Schluß bildet eine im Jahre 1916 verfaßte, jedoch erst jetzt veröffentlichte Abhandlung von Rother (192), in der er vorschlägt, die Formel (16), aber unter Erweiterung ihres Giltigkeitsbereiches auf den Einheitswert des Exponenten w und darunter, unter der Bezeichnung: „verallgemeinerte Kröbersche Formel" als das Widerstandsgesetz für die Bewegung des Grundwassers anzusehen. Rother schlägt ferner vor, mittels von ihm angegebener Formeln und Rechnungsverfahren in möglichst vielen Fällen aus vorliegenden Beobachtungen die genauen Werte des Exponenten w zu bestimmen, an der Hand der so gewonnenen Unterlagen aber für den praktischen Bedarf in noch nicht untersuchten Fällen je nach Lage der Verhältnisse schätzungsweise der zu den einfachsten Beziehungen führenden Werte $w = 1$, $w = {}^3/_2$ und nötigenfalls $w = {}^5/_4$ des Exponenten sich zu bedienen.

Die von Rother zunächst aus theoretischen Gründen vorgesehene Erweiterung des Giltigkeitsbereiches von Formel (16) auf unter der Einheit liegende Werte des Exponenten w ist inzwischen durch Versuche von Zunker (193) in der Wirklichkeit bestätigt worden.

2. Abhängigkeit der Grundwasserbewegung von der Temperatur.

Die vorstehend angeführten Versuche wurden in Räumen von nahezu unveränderlicher Temperatur vorgenommen und nahmen auf Temperaturänderung keine Rücksicht. Da aber die Viskosität des Wassers von der Wassertemperatur abhängig ist, so muß sich mit wechselnder Temperatur auch die Durchlässigkeit des wasserführenden Körpers bzw. der Wassergeschwindigkeit ändern.

Nach Slichter gilt mit Berücksichtigung der Viskosität des Wassers folgende, von Luedecke (4) angegebene Formel:

$$\frac{q}{s} = 10{,}219 \cdot \frac{h \cdot d^2}{l\, k_2\, m} \text{ cm in der Sekunde,} \qquad (18)$$

worin

q ... die Wassermenge in cm i. d. Sek.,
h ... der Druck in cm der Wassersäule, der zu
l ... der Länge in cm gehört,
d ... der wirksame Korndurchmesser in cm,
s ... der Querschnitt der Bodenschicht in cm^2, rechtwinklig auf die Richtung des Grundwasserstromes gemessen,
k_2 ... ein Beiwert, der vom Hohlrauminhalt abhängt.

Es ist bei einem Hohlrauminhalt von

	26	30	35	40	45 v. H.
$k_2 =$	84,3	53,5	31,6	20,3	13,7

m ist der Viskositätsbeiwert, und zwar ist

für	5°	10°	15°	20° C
$m =$	0,0152	0,0131	0,0114	0,0101

Die folgende von Luedecke mitgeteilte Abb. 127 gibt die Größen der Abflußmengen in Abhängigkeit von der Temperatur an. Man kann aus der Kurve entnehmen, daß z. B. bei einer Steigerung der Temperatur von 0° auf 25° C nahezu doppelt soviel Wasser durch denselben Querschnitt durchgeht. Bei einer Zunahme von 10° auf 15° C vermehrt sich die Wassermenge um rund 14 v. H.

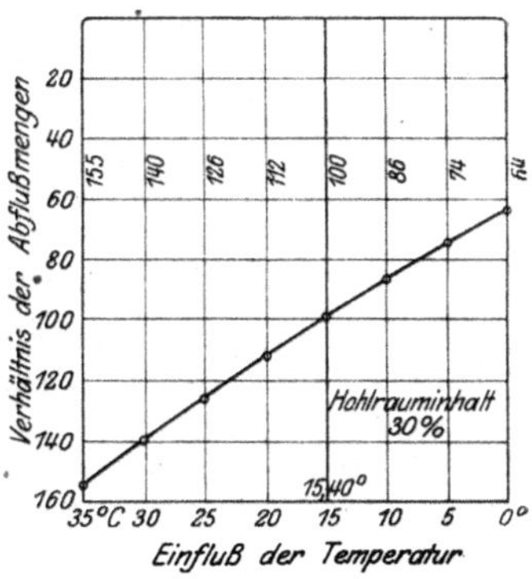

Abb. 127. Schaulinien, darstellend die Abflußmengen in Abhängigkeit von der Temperatur. (Nach Luedecke.)

Nach den Mitteilungen von Howson (79) vollzieht sich durch Sand bei 32° C der Wasserdurchgang um 175% schneller als bei 10° C.

Beiläufig bestätigt die vorstehende Slichtersche Formel unmittelbar die Richtigkeit des Darcyschen Gesetzes.

Setzt man nämlich in der Slichterschen Formel (18)

$$10{,}219 \frac{d^2}{k_2\, m} = k,$$

so geht sie in die Darcysche Formel $v = k \cdot \frac{h}{l}$ über.

Auf Grund vorstehender Formel berechnet Lee (194) folgende Grundwassergeschwindigkeiten bei 10° C und 10 Fuß Gefälle auf Tausend.

Bodenart			Geschwindigkeit	
			Meilen im Jahr	Fuß im Jahr
Feiner Sand,	0,2 mm	Durchmesser	0,010	52,8
Mittelsand,	0,4 „	„	0,041	216,0
Grober Sand,	0,8 „	„	0,160	845,0
Feiner Kies	2,0 „	„	1,020	5368,0

Da im allgemeinen die natürlichen Temperaturen des Grundwassers in mäßigen Grenzen schwanken, so ist die Tatsache, daß sich die Durchflußverhältnisse mit der Temperatur stark ändern, für Grundwasser von mittlerer Bodentemperatur von untergeordneter Bedeutung. Sie spielt aber eine bedeutende Rolle bei denjenigen unterirdischen Wässern, die aus den tiefen Schichten der Erde mit verhältnismäßig hoher Temperatur nach der Erdoberfläche sich bewegen.

IX. Rechnerische Behandlung der Brunnenwirkung.

1. Die Brunnenergiebigkeit, aus dem Darcyschen Gesetz abgeleitet.

Auf Grund des für die Bewegung des Grundwassers in durchlässigen Untergrund von Darcy gefundenen Gesetzes hat u. a. Dupuit (179) Formeln für die Brunnenergiebigkeit aufgestellt.

Nach Dupuit hat insbesondere A. Thiem (175) ebenfalls aus dem Darcyschen Gesetz die Ergiebigkeit lotrechter und wagrechter Brunnen ermittelt.

Wie im Abschnitt „Theorie der Grundwasserbewegung" S. 162 auseinandergesetzt worden ist, hat das Darcyschen Gesetz zwar keine allgemeine Gültigkeit, doch ist es innerhalb der praktischen Grenzen nicht allein brauchbar und hinreichend zuverlässig, sondern hat auch den Vorzug großer Einfachheit.

Die Darcysche Formel ist, wie so viele andere hydraulische Formeln, das Ergebnis von Laboratoriumsversuchen. Man muß sich stets vergegenwärtigen, daß die analytische Formulierung der in Versuchsvorrichtungen beobachteten Flüssigkeitsbewegung außerordentlich schwierig ist und daß dies meist nur unter Voraussetzungen gelingt, die in der Wirklichkeit auch nicht angenähert vorhanden sind.

Mit Recht sagt Budau (195): „Die meisten hydraulischen Aufgaben, die dem praktisch tätigen Ingenieur zufallen, sind so ganz anders geartet, daß zu ihrer Lösung die analytische Hydrodynamik meist gar nichts beitragen kann. Daher seit jeher das Bestreben, die fehlenden Angaben durch Versuche zu ermitteln und Methoden und Formeln zu finden, um Versuchsergebnisse einer bestimmten Art auf solche verwandter Gebiete übertragen zu können."

Die Kluft, welche die analytische Hydrodynamik von der praktischen trennt, ist weit, und es muß der Zukunft vorbehalten bleiben, dieselbe zu überbrücken.

a. Lotrechter Brunnen bei freiem Spiegel.

Betrachten wir zunächst die Brunnenergiebigkeit lotrechter Brunnen mit freiem Spiegel und nehmen der Einfachheit wegen an, daß der Wasserspiegel wagerecht liegt, daß zwischen wassertragender Sohle und Spiegel Parallelität herrscht, sowie, daß die Widerstände bei Eintritt des Wassers in den Brunnen vernachlässigt werden können, und nennen nach Abb. 128

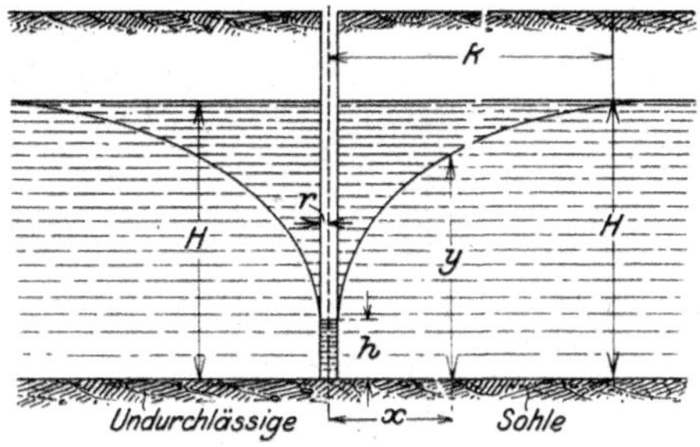

Abb. 128. Lotrechter Brunnen mit freiem Spiegel.

Q ... die dem Brunnen in der Zeiteinheit entnommene Wassermenge,
H ... die Mächtigkeit der wasserführenden Schicht,
h ... die Höhe des Grundwasserstandes im Brunnen über der undurchlässigen Sohle,
r ... den Halbmesser des bis zur Sohle reichenden Brunnens mit durchlässiger Wand,
x und y die Koordinaten eines beliebigen Punktes des Grundwasserspiegels,
k ... den Durchlässigkeitsbeiwert,
p ... das Hohlrauminhaltsverhältnis,

so gilt nach Darcy

$$p\,v = k \cdot \frac{d\,y}{d\,x},$$

und die durch den Ringquerschnitt $2\,\pi\,x\,y$ hindurchgehende Wassermenge ist

$$Q = 2\,\pi \cdot x\,y \cdot k \cdot \frac{d\,y}{d\,x}.$$

Man erhält die Differentialgleichung

$$d\,y = \frac{Q}{2\,\pi\,k} \cdot \frac{d\,x}{x \cdot y}$$

und daraus durch Integration

$$\frac{y^2}{2} = \frac{Q}{2\,\pi\,k} \ln x + C.$$

An der Mantelfläche des Brunnens ist $x = r$ und $y = h$, somit

$$y^2 = \frac{Q}{\pi\,k} \cdot \ln \cdot \frac{x}{r} + h^2.$$

Bezeichnet ferner R die Entfernung, in welcher praktisch der gesenkte

Spiegel den ungesenkten erreicht, so ist für $x = R$ zu setzen $y = H$, womit folgt:

$$Q = \pi k \frac{(H^2 - h^2)}{\ln \frac{R}{r}}. \tag{19}$$

b. Lotrechter Brunnen bei gespanntem Spiegel.

Bei einem Brunnen mit gespanntem Spiegel werde ebenfalls Parallelität des Wasserspiegels und der ihn begrenzenden beiden wasserundurchlässigen Schichten sowie Vernachlässigung rechtfertigende Kleinheit der Eintrittswiderstände vorausgesetzt.

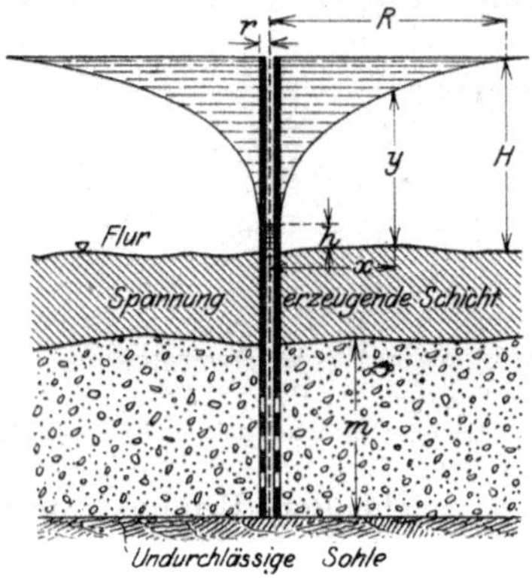

Abb. 129. Lotrechter Brunnen mit gespanntem Spiegel.

Haben x, y, R, r, k und p die im vorigen Abschnitt angegebene Bedeutung, und bedeuten ferner:

m . . . die Mächtigkeit der wasserführenden Schicht,
H . . . die Höhe, bis zu welcher das Wasser im Brunnenrohr steigen würde bei der Entnahme $= 0$,
h . . . die Abflußhöhe für die Menge Q[1]),

wobei H und h von Flur aus zu rechnen sind (Abb. 129), dann wird mit $p\,v = k \cdot \frac{dy}{dx}$ wie im vorigen Abschnitt

$$Q = 2\,\pi\,x \cdot k \cdot m \cdot \frac{dy}{dx},$$

$$y = \frac{Q}{2\,\pi\,k\,m} \cdot \ln x + C,$$

$$y = \frac{Q}{2\,\pi\,k\,m} \cdot \ln \frac{x}{r} + h$$

und

$$Q = 2 \cdot \pi \cdot k\,m \cdot \frac{H - h}{\ln \frac{R}{r}}. \tag{20}$$

c. Wagerechter Brunnen.

Wird durch einen Grundwasserstrom ein Sickerstollen gespeist und bezeichnet (Abb. 130):

H . . . die Mächtigkeit der wasserführenden Schicht,
h . . . den Wasserstand im Stollen,

---

[1]) Wenn einer der Spiegel nicht über Flur liegt, wird der entsprechende Wert negativ.

x und y die Koordinaten eines beliebigen Punktes des Wasserspiegel,
L . . . die Länge des Stollens,
k . . . den Durchlässigkeitsbeiwert,

so ist die auf einer Seite dem Stollen zuströmende Wassermenge

$$Q = k\, y \cdot L \cdot \frac{d\,y}{d\,x}.$$

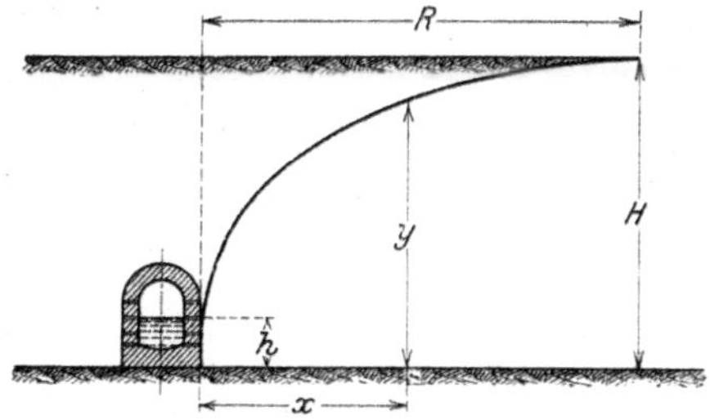

Abb. 130. Sickerstollen.

Hiermit aber folgt:

$$\frac{y^2}{2} = \frac{Q}{k\,L} \cdot x + C,$$

$$y^2 - h^2 = 2\,\frac{Q}{k\,L} \cdot x$$

und endlich

$$Q = k\,L\,\frac{(H^2 - h^2)}{2\,R}. \qquad (21)$$

Vorausgesetzt wird, daß die Wände des Stollens vollkommen durchlässig sind. Findet Zufluß von beiden Seiten statt, so ist Q doppelt so groß.

Nach Forchheimer (196) ist bei kürzeren Stollen die Ergiebigkeit bei einer Länge L so groß wie diejenige eines Brunnens vom Durchmesser $\frac{L}{2}$.

2. Das Ergiebigkeitsgesetz nach Darcy.

a. Brunnen bei freiem Spiegel.

Wird die Gleichung (19) S. 170

$$Q = \pi\,k \cdot \frac{H^2 - h^2}{\ln \frac{R}{r}}$$

auf h entwickelt, so ergibt sich die Gleichung einer gemeinen Parabel, d. h. bei Brunnen mit freiem Spiegel stellt die Ergiebigkeit in Abhängigkeit von der nicht durch Brunnenwiderstände beeinflußten Absenkung eine gemeine Parabel dar.

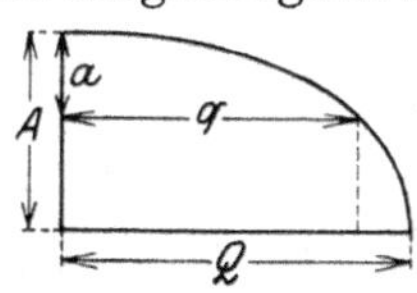

Abb. 131. Ergiebigkeitsparabel eines Brunnens mit freiem Spiegel.

Bezeichnet in Abb. 131

q und a . . . die veränderliche Menge und Absenkung, letztere vom natürlichen Spiegel als Nullpunkt gerechnet,
Q und A . . . die Scheitelkoordinaten einer Parabel, bezogen auf den Nullpunkt,
α . . . eine Konstante,

und liegt die Parabelachse in der Mengenrichtung, so ist

$$(A - a)^2 = \alpha\,(Q - q). \qquad (22)$$

Obgleich diese Formel die Brunnenwiderstände nicht berücksichtigt, wurde sie mehrfach der rechnerischen Behandlung von Beobachtungsergebnissen unterlegt, bei denen infolge der Unvollkommenheit der Brunnen (vgl. S. 175) die festgestellten Absenkungsmaße durch Eintrittswiderstände erhöht waren. Trotzdem ergaben sich bemerkenswerterweise Parabeln, die sehr gut an die Beobachtungen anschließen.

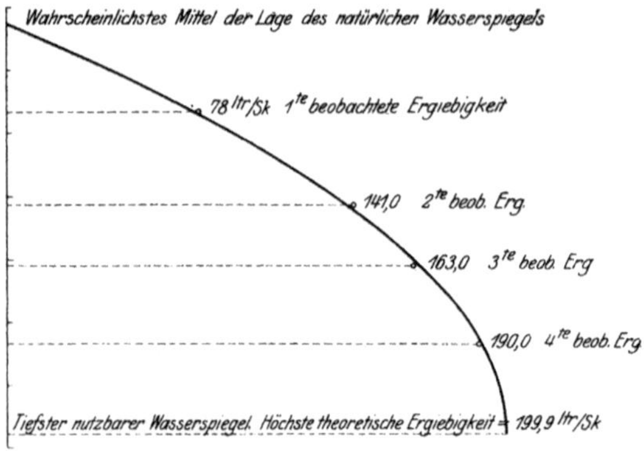

Abb. 132. Ergiebigkeitsparabel des Vesuchsbrunnens im Gleisental bei München. (Nach A. Thiem.)

So fand für den Versuchsbrunnen im Gleisental bei München Thiem (167) die Werte

$$(6{,}54 - a)^2 = 0{,}215\,(199{,}9 - q)\,.$$

Es standen 4 Beobachtungen der Menge mit zugehöriger Absenkung zur Verfügung, wozu als 5. Beobachtung die Menge Q bei der Absenkung 0 hinzukommt.

In Abb. 132 sowie in der folgenden Zusammenstellung sind die beobachteten und die berechneten Werte enthalten. Der Brunnen war mit 6,5 m Absenkung an der Grenze seiner Ergiebigkeit angekommen. Der letzte Absenkungsmeter trug nur unbedeutend zur Erhöhung der Ergiebigkeit bei.

Absenkung m	Menge in ltr/sk beobachtet	berechnet	Fehler
6,54	—	199,9	—
5,09	190	190,1	+ 0,1
3,84	163	166,0	+ 3,0
2,89	141	138,0	— 3,0
1,39	78	76,7	— 1,3
0,00	0	1,2	+ 1,2

Die Übereinstimmung zwischen Beobachtung und Rechnung läßt kaum etwas zu wünschen übrig.

Eine Bestätigung der Richtigkeit des Darcyschen Gesetzes ist aber hierin nicht zu erblicken. Sie wäre es nur dann, wenn der Scheitel der Parabel mit der Oberfläche der undurchlässigen Sohle zusammenfiele, wenn sich also $A = H$ ergeben hätte.

Sowohl A. Thiem als auch Verfasser fanden in zahlreichen anderen Fällen ähnlich übereinstimmende Verhältnisse.

b. Brunnen bei gespanntem Spiegel.

Aus der Ergiebigkeitsgleichung (20) S. 170 für gespannte Spiegel

$$Q = 2\pi k m \cdot \frac{H - h}{\ln \frac{R}{r}}$$

folgt, daß bei Brunnen mit gespanntem Spiegel Menge und Absenkung in geradlinigem Verhältnis zueinander stehen.

Das geradlinige Ergiebigkeitsgesetz für Brunnen mit gespanntem Spiegel gilt streng genommen jedoch nur unter der Voraussetzung, daß Reibungswiderstände in der Brunnenwand nicht vorhanden sind oder gegen die Widerstände im Untergrund vernachlässigt werden können. Ist dies nicht der Fall, so ist $H - h$ gleich der aus dem Ergiebigkeitsgesetze folgenden Absenkung, vermindert um den Durchgangswiderstand.

Die aus dem Ergiebigkeitsgesetz folgende Absenkung ist, wie festgestellt, der Menge unmittelbar, der Durchgangswiderstand deren Quadrat proportional. Werden unter α und β Konstante verstanden, so gilt demnach

$$H - h = \alpha Q + \beta Q^2 .$$

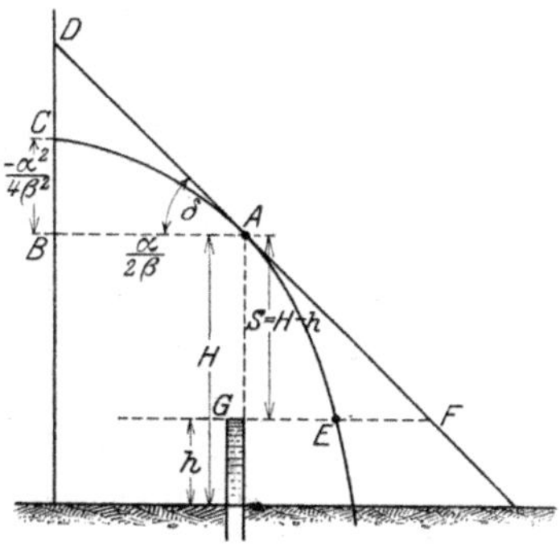

Abb. 133. Ergiebigkeitslinien eines Brunnens mit gespanntem Spiegel.

Das ist zwischen den Absenkungstiefen $H - h$ und den Mengenwerten Q die Gleichung einer Parabel, deren Achse lotrecht verläuft mit $\frac{1}{\beta}$ als Parameter und $\overline{AB} = -\frac{\alpha}{2\beta}$ und $\overline{BC} = -\frac{\alpha^2}{4\beta^2}$ als Scheitelkoordinaten.

Wird nach Abb. 133 im Koordinatenanfangspunkt A, der ebenfalls der Parabel angehört, eine Tangente an die Parabel gelegt und deren Schnittpunkt mit der Parabelachse mit D, ihr $\sphericalangle$ mit der Horizontalen mit δ bezeichnet, so gilt

$$\overline{BD} = \overline{2\,BC} = \frac{\alpha^2}{2\beta}, \quad \text{also} \quad \operatorname{tg}\delta = \frac{\overline{BD}}{\overline{AB}} = \alpha .$$

Zieht man durch die Lage des abgesenkten Wasserspiegels G eine Wagerechte, so schneidet diese die Parabel im Punkte E und die Tangente im Punkte F, wodurch $\overline{GF} = \frac{H-h}{\operatorname{tg}\delta}$ wird. Weil sich nun aus der Parabelgleichung mit $\beta = 0$ der Wert $\frac{H-h}{\alpha}$ für die der Absenkung $H - h$ entsprechende Menge Q ergibt, so entspricht die Strecke $\overline{GF}$ jener Menge, die ohne Durchgangswiderstand von dem Brunnen geliefert werden könnte. Dagegen stellt $\overline{GE}$ die tatsächliche Menge bei dieser Absenkung dar.

Haben also Messungen der Menge Q bei verschiedenen Absenkungen $H - h$ zu einer Parabel geführt, so läßt sich durch Zeichnung der Tangente im Koordinatenanfangspunkt zu jeder beliebigen Absenkung $H - h = \overline{AG}$ in der Strecke $\overline{EF}$ die Menge finden, die durch eine Erweiterung des Brunnens oder einen zweiten in der Nachbarschaft des ersten noch zu gewinnen ist.

Eine derartige Untersuchung ist von Dupuit (179) an den artesischen Brunnen von Passy und Grenelle durchgeführt worden (Abb. 134).

Daß das Darcysche Gesetz auch für gespannte Spiegel praktisch brauchbare Werte von hinreichender Genauigkeit liefert, hat ebenfalls A. Thiem durch tatsächliche Beobachtung nachgewiesen.

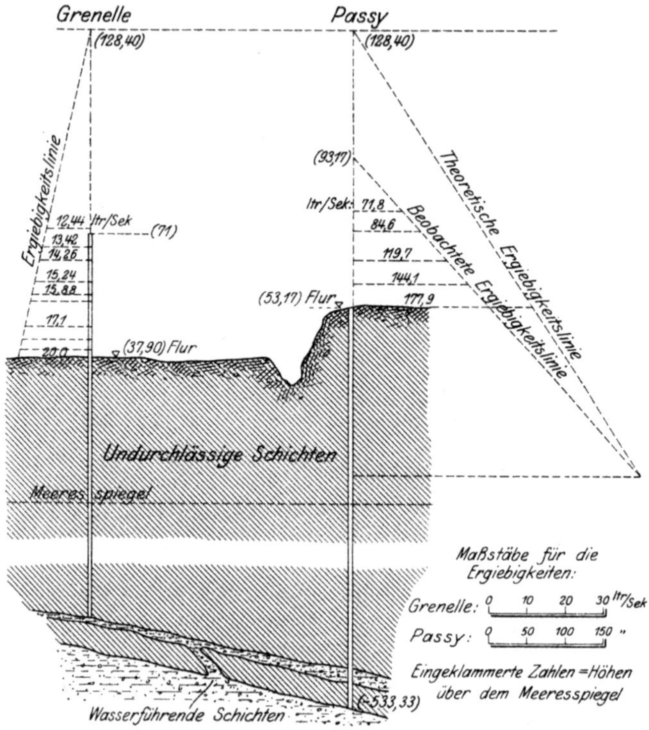

Abb. 134. **Ergiebigkeitslinien der artesischen Brunnen von Grenelle und Passy.** (Nach Dupuit.)

Die beiden Versuchsbrunnen für die Wasserversorgung von Leipzig haben folgende Beobachtungswerte, neben welche die errechneten Größen gesetzt sind, ergeben:

Versuchsbrunnen I			Versuchsbrunnen II		
Ergiebigkeit ltr/sk	Absenkung in m		Ergiebigkeit ltr/sk	Absenkung in m	
	beobachtet	gerechnet		beobachtet	gerechnet
0	0,00	0,00	0	0,00	0,00
34	2,75	2,72	44	2,85	2,89
54	4,30	4,32	82	5,40	5,40
70	5,60	5,60	86	5,70	5,60

Die Übereinstimmung der Zahlen läßt auch hier nichts zu wünschen übrig. Die Ergiebigkeit betrug für den Absenkungsmeter 12,5 bzw. 13,4 ltr/sk.

Ähnliche Übereinstimmung zwischen beobachteten und berechneten Werten bei Brunnen mit gespanntem Spiegel fand A. Thiem beim Versuchsbrunnen für Fürth in Bayern, G. Thiem bei den Vorarbeiten für Landeshut i. Schl. (197) und Verfasser beim Versuchsbrunnen für Forst i. L.

3. Übergang vom gespannten zum freien Spiegel.

In vielen Fällen tritt bei Vergrößerung der Entnahme eine so große Absenkung ein, daß in der Nachbarschaft des Brunnens sich der Spiegel von der undurchlässigen Deckschicht trennt und frei wird.

Ist die Trennung räumlich beschränkt, so ist sie von untergeordnetem Einfluß auf den Gang der Ergiebigkeit. Zeigt die Beobachtung, daß das geradlinige Ergiebigkeitsgesetz in ein parabolisches übergeht, so ist damit der Beweis erbracht für den Eintritt der Spannungslosigkeit des Grundwasserspiegels.

4. Ergiebigkeit unvollkommener Brunnen.

Ein Brunnen ist vollkommen, wenn er gut durchlässige Wände in der ganzen wasserbenetzten Tiefe hat. Reicht der Brunnen nicht bis zur undurchlässigen Sohle, und ist der Brunnenmantel vom abgesenkten Wasserspiegel abwärts undurchlässig, so entsteht dadurch Unvollkommenheit.

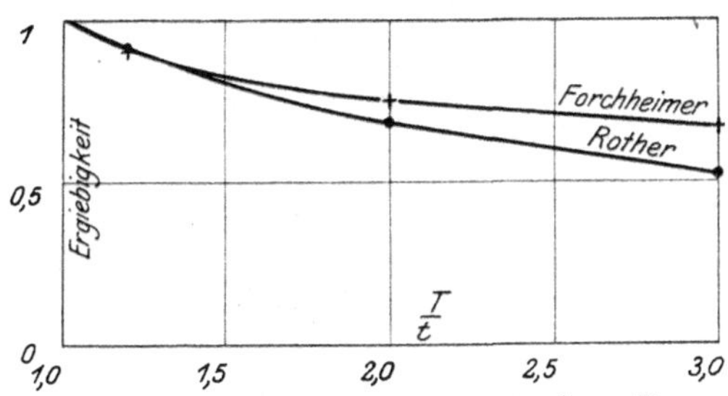

Abb. 135. Schaulinien der Ergiebigkeiten unvollkommener Brunnen nach Rother (untere Grenzwerte) und Forchheimer.

Nach Forchheimer (198) wird die Brunnenergiebigkeit desto kleiner, je geringer die Baulänge des Brunnens ist. Auch Rother (199) hat Formeln entwickelt, die eine untere Grenze für die Ergiebigkeit eines vollkommenen Brunnens berechnen lassen, und diese auf einen bestimmten Fall bei wechselnden Tauchtiefen des stets in seiner ganzen wasserbenetzten Baulänge durchlässig gedachten Brunnens angewendet. Die errechneten Ergiebigkeiten, wenn die Ergiebigkeit eines vollkommenen gleich 1 gesetzt wird, sind in Abb. 135 nach Kyrieleis (200) in Abhängigkeit des Verhältnisses $\frac{T}{t}$, der Tiefe eines vollkommenen Brunnens zu der jeweiligen Tauchtiefe eines unvollkommenen Brunnens aufgetragen. Zum Vergleich sind die Werte der Forchheimerschen Versuche an einem Brunnen mit durchlässiger Wand und geschlossener Sohle mit aufgetragen. Im Anfang decken sich die Rotherschen Werte ziemlich genau mit den Forchheimerschen. Die Abweichung nimmt mit dem größer werdenden $\frac{T}{t}$ zu; doch sind stets die Rotherschen

Werte, ihrer Bedeutung als untere Grenzwerte entsprechend, die kleineren.

Vom praktischen Standpunkt aus ist es zulässig, bei unvollkommenen Brunnen die Höhe H von der Brunnensohle aus zu rechnen.

5. Absenkungskurve und Absenkung.

Aus der im Abschnitt: „Lotrechter Brunnen mit freiem Spiegel" S. 170 gegebenen Formel (19) folgt

$$y^2 - h^2 = \frac{Q}{\pi k} \ln \frac{x}{r} .$$

Das ist die Gleichung einer Umdrehungsfläche, deren Achse zugleich die Brunnenachse ist. Die Achsenschnitte dieser Umdrehungsfläche haben die Gestalt einer parabolischen Kurve.

Besitzt der Spiegel Gefälle, so ist dies, wie bereits erörtert worden ist, auf die beiden Äste der Absenkungskurve, die senkrecht zur Stromrichtung liegen, ohne Einfluß. Sie müssen die in Abb. 114 auf S. 149 gegebene symmetrische Gestalt annehmen genau so, als wenn das Grundwasser in Ruhe sich befände. Erzeugt das Grundwassergefälle die Geschwindigkeit v, so muß v oberhalb der Brunnenachse $A A_1$ (Abb. 136) auf die nach dem Brunnenmittelpunkt gerichtete künstliche Geschwindigkeit der Wasserteilchen beschleunigend, unterhalb $A A_1$ dagegen verzögernd wirken. Den Schnitt in Abb. 136 kann man so zeichnerisch herstellen, daß man die aus der Gleichung für einen wagerechten Spiegel sich ergebenden Ordinaten von der geneigten Schnittlinie mit der Sohle aufträgt. Das gleiche gilt für jede beliebige, durch die Brunnenachse gelegte Ebene.

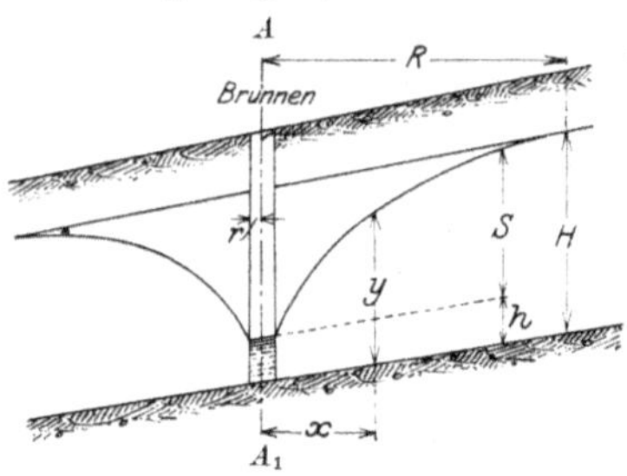

Abb. 136. Absenkungskurve eines Brunnens.

Für die Beziehungen zwischen Ergiebigkeit und Absenkung ist es praktisch ganz gleichgültig, ob das Grundwasser eine ihm eigentümliche Geschwindigkeit besitzt oder nicht. Rechnerische Ableitungen hierfür haben A. Thiem (175) und Lueger (149) gegeben.

Der theoretische Höchstwert der Absenkung ist gleich H. Er kann natürlich praktisch nicht erreicht werden.

6. Absenkung in Abhängigkeit von der Wasserentnahme.

Wird in die Gleichung (19) S. 170

$$Q = \pi k \frac{H^2 - h^2}{\ln R - \ln r}$$

die Senkung $s = H - h$ eingeführt, so geht sie in die Gestalt

$$Q = \pi k \frac{s\,(2\,H - s)}{\ln R - \ln r} \tag{23}$$

über.

Man kann danach, wenn für die Absenkungsgröße s_1 im Brunnen die zugehörige Wassermenge Q_1 bekannt ist, die Wassermenge Q_2, die eine Senkung s_2 erzeugt, aus der Gleichung

$$\frac{Q_1}{Q_2} = \frac{s_1 (2H - s_1)}{s_2 (2H - s_2)}$$

berechnen.

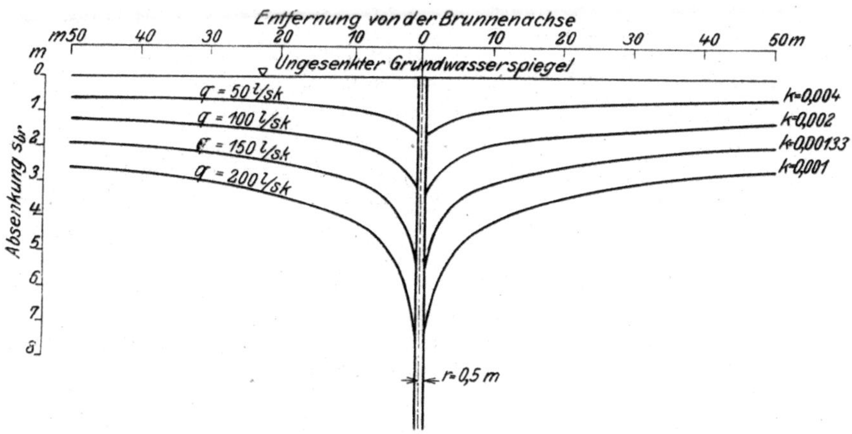

für eine Wasserentnahme von
$q = 50, 100, 150, 200$ ltr/sk,
$H = 20$ m,
$k = 0{,}002$ m,
$R = 1000$ m.

bei wechselnder Durchlässigkeit k
$q = 100$ ltr/sk,
$H = 20$ m,
$R = 1000$ m.

Abb. 137. Absenkungskurve eines Brunnens von $r = 0{,}5$ m (Nach Kyrieleis.)

In Abb. 137 sind nach Kyrieleis (200) die Absenkungskurven für verschiedene Wasserentnahmen bei einem Brunnenhalbmesser $r = 0{,}5$ m und wechselnder Durchlässigkeit aufgetragen.

7. Absenkung in Abhängigkeit von der Mächtigkeit der wasserführenden Schicht.

Aus Gleichung (19) S. 170

$$Q = \frac{\pi k (H^2 - h^2)}{\ln \frac{R}{r}}$$

folgt, wenn $s_1 = H - h$ ist,

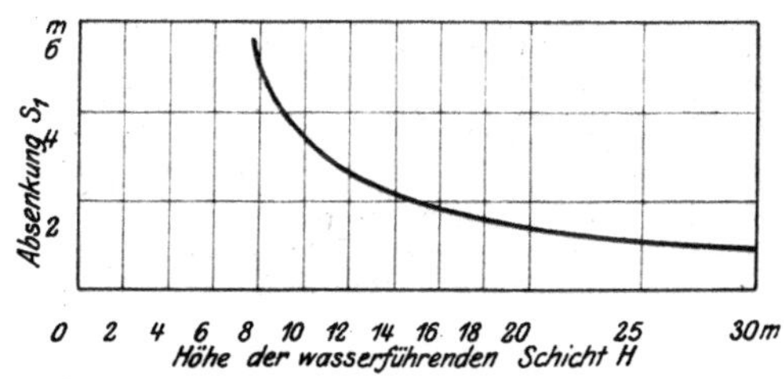

$Q = 50$ ltr/sk $K = 0{,}002$ $R = 1000$ m $r = 1{,}0$ m

Abb. 138. Schaulinie der Beziehungen zwischen Absenkung und Höhe der wasserführenden Schicht. (Nach Kyrieleis.)

$$s_1 = H - \sqrt{H^2 - \frac{Q}{\pi k} (\ln R - \ln r)}, \tag{24}$$

d. h. je kleiner H, also die Mächtigkeit der wasserführenden Schicht ist, um so größer muß die Absenkung sein.

In Abb. 138 sind diese Beziehungen veranschaulicht.

8. Einfluß des Brunnendurchmessers auf die Ergiebigkeit.

Wie sich aus Gleichung

$$Q = \frac{\pi k (H^2 - h^2)}{\ln \frac{R}{r}}$$

ergibt, kann die Zunahme der Ergiebigkeit infolge Vergrößerung des Durchmessers r nur gering sein. Der Einfluß der Mächtigkeit der wasserführenden Schicht H ist wesentlich größer.

Aus Abb. 139 sind diese Beziehungen ersichtlich.

Ein Brunnen von z. B. 0,5 m i. L. liefert theoretisch bei gleicher Absenkung etwa zwei Drittel derjenigen Menge, die ein Brunnen von 4,0 m i. L. gibt und etwa 50 v. H. derjenigen eines Brunnens von 8,0 m i. L.

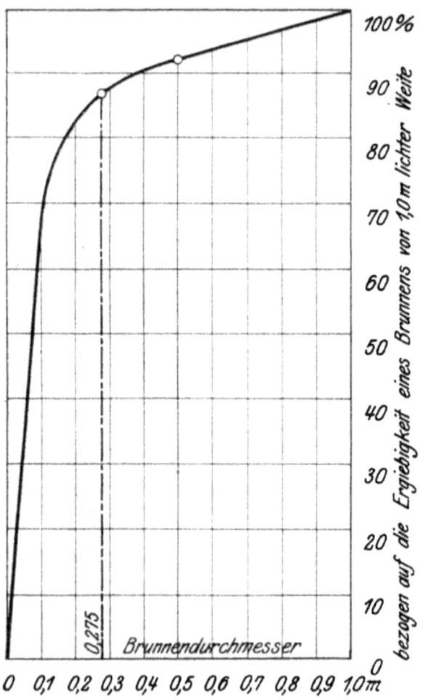

Abb. 139. Schaulinien des Einflusses des Brunnendurchmessers auf die Ergiebigkeit.

Mit Rücksicht auf die Herstellungskosten empfehlen sich demnach stets Brunnen mit kleinem Durchmesser, vorausgesetzt, daß die wasserführende Schicht nicht allzu fein ist, wodurch bei erhöhten Eintrittsgeschwindigkeiten die Gefahr der Bodenbewegung und Versandung des Brunnens entsteht.

Größere Brunnendurchmesser, namentlich solche von über 1 m, können zur Ausführung in gut durchlässigem Boden nicht empfohlen werden, da sie sich im Vergleich zu ihren hohen Herstellungskosten als nicht leistungsfähig genug erweisen.

Nach den Ermittlungen und Erfahrungen des Verfassers kann bei mittleren Bodenschwierigkeiten und mittleren Herstellungspreisen der Durchmesser eines Brunnens, für welchen bei einem Mindestaufwand an Kosten die größte Ergiebigkeit erreicht wird, auf etwa 200—250 mm i. L. angenommen werden.

Daß sich Brunnen mit größerem Durchmesser in der Praxis nicht bewähren, haben verschiedene Brunnen von großen Durchmessern dargetan.

Ähnliche Erfahrungen wie mit Brunnen von großem Durchmesser sind gemacht worden mit dem Fassungsviereck des Wasserwerks der Stadt Lüttich von 100 m im Geviert (Abb. 140). Auch bei dieser Fassungsmaßnahme hat der Erfolg den Erwartungen nicht entsprochen. Die Wirkung des Vierecks erreicht man einfacher und billiger durch eine Fassungslänge „a b“, die den Stromstrich senkrecht überquert. „a b“ hat nur 125 m Länge gegen 400 m Umfang des Fassungsvierecks. Detienne (201) gibt eine ausführliche rechnerische Betrachtung, aus der hervorgeht, daß die Verlängerung der Seite eines Fassungsquadrates nur den zehnten Teil des Zuwachses bringt, der bei einer gleich großen Verlängerung der einfachen geradlinigen Fassung von gleicher Ergiebigkeit zu erwarten ist.

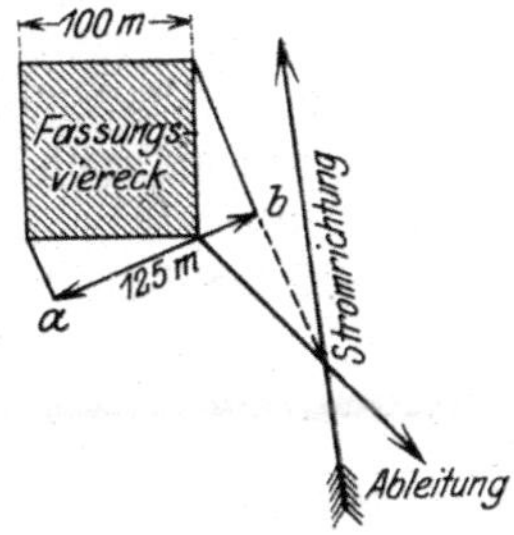

Abb. 140. Fassungsviereck des Wasserwerkes der Stadt Lüttich. (Nach Detienne.)

X. Das Thiemsche „ε“-Verfahren.

Auf die auf Grund des Darcyschen Gesetzes abgeleiteten Formeln für die Brunnenwirkung gründet sich auch das bereits im Abschnitt: „Die Ermittelung des Durchflußbeiwerts k in natürlich gelagertem Untergrunde“, S. 129 erwähnte Thiemsche „ε“-Verfahren, das deshalb erst hier auseinandergesetzt werden kann. Das „ε“-Verfahren benutzt gleich dem Verfahren der spezifischen Ergiebigkeiten und dem Versuchsbrunnenbetriebe den natürlich gelagerten Untergrund, liefert aber im Gegensatz zu dem Verfahren der spezifischen Ergiebigkeiten

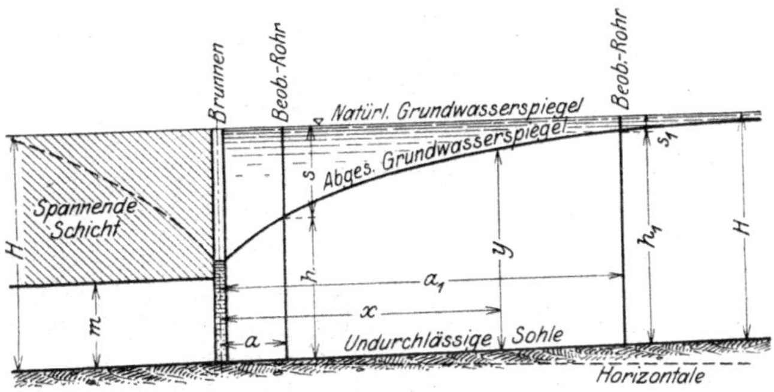

Abb. 141. Längenschnitt durch einen beanspruchten Brunnen mit freiem Spiegel (rechts), mit gespanntem Spiegel (links).

absolute und nicht relative Werte für die Durchlässigkeit. Es ersetzt den kostspieligen Versuchsbrunnenbetrieb durch eine Reihe von Pumpversuchen im Kleinen, die sich mit einem geringeren Aufwand durchführen lassen.

Der Pumpversuch im Kleinen geschieht durch Entnahme einer Menge Q aus einem Rohrbrunnen, während in zwei in irgendeiner Richtung im Abstande a und a_1 (Abb. 141) vom Brunnenmittel eingerichteten Beobachtungsstellen die Maße h und h_1 festgestellt werden, auf die bei freiem Spiegel der Wasserstand über der undurchlässigen Sohle, bei gespanntem Spiegel die Höhe des Spiegels über Flur gegen das natürliche Maß H vermindert wird. Die Unterschiede $h = H - s$

und $h_1 = H - s_1$ sind gegeben durch das natürliche Maß H und die in den beiden Beobachtungsstellen a und a_1 eintretenden Absenkungen s und s_1 des natürlichen Spiegels. Für die Absenkungslinie, welche die Spiegel der Beobachtungsstellen a und a_1 verbindet, gilt, wie auf S. 169 und 170 festgestellt, auch wenn die Wasserstände oder Spiegelhöhen y in den Abständen x über der geneigten undurchlässigen Sohle gemessen werden, bei freiem Spiegel

$$y^2 = \frac{Q}{\pi k} \ln x + C,$$

bei gespanntem Spiegel

$$y = \frac{Q}{2 \pi k m} \ln x + C.$$

Werden aber für x und y die beobachteten Werte der Paare a und h, sowie a_1 und h_1 eingeführt unter Ersetzung des Durchlässigkeitsbeiwerts „k" durch das gleichwertige Zeichen „ε" der Einheitsergiebigkeit, so ergibt sich durch Subtraktion für freie Spiegel

$$h_1^2 - h^2 = \frac{Q}{\pi \varepsilon} (\ln a - \ln a_1)$$

oder unter Einführung der Absenkungen s und s_1

$$\varepsilon = \frac{Q (\ln a_1 - \ln a)}{\pi (h_1 + h)(s - s_1)}, \tag{25}$$

für gespannte Spiegel

$$h_1 - h = \frac{Q}{2 \pi \varepsilon m} (\ln a_1 - \ln a),$$

oder

$$\varepsilon = \frac{Q (\ln a_1 - \ln a)}{2 \pi m (s - s_1)}. \tag{26}$$

Der auf solche Weise für den Ort des Rohrbrunnens ermittelte Wert „ε" der Einheitsergiebigkeit nebst dem örtlichen natürlichen Gefälle i des Grundwasserspiegels wird als Mittelwert angesehen für eine zu beiden Seiten der Versuchsstelle sich erstreckende Querschnittslänge l. Hat auf dieser Länge der Durchflußquerschnitt des Grundwasserstroms den Inhalt f, so findet sich die in diesem Querschnitt zu gewinnende Wassermenge in dem Produkte

$$q = \varepsilon \cdot f \cdot i. \tag{27}$$

Bei der praktischen Durchführung des ε-Verfahrens hat man nach G. Thiem (144) folgendes zu beachten:

Für die Auswertung der Querschnittslänge 1 gilt die Bedingung, daß die Durchflußfläche senkrecht zur Stromrichtung verlaufe. Um die Stromrichtung genau zu ermitteln, werden an jeder Versuchsstelle außer dem Rohrbrunnen zunächst noch zwei zu Spiegelbeobachtungen geeignete Bohrungen hergestellt, die mit dem Rohrbrunnen ungefähr die Ecken eines gleichseitigen Dreiecks bilden. Die Seitenlänge des Dreiecks ist mit höchstens 50—100 m zu bemessen. Die gegenseitige Entfernung je zweier solcher Bohrlochgruppen soll bei regelmäßig aufgebauten Grundwasserträgern etwa 500—800 m betragen, bei solchen, die Störungen aufweisen, 150—200 m nicht überschreiten.

Hiernach zeigt Abb. 142 für die benachbarten Bohrlochgruppen 1, 2 und 3 die durch die Schwerpunkte der einzelnen Bohrlochdreiecke gezogenen, der örtlichen Stromrichtung folgenden Geraden S_1, S_2 und S_3, sowie die danach genau verzeichneten Höhenschichtenlinien H_1, H_2 und H_3 des Grundwasserspiegels in dem die drei Gruppen umfassenden Gelände. Zwischen diese Höhenschichtenlinien, und ihnen angepaßt, werden von den Schwerpunkten der Dreiecke aus die Höhenschichtenlinien λ gezogen und durch die Strömungsrichtungslinien T in dem Raume zwischen je zwei benachbarten Gruppen in Stücke von gleicher Länge geschnitten. Es entstehen auf diese Weise die Längen λ_1 zwischen den Gruppen 1 und 2 und die Längen λ_2 zwischen den Gruppen 2 und 3. Auf die mittelste Bohrlochgruppe 2 entfällt dann die Querschnittslänge $l = \lambda_1 + \lambda_2$.

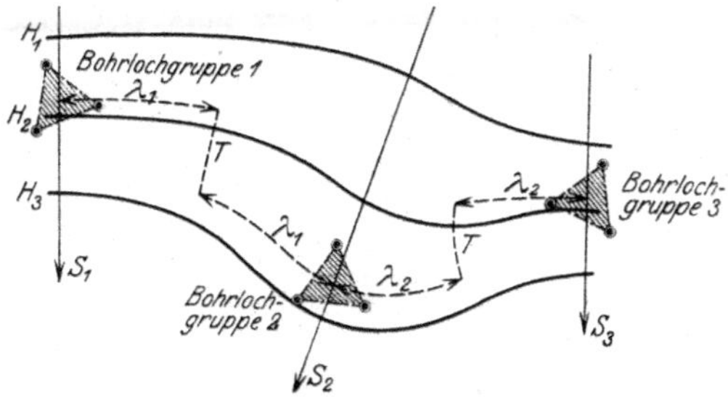

Abb. 142. Ermittelung der Querschnittslängen eines Grundwasserstromes nach dem „ε“-Verfahren.

Die Ermittelung des örtlichen Spiegelgefälles vollzieht sich sehr einfach, wenn zwei von den Bohrungen in der Grundwasserstromrichtung liegen. Dies wird jedoch nur ausnahmsweise der Fall sein.

Im allgemeinen wird die Stromrichtung mit mindestens zwei unter den drei Stellen des Bohrlochdreiecks spitze Winkel bilden, die nicht verschwinden und nicht einem Rechten gleich sind.

Das örtliche Spiegelgefälle i wird dann gefunden durch Division mit dem Cosinus eines dieser beiden Winkel in die Gefällsgröße, die sich aus dem Spiegelunterschied und dem Abstand der beiden Eckbohrungen auf der den Winkel bestimmenden Seite des Dreiecks ergibt. (Abb. 143.)

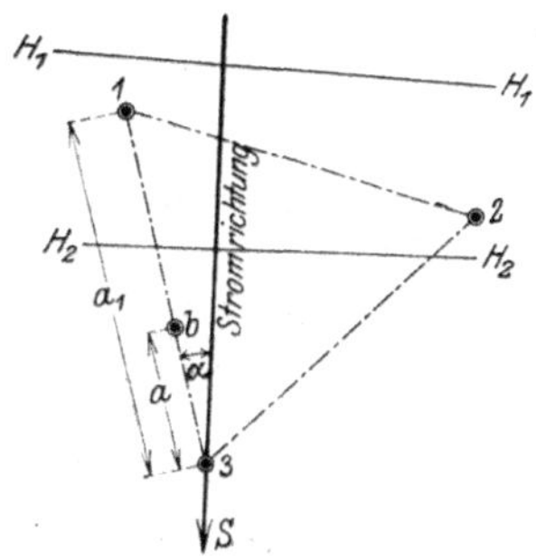

Abb. 143. Ableitung des Gefälles i, wenn die Verbindungslinie der Beobachtungsrohre nicht in der Stromrichtung liegt.

Für den Rohrbrunnen, an dem der Pumpversuch zur Feststellung der Einheitsergiebigkeit stattfinden soll, empfiehlt es sich, eine freie Filterkorblänge von 3—5 m bei einer Entnahme von 5—10 ltr/sk zu verwenden. Die Beanspruchung des Rohrbrunnens muß so lange dauern, bis der Beharrungszustand möglichst erreicht ist. Sie muß gleichmäßig sein. Die Gleichmäßigkeit des Pumpens kann auf die letzte Stunde beschränkt bleiben. Bei Handbetrieb ist die Gleichmäßigkeit des Pumpenbetriebes durch eine Zählvorrichtung zu überwachen. Am zweckmäßigsten erweist sich elektrischer Pumpenantrieb, da sich mit

einem solchen eine nahezu konstante Fördermenge und Absenkung erreichen läßt.

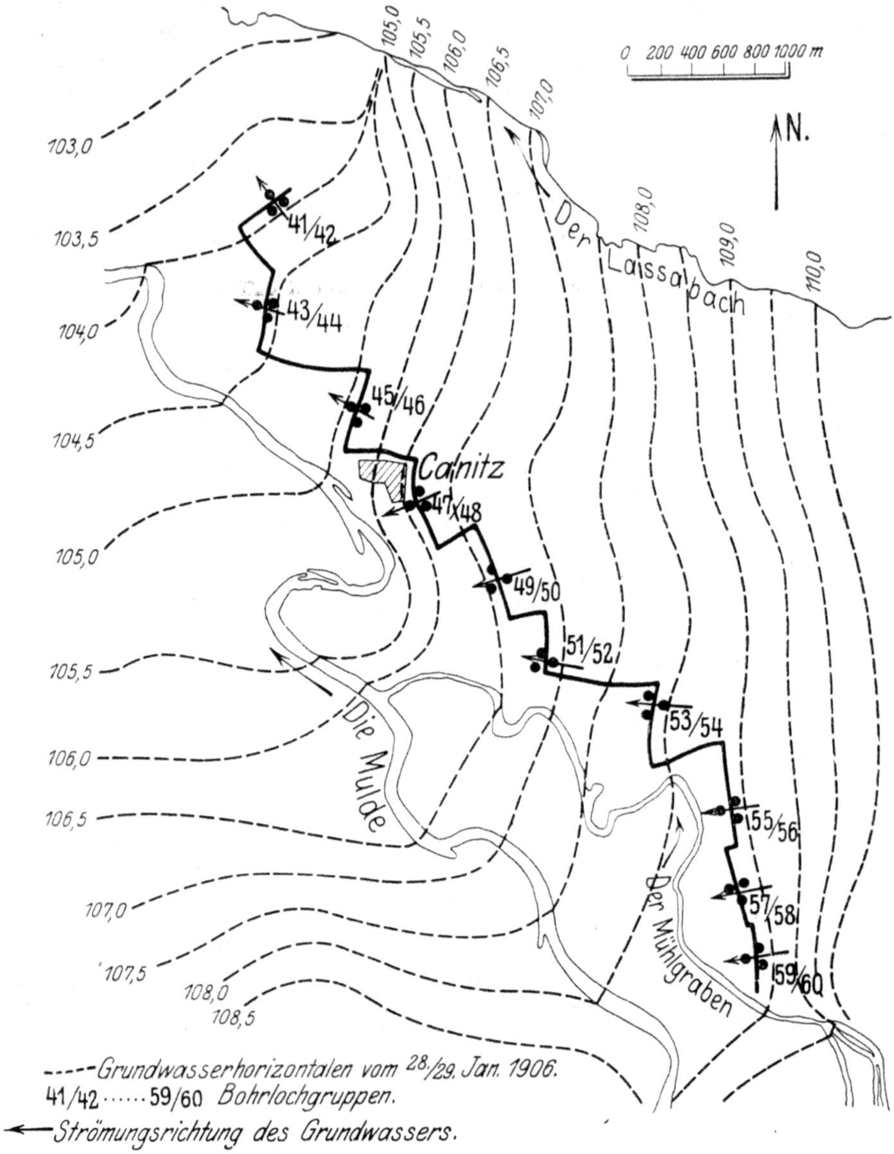

Abb. 144. Ermittelung der Grundwassermenge mittels des „s"-Verfahrens im Muldetal bei Canitz. (Nach A. Thiem.)

Die Beobachtungsstellen zur Feststellung der Absenkungen s und s_1 sind mit Rohren von etwa 25—30 mm i. L. auszurüsten. Sämtliche Beobachtungsrohre sollen tunlichst auf der ganzen Tauchtiefe gelocht und zur Sicherung der hydraulischen Verbindung mit dem Untergrunde mit einem Kiesmantel umschüttet sein. Als die entferntere der beiden Beobachtungsstellen wird zweckmäßig eine der beiden Eckbohrungen benutzt, die mit dem Rohrbrunnen das Bohrlochdreieck bilden. Die zwischen beiden als die weniger entfernte anzulegende soll mit Rücksicht auf die in der Nähe eines beanspruchten Brunnens auftretende Störung in der Parallelbewegung der Wasserfäden, welche die Theorie voraussetzt, sowie die Brunnenwiderstände nicht weniger als 5—10 m vom Rohrbrunnen abstehen.

Als praktisches Beispiel einer hydrologischen Untersuchung nach dem ε-Verfahren möge nach A. Thiem (202) die Untersuchung des rechten Muldetals bei Canitz näher beschrieben werden.

In Abb. 144 sind die Standorte der wichtigeren unter den Bohrlochgruppen in steilen arabischen Zahlen angegeben. Das rechte Muldeufer wurde auf einer Strecke von 8680 m mit 13 Gruppen, in einem mittleren Abstande von 723 m, besetzt. Die Abstände der Gruppen sind nicht zu verwechseln mit den später in die Rechnung für q einzustellenden Querschnittslängen. Die Zahlentafel auf S. 184 zeigt die Ermittelung der Werte ε aus den Ergebnissen der Pumpversuche an den einzelnen Gruppenorten. Die Zahlentafel auf S. 185 wiederholt sodann zunächst die gefundenen Werte von ε, deren Größe zwischen 0,00082 und 0,0301 m/sk schwankt und im Mittel 0,0106 beträgt.

Der Wert von ε ist unabhängig von der Zeit, er ändert sich nur von Ort zu Ort. Dasselbe gilt von der Querschnittslänge. Dagegen hängt bei freiem Wasserspiegel die Durchflußhöhe von den Spiegelschwankungen ab. Für gespanntes Wasser, mit dem man es hier vorwiegend zu tun hat, ist die Durchflußhöhe unabhängig von der Spiegelschwankung. Dem größten zeitigen Wechsel ist das Spiegelgefälle i ganz besonders in der Nachbarschaft des Flusses unterworfen. Um hier die gewinnbare Grundwassermenge zu bestimmen, war deshalb eine längere Beobachtungszeit nötig. Innerhalb derselben wurden die Gefälle laufend gemessen. Aus den gefundenen Größen ist für jede Gruppe gesondert das Mittel genommen und dieses für die Berechnung der Menge verwendet worden. Man erhält dann den auf die Zeiteinheit bezogenen mittleren Wert aus der während der Beobachtungsdauer veränderlich geflossenen Menge.

Es folgen in der Zahlentafel auf S. 185 die sonstigen Beobachtungsgrößen und endlich die darnach festgestellten Werte von q. Der Wert der Ergiebigkeiten der einzelnen Gruppen schwankte zwischen 0,000 und 0,276 m^3/sk mit 0,0498 als Mittel, gebildet durch Division mit der Gruppenzahl in die Summe der Gruppenergiebigkeiten.

Zieht man auf dem hydrologisch untersuchten Gelände eine zukünftige Fassungslänge von 3 km in Betracht, die sich von Gruppe 43/44 zur Gruppe 51/52 erstreckt, so werden darin die 4 Gruppen Nr. 6—9 eingeschlossen. Diese haben die Ergiebigkeit

$$131{,}9 + 125{,}1 + 275{,}7 + 73{,}5 = 606{,}2 \text{ ltr/sk}.$$

Die den Fassungsenden zunächst benachbarten Gruppen geben $43{,}1 + 41{,}1 = 84{,}2$ ltr/sk. Die Hälfte dieser Menge würde schätzungs-

Auswertung von ε für die Bohrungsgruppen auf dem rechten Muldeufer bei Canitz.

Für freie Spiegel $\varepsilon = \frac{Q \cdot (\ln a_1 - \ln a)}{\pi \cdot (h_1 + h) \cdot (s - s_1)}$ Für gespannte Spiegel $\varepsilon = \frac{Q \cdot (\ln a_1 - \ln a)}{2 \pi m \cdot (s - s_1)}$

Nr.	Gruppe mit Angabe des Spiegelzustandes	Fördermenge Q m³/sk	Abstand der Bohrung a_1 m	a m	$\ln a_1$	$\ln a$	$\ln a_1 - \ln a$	Mächtigkeit der wasserführenden Schicht m	h_1 m	h m	$h_1 + h$ m	s m	s_1 m	$s - s_1 = h_1 - h$ m	Einheitsergiebigkeit ε m³/sk
1	35—36 gespannt	0,00414	80,00	10,00	4,3820	2,3026	2,0794	2,85	—	—	—	0,796	0,632	0,164	0,00293
2	37—38 gespannt	0,00390	60,00	10,00	4,0943	2,3026	1,7917	3,45	—	—	—	0,285	0,128	0,157	0,00206
3	39—40 gespannt	0,00400	60,00	10,00	4,0943	2 3026	1,7917	4,40	—	—	—	0,500	0,394	0,106	0,00245
4	41—42 gespannt	0,00406	80,00	10,00	4,3820	2,3026	2,0794	7.80	—	—	—	0,259	0,199	0,060	0,00287
5	43—44 gespannt	0,00409	20,00	10,00	2,9957	2,3026	0,6931	6,65	—	—	—	0,104	0,097	0,007	0,00970
6	45—46 gespannt	0,00427	20,00	10,00	2,9957	2,3026	0,6931	9,35	—	—	—	0,088	0,086	0,002	0,0252
7	47—48 gespannt	0,00406	20,00	10,00	2,9957	2,3026	0,6931	7,45	—	—	—	0,052	0,050	0,002	0,0301
8	49—50 gespannt	0,00404	20,00	10,00	2,9957	2,3026	0,6931	9,00	—	—	—	0,041	0,039	0,002	0,0248
9	51—52 gespannt	0,00406	20,00	10,00	2,9957	2,3026	0,6931	8,30	—	—	—	0,076	0,073	0,003	0,0180
10	53—54 frei	0,00329	20,00	10,00	2,9957	2,3026	0,6931	8,10	8,004	8,041	16,085	—	—	0,003	0,0151
11	55—56 gespannt	0,00401	15,00	7,50	2,7081	2,0149	0,6932	3,50	—	—	—	0,114	0,110	0,004	0,00317
12	57—58 frei	0,00399	15,00	7,50	2,7081	2,0149	0,6932	8,00	7,960	7,910	15,870	—	—	0,050	0,00111
13	59—60 frei	0,00408	20,00	10,00	2,9957	2,3026	0,6931	10,10	10,038	9,983	20,021	—	—	0,055	0,00082

Berechnung von q für die Bohrungsgruppen auf dem rechten Muldeufer bei Canitz.

$$q = \varepsilon\, i\, f.$$

Nr.	Gruppe mit Angabe des Spiegelzustandes	Einheitsergiebigkeit ε m³/sk	Mittleres natürliches spezifisches Gefälle, gemessen auf der Verbindungslinie zweier Bohrungen i_1	Unterschied zwischen gemessener und größter Gefällsrichtung α^0	$\cos\alpha$	$\frac{i_1}{\cos\alpha} = i$	Profillänge $\lambda + \lambda_1$ m	Mächtigkeit der wasserführenden Schicht m	Profilfläche m²	Ergiebigkeit q m³/sk
1	35—36 gespannt	0,00293	0,0001	0°	1,0000	0,0001	0	2,85	0,00	0,0000
2	37—38 gespannt	0,00206	0,0008	30°	0,8660	0,0009	300	3,45	1035,00	0,0019
3	39—40 gespannt	0,00245	0,0004	28°	0,8829	0,0005	300	4,40	1320,00	0,0016
4	41—42 gespannt	0,00287	0,0008	29°	0,8746	0,0009	430	7,80	3354,00	0,0087
5	43—44 gespannt	0,00970	0,0009	3°	0,9986	0,0009	570	6,65	3790,50	0,0331
6	45—46 gespannt	0,0252	0,0010	8°	0,9903	0,0010	560	9,35	5236,00	0,1319
7	47—48 gespannt	0,0301	0,0008	24°	0,9135	0,0009	620	7,45	4619,00	0,1251
8	49—50 gespannt	0,0248	0,0017	22°	0,9272	0,0019	650	9,00	5850,00	0,2757
9	51—52 gespannt	0,0180	0,0012	3°	0,9986	0,0012	410	8,30	3403,00	0,0735
										$\Sigma = 0,6062$ (Nr. 6–9)
10	53—54 frei	0,0151	0,0005	30°	0,8660	0,0006	560	8,10	4536,00	0,0411
11	55—56 gespannt	0,00317	0,0006	6°	0,9946	0,0006	720	3,50	2520,00	0,0048
12	57—58 frei	0,00111	0,0011	17°	0,9925	0,0011	500	8,00	4000,00	0,0049
13	59—60 frei	0,00082	0,0006	13°	0,9744	0,0006	460	10,10	4646,00	0,0023

weise noch in den Bereich der Fassung gezogen werden, und diese liefert dann im ganzen 643 ltr/sk.

Das ε-Verfahren ist u. a. angewendet worden von A. Thiem für die Vorarbeiten von Leipzig, Prag, Magdeburg (Versuchsfeld Fiener Bruch), von G. Thiem für die Vorarbeiten von Charlottenburg und M.-Gladbach, von Lang für Düsseldorf, von Goetze für Bremen, von Kurzak für Magdeburg (Letzlinger Heide), sowie bei den Vorarbeiten für die Württembergische Landeswasserversorgung.

Einige Erfahrungswerte von ε enthält folgende Zusammenstellung:

Versuchsfeld von	Wert von ε m³/sk		
	niedrigster	höchster	mittlerer
Leipzig (linkes Muldeufer)	0,00032	0,00705	0,0020
Leipzig (rechtes Muldeufer)	0,00082	0,0301	0,0106
Prag (freier Spiegel)	—	—	0,0042
Prag (gespannter Spiegel)	—	—	0,0035
M.-Gladbach	0,00096	0,00603	0,00349
Charlottenburg	0,0007	0,0030	0,0019
Düsseldorf	0,00065	0,0163	0,0085
Württ. Landeswasserversorgung . . .	0,00035	0,01793	0,00664

Nach A. Thiem ist $\varepsilon = 0{,}002\ \mathrm{m^3/sk}$ als günstig zu bezeichnen. Besonders bemerkenswert sind nach den Angaben von Weyrauch (147) 2 Versuchsreihen, die an 3 Brunnen der Württembergischen Landeswasserversorgung im regenreichen Sommer 1910 und im trockenen Sommer 1911 aufgenommen worden sind. Es ergaben:

	1910	1911
Brunnen VII	$\varepsilon = 0{,}015516\ \mathrm{m^3/sk}$	$\varepsilon = 0{,}012684\ \mathrm{m^3/sk}$
„ VIII	0,005087 „	0,003440 „
„ X	0,017925 „	0,015552 „

Ein Vergleich zeigt deutlich den Einfluß der Trockenheit des Jahres 1911 auf den Wert von ε.

Die Fehlerquellen des ε-Verfahrens.

Die Fehlerquellen des ε-Verfahrens sind theoretischer und praktischer Art.

Theoretisch läßt sich gegen das ε-Verfahren einwenden, daß es sich auf Formeln stützt, die zur Voraussetzung Parallelität des Grundwasserspiegels mit der undurchlässigen Sohle, also Parallelität der Wasserfäden, sowie gleichmäßige Durchlässigkeit haben. Zu bemerken ist hierbei, daß die benutzten Formeln auch dann nur näherungsweise gelten, wenn die theoretischen Forderungen erfüllt werden.

Vom praktischen Standpunkt aus läßt sich gegen das ε-Verfahren der Vorwurf erheben, daß es schwer gelingt, genügende Annäherung an den Beharrungszustand zu erzielen, von dessen Erreichung die Zuverlässigkeit der Ergebnisse wesentlich abhängt. Es ist ferner bei Anwendung des ε-Verfahrens zu berücksichtigen, daß es oft unmöglich sein wird, innerhalb der kurzen Beobachtungszeit, die ein Hauptvorzug des Verfahrens sein soll, das tatsächliche Grundwassergefälle hinreichend genau zu ermitteln. Letzteres gilt namentlich für gespannte Spiegel, die infolge ihrer großen Empfindlichkeit nicht selten um eine Gleichgewichtslage pendeln, und auch für freie Spiegel, die vom benachbarten Oberflächenwasser beherrscht werden und die Schwankungen des Oberflächenwassers mitmachen.

Bei gespannten Spiegeln und solchen, die in der Nähe von durchlässigen oberirdischen Wasserläufen liegen, sind daher zwecks Vermeidung von Irrtümern Versuchsreihen zur Erzielung einigermaßen einwandfreier Ergebnisse unerläßlich.

Summarisch läßt sich vom ε-Verfahren nach Ansicht des Verfassers behaupten, daß es in der Hand eines geschulten, vorsichtigen Hydrologen ein einfaches Hilfsmittel darstellt, um insbesondere bei Grundwasserträgern von großer Mächtigkeit und regelmäßigem Aufbau einen brauchbaren Maßstab für die Größe der Wasserführung zu gewinnen. In ausnahmsweise günstigen Fällen wird das ε-Verfahren die Ergebnisse eines Versuchsbrunnenbetriebes, wie er auf S. 285 beschrieben ist, ersetzen können.

In der Hand eines unerfahrenen Hydrologen und namentlich dort, wo die Grundwasserverhältnisse verwickelt sind, kann indessen das ε-Verfahren zu schweren Enttäuschungen führen. Seine Anwendbarkeit ist daher keine allgemeine, sondern eine durch günstige Nebenumstände bedingte.

XI. Das Lummertsche Verfahren.

Das Lummertsche Verfahren (146) stellt eine vereinfachte Annäherung an das Thiemsche ε-Verfahren dar.

Von der spez. Ergiebigkeitsbestimmung (vgl. S. 130) ausgehend, mißt Lummert nicht die Absenkung in zwei verschiedenen Abständen a und a_1 vom Brunnen (vgl. S. 181), sondern nur unmittelbar am Filterkorb, und führt als zweite Beobachtungsgröße den annäherungsweise geschätzten Einwirkungsabstand ein. Durch Messen der Absenkung unmittelbar am Filterkorb wird der Eintrittswiderstand des Wassers in den Brunnen aus der gemessenen Absenkung und durch Benutzung der von Forchheimer stammenden Formeln der Einfluß der Unvollkommenheit auf den Wert der Absenkung ausgeschaltet.

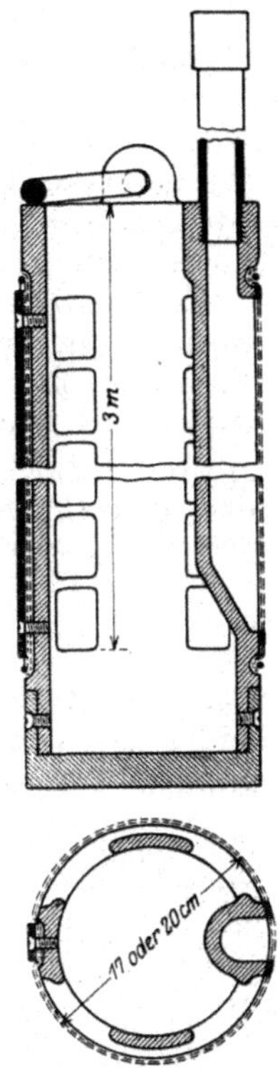

Abb. 145. Filterkorb zum Messen der Brunnenwiderstände. (Nach Lummert.)

Lummert bedient sich zur Messung der Absenkung am Brunnenmantel eines besonderen Filterkorbs, der eine rohrartige Einbuchtung trägt, die mittels eines aufgesetzten Gasrohres den an der Außenseite des Brunnenmantels herrschenden Wasserspiegel zu messen gestattet (Abb. 145).

Der Vorteil des Lummertschen Verfahrens besteht darin, daß ein Hilfsbohrloch gespart wird. Durch die von Lummert gegebenen Zahlentafeln und Schaulinien wird die Berechnung der Durchlässigkeit wesentlich vereinfacht und erleichtert.

Auch dem Lummertschen Verfahren haften die auf S. 186 angedeuteten Fehlerquellen an. Es ist deshalb in erster Linie als ein Verfahren einzuschätzen, welches bei der Wahl des günstigsten Standortes einer Wasserfassung gute Dienste leistet.

XII. Andere Brunnentheorien, unabhängig von Darcy.

Besondere Theorien über die Bewegung des Grundwassers und die Brunnenergiebigkeit haben u. a. aufgestellt Nourtier (203), Boussinesq (204) und Pochet (205).

Nach Nourtier ist die Ergiebigkeit eines Brunnens proportional der Quadratwurzel des Brunnendurchmessers und ebenso der Quadratwurzel aus der Absenkung. Auch nach dieser Theorie ist es vorteilhafter, z. B. statt eines Brunnens von 4,0 m i. L. 10 kleinere Brunnen von nur 0,4 m i. L. anzuordnen. Denn ist Q die Ergiebigkeit der 10 kleinen Brunnen, Q_1 diejenige des großen Brunnens, so gilt bei gleicher Absenkung H das Verhältnis

$$\frac{Q}{Q_1} = \frac{10\sqrt{0,4\,d}}{\sqrt{4,0\,d}} = \sqrt{10}\,,$$

also $Q = 3,16\,Q_1$, d. h. 10 kleine Brunnen von 0,4 m Durchmesser geben bei gleicher Absenkungsgröße H 3,16 mal mehr Wasser als ein einzelner Brunnen von 4,0 m Durchmesser.

Bei einer Galerie ist nach Nourtier die Ergiebigkeit proportional der $^3/_2$fachen Potenz der Wasserstandshöhe in der wasserführenden Schicht, wobei vorausgesetzt wird, daß die Fassung auf der wasserundurchlässigen Sohle aufliegt.

Bouissinesq vertritt den Standpunkt, daß die Ergiebigkeit einer wasserführenden Schicht während einer längeren Trockenheit denselben Gesetzen unterliegt wie die Temperaturabnahme einer dünnen Platte, der von außen keine Wärme zugeführt wird.

Die Betrachtungen Pochets stützen sich fast vorwiegend auf rein theoretische Annahmen, und sei hier nur auf die insbesondere vom mathematischen Standpunkt aus hochinteressante, aber sonst schwer verständliche Arbeit Pochets hingewiesen.

Im großen und ganzen genügen die theoretischen Arbeiten von Darcy, Dupuit und A. Thiem den heutigen Bedürfnissen der Praxis vollständig, und erst die Zukunft wird erweisen müssen, ob sie durch genauere und brauchbarere Methoden ersetzt werden können.

D. Unterirdische Wasserläufe.

Im Abschnitt „Das unterirdische Wasser“ auf S. 4 haben wir als unterirdische Wasserläufe im Gegensatz zum Grundwasser jenes Wasser bezeichnet, welches sich in Spalten, Klüften, Höhlen und sonstigen Gerinnen des festen Gebirges nach den Gesetzen bewegt, die für die Bewegung des Wassers in Gerinnen im allgemeinen Geltung haben.

Das Entstehen unterirdischer Wasserläufe hat demnach zur Voraussetzung gewisse Lagerungsverhältnisse und Vorgänge im festen Gebirge, welche zur Klüftigkeit desselben führen.

Hieraus ergibt sich die Schlußfolgerung, daß bei der Entstehung unterirdischer Wasserläufe sowohl die geologische Beschaffenheit des Gebirges als auch die Kräfte, welche auf das Gefüge desselben zerstörend einwirken, ausschlaggebend sind.

(Beim Grundwasser ist auseinandergesetzt worden, daß es belanglos ist, aus welchen geologischen Formationen sich die wasserführenden Schichten zusammensetzen, und daß nur die sie aufbauenden Kräfte hydrologisch als maßgebend anzusehen sind.)

I. Der geo-hydrologische Aufbau des von unterirdischen Wasserläufen durchzogenen Untergrundes.

1. Klüftigkeit des festen Gebirges.

An Stelle der für die Entstehung des Grundwassers notwendigen Zwischenräume zwischen den zu losen Haufwerken geschichteten Gesteinstrümmern tritt bei unterirdischen Wasserläufen die Küftigkeit des festen Gebirges.

Die Klüftigkeit entsteht im allgemeinen dadurch, daß die Gesteinsmassen entweder durch sog. Schichtfugen in einzelne Teile oder geologische Stufen zerlegt werden (wie z. B. bei den Gesteinen sedimentären Ursprungs), oder daß im Gebirge sog. Bruchfugen entstehen.

Die Schichtfugen sind das Ergebnis der natürlichen Lagerungsverhältnisse, die Bruchfugen meist die Folgeerscheinung tektonischer Bewegungen der Gebirgsmassen.

Während der Verlauf der Schichtfugen ein ziemlich regelmäßiger ist und sich oft tief in das Gebirge hinein verfolgen läßt, bilden die Bruchfugen in den meisten Fällen regellose Bruchscharen, deren Richtung und Abmessungen von Fall zu Fall und von Ort zu Ort verschieden sind.

Da wir die das Zubruchgehen des Gebirges bewirkenden Kräfte ihrer Richtung und Größe nach nicht kennen und menschlichem Ermessen nach niemals kennen lernen werden, so folgt daraus, daß die Wasserwege im festen Gebirge, welche durch Klüftigkeit entstanden sind und entstehen, sich jeder Beobachtung und Voraussage entziehen, und daß man nicht in der Lage ist, aus der an einem Ort ermittelten Klüftigkeit Schlüsse auf die Nachbarschaft zu ziehen.

Die Hohlräume fester Gebirge beschränken sich indessen nicht immer auf Klüfte und Spalten, die auf vorstehend erläuterte Weise entstanden sind.

2. Erweiterung der Gebirgsklüftigkeit.

In den meisten Gebirgen werden die durch Klüftung entstandenen Hohlräume fortschreitend erweitert, und zwar einerseits durch chemischen Angriff des Wassers und andererseits durch mechanisches weiteres Abnagen der Wandungen der Wasserwege. Man bezeichnet diese beiden Vorgänge auch als Korrosion und Erosion.

3. Korrosion, Auslaugung und Erosion.

Das Zustandekommen von Korrosions- und Erosionserscheinungen setzt stets voraus verminderte Widerstandskraft der Gebirgsmasse gegen chemischen und mechanischen Angriff des atmosphärischen Wassers.

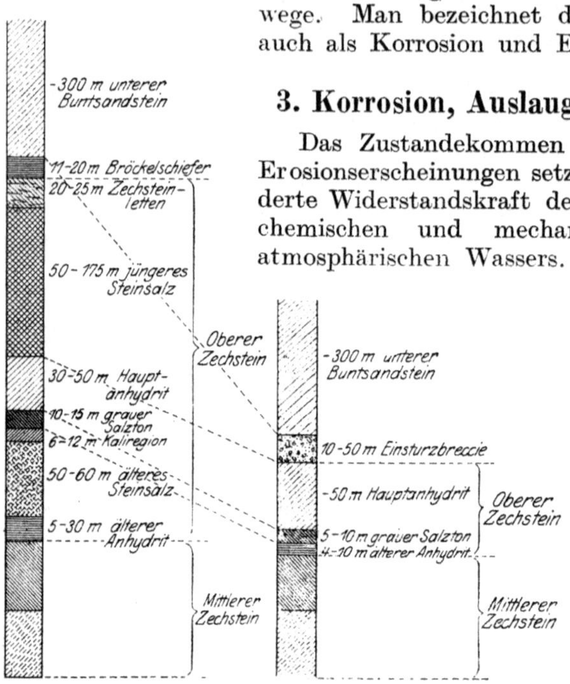

Abb. 146. Schematische Darstellung einer durch Auslaugung entstandenen wasserführenden Einsturzbreccie. (Nach Grupe.)

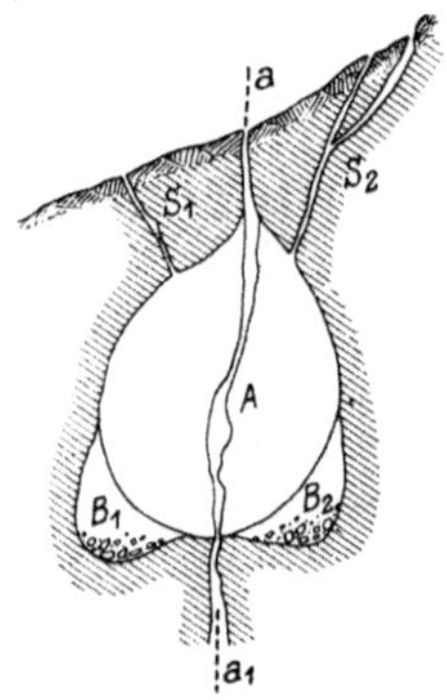

Abb. 147. Schematische Darstellung eines durch Korrosion und Erosion entstandenen unterirdischen Hohlraumes.

Es sind namentlich die verschiedenen Kalksteinarten der Erde, welche in hervorragendem Maße der chemischen Einwirkung des Wassers unterliegen, weil Kalk sich in den Kohlensäure enthaltenden Atmosphärilien leicht löst.

Ein hydrogeologischer Vergleich einzelner typischer Kalkgebiete der Erde läßt unschwer erkennen, daß das Ergebnis des angreifenden Niederschlags- und Sickerwassers stets eine fortschreitende Aushöhlung des Gebirges ist, welche für die Sammlung, Bewegung und Beschaffenheit des Wassers im Erdinnern große Bedeutung hat, und daß das Endergebnis die vollständige Zerstörung und Abtragung des Gebirges sein wird.

Wie groß die Abtragung unter Umständen sein kann, geht daraus hervor, daß z. B. die Höhe des über Namur einst anstehenden Gebirges auf 5000—6000 m geschätzt wird.

Der chemische Angriff oder die Korrosion beruht auf der auflösenden Wirkung des Wassers. Er leitet die Zerstörungsvorgänge an den Stellen des leichtesten Wassereintritts in das Gebirge ein. Das sind die bereits vorhandenen Spalten und Klüfte, welche dem von außen kommenden Wasser den geringsten Widerstand entgegensetzen.

Bei besonders leicht löslichen Gebirgsarten artet die Korrosion zu einem Auslaugungsvorgang aus.

Abb. 148. Typischer Querschnitt der Erosionsstrecke eines Höhlenflusses. (St. Canzian.) (Nach Martel.)

Über solche unterirdischen Erscheinungen berichtet Grupe (206) aus dem südlichen Harzvorlande, wo die leicht löslichen Salzlager und die schwer löslichen Anhydrite verschwunden sind. Die Mächtigkeit der verschwundenen Schichten wird hier auf rund 130—150 m geschätzt.

Das niedergebrochene Deckgebirge besteht aus Bruchstücken von Letten, Schiefern und Sandsteinen, die zu einer Trümmermasse verbacken sind, welche wasserführend ist (Abb. 146). In diese Trümmermassen dringt Wasser von oben ein, nach und nach die Spalten zu Hohlräumen erweiternd, die sich zu einem ganzen System von unterirdischen Wasserzügen zusammenscharen.

Thuernau (24) schildert näher ein derartiges unterirdisches Wassernetz, welches durch das Auslaugen des Salzes in dem Gebiet zwischen der Rhumequelle und dem Harzrande entstanden ist.

Hand in Hand mit der Korrosion arbeitet die Erosion oder der mechanische Angriff des Gebirges, welcher in der Art vor sich geht, daß die von unterirdisch fließendem Wasser mitgeführten Gesteinsteile mechanisch die Spaltenwände angreifen und abschleifen, wodurch die bereits vorhandenen Wasserwege noch mehr erweitert werden.

Abb. 149. Entstehung eines Cañons durch Einsturz einer Höhle (Schlucht des Rumelflusses bei Constantine). (Nach Simmler.)

Abb. 147 wird die eben geschilderten Vorgänge näher erläutern.

Ist $a\ a_1$ die ursprüngliche Gebirgsspalte, so wird diese durch die angreifende chemische Tätigkeit des Wassers nach und nach zu dem unterirdischen Hohlraum A erweitert. Durh Erosion werden später die Ausbuchtungen B_1 und B_2 ausgeschliffen. Die Geschiebeablagerungen in den Ausbuchtungen sind die Zeugen der geschiebeführenden Aushöhlungsarbeit des unterirdischen Wassers.

Ein derartiger Erosionsvorgang kann selbstverständlich nur dann vor sich gehen, wenn dem Wasser ein möglichst langer, zusammenhängender Weg mit entsprechendem Gefälle zur Verfügung steht, so daß es die schleifende Arbeit verrichten kann. Das ist in der Regel dann der Fall, wenn sich die Gebirgsspalten bis zu einer Vorflut erstrecken, welche die Wasserbewegung im Untergrund bzw. den Entwässerungsvorgang begünstigt. Auf diese Weise kommen Erosionsrinnen von erheblicher Längenentwicklung zustande, also unterirdische Höhlenflüsse (Abb. 148).

Aus Vorstehendem ersieht man, daß die Korrosionstätigkeit des unterirdischen Wassers vorwiegend im senkrechten Sinne, der Erosionsvorgang dagegen mehr in wagerechter Richtung vor sich gehen muß.

Die Aushöhlung des Untergrundes führt naturgemäß zu einer Verminderung der Tragfähigkeit der deckenden Schichten, die nach und nach so rissig werden, daß endlich der Felskeil zwischen den Spalten s_1 und s_2 einstürzt (Abb. 147).

In Abb. 149 ist nach Simmler (207) der Cañon des Uëd Rumel in Algerien wiedergegeben, der aus einem solchen Einsturz hervorgegangen ist.

4. Der Erosionskreis.

Aus dem unterirdischen Höhlenfluß wird auf die geschilderte Weise eine oberirdische Schluchtrinne, von der aus die weitere Zerstörung, Abtragung und Einebnung der Erdoberfläche vor sich geht. Von der neuen Oberfläche aus beginnt die neue Aushöhlungstätigkeit des Wassers, die Bildung neuer unterirdischer Wasserläufe usw.

Man nennt die Aufeinanderfolge dieser Vorgänge einen Erosionskreis oder Erosionszyklus.

5. Die Wasserwege.

Die Wasserbewegung in unterirdischen Wasserläufen erfolgt längs bestimmter Wege, die durch die Tektonik, also durch natürliche Schichtung, Spaltung und Klüftung des Gebirges bestimmt oder wenigstens gefördert werden, in den meisten Fällen aber mit der Gestaltung der Oberfläche in keinem oder nur untergeordnetem Zusammenhang stehen. Wie mannigfaltig und von vornherein unbestimmbar die Wasserwege in klüftigem Gebirge sind, geht am deutlichsten aus Abb. 150 hervor, welche nach Stapff (208) die Wege des unterirdischen Wassers im Gebirgsstock des St. Gotthard darstellt.

Man erkennt aus den angedeuteten Wasserwegen deutlich, daß sie gar keine Rücksicht auf oberirdische Wasserscheiden nehmen, sich gegenseitig kreuzen und schneiden, so daß ein Gewirr von Spaltensystemen entsteht, denen jede Gesetzmäßigkeit abgeht.

Der ursprünglich meist einfache Verlauf der Spalten, der durch tektonische Vorgänge hervorgerufen worden ist, erleidet nicht selten durch nachträglichen Gebirgsschub große Störungen der Art, daß der regel-

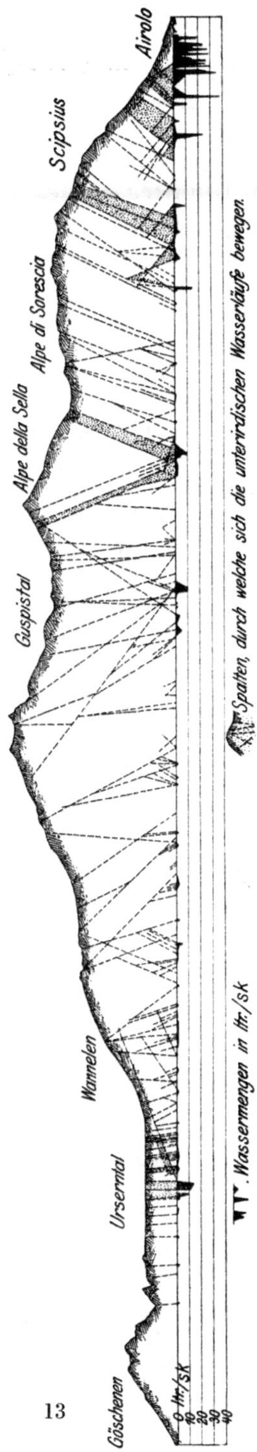

Abb. 150. Spalten, durch welche der St. Gotthard-Tunnel mit Wasser gespeist wurde. (Nach Stapff.)

mäßige Spaltenverlauf verwischt wird und an seine Stelle ein regelloses Netz von Haupt- und Nebenspalten älteren und jüngeren Ursprungs tritt. Man kann in besonderen Fällen neben dem ursprünglichen Hauptspaltensystem ein solches von Nebenspalten oder auch mehrere Nebenspaltensysteme wahrnehmen.

6. Nachträgliches Zusetzen der unterirdischen Wasserwege.

Die wasserführenden Spalten und Klüfte eines Gebirges können durch Zusetzung, Hydratisation (Wasseraufnahme), Kaolinisierung (Verwitterung eruptiver und kristalliner Gesteine in reines Tongestein) und Ausscheidung von Mineralstoffen zugesetzt und undurchlässig werden.

Es ist dies von größter Wichtigkeit für die Beurteilung des unterirdischen Wasserhaushalts klüftiger Gesteinsarten, da sich auf diese Weise die Klüftigkeit im Laufe der Zeiten bedeutend ändern kann. Aus solchen unberechenbaren Vorgängen lassen sich mitunter Ergiebigkeitsrückgänge von Quellen erklären. Ein Mittel, derartige Rückgänge zu bekämpfen, gibt es nicht.

7. Höhlenflüsse.

Unterirdische Wasserläufe von großem Querschnitt und bedeutender Länge nennt man Höhlenflüsse. Höhlenflüsse setzen stets leichte Löslichkeit des Gebirges voraus, und aus diesem Grunde findet man sie am häufigsten in Schichten, die aus Kalk, Dolomit, Kreide u. dgl. bestehen und vorwiegend den Untergrund der sog. Karstlandschaft bilden (vgl. Abschnitt „Hydrologische Karsterscheinungen“ S. 199).

Höhlenflüsse stellen nicht selten die Unterbrechung oder auch Fortsetzung oberirdischer Wasserläufe dar, die im Untergrund vorübergehend oder dauernd verschwinden.

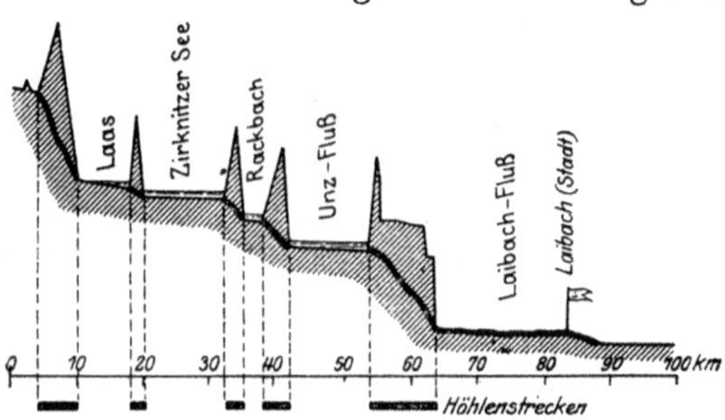

Abb. 151. Längsschnitt des Laibachflusses mit eingeschalteten zeitweiligen Seen. (Nach Schenkel.)

Beispiel eines solchen Flusses mit abwechselnd ober- und unterirdischer Bettbildung ist der Laibachfluß (Abb. 151). Die oberirdischen Strecken nehmen immer dort ein Ende, wo ein Schichtenwechsel von widerstandsfähigerem Gebirge zu solchem stattfindet, das der Korrosion leichter unterliegt.

Ähnliche Erscheinungen sind namentlich auch dort zu erwarten, wo die Oberfläche abgeschlossene Hohlformen bildet. So werden z. B. im Karst derartige Hohlformen hervorgerufen durch einzelne Gebirgsrücken, welche der Wasserscheide gegen das Meer vorgelagert sind. Zwischen den Gebirgsrücken liegen (oft terrassenartig) hintereinandergeschaltet die Hohlformen, die man, wenn sie langgestreckt und gewunden sind, als Dolinen, wenn sie breit und wannenartig verlaufen, als Poljen bezeichnet (Abb. 152). Besonders ausgebildet und auch wissenschaftlich erforscht sind die Höhlenflüsse Belgiens durch van Broeck, Martel und Rahir (209).

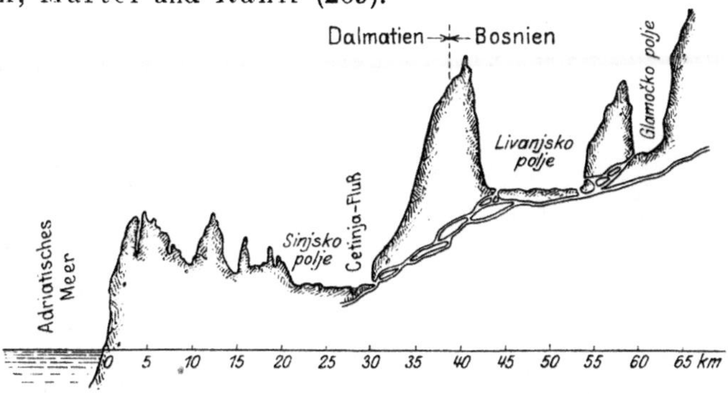

Abb. 152. Schnitt durch das Sinjsko-, Livansko- und Glamočkopolje. (Nach Ballif.)

So sind es namentlich die Lesse und ihre Nebenarme, die Lomme und die Wamme, welche durch eine ganze Reihe unterirdischer Höhlenflüsse gespeist werden.

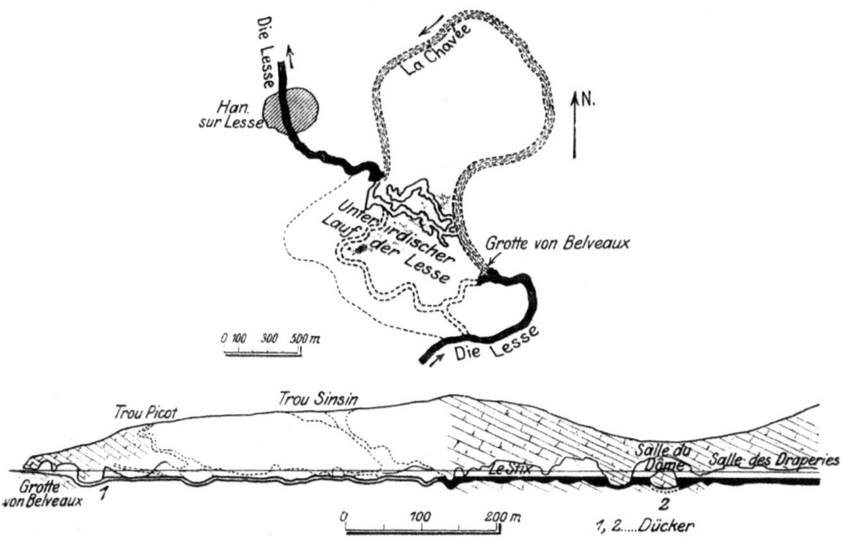

Abb. 153a und 153b. Der unterirdische Lauf der Lesse oberhalb Han sur Lesse. (Nach van Broeck.)

Eine der merkwürdigsten und großartigsten Erscheinungen nicht allein auf diesem Gebiete, sondern in ganz Europa, ist der unterirdische Wasserlauf der Lesse (Abb. 153a und 153b).

Geht man von Han sur Lesse das alte Bett der Lesse, genannt „La Chavée", entlang, so gelangt man zur Grotte von Belveaux, in welche sich die Lesse hineinstürzt und von wo aus sie als unterirdischer Höhlenfluß weiterfließt. Die Absturzhöhe der Lesse beträgt etwa 160 m.

Abb. 154 zeigt die innere Ansicht der Grotte, in welcher der Fluß schäumend verschwindet. Nur im Winter, wenn der Untergrund nicht imstande ist, die gesamte Wasserführung der Lesse zu verschlingen, ist die Chavée zeitweise überflutet. Die Lesse zerfällt daher in zwei Teile: einen ständigen, der die Grotte von Han unterirdisch durchläuft, und einen zeitweilig zutage fließenden, der sich dann unterhalb

Abb. 154. Grotte von Belveaux. (Nach van Broeck.)

der Grotte von Han mit dem unterirdischen Arm vereinigt. Der unterirdische Weg mißt etwa 2 km, der Gefällsverbrauch auf dieser Strecke beträgt bei gewöhnlichem Wasserstand etwa 1 m. Zur Zurücklegung des Weges braucht das Wasser rund 24 Stunden. Unterhalb Furfooz verschwindet abermals ein Teil der Lesse, um sich später am Trou de la Loutre mit dem oberirdischen Arm wieder zu vereinigen.

a. Veränderlichkeit der Wege der Höhlenflüsse.

Durch Einschwemmung von Sand, Ton und Schlamm kann ein unterirdisches Gerinne nach und nach teilweise oder ganz undurchlässig werden. Durch fortschreitende Höher- und Tieferlegung entstehen nicht selten übereinanderliegende Wasserrinnen, die je nach ihrem Verlauf und den Niederschlagsverhältnissen wasserführend oder trocken sein können. Abb. 155 stellt derartige Verhältnisse nach Schenkel (210) dar.

Die Grenze der Tieferlegung eines Höhlenflusses wird in der Regel dann erreicht, wenn das erosionsfähige Gebirge bis auf die widerstandsfähige Schicht, die entweder undurchlässig oder schwer erodierbar ist, durchnagt ist. Ist die erosionsfähige Schicht in lotrechtem Sinne beschränkt, so ist auch das Maß des Absinkens der unterirdischen Wasserläufe gering. Ist dagegen das lösliche Gebirge mächtig, so kann sich eine ganze Reihe übereinanderliegender unterirdischer Flußsysteme, Hohlräume und Höhlen bilden, die durch widerstandsfähigere Schichten voneinander getrennt sind. Wir gelangen auf diese Weise zu flach- bzw. tiefgründigen unterirdischen Wasserläufen, wie z. B. im Karst, wo je nach der Mächtigkeit der anstehenden Karstbildung die hydrologischen Erscheinungen seicht- oder tiefliegen.

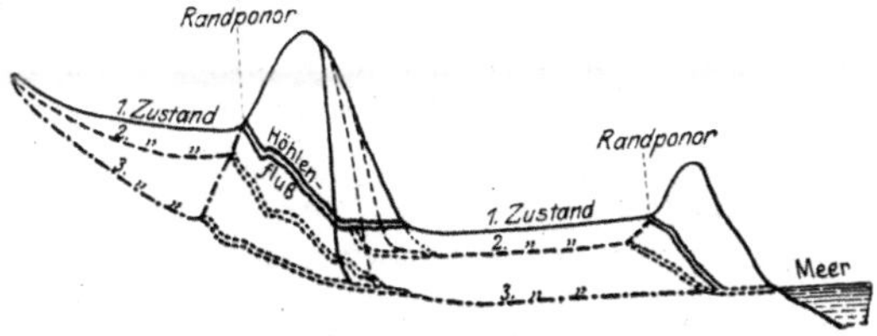

Abb. 155. Stufenförmiges Absinken eines Höhlenflusses. (Nach Schenkel.)

Die Bildung flach- oder tiefliegender Erosionsrinnen in leicht löslichem Gebirge hängt jedoch nicht allein von der Mächtigkeit und Lagerung der erosionsfähigen Formation ab, sondern auch von dem Höhenunterschied, der zwischen dem Ursprung des unterirdischen Wasserlaufs und seinem natürlichen Empfänger herrscht. Sinkt der Auslauf aus irgend welchen Gründen, so tritt nachträglich in der Regel eine Tiefenwanderung des unterirdischen Gerinnes so lange ein, bis sich zwischen dem Zufluß und dem Auslauf ein hydrologischer Gleichgewichtszustand eingestellt hat. Die Tieferlegung des unterirdischen Gerinnes geht meist stromaufwärts vor sich.

b. Abfluß- und Rückhaltungsvermögen der Höhlenflüsse (Überflutungen, zeitweilige Seen).

Das Abflußvermögen unterirdischer Wasserläufe und der von ihnen gespeisten Quellen ist begrenzt, da sich das Wasser meist in geschlossenen Querschnitten bewegt, so daß eine Ausuferung, wie dies bei oberirdischen Wasserläufen der Fall ist, nicht stattfinden kann. Die Folge davon sind Stauungserscheinungen und Überflutungen oberirdischer Becken, wenn eine geeignete hydraulische Verbindung zwischen Oberfläche und unterirdischem Flußlauf besteht. Mündet eine derartige Verbindung in geschlossene Becken, so entstehen periodische Seen, wie z. B. der Zirknitzer See (Abb. 151), der einen Teil des Laibachflusses bildet.

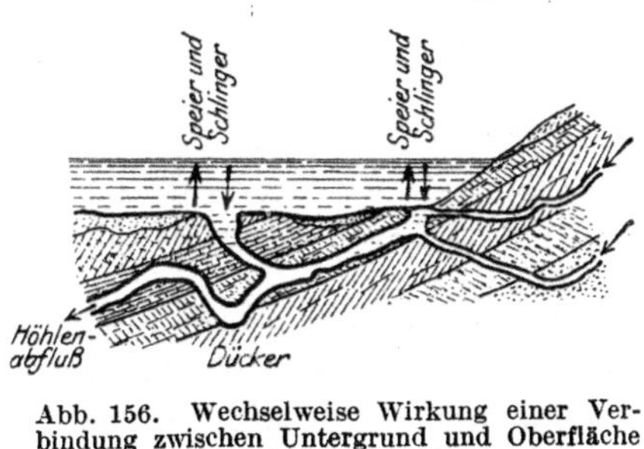

Abb. 156. Wechselweise Wirkung einer Verbindung zwischen Untergrund und Oberfläche als Wasserschlinger und Wasserspeiser.

Die zahlreichen, vorübergehend überfluteten sog. Poljen des Karstes sind ähnliche Erscheinungen. Derartige Überflutungen sind weiter nichts als die Folge einer Umkehr des unterirdischen Abflusses. Bei gewöhnlichen Abflußverhältnissen wirken beide Schlinger *a* und *b* (Abb. 156) als unterirdische Abflußvorrichtungen, und zwar so lange, als die Wasserzufuhr das Fortleitungsvermögen des unterirdischen Wasserlaufs nicht übersteigt. Ist die Zufuhr größer als die Aufnahmefähigkeit des unterirdischen Gerinnes, so tritt Stau ein. Die Schlinger *a* und *b* werden zu Wasserspeiern und eine Überflutung der Oberfläche tritt ein.

Durch die bereits erwähnten Querschnittsverengungen, Ablagerung von Schutt und sonstigem Einschwemmgut, Einstürzen des Deckengebirges und durch Luftsäcke, die sich in den verschlungenen unterirdischen Gängen bilden, können ebenfalls Abflußverzögerungen eintreten. Das Entweichen der Luft aus natürlichen Luftsäcken kann oft nur ganz langsam vor sich gehen, und es entstehen auf diese Weise Bewegungserscheinungen und Abflußverzögerungen, die rätselhaft erscheinen und sich schwer erklären lassen.

c. Verschwinden der Höhlenflüsse, Ausmündung in das Meer.

Eine große Anzahl unterirdischer Wasserläufe verschwindet, ohne je wieder zum Vorschein zu kommen. In zahlreichen Fällen entsteht die Frage, wohin die großen Wassermengen derselben ausmünden, und man ist oft nicht in der Lage, hierauf Antwort geben zu können. Verhältnismäßig am besten ist man noch unterrichtet über den Verbleib der unterirdischen Wasserläufe in Küstenländern, wo das Meer der natürliche Auslaufsort derselben ist.

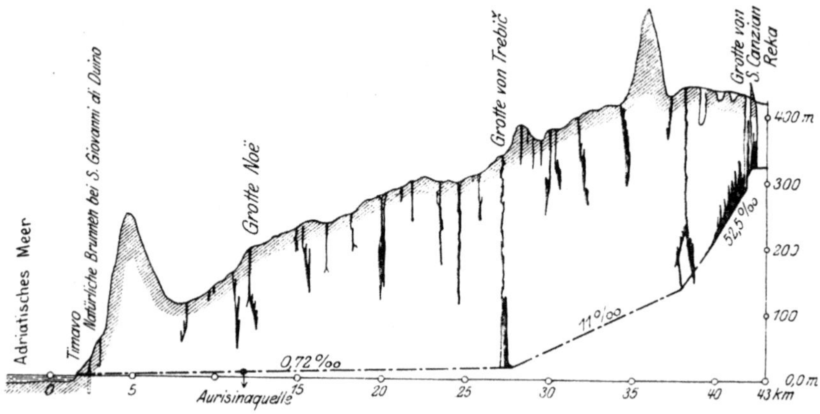

Abb. 157. Längenschnitt durch den unterirdischen Lauf des Timavo von der St. Canzian-Grotte bis Duino. (Nach Boegan.)

Derartige unterirdische Höhlenflüsse sind: der Timavo (im Oberlaufe Reka genannt), die Faiba, die Lika, die Gačka, die Trebinjčica, welche zwei Hauptabflüsse hat, u. a.

Als Beispiel eines solchen Höhlenflusses sei nach Boegan (211) der wahrscheinliche Verlauf des Timavo von der St.-Canzian-Grotte bis zu seiner Ausmündung in das Adriatische Meer wiedergegeben (Abb. 157).

d. Ausbildung unterirdischer Wasserläufe und Höhlenflüsse zu Systemen.

Unterirdische Wasserläufe und Höhlenflüsse können sich unter Umständen zu ganzen Systemen ausbilden, die durch unterirdische Wasserscheiden voneinander getrennt werden.

Das Beispiel eines derartigen Systems bilden die von **Stille** (25) untersuchten unterirdischen Wasserläufe in der Kreide oberhalb Paderborns. Die Paderborner Quellen werden gespeist durch die zu einem System bei Paderborn zusammenlaufenden Spalten und Kluftgänge, die nach Abb. 158 den Untergrund durchqueren in den Richtungen:

I. Hamborn-Ebbinghausen,
II. Grundsteinheim-Lichtenau,
III. Dahl-Grundsteinheim.

Von Paderborn über Hamborn nach Meerhof läuft die Grundwasserscheide, die das Paderborner Quellsystem von einem vierten, über Kirchborchen laufenden, besonderen Quellgebiet hydraulisch trennt. Besonders ausgebildet zu ganzen unterirdischen, oft weitverzweigten Systemen sind die Höhlenflüsse in den sog. Karstlandschaften, für welche sie charakteristisch sind. Ihre Entstehung und ihr Verlauf sind Gegenstand der Höhlenforschung.

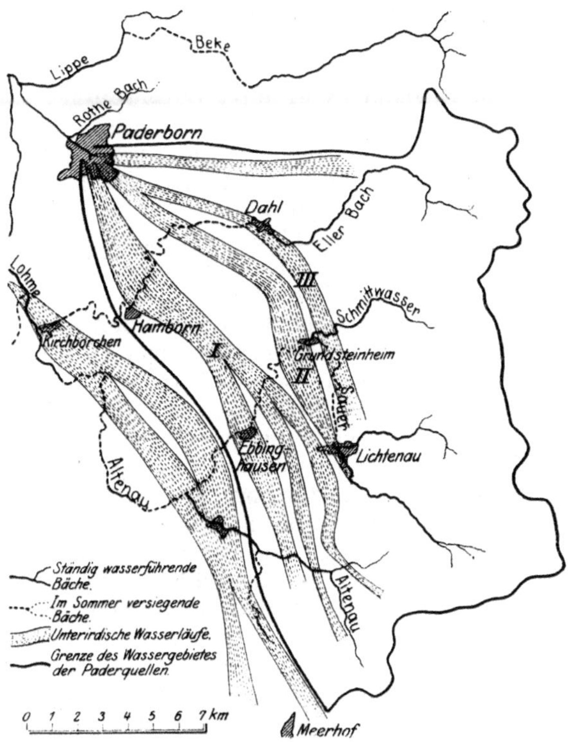

Abb. 158. Unterirdische Wasserläufe in der Kreide oberhalb von Paderborn. (Nach **Stille**.)

Über Höhlenforschung geben Auskunft die Arbeiten von **Knebel** (212), **Bock** (213), **Broeck**, **Martel** und **Rahir** (209) sowie die Mitteilungen für Höhlenkunde (214).

8. Hydrologische Karsterscheinungen.

Höhlenflüsse von bedeutender Entwicklung kommen namentlich im sog. „Karst“ vor. Sie verdanken hier vorwiegend ihre Entstehung der leichten Löslichkeit des Gebirges. Es wäre indessen falsch, behaupten zu wollen, daß derartige Erscheinungen auf das Karstgebiet (in geographischem Sinne gesprochen) beschränkt sind. Man findet Landschaften mit ausgesprochenem oder wenigstens angedeutetem Karstcharakter in allen Teilen der Erde, da die Entstehungsursachen der sog. Karsterscheinungen in gewissen, allgemein über die Erde verbreiteten, geologischen Formationen wiederkehren.

Von den europäischen Gebieten mit Karstcharakter seien hier genannt:

1. Deutschland (Westfalen, Württemberg, Fränkische Alb).
2. Österreich (Mähren, Dachsteingebiet, Dinarisches Binnengehänge, Bosnien, Dalmatien).
3. Belgien (Becken von Dinant).
4. Frankreich (Departement Lot, Jura, Côte d'Or, Yonne).
5. England (Yorkshire, Devonshire).
6. Rußland (Ufa, Perm, Krim).
7. Italien (verschiedene Kalkgebiete).
8. Balkan (Albanien, Epirus, Serbien, Bulgarien).
9. Spanien (Lejagebirge).

An den Karstbildungen nehmen alle leicht löslichen Gebirgsarten teil, als: Silur, Jura, Kalk, Kreide, Trias. In Italien sogar das Quartär in Gestalt von Kalktuffen.

Die Wasserarmut der Karstbildungen ist meist nur oberirdisch, da sich in den unterirdischen Gerinnen karstartiger Gebirge große Wassermengen sammeln, aufspeichern und fortbewegen. Die oberirdische Wasserarmut ist keineswegs das Zeichen geringer Niederschläge, da viele Karstgegenden ungemein hohe Regenhöhen aufweisen. So beträgt die jährliche Niederschlagsmenge im Durchschnitt an der Westküste von Istrien 800—1000 mm und steigt im Triester- und Tschitschenkarst bis 1800 mm, um im Mte. Maggiore 3000 mm zu erreichen. Eines der unfruchtbarsten und trockensten Karstgebiete ist die Krivočie nörlich von Cattaro, welche 4360 mm Regenhöhe pro Jahr aufweist und zu den niederschlagsreichsten Gebieten von Europa gehört. Wenn hier trotzdem oberirdische Wasserläufe nahezu gänzlich fehlen, so ist dies lediglich darauf zurückzuführen, daß das Regenwasser sofort in die Tiefe abgeleitet wird. Große Wolkenbrüche gehen hier nicht selten nieder, und das Wasser verschwindet im Untergrund, der gewissermaßen durch weitverzweigte Gerinne kanalisiert ist. Diese unterirdischen Kanäle sind die hydraulische Grundlage, auf welcher sich die Karsthydrographie aufbaut. In ihnen bewegt sich das Wasser, unterirdische Wasserläufe und Höhlenflüsse bildend.

Es ist wohl einleuchtend, daß in Anbetracht des geringen rückhaltenden Vermögens der rissigen und klüftigen Oberfläche das rasche Abfließen des Wassers in die Tiefe große Spiegelschwankungen in den unterirdischen Läufen zur Folge haben muß. Ein Ausgleichen derartiger Spiegelschwankungen findet in großen Höhlen und sonstigen Erweiterungen der Gerinne statt.

Höhlen und seitliche Gerinne brauchen nicht immer in ständiger hydraulischer Verbindung mit den lebendigen Gewässern zu sein und wirken dann als Behälter, die nur zu Hochwasserzeiten an den Zu- und Abflußerscheinungen teilnehmen, während sie bei Mittel- bzw. Niedrigwasser tote Wasseransammlungen darstellen.

So einfach diese natürlichen Entwässerungsvorgänge an und für sich erscheinen, so verworren können sie sich gestalten, wenn Grotten, tote Läufe, Dücker, Heber und mehrere über- und nebeneinanderliegende Stockwerke bei den verschiedensten Wasserständen zusammenwirken und je nach den Umständen hydraulisch zusammenhängende oder voneinander unabhängige Gerinne oder Wasserspeicher bilden.

Man findet dann Höhlen, die entweder trocken oder vom fließenden Wasser durchzogen sind, weite Hallen mit Gefällsbrüchen, sowie Gabelungen, in denen die Wässer zusammen- und wieder auseinanderfließen und ab- bzw. ansteigende Gerinne, die unter Druck stehen und durch Heber- oder Dückerwirkung überwunden werden.

Aus diesem Grunde ist es erklärlich, wenn verschiedene Forscher die Ansicht vertreten, daß das im Karst zu beobachtende Wasser ein besonderes Wasser sein müsse. Grund (215) deutet dieses Wasser als eine besondere Art von Grundwasser und bezeichnet es als „Karstwasser". Er nimmt an, daß das Grundwasser im Karst ruht und das Karstwasser denjenigen versunkenen Niederschlag darstellt, der sich über dem ruhenden Grundwasser fortbewegt.

Mit Recht ist von Bock (207), Katzer (216), Waagen (217) und anderen diese Anschauung bekämpft worden, da, wie wir auf S. 2 erörtert haben, das charakteristische Unterscheidungsmerkmal zwischen Grundwasser und unterirdischen Wasserläufen nicht Ruhe oder Bewegung ist, sondern die Art des Wasserträgers, welche den Bewegungserscheinungen die ihm eigenen Gesetze aufdrückt.

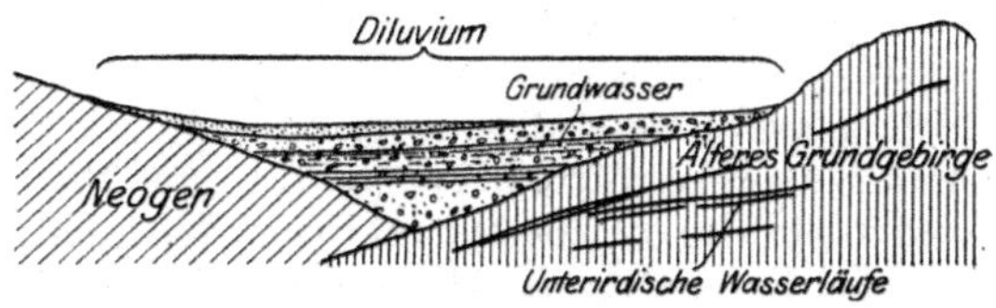

Abb. 159. Grundwasser, von unterirdischen Wasserläufen unterlagert. (Nach Katzer.)

Auch im Karstgebiete trifft man Grundwasser an, aber nur dort, wo die wasserführenden Schichten (aus losen Haufwerken bestehend) die Bildung solchen Wassers ermöglichen.

Wenn oberirdisches Wasser sich z. B. in Alluvionen bewegt, so kommt es auch in Karstlandschaften zur Bildung von Grundwasser, da die schwer durchlässigen Sande und Kiese den unterirdischen Abfluß hemmen. Zur Bildung von zusammenhängenden größeren Grundwassererscheinungen ist selbstredend eine ausgesprochen undurchlässige Schicht zwischen Grundwasserträger und klüftigem Gestein erforderlich.

So fließt der Poik auf alten Alluvionen und bildet hier Grundwasser. Zum unterirdischen Wasserlauf wird er erst, wenn er über klüftigen Kalk ohne Zwischenlagerung dahinläuft. Ähnliche Verhältnisse findet man nach den Mitteilungen von Katzer (218) im Jala- und Sprečatal bei D. Tuzla, wo ausgedehnte Grundwasserträger vorhanden sind, deren Ausnützung zu einer Grundwasserversorgung von D. Tuzla in Erwägung gezogen ist (Abb. 159).

II. Aufsuchung unterirdischer Wasserläufe.

1. Unsichtbare unterirdische Wasserläufe.

Hat man es mit unsichtbaren unterirdischen Wasserläufen zu tun, so wird der Hydrologe nur selten in der Lage sein, so systematisch den Wassernachweis führen zu können, wie dies beim Grundwasser möglich ist.

Hydrologische Untersuchungsfelder, die sich aus klüftigen Gebirgsarten aufbauen, entbehren, wie wir bereits gesehen haben, jedes systematischen Verlaufs der unterirdischen Wasserwege, und man ist nicht oder nur höchst selten berechtigt, aus einem Einzelverhalten auf das sonstige Verhalten der Wasserführung zu schließen.

Verfolgt man unterirdische Wasserläufe mit Hilfe von Bohrungen, und verschwindet beim Bohren das Spülwasser, so ist dies nicht immer Beweis dafür, daß die angebohrten Schichten wasserleer sind. Das Verschwinden des Wassers kann darin begründet sein, daß es sich um nicht vollständig gefüllte, wasserführende Klüfte handelt, welche das Spülwasser mit aufnehmen und unterirdisch fortleiten.

Fälle, wo man unterirdische Wasserläufe systematisch verfolgen kann, gehören zu den größten Seltenheiten. Meist handelt es sich dann um Höhlenflüsse oder um die Ermittelung der Wasserführung aus vorgetriebenen Schächten und Stollen, deren Zweck vielfach ursprünglich bergmännischer Art war, und die man erst nachträglich, als sich das Gebirge hinreichend wasserführend erwies, zur Wassergewinnung und Wasseraufspeicherung ausgenützt hat. Als Beispiele hierfür seien die Wasserfassungen der Städte Aachen und Wiesbaden genannt.

Wasservoraussagungen, die sich auf rein geologische Vorstudien des Gebirgsaufbaues stützten, haben sich, wie dies aus zahlreichen Tunnelbauten beweiskräftig hervorgeht, in der Regel als praktisch unbrauchbar und nicht im geringsten als der Wirklichkeit entsprechend erwiesen.

Die Berechtigung, Wasser auf bergmännische Art zu suchen und zu gewinnen, soll nicht bestritten werden. Doch wird man stets gut tun, hierbei die Wahrscheinlichkeit eines hydrologischen Erfolges nicht höher einzuschätzen, als dies die äußeren Anzeichen gestatten.

2. Anzeichen

(unterirdisches Rauschen, Erdsenken, Erdfälle, Schwinden, Trockentäler).

Die natürlichen oberirdischen Anzeichen unterirdischer Wasserläufe sind nebst Quellen in der Regel: unterirdisches Rauschen, Erdsenken, Erdfälle, Schwinden und in vielen Fällen Trockentäler, welche in früheren Zeiten wasserführend waren und nunmehr ihren Wasserreichtum an den Untergrund abgeben.

In vereinzelten Fällen ist die Erdoberfläche mit Schwinden geradezu bedeckt. Auch findet man, daß mitunter Erdfälle nach bestimmten Linien angeordnet sind. Sie zeigen dann die Richtung an, in welcher sich das Wasser unterirdisch fortbewegt. Erdfälle kommen in allen Gebirgsarten vor, die der chemischen und mechanischen Zersetzung und Abnagung unterliegen. So finden sich in der Plänerebene bei Paderborn Erdfälle bis zu 25 m Tiefe, welche steil abfallende Trichter bis zu 30 m Durchmesser darstellen. Die Dichtigkeit solcher Erdfälle kann sehr groß sein, wie z. B. in der Nähe von Schwanay, wo 42 Erdfälle auf einen Quadratkilometer Fläche kommen. Aus den Erdfällen können auch Seen entstehen, wie z. B. bei Pyrmont.

Abb. 160 zeigt die Umgebung von Remouchamps in Belgien, wo

zahlreiche oberirdische Wasserläufe in Erdlöchern verschwinden, die dann später vereinigt als bedeutender Strom, genannt „Rubicon“, aus der Höhe von Remouchamps hervorbrechen und die Amblève speisen.

Münden unterirdische Wasserläufe bzw. Höhlenflüsse in das Meer aus, so sind die Anzeichen solcher Austritte Wassertrichter und sonstige Nebenerscheinungen, die namentlich bei großen Niederschlägen in verstärktem Maße auftreten. Den Fischern sind derartige Stellen meist gut bekannt als der Aufenthaltsort gewisser Fischgattungen, die süßes Wasser gerne aufsuchen.

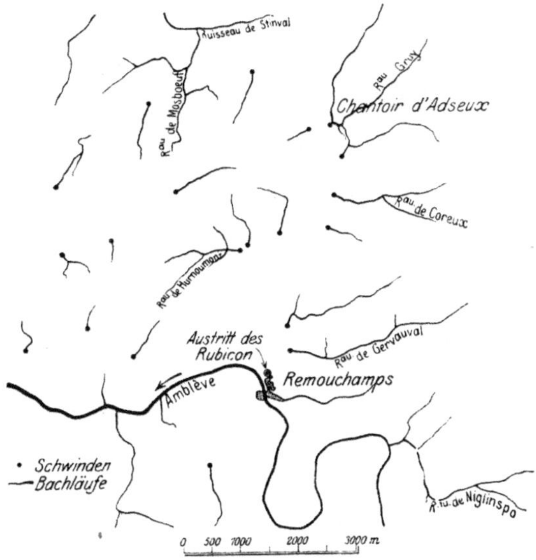

Abb. 160. Die mit Erdfällen bedeckte Oberfläche bei Remouchamps. (Nach v. Broeck.)

Das in unterirdischen Wasserläufen in der Nähe der Küste auftretende Wasser kann sowohl süß als auch brackig oder gänzlich versalzen sein. Es hängt dies ab von der Entfernung vom Meere und dem gegenseitigen hydraulischen Verhältnis zwischen Meer und unterirdischem Zufluß, sowie von Ebbe und Flut. Je nach dem hydraulischen Übergewicht infolge von Gefällsunterschied beherrscht oder verdrängt die eine Wassergattung die andere. Daraus ergeben sich dann verschiedene Mischungsverhältnisse zwischen Süß- und Salzwasser.

III. Nachweis unterirdischer Wasserläufe durch Messung sichtbarer Quellaustritte.

Dort, wo unterirdische Wasserläufe als Quellen zutage treten, lassen sich die von ihnen geführten Wassermengen genau so messen wie natürliche Grundwasseraustritte. Hier sei nur auf die bereits im Abschnitt „Grundwasser“ S. 70 gegebenen Anleitungen verwiesen.

Dort, wo Quellaustritte in Tälern fehlen, läßt sich nicht immer darauf schließen, daß der tiefere Untergrund wasserleer ist. Hier kann unter Umständen der Wasserspiegel so tief liegen, daß selbst bei höchstem Wasserstand der Spiegel die Oberfläche nicht erreicht, und so eine Quellbildung unmöglich wird.

IV. Bestimmung der Wassermenge unterirdischer Wasserläufe.

1. Bestimmung aus Versickerungs- bzw. Versinkungsmenge und Niederschlagsgebiet.

Für die Bestimmung der von unterirdischen Wasserläufen geführten Wassermengen aus Niederschlagsgebiet und Versickerungsgröße gelten dieselben Gesichtspunkte und Betrachtungen, die wir bei der Besprechung des Grundwassers auf S. 115 angeführt haben.

Bei unterirdischen Wasserläufen, die mit der Oberfläche durch Spalten und Klüfte zusammenhängen, geht der Versickerungsvorgang in einen Versinkungsvorgang über. Sind die Spalten mit Trümmergesteinen (z. B. Sand, Kies) abgedeckt, so wird die Versinkung durch Versickerung eingeleitet, und daraus ergeben sich oft verwickelte Speisungsvorgänge des klüftigen Untergrundes. Die Versickerungs- bzw. Versinkungsmengen lassen sich rechnerisch nicht beikommen.

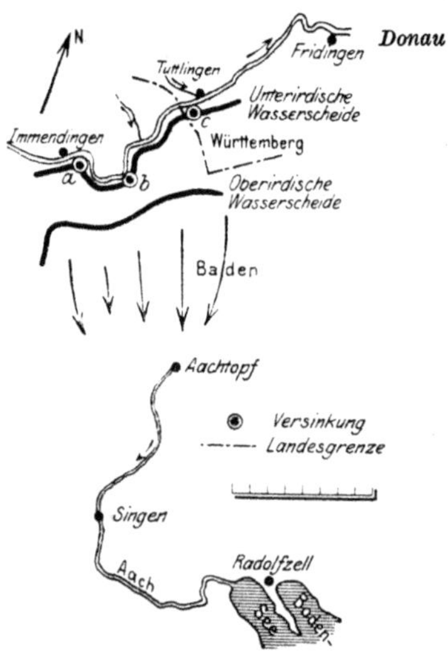

Abb. 161. Versinken des Donauwassers in das Aachgebiet (Rhein).

Zudem ist das oberirdische Niederschlags- bzw. Speisegebiet meist vom unterirdischen Einzugsgebiet so verschieden, daß man Berechnungen auf die Größe des oberirdischen Speisegebiets nicht gründen kann.

Sehr groß ist in der Regel die Abweichung der unterirdischen Wasserscheiden von den oberirdischen bei gefalteten Gebirgen und ganz besonders bei Steinschichten, die leicht löslich sind. In löslichen Gebirgen wandert die unterirdische Wasserscheide nicht selten, was nicht allein vom hydrologischen, sondern auch vom wasserrechtlichen Standpunkt von großer Tragweite ist.

Ungemein zahlreich sind die Fälle, wo trotz scharf ausgeprägter oberirdischer Wasserscheiden eine unterirdische Entwässerung des einen Flußgebietes in das benachbarte andere stattfindet. Es sei hier als besonders typischer Fall die Donauversickerung an der badisch-württembergischen Grenze erwähnt.

Längs der Donaustrecke zwischen Immendingen (Baden) und Fridingen (Württemberg) findet ein Versinken des Donauwassers in der Weise statt, daß die Schwarzwaldwässer der Donau unterirdisch in die Aach abgeleitet werden (Abb. 161).

Auf diese Weise werden Wassermengen, die dem Verlauf der oberirdischen Wasserscheide nach zum Donaugebiet gehören, durch Vermittlung der Aach dem Bodensee, also dem Rheingebiet, unterirdisch zugeführt. Die Versinkung findet an den Stellen *a*, *b* und *c* statt, und die unterirdische Wasserscheide verläuft streckenweise im Taltiefsten längs des Donaubetts. Die oberirdische Wasserscheide liegt weiter südlich und ist vom Wasser unterirdisch durchsägt worden. Der merkwürdige Versinkungsvorgang ist zwar seit langem bekannt, doch ist er erst vor etwa 35 Jahren in erheblichem Maße in Erscheinung getreten und hat seitdem von Jahr zu Jahr Fortschritte gemacht. Da das oberhalb von Immendingen sich sammelnde Donauwasser nicht mehr nach Württemberg gelangt, so wurden die württembergischen Donauanlieger stark geschädigt, und dadurch wasserrechtliche Auseinandersetzungen zwischen den beiden benachbarten Staaten herbeigeführt.

2. Bestimmung aus der Klüftigkeit.

Bei unterirdischen Wasserläufen tritt an die Stelle der Durchlässigkeit, die bei Grundwasserträgern infolge ihrer Ablagerungsverhältnisse ziemlich gesetzmäßig ist und sich als rechnerische Unterlage verwenden läßt, die Klüftigkeit.

Es fehlt nicht an Versuchen, auch die Klüftigkeit der einzelnen Gebirgsarten durch Zahlen auszudrücken, doch haben alle derartigen Versuche nur theoretischen Wert und sind praktisch nicht zu gebrauchen, da die Klüftigkeit ganz unregelmäßig ist und von Bedingungen abhängt, die sich jeder Beurteilung von außen entziehen. Man kann wohl aus dem Schüttungsvermögen eines klüftigen Gebirges auf die Art und Größe der Klüfte Schlußfolgerungen ziehen, es ist aber nicht möglich, aus der Art der Klüftigkeit die vom Gebirge geführten Wassermengen vorauszusagen oder zu berechnen.

3. Bestimmung aus dem Durchflußquerschnitt und der Wassergeschwindigkeit.

a. Der Durchflußquerschnitt.

Von einem Durchflußquerschnitt klüftiger Gebirge kann praktisch die Rede nur dort sein, wo die unterirdischen Klüfte und Gerinne derartige Abmessungen annehmen, daß sich in ihnen das Wasser nach den Gesetzen, die für die Bewegung in Kanälen Geltung haben, fortbewegt. Haarrisse, Spalten u. dgl., wo die Wasserbewegung fast nur unter dem Einfluß der Kapillarität steht, kommen praktisch als Wasserkanäle nicht in Betracht.

Die Abmessungen der unterirdischen Gerinne sind sehr verschieden und erreichen ihre Höchstwerte bei Höhlenflüssen. Die Breite von Grundwasserströmen, die oft mehrere Kilometer beträgt, erreichen sie niemals. Es ist dies schon deshalb ausgeschlossen, weil die Tragfähigkeit des deckenden Gebirges ziemlich begrenzt ist. Sobald der Querschnitt eines unterirdischen Wasserlaufs eine gewisse Breite überschreitet, stürzt die Decke ein und der unterirdische Wasserlauf wird zu einem offenen Tagesgerinne.

Die Aufnahme der Querschnitte unterirdischer Wasserläufe ist nur in den seltensten Fällen möglich. Mittels Bohrungen ist ihnen kaum beizukommen, und man wird sich im allgemeinen auf die Aufnahme solcher Gerinne beschränken müssen, die, wie z. B. bei Höhlenflüssen, Grotten usw., begehbar sind und nur aus diesem Grunde genau aufgenommen werden können.

b. Der Wasserspiegel.

Die Wasserspiegel unterirdischer Wasserläufe (insofern es sich nicht um Haarrisse und ähnliche Wasserwege handelt, in denen die Kapillarkräfte zur Geltung kommen) stehen nur unter dem Einfluß der Erdschwere, ganz so wie bei oberirdischen Wasserläufen mit freiem Spiegel oder wie in geschlossenen Röhren bei gespanntem Zustand.

Der besondere Bodenwiderstand, der beim Grundwasserspiegel in seiner regelmäßigen Gestalt zum Ausdruck kommt, fällt hier fort.

Die Speisung der meisten unterirdischen Wasserläufe durch Versinkung des oberirdischen Wassers muß naturgemäß auch in den Spiegelgängen und Spiegelschwankungen zum Ausdruck kommen. Hier fehlt das Rückhaltungsvermögen und die Dämpfung der Wasserbewegung durch die besonderen Bodenwiderstände, und deshalb findet man, daß der Spiegelgang der meisten unterirdischen Wasserläufe sofort durch jede größere Wasserzufuhr von der Oberfläche aus beeinflußt wird. Die Spiegel der unterirdischen Wasserläufe gehen, wie man richtig sagt, „mit dem Regen".

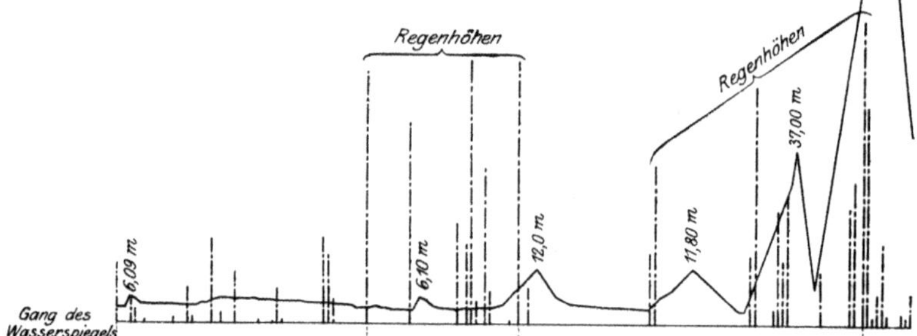

Abb. 162. Schaulinien der Regenhöhen und des Spiegelganges in der Grotte von Trebič. (Nach Boegan.)

Das rasche Abfließen der Niederschläge bzw. des sonst in Frage kommenden Oberflächenwassers in die unterirdischen Abzugskanäle kommt am deutlichsten zum Ausdruck darin, daß nahezu gleichzeitig mit dem Wechsel der Wasserstände über Tag ein übereinstimmender unterirdischer Spiegelgang sich einstellt. Oberirdischen Niederschlägen und Hochwasserwellen folgen unmittelbar unterirdische Spiegelerhebungen, wie aus Abb. 162, welche die Spiegelzustände in der Grotte von Trebič nach den Angaben von Boegan (219) wiedergibt, hervorgeht.

c. Die Spiegelschwankungen.

Während beim Grundwasser die Spiegelschwankungen verhältnismäßig gering sind und nach den auf S. 101 gegebenen Zahlen in der Regel 1—2 m nicht übersteigen, können bei unterirdischen Wasserläufen derartige Schwankungen ein außerordentlich großes Maß annehmen. Schwankungsgrößen von 10—30 m sind nichts Seltenes. Nach Boegan (219) kann in der Grotte von Trebič bei Hochflut der Reka der unterirdische Wasserspiegel um 92,9 m und mehr gehoben werden. Der mittlere Wasserspiegel liegt rund 320 m unter Flur.

Die mit der unterirdischen Überflutung verbundene Spiegelerhebung ist mitunter so groß, daß plötzlich alte, verlassene und regelmäßig trockenliegende Gerinne ebenfalls wasserführend werden und, falls sie mit der Oberfläche in Verbindung stehen, zur Bildung von zeitweiligen (intermittierenden) Quellen Veranlassung geben. Ist das klüftige Gebirge besonders erosionsfähig, so tritt mitunter der Fall ein, daß die Spiegellage eines über ihm liegenden Grundwasserträgers, der einer Auswaschung nicht unterliegt, unverändert bleibt, während der Spiegel des unterirdischen Wasserlaufs immer tiefer und tiefer sinkt. Die Folge davon ist das Zustandekommen zweier oder mehrerer übereinanderliegender Wasserspiegel, deren lotrechter Abstand sich fortlaufend vergrößert.

Es kommt ferner vor, daß unterirdische Wasserläufe Täler, die mit Alluvionen und Grundwasser gefüllt sind, unterdückern, ohne sich mit dem Grundwasser zu mischen und dann jenseits der Täler wieder emporsteigen und in höheren Lagen als Quellen zutage treten. Vgl. Abb. 164.

Die Größe und Gestalt der unterirdischen Hohlräume führt mitunter zu Verzögerungserscheinungen im unterirdischen Wasserabfluß, so daß es im Gegensatz zur oberirdischen Wasserführung nicht zur Ausbildung einer vereinzelten Hochwasserwelle von besonders großer Wasserführung, sondern zur Auflösung der Abflußmenge in zwei oder mehrere Hochwasserwellen von geringeren, sich mitunter steigernden Abflußmengen kommt. Zwischen den einzelnen Hochwasserwellen liegen dann oft größere Zeitabschnitte. So findet z. B. nach den Mitteilungen von Gutzmann (220) in der Lippe durch unterirdischen Zufluß regelmäßig ein zweimaliges Anwachsen des Hochwasserspiegels statt in Zwischenräumen von 6—22 Tagen.

d. Messen der Wassergeschwindigkeit.

α. Verschiedene Meßmittel.

Für die Ermittelung der von unterirdischen Wasserläufen geführten Wassermenge aus Durchflußquerschnitt und Wassergeschwindigkeit gelten dieselben Gesichtspunkte wie für die Bestimmung dieser Größen in oberirdischen Gerinnen. Die Schwierigkeit liegt hier darin, daß die unterirdischen Gerinne meist unzugänglich und ihrem Verlauf nach unbekannt sind.

Bei der Ermittelung der Geschwindigkeit kommen gegebenenfalls als Meßmittel die auf S. 81 usw. angeführten Meßvorrichtungen in

Frage, also z. B. Schwimmer, sowie auch Sägespäne u. dgl. Bei der Aufgabe von schwimmenden Körpern ist indessen zu bedenken, daß in unterirdischen Gerinnen oft eingeschwemmtes Sperrgut, wie z. B. Laub, Reisig, Äste an geeigneten Stellen gewissermaßen Wasserrechen bilden, welche zwar den Durchgang des Wassers nicht verwehren, wohl aber alle Triftgegenstände, die zur Feststellung der Wassergeschwindigkeit dienen sollen, festhalten. Es ergeben sich daraus Fehlerquellen von großer Tragweite. Nicht selten scheitern an solchen Sperren Meßversuche gänzlich.

Besser eignen sich zu Geschwindigkeitsmessungen in verborgenen Gerinnen Kleinlebewesen, sowie Kochsalz und Farbstoffe. Man hat zur Messung unterirdischer Wassergeschwindigkeiten u. a. verwendet: Hefepilze sowie verschiedene Bakterienarten als: B. violaceus, B. pyocyaneus, B. aceti und B. prodigiosus. Colibakterien sind für diese Zwecke im allgemeinen weniger geeignet, da sie dem Wasser auch durch tierische und menschliche Abfallstoffe zugeführt werden können.

Kochsalzversuche können in einer Weise ausgeführt werden, die ähnlich derjenigen sind, die wir beim Grundwasser auf S. 140 kennengelernt haben.

Die am meisten bei unterirdischen Wasserläufen in Verwendung stehende Messungsart der Wassergeschwindigkeit ist die Messung mittels sog. Farbversuche.

β. Farbversuche.

Die zu den Farbversuchen verwendeten Farbstoffe müssen der Zersetzung und Absorption im Untergrund Widerstand leisten und für Menschen, Tiere und Pflanzen unschädlich sein.

Zu Farbversuchen verwendet man Fuchsin, Saffranin, Kongorot-Eskuline und vor allem Fluoreszein und Uranin.

Das im Wasser aufgelöste Fluoreszein hat eine durchscheinend rötliche Farbe mit grünem Spiegel. Die Grünfärbung ist mit bloßem Auge noch bei einem Verdünnungsgrad von 1 : 200 000 000 sichtbar.

Uranin haftet der Mangel an, ungenügenden Widerstand gegen Absorption zu leisten. Man verwendet am besten statt des Kali-Uranins die Natriumverbindung ($C_{20}H_{10}O_5Na_2$). Bei saurem Boden und sauren Wässern versagen beide Verbindungen, da sie aus der Lösung ausgeschieden werden.

Die Geschwindigkeit, mit welcher sich der Farbstoff im Untergrund bewegt, ist $v = \frac{L}{T}$, worin

L . . . die Länge des zurückgelegten Weges,
T . . . die dazu gebrauchte Zeit.

Voraussetzung ist dabei, daß der Farbstoff in das unterirdische Gerinne unmittelbar gebracht wird. Ist der Aufgabeort des Farbstoffes die Oberfläche, so ist T auch abhängig von der Beschaffenheit des Versickerungsortes und $T = t_1 + t_2$, worin t_1 . . . die Zeit darstellt, welche der Farbstoff braucht, um in das Gerinne zu gelangen, und t_2 . . . die Zeit zur Zurücklegung des eigentlichen Gerinneweges.

Die unterirdische Wassergeschwindigkeit ist dann

$$v = \frac{L}{T - t_1}. \tag{28}$$

Die Wassergeschwindigkeit ist in Wirklichkeit größer als die Geschwindigkeit, mit welcher sich der Farbstoff bewegt, indem sie dieselbe nach Chalon (221) etwa um 30 bis 100 v. H. übertrifft.

Die Menge des zu einem Farbversuch benötigten Farbmittels schwankt je nach den Umständen. Eine besondere Formel zur Berechnung der Farbmenge rührt von Diénert (222) her. Die Formel lautet:

$$A = K \cdot \Delta \cdot l, \tag{29}$$

worin

A ... die Menge des Farbstoffes in Gramm,
K ... ein Beiwert, der je nach Art des Farbstoffes schwankt[1]),
Δ ... die Ergiebigkeit sämtlicher Quellen (in cm^3/sk),
l ... die Entfernung des Aufgabeortes von der entferntesten Quelle (in cm).

Farbversuche mit Fluoreszin scheitern oft an ungenügender Farbstoffmenge. Nach den Angaben von Martel (223) soll die Menge des Farbstoffes (in kg) gleich sein der Entfernung zwischen Ein- und Auslauf (in km) mal der geführten Wassermenge (in m^3/sk), gemessen am Auslauf.

Zur Feststellung des Fluoreszeins benützt man am besten das Fluoroskop von Trillat. Die Vorrichtung besteht aus zwei weißen Standgläsern von 2 cm Durchmesser und 1 m Höhe. In dem einen Standglas ist reines Wasser, in dem anderen das gefärbte enthalten. Den Vergleich erleichtert ein weißer Bodenanstrich, mit dem man die Standgläser versieht.

Mit dem Fluoroskop von Trillat kann man leicht den Farbstoff bis zu einem Verdünnungsgrade von 1 : 500 000 000 feststellen.

Die Feststellung der Farbwirkung von Uranin erfolgt nach Quitzow (224) ebenfalls in einem Glaszylinder von 0,75 bis 1,0 m Höhe, dessen Boden schwarz gefärbt ist. Sieht man von oben durch die Wassersäule, so läßt sich auch hier durch das unbewaffnete Auge der Farbstoff noch bei einer Verdünnung von 1 : 500000000 erkennen. Durch Vergleich einerseits mit einer farbstofffreien, andererseits mit einer etwas kräftiger gefärbten Probe sind auch stärkere Verdünnungen, etwa bis 1 : 1 Milliarde, noch sichtbar. Allerdings können hierbei, zumal bei einer schwachen Eigenfärbung des Wassers, leicht Irrtümer unterlaufen, so daß es ratsam scheint, sich in allen zweifelhaften Fällen des bei vielfachen Versuchen als zuverlässig erprobten chemischen Verfahrens zu bedienen. Dieses Verfahren gestattet noch eine Verdünnung von 1 : 10 Milliarden aus scheinbar vollkommen farblosem Wasser nachzuweisen. Es werden 1,8 l des zu untersuchenden Wassers in einen langhalsigen, sog. Stohmannschen Glaskolben von 2 l In-

[1]) $K = \frac{2,5}{10^9}$ für Fluoreszein, $= \frac{5}{10^8}$ für Fuchsin, $= \frac{2,5}{10^6}$ für Kochsalz.

halt gefüllt und mit Salpeter- oder Essigsäure schwach angesäuert. Alsdann werden 0,2 l Äther dazu gegeben und mit dem Wasser kräftig durchgeschüttelt, bis der größte Teil des Äthers vom Wasser aufgenommen ist. Der Rest von 10—30 cm^3, der sich in dem langen, dünnen Halse des Kolbens gesammelt und die gesamte im Wasser enthaltene Uraninmenge aufgenommen hat, wird nun mit einer Pipette abgezogen, in ein enges Glasrohr gebracht und mit einem Tropfen Ammoniak versetzt. Durch abermaliges Schütteln wird nun das etwa vorhandene Uranin vom Ammoniak angezogen und durch die eintretende Fluoreszenz dem Auge sichtbar. Enthält das Wasser lebende Pflanzen (Algen), so erscheint bisweilen der Ätherauszug durch das Chlorophyll grünlich gefärbt. Die Natur des Chlorophylls erkennt man hier sofort an der blutroten Reflexfarbe, die im auffallenden Lichtkegel, am besten unter dem Brennglas, in Erscheinung tritt.

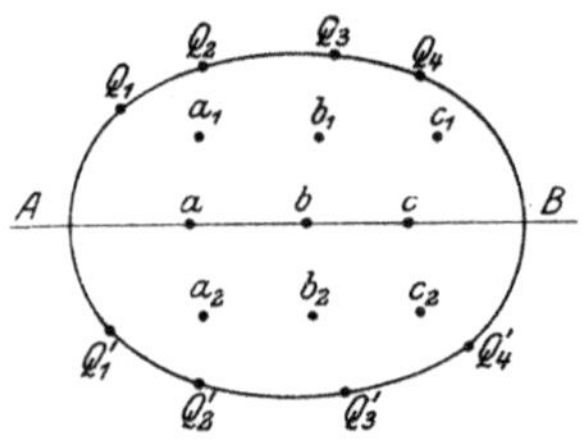

Abb. 163. Verteilung der Aufgabeorte bei Farbversuchen. (Nach Diénert.)

Gelungene Farbversuche mit Uranin sind u. a. ausgeführt worden zur Aufklärung der Ursache einer Typhusepidemie in Paderborn, worüber Gärtner (225) ausführlich berichtet. Über Farbversuche im Quellgebiet der Avre und der Vanne zwecks Wasserversorgung der Stadt Paris schreibt Diénert (226, 227). Mitteilungen über mißlungene Versuche im oberschlesischen Industriebezirk geben Quitzow (224), Michael (228) und Hache (229).

Die an den Paderquellen vorgenommenen Farbversuche haben nach Stille (23) gezeigt, daß nicht immer sämtliche Quellen auf die Farbe reagiert haben. Einige setzten aus. Die Färbungen traten nur an solchen Quellen auf, die sich nach größeren Niederschlägen trüben. Die klarbleibenden Quellen zeigten niemals eine Spur der Färbung.

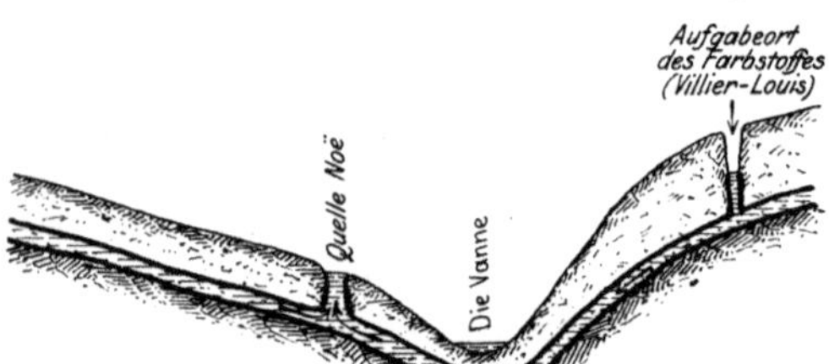

Abb. 164. Unterquerung des Flußtales der Vanne durch einen unterirdischen Wasserlauf. (Nach Diénert.)

Bei Farbversuchen ist vor allem Staubentwicklung zu vermeiden, und es dürfen unter keinen Umständen Personen, die den Farbversuch vorgenommen haben, mit Personen in Berührung kommen, denen die Entnahme und Untersuchung des gefärbten Wassers obliegt.

Will man durch Farbversuche die unterirdischen Wasserläufe eines zusammenhängenden Beckens mit den Wasseraustritten Q_1, Q_2, Q_3 und Q_4 und Q_1', Q_2', Q_3' und Q_4' (Abb. 163) in ihrem Verlauf und in ihrem gegenseitigen Ineinandergreifen feststellen, so ist es nach Diénert (230) zweckmäßig, das ganze Gebiet durch die angenommene Richtlinie AB in zwei Hälften zu teilen. Auf dieser Linie werden zunächst in den Punkten a, b, c Farbstoffe eingeführt und dann das

Beobachtungsverfahren auch auf die Reihen a_1, b_1, c_1 und a_2, b_2, c_2 ausgedehnt.

Derartige Versuche sind umständlich und kostspielig, und es ist daher vorteilhaft, durch Vorversuche Anhaltepunkte über die unterirdische Wasserbewegung zu erlangen.

Ein das Versuchsgebiet durchschneidender Fluß ist nicht notwendig ein Hindernis für die Wasserbewegung quer unter dem Flußbett hindurch. Nach Diénert ergaben z. B. Versuche im Tal der Vanne, daß Farbstoffe, die in Villier-Louis in den Untergrund gebracht wurden, das Flußbett ohne weiteres querten und am jenseitigen Flußufer in der Quelle von Noë zum Vorschein kamen (Abb. 164).

γ. Fehlerquellen bei Farbversuchen.

Will man mit Hilfe von Farbversuchen den hydraulischen Zusammenhang von Wässern verschiedener Herkunft beweisen (also z. B. von Grund- und Oberflächenwasser), so ist insofern Vorsicht geboten, als ein negativ ausfallender Farbversuch noch lange kein einwandfreier Beweis für die Keimdichtheit des Bodens ist. Man kann nicht immer sagen, daß ein Boden, der keinen Farbstoff durchläßt, auch für Bakterien undurchlässig sein wird. Es ist ferner zu bedenken, daß das negative Ergebnis eines Farbversuchs auch auf einem anderen Wege als dem der Undurchlässigkeit des Bodens zustande kommen kann. Hier kann die selbstreinigende Wirkung des natürlich gewachsenen, filtrierenden Bodens eine große Rolle mitspielen, wie auf S. 265 näher erörtert werden wird.

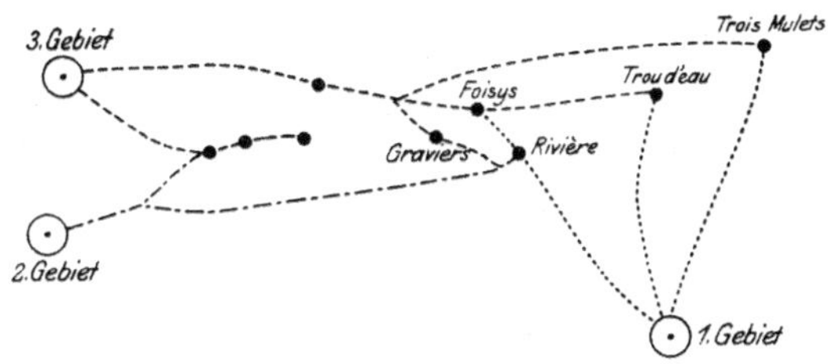

Abb. 165. Schematische Darstellung der unterirdischen Wasserläufe, welche die Quellen der Avre speisen. (Nach Diénert.)

Viele unserer Farbstoffe verschwinden im Boden in der Weise, daß sie entweder durch Absorption zurückgehalten oder durch oxydable Stoffe, die der Boden enthält, abgebaut werden. Es kann demnach aus dem negativen Ergebnis eines Farbversuchs keineswegs auf absolute Undurchlässigkeit der Bodenschichten geschlossen werden. Die Vorbedingungen für das Befreien des Wassers von Bakterien und Farbstoffen sind nicht die gleichen, und nur positiv ausfallende Farbversuche können ohne weiteres zu Schlußfolgerungen verwendet werden.

In all den Fällen, wo Farbversuche negativ ausfallen, wird man gut tun, Parallelversuche mit Bakterien oder nicht abbaufähigen Stoffen (wie z. B. Kochsalz) anzustellen. Eine Wiederholung der Farbversuche empfiehlt sich auch deshalb, weil je nach den Niederschlagsmengen und Wasserführungsverhältnissen die Geschwindigkeit des Wassers großen Schwankungen unterliegen kann. Auch ist zu bedenken, daß je nach dem Wasserstand tote Wasserarme wieder lebendig werden und wasserführende Gerinne austrocknen. Man muß also damit rechnen, daß je nach den Nebenumständen die Farbversuche einmal brauchbare Ergebnisse und das andere Mal ein falsches Bild zeitigen können.

Wie abweichend voneinander die Ergebnisse von Farbversuchen sein können, und zwar bei einem Zeitunterschied von nur 200 Stunden, zeigen Versuche, die im Juni 1903 von Fournier und Magnin nach den Mitteilungen von Diénert (230) an den Quellen der Avre angestellt worden sind. Es wurden je 2,5 kg Fluoreszien in die Schwinde von Haut-Chevrier eingeworfen und die Färbung in den Quellen von Graviers, Foisys, Rivière, Trous d'eau und Trois Mulets beobachtet (Abb. 165).

Beobachtungsort	Eintritt der maximalen Färbung in Stunden	
	Erster Versuch	Zweiter Versuch (200 Stunden später)
Quellen von Graviers	78	0
„ „ Foisys	72	93
„ „ Rivière	72	95
„ „ Trous d'eau	78	103
„ „ Trois-Mulets	78 erstes Max. 114 zweites Max.	107 erstes Max. 125 zweites Max.

Aus der Zusammenstellung ersieht man, daß Versuche, zu verschiedenen Zeiten vorgenommen, erheblich voneinander abweichende Meßergebnisse liefern können. Der vom Farbstoff zurückgelegte unterirdische Weg betrug im Mittel 8,6 km. Aus Abb. 165 geht hervor, daß die Quellen in 3 Gruppen zerfallen, die jedoch zusammenhängen, so daß von einem scharf begrenzten Einzugsgebiet keine Rede sein kann.

Weitere Fehlerquellen, welche Farbversuchen anhaften, sind in Hindernissen im Abfluß, Unregelmäßigkeiten im Gerinne u. dgl. zu suchen.

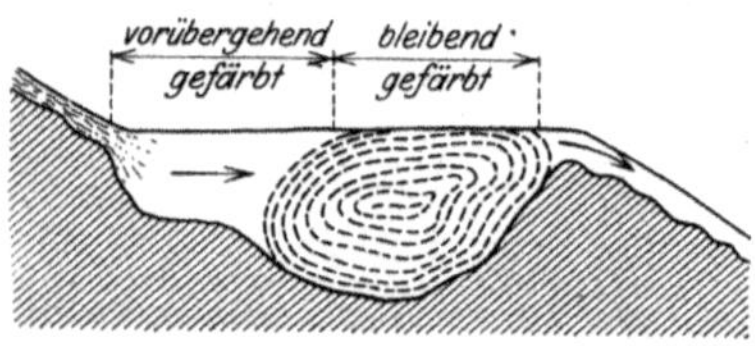

Abb. 166. Zurückhaltung des Farbstoffes in Querschnittsvertiefungen.

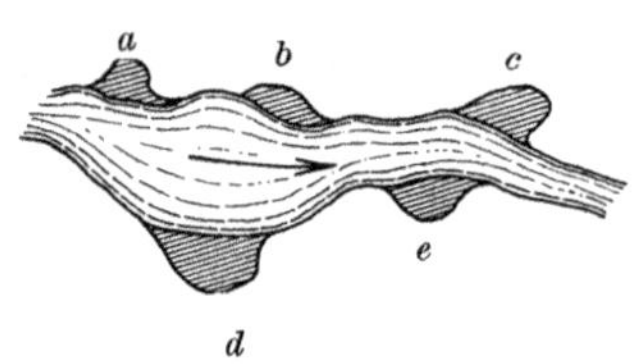

Abb. 167. *a, b, c, d* . . . seitliche Fangstellen für den Farbstoff.

Ein Zurückhalten des Farbstoffes findet sowohl in Querschnittsvertiefungen (Abb. 166), als auch in seitlichen Ausbuchtungen (Abb. 167) statt. Nachfärbungen und Interferenzerscheinungen gehen später von solchen Stellen aus.

Als Fehlerquelle zu nennen ist auch der verändernde Einfluß der Wasserbewegung und der Diffusion auf die Gestalt und Ausdehnung des den Farbstoff forttragenden Körpers, worüber Rahozée und Rahir (231) eingehend berichten. Der ursprüngliche Farbkörper (Abb. 168) von den Abmessungen a, b, c, d geht nach und nach in die Sichelform e, f, g, h über. Die gefärbte Masse verteilt sich nicht allein unregelmäßig über die beobachteten Querschnitte Q_1, Q_2, sie wird auch ungleichmäßig in ihrem Verdünnungsgrad und gibt so Veranlassung zu großen Meßfehlern.

Im allgemeinen läßt sich sagen, daß mit der Länge des vom Farbstoff zurückgelegten Weges die Fehlerquellen an Zahl und Größe wachsen und so die Ergebnisse von Beobachtungen bis zur Unbrauchbarkeit verwischen können.

Der auffallende Unterschied zwischen dem raschen Steigen eines unterirdischen Wasserlaufs und der verhältnismäßig großen Zeit, die der Farbstoff zur Zurücklegung des Weges braucht, läßt sich in vielen Fällen durch unterirdische Aufspeicherung des Wassers erklären. Die Speisung gewisser Abflußstränge erfolgt dann nicht unmittelbar durch versinkendes Wasser, sondern von einem unterirdischen Speicher aus, der erst bei einem bestimmten, sich nach und nach einstellenden Wasserstand Wasser abzugeben beginnt. Die Folge davon ist nicht allein eine Verzögerung, sondern auch eine Verdünnung des Farbstoffs. Das Vorhandensein derartiger unterirdischer Becken kommt bei systematischen Abflußmengen in einer Dehnung des Flutwellenscheitels zum Ausdruck.

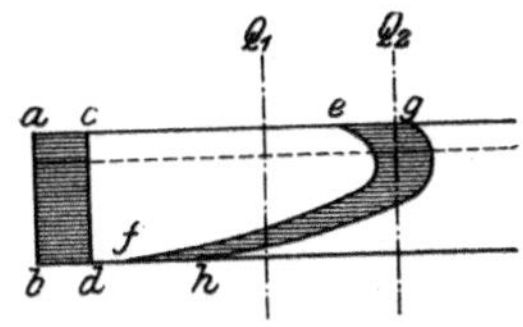

Abb. 168. Umgestaltung des Farbkörpers durch die fließende Wasserkraft.

δ. Tatsächlich gemessene Geschwindigkeiten unterirdischer Wasserläufe.

Wie groß und verschieden die Geschwindigkeiten unterirdischer Wasserläufe sein können, ergibt sich aus folgender Zusammenstellung nach Le Couppey de la Forest (232).

Nr.	Aufgabeort	Zurückgelegter Weg m	Art des Untergrundes	Geführte Wassermenge ltr/sk	Geschwindigkeit m/Tag
1	Durchlässiger Boden	6000 8400	Rissiger Kalkstein	20	4224 6168
2	Schwinde	1250	Kalkstein mit Hohlräumen	300—400	24000
3	Durchlässiger Boden	4750 6000	Kalkstein geklüftet	7—8	1028 1992

Man sieht daraus, daß die Geschwindigkeiten unterirdischer Wasserläufe im Vergleich zu Grundwassergeschwindigkeiten außerordentlich groß sind. Sie schwanken im vorliegenden Falle je nach der Art des Aufgabeorts und der Rissigkeit des Gesteins zwischen 1028 und 24 000 m/Tag. Man ersieht aber auch, daß die gemessenen Geschwindigkeiten in einem und demselben Untergrund je nach der Länge des zurückgelegten Weges beträchtlich schwanken. Im Falle 1 ist die Geschwindigkeit 4224 bzw. 6168 m/Tag, je nachdem der zurückgelegte Weg 6000 bzw. 8400 m betrug. Es folgt daraus, daß die Geschwindigkeiten nicht gleichmäßig sind, sondern von Ort zu Ort sprunghaft wechseln müssen.

Auch aus den Farbversuchen an den Paderquellen, worüber Stille (25) berichtet, ergibt sich, daß auf ein und derselben Strecke die Wassergeschwindigkeiten stark schwanken. Es geht dies aus folgender Zusammenstellung hervor:

Farbversuche an den Paderquellen nach Stille (25).

Ort der Färbung	Zeit	Farbstoff	Menge	Unterirdischer Weg in m	Zeit Std.	Geschwkt. im Tag m
Oberhalb Dahl	1. 6. 1897	Uranin-Kali	1,5 kg	9000	32	6750
Unterhalb „	3. 6. 1897	„	1,5 „	6600	21	7900
„ „	11. 8. 1897	„	2,0 „	6900	60,5	2750
Oberhalb „	24. 11. 1897	„	—	8600	80	2600

Die Unterschiede sind wohl hervorgerufen durch Schwankungen der Wassermenge und im Zusammenhange damit des Gefälles.

Die Färbung hat niemals länger als einen Tag angehalten, woraus gefolgert werden kann, daß im Untergrund keine größeren höhlenartigen Wasserbehälter vorhanden sind, die das mit Farbstoff belastete Wasser zurückhalten.

4. Bestimmung durch Versuchsbrunnenbetrieb.

Auch bei klüftigem Untergrund kann ein Versuchsbrunnen wertvolle Aufschlüsse über das hydrologische Verhalten des Untergrundes geben.

Es kann aber in solchen Fällen keine Rede sein von all den Bestimmungsgrößen, die sich aus einem Dauerpumpversuch in einem Grundwasserträger ermitteln lassen. Man ist wohl in der Lage, die Entnahmebreite des Versuchsbrunnens zu bestimmen, kann aber nicht aus der Entnahmebreite des Brunnens die Fassungsbreite für eine bestimmte Bedarfsmenge ableiten.

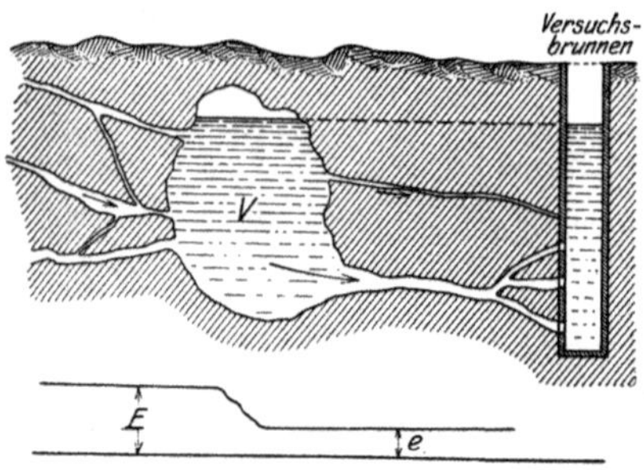

Abb. 169. Versuchsbrunnen in klüftigem Untergrund.

Aus dem Gang des abgesenkten Brunnenspiegels können mitunter zuverlässige Rückschlüsse auf den inneren Aufbau des wasserführenden Gebirges gezogen werden, was um so willkommener ist, als es vielfach unmöglich ist, den unregelmäßig verlaufenden, unterirdischen Wasserwegen durch Bohrversuche beizukommen. Ist z. B. die anfängliche Ergiebigkeit eines im klüftigen Gebirge stehenden Versuchsbrunnens, groß bei nahezu gleichbleibendem Wasserspiegel und fällt dann plötzlich sowohl die Ergiebigkeit als auch der Spiegel, so hat man es mit einem unterirdischen Hohlraum zu tun, dessen Inhalt und Höhenlage angenähert berechnet werden können (Abb. 169).

Die Menge E entspricht der durch den Vorratsraum V verstärkten

Ergiebigkeit, die Menge e ist die laufende Ergiebigkeit des unterirdischen Gerinnes. Die Ergebnisse des Pumpversuchs können durch Beobachtung des Füllungsvorgangs im Brunnen vervollständigt werden. Aus dem Verlauf der Absenkungs- bzw. Füllkurve kann man auch angenähert das Vorhandensein und die Höhenlage seitlicher Gerinne und die Größe ihrer Abflüsse bestimmen.

5. Bestimmung aus Stollen- und Tunnelbauten.

Als Versuchsbrunnen im großen können bergmännisch vorgetriebene Stollen und Tunnelbauten angesehen werden.

Wie erheblich in einem, ein geologisches Ganzes bildenden, Gebirgsstock die an verschiedenen Stellen erschlossenen Wassermengen schwanken können, beweisen die u. a. im Taunusgebirge ausgeführten Stollen, welche zur Gewinnung von Nutz- und Trinkwasser angelegt worden sind.

Nach Reinach (233) ergab sich folgende Zusammenstellung:

	Länge m	Gesamtwassermenge m^3/Tag	Menge auf 1 lfd. m m^3/Tag
Schäferkopfstollen	1848	2635	0,70
Münzbergstollen	2909	2680	0,90
Kellerskopfstollen	2015	1600	1,26
Oberer u. unterer Königsteiner Stollen	432	750	0,57
Braumannstollen	712	500	1,42
Saalburgstollen	900	950	1,00

Die Ergiebigkeiten schwanken indessen nicht allein von Stollen zu Stollen, sie sind auch innerhalb der einzelnen Stollenstrecken je nach Art des durchfahrenen Gebirges verschieden. So betrug z. B. im Münzbergstollen die Ergiebigkeit des lfd. m Phyllits 0,43 m^3/Tag gegen 2,75 m^3/Tag in den Glimmerstein- und Taunusquarzitstrecken. Im Schäferkopfstollen betrug die Ergiebigkeit des Glimmersteins und Taunusquarzits nur 1,75 m^3/Tag.

Auch die zahlreichen Eisenbahntunnels geben über die im voraus unberechenbaren, stark schwankenden Zuflußwassermengen, die man beim Durchfahren von festem Gebirge erschließen kann, einwandfreie Auskunft.

Nach Tarnuzzer (234) blieb beim Bau des Albulatunnels die im Albulagranit vorgetriebene nördliche Tunnelstrecke vollständig trocken, von da ab kam nur eine unbedeutende Anzahl kleiner Quellen zum Vorschein. Im Südstollen dagegen flossen am Tunneleingang bei Fortschritt bis zu

923 m	. . . .	14 ltr/sk Wasser
1036 „	. . . .	45 „ „
1811 „	. . . .	60 „ „
2241 „	. . . .	70 „ „
2834 „	. . . .	97 „ „

Bei 2834 m erfolgte der Durchschlag. Die Wasserausbeute beträgt demnach in der nördlichen Stollenhälfte nahezu Null, in der südlichen immerhin 0,04 ltr/sk auf einen Meter Tunnellänge.

Durch den St.-Gotthard-Tunnel erschlossene Wassermengen.
(Nach Stapff (208).)

Strecke	Zwischen den Querschnitten	Länge	Wasserzufluß	Wasserzufluß auf 1 m Tunnellänge	
		m	ltr/sk	ltr/sk	m³/Tag
	Nord				
Finsteraarhornmassiv .	0—2000	2000	1,0	0,0005	0,043
Urserntal	2000—2593	593	1,0	0,0017	0,147
Wasserführende Strecke (Andermattkalk)	2593—3390	797	25,5	0,3200	0,467
Trockene Strecke . . .	3390—3650	260	>0,0	>0,0000	>0,000
Wasserführende Strecke (Wannelen, Quellen von Andermatt) . .	3650—4822	1172	>7,0	>0,0060	>0,518
Trockene Strecke . . .	4822—4598	136	>0,0	>0,0000	>0,000
Wasserführende Strecke (Gurschenalp)	4958—7306	2348	7,0	0,0030	0,259
Trockene Strecke (Tunnelmitte)	7306 Nord—6415 Süd	1919	>0,0	>0,0000	>0,000
Wasserführende Strecke (Tal von Guspis) . .	6415—5870	545	12,0	0,0220	1,900
Trockene Strecke . . .	5870—4784	1086	>0,0	>0,0000	>0,000
Wasserführende Strecke (Südteil)	4784—4300	484	16,0	0,0331	2,868
Zwischenstrecke d. Alpe di Sorescia	4300—3037	1263	2,5	0,0020	0,173
Wasserführende Strecke der Alpe di Sorescia .	3037—2390	647	18,0	0,0278	2,384
Zwischenstrecke	2390—2320	70	>0,0	>0,0000	>0,000
Wasserführende Strecke von Scipsius	2320—1930	390	15,0	0,0385	3,318
Zwischenstrecke	1930—1803	127	>0,0	>0,0000	>0,000
Wasserführende Strecke von Stuei	1803—1070	733	32,5	0,0443	3,830
Zwischenstrecke	1070—971	129	>0,0	>0,0000	>0,000
Wasserführende Strecke (Quellen von Airolo) .	941—0	941	117,5	0,1249	10,800
	Süd				
Gesamt:		14920	>255		

Besonders lehrreich sind die beim Vortreiben des St.-Gotthard-Tunnels festgestellten Wasserführungsverhältnisse, wie aus der vorstehenden Zusammenstellung hervorgeht.

Man ersieht aus den Zahlen der letzten 2 Reihen deutlich, daß auch im St.-Gotthard-Tunnel die Schüttungsmengen von Strecke zu Strecke stark wechseln, und daß es sich auch hier nur um Zufallswerte handelt, die sich unmöglich voraussagen und rechnerisch behandeln lassen.

V. Rückschlüsse aus der Ergiebigkeit unterirdischer Wasserläufe auf die Klüftigkeit des Gebirges.

In all den Fällen, wo unterirdische Wasserläufe als Quellen natürlich zutage treten, kann man durch hydrologische Aufnahmen gewisse Rückschlüsse auf die Klüftigkeit des wasserführenden Gebirges, sowie auf die Größe seines unterirdischen Wasserhaushalts ziehen, da in den hydrologischen Feststellungen die Art des Aufbaues des Untergrundes zum Ausdruck kommen muß.

Die ständige Schüttung eines unterirdischen Wasserlaufs, der in Gestalt einer Quelle zutage tritt, wird dadurch ermöglicht, daß zwischen Speisung und Ablauf ein Ausgleichsregler liegt, welcher die unregelmäßig fallenden Niederschläge sammelt und aufspeichert. Die Hohlräume des Untergrundes, bestehend aus den Spalten und Klüften eines gebrächen, sonst massiven Gebirges, spielen hierbei die Rolle des ausgleichenden Gefäßes. Je größer dieses Gefäß und sein rückhaltendes Vermögen ist, desto größer müssen auch die ausgleichende Wirkung und zugleich kleiner die Schwankungen der Quellschüttungsmenge sein. Allein die weitere Verfolgung des Gedankens begegnet mancherlei Schwierigkeiten.

Die Speisung des Wasserträgers erfolgt aus der Atmosphäre, die Entwässerung geschieht in Gestalt sichtbarer, oberirdisch auftretender Quellen und unsichtbarer unterirdischer Wasserabzüge, die sich meist nicht verfolgen lassen und der Menge und dem Verlauf nach nur angenähert festgestellt oder als wahrscheinlich angenommen werden können.

Zwischen Speisung und Entwässerung muß Gleichgewichtszustand herrschen.

Die Größe der Speisung kann durch Regenmesserbeobachtungen eingeschätzt werden, für den Ablauf stehen als Beobachtungsstellen nur die meßbaren Quellaustritte zur Verfügung. Die Größe der sonstigen unterirdischen Abflüsse bleibt dagegen unbestimmt.

Rückschlüsse auf die Beschaffenheit und Größe des unterirdischen Füllraums lassen sich nur aus der ersten und zweiten Beobachtungsgröße ziehen, und da in vielen Fällen die auf die atmosphärischen Niederschläge entfallenden Versickerungsmengen nur schwer und ungenau bestimmbar sind, so wird man nur ausnahmsweise mit Hilfe derartiger Messungen das Ziel erreichen.

In der hydrologischen Literatur fehlt es nicht an Arbeiten, die sich mit der Ermittelung des Füllraumes unterirdischer Wasserläufe befassen. Es seien hier nur erwähnt die Arbeiten von U. Huber (235, 236) über die Quellen der Umgebung von Teschen und des Jeschkengebirges in Böhmen.

Huber geht von der Annahme aus, daß sich der Füllraum eines quellenspeisenden, klüftigen Gebirges beim Ausbleiben von Niederschlagszufuhr langsam entleert. Die gesetzmäßige Abnahme der Quellergiebigkeit läßt sich durch eine logarithmische Kurve $n$ten Grades darstellen. Der Füllraum wird in Wirklichkeit nie leer, da sich sein während der niederschlagarmen Zeit geschmälerter Vorrat durch Verdichtungsvorgänge und später auftretende Niederschläge wieder ergänzt. Durch Fortsetzung der Kurve läßt sich das vollständige Leerlaufen des Füllraums darstellen und durch die bildlich so dargestellte Abflußfläche die im Innern des Gebirges eingeschlossene Wassermenge und somit auch die Größe des Füllraumes ermitteln. Huber ermittelt

auf diese Weise den wassererfüllten Raum des Jeschken-Kalkgebietes zu 0,0005. Für das Speisegebiet des Münzbergstollens der Wiesbadener Wasserleitung ergibt sich dagegen für den wassererfüllten Raum die Zahl 0,05. Man ersieht aus den beiden Zahlen, wie verschieden die Klüftigkeitsverhältnisse sein können.

VI. Die Ergiebigkeitsgesetze unterirdischer Wasserläufe.

Um beispielsweise die Ergiebigkeitsgesetze unterirdischer Wasserläufe aus dem Ergiebigkeitsgang einer durch klüftigen Untergrund gespeisten Quelle ermitteln zu können, ist es notwendig, sowohl die Quellmengen als auch die in ihrem Niederschlagsgebiet fallenden Niederschlagsgrößen fortlaufend zu messen und graphisch aufzutragen. Je empfindlicher ein Spaltensystem gegen die Niederschlagsmengen ist, desto häufiger und länger müssen diese Messungen stattfinden. Es vergehen oft Jahre, bevor man in die Lage kommt, sich ein zuverlässiges Bild des Ergiebigkeitsgangs und der zugehörigen Nebenumstände zu verschaffen.

Von den neueren Hydrologen, die sich bemüht haben, die Ergiebigkeitsgesetze unterirdischer Wasserläufe aus dem Schüttungsgang der von ihnen gespeisten Quellen abzuleiten und in mathematischen Formeln zum Ausdruck zu bringen, ist in erster Linie Maillet (237) zu nennen, der auf diesem Gebiet systematisch vorgegangen ist und eine große Reihe von unterirdischen Wasserläufen, die Quellen speisen, untersucht hat.

Maillet [vgl. auch Forchheimer (145)] legt seiner Einteilung der Quellen das Verhältnis der höchstens zur kleinsten Schüttungsmenge zugrunde und bezeichnet diese Verhältniszahl R als Schwankungsbeiwert. Je nach der Größe der Zahl R bezeichnet er bei

$R = 1$ bis 2 die Quellen als ständig,
$R = 2$ bis 10 die Quellen als mittelmäßig veränderlich,
$R = 10$ bis 50 die Quellen als stark veränderlich,

und kommt zu folgender Zusammenstellung, in welcher bedeuten:

R ... das Verhältnis zwischen höchster und kleinster Schüttung für den Zeitraum mehrerer Jahre,
R_α ... dasselbe Verhältnis für 1 Jahr,
α ... den Verzögerungsbeiwert für die Zeit der Trockenheit, wo also die Quelle keine neuen Zuflüsse erhält und auf den eigenen unterirdischen Wasservorrat angewiesen ist,
R_m ... das Verhältnis der größten Abweichungen der höchsten Schüttungen für den Zeitraum von mehreren Jahren.

	Quellort	R	R_α	Mittel aus R_α	α	R_m	Beobachtungsjahre
ständig	Noë (Vanne)	2,18	1,67—1,13	1,40	—	1,64	1887—1903
	Dhuis	1,70	1,49—1,25	1,37	0,038	1,33	1886—1902
	Hammam (Algier) . .	1,59	1,17—1,03	1,10	—	1,47	1881—1900
mittelmäßig veränderlich	Télemly (Algier). . .	6,17	1,78—1,08	1,43	$<0,108$	3,65	1881—1900
	Cérilly (Vanne) . . .	4,81	3,14—1,48	2,31	0,1068	2,15	1881—1902
	Taillan (Bordeaux) .	2,63	1,61—1,15	1,38	—	2,08	1896—1903
stark veränderlich	Aïn-Zeboudja (Algier)	1,33	13,3—3,0	8,2	0,264	18,18	1881—1900
	Vaucluse	22,22	14,3—5,1	9,7	0,300	2,78	1878—1885
	Besançon	16,4	—	—	—	—	—

Man sieht aus der Zusammenstellung, daß jedes System unterirdischer Wasserläufe, welches eine Quelle speist, auch ein eigenes Ergiebigkeitsgesetz haben muß, und daß die Ergiebigkeitsbeständigkeit desto größer ist, je kleinere Werte der Verzögerungsbeiwert annimmt.

Von besonderem hydrologischen Wert ist die Feststellung jener Schüttungsmenge, die eine Quelle nach einer bestimmten Zeit, in welcher sie keine Zuflüsse von außen erhält, liefert. Maillet bemerkt in seinen Betrachtungen über diesen Gegenstand, daß sich bei vielen Quellen die vom Regen unbeeinflußte Ergiebigkeit ausdrücken läßt durch die Formel

$$Q + C = (Q_0 + C) \cdot e^{-\alpha(t-t_0)}, \tag{30}$$

worin:

Q . . . die Ergiebigkeit,

C . . . eine Konstante (die 0 werden kann),

Q_0 . . . die Ergiebigkeit zur Zeit t_0 ist und

$t - t_0$ Monate oder Bruchteile von solchen ausdrückt.

Für die Quellen von Cérilly gibt Maillet folgende graphische Darstellung (Abb. 170), aus welcher hervorgeht, daß man jederzeit aus der augenblicklich beobachteten Ergiebigkeit der Quellen die größte in den nächsten Monaten zu erwartende Abnahme voraussagen kann. Beginnt im Verlaufe der Zeit die Schüttung von dem voraus bestimmten Werte abzuweichen, so ist die Vorausbestimmung von diesem Zeitpunkt ab auf Grund der beobachteten Ergiebigkeit als Menge Q_0 zu wiederholen.

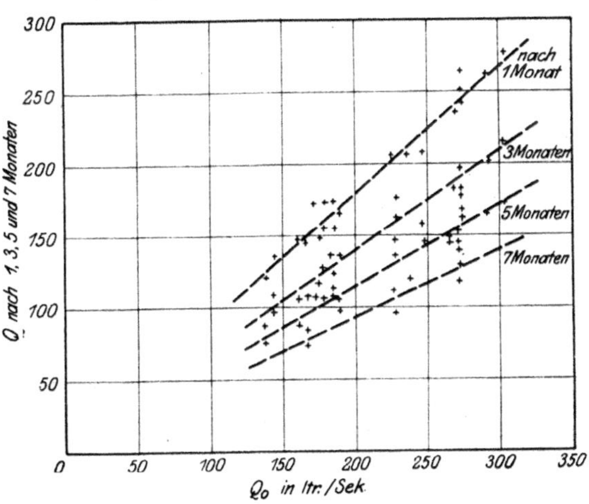

Abb. 170. Schaulinien der Schüttungsmengen der Quelle von Cérilly. (Nach Maillet.)

Aus den von Maillet gefundenen Formeln ergibt sich auch

rechnerisch die bereits auf S. 216 erwähnte Tatsache, daß man zwar in der Lage ist, aus dem hydrologischen Verhalten eines Untergrundes auf die Klüftigkeit des Gebirges Schlüsse zu ziehen, daß es aber unmöglich ist, allgemein hierfür gültige Gesetze aufzustellen. Jedes System unterirdischer Wasserläufe hat sein eigenes Gesetz oder ist, kurz gesagt, ein Individuum für sich.

VII. Das Loewy-Leimbachsche Verfahren zur Auffindung von unterirdischem Wasser.

Ein besonderes Verfahren, unterirdisches Wasser mit Hilfe von elektrischen Wellen und Schwingungen festzustellen, rührt von Loewy und Leimbach (238, 239) her.

Dieses Verfahren beruht auf der Verschiedenheit der physikalischen Eigenschaften der die Erdrinde bildenden Stoffe, die darin besteht, daß sie teils den elektrischen Strom leiten, teils nur eine geringe Leitungsfähigkeit aufweisen und als Isolatoren anzusprechen sind. Die guten Leiter erweisen sich als undurchlässig, die Isolatoren lassen die elektrischen Wellen nahezu ungeschwächt durch.

Als gute Leiter gelten u. a. auch das Wasser und die mit Wasser durchsetzten Erdschichten, also die Wasserträger.

Zu den Bestrebungen, unterirdisches Wasser auf Grund der Leitungsfähigkeit der verschiedenen Erdschichten festzustellen, ist indessen zu bemerken, daß es ungemein schwierig ist, aus dem Widerstand einwandfreie Schlußfolgerungen zu ziehen, da der Widerstand nicht allein von der Feuchtigkeit, sondern auch von der Temperatur, der Menge der vorhandenen löslichen Salze, der Beigabe von organischer Substanz, dem Wasserdruck u. dgl. abhängt.

So wurde z. B. im Bureau of Standards (240) gefunden, daß der

spez. Widerstand betrug bei	5	v. H. Wasserzusatz über	2 000 000	Ohm/cm^3
„ „ „ „	11,1	„ „	237 400	„
„ „ „ „	16,7	„ „	13 880	„
„ „ „ „	44,5	„ „	4 725	„

Weiterer Wasserzuwachs ließ den Widerstand wieder wachsen.

Verschiedene Bodenarten zeigten folgende Widerstände:

Fast lockerer Glimmerstaub	bei 4,7	v. H. Feuchtigkeit . .	156 400	Ohm/cm^3
Nasser Ton und Sand	„ 30,0	„ „ . .	41 490	„
Fast lockerer Sand	„ 7,6	„ „ . .	2 700	„
Feuchter grauer Ton	„ 11,7	„ „ . .	651	„

Die von Loewy-Leimbach bisher angestellten Versuche sind noch nicht so weit vorgeschritten, um ihre praktische Anwendbarkeit zum Nachweis von unterirdischem Wasser einwandfrei beurteilen zu können, und es bleibt bis auf weiteres abzuwarten, ob und in welchem Maße sie sich zu hydrologischen Feststellungen eignen werden.

Leimbach berichtet vorläufig nur, daß es u. a. gelungen sein soll, mit Hilfe des sog. Viertelwellen- und Kapazitätverfahrens in Karibib und Kubas (Deutsch-Südwestafrika) eine Anzahl wichtiger Wassernachweise zu erbringen.

E. Physikalische, chemische, bakteriologische und biologisch-mikroskopische Untersuchung des Wassers.

I. Allgemeines.

Das unterirdische Wasser findet Verwendung im menschlichen Haushalt und in gewerblichen Betrieben. Für den Menschen ist es nicht allein als Nahrungs- und Genußmittel, sondern auch als Wirtschaftswasser von großer Bedeutung.

Die Statistik der Wasserwerksbetriebe beweist deutlich, daß der größte Teil des in Fassungsanlagen gewonnenen unterirdischen Wassers im menschlichen Haushalt verbraucht wird. Nur der geringere Teil dient rein technischen Zwecken.

Das in den Boden einsickernde oder versinkende Wasser ist auf seiner unterirdischen Wanderung verschiedenen Änderungen unterworfen. Es nimmt auf den von ihm zurückgelegten Wegen verschiedene lösliche Stoffe des Untergrundes auf, die zum Teil durch chemische Vorgänge wieder umgesetzt werden, und ändert auch seine Temperatur. In den feinen Poren des Bodens findet sowohl eine Ausscheidung mitgeführter Schwebestoffe organischer und anorganischer Art, als auch eine Zerstörung gelöster Stoffe durch Bodenbakterien statt, so daß man von einem natürlichen Reinigungsvorgang sprechen kann. Aus diesem Grunde kann man in vielen Fällen und innerhalb gewisser Grenzen aus den im Wasser gelösten Beimengungen chemischer Art und seiner hygienischen Beschaffenheit auf die chemische Zusammensetzung und den mechanischen Aufbau der wasserführenden Schichten Schlüsse ziehen, gemäß dem alten Satze: „Tales sunt aquae, qualis terra per quam fluunt."

II. Entnahme von Wasserproben.

Für chemische und bakteriologische Probeentnahmen und Untersuchungen kommt in erster Linie der jeweilige Sondersachverständige in Betracht. In der Praxis wird diese Forderung sich nicht immer erfüllen lassen, und es wird dann vielfach ein Kreisarzt, Apotheker oder ein anderer Sachverständiger zugezogen.

In solchen Fällen ist es aber erwünscht, daß der herangezogene Sachverständige seine Mitwirkung auf die Probeentnahme beschränkt und die von ihm entnommene Wassersprobe einem zuständigen Laboratorium übermittelt oder daß von berufener Seite Nachprüfungen stattfinden.

Dagegen wird es sich oft empfehlen, daß während der hydrologischen Vorarbeiten der Hydrologe selbst aus Quellen, Probebohrungen, vorhandenen Brunnen und Versuchsbrunnenanlagen nicht allein Proben entnimmt, sondern diese auch auf gewisse chemische Bestandteile untersucht.

Derartige chemische Bestimmungen sollen indessen niemals Feststellungen von berufener Seite ersetzen und überflüssig machen. Ihr Zweck und Wert liegt in der Orientierung für die Vorarbeiten. Hierfür sind sie außerordentlich wichtig.

Viele hydrologische Versuchsfelder sind nicht allein weit ausgedehnt, sondern auch von menschlichen Wohlstätten und chemisch-hygienischen Laboratorien weit entfernt. Es vergehen infolgedessen oft Tage oder Wochen, bevor von zuständiger Seite die Ergebnisse der Wasseruntersuchung eintreffen. Die in dieser Zeit ausgeführten Vorarbeiten aber stellen sich dann nicht selten als zwecklos dar, weil das Wasser als sehr hart oder an Chloriden reich sich erwies und darum seiner chemischen Eigenschaften wegen unbrauchbar ist.

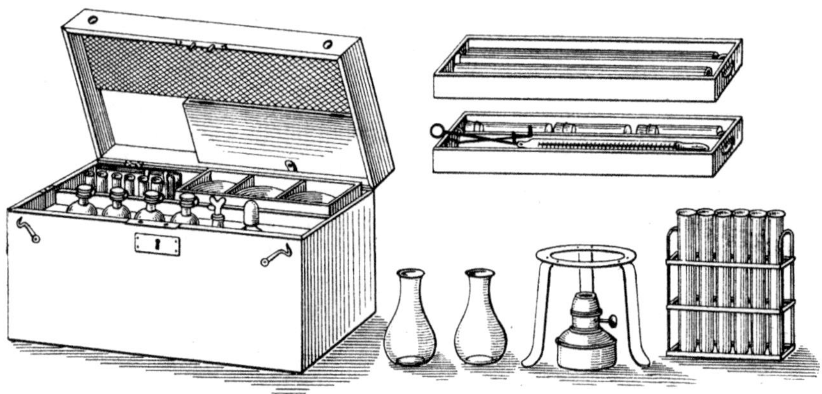

Abb. 171. Untersuchungskasten nach Klut.

Es ist daher stets von Vorteil, wenn der Hydrologe sich auf Grund natürlicher oder bereits vorhandener Entnahmestellen von unterirdischem Wasser über gewisse Eigenschaften des Wassers Aufklärung verschafft und Bohrlöcher in erster Linie in solchen Stellen ansetzt, die besonders günstige Ergebnisse geliefert haben.

Im Nachstehenden sollen deshalb neben der Temperatur, Farbe, dem Geschmack und dem Geruch nur die chemischen Bestandteile des Wassers besprochen und die Untersuchungsmethoden angegeben werden, die für eine Orientierung des Hydrologen im Felde besonders wichtig sind, und welche von einem Nichtchemiker bei einiger Übung mit praktisch hinreichender Genauigkeit durchgeführt werden können.

Ausführliche Behandlung der chemischen und hygienischen Eigenschaften des Wassers und der zugehörigen Bestimmungsverfahren findet man in den Werken von Gärtner (241), Grünhut (242), Klut (243), Ohlmüller-Spitta (244), Spitta (245), Tiemann-Gärtner (246), Tillmans (247), Winkler (248). Gegen schematische Wasseranalysen wendet sich eine Abhandlung von Werveke (249).

Zur Prüfung des Wassers an Ort und Stelle empfiehlt sich der von Klut zusammengestellte Untersuchungskasten, der die nötigen Apparate und Reagenzien enthält (Abb. 171).

III. Desinfektion von Fassungsanlagen vor der Entnahme der Wasserproben.

Bei der Entnahme von Wasserproben und Beurteilung der gefundenen Ergebnisse ist namentlich dann Vorsicht geboten, wenn es sich um Quellen oder vorhandene Wirtschaftsbrunnen handelt, die in der Nähe von menschlichen Wohnstätten liegen, da nicht selten die natürliche Beschaffenheit des Wassers solcher Entnahmestellen durch Verunreinigungen des Bodens oder sonstige Nebenumstände ungünstig beeinflußt wird.

Auch bei neuen Fassungsanlagen ist eine Verunreinigung des Wassers durch Bauvorgänge niemals ganz zu vermeiden, und man sollte daher stets neue Fassungen so lange abpumpen, bis durch die spülende Wirkung der Wasserentnahme eine hinreichende Reinigung des Wassers erfolgt ist. In Fällen, wo eine derartige Spülung unmöglich ist, und bei verseuchten alten Brunnenanlagen ist eine Desinfektion der Fassungskörper vor der Entnahme von Wasserproben für bakteriologische Untersuchungen und Freigabe zur Benützung am Platze.

Als reinigendes Mittel kommt unter anderem Dampf mit hoher Spannung in Betracht, doch ist hierzu notwendig, daß die zu reinigenden Brunnen geschlossen werden, damit der Dampf nicht entweichen kann, und eine möglichst hohe, dem Siedepunkt nahe Temperatur im Brunnen erzielt werde. Brunnenteile, auf welche der Dampf schädigend einwirken könnte, müssen vor der Dampfanwendung entfernt werden.

Als chemische Reinigungsmittel kommen nur solche in Betracht, welche weder giftig sind, noch dem Wasser einen unangenehmen Beigeschmack geben. Gut bewährt hat sich Kalk, der in Gestalt frischer Kalkmilch in die Brunnen eingeführt wird. Wegen des sich gegebenenfalls bildenden Bodensatzes ist hierbei jedoch Vorsicht erforderlich, und zwar namentlich bei Rohrbrunnen.

Nach Opitz (250) ist ein sehr geeignetes Mittel zur Brunnenreinigung das Kaliumpermanganat. Das Kaliumpermanganat greift keine Metalle an und ist in dieser Hinsicht der als Desinfektionsmittel ebenfalls geeigneten Schwefel- und Salzsäure überlegen. Letztere gehören zu den kräftigsten Desinfektionsmitteln und töten in 1 proz. Lösung binnen weniger Minuten sämtliche Keime, doch zerstören sie auch leicht die Brunnenwandungen. Kommt Salzsäure in Berührung mit großen Kalkausscheidungen, so können unter Umständen Unglücksfälle vorkommen (vgl. S. 375).

Die Zeit, während welcher man das Desinfektionsmittel einwirken lassen muß, ist verschieden. Kalkmilch und Permanganat wirken erst nach Stunden, Säuren in wenigen Minuten. Die Entfernung des Reinigungsmittels aus den Fassungskörpern erfolgt durch fortgesetztes Abpumpen bei gleichzeitiger Prüfung des Förderwassers auf seinen Gehalt an dem zugesetzten Stoffe.

IV. Anweisung zur Entnahme von Wasserproben.

Für die Entnahme von Wasserproben hat die Königlich Preußische Landesanstalt für Wasserhygiene in Berlin-Dahlem eine besondere Anweisung nebst Fragebogen erlassen. Die nachstehende Anweisung ist in Anlehnung an diese entstanden.

Anweisung zur Entnahme von Wasserproben.

Allgemeine Vorschriften. Von jeder zu untersuchenden Probe sind mindestens $1^1/_2$—3 l zu senden. Zur Versendung sind vollkommen reine, mit dem zu untersuchenden Wasser wiederholt (mindestens dreimal) vorgespülte Glasflaschen zu verwenden, möglichst solche mit Glasstopfen. In Ermangelung derartiger Flaschen sind die Flaschen mit neuen gebrühten Korken zu verschließen.

Im allgemeinen sind die Flaschen nicht zu versiegeln. Ist eine Versiegelung der Flasche angezeigt, so ist der Kork zu verschnüren und das Siegel nicht auf dem Korke, sondern an der Verschnürung anzubringen, weil sonst bei der Öffnung Teile des Siegellacks in die Wasserprobe gelangen und die Untersuchungsergebnisse schädlich beeinflussen können. Ort und Zeit der Entnahme sind auf den Flaschen anzugeben. Auf dem Begleitschein muß angegeben sein, wer den Auftrag zur Untersuchung erteilt, wie die Flasche bezeichnet ist und wohin das Untersuchungsergebnis zu senden ist.

Bevor das Wasser zur Untersuchung aufgefangen wird, muß die Fassungsanlage unmittelbar vorher mindestens 20 Minuten hindurch langsam und gleichmäßig abgepumpt werden, wobei darauf zu achten ist, daß das ausgepumpte Wasser nicht wieder in die Fassung zurückläuft.

Hat die Fassungsanlage nur wenig Wasser oder ist kurz vor der Entnahme zu irgendwelchen anderen Zwecken schon eine größere Wassermenge abgepumpt worden, so kann die Zeitdauer des oben geforderten Abpumpens entsprechend beschränkt werden.

Kommen bei Untersuchung des Wassers freie Gase, z. B. Kohlensäure, in Frage, deren Untersuchung am besten an Ort und Stelle durch einen Chemiker vorgenommen wird, so empfiehlt es sich, eine vorschriftsmäßig gereinigte Flasche mit Glasstopfen vorsichtig mit möglichst geringer Beimischung von Luft bis an den Rand zu füllen und dann den Glasstopfen beim Einsetzen um seine Achse drehend hineinzuwirbeln, damit etwa miteingeschlossene Luft herausgeschleudert und keine Luftblasen in der Flasche eingefangen werden.

Fragebogen,

betreffend die Untersuchung von Wasser.

Aus . . . . in . . . . (Ortsangabe).

Kreis . . . . Regierungsbezirk . . . .

1. Anlaß, aus welchem die Untersuchung beantragt wird? (Forderung der Aufsichtsbehörde usw.)
2. Zweck der Untersuchung des Wassers? (Angabe, ob es sich um Trink- und Wirtschafts- oder Kesselspeisewasser handelt, oder um Gebrauchswasser für bestimmte andere gewerbliche Zwecke und um welche).
3. Art der Entnahme: Gebohrte Brunnen, Schachtbrunnen, Quelle und Vorrichtung zur Wasserhebung (Hand- oder Dampfpumpe, Zieheimer usw.).

4. Wenn es sich um einen gebohrten Brunnen handelt:
   a) Wie tief ist der Brunnen?
   b) Wie tief unter Flur liegen die obersten Eintrittsöffnungen in den Brunnen (Oberkante des Filters), und ist die Möglichkeit vorhanden, daß längs des Brunnenrohrs in die Eintrittsöffnungen Wasser von der Oberfläche aus gelangen kann?
   c) Wie tief unter Flur steht der Wasserspiegel?
   d) Ändert sich der Wasserstand mit der Jahreszeit, bei Regengüssen oder mit dem Wasserspiegel eines benachbarten Oberflächenwassers und wie groß sind die Änderungen?
5. Wenn es sich um einen Schachtbrunnen handelt:
   a) Wie tief ist der Brunnen?
   b) Wie tief unter Flur steht der Wasserspiegel?
   c) Wo tritt das Wasser in den Brunnen ein? durch offene Fugen (in welcher Tiefe unter Flur), durch die Sohle? Womit ist die Sohle abgedeckt?
   d) Ändert sich der Wasserstand mit der Jahreszeit, bei Regengüssen oder mit dem Wasserspiegel eines benachbarten Oberflächenwassers, und wie groß sind die Änderungen?
   e) Beschaffenheit der Wände und der Sohle des Brunnens (Baustoff: Holz, Feldstein, Ziegel, Zementringe)? Sind die Fugen wasserdicht gemauert, zementiert oder mit Moos oder anderem Material verstopft, bestehen längs der Brunnenwand keine Versickerungsbahnen usw.?
   f) Ist der Brunnenschacht über Flur gezogen und, wenn ja, wie hoch über dieselbe geführt, oder befindet sich der Brunnenrand in gleicher Höhe wie das den Brunnenumgebende Gelände? Ist der Brunnenschacht offen oder abgedeckt? Womit ist er abgedeckt? Besteht die Abdeckung aus einem Stück oder mehreren Teilen? Sind diese dicht zusammengefügt und gegen ein etwa durch den Deckel durchgeführtes Brunnenrohr zuverlässig so abgedichtet, daß das Eindringen von Oberflächenwasser ausgeschlossen ist? Greift der Brunnendeckel über den Schachtrand oder nicht? Ist der Deckel befestigt oder nur lose aufgelegt?
   g) Ist das Pumpenrohr, falls ein solches vorhanden, nach oben oder seitlich aus dem Brunnenschacht herausgeführt, gegen den Deckel abgedichtet? Wenn aus Holz bestehend, war das Holz faul, wenn aus Eisen, zeigte das Eisen Rostbildung in besonderem Grade? Wie ist das Pumpenrohr befestigt? An Querbalken u. dgl.? Enthält die Pumpenvorrichtung unter Flur Eisen, Blei oder sonstige Metalle? Sind die Eisenteile verrostet?
6. a) Wann ist der Brunnen angelegt?
   b) Sind in der Zwischenzeit Ausbesserungen ausgeführt worden, und welcher Art sind sie gewesen?
   c) Ist der Brunnen augenblicklich in gutem Zustande?
7. a) Wie groß ist die dem Brunnen bei dem gewöhnlichen Gebrauche durchschnittlich täglich entnommene Wassermenge?
   b) Findet dabei eine Absenkung des Spiegels statt?
   c) Ist etwas Genaues über die Ergiebigkeit bekannt?
8. Wie lange unmittelbar vor der Entnahme der Wasserprobe wurde der Brunnen abgepumpt?
9. Wenn es sich um eine Quelle handelt:
   a) Ist die Ergiebigkeit durch Messung festgestellt?
   b) Wie groß ist die Ergiebigkeit in trockener Jahreszeit?
   c) Ist die Temperatur der Quelle gleichmäßig oder wechselnd in den verschiedenen Jahreszeiten? Liegen Messungen der Temperatur vor? Trübt das Quellwasser und wann?
   d) Ist die Quelle nur geschürft oder gefaßt und in welcher Weise?
10. a) Liegt die Entnahmestelle (Brunnen oder Quelle usw.) im Überschwemmungsgebiet?
   b) Wie häufig im Jahre und zu welchen Jahreszeiten sind Überschwemmungen beobachtet worden?
   c) Wann zum letztenmal vor der jetzigen Probeentnahme?
   d) Sind an den Innenwänden die Wirkungen des eingedrungenen Sickerwassers dunkle Streifen, Pilzbildungen u. dgl.) sichtbar?

11. **Ist die obere Erdschicht natürlich gewachsener Boden oder aufgeschüttet? Gegebenenfalls: Woraus besteht die Aufschüttung (Sand, Bauschutt usw.)?**
12. **Was ist über den geologischen Aufbau der Erdschichten, worin der Brunnen, die Quelle usw. sich befindet, insbesondere über die wasserführenden Schichten bekannt? (Angabe eines Querschnitts durch die wasserführenden Schichten.)**
13. **Befinden sich menschliche Niederlassungen in der Nähe der Wasserentnahmestelle (des Brunnens, der Quelle usw.) und in welcher Entfernung davon?**
14. **Sind in der Nähe der Wasserentnahmestelle (des Brunnens, der Quelle usw.) und in welcher Entfernung davon Abortanlagen, Mistgruben, Versickerungsanlagen, Ställe, Fabriken (welcher Art?) oder sonstige Anlagen (z. B. Kirchhöfe), die ihrer Lage nach einen ungünstigen Einfluß auf das Wasser haben können? Führen in der Nähe des Brunnens, der Quelle usw. öffentliche Wasserläufe, Abflußkanäle, Abzugsgräben oder Rinnsteine vorbei? Wie ist ihr Gefälle, in welcher Bodenart liegen sie und wie sind ihre Wandungen beschaffen?**
15. **Wie sind Aussehen, Geschmack, Geruch und Temperatur des Wassers gewöhnlich, sofort nach der Entnahme, und wie waren sie zur Zeit, als die Probe entnommen wurde? Hat sich ein Unterschied in dem Aussehen des Wassers beim Beginn des Pumpens und nach längerem Pumpenbetrieb gezeigt?**
16. **Wie hoch war die Lufttemperatur zur Zeit der Probeentnahme?**
17. **Zeigt das Wasser zuweilen Veränderungen und welcher Art sind diese? Trübt sich das sonst klare Wasser gleich nach der Entnahme oder erst später und in welcher Zeit?**

................., den ..ten .... 192.

Unterschrift

....

V. Untersuchung der physikalischen Eigenschaften des Wassers.

1. Temperatur.

Für die Temperatur des unterirdischen Wassers sind von ausschlaggebender Bedeutung: Die Herkunft des Wassers, die geologische Beschaffenheit und Mächtigkeit des Wasserträgers, und zwar sowohl in lotrechter als auch in wagerechter Richtung, die Überlagerung des Wasserspiegels, die Geschwindigkeit der Wasserbewegung, die Nachbarschaft von Oberflächenwasser, die Höhenlage gegen den Meerespsiegel und die geographische Breite.

Die Temperatur des Wassers soll, wenn es als Genußmittel dient, etwa zwischen 7° und 12° Celsius liegen.

Je nach der Wasserart zeigt das unterirdische Wasser verschiedenes Temperaturverhalten.

Das Grundwasser nimmt bei seiner geringen Geschwindigkeit umsomehr die Temperatur der Bodenschicht an, in der es sich bewegt, je länger der Weg ist, den es von seinem Entstehungsorte bis zu seinem natürlichen Austritte oder dem Orte einer künstlichen Entnahme zurücklegt.

In den Boden aber dringen infolge der geringen Wärmedurchlässigkeit der Decke die täglichen Temperaturschwankungen der Oberfläche nur bis zu der geringen Tiefe von 1—2 m ein. Die jährlichen erlöschen in der etwas tieferen Schicht der angenähert konstanten Temperatur, deren Mächtigkeit von der Gebirgsart und der geographischen Breite abhängt. Unterhalb dieser Schicht nimmt die Bodentemperatur nach der sog. geothermischen Tiefenstufe zu. Bei tiefer anstehendem Grundwasser werden hiernach die örtlichen Temperaturschwankungen im allgemeinen gering sein.

Einen Überblick über einen langen Zeitabschnitt gewährt das in Abb. 172 gegebene Schaubild der Temperaturbeobachtungen an der Leipziger Wasserfassung in Naunhof.

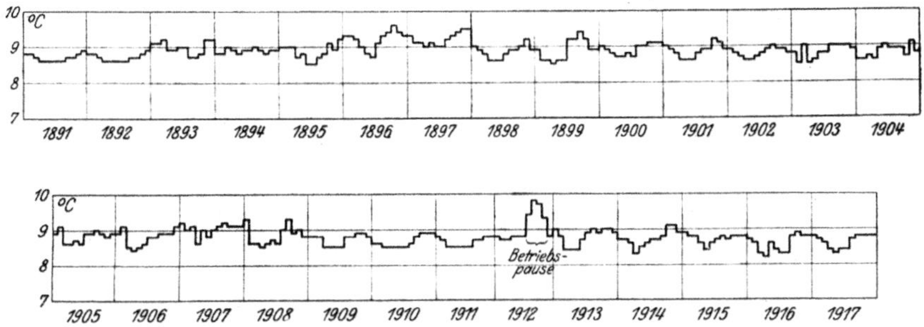

Abb. 172. Schaulinie des Temperaturganges des Grundwassers der zweiten Naunhofer Wasserfassung.

In der Reihe der Jahre 1891—1917 zeigt der Gang der Temperatur ein gleichmäßiges Verhalten. Die Schwankungen sind regelmäßig und bewegen sich in den Grenzen von 8,4—9,6° C. Nur das Jahr 1912 zeigt eine erhöhte Grundwassertemperatur als Folge einer Betriebspause und der damit zusammenhängenden Spiegelhebung.

Die Veränderlichkeit der Grundwassertemperatur mit der geographischen Breite, wenn der natürliche Spiegel etwa 1—2 m unter Flur liegt, geht aus nachstehender Zusammenstellung hervor:

Ort	Mittlere Grundwasser-temperatur ° C	Breite ° N
Bukarest	12,0	44,3
Lugano (Tal des Vedeggio) .	11,0	46,0
Rheintal bei Köln	10,0	51,0
Leipzig	9,0	51,3
Kopenhagen	8,5	55,6
Stockholm	6,7	58,2
Åbo	5,9	60,4
Wasa	5,0	63,0

Erheblich größer als beim Grundwasser sind die Temperaturschwankungen der meisten unterirdischen Wasserläufe. Die großen Temperaturschwankungen der unterirdischen Wasserläufe und Höhlenflüsse lassen sich leicht erklären durch die große Geschwindigkeit des Wassers im Untergrund und durch die ständige Berührung des freien Wasserspiegels mit der in den Hohlräumen sich bewegenden Luft. Den Luftzutritt von außen vermitteln nicht selten besondere Luftschächte, die namentlich im Winter, weit sichtbar, mächtige Wasserdampfsäulen ausstoßen. Es macht den Eindruck, als ob an solchen Stellen unterirdisch brennendes Feuer unterhalten würde. Bekannt sind derartige Luftschächte (sog. Trous qui fument) namentlich aus den Höhlenflüssen in Belgien (Comblain, Furfooz, Couvin).

Über Temperaturschwankungen in Abhängigkeit von der Meereshöhe und geographischen Breite gibt u. a. Beobachtungszahlen Mezger (251).

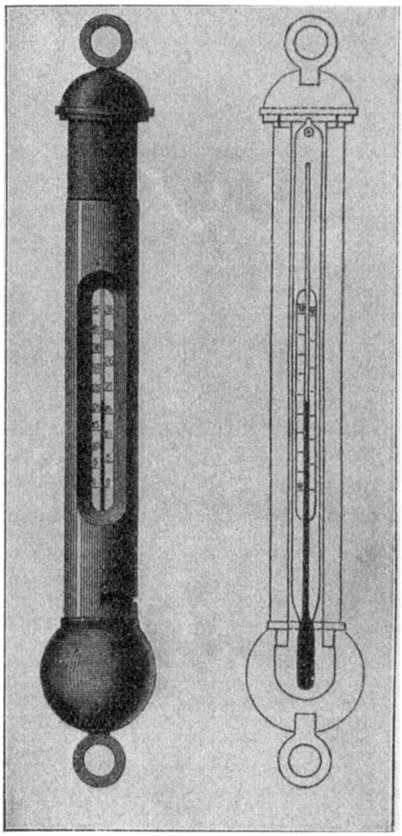

Abb. 173. Thermometer der „Kommission zur Untersuchung der deutschen Meere".

Eine besondere Eigentümlichkeit des unterirdischen Wassers ist die Temperaturumkehr. Wie aus Abb. 172 hervorgeht, entspricht beim Grundwasser der wärmeren Jahreszeit niedrigere Wassertemperatur und umgekehrt. Man findet eine derartige Umkehr der Temperatur namentlich beim Grundwasser, dessen Spiegel in mittlerer Tiefe unter Flur liegt. Aber auch bei unterirdischen Wasserläufen ist die Temperaturumkehr keine seltene Erscheinung. So hat z. B. der in 917 m über N.N. im verkarsteten Dachsteingebirge zutage tretende Waldbach bei Hallstadt nach Krebs (252) eine Sommertemperatur von 3,6—3,8° C gegen eine solche von 4,5° C im Winter. Beim Hirschbrunnen beträgt die Erhöhung der Wintertemperatur rund 1,8° C. Diese Erscheinung ist dadurch erklärlich, daß im Winter die hoch gelegenen Spaltenzuflüsse zufrieren, so daß die Quellspeisung nur aus den tiefer liegenden wärmeren Schichten erfolgt.

Oft deuten größere Temperaturschwankungen darauf hin, daß Zuflüsse von Tagewasser in die Tiefe stattfinden. Es ist aber nicht zulässig, aus einem Gleichbleiben der Temperatur auf Reinheit des unterirdischen Wassers zu schließen, da bei unverändertem Mischungsverhältnis auch die Temperatur unverändert bleibt.

2. Messung der Temperatur.

Genaue Temperaturmessungen sind namentlich dann wichtig, wenn aus der Temperatur Schlußfolgerungen gezogen werden, wie z. B.

beim Eindringen von Oberflächenwasser in Brunnenanlagen, Quellfassungen u. dgl. Ausführliche Anleitungen zu genauen Temperaturmessungen haben Knoblauch - Hencky (253) veröffentlicht.

Alle zur Temperaturmessung benutzten Instrumente sollten vor ihrem Gebrauch auf ihre Genauigkeit geprüft werden. Am einfachsten durch einen Vergleich mit einem Normalthermometer. Auch die Einstellungsgeschwindigkeit soll bekannt sein. Für genaue Messungen empfehlen sich Thermometer mit $^1/_5$-Teilung.

Die einfachste Messungsart ist das Eintauchen des Thermometers in den strömenden Wasserstrahl einer Quelle, eines Brunnenauslaufes

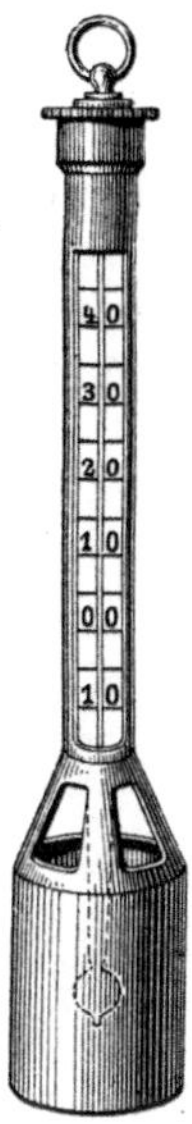

Abb. 174. Schöpfthermometer.

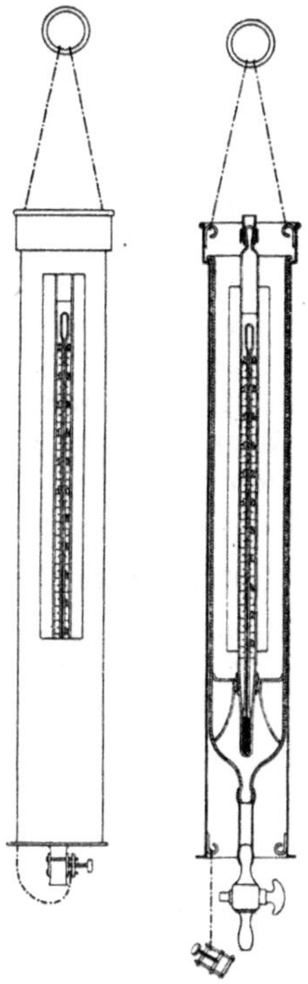

Abb. 175. Durchflußthermometer. (Nach Thumm.)

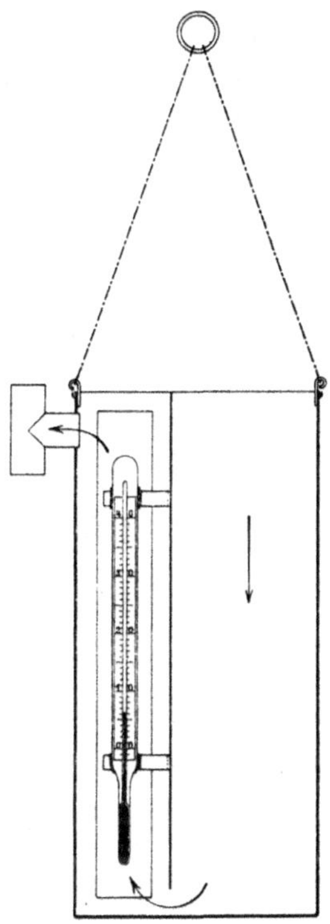

Abb. 176. Kastenthermometer. (Nach Thumm.)

des Meßkastens eines Überfalles usw. Man wartet, bis die Temperatur gleichbleibt und liest die Temperatur ab, während das Thermometer vom Wasser bespült wird.

Es ist fehlerhaft, wenn die Temperatur außerhalb des fließenden Wassers abgelesen wird, da das bei Wind und unregelmäßigem Abfluß leicht zu Täuschungen führt.

Maximum- und Minimumthermometer leisten bei Temperaturmessungen gute Dienste.

Zweckmäßig ist die Verwendung von Thermometern, welche gegen Wärmebeeinflussung durch Hartgummi geschützt sind, wie z. B. das

Thermometer der „Kommission zur Untersuchung der deutschen Meere“ (Abb. 173).

Zuverlässige Meßergebnisse liefern sog. „Faule Thermometer“, d. s. solche mit verhältnismäßig großer Quecksilberkugel.

Vielfach bedient man sich bei Temperaturmessungen des Schöpfthermometers (Abb. 174), dessen Quecksilberkugel von einem offenen Gefäß umschlossen ist, das sich beim Eintauchen der Vorrichtung mit Wasser füllt.

Eine wesentliche Verbesserung der Wärmemeßvorrichtungen stellt das von Thumm (254) in die Praxis eingeführte Durchflußthermometer dar, welches ein schnelles und sicheres Arbeiten gestattet und sich bequem ablesen läßt. Das Gerät (Abb. 175) besteht aus einem mit Ablauf und Schlauch versehenen Glasgefäß, in welchem das Thermometer untergebracht ist. Man läßt bei geöffnetem Abflußrohr das Wasser durch die Meßvorrichtung so lange durchströmen, bis die konstante Temperatur eingetreten ist. Noch besser eignet sich zur Messung der Temperatur laufender Ergiebigkeiten das Thummsche Kammerthermometer (Abb. 176), welches aus einem zweiteiligen Gefäß besteht, in dessen eine Kammer das Thermometer eingehängt werden kann. Die Kammer erhält ein Fenster zum bequemen Ablesen der Temperatur sowie eine Entleerungs- und Entlüftungsöffnung an geeigneter Stelle.

Bei systematischen Temperaturmessungen verwendet man zweckmäßig selbstregistrierende Thermometer.

3. Vergleichung der Temperaturgrade.

(Celsius, Réaumur, Fahrenheit.)

°C	°R	°F	°C	°R	°F
0	0	32,0	16	12,8	60,8
1	0,8	33,8	17	13,6	62,6
2	1,6	35,6	18	14,4	64,4
3	2,4	37,4	19	15,2	66,2
4	3,2	39,2	20	16,0	68,0
5	4,0	41,0	21	16,8	69,8
6	4,8	42,8	22	17,6	71,6
7	5,6	44,6	23	18,4	73,4
8	6,4	46,4	24	19,2	75,2
9	7,2	48,2	25	20,0	77,0
10	8,0	50,0	26	20,8	78,8
11	8,8	51,8	27	21,6	80,6
12	9,6	53,6	28	22,4	82,4
13	10,4	55,4	29	23,3	84,2
14	11,2	57,2	30	24,0	86,8
15	12,0	59,0			

4. Klarheit und Durchsichtigkeit.

Ein zu menschlichen Verbrauchszwecken sich eignendes Wasser soll klar sein. Trübes Wasser wirkt unappetitlich. Die Trübung kann zwar in gesundheitlicher Beziehung harmlos (herrührend von Humus, Eisen,

Ton usw.), aber auch durch Zumischung von gesundheitsschädlichem Schmutzwasser bedingt sein.

Der Laie ist nicht imstande, die Ursache der Trübung richtig einzuschätzen, und weist daher trübes Wasser mit Recht zurück, sofern er nicht überzeugt ist, daß die Trübung kein Zeichen gesundheitsschädlicher Beschaffenheit des Wassers ist.

Selbstverständlich soll das zur Probe aus Fassungen kommende Wasser nicht durch tonige, sandige und sonstige Beimengungen, die aus der Umgebung der Fassung oder dem Fassungsinnern stammen, getrübt sein.

Die Entsandung von neuen Fassungsanlagen muß daher stets so weit getrieben werden, daß die Wasserprobe klar und durchsichtig ist.

Die Ermittelung der Durchsichtigkeit soll stets am Entnahmeort unmittelbar nach der Wasserentnahme stattfinden, da sich die Durchsichtigkeit des Wassers mit der Zeit ändern kann.

Hat man es z. B. mit eisenhaltigem Wasser zu tun, so kann man schon oft nach kurzer Zeit beobachten, daß das ursprünglich klare Wasser opaleszierend wird. Schließlich erfolgt Ausscheidung von Eisen in Gestalt gelbbrauner Flocken. Kräftiges Schütteln beschleunigt die Eisenausscheidungen.

Auf anfängliche Klarheit folgende Opaleszenz ist ein sicheres Anzeichen dafür, daß man es mit eisenhaltigem Wasser zu tun hat. Aus der Menge des Bodensatzes kann man auch annähernd die Eisenmenge abschätzen. Nach erfolgter Eisenausscheidung wird das Wasser wieder klar.

5. Farbe.

Vollkommen farbloses Wasser ist in der Natur eine Seltenheit. Sonst reines natürliches Wasser hat aber nur so wenig Farbe, daß diese praktisch kaum in Frage kommt. In hohen Schichten ist chemisch reines Wasser blau.

Bei Feststellungen, ob ein Wasser gefärbt ist oder nicht, muß das Wasser ganz klar, unter Umständen also vorher filtriert sein.

Ist dagegen die frisch geschöpfte Wasserprobe von vornherein gelblich oder braun gefärbt, sonst aber klar, so kann man darauf schließen, daß die Wasserfarbe von Humusstoffen, also organischen Beimengungen herrührt. Wässer, die nur durch Humusstoffe gefärbt sind, entfärben sich nicht und bilden keinen Bodensatz.

Farbe, die von Huminstoffen herrührt, ist meist technisch schwer zu beseitigen; der Hydrologe sollte deshalb humusgefärbtem Wasser nach Möglichkeit aus dem Wege gehen.

Eine einfache Vorrichtung, die namentlich zur Feststellung der von Huminstoffen herrührenden braunen Farbe, wie sie bei Grundwasser häufig vorkommt, dient, wird von Hazen und Whipple empfohlen. [Vgl. Gärtner (241) und Tillmans (247).]

6. Geschmack.

Der Geschmack des Wassers hängt in erster Linie von der Empfindlichkeit der Geschmacksnerven des Menschen ab; der Wert von Geschmacksprüfungen ist danach zu beurteilen.

Niedrige Temperaturen führen die Geschmacksnerven irre, und deshalb ist es angezeigt, die Kostproben auf 10—20° C zu erwärmen. Dann tritt der Geschmack schärfer hervor. Aus den Versuchen von Friedmann (255) geht hervor, daß hartes Wasser besser schmeckt als weiches, bzw., daß Kohlensäure im harten Wasser schon bei wesentlich geringerer Konzentration geschmeckt werden kann, als in weichem Wasser. Mangel an Kohlensäure macht sich in der Regel durch faden Geschmack bemerkbar.

Über den Geschmack von Kochsalz und Eisen enthalten die Abschnitte „Chloride" und „Eisen" Näheres.

Klut (243) gibt eine genaue Tabelle über den Geschmack von Salzen und Stoffen im Trinkwasser.

7. Geruch.

Einwandfreies Wasser soll geruchlos sein. Da aber die Feststellung des Geruchs bei der verschiedenen Empfindlichkeit der einzelnen Untersucher für Gerüche von den Geruchsnerven des Menschen abhängt, so sind Urteile über den Geruch des Wassers mit Vorsicht aufzunehmen.

Viele Wässer sind bei niedriger Temperatur geruchlos; ihr Geruch ist erst bei Erwärmung wahrzunehmen. Man sollte daher stets eine frische Probe auf Geruch untersuchen und dann dasselbe Wasser bei einer Erwärmung auf 40—50° C nochmals nachprüfen.

Humushaltiges Wasser riecht meist nach Moor. Bei eisenhaltigen Wässern ist in der Regel Schwefelwasserstoffgeruch die Begleiterscheinung. Schwefelwasserstoff in Verbindung mit Kohlensäure bildet Kohlenoxysulfid, welches einen schwach säuerlichen, an Sauerkohl erinnernden Geruch besitzt.

Die Geruchsprüfung läßt meist flüchtige Stoffe, wie Schwefelwasserstoff und Kohlenoxysulfid, sicherer erkennen als der chemische Nachweis. Der Geruch verschwindet jedoch nicht selten bei der Berührung mit der Luft oder längerer Aufbewahrung des Wassers in der Flasche, und daher ist die Feststellung des Geruches an Ort und Stelle von besonderer Wichtigkeit. Zwecks Feststellung des Geruches empfiehlt es sich, die halbvolle Flasche zu schütteln, dann schnell den Pfropfen zu lüften und zu prüfen.

8. Die elektrische Leitfähigkeit des Wassers.

Das elektrische Leitvermögen des Wassers ist verschieden, je nach der Konzentration und dem Dissoziationsgrade der in ihm gelösten Stoffe. Es sind namentlich die Lösungen der anorganischen Säuren, Salze und Basen, welche die Leitfähigkeit des Wassers bestimmen. Mit steigender Zahl der Elektrolyte nimmt die Leitfähigkeit zu.

Auf dieser Tatsache beruht die Möglichkeit, aus den Schwankungen der Stromstärke Schlüsse auf die im Wasser gelösten Stoffe zu ziehen.

Der Hauptvorteil des Verfahrens liegt darin, daß sich mit seiner Hilfe die Veränderlichkeit der Wasserbeschaffenheit bequem, fortlaufend und automatisch feststellen läßt. Das Verfahren ist deshalb ganz besonders geeignet zur Überwachung von Wassergewinnungsanlagen, welche der unerwünschten Zufuhr gewisser Salze (z. B. Kochsalz) u. dgl. ausgesetzt sind.

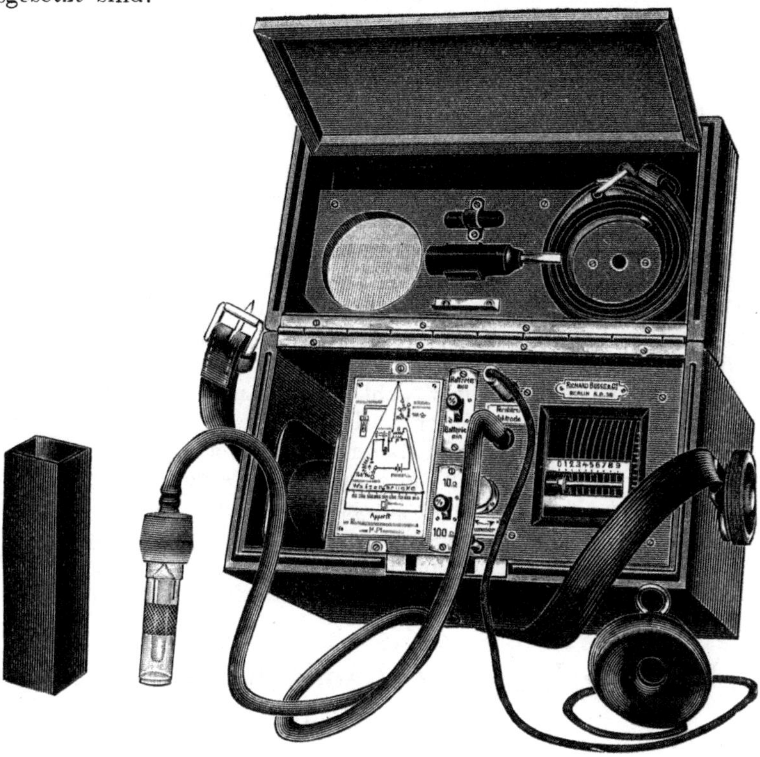

Abb. 177. Tragbarer Apparat zur Messung des Leitvermögens von Wässern. (Nach Pleißner.)

Im Abschnitt „Überwachung von Fassungsanlagen" auf S. 397 wird auf dieses Verfahren deshalb noch besonders hingewiesen werden.

Ein das elektrische Leitungsvermögen fortlaufend anzeigender Registrierapparat ist nach den Mitteilungen von Spitta und Pleißner (256) in Abb. 177 dargestellt.

Es muß aber hervorgehoben werden, daß in der Bestimmung der gelösten Stoffe durch das Leitverfahren niemals ein voller Ersatz für eine genaue chemische Analyse gesucht werden darf.

9. Radioaktivität.

Daß das Vorkommen von Radiumemanation im Grundwasser viel verbreiteter ist, als man im allgemeinen annimmt, dafür sprechen zahlreiche Untersuchungen von gewöhnlichen Brunnenwässern. So fand z. B. Starke (257), daß 32 Brunnen in der Nähe von Halle a. S., die auf Radiumgehalt geprüft worden sind, sämtlich radioaktives Wasser führten. Auch das Danziger Leitungswasser, sowie verschiedene Quellwässer aus der Umgebung von Danzig sind nach den Angaben von Ruff (258) radioaktiv.

Nach Sieveking (259) zeigt fast jede Quelle einen Gehalt von Radiumemanation, und eine Quelle ohne eine Spur davon ist eine Seltenheit. In den meisten Fällen setzt sich die Emanation in kurzer Zeit um.

Die Radioaktivität wird ausgedrückt durch Mache-Einheiten = 10^3 elektrostatischen Einheiten. Sicher ist, daß geringe Mengen an Radioaktivität (etwa unter 100 M. E.) im allgemeinen keine nennenswerte Heilwirkung auszuüben vermögen. Gute Wirkungen soll man nach Ansicht zuständiger Fachleute mit Wässern von etwa 1000 M. E. erzielen.

Genaue Zahlen über den Radiumgehalt verschiedener Gesteinsarten geben Gockel (260) und Tuma (261).

Die Radiumemanation unterliegt meist erheblichen Schwankungen, wobei auch meteorologische Verhältnisse von Einfluß sind. Durch Bewegung des Wassers, Saugwirkung der Pumpen, Belüftung (z. B. in den Enteisenungsanlagen) usw. geht der Emanationsgehalt unter Umständen bis auf geringe Spuren verloren.

Der Nachweis der aktiven Beimengungen erfolgt am einfachsten mittels eines Elektroskops, wozu sich besonders das von Engler und Sieveking konstruierte Fontaktoskop eignet, doch kommt eine Prüfung auf Radiumemanation nur bei Heilquellen in Frage.

Ausführliches über Radioaktivität enthalten die Werke von Frau Curie (262), Centnerszwer (263), Rutherford (264) usw.

VI. Untersuchung der chemischen Eigenschaften des Wassers.

1. Härte.

Im Haushalt und im Gewerbe spielt die Härte des Wassers eine bedeutende Rolle.

Für Wirtschaftszwecke, wie z. B. Waschen, Kochen, und die meisten gewerblichen Betriebe ist weiches Wasser hartem entschieden vorzuziehen. Fleisch, Gemüse und Hülsenfrüchte kochen in hartem Wasser schwer weich. Auch Getränke, wie Kaffee, Tee, mit hartem Wasser gekocht, schmecken nicht so gut, als wenn sie mit weichem Wasser gekocht werden. Hierbei spielt allerdings auch die Gewöhnung eine Rolle. Gesundheitsschädigungen selbst durch sehr harte Wässer — bis zu 100° d und wohl mehr — sind nach Klut (265) nicht bekannt geworden.

Die Härte des Wassers wird erzeugt durch wasserlösliche Erdalkalien, die, wenn sie in erheblicher Menge vorhanden sind, beim Verdampfen des Wassers umfangreiche feste Rückstände geben. Diese sind beim Kochen und bei der Dampferzeugung ebenso lästig wie der Mehrverbrauch an Seife, der mit der Härte wächst.

Die Härte des Wassers wird nach Härtegraden beurteilt, doch sind die Härtegrade, die in den einzelnen Ländern als Maß der Härte benützt werden, voneinander abweichend.

In Deutschland hat das Wasser einen Härtegrad, wenn in 100 000 Teilen Wasser 1 Teil Kalk (Kalziumoxyd, CaO), d. h. 10 mg CaO in einem Liter Wasser, oder eine äquivalente Menge einer Magnesiaverbindung vorhanden ist. Es verhält sich

$$MgO : CaO = 40 : 56 = 1 : 1{,}4 .$$

In Frankreich gilt bei gleichbleibendem Verhältnis das Kalziumkarbonat ($CaCO_3$) als Maß.

In England wird ein Teil Kalziumkarbonat zu 70 000 Teilen Wasser gerechnet.

Die einzelnen Härtegrade der verschiedenen Länder stehen zueinander in folgendem Verhältnis:

1 deutscher Härtegrad = 1,25 engl. = 1,79 franz. Härtegrade
1 franz. „ = 0,56 deutsch. = 0,7 engl. „
1 engl. „ = 1,43 franz. = 0,8 deutsch. „

Einen ungefähren Anhaltepunkt für die Bezeichnung der Härtestufen gibt folgende Einteilung nach Klut (243):

Gesamthärte in deutschen Graden	Benennung
0—4	sehr weich
4—8	weich
8—12	mittelhart
12—18	ziemlich hart
18—30	hart
über 30	sehr hart

Als härtebildende Stoffe sind Kalk- und Magnesiaverbindungen zu nennen. In ihrer Gesamtheit stellen sie die gesamte Härte dar. Die Bikarbonate dieser beiden Elemente bilden die vorübergehende, temporäre oder transitorische Härte, die man wissenschaftlich besser als Karbonathärte bezeichnet. Die Chloride, Nitrate, Sulfate, Phosphate und Silikate des Kalziums und Magnesiums stellen die bleibende oder permanente Härte dar, die man auch als Mineralsäure- oder Nichtkarbonathärte bezeichnet.

Der Ursprung der Härtebildner des unterirdischen Wassers ist in den verschiedenen Schichten des Untergrundes, in welchen sich das Wasser fortbewegt, zu suchen. Das ursprünglich weiche meteorische Wasser besitzt eine beträchtliche Angriffs- und Aufnahmefähigkeit mineralischen Stoffen gegenüber. Sein Auflösungsvermögen, das mit der chemischen Reinheit des Wassers wächst, wird noch bedeutend erhöht durch die Mitwirkung von Säuren, die in der Luft und im Boden vorhanden sind und die das Wasser im Laufe des Niederschlags- und Versickerungsvorganges aufnimmt. Je nach der Löslichkeit und Menge der wasserbespülten mineralischen Stoffe wird eine Zunahme der Wasserhärte mit der Länge des vom Wasser zurückgelegten unterirdischen Weges stattfinden und unter Umständen das Maß der Sättigung erreichen.

Man findet daher, daß im großen und ganzen in der Härte des unterirdischen Wassers die mineralogische bzw. geologische Zusammensetzung des Untergrundes zum Ausdruck kommt, und kann innerhalb gewisser Grenzwerte sowohl aus der Härte des Wassers auf die Gesteinsarten des Wasserträgers schließen als auch umgekehrt. Da aber der Auflösungsvorgang im Untergrunde nicht allein von der mineralogischen Beschaffenheit des Bodens abhängt, sondern auch durch verschiedene dem Wasser anhaftende Angriffsmittel (Säuren usw.) verstärkt wird, so kann je nach den örtlichen Verhältnissen die Härte des Wassers in ein und derselben geologischen Formation erhebliche Schwankungen aufweisen.

Wie die Zusammenstellungen von Gärtner (241), Imbeaux (170), Weyrauch (147) und anderen Schriftstellern zeigen, kann innerhalb einer und derselben geologischen Stufe je nach den Begleitumständen die Härte sehr verschieden sein.

Im allgemeinen läßt sich sagen, daß das weichste Wasser die Urgebirge führen und daß die höchsten Härtegrade auf die Kalkgesteine entfallen. Im Porphyr, Granit, Gneis und Buntsandstein findet man durchschnittlich Härtegrade von 0,3—6° d. In Kalkgebieten steigt die Härte auf 40° d. und darüber. Einzelne Quellen in Lothringen (Gipsbildungen) haben über 120° d. Härte. In alluvialen und diluvialen Gebieten schwanken ebenfalls die Härtegrade bedeutend. Verfasser hat gefunden, daß man im Alluvium und Diluvium 1,5—40° d. Härte finden kann.

Von 311 deutschen Grund- und Quellwasserbetrieben haben:

150	Betriebe	Wasser	von	0,7—10,0°	d. Gesamthärte
124	„	„	„	10,0—20,0°	„ „
29	„	„	„	20,0—30,0°	„ „
5	„	„	„	30,0—40,0°	„ „
3	„	„	„	40,0° und darüber	„

Mit das härteste Wasser haben folgende deutsche Wasserwerke: Bernburg 31,2°, Reichenbach i. Schl. 36,0°, Würzburg 36,1°, Merseburg 45,5° d. Gesamthärte.

Bei Grundwasser spielt sehr oft das Mischungsverhältnis, also die mineralogische Zusammensetzung der wasserführenden Haufwerke, eine ausschlaggebende Rolle für die Härtebildung. Überwiegen leicht lösliche Geschiebe mit härtebildenden Stoffen, so ist die Folge davon größere Wasserhärte.

Bei der Aufsuchung eines günstigen Standortes für Fassungsanlagen ist es daher unter Umständen zweckdienlich über die Herkunft, Zusammensetzung und Ausbreitung der zu untersuchenden Gesteinsablagerungen unterrichtet zu sein. Zu diesem Zwecke müssen Untersuchungen an Hand von charakteristischen Leitsteinen vorgenommen werden.

Derartige Leitsteine lassen sich oft in den auf den Feldern liegenden Geröllen, in Kiesgruben, Flußufern und Flußterrassen finden. Abb. 178 zeigt die Verbreitung der Rhein- und Maasschotter nach einer Aufnahme von Kurtz (266), aus der hervorgeht, in welcher Ausdehnung Rhein- und Maasschotter unvermischt abgelagert worden sind und welche Ausbreitung die gemischten Ablagerungen besitzen.

Die verhältnismäßig weiches Grundwasser führenden Rheinschotter haben z. B. dazu geführt, daß die Stadt Mannheim ihre Grundwasserfassung in das Rheintal gelegt hat und nicht in das nähere Maintal, da die Mainschotter erheblich härteres Wasser führen.

Je nach den Ablagerungsverhältnissen der Grundwasser führenden Schichten findet man auch örtliche Anhäufungen härtebildender Mineralien, so daß ausgesprochene Härtenester entstehen, denen der Hydrologe, wenn er weiches Wasser finden will, ausweichen muß.

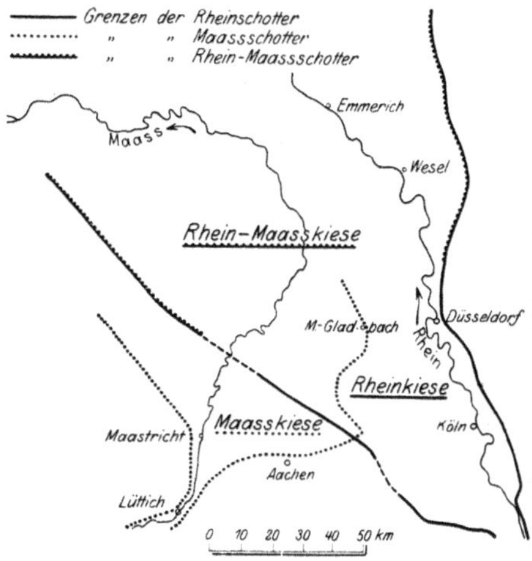

Abb. 178. Verbreitung der Rhein- und Maasschotter. (Nach Kurtz.)

Einlagerungen von Mergel, Wiesenkalk, Humus-, Torf- und Moorlagern bringen es in der Regel mit sich, daß die Härteverhältnisse eines sonst regelmäßig aufgebauten Versuchsfeldes von Ort zu Ort stark schwanken, und es bedarf in solchen Fällen einer systematisch angelegten hydrologischen Untersuchung, wenn es gelingen soll, die Lage einer Wasserfassung zu ermitteln, die imstande ist, möglichst dauernd weiches Wasser zu liefern.

Eine hydrologische Untersuchung, welche die Auffindung und den Nachweis von weichem Wasser zum Ziel hatte, führte Verfasser (267) im Auftrage der Stadt Luckenwalde durch.

Der untersuchte Wasserträger ist teils alluvialen, teils diluvialen Ursprungs. Da es in erster Linie darum zu tun war festzustellen, ob das im Versuchsbrunnen 1 (Abb. 179) (welcher der Stadt von einm anderen Sachverständigen zur Wasserentnahme empfohlen war) gefundene harte Wasser eine rein örtliche oder eine auch im weiteren Umkreise verbreitete Erscheinung ist, so wurden zunächst aus einer großen Anzahl bereits vorhandener Hausbrunnen Wasserproben entnommen und auf ihren Härtegrad untersucht. Ergänzend traten hierzu noch Wasserproben aus verschiedenen oberirdischen Wasserläufen und Versuchsbohrungen.

Zwecks Gewinnung einer klaren Übersicht über die Härteverteilung auf dem untersuchten Gelände wurden aus den ermittelten Härtegraden Kurven gleichen Härtegrades abgeleitet. Die so erhaltenen Kurvenscharen zeigt Abb. 179. Sie lehren deutlich, daß die Härtebildung auf dem untersuchten Gebiet nicht gleichmäßig ist, sondern sich ausgesprochen gesetzmäßig abstuft. Besonders bemerkenswert ist, daß gerade die Lage des bewirtschafteten Versuchsbrunnens 1 den Mittelpunkt verhältnismäßig hoher Härte darstellt. Hier einen Versuchsbrunnen anzulegen, war demnach vollständig verfehlt. Einen zweiten Härtemittelpunkt stellt der Hartmannsche Brunnen am Weinbergsweg dar, welcher Wasser von 46° d. Härtegraden führt.

Diese Erkenntnis der Härteverteilung im Untergrunde führte zur Anlage eines neuen Versuchsbrunnens 2, dessen Betrieb die Möglichkeit der Dauergewinnung von weichem Wasser (7,1° d.) ergab. Der zehnjährige Betrieb des Luckenwalder Wasserwerkes hat die Zweckmäßigkeit einer Fassungsanlage in der Nähe von Versuchsbrunnen 2 vollauf bestätigt.

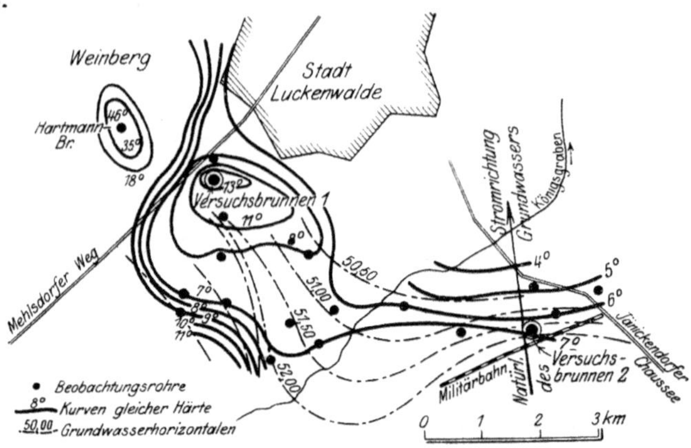

Abb. 179. Kurven gleicher Härte auf dem Versuchsfelde der Stadt Luckenwalde.

Wasserschichten verschiedener Härtegrade lagern mitunter auch unmittelbar übereinander, ohne daß eine hydraulisch trennende Zwischenlage vorhanden ist. Meist nimmt die Härte des Wassers mit der Tiefe zu. So fand z. B. Steuer (61) in einem Bohrloch in Rudelsheim am Rhein Wasser von:

26,9°	d. Härte in einer Tiefe von	12,20—14,60	m
36,5°	„ „ „ „ „ „	33,05—35,00	„
41,2°	„ „ „ „ „ „	36,00—38,40	„

Es steigen hier aus dem tieferen Untergrunde härtere Wässer aufwärts, die sich in natürlichem Zustande mit dem oberen weicheren Wasser nicht mischen. Eine Mischung tritt erst bei größerer Wasserentnahme ein, wodurch sich leicht die Härtezunahme des Förderwassers erklären läßt.

1a. Bestimmung der Härte.

Das einfachste und für die Arbeit im Felde zweckmäßigste Härtebestimmungsverfahren ist das Seifenverfahren.

Zur Bestimmung der Härte nach diesem Verfahren sind erforderlich:

1. Eine Bürette von 50 cm³ Inhalt,
2. ein Glas mit Glasstöpsel von etwa 200 cm³ Inhalt, und
3. Clarksche Seifenlösung.

Bei der Ausführung des Versuches mißt man nach Tiemann-Gärtner 100 cm³ Wasser mit einer Pipette ab und bringt sie in ein wohl gereinigtes, mit eingeschliffenem Stöpsel versehenes Glas von 200 cm³ Inhalt. Das Glas hat bei 100 cm⁵ eine Marke. Ist die Härte des Wassers größer als 12°, was von vielen Wässern anzunehmen ist, so werden bei dem ersten Versuch nur 10 cm³ desselben abgemessen und in dem Stöpselglase bis 100 cm³, d. i. bis zur Marke, mit destilliertem Wasser verdünnt. Man läßt darauf so lange von der titrierten Seifenlösung aus der Bürette hinzulaufen, bis nach kräftigem Schütteln ein dichter, zarter Schaum entsteht, welcher sich, ohne wieder zusammenzusinken, mindestens 5 Minuten wesentlich unverändert auf der Oberfläche hält. Anfangs läßt man die Seifenlösung zwischen jedesmaligem Schütteln reichlicher auf einmal zufließen, gegen Ende jedesmal nur etwa 0,6—1 cm³, zuletzt tropfenweise, bis ein geringer Überschuß derselben sich durch Schaumbildung zu erkennen gibt. Das Schütteln muß immer auf dieselbe Weise geschehen. Es ist am besten, von oben nach unten zu schütteln, wobei der Stöpsel und Hals des Glases mit der rechten, der Boden mit der linken Hand gefaßt wird.

Zu einem zweiten Versuche verwendet man dieselbe Menge Wasser oder, wenn zu dem verdünnten Wasser (10 : 100) nur wenig Seifenlösung verbraucht worden war, entsprechend mehr, 25 oder 50 cm³, so daß die jetzt im voraus annähernd zu berechnende Menge Seifenlösung 45 cm³ nie übersteigt.

Die beim ersten Versuch gebrauchte (bzw. die berechnete) Menge läßt man nun in der Weise zufließen, daß man nach Zusatz von je 5 bis 5 cm³ jedesmal kräftig schüttelt. Nachdem man sich so dem bekannten Sättigungspunkte bis auf 1—2 cm³ genähert hat, wird der Versuch zu Ende geführt, indem man durch ferneren Zusatz von je einigen Tropfen schüttelt.

Sobald man im Titrieren mit Seifenlösung ein wenig Übung erlangt hat, erkennt man den erforderlichen Verdünnungsgrad unschwer aus einem Vorversuche: Man versetzt etwa 20 cm³ Wasser in einem Reagierglas mit etwa 6 cm³ Seifenlösung und beobachtet nach dem Umschütteln die dadurch hervorgerufene Fällung. Erscheint die Flüssigkeit nur opalisierend, so können 100 cm³ des betreffenden Wassers verwendet werden, ist dagegen ein starker Niederschlag entstanden oder befindet sich auf der Oberfläche der Flüssigkeit eine schaumige Haut (Anwesenheit von Magnesiumverbindungen), so ist eine bedeutende Verdünnung unumgänglich notwendig.

Aus den verbrauchten Kubikzentimetern Seifenlösung ersieht man mit Hilfe der nachfolgenden Tabelle den entsprechenden Härtegrad, welcher im Falle vorheriger Verdünnung mit der Verdünnungszahl multipliziert wird. Hatte man nur 10 oder 25 cm³ Wasser (zu 100 cm³ verdünnt) zu einem Versuche verwendet, so ist der gefundene Härtegrad mit 10 bzw. 4 zu multiplizieren.

Enthält das Wasser viel Magnesiumverbindungen, so gibt das Seifenverfahren nur ungenügende Werte.

Genauer und mehr chemische Kenntnisse voraussetzend ist das maßanalytische Verfahren von C. Blacher mit $^1/_{10}$ normaler Kaliumpalmitatlösung. Mit Hilfe dieses Verfahrens bestimmt man zugleich die Karbonathärte. [Vgl. Tillmans (247).]

Härtegrade.

cm^3 Seifenlösung	Härtegrade	Unterschied	cm^3 Seifenlösung	Härtegrade	Unterschied
1,4	0	—	24	5,87	0,27
2	0,15	0,15	25	6,15	0,28
3	0,40	0,25	26	6,43	0,28
4	0,65	0,25	27	6,71	0,28
5	0,90	0,25	28	6,99	0,28
6	1,15	0,25	29	7,27	0,28
7	1,40	0,25	30	7,55	0,28
8	1,65	0,25	31	7,83	0,28
9	1,90	0,26	32	8,12	0,29
10	2,16	0,26	33	8,41	0,29
11	2,42	0,26	34	8,70	0,29
12	2,68	0,26	35	8,99	0,29
13	2,94	0,26	36	9,28	0,29
14	3,20	0,26	37	9,57	0,29
15	3,46	0,26	38	9,87	4,30
16	3,72	0,26	39	10,17	0,30
17	3,98	0,27	40	10,47	0,30
18	4,25	0,27	41	10,77	0,30
19	4,52	0,27	42	11,07	0,30
20	4,79	0,27	43	11,38	0,31
21	5,06	0,27	44	11,69	0,31
22	5,33	0,27	45	12,00	0,31
23	5,60	0,27			

2. Chlor (Chloride).

Das Chlor kommt unter natürlichen Verhältnissen im Wasser nicht als freies Gas vor, sondern immer an Metalle — hauptsächlich Natrium — gebunden, d. h. als Chlorid. Richtiger wäre es daher, vom Chloridgehalt des Wassers zu sprechen. Da die verschiedenen Chloride, die im Wasser vorkommen können (Chlornatrium, Chlorkalzium, Chlormagnesium) ein verschiedenes Molekulargewicht haben, so würden die angegebenen Mengen von Chlorid keinen bequemen Vergleich untereinander zulassen und Mißverständnisse leicht entstehen. Man verzichtet daher gewöhnlich auf die Angabe des Metallbestandteiles des Chlorids und berechnet nur seinen Gehalt an Chlor. Dieser Berechnungsart wegen hat man den kurzen Ausdruck: „Chlorgehalt“ des Wassers trotz seiner Ungenauigkeit in der Praxis beibehalten. Wie die meisten übrigen gelösten Salze des Wassers (mit Ausnahme der Bikarbonate) lassen sich auch die Chloride aus ihm nicht entfernen. Wässer, die einen so hohen Chloridgehalt haben, daß der Geschmack dadurch beeinträchtigt wird, lassen sich daher nicht verbessern — es sei denn durch Verdünnung mit salzärmerem Wasser — und müssen als Trinkwasser unter Umständen verworfen werden. Es ist aber zu bemerken, daß der analytisch ermittelte Chlorgehalt ohne weiteres einen Anhaltspunkt für den Geschmack des Wassers nicht gibt, daß hierfür wieder viel davon abhängt, an welches Metall (Natrium, Kalzium, Magnesium) gebunden das Chlor im Wasser vorkommt. (Es möge hier davon abgesehen werden, daß im physikalisch-chemischen Sinne die Salze nicht als solche, sondern größtenteils in ihre Ionen gespalten im Wasser vorhanden sind.) Wie oben erwähnt, findet sich das Chlor hauptsächlich als Chlornatrium, Kochsalz, im Wasser. Sein Geschmack ist bekanntlich nicht aufdringlich und nicht unangenehm. Die Grenze, von der an es überhaupt geschmeckt wird, ist, wie alle Geschmackswerte, flüssig. Sie hängt auch von dem Gehalt des Wassers an Härtebildernn, Kohlensäure u. a. ab. Gewöhnlich wird angegeben, daß 412 mg reines Kochsalz, entsprechend einem Chlorgehalt von 250 mg im Liter, noch nicht durch den Geschmack erkannt werden. (Vgl. die vom Bundesrat erlassene Anleitung für die Einrichtung, den Betrieb und die Überwachung öffentlicher Wasserversorgungsanlagen, welche nicht ausschließlich technischen Zwecken dienen, Erläuterungen zu Nr. 7.) (268.) Nach den Mitteilungen von Stooff (269) sind die Gesamtversalzungswerte, die in Magdeburg im Mittel erreicht werden dürfen, mit 250 mg i. L. Gesamtchlor angenommen.

Bei Grundwässern, die durch Kaliabwässer verunreinigt werden, richtet sich die Höhe der zulässigen Zusatzversalzung nach der Größe der zulässigen Gesamthärte. Es sind demnach die zulässigen Gesamtversalzungswerte nicht einheitlich, sondern verschieden.

Auch Chlorkalzium wird erst in verhältnismäßig großen Mengen durch den Geschwack erkannt, dagegen zeichnet sich das Chlormagnesium, das mit den Abwässern der Kaliindustrie in großen Mengen in die Flüsse und dadurch auch gelegentlich einmal in dem Flusse benachbarte Brunnen gelangt, durch einen widerlich süßlich-adstringierenden Geschmack schon in geringeren Mengen aus. Vgl. hierzu Marzahn (270) und Stooff (271).

In einigen holländischen Seestädten ist mit den Wasserwerksgesellschaften als höchst zulässiges Chlornatrium-(Kochsalz-)Maß ein solches von 400 mg/ltr vereinbart worden.

Im allgemeinen sollte ein Trinkwasser nicht mehr als 250 mg Cl im Liter aufweisen, nicht mehr als 100 mg im Liter Chlormagnesium ($MgCl_2$), 500 mg im Liter Chlorcalcium ($CaCl_2$), 400 mg im Liter Kochsalz. [Vgl. Klut (265).]

Der Salzgehalt der meisten unterirdischen Wässer und Quellen ist auf salzhaltige, aus der Tiefe zusickernde Wasserfäden zurückzuführen. In der norddeutschen Tiefebene liegt der Herd der Versalzung in der Regel in der tiefliegenden Zechstein- oder Salzformation. Diese Formation hat gewaltige Abmessungen, denn sie erstreckt sich vom Niederrhein und der Mündung der Weser bis nach Rußland hinein. Sie besteht nicht allein aus Steinsalz-, sondern auch aus Kalisalzlagern und macht sich trotz ihrer oft bedeutenden Tiefenlage im Salzgehalt verschiedener

Grundwasserströme bemerkbar. Das Aufsteigen der Sohle aus der Tiefe wird wesentlich dadurch erleichtert, daß durch Auslaugung und Senkung das undurchlässige Deckgebirge vielfach zertrümmert worden ist.

Dem Hydrologen ist deshalb beim Suchen von Grundwasser in Gegenden, die von der Salzsteinformation unterteuft sind, große Vorsicht geboten, da er sonst Gefahr läuft, daß eine Wasserfassung mit ihren kostspieligen Nebenbauten durch allmähliche Versalzung unbrauchbar wird.

Die Verteilung des Kochsalzes im Untergrunde ist mitunter ganz regelmäßig. Abb. 180 zeigt die Kochsalzaufnahmen von New York und New England nach Jackson (272). Die Linien gleichen Chlorgehaltes verlaufen sehr regelmäßig. Der Chlorgehalt erreicht am Meeresufer die Höchstwerte und sinkt landeinwärts.

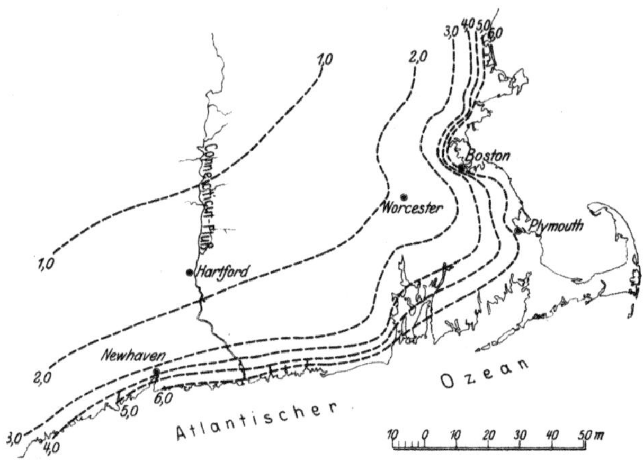

Abb. 180. Linien gleichen Chlorgehalts (Millionstel) im Staate New York. (Nach Jackson.)

Vielfach tritt jedoch das Kochsalz inselartig auf. Als Beispiel für derartige inselartige Versalzungserscheinungen kann nach Finkener (273) die Nähe von Cöpenick bei Berlin gelten, wo ein Kochsalzherd von 484 bis 908 mg/ltr Chlornatrium gefunden wurde, in dessen Umgebung aber nur 5,7 bis 16,1 mg/ltr Chlornatium festgestellt worden sind.

In solchen Gegenden, deren Kochsalz meist aus der Tiefe stammt, führen nur umfangreiche Untersuchungen und genaue Feststellungen des Kochsalzgehaltes von Bohrung zu Bohrung zum Ziele, wie sie z. B. Verfasser anläßlich der hydrologischen Vorarbeiten für die Wasserwerke der Städte Salzwedel, Wustrow in Hannover und Wasa (274) durchgeführt hat. Aus den Kurven gleichen Kochsalzgehaltes ergibt sich die günstigste Lage des Fassungsortes, doch müssen ausgedehnte Pumpversuche auch noch den Beweis dafür erbringen, daß tatsächlich durch künstliche Wasserentnahme keine Zunahme des Kochsalzgehaltes stattfindet.

Abb. 181 stellt die Kochsalzverhältnisse der Umgebung von Wasa in Gestalt von Kurven gleichen Kochsalzgehaltes dar. Der Kochsalzgehalt schwankte hier zwischen 14,2 und 823 mg/ltr.

Um festzustellen, ob dieser hohe Chlorgehalt eine vorübergehende Erscheinung ist oder nicht, wurde zwischen den kochsalzarmen Bohrungen 13 und 18, welche nur rund 40 mg/ltr Chlor zeigten, ein Versuchsbrunnen V_1 errichtet, der aus 8 einzelnen Brunnen bestand. Der Betrieb dauerte 4 Monate. Die Brunnen lieferten im Beharrungszustande 8 ltr/sk Wasser bei 900 m Entnahmebreite. Die täglichen Chlormessungen ergaben, daß das Chlor ständig zunahm und bald einen Wert von über 1000 mg/ltr erreichte. Das Versuchsfeld führte demnach Wasser, das einem dauernd ergiebigen Kochsalzkern entstammt. Aus diesem Grunde wurde das Versuchsfeld als praktisch unbrauchbar verlassen und nach einer günstigeren Stelle gesucht.

Eine weiter landwärts liegende süße Quelle Q und neue Bohrungen führten dazu, einen zweiten Versuchsbrunnen zu bauen und zu betreiben in der Lage V_2. Der Versuchsbrunnen war rund 15 Monate in Betrieb und lieferte im Beharrungszustande 12 ltr/sk.

Bemerkenswert ist das Ergebnis, daß Versuchsbrunnen V_2 kochsalzarmes Wasser im Vergleich zum Versuchsbrunnen V_1 lieferte. Das Kochsalz schwankte in geringen Grenzen und hielt sich am Schluß des Versuches auf gleicher Höhe von etwa 50 mg/ltr. Auffallend ist besonders, daß dieses günstige Verhalten trotz der kleinen Entfernung der beiden Versuchsbrunnen (rund 1,3 km) festgestellt worden ist.

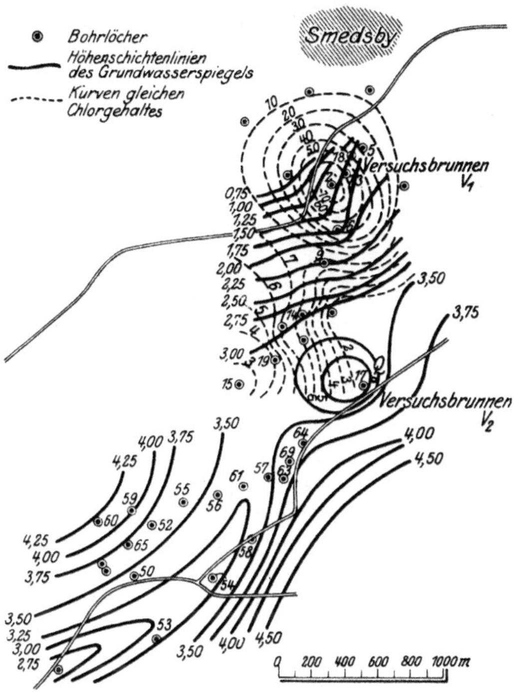

Abb. 181. Linien gleichen Kochsalzgehaltes der Umgebung der Stadt Wasa (Finnland).

Nicht immer lagert das salzhaltige Wasser in der Tiefe. Es sind auch Fälle bekannt, wo süßes Wasser von salzhaltigem überlagert wird. So führen z. B. nach Gagel (275) die Sande unter dem unteren Geschiebemergel bei Oldesloe süßes Wasser, während die über ihm liegenden Sande salzhaltiges Wasser geben. Der Salzgehalt ist so hoch, daß er früher durch Salinenbetrieb ausgebaut wurde. Die Versalzung wird verursacht durch permische Salzlager, die in das Diluvium hineinragen.

Besonders bemerkenswert ist das Verhalten der Chloride in den Meeresdünen, die sich entweder längs der Meeresküsten hinziehen oder rings von der See bespülte inselartige Bodenerhebungen darstellen.

Die hydrologischen Verhältnisse des Dünengrundwassers werden stark vom Meere beherrscht. Der Einfluß des Meeres kommt zum Ausdruck sowohl in der Gestalt der Dünenwassermasse als auch in ihrer chemischen Zusammensetzung.

Bei Stranddünen fällt der Grundwasserspiegel einseitig in der Richtung zur See, bei Düneninseln dagegen nach allen Seiten, so daß dann die Dünenwassermasse eine Art Wasserkuppe darstellt mit mehr oder weniger hervortretenden wellenartigen Erhebungen.

Eine wichtige Folgeerscheinung der Durchlässigkeit der meist tief unter den Meeresspiegel ragenden Dünensande ist das Eindringen des salzhaltigen Seewassers in den tieferen Dünenuntergrund, so daß das süße Dünenwasser auf einem salzigen Wasserkörper schwimmt. Das Eindringen des Salzwassers in den Dünenkörper erfolgt sowohl unter dem Einfluß des hydraulischen Gefälles von der See aus als auch durch Diffusion. Diese beiden Faktoren sind maßgebend für die Gestalt der unteren Begrenzungsfläche des Süßwasserkörpers. Zwischen dem spezifisch leichteren Dünenwasser und der darunter liegenden salzhaltigen Meeresinfiltration muß hydraulisches Gleichgewicht herrschen.

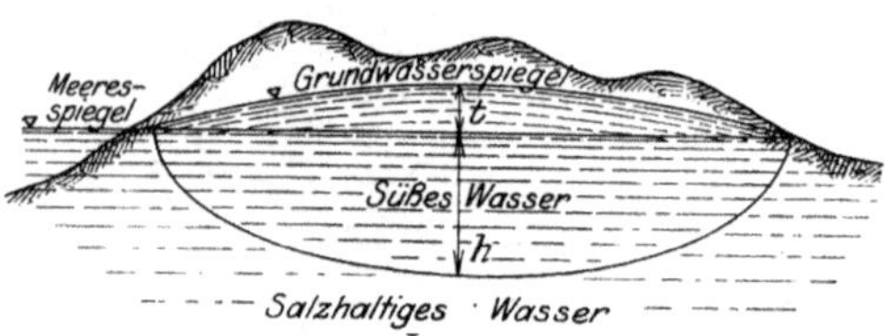

Abb. 182. Süßes Dünengrundwasser auf salzhaltigem Wasser schwimmend. (Nach Herzberg.)

Diese Verhältnisse haben zuerst Badon-Ghijben (276) und Herzberg (277), sowie später d'Andrimont (278) und Wintgens (279) hydraulisch und rechnerisch untersucht. Über die Wechselbeziehungen von Süß- und Salzwasser in holländischen Dünengebieten berichtet das Rijksbureau voor Drinkwatervoorziening (280).

Nach den Mitteilungen von Herzberg über die von ihm beobachteten Dünenwassererscheinungen auf der Insel Norderney tritt hydraulisches Gleichgewicht zwischen Süß- und Salzwasser ein, wenn nach Abb. 182

$$\frac{h}{t} = \frac{\gamma_0}{\gamma_1 - \gamma_0} \qquad (31)$$

ist, worin

γ_0 das spezifische Gewicht des Süßwassers,
γ_1 das spezifische Gewicht des Seewassers,
t die Grundwasserhöhe über Seespiegel,
h die Grundwassertiefe unter Seespiegel

bedeutet. Für $\gamma_0 = 1$ und $\gamma_1 = 1{,}027$ berechnet sich $h = 37\,t$, was annähernd mit der Wirklichkeit übereinstimmt.

Das das Gewicht γ_1 von Fall zu Fall schwankt, so ist das Verhältnis zwischen h und t veränderlich.

Imbeaux (170) berichtet über ähnliche Verhältnisse auf der Insel Long Island bei New York.

Diese theoretischen Betrachtungen haben allerdings angenäherte Gültigkeit nur dann, wenn der Dünensand keine undurchlässigen Einlagerungen und eine Mächtigkeit hat, die mindestens dem errechneten „*h*“ gleich ist.

Ein isolierter Süßwasserkörper kommt auch im Untergrunde des Festlandes zustande, wenn die Dünen auf der einen Seite von der See bespült werden und auf der anderen an Polderland grenzen, dessen Wasserspiegel in der Regel künstlich unter den Seespiegel gesenkt wird.

Die hydrologischen Verhältnisse der Haarlemmer Polderlandschaft schildert Pennink (281) in Abb. 183.

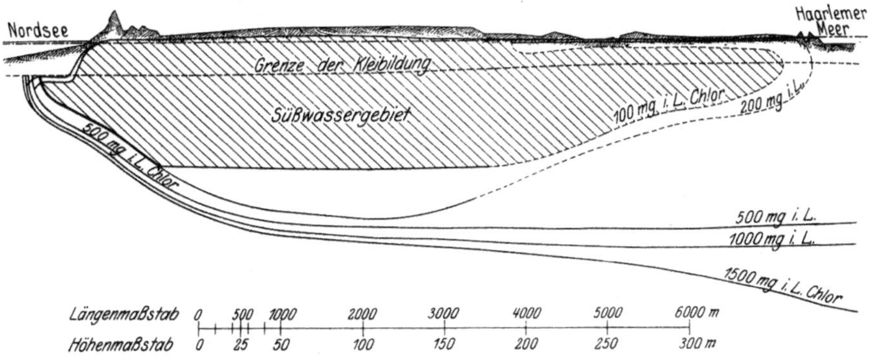

Abb. 183. Chlorgehalt des Grundwassers in den Dünen des Haarlemmer Meeres. (Nach Pennink.)

Das salzige Wasser wandert hier in der Tiefe landeinwärts, und zwar nicht so sehr infolge von Diffusion, als unter dem Einfluß der in den Poldern herrschenden Spiegelsenkung, wodurch landwärts gerichtetes Spiegelgefälle erzeugt wird. Außer dem gleichmäßig vom Salzwasser umschlossenen Süßwasserkern, wie ihn Abb. 181 darstellt, bilden sich dabei in Wirklichkeit noch brackige Nester in dem Salzwasserkörper.

Bei solchen Bewegungserscheinungen liegt mehr ein Zustand dynamischen als hydrostatischen Gleichgewichtes vor, bei dem nicht allein das landwärts gerichtete Wassergefälle, sondern auch die Gezeiten eine Rolle spielen. Die Grenze zwischen Salz- und Süßwasser befindet sich in stetiger Bewegung.

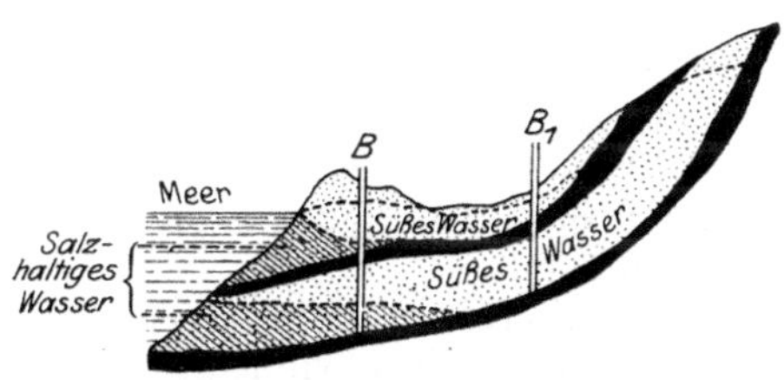

Abb. 184. Aufeinanderfolge süßer und salzhaltiger Wasserschichten, wenn eine undurchlässige Schicht vorhanden ist. (Nach d'Andrimont.)

Noch verwickelter gestalten sich die Wasserverhältnisse in den Dünen dann, wenn im Dünensand undurchlässige Schichten eingelagert sind. Einen derartigen Fall (Abb. 184) beschreibt d'Andrimont. Während Brunnen B_1 nur süßes Wasser in beiden Stockwerken liefert, erschließt der Brunnen in der Lage *B* zunächst Süßwasser, dann folgt Salzwasser. Nach Durchfahrung der undurchlässigen Schicht stößt man seltsamerweise abermals auf süßes Wasser, welches mit zunehmender Tiefe wieder salzig wird.

Salzhaltige Wässer werden mitunter begleitet von Kohlenwasserstoffgasen, die in der Regel auf das Vorhandensein von Erdöl zurückzuführen sind. Das Erdöl tritt dann oft in Gestalt von Emulsionen auf. Durch den Salzgehalt werden die Emulsoide gezwungen, sich auszuscheiden.

2a. Bestimmung der Chloride.

Zur Bestimmung der Chloride sind erforderlich:

1. eine weiße Porzellanschale von etwa 200 cm^3 Inhalt,
2. eine Bürette aus braunem Glas von 25 cm^3 Inhalt,
3. eine Pipette von 1 cm^3 Inhalt,
4. ein Glasstab,
5. Silbernitratlösung, von der je 1 cm^3 1 mg Cl anzeigt und welche käuflich bezogen werden kann,
6. 10proz. Kaliumchromatlösung.

Die Bestimmung der Chloride beruht auf der Ausfällung von Chlor als Chlorsilber aus dem mit kleinen Mengen chlorfreien neutralen Kaliumchromats versetzten Wasser durch eine titrierte neutrale Silbernitratlösung. Es wird dadurch zunächst nur weißes Chlorsilber ausgeschieden. Nach Ausscheidung aller Chloride erzeugt der nächste Tropfen der Silbernitratlösung braunrotes Silberchromat. Der Farbenumschlag von gelb in braunrot zeigt also das Ende der Bestimmung an.

Zur Ausführung versetzt man 100 cm^3 Wasser mit 1 cm^3 einer 10proz. Kaliumchromatlösung und tröpfelt aus einer Bürette so lange Silbernitratlösung zu, bis der Farbenumschlag eintritt.

Mineralsaure oder stark alkalisch reagierende Wässer müssen vorher neutralisiert werden.

3. Eisen.

Das Eisen als Wasserbegleiter ist im allgemeinen viel häufiger vorhanden, als man annimmt, denn eisenhaltiges Wasser tritt sowohl im Urgebirge als auch in jüngeren Formationen auf, und zwar vor allem im Diluvium und den alluvialen Ablagerungen. Daher ist z. B. fast überall in den Grundwässern der Norddeutschen Tiefebene Eisen anzutreffen.

Das Eisen kommt im Wasser in den verschiedensten Verbindungen vor und ist vielfach vom Mangan begleitet. Oft ist das Eisen in Verbindung mit organischen Säuren (z. B. Humussäure), mit Phosphatsäure und anderen Mineralsäuren.

In den meisten Fällen findet sich das Eisen im Wasser in Gestalt von doppelkohlensaurem Eisenoxydul (Ferrobikarbonat) gelöst, das eine äußerst leicht oxydierbare Verbindung darstellt. Schon durch Zutritt von wenig atmosphärischer Luft vollzieht sich unter Abspaltung von Kohlensäure eine Umwandlung in das im Wasser nicht lösliche Eisenhydroxyd, da kohlensaures Eisenoxyd (Ferrikarbonat), das sich theoretisch bilden müßte, unbeständig ist:

$$\underset{\text{(Ferrobikarbonat)}}{2\,Fe(HCO_3)_2} + O + H_2O = \underset{\text{(Eisenhydroxyd)}}{Fe_2(OH)_6} + 4\,CO_2$$

Durch Betätigung dieser Umsetzung entstehen, sobald der Eisengehalt mehr als etwa 0,2 mg Fe im Liter beträgt, zunächst Trübungen des Wassers. Bei längerem Stehen scheidet sich hell- bis dunkelbrauner Eisenocker ab, der dem Wasser nicht allein ein unappetitliches Aussehen verleiht, sondern es auch für Koch-, Wasch- und sonstige gewerbliche Zwecke schlecht verwendbar macht. Wird eisenhaltiges Wasser mit Hilfe von Leitungen weitergeführt, so treten in den Leitungen Ablagerungen, Verstopfungen und ähnliche Erscheinungen auf, die sich im Betrieb äußerst störend bemerkbar machen. Die Verstopfung von Leitungen macht sich namentlich dann in höchst lästiger Weise bemerklich, wenn im eisenhaltigen Wasser die Cladothrix und die Crenothrix, zwei Algen, die Eisen zum Lebensunterhalt brauchen, auftreten, da ihre Fäden jede Leitung in verhältnismäßig kurzer Zeit zuwuchern können.

Diese unangenehmen Eigenschaften eisenhaltiger Wässer werden dadurch erhöht, daß die Wässer, wenn der Gehalt an Eisen ein bestimmtes Maß übersteigt, nicht allein einen höchst lästigen, tintenartigen Beigeschmack annehmen, sondern auch vielfach stark nach Schwefelwasserstoff riechen. Dieser Schwefelwasserstoff ist allerdings nicht organischen, sondern mineralischen Ursprungs und weist daher auf keinen hygienisch bedenklichen Ursprung hin.

Bis an das Ende der 80er Jahre des 19. Jahrhunderts stand die Wasserwerkspraxis diesen lästigen Eigenschaften eisenhaltiger Grundwässer machtlos gegenüber, und es gab bis dahin kein einfaches, im Großbetrieb technisch brauchbares Mittel, welches imstande gewesen wäre, eisenhaltiges Grundwasser für Wasserversorgungszwecke nutzbar zu machen. Das ist u. a. der Grund, warum man vielfach bis dahin die gewaltigen Grundwassermengen, die sich z. B. im Untergrund der norddeutschen Tiefebene fortbewegen, brach liegen ließ.

Erst anfangs der 90er Jahre gelang die Entfernung des Eisens aus dem Grundwasser, und es ist namentlich das Verdienst von Piefke (282) und Oesten (283), durch systemtisch angelegte Versuche die konstruktiven Unterlagen für sog. „Enteisenungsanlagen“ gefunden zu haben, mit deren Hilfe man imstande ist, eisenhaltige Wässer von noch so hohem Eisengehalt in nahezu einwandfreie überzuführen.

Mit der Möglichkeit, eisenhaltiges Grundwasser eisenfrei und für Wasserversorgungszwecke ohne Einschränkung nutzbar zu machen, vollzog sich in der Wasserversorgung (namentlich Norddeutschlands) ein gewaltiger Umschwung insofern, als eine große Zahl von Städten, die bisher in Ermangelung technisch brauchbarer Grundwasserbezüge ihren Wasserbedarf durch Entnahme von Oberflächenwasser mit nachfolgender Filtration deckten, zur Verwendung von Grundwasser überging. So finden wir z. B., daß Berlin seine Oberflächenwasserwerke in Grundwasserwerke verwandelt und neue Grundwasserwerke anlegt, und daß Breslau, Kiel, Braunschweig, Hamburg usw. Oberflächenwasser durch Grundwasser mit nachfolgender Enteisenung ersetzen.

Da die Befreiung eisenhaltiger Grundwässer von ihrem Eisengehalt nur mit Hilfe besonderer Enteisenungsanlagen, die einen gewissen Aufwand von Anlage- und Betriebskosten erfordern, möglich ist, so ist in wirtschaftlicher Beziehung eisenfreies Grundwasser eisenhaltigem vorzuziehen.

Ist demnach eine Wasserfrage hydrologisch zu lösen, so ist es Pflicht des Hydrologen, zunächst zu untersuchen, ob in praktisch zulässiger Entfernung vom Versorgungsgebiete eisenfreies Grundwasser zu gewinnen ist oder nicht. Man muß aber stets daran denken, daß sich mitunter der Eisengehalt erst bei stärkerer Beanspruchung einstellt und daher auf die Möglichkeit der späteren Errichtung einer Enteisenungsanlage Rücksicht nehmen.

Ob man es mit eisenfreiem oder eisenhaltigem Grundwasser zu tun hat, wird in vielen Fällen bereits eine oberflächliche Besichtigung des Versuchsfeldes lehren. Quellen und sonstige Grundwasseraustritte, welche eisenhaltiges Wasser führen, sind meist schon daran erkenntlich, daß die Quellränder und die Seitenwände der Abzugsgräben mit Eisenocker bedeckt sind. Es ist dies namentlich dann der Fall, wenn das eisenhaltige Wasser über Hindernisse fließt, welche das Wasser in Strahlen, Wirbel, Kaskaden usw. auflösen, wodurch eine besonders kräftige Belüftung des Wassers herbeigeführt wird. Es vollzieht sich dann eine natürliche Eisenausscheidung, und aus der Menge des ausgeschiedenen Eisens sowie aus der Länge des Wasserlaufes, auf welcher sich die Eisenausscheidung vollzieht, kann man angenähert auf die Höhe des vorhandenen Eisengehaltes schließen.

Das Mittel, durch welches das Eisen des Untergrundes in lösliche Gestalt übergeführt wird, ist das in den Untergrund eindringende Meteorwasser. Da die Meteorwässer schon bei ihrer Entstehung aus der Luft Sauerstoff, Stickstoff, und was für die Lösung des Eisens insbesondere wichtig ist, auch Kohlensäure aufnehmen, so besitzen sie ein erhöhtes Lösungsvermögen. Der Kohlensäuregehalt des versickernden Meteorwassers wird noch gesteigert durch die Berührung mit dem Boden, auf oder unter dessen Oberfläche überall mehr oder weniger dicht angehäuft verwesende und faulende Pflanzen lagern. Diese Pflanzenreste geben nebst Kohlensäure noch organische Substanz an das sie berührende Wasser ab, so daß das mit Sauerstoff, Kohlensäure und organischer Substanz beladene Wasser ein chemisches Angriffsmittel von bedeutendem Vermögen darstellt, dem auf die Dauer kein Mineral zu widerstehen vermag.

Dem Angriff des kohlensäurehaltigen Wassers unterliegen in erster Linie die leichtlöslichen Gesteine. Als solche kommen vor allem in Betracht die verschiedenen Kalke, an denen das Quartär zum Teil sehr reich ist.

Der Reichtum an Kalk beschränkt sich indes heutzutage fast ausnahmslos auf die tieferen Schichten, denn die oberen Lagen haben durch Auslaugung im Laufe der Zeiten viel von ihrem Kalkgehalt eingebüßt und gehen einer fortschreitenden Verarmung an Kalk entgegen. Der kalkfreie Zustand der oberen Erdschichten hat zur Folge, daß eine sofortige Neutralisierung der Kohlensäure des Sickerwassers nicht möglich ist. Das Sickerwasser behält daher lange seine sauren Eigenschaften und hat hinreichend Zeit zur Zersetzung jener eisenhaltigen Silikate, die in seinem Wirkungskreise liegen.

Aus diesen Wechselbeziehungen ergibt sich eine Reihe von Karbonaten, welche durchweg löslich sind und so den Eisengehalt des Grundwassers erzeugen.

Der Eisengehalt des Grundwassers wird im weiteren verstärkt durch vorausgegangene Aufnahme von viel organischer Substanz, denn das Ergebnis der Oxydation organischer Stoffe ist Kohlensäure, und dies fördert die Zersetzung der eisenhaltigen Silikate und Aufnahme des Eisens durch das Wasser.

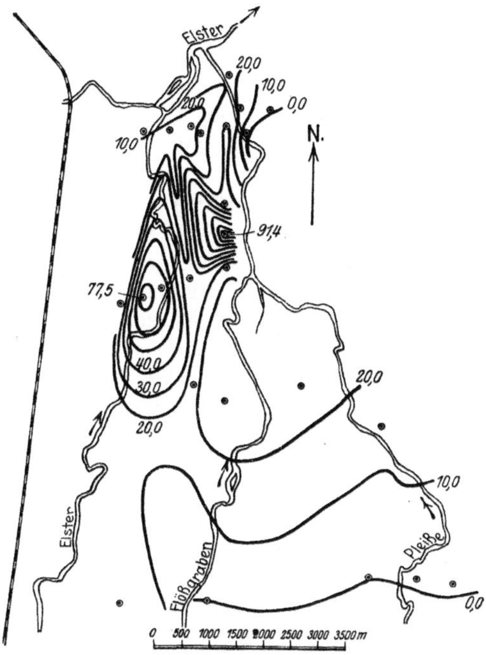

Abb. 185. Linien gleichen Eisengehaltes im Untergrund südlich der Stadt Leipzig. (Nach A. Thiem.)

Auf diese Weise entstehen örtliche Eisenanreicherungen von beträchtlichem Eisengehalt. In Abb. 185 sind derartige Eisenverhältnisse des wasserführenden Untergrundes südlich von Leipzig dargestellt durch Höhenschichtenlienien gleichen Eisengehaltes. Man kann deutlich zwei Eisenmittelpunkte voneinander unterscheiden mit dem selten hohen Eisengehalt von 77,5 bzw. 91,4 mg/ltr.

Der Eisengehalt der unterirdischen Wässer ist sehr verschieden. Nach den Ermittlungen der Preuß. Landesanstalt für Wasserhygiene in Berlin-Dahlem (284) fanden sich z. B. im Grundwasser bei Breslau 15—20, bei Finsterwalde 9—10, bei Glogau 7—23, bei Rustschuk 5—6, bei Stargard i. P. 2,6, bei Stettin 0,05—0,2 mg/ltr Fe_2O_3. Meist beträgt der Eisengehalt 1—3 mg/ltr Fe. Unter 0,2 mg Fe treten Eisenausscheidungen selten auf. Ausnahmsweise kommen Eisenmengen bis zu 100 mg/ltr Fe und darüber vor.

Eisenhaltige Wässer schmecken, wenn der Eisengehalt 0,3 mg Fe im Liter, als Eisenoxydul gelöst, übersteigt, deutlich tintenartig. Als Geschmacksgrenze gibt Lehmann (285) an, daß ein Wasser im Notfall noch brauchbar ist, wenn es 25 mg/ltr Eisenoxydsulfat (also 5 mg Eisen) und 37 mg/ltr Eisenchlorid (also 12 mg Eisen) hat. [Vgl. auch Gärtner (241).]

Gesundheitsschädlich ist im allgemeinen selbst hoher Eisengehalt nicht, dagegen ist es ein Irrtum, dem man häufig begegnet, daß jedes eisenhaltige Wasser eine besondere Heilwirkung besitze. Eisenhaltiges Wasser, das zu Kurzwecken verwendet werden soll, muß außer einem ganz bedeutenden Eisengehalt in besonders günstiger chemischer Bindung noch andere chemische Eigenschaften besitzen, die hier nicht näher erörtert werden sollen.

3a. Nachweis des Eisens.

Der Eisennachweis geschieht am einfachsten nach Tillmans mittels des Verfahrens von Heublein.

Es werden hierzu gebraucht:

1. 5 Kölbchen mit eingeblasenem Boden und Tubus, welche zur Farbenvergleichung dienen. Sie enthalten eine Mischung von Platinchlorid und Kobaltchlorür, welche in der Farbe einem abgestuften Eisengehalt von 0,1—0,5 mg/ltr entsprechen,
2. ein Schauzylinder von 42 cm Länge und 2 cm Durchmesser, sowie Marken bei 10, 25, 50, 100 und 110 cm³,
3. Salzsäure,
4. Wasserstoffsuperoxyd,
5. Rhodankalium in 10proz. wässeriger Lösung:

Die Eisenbestimmuug geschieht in folgender Weise:

100 cm³ Wasser werden in den Schauzylinder eingefüllt, dann 2 cm³ Salzsäure, 10 Tropfen Wasserstoffsuperoxyd zugegeben und nun wird bis zur Marke 110 mit 10proz. wässeriger Rhodankaliumlösung aufgefüllt. Nach gehörigem Mischen sieht man von oben durch die Flüssigkeitsschicht gegen einen weißen Hintergrund und vergleicht, mit welchem der Kölbchen die Färbung übereinstimmt. Ist mehr als 0,5 mg Eisen vorhanden, tritt also deutliche Rotfärbung ein, so muß das Wasser vor der Bestimmung des Eisens mit destilliertem Wasser verdünnt werden. Zu diesem Zwecke trägt der Zylinder außer bei 100 und 110 noch je eine Marke bei 10, 25 und 50 cm³.

Als Reagens zum Nachweis von Eisenoxydul- oder Ferro-Verbindungen hat sich nach den Erfahrungen von Klut (243) chemisch reine Natriumsulfidlösung bewährt. Bei Prüfung des Wassers versetzt man in einem Zylinder aus farblosem Glase von 2 bis 2,5 cm lichter Weite, ca. 30 cm Höhe und ebenem Boden, der durch Lacküberzug oder noch besser mit abnehmbarer schwarzer Metallhülse usw. gegen seitwärts einfallendes Licht geschützt ist, das auf Eisen zu untersuchende Wasser mit 2 bis 3 Tropfen Natriumsulfidlösung. Man blickt von oben durch die Wassersäule auf eine in einiger Entfernung (3 bis 4 cm) befindliche weiße Unterlage, z. B. eine Porzellanplatte. Je nach der vorhandenen Eisenmenge tritt sogleich oder innerhalb kurzer Zeit — 2—3 Minuten — eine grüngelbe, unter Umständen bis braunschwarze Färbung ein. Das im Wasser vorhandene Eisen wird hierbei in Ferrosulfid verwandelt, das in kolloidaler Form in Lösung bleibt. Bei geringen Eisenmengen im Wasser ist es ratsam, zum Vergleich stets einen Versuch mit einem eisenfreien Wasser, am besten destilliertem, anzustellen oder aber auch das ursprüngliche, nicht mit dem Reagens versetzte Wasser anzuwenden. Auf diese Weise lassen sich bis zu 0,15 mg Fe in 1 ltr Wasser erkennen. Unter 0,5 mg Fe ist der Farbenton meist grünlich, darüber hinaus mehr grüngelb und bei noch mehr Eisen dunkelgrün, braun bis braunschwarz. Bei einem Eisengehalt von 1 mg Fe in 1 ltr aufwärts kann man die Grünfärbung schon in einem Reagenzglase im Verlauf von 2—3 Minuten gut beobachten.

Sollten, was wohl selten der Fall ist, noch andere Schwermetalle im Waseer vorhanden sein — in Frage kommt neben Kupfer hauptsächlich Blei —, so tritt hierbei ebenfalls durch Natriumsulfid diese Färbung ein. Liegt eine solche Möglichkeit vor, so säuert man die gefärbte Flüssigkeit mit einigen cm^3 konzentrierter Salzsäure an. Ist nur Eisen vorhanden, so muß die Färbung verschwinden, da Ferrosulfid in verdünnter Salzsäure leicht löslich ist. Wird dagegen kein Unterschied wahrgenommen, so ist Blei oder Kupfer zugegen, Metalle, deren Sulfide in verdünnter Salzsäure nicht löslich sind.

Die Ergebnisse der Eisenuntersuchung werden von den Chemikern vielfach in verschiedener Weise angegeben, meist als Eisenoxyd, aber auch als Eisen oder Eisenoxydul. Die Eisenverbindungen einfach als Eisen zu berechnen erscheint am meisten empfehlenswert. Mitunter findet man auch, daß in Analysen Eisen mit Tonerde zusammen bestimmt ist. Derartige Analysen sind für hydrologische Zwecke wertlos, da man die Eisenmengen aus ihnen nicht entnehmen kann.

Über die Verhältniszahlen der einzelnen Eisenverbindungen gibt die nachstehende Umrechnungstafel Aufschluß:

Umrechnungstafel.

	Eisen	Ferrooxyd	Ferrioxyd
1 Teil Eisen (Fe) . . . . =	1,0	1,286	1,429
1 Teil Ferrooxyd (Eisenoxydul, FeO) . . . . . =	0,778	1,0	1,11
1 Teil Ferrioxyd (Eisenoxyd, Fe_2O_3) . . . . . =	0,7	0,9	1,0

4. Mangan.

In den meisten eisenhaltigen Grundwässern findet man neben Eisen- auch Manganverbindungen. Größere Mengen von Mangan enthalten z. B. nach Weiß (286) die Quellen von Pyrmont, und zwar 20 mg/ltr Mn, die Georg-Viktor-Quelle bei Marienbad 2,3 mg/ltr Mn, das Grundwasser bei Stettin 0,5—5,2 MnO, das Grundwasser bei Neiße 0,7 Mn, das Grundwasser bei Glogau 2—5 MnO, das Grundwasser bei Halle a. S. 0,1—0,5 Mn_3O_4 und vor allem die Grundwässer des Odertales bei Breslau, Stargard usw. Die Geschmacksgrenze liegt für Mangan bei etwa 0,5 mg im Liter. Das Mangan tritt meist nur in einzelnen Nestern auf und ist nicht so leicht wie das Eisen auf den ersten Blick erkennbar. Charakteristisch für das Mangan ist, daß seine Verbindungen vorwiegend eine dunkelbraune bis schwarze Färbung des Untergrundes hervorrufen.

Die Manganverbindungen, welche im Grundwasser auftreten, zeigen in ihrer Zusammensetzung und in ihrem Verhalten große Ähnlichkeit mit den im vorigen Abschnitt besprochenen Eisensalzen. Das Grundwasser führt Mangan sowohl in Gestalt von Karbonaten, als auch Sulfaten. Karbonatverbindungen werden verhältnismäßig leicht oxydiert und ausgeschieden, wogegen Sulfate (z. B. Neiße) ziemlich beständig sind. Die Mangansalze des Grundwassers beeinflussen in gleich schädlicher Weise, wie die des Eisens, die Verwendbarkeit des Wassers, da auch sie Trübungen des Wassers und Ansätze an Rohrleitungen hervorrufen, doch sind sie viel unangenehmer als Eisenverbindungen. Mangan scheidet sich mitunter auch an der Filteroberfläche von Entmanganungsanlagen (Flensburg) sowie auch im Filterkörper selbst aus, festgekittete, sandsteinartige Massen bildend (Stargard i. P.).

Die Erkenntnis, daß auch das Mangan im Wasserversorgungswesen eine störende Rolle spielen kann, stammt aus erheblich späterer Zeit als die Ermittlung der eisenhaltigen Eigenschaften des Grundwassers.

Proskauer (287) war einer der ersten, der im Jahre 1891 darauf aufmerksam machte, daß das Mangan ein ähnliches Verhalten zeigt wie das Eisen.

Man nahm aber allgemein an, daß das Mangan im Vergleich zum Eisen nur die untergeordnete Rolle eines Eisenbegleiters spiele und daß das Mangan in den inzwischen in Gebrauch gekommenen Enteisenungsanlagen ohne besondere Schwierigkeiten mit ausgeschieden würde. Erst die Mangankatastrophe des neuen Breslauer Grundwasserwerkes, welche im Jahre 1906 eintrat [vgl. die Abhandlungen von Weiß (286), Luedecke (288) und den Bericht über Breslau (289)], erbrachte den Beweis dafür, daß das Mangan unter besonderen örtlichen Bedingungen im Grundwasser in Mengen und unter Umständen auftreten kann, welche das Grundwasser vollständig unbrauchbar machen.

Die Breslauer Grundwasserfassung, in welcher die Mangankatastrophe auftrat, liegt oberhalb der Stadt Breslau in der Niederung der Ohle und der Oder. Der wasserführende Untergrund besteht aus alluvialen Schichten, welche auf einer undurchlässigen Schicht nordischen Diluviums auflagern. Die Wasserfassung setzte sich ursprünglich aus 317 Rohrbrunnen zusammen.

Nach den Ermittlungen Sachverständiger war das zu fassende Wasser in jeder Beziehung einwandfrei und mit einem Eisengehalt von etwa 6 mg/ltr behaftet, so daß nach bisheriger Erfahrung die Beseitigung des Eisens mit Hilfe gewöhnlicher Enteisenungsvorrichtungen vor sich gehen konnte. Manganverbindungen wurden nicht festgestellt. Das Grundwasserwerk arbeitete ein Jahr lang vollständig einwandfrei, doch ließ sich im Dauerbetrieb die auf Grund der hydrologischen Vorarbeiten berechnete Wassermenge von 60 000 m^3/Tag nicht fördern, da bereits bei einer Tagesförderung von 40 000 m^3 die höchste Absenkung erreicht worden war. Während des ersten Betriebsjahres stieg der Eisengehalt nach und nach von 6 auf 20 mg/ltr, doch wurde diese Eisenmenge von der Enteisenungsanlage bis auf ganz geringe Spuren beseitigt. Nach einem längeren Trockenzeitraum wurde das Fassungsgelände in der Nacht vom 28. bis 29. März 1906 durch das Hochwasser der Oder überflutet. Mit dem Eintritt des Hochwassers änderte sich die chemische Zusammensetzung des Grundwassers ebenso plötzlich wie vollständig. So stieg z. B. der Eisengehalt im Sammelbrunnen I von 9 mg/ltr auf

101 mg/ltr und im Sammelbrunnen II von 18 mg/ltr auf 80 mg/ltr. In einzelnen Rohrbrunnen betrug der höchste Eisengehalt bis 400 mg/ltr Fe bei gleichzeitiger Anwesenheit von bis zu 200 mg/ltr Mangan.

Durch die Enteisenungsanlage konnten selbst diese hohen Eisenmengen nahezu vollständig beseitigt werden, doch verblieb im Wasser das Mangan in Lösung, wodurch das Wasser ungenießbar und unver-wendbar wurde.

Die Ursache des plötzlichen Auftretens der Mangansalze fand sich in der eigenartigen Zusammensetzung des wasserführenden Untergrundes. Nachträglich durchgeführte Aufnahmen des Geländes und Bodenuntersuchungen haben in der Tat gezeigt, daß im Bereich des Fassungsgebietes auf den wasserdurchlässigen Schichten Schlickablagerungen ruhen, die ebenso stark eisen- wie manganhaltig sind. So fand Luedecke (288) in einzelnen Bodenproben neben anderen Manganverbindungen bis 20 v. H. Manganoxyd. Wie ferner festgestellt wurde, enthalten die wasserführenden Schichten zum Teil reduzierbare Stoffe organischen und anorganischen Ursprungs (z. B. Humus, Moor, Schwefelkies).

Die einen Bestandteil des Untergrundes bildenden Eisen- und Mangankarbonate sowie Superoxyde sind an und für sich im Wasser nicht löslich, können daher an sich ohne Umsetzung eine Änderung der Wasserbeschaffenheit nicht herbeiführen. Eine derartige Umsetzung kann nur durch chemische Vorgänge im Untergrund bei Gegenwart von organischen Stoffen und Luft hervorgerufen werden, wodurch wasserlösliche Manganverbindungen entstehen.

Da die chemische Änderung des Breslauer Grundwassers erst nach einer längeren Beanspruchung der Brunnenanlage eintrat, so liegt der Gedanke nahe, daß die Ursache der Wasserverschlechterung zunächst in der künstlichen Entwässerung des Untergrundes wird gesucht werden müssen. Die Folge einer solchen Entwässerung ist eine mehr oder weniger vollkommene Austrocknung ursprünglich wasserführender Schichten. An Stelle von Grundwasser tritt atmosphärische Luft, und diese ist es, welche auf dem Wege der Oxydation unlösliche Salze in löslichen Zustand überführt. Der chemische Vorgang, der nach erfolgter Trockenlegung eines Teiles der wasserführenden Schichten eingetreten ist, spielte sich nach den Mitteilungen von Luedecke (288) und Luehrig (290) in folgender Weise ab:

Das in der deckenden Schlickschicht vorkommende Schwefeleisen blieb so lange unverändert, so lange ein hoher Grundwasserstand den Zutritt von Luft zum Schwefeleisen hinderte. Nach erfolgter Trockenlegung der oberen Schichten konnte die atmosphärische Luft durch die Risse des Schlickbodens ungehindert an das Schwefeleisen herantreten, dadurch wurde das Schwefeleisen unter Ausscheidung von freier Schwefelsäure zu Ferrosulfat zersetzt, und durch dieses wieder das im Boden vorhandene unlösliche Mangansuperoxyd in Mangansulfat übergeführt, welches im Wasser löslich ist. Wie groß die Menge der auf diese Weise entstandenen Schwefelsäure werden kann, beweist die Tatsache, daß z. B. am 3. April 1906 Luedecke im Breslauer Grundwasser nicht weniger als 379 mg/ltr H_2SO_4 feststellen konnte. Ein solches Wasser muß unter allen Umständen sauer reagieren.

Der chemische Vorgang spielt sich nach folgender Gleichung ab:

$$2\,FeSO_4 + MnO_2 + 2\,H_2SO_4 = Fe_2(SO_4)_3 + MnSO_4 + 2\,H_2O\,.$$

Das Auslaugen der auf diese Weise gebildeten Salze geschah durch das in den Untergrund eindringende Hochwasser, und da sich der Umwandlungsvorgang auf einen längeren Zeitraum erstreckte, so ist der überaus hohe Betrag der plötzlich in die Brunnenanlage eingeschwemmten löslichen Eisen- und Manganverbindungen durchaus nichts Befremdendes.

Bei der großen Menge von Eisen- und Manganverbindungen, die im Untergrund noch lagern, wird sich der vorstehend geschilderte Umwandlungs- und Auslaugungsvorgang bei jeder wiederkehrenden Überschwemmung des Fassungsgeländes erneuern müssen. Eine vollständige Ausspülung der schädlichen Mangansalze ist für absehbare Zeit vollständig ausgeschlossen.

Das Mangan läßt sich meist weit schwerer ausfällen als das Eisen. Nach den Mitteilungen von Abel (291), Flügge (292) und Spitta (293) ist das Mangan in den im Wasser vorkommenden Mengen gesundheitlich nicht schädlich.

4 a. Nachweis des Mangans.

Zum Nachweis des Mangans sind nach Volhard (294) erforderlich:

1. ein Kölbchen von etwa 100 cm³ Inhalt,
2. 25% reine Salpetersäure,
3. chemisch reines Bleisuperoxyd.

Der Nachweis geschieht in folgender Weise: Etwa 50 cm³ des zu prüfenden Wassers werden mit 5 cm³ reiner Salpetersäure (25%) in einem Kölbchen bis zum Kochen erhitzt. Man entfernt dann die Flamme und setzt zur Vermeidung eines durch Siedeverzug bedingten Herausspritzens der Flüssigkeit erst nach etwa 2 Minuten eine Messerspitze voll (etwa 0,5 g) chemisch reinen Bleisuperoxyds unter Umschütteln hinzu und erhitzt noch weitere 2—5 Minuten bis zum Stehen. Man läßt nun absitzen und beobachtet die über dem Bodensatz stehende klare Flüssigkeit gegen einen weißen Hintergrund. Bei manganhaltigem Wasser sieht die Flüssigkeit durch die gebildete Übermangansäure je nach der vorhandenen Menge Mangan schwach bis deutlich violettrot gefärbt aus. Die Empfindlichkeitsgrenze dieser Reaktion liegt bei 0,1 mg/ltr Mn. Bei sehr hohem Chlorgehalt (etwa von 300 mg/ltr Cl an) kann die Manganreaktion nach Klut (243) leicht störend beeinflußt werden. In solchen Fällen können durch längeres Kochen vor Zusatz des Bleisuperoxyds die störenden Chloride ausgetrieben werden.

Es empfiehlt sich, in Analysen auch das Mangan stets als reines Mn anzugeben.

Umrechnungstafel.

1	Teil	MnO	= 0,77	Teile	Mn
1	„	$MnCO_3$	= 0,48	„	„
1	„	$MnSO_4$	= 0,36	„	„
1	„	MnS	= 0,63	„	„
1	„	Mn_3O_4	= 0,72	„	„
1	„	$Mn_2P_2O_7$	= 0,39	„	„
1	„	Mn	= 1,29	„	MnO.

5. Kohlensäure.

Die Kohlensäure im Wasser kommt vor als:

1. festgebundene,
2. halbgebundene oder Bikarbonatkohlensäure,
3. freie, und
4. angreifende (aggressive) Kohlensäure.

Fest- und halbgebundene Kohlensäure sind auf die Härte des Wassers (Karbonathärte, Kohlensäurehärte) von Einfluß.

Von besonderer hydrologischer und namentlich technischer Bedeutung sind freie und aggressive Kohlensäure.

Alle Wässer, die Karbonate des Kalziums und Magnesiums (vorübergehende oder Karbonathärte bildend) enthalten, müssen, um die Karbonate in Lösung zu halten, eine gewisse Menge freier Kohlensäure besitzen. Ist in einem Wasser mehr freie Kohlensäure vorhanden, als zur Lösung der Karbonate erforderlich ist, dann greift die freie Kohlensäure Metalle und Mörtel an.

Tillmans (247) bezeichnet derartige Wässer als „aggressiv". Aber auch Wässer, die freie, aber keine aggressive Kohlensäure enthalten, können dennoch eisenauflösend wirken, jedoch nur dann, wenn das Wasser frei oder ganz arm an Luftsauerstoff ist. Das Verhalten der freien Kohlensäure gegenüber Metallen und Mörtelmassen ist ungemein wichtig, da hiervon nicht allein die Lebensdauer vieler technischer Einrichtungen der Wasserwerksbetriebe abhängt, sondern die metalllösenden Eigenschaften auch Vergiftungen hervorrufen können. (Vgl. S. 257.)

5a. Nachweis der freien Kohlensäure.

Als Nachweismittel kann nach Pettenkofer (295) Rosolsäure empfohlen werden.

Zum Nachweis der freien Kohlensäure sind erforderlich:

1. ein Kölbchen von etwa 50—100 cm³ Inhalt,
2. Rosolsäure in alkoholischer Lösung.

Zum Nachweis der freien Kohlensäure werden 50—100 cm³ des zu prüfenden Wassers in einem Kölbchen mit 5—10 Tropfen einer alkoholischen Rosolsäurelösung versetzt. Bei Gegenwart von freier Kohlensäure wird das Wasser gelb.

Wässer, welche in solcher Weise auf Rosolsäure sauer reagieren, besitzen Metalle und Mörtelmaterial angreifende Eigenschaften.

Die quantitative Bestimmung der freien Kohlensäure wird am besten dem Fachmann überlassen.

6. Ammoniak.

Ammoniak ist ein häufiger Begleiter des Grundwassers. Es tritt nicht in freiem Zustand auf, sondern gebunden. Durch den Geruch läßt sich das Ammoniak im Grundwasser daher nicht feststellen.

Bei flachliegenden wasserführenden Schichten und schlecht angelegten Wasserfassungen ist das Ammoniak meist organischen Ursprungs und deutet dann auf Verunreinigungen von der Oberfläche aus hin.

Man findet aber sehr häufig Ammoniak in Mengen von 0,1 bis 1,0 mg/ltr und darüber auch in tiefliegenden Grundwässern, und zwar namentlich dann, wenn die Wässer moor-, eisen- oder manganhaltig sind. So fand man z. B. in Pfeddersheim im Pfrimmtal nach den Mitteilungen von Steuer (61) noch bei einer Tiefe von 310 m Wasser mit deutlich nachweisbaren Spuren von Ammoniak. Im Cuxhavener Grundwasser sind in einer Tiefe von 12—18 m unter Flur sogar 50,18 mg/ltr Ammoniak gefunden worden.

Da aber in tiefliegenden Bodenschichten biologische Vorgänge, die zur Bildung von Ammoniak führen könnten, ausgeschlossen sind, so können nur chemisch-physikalische Umwandlungen das Entstehen von Ammoniak in der Tiefe erklären.

Klut erklärt die Entstehung des Ammoniaks in folgender Weise: Das Oberflächenwasser löst beim Durchfließen der oberen Erdschichten die darin enthaltenen Nitrate und Nitrite auf und absorbiert die im Boden stets vorhandene Kohlensäure. Das mit kohlensauren und salpetersauren Salzen angereicherte Wasser sickert weiter in die Tiefe und kommt hier mit Schwefeleisen sowie Schwefelmangan in Berührung. Es sind dies Verbindungen, die im Boden sehr verbreitet sind. Das Ammoniak entsteht durch Reduktion aus den Nitraten bei Gegenwart von Sulfaten. Man findet deshalb in solchen Wässern keine Nitrate und Nitrite mehr. Gleichzeitig gehen Eisen und Mangan als Ferrobikarbonat und Mangankarbonat in Lösung. Der hierbei frei gewordene Schwefelwasserstoff gibt dem Wasser den spezifischen Geruch.

Das Vorkommen von Ammoniak in Tiefenwässern ist hygienisch ohne Bedeutung.

7. Salpetrige Säure.

Salpetrige Säure entsteht im Wasser im allgemeinen durch die Tätigkeit von Kleinlebewesen und ist häufig das Anzeichen für Verunreinigungen.

Mitunter wird salpetrige Säure auch in eisenhaltigen Grundwässern, die aus großer Tiefe stammen, gefunden. Dann ist ihre Entstehung meist auf unvollständige Reduktion der Nitrate (vgl. Ammoniak) zurückzuführen. Solche Wässer sind gesundheitlich nicht zu beanstanden.

Erwähnenswert ist nach Klut (296), daß Leitungswasser, welches längere Zeit (z. B. über Nacht) in verzinkten eisernen Röhren gestanden hat, leicht durch Reduktion der Nitrate etwas salpetrige Säure bildet, die schon bei sehr geringen Mengen Fleisch (namentlich Rindfleisch) beim Kochen rot färbt. Gesundheitlich hat dies keine Bedeutung.

Auch in Wasserproben, die gleich hinter einer Enteisenungsanlage genommen werden, findet man mitunter salpetrige Säure, welche durch Oxydation des im Rohwasser vorkommenden Ammoniaks entstanden ist. Auch die auf diese Weise entstandene salpetrige Säure ist gesundheitlich belanglos.

8. Salpetersäure.

Die Salpetersäure ist das Endergebnis der Oxydation aller stickstoffhaltigen organischen Stoffe im Boden (Mineralisierungsvorgang). In reinen Grundwässern findet man sie im allgemeinen nicht oder nur in geringer Menge.

Es kommen aber auch Brunnenwässer mit einem Gehalt von 10 bis 30 mg/ltr Salpetersäure vor, ohne daß dieser Befund zu Bedenken Veranlassung geben könnte, weil die sonstige Beschaffenheit des Wassers und die Brunnenanlage hygienisch einwandfrei sind. So haben z. B. nach Klut (243) die nachstehend genannten Städte ein Leitungswasser, dessen Gehalt an Nitraten beträgt:

Aschaffenburg	33 mg/ltr N_2O_5
Rastatt	44 ,, ,,
Emden	48 ,, ,,

9. Schwefelwasserstoff.

Auch Schwefelwasserstoff ist eine durchaus nicht seltene Begleiterscheinung unterirdischer Wässer. In flach liegenden wasserführenden Schichten deutet das Vorkommen von Schwefelwasserstoff fast immer auf Verunreinigungen hin, die von der Oberfläche aus in den Untergrund gelangt sind.

Wässer tieferen Ursprungs enthalten fast ausnahmslos mehr oder weniger Schwefelwasserstoff mineralischen oder fossilen Herkommens. Die Feststellung eines Gehaltes an Schwefelwasserstoff ist daher hier gesundheitlich belanglos.

Schwefelwasserstoff mineralischen Ursprungs entsteht durch die Zersetzung von Schwefelkies und anderen schwefelhaltigen Mineralien. Er ist fast stets ein Begleiter eisenhaltiger Wässer. In tertiären und noch ältere Schichten (z. B. bituminösen Kalken und Mergeln) entsteht freier Schwefelwasserstoff durch die Wirkung von Humin- und anderen organischen Säuren, welche Schwefelsalze umsetzen.

Man kann den aus dem Grundwasser entweichenden freien Schwefelwasserstoff (z. B. bei Versuchsbrunnen- und Enteisenungsanlagen) oft auf Hunderte von Metern mit den Geruchsorganen wahrnehmen.

Freier Schwefelwasserstoff ist aus unterirdischen Wässern durch jede Art von Belüftung leicht zu entfernen, und irgendwelche hygienische Bedenken, wie sie nicht selten von Laien gegen schwefelwasserstoffhaltige Wässer tieferen Ursprungs erhoben werden, sind durchaus unbegründet.

Schwefelwasserstoff wird bereits in geringen Mengen durch den Geruch wahrgenommen. Chemisch nachweisbar ist der freie Schwefelwasserstoff mit Bleipapier. Als untere Geschmackgrenze gibt Glotzbach (297) 0,28 mg/ltr an.

VII. Metalle und Mörtel angreifende Wässer.

Zahlreiche Wässer unterirdischen Ursprungs, die zu Trink- und Brauchzwecken dienen, haben die Eigenschaft, Metalle und Mörtelmaterial anzugreifen und zu zerstören.

Nach Klut (298, 299) besitzen solche Eigenschaften fast alle weichen und lufthaltigen Wässer, sowie solche mit geringer vorübergehender (Karbonat-) Härte (etwa unter 7° d.). Wie bereits auf S. 255 erwähnt, greifen Wässer, die freie, aggressive Kohlensäure gelöst enthalten, nicht nur Metalle, sondern auch Mörtelmaterial an. Ebenso verhalten sich alle gegen Rosolsäurelösung, Lackmus- und Kongopapier sauer reagierenden Wässer. Auch organische Säuren, wie z. B. die Huminsäuren der Moorwässer, besitzen angreifende und zerstörende Eigenschaften. Ein ähnliches Verhalten zeigen Wässer, die viel Chloride, Schwefelwasserstoff und Sulfide enthalten.

Durch derartige Wässer werden u. a. Eisen, Blei, Kupfer, Nickel und Zink angegriffen und aufgelöst.

In gesundheitlicher Beziehung ist namentlich der Auflösung von Blei durch angreifende Wässer besondere Aufmerksamkeit zu schenken, da das Blei in fast allen Verbindungen ein gefährliches Gift ist und nach Klut (300) zu schweren Erkrankungen wiederholt Veranlassung gegeben hat. (Z. B. in Dessau, Offenbach a. M., Emden, Wilhelmshaven, Naunhof.) Auf Grund bisheriger Erfahrungen kann man sagen, daß ein Wasser, welches dauernd nicht mehr als 0,3 mg/ltr Blei (Pb) enthält, als nicht schädlich für den Genuß angesehen werden kann. Bei 0,5 mg/ltr Blei ist bereits Vorsicht geboten.

Zur Beurteilung der Frage, ob ein Wasser Metalle und Mörtel angreifende Eigenschaften besitzt oder nicht, empfiehlt sich der sog. „Marmorlösungsversuch" nach C. Heyer (mitgeteilt von J. Tillmanns (301). Der Versuch wird folgendermaßen angestellt:

In eine gut verschließbare Medizinflasche von etwa 500 cm^3 Inhalt bringt man 2—3 g Marmorpulver und füllt die Flasche ganz mit dem zu prüfenden Wasser. Man mischt gut und läßt die Flasche mehrere Tage (3—7) verschlossen stehen. Bei weichem Wasser genügen 3, bei harten Wässern 7 Tage. Von der überstehenden klaren Flüssigkeit werden vorsichtig 100 cm^3 abgehebert und mit n./10 Salzsäure und Methylorange titriert. Je 1 cm^3n./10 Salzsäure zeigt 2,2 mg gebundene Kohlensäure an. Der Mehrverbrauch der Salzsäure gegen eine nicht mit Marmor behandelte Wasserprobe zeigt die Menge der aggressiven, freien Kohlensäure an.

Im allgemeinen kann man nach Klut (302) annehmen, daß Wässer von nachstehender chemischer Beschaffenheit keine praktisch in Betracht kommenden, Metalle und Mörtelmaterial angreifenden Eigenschaften besitzen:

Eine am besten nicht unter 7° d. betragende vorübergehende (Karbonat-) Härte des Wassers.

Kein hoher Luftsauerstoffgehalt des Wassers, besonders bei einem geringen Karbonatgehalt. Bei sehr weichen und karbonatarmen Wässern — etwa unter 4° d. — können schon geringe Sauerstoffmengen (einige Milligramm Sauerstoff in 1 Liter) auf das Rohrmaterial nachteilig einwirken.

Niedriger Gehalt an Chloriden, Nitraten und Sulfaten.

Abwesenheit von aggressiver Kohlensäure und Sulfiden (Schwefelwasserstoff).

Reaktion gegen Lackmus und Rosolsäure schwach bis deutlich alkalisch, da alle sauren sowie die meisten neutral reagierenden Wässer angreifende und auflösende Eigenschaften besitzen.

VIII. Untersuchung des Wassers für gewerbliche Zwecke.

Für die meisten gewerblichen Zwecke eignen sich nach Klut am besten Wässer, die möglichst klar, farblos, geruchlos, von alkalischer Reaktion, praktisch eisen- wie manganfrei, weich sind und wenig Stickstoffverbindungen, organische Stoffe, Chloride und Sulfate enthalten.

Bei der Kesselspeisung spielt namentlich die Härte eine ausschlaggebende Rolle. Von welchem Härtegrad an eine Wasserreinigung notwendig ist, läßt sich im allgemeinen nicht sagen, da dies von der Bauart der Kessel, Betriebsdauer, Kesselbeanspruchung und Wasserzusammensetzung abhängt. Die geringsten Härtegrade verlangen Röhrenkessel, da sie schwer zu reinigen sind. Man sollte bei ihnen nicht mehr als 5 bis 6° d. Härte zulassen.

Zum Waschen ist hartes Wasser deshalb nicht brauchbar, weil Kalk- und Magnesiasalze mit den Fettsäuren der Seife unlösliche Verbindungen liefern. 20 d. Härtegrade vernichten im Liter 2,4 g Seife (vgl. Gärtner 241).

In Mälzereien und Brauereien ist ein Wasser ungeeignet, das größere Mengen von Eisen, Mangan, Ammoniak, Schwefelwasserstoff, organischer Substanz und schädlichen Mikroorganismen aufweist. Gips ist nicht nachteilig, zum Teil sogar erwünscht.

Brennereien und Likörfabriken verlangen weiches, eisenfreies Wasser.

Stärkefabriken bedürfen Wasser, das von allen Schwebestoffen und Gärungserregern frei ist.

Bei der Zuckerfabrikation stören besonders faulende organische Stoffe, hoher Salzgehalt und Nitrate.

Auch für Gerbereien und Leimfabriken muß das Wasser frei von faulenden organischen Stoffen sein. Sulfate sind günstig.

Bleichereien, Färbereien und das Papiergewerbe verlangen weiches, eisen- und manganfreies Wasser. Nitrite stören.

IX. Veränderlichkeit der Wasserbeschaffenheit.

Der Gehalt des unterirdischen Wassers an chemischen Bestandteilen ist mehr oder weniger großen Schwankungen unterworfen.

Die natürlichen Schwankungen sind in der Regel weit geringer als die durch künstliche Wasserentnahme hervorgerufenen und werden wesentlich beeinflußt durch die Niederschlagsverhältnisse und benachbartes Oberflächenwasser. Nach den Beobachtungen Dunbars (303) betrug z. B. am Ricklinger Wasserwerk der Stadt Hannover die Härte bei Hochwasser 14,64° d., nach dem Hochwasser 24,8° d. Ähnliche Beobachtungen sind auch anderweitig gemacht worden.

Der Gehalt an **Chloriden** des Ricklinger Wasserwerkes schwankte je nachdem Hochwasser oder Niedrigwasser herrschte, zwischen 408, und 74,5 mg/ltr. Nach **Imbeaux** (304) beträgt der Salzgehalt des Brunnens von La Rochelle, der 3,5 km vom Meere entfernt ist, im Juli 316 mg/ltr und steigt im Dezember auf 1040 mg/ltr. Es hängt dies zusammen mit der Wasserführung des Untergrundes, die infolge der großen Frühjahrsniederschläge im Juli erheblich größer ist als in der trockenen Herbstzeit.

Eisen und Mangan zeigen große Schwankungen in der Regel dann, wenn die Absenkung groß, also die entwässernde Wirkung auf den Untergrund bedeutend ist. Es wird auf diese Weise der trockengelegte Untergrund den Einwirkungen des Luftsauerstoffes bis in große Tiefen zugänglich gemacht, so daß Umsetzungen der im Untergrund vorhandenen Eisen- und Mangansalze in lösliche Verbindungen stattfinden können. Treten dann große Niederschläge oder Überschwemmungen ein, so werden die im Untergrund aufgespeicherten, löslich gewordenen Eisen- und Mangansalze ausgelaugt, und es treten dann Erscheinungen ein, wie sie auf S. 252 geschildert worden sind. Der ursprüngliche Eisen- bzw. Mangangehalt kann dann unter Umständen auf das Hundertfache und darüber steigen.

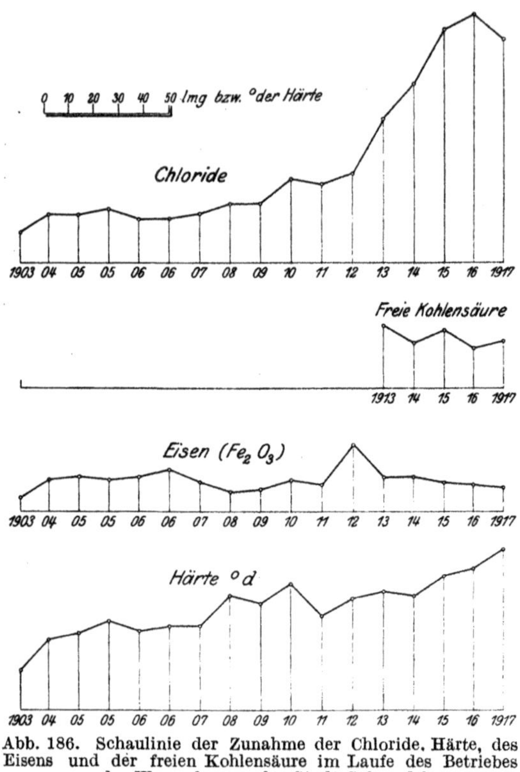

Abb. 186. Schaulinie der Zunahme der Chloride, Härte, des Eisens und der freien Kohlensäure im Laufe des Betriebes der Wasserfassung der Stadt Salzwedel.

Ein bemerkenswertes Beispiel der Veränderlichkeit der Grundwasser beschaffenheit im Laufe des Betriebes ist das Grundwasser der Stadt Salzwedel, wie aus Abb. 186 hervorgeht.

Vom Jahre 1903—1914 findet eine stetige Zunahme der Chloride statt, sowie der Härte. Der Ursprung der Chloride ist in den Schichten des Untergrundes zu suchen, wo in großer Tiefe Kali lagert. Es ist anzunehmen, daß durch vereinzelte Fäden der Salzlauge, die aus der Tiefe empordringen, eine allmähliche Versalzung des Grundwassers hervorgerufen wird. Die Zunahme des Eisens ist auf die hohe Absenkung zurückzuführen. (Vgl. S. 253.) Derartige Beobachtungen sind auch an anderen Orten gemacht worden.

In der Gefahr der durch Wasserentnahme herbeigeführten Störung des hydraulischen Gleichgewichts wiederholt sich beim Grundwasser eine bereits von den Mineralwässern her bekannte Erscheinung.

Man sollte deshalb bei Grundwässern überall dort, wo die Möglichkeit einer Anreicherung durch mineralische Stoffe, gleichgültig ob hoch- oder tiefliegend, vorliegt, genau so wie bei Mineralquellen, die natürlichen hydrologischen Verhältnisse so wenig wie möglich stören und zu diesem Zwecke die Absenkung tunlichst niedrig halten.

X. Bedeutung der physikalisch-chemischen Untersuchung des Wassers für die hygienische Beurteilung.

Die physikalisch-chemische Untersuchung des Wassers ist nicht nur für den Hydrologen beim Aufsuchen des Wassers von Bedeutung, sondern auch für den Hygieniker.

Den Ausgangspunkt der hygienischen Beurteilung des Wassers bilden in den meisten Fällen die hydrogeologischen Verhältnisse des Untergrundes. Der Hydrologe muß daher dem Hygieniker die erforderlichen Unterlagen zur Beurteilung des Grundwasserträgers (Zusammensetzung, Mächtigkeit, Schutz gegen Verunreinigung) zur Verfügung stellen.

Zu beachten ist, daß für die Beurteilung der Eignung eines Versuchsfeldes nicht allein sein natürlicher Zustand ausschlaggebend ist. Es müssen auch diejenigen Zustandsänderungen berücksichtigt werden, die durch die beabsichtigte Wasserentnahme herbeigeführt werden.

Neben den örtlichen Verhältnissen bilden auch die Ergebnisse der physikalisch-chemischen, der bakteriologischen und mikroskopisch-biologischen Untersuchung die Grundlage für die hygienische Untersuchung.

Für die hygienische Beurteilung des Wassers ist die orientierende chemische Untersuchung des Hydrologen (S. 222) nicht ausreichend. Es wird zu diesem Zwecke stets eine nochmalige genaue, erweiterte chemische Untersuchung ausgeführt werden müssen, die vor allem der Bedeutung der Salpetersäure und salpetrigen Säure Rechnung trägt.

XI. Bakteriologische Untersuchung des Wassers.

Die Mehrzahl der Bakterien im natürlich gewachsenen Untergrunde ist harmloser Art. Ihre Anwesenheit und Tätigkeit ist sogar für die Selbstreinigung des Bodens unbedingt notwendig, da durch die Bodenbakterien die im Untergrund lagernden organischen Stoffe mineralisiert und für die höheren Pflanzengattungen aufnahmefähig gemacht werden.

Die gewöhnlichen Bodenbakterien sind unendlich kleine, nur Tausendstel von Millimetern messende niedere Lebewesen pflanzlicher Natur. In einem feinkörnigen, gut filtrierenden Untergrunde können sie trotz ihrer Kleinheit nicht wie chemisch gelöste Stoffe in größere Tiefen dringen, sondern sie werden allmählich im Boden zurückgehalten. Im übrigen gehen sie in größerer Tiefe zugrunde, weil die Lebensbedingungen für sie um so ungünstiger werden, je tiefer sie gelangen. Dies gilt in erhöhtem Maße von den pathogenen, Krankheiten hervorrufenden Bakterien, die gelegentlich mit menschlichen oder tierischen Abfallstoffen in die Tiefe gelangen. Für das Wasser kommen als solche fast ausschließlich in Betracht die Erreger des Typhus, Paratyphus, der Ruhr und der Cholera. Die besten Lebensbedingungen bietet ihnen der menschliche oder tierische Körper, wo sie nicht allein in den konzentrierten Körpersäften ausreichende Nahrung, sondern auch die ihnen am meisten zusagende Temperatur finden. In den obersten Bodenschichten können einige von ihnen noch eine Zeitlang ihre Lebensbedingungen finden, und zwar namentlich dann, wenn der Boden verunreinigt ist.

Wasser, das zu Genußzwecken dienen soll, darf naturgemäß keine krankheitserregenden Keime enthalten.

Der Bakteriologe sucht in einem ihm zur Untersuchung überwiesenen Wasser im allgemeinen nicht nach pathogenen Keimen, da eine derartige Untersuchung nicht allein sehr umständlich und schwierig, sondern auch ziemlich aussichtslos ist. Es handelt sich nicht um die Feststellung, ob in einem unterirdischen Wasser pathogene Keime, die dem menschlichen Körper schädlich sind, enthalten sind, sondern darum, ob solche Keime überhaupt in einen Wasserträger gelangen können. Es könnte ja der Fall vorliegen, daß zur Zeit der Untersuchung keine pathogenen Keime in die Nähe einer Wassergewinnungsanlage gelangt sind. Aus einem negativen Befund von Krankheitserregern auf Keimdichtheit des Wasserträgers oder der ihn abdeckenden Schichten schließen zu wollen, wäre demnach ein Trugschluß.

Erfahrungsgemäß ist ein unterirdisches Wasser, das überhaupt keine oder nur wenige Bakterien enthält, auch von pathogenen Keimen nicht gefährdet. Findet man dagegen in einem unterirdischen Wasser überhaupt viele Keime, so besteht der Verdacht, daß sich darunter auch pathogene finden können, oder daß letztere gegebenfalls in das Wasser gelangen können.

Die wichtigste bakteriologische Arbeit ist daher zunächst nicht die Feststellung der einzelnen Bakterienarten, sondern die Ermittlung der Keimzahl. In einem gesundheitlich einwandfreien unterirdischen Wasser findet man durchschnittlich höchstens 50 Keime, meist weniger.

Die Feststellung des Keimgehaltes eines Wassers erfolgt nach einem Verfahren, das nach Übereinkunft geregelt ist und stets nach besonderen Vorschriften (vgl. Grundsätze für die Reinigung des Oberflächenwassers durch Sandfiltration vom Jahre 1899) (241) ausgeführt werden muß, wenn anders die Ergebnisse vergleichbar und verwendbar sein sollen. Es wird mit diesem Verfahren nicht der absolute, tatsächlich vorhandene Gehalt an Wasserkeimen festgestellt, sondern nur die Anzahl derjenigen Keime, welche, auf einen bestimmten Nährboden ausgesät, bei einer bestimmten Temperatur und eine bestimmte Zeit hindurch aufbewahrt, während dieser Zeitspanne zu Kolonien auswachsen, die mittels einer schwachen Lupe als solche unzweideutig erkannt werden können. Der Nährboden ist eine nach bestimmten Vorschriften hergestellte Nährgelatine, die Aufbewahrungstemperatur beträgt + 20 bis 22° C, die Aufbewahrungszeit 48 Stunden. Diese scheinbar einfache Methode liefert doch nur in der Hand des bakteriologisch Geschulten und Geübten zuverlässige Ergebnisse. Es ist daher von einer genaueren Beschreibung des Verfahrens hier absichtlich Abstand genommen worden.

Alle Keimzahlen, auch wenn bei der Anlage der Zählplatten kleinere oder größere Wassermengen als 1 cm^3 benutzt worden sind, werden stets auf 1 cm^3 des untersuchten Wassers berechnet.

Von den einzelnen Bakterienarten ist für die Beurteilung der Keimdichtheit eines Bodens am wichtigsten das Bacterium coli, welches aus dem Darm von Menschen und Tieren stammt, auf der Erdoberfläche sehr verbreitet und in seinen Lebensbedingungen nicht so anspruchsvoll ist, wie die verschiedenen Krankheitserreger. Ist es dem Bacterium coli nicht möglich, in das Grundwasser zu gelangen, dann kann man mit hoher Sicherheit annehmen, daß auch die weniger widerstandsfähigen Erreger der genannten Krankheiten nicht dorthin dringen werden. Man sollte daher tunlichst stets neben einer Keimzählung auch eine Untersuchung des Wassers auf das Vorkommen von Bacterium coli vornehmen. Deshalb wird der Bakteriologe bei einer Prüfung des Wassers im allgemeinen auch eine Untersuchung auf Bacterium coli nicht versäumen. Erst wenn diese positiv ausfällt, läßt sich behaupten, daß ungenügend filtrierende Bodenschichten vorliegen, welche schlecht gereinigtes Wasser von der Oberfläche her oder aus den obersten Schichten in die Tiefe leiten. Es gibt zuverlässige Methoden zur Feststellung von Bacterium coli, die ohne große Schwierigkeit durchzuführen sind.

Wenn auch die bakteriologische Untersuchung des Wassers ziemlich einfach ist, so erfordert doch schon die Entnahme der Probe, vornehmlich aber die Untersuchung, die meist schon an der Entnahmestelle eingeleitet wird, eine größere Übung. Überdies ist für bakteriologische Untersuchungen eine größere Apparatur sowie ein Laboratorium erforderlich, so daß dem Hydrologen abgeraten werden muß, sich auf bakteriologische Arbeiten einzulassen.

Besondere Erfahrung ist für eine sachlich richtige Verwertung der bakteriologischen Ergebnisse unbedingt notwendig. Wird aus irgendeiner Ursache eine höhere Keimzahl von Bacterium coli festgestellt, so ist damit noch nicht gesagt, daß das Wasser unbedingt bzw. dauernd gesundheitsschädlich sei; der ungünstige Befund kann unter Umständen auch auf mangelhafte bauliche Ausführung der Fassungsanlage, Verunreinigungen bei Reparaturen, Störungen im Untergrunde zurückzuführen sein und läßt sich durch geeignete Maßnahmen beseitigen.

Unter Umständen kann sogar ein Wasser, das dauernd höhere Keimzahlen und sogar wiederholt Bacterium coli aufgewiesen hat, durch geeignete Schutzmaßregeln so weit verbessert werden, daß es als Genußmittel verwendet werden kann.

XII. Mikroskopisch-biologische Untersuchung des Wassers.

Man kann in einem solchen Falle durch ein genügend großes Schutzgebiet dafür zu sorgen, daß Krankheitskeime in die Nähe der Wassergewinnungsstelle überhaupt nicht gelangen können. Wird daher ein Wasser, trotzdem die geologischen Verhältnisse für eine gesundheitlich einwandfreie Beschaffenheit sprechen, wegen eines ungünstigen bakteriologischen Befundes beanstandet, so ist zu überlegen, ob nicht eine Nachprüfung durch einen Spezialsachverständigen oder durch eine staatliche Behörde von Nutzen sein kann.

Außer der physikalisch-chemischen und bakteriologischen Prüfung des Wassers kommt für die hygienische Beurteilung des Wassers in manchen Fällen, so bei unterirdischen Wasserläufen, auch eine mikroskopisch-biologische Untersuchung in Frage.

Durch die Feststellung niederer Pflanzen und Tiere, die aus Oberflächenwässern stammen, läßt sich manchmal mit Sicherheit der Zusammenhang zwischen Oberflächenwasser und unterirdischem Wasserlauf beweisen. Meist genügt für eine mikroskopisch-biologische Untersuchung die für den Chemiker entnommene Probe, manchmal wird es jedoch erforderlich, größere Wassermengen durch ein sog. Planktonnetz (feinmaschiges Netz aus Müllergaze) abzusieben, um die niedere Fauna und Flora feststellen zu können.

Auch solche Untersuchungen können im allgemeinen nur von einem Fachmann vorgenommen werden. Zwingen die Verhältnisse zu einer Probeentnahme durch den Hydrologen, so lasse er sich vorher durch den zuständigen Fachmann genau unterrichten. Die Entnahme muß dann unter Benutzung geeigneter Vorrichtungen vor sich gehen. Das gewonnene biologische Material wird durch Formalin nach gegebener Anweisung konserviert und dann zur Untersuchung eingesandt.

XIII. Reinigende Wirkung des natürlich gewachsenen Bodens.

Vom hygienischen Standpunkt aus genügt es nicht, daß der Untergrund von Haus aus rein sei, es ist vielmehr von ihm zu fordern, daß Verunreinigungen von außen in ihn nicht eindringen können, und, wenn dies der Fall ist, daß der Boden imstande ist, die Verunreinigungen zurückzuhalten bzw. abzubauen und so unschädlich zu machen.

Von diesem Standpunkte aus kann man von einer reinigenden Wirkung des natürlich gewachsenen Bodens sprechen.

Die reinigende Wirkung des natürlich gewachsenen Bodens hängt naturgemäß von seinem geologischen Aufbau ab, und wir haben auch hier, wie in den früheren Abschnitten, zu unterscheiden zwischen wasserführenden Schichten, die aus losen Haufwerken bestehen, und Schichten, die klüftig sind, also zwischen Grundwasser und unterirdischen Wasserläufen.

1. Reinigende Wirkung der Grundwasserträger.

Besteht der natürlich gewachsene Boden aus losen Haufwerken, also aus Sand, Kies usw., ist er also ein Grundwasserträger, so stellt dieser ein natürliches Filter von hoher reinigender Wirkung dar, und man kann den in ihm stattfindenden unterirdischen Reinigungsvorgang als „natürliche Bodenfiltration“ bezeichnen.

Die reinigende Wirkung eines Grundwasserträgers ist ein ziemlich verwickelter Vorgang, der noch nicht ganz aufgeklärt ist. In den Anfangszeiten der bakteriologischen Forschung wurde die Ansicht verfochten, daß die im Wasser enthaltenen fremden Stoffe, also Verunreinigungen organischer und anorganischer Art (hauptsächlich die schwebenden Teilchen) durch Steckenbleiben in den Poren des feinkörnigen Bodenmaterials zurückgehalten werden. Wenn man aber bedenkt, daß feinkörniger Sand etwa 0,2—0,3 mm Korndurchmesser hat und sich vergegenwärtigt, daß die Abmessungen einer Bakterie etwa nur den hundertsten Teil dieses Maßes betragen, so kommt man zu der Überzeugung, daß auf diese Weise die hohe reinigende Wirkung des Bodens nicht erklärt werden kann. Auch die Annahme, daß die Bakterien durch schleimige Hüllen, in denen sich zahlreiche Mikroorganismen befinden, zusammengehalten werden und so ein Festkleben an den einzelnen Bodenteilen zustande kommt, ist nicht einwandfrei nachgewiesen. Ebensowenig genügt die Annahme einer Flächen- bzw. Molekular- bzw. Adsorptionswirkung zur Erklärung der reinigenden Wirkung eines Bodenfilters.

Nach den Mitteilungen von Kißkalt (305), der namentlich Versuche in künstlichen Filtern angestellt hat, kann man annehmen, daß das Absterben der Bakterien im durchlässigen Boden in erster Linie durch Protozoen gefördert wird, die im Wasser leben und sich von Bakterien nähren. Versuche von Kißkalt haben ferner gezeigt, daß auch die Temperatur auf die reinigende Wirkung des Bodens von Einfluß ist. Niedrige Temperaturen hemmen die Reinigungswirkung, und so wäre zu erklären, daß gerade in Grundwasserträgern mit ziemlich hoher, nahezu gleichbleibender Temperatur die reinigende Wirkung eine besonders hohe ist.

Man kann nach dem Vorstehenden die Ansicht über den Reinigungsvorgang im Boden kurz dahin zusammenfassen, daß es sich hier vornehmlich um einen unterirdischen Kampf von Lebewesen handelt, der durch besondere Nebenumstände gerade in feinkörnigem Bodenmaterial besonders günstig beeinflußt wird.

Die reinigende Wirkung des Bodens ist so groß, daß selbst fauliges Wasser beim Durchsickern einer hinreichend mächtigen Bodenschicht von seinen schädlichen Beimengungen befreit und in hygienisch einwandfreies Wasser übergeführt wird. Auf dieser reinigenden Eigenschaft des durchlässigen Bodens beruht z. B. das Rieselverfahren der städtischen Abwässer, und wie hier die Bodenbakterien im Sinne der Kißkaltschen Ansicht die Filtrationswirkung des Bodens fördern, ergibt sich daraus, daß im Sommer, wo die Mikroorganismen besonders üppig gedeihen, die Rieselfelder bedeutend besser arbeiten als im Winter.

In wie hervorragender Weise natürlich gewachsener Boden nicht allein reinigend, sondern auch ausgleichend wirkt, beweisen Beobachtungen, die Piefke in Gemeinschaft mit dem Verfasser an der Versickerungsanlage eines Farbstoffwerkes angestellt hat.

Das Wasser wurde in der Menge von 6—800 m³/Tag versickert, hatte etwa 8000 mg/ltr Chloride, eine Temperatur von rund 30 ° C und war stark mit Anilin gefärbt. Die Menge des Anilins schwankte in weiten Grenzen.

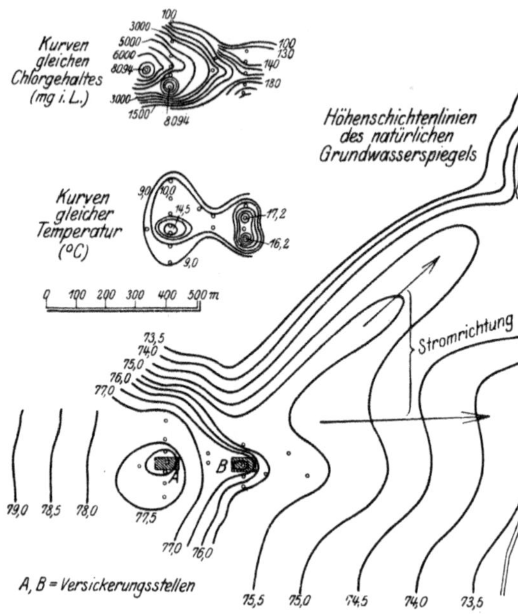

Abb. 187. Schaulinien, die reinigende Wirkung des Bodens darstellend.

Die Einwirkung der Versickerung auf den Grundwasserspiegel, sowie die Abnahme an Chloriden und Temperatur geht aus Abb. 187 hervor.

Man sieht aus der Abbildung, daß sich das angereicherte Grundwasser in Gestalt einer spitzen Nase talwärts vorschiebt, und daß der Gehalt an Chloriden bereits in etwa 300 m Entfernung von 8000 auf 200—100 mg/ltr zurückgegangen ist. Die Temperatur hat bereits nach einem unterirdischen Wege von 70—170 m die normale Grundwassertemperatur angenommen. Der Abbau des Anilins im Untergrund war sehr kräftig, doch konnte sein Verlauf nicht genau verfolgt werden, da die Abnahme des Farbstoffes große Unregelmäßigkeiten zeigte.

Zahlreiche Hygieniker wie z. B. Fodor (306), C. Fraenkel (307) haben nachgewiesen, daß Bakterien sehr schwer in größere Tiefe eines filtrationsfähigen Bodens gelangen. Dies gilt namentlich für pathogene Keime, deren Wachstum bereits in den oberen Bodenschichten bedeutend gehemmt wird.

Fraenkel fand, daß brachliegender und nur von Gras bewachsener, aus Sand und Kies zusammengesetzter Boden, in den oberen Schichten 100 000—400 000 Keime in einem Kubikzentimeter enthielt. Die größte Menge wurde nicht an der Oberfläche, sondern etwa in der Tiefe von $^1/_4$ m festgestellt. In weiterer Tiefe nahm die Keimzahl auffallend ab, und in $1^1/_2$ m Tiefe waren die Schichten bereits keimfrei.

Dagegen beobachtete Kabrhel (308), daß in nachweislich reinen Sandablagerungen mit Waldbestand die Bakterienzahl zunächst mit der Tiefe ebenfalls abnahm, dann aber mit dem Vordringen in größere Tiefe und namentlich in der Nähe des Grundwasserspiegels sich bedeutend hob. Er erklärt diese auffallende Erscheinung damit, daß sich in der Nähe von Pflanzenwurzeln eine üppige Mikrobenvegetation bilde. Kabrhel erhielt trotz der hohen Bakterienzahl nach mehrstündigem Pumpen (und zwar selbst mit einem unsterilisierten Brunnen) nahezu keimfreies Wasser.

Auch nach Gärtner (241) enthalten gerade die obersten Erdschichten die meisten Bakterien, da hier die Stoffe, die sie zu ihrem Lebensunterhalt brauchen, in reichlicher Menge vorhanden sind. Mit der Tiefe nimmt ihre Zahl ab, wie aus folgender Zusammenstellung nach Gärtner hervorgeht:

Bakteriengehalt der oberen Bodenschichten und ihre Abnahme mit der Tiefe (Zahl der Bakterien in 1 cm³).

Beobachter . . .	Fraenkel		Kabrhel		Kümmel	
Ort	Potsdam		Prag		Altona	
Bodenart		humöser Sand, dann diluv. Sand		Diluvium		Heideboden, dann Sand
	Tiefe		Tiefe		Tiefe	
	Oberfl.	verflüssigt	—	—	—	—
	0,5	70000 Bakt.	0,3	827520 Bakt.	0,25	6442 Bakt.
	1,0	1000 „	1,0	5040 „	0,50	7060 „
	2,0	0 „	1,5	1120 „	2,0	50 „
	2,5	250 „	1,7	3400 „	3,5	0 „
	3,0	0 „		15120 „	4,5	0 „
	4,0	0 „	2,2	200 „	6,5	0 „
	4,5	100 „	3,1	260 „	—	—
	5,0	0 „	Grundwasser	400 „	—	—
	Grundwasser					

Den besten Beweis für die reinigende Wirkung des natürlich gewachsenen durchlässigen Bodens liefern Friedhöfe, wo in das Grundwasser pathogene Mikroorganismen und die Produkte der Leichenzersetzungen gelangen.

So hat Petri (309) festgestellt, daß eine Beeinflussung der in der Nähe des Jungfernkirchhofes zu Havelberg befindlichen Brunnen durch die Verwesungsvorgänge im Boden des Kirchhofes nicht nachzuweisen sind.

Aus dem ausführlichen Bericht von Matthes (310) geht ferner hervor, daß selbst dort, wo Grundwasser Gräber und Särge ausfüllte, im umgebenden Boden keine pathogenen Keime nachgewiesen werden konnten. Die aus dem Leichenzerfall sich ergebenden löslichen Verbindungen zerfallen leicht bei Luftzutritt in ihre Endstoffe, also Wasser, Kohlensäure, Ammoniak.

Fleck (311) fand in Dresden die Friedhofswässer in ihrem Gehalt an Fäulnis- und Verwesungsstoffen nicht erheblich verschieden von der mittleren Zusammensetzung sonstiger Brunnenwässer der Stadt. Nach Schuhmacher (312) war das Wasser der Rostocker Friedhofsbrunnen der chemischen Zusammensetzung und dem Keimgehalt nach sogar besser als das der städtischen Brunnen, und nach Rózsahegyi (313) ergab sich, daß auf dem größten Friedhof von Budapest, der mit 180 000 bis 190 000 Leichen belegt war, das Grundwasser weniger Verunreinigungen zeigte als in der mit Wohnhäusern besetzten Umgebung.

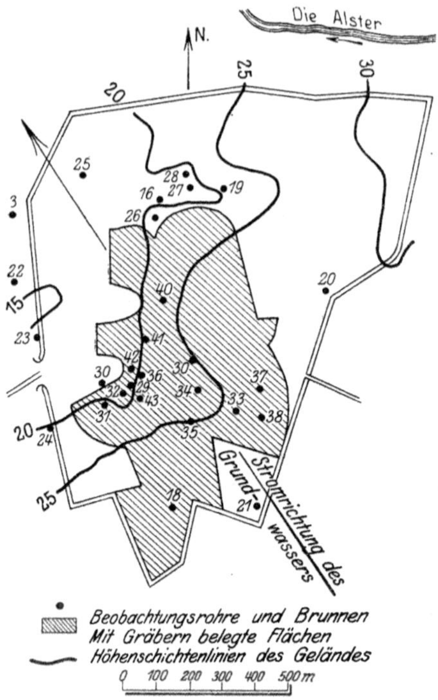

Abb. 188. Grundwasser- und Belegungsverhältnisse auf dem Ohlsdorfer Friedhof bei Hamburg.

Besonders ausführliche Beobachtungen über die Grundwasserverhältnisse eines Friedhofes wurden nach den Mitteilungen von Matthes am Ohlsdorfer Friedhof bei Hamburg angestellt. Die Beobachtungen erstrecken sich auf mehr als 20 Jahre.

Der Friedhof hat eine Größe von 186 ha und war zur Zeit der Untersuchungen mit etwa 260 000 Leichen belegt. Die Oberfläche des Geländes ist leicht wellig und hat etwa 15 m Oberflächengefälle (Abb. 188).

Der Untergrund besteht aus diluvialen Sanden verschiedener Durchlässigkeit und Tonen, und wird durch Steinzeugrohre bis zu einer Tiefe von $2^1/_2$ m unter Flur entwässert. Das Grundwasser bewegt sich in der Richtung von SO nach NW der Alster zu. Die Tiefe der Gräber schwankt zwischen 1 und $1^1/_2$ m. Die unter dem Friedhof gefaßte Grundwassermenge wurde wiederholt am Ausfluß der Sammelrohre gemessen. Sie betrug im Jahre 1902 im Mittel rund 12,5 ltr/sk. Zur Beobachtung dienten zahlreiche Beobachtungsrohre und Brunnen. Die außerhalb der belegten Flächen liegenden Brunnen 20, 21, 23 hatten Wasser, dessen Abdampfrückstand zwischen 100 und 450 mg/ltr schwankte. Die organischen Stoffe entsprachen einem Kaliumpermanganatverbrauch von 0—18 mg/ltr. Der Gehalt an Chloriden hielt sich zwischen 11 und 35 mg/ltr. Bei Brunnen 21 wurden einmal 62 mg/ltr Salpetersäure beobachtet, sonst war Ammoniak, salpetrige und Salpetersäure meist gar nicht oder nur in Spuren nachweisbar. Die vereinzelte Anhäufung von Salpetersäure ist in den natürlichen Verhältnissen des Bodens zu suchen, der mit organischen Stoffen durchsetzt ist. Brunnen 18, der in einer Abteilung der Gräberfelder liegt, die seit 1884 fortgesetzt mit Leichen belegt werden, lieferte trotzdem ein Wasser, das zu den reinsten des ganzen Geländes gehört. Sein Wasser hatte 120 bis 464 mg/ltr Abdampfrückstand, 4,48—8,96 mg/ltr Oxydierbarkeit (in verbrauchtem $KMnO_4$ gemessen) 13,3—53,2 mg/ltr Chloride, salpetrige Säure 0 bis Spur und Salpetersäure 0 bis 93,6 mg/ltr.

Am besten geht die reinigende Wirkung des Untergrundes aus der Beschaffenheit des aus den Entwässerungsgräben fließenden Grundwassers hervor. Nach den Ergebnissen zahlreicher Analysen ergibt sich die folgende vergleichende Zusammenstellung, bei der sich der Einfluß der Beerdigung am deutlichsten bei den Sammelsträngen 35 und 38 zeigen müßte, welche die mit Leichen belegten Flächen umschreiben.

		Abdampfrückstand	Oxydierbarkeit (Verbrauch an $KMnO_4$)	Salpetrige Säure	Salpetersäure	Chloride	Keime in
		mg/ltr					1 cm^3
Mischwasser	Normal	158	7,31	Spur	31,5—35	20	—
Strang 35	Fläche mit Leichen belegt von 1898—1902	115—146,6	2,2—7,3	0 bis Spur	Spur—39,9	11,0—42,0	0—120
Strang 38	Fläche mit Leichen belegt von 1895—1897	136—410	1,6—3,6	0 bis Spur	0—157,0	11,0—24,0	8—44

Man sieht sowohl aus den chemischen Ergebnissen als auch aus der gefundenen Keimzahl, daß trotz fortgesetzter Belegung des Geländes mit Leichen eine Verunreinigung des Untergrundes und hygienische Verschlechterung des Grundwassers nicht eingetreten ist, und daß die Filtrations- bzw. Absorptionskraft des Bodens imstande ist, jede schädliche Gefahr, die von Begräbnisstätten ausgeht, wirksam zu beseitigen.

2. Grenzen der reinigenden Wirkung der Grundwasserträger.

Die reinigende Wirkung des natürlich gewachsenen Bodens hat ihre Grenzen. Man kann behaupten, daß die reinigende Wirkung desto größer und zuverlässiger ist, je kleiner und gleichmäßiger das Korn der filtrierenden Schicht, je regelmäßiger die Lagerung, je kleiner die Beanspruchung des Untergrundes, je gleichmäßiger der Durchfluß und je geringer die Spiegelschwankung des Grundwassers ist.

Aus diesem Grunde versagt mitunter bei stark in Anspruch genommenen Fassungen, die in der Nähe von Oberflächenwässern liegen, die reinigende Kraft des Bodens dann, wenn Hochwasser eintritt und bei vergrößertem Grundwassergefälle die Geschwindigkeit des Wassers eine gewisse Mindestgrenze überschreitet.

Im Gegensatz hierzu kann die Filtrationswirkung einer Wasserfassung im Laufe des Betriebes dadurch eine Steigerung erfahren, daß feine Sande aus der Umgebung herangezogen werden.

Abgeschlossene, einwandfreie Versuche liegen bislang über die Grenze der reinigenden Wirkung des Bodens nicht vor. Aus den Versuchen von Kruse (314) folgt indessen so viel, daß bei verschiedenen Fassungen, die in Rheinschottern angelegt sind, die reinigende Wirkung des Bodens selbst bei Hochwasser in hinreichendem Maß vorhanden ist. Kruse führt die Fassungen von Bonn, Köln, Elberfeld und Düsseldorf an, wo bei Hochwasser nur eine geringe Erhöhung der Keimzahlen stattgefunden hat.

Ein gegensätzliches Verhalten zeigen die Wasserfassungen von Dresden, wo sich nach Schill und Renk (315) das Wasser der Brunnen bei hohem Wasserstand trübt und einen erheblichen Zuwachs an Keimen zeigt. Gleiche Beobachtungen hat Lehmann (316) an der Würzburger Fassung und Kruse (314) an der Ahr und in den Ruhrschottern des Barmer Wasserwerkes gemacht. In Würzburg stieg einmal die Bakterienzahl im Leitungswasser bis auf 27 000 in 1 cm³, in Barmen stieg sie am 18. und 19. Januar 1899 auf 32 000, und am 19. und 21. Februar 1900 auf 4050 bzw. 2250 gegen die gewöhnliche Zahl von 100.

Die Tatsache, daß der reinigenden Wirkung des Bodens in Abhängigkeit von der Wassergeschwindigkeit Grenzen gesteckt sind, geht am deutlichsten hervor aus den Ergebnissen des zur Zeit ausgeschalteten Grundwasserwerkes der Stadt Barmen. Hier besteht der filtrierende Boden nicht aus feinen Sanden, sondern aus einer 5—8 m starken Kiesablagerung. Die Kornmaße schwanken zwischen 1 mm und Faustgröße. Die Fassungsanlage, welche längs der Ruhr läuft, ist etwa 150 m lang, und der unterirdische Durchflußquerschnitt beträgt angenähert $200 \cdot 6{,}5 = 1300$ m². Bei einer Fördermenge von 30 000 m³/Tag beträgt demnach die Filtergeschwindigkeit im Tag 30 000 : 1300 = 23 m. Sie erreicht somit eine ungemein hohe Größe, welche die übliche Geschwindigkeit künstlicher Filteranlagen um etwa das 10- bis 15fache überschreitet. Es ist daher nicht zu verwundern, daß eine derartig überlastete natürliche Filtrationsanlage bei der grobkörnigen Beschaffenheit des Untergrundes an reinigender Wirkung zu wünschen übrig läßt.

Auch im Hochgebirge findet man in der Regel, daß Hochgebirgsschotter, Bergkiese und sonstige Ablagerungen von großem und unregelmäßigem Korndurchmesser geringe Filtrationswirkung haben und das Wasser nicht filtrieren, sondern nur „sieben". Hier fehlen zunächst die Vorbedingungen für die biologische Reinigung des Wassers durch Protozoen.

Infolge der Unzulänglichkeit dieser Siebwirkung versagen zahlreiche Hochgebirgsfassungen und liefern oft trübes und hygienisch bedenkliches Wasser. Die Ansicht, daß das Hochgebirge nur gesundes Wasser liefert, ist nur bedingungsweise richtig.

Die reinigende Wirkung des Bodens im Hochgebirge wird auch dadurch erschwert oder gänzlich ausgeschaltet, daß das vom Hochgebirge kommende Wasser infolge seines kurzen Laufes, der niedrigen Temperatur und der Humussäuren, welche auf organische Lebewesen ungünstig einwirken, wenig oder nahezu keine Planktonmassen führt, die zur Bildung einer wirksamen Filterhaut beitragen könnten. Man findet daher vielfach, daß im Hochgebirge künstliche Filtrationsversuche, die man mit Bachwasser anstellt, scheitern. Will man hier eine Filtrationswirkung erzielen, so müssen dem Wasser Stoffe zugesetzt werden, welche die Bildung einer Filterhaut ermöglichen.

Das Vertrauen in die Filtrationswirkung des natürlich gewachsenen Bodens darf daher kein unbegrenztes sein, und die Vorsicht erheischt von Fall zu Fall sorgfältige Feststellung der Untergrundverhältnisse und gewissenhafte Beobachtungen während des Betriebes von Fassungsanlagen, und zwar namentlich bei Hochwasser. In solchen Fällen sind bakteriologische Untersuchungen auf Bakterium coli von ausschlaggebender Bedeutung.

3. Trübung und klärende Wirkung unterirdischer Wasserläufe.

Eine besondere Eigentümlichkeit unterirdischer Wasserläufe ist die nicht seltene Trübung des von ihnen geführten Wassers nach erfolgten Niederschlägen. Derartige Trübungen kann man leicht an den von unterirdischen Wasserläufen gespeisten Quellen wahrnehmen. Sie lassen darauf schließen, daß man es mit Wässern zu tun hat, die nicht genügend oder überhaupt nicht filtriert werden.

Die Trübungen treten entweder kurz nach dem Niedergang der Niederschläge ein, oder es können auch mehrere Tage vergehen, bevor sie erscheinen. Eine auffallende Erscheinung ist, daß in ein und demselben Gebiet trübende Wässer neben vollständig klar bleibenden auftreten. Trübe und klare Wasserläufe liegen oft regellos durcheinander, so daß z. B. mitten zwischen trübenden sich auch stets klare finden und umgekehrt.

Die Ursache dieser auffallenden und die hydrologische Forschung wesentlich erschwerenden Erscheinung ist entweder im Infiltrationsgebiet oder im unterirdischen Wasserlauf selbst zu suchen. Ist das Infiltrationsgebiet mit filtrierendem Sand oder Kies bedeckt, und findet auf dem unterirdischen Wasserweg keine Abspülung trübender Erdteile statt, so bleibt das Wasser klar. Das Fehlen von Filterschichten und die abschleifende Wirkung des Wassers führt dagegen zur Wassertrübung. Zeitweilige Trübungen können dann eintreten, wenn z. B. besondere unterirdische Verbindungskanäle und Überfälle zwischen trübenden und nicht trübenden Wasserläufen vorhanden sind, die erst dann in Wirksamkeit treten, wenn ein bestimmter Hochwasserstand erreicht ist. Auch durch Einstürzen des Deckgebirges können vorübergehend Trübungen erzeugt werden.

Auf alle Fälle sind die Ursachen derartiger Trübungen äußerst mannigfaltig und ebenso von verschiedener Tragweite.

Hygienisch unbedenklich ist z. B. die Trübung von Spaltenwässern, über welche Stapff (208) berichtet. Im St. Gotthard-Tunnel wurden Granitschichten angefahren, die durch ungeheuren Gebirgsdruck zu einer pulverartig feinen Masse zermalmt worden sind und dann den erschlossenen Wässern ein ganz milchiges Aussehen gegeben haben.

Ob und in welchem Umfang die Trübung eines unterirdischen Wasserlaufes hygienische Bedeutung hat, kann nur eine sorgfältige örtliche Untersuchung zeigen.

Auch die technisch vollkommenste Fassung von unterirdischen Wasserläufen ist oft kaum imstande die feinen Schwebestoffe und Verunreinigungen, die das Wasser mit sich führt, zu beseitigen, weil bei kräftigen Niederschlägen eine Ablagerung nicht eintreten kann, und daraus sich natürlich eine Trübung des Wassers ergeben muß. Selbst der vielfach als Ideal geltende Kaiserbrunnen der Wiener Hochquellleitung trübt sich zu Zeiten, wo Hochwasser im Gebirge eintritt. Als im Jahre 1899 im Schwarzatal außerordentliches Hochwasser eintrat und die Trübung immer mehr zunahm, wurde der Kaiserbrunnen am 13. September ausgeschaltet.

Sind unterirdische Wasserläufe von großen Rückhaltebecken begleitet oder mit unterirdischen Barren ausgestattet, so können in solchen Geschiebe und wassertrübende Schwebestoffe zurückgehalten werden. Auf diese Weise wird eine gänzliche oder wenigstens teilweise Klärung des Wassers, sowie durch Sedimentation auch eine Verbesserung seiner gesundheitlichen Eigenschaften herbeigeführt, und daraus erklärt sich auch, warum man in Höhlenflüssen mitunter klares Wasser zu Zeiten findet, in welchen sie von der Oberfläche aus nur trübes Wasser erhalten. Derartige Trübungen und Verunreinigungen können bei unterirdischen Wasserläufen stoßweise auftreten, und es ist daher nicht zulässig, bei der Beurteilung der Wasserbeschaffenheit sich nur auf einzelne Beobachtungen zu beschränken. Hier müssen dem endgültigen Urteil ganze Beobachtungsreihen zugrunde gelegt werden.

Fortlaufende Beobachtungen bei unterirdischen Wasserläufen sind um so notwendiger, als plötzlich, einwandfrei gewesenes Wasser, das sich Jahre hindurch hygienisch bewährt hat, bei ungewöhnlichen Überschwemmungen, die sich vielleicht nur in Jahrzehnten wiederholen, durch wieder lebendig gewordene Höhlenflüsse verseucht werden kann. In dieser Hinsicht spielen namentlich die höher liegenden Stockwerke, Überfälle und toten Wasserkessel, die nach mehrjährigem Stillstand wieder als Gerinne dienen, eine gefährliche, oft schwer erkennbare Rolle.

Die gesundheitlichen Gefahren, die nicht selten von unterirdischen Wasserläufen ausgehen, sind insbesondere deshalb groß, weil beim Volk viele Quellen, die durch unterirdische Wasserläufe gespeist werden, sich besonderer Wertschätzung erfreuen und sogar als heilig gelten. Das warnende Beispiel ist nach den Mitteilungen von van Broeck (209), der Höhlenfluß des Vallon Sec de Sorrine, welcher die Fontaine Paternier in Dinant speist, und dessen Wasser, trotz der verheerenden Seuchen, die er wiederholt in der Stadt verursacht hat, noch heute von einem Teil der Bevölkerung mit besonderer Vorliebe als heilig und gesundheitfördernd genossen wird.

4. Reinigendes Verhalten unterirdischer Wasserläufe.

Ein wesentlich anderes Verhalten als die durchlässigen, Grundwasser führenden Schichten zeigen hinsichtlich ihrer reinigenden Wirkung feste Gebirge, deren unterirdische Wasserwege aus Spalten, Klüften und sonstigen größeren Hohlräumen bestehen.

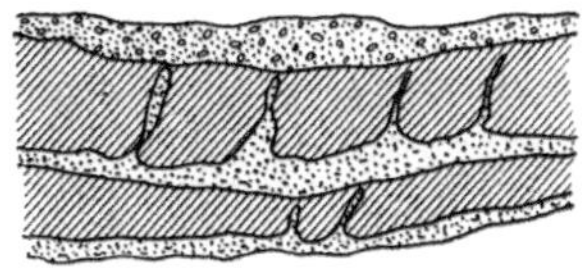

Abb. 189. Klüftiger Sandstein, mit feinem Sand ausgefüllt.

In solchen Gesteinsarten kann im allgemeinen von einer reinigenden Wirkung nur dort die Rede sein, wo entweder die Spalten so eng sind, daß sie ähnlich wirken können wie die Poren eines feinkörnigen Bodenfilters, oder wo in größeren unterirdischen Becken eine Reinigung des Wassers durch Ablagerung stattfindet. Ist dies nicht der Fall, so gelangt das oberirdische Wasser ungereinigt oder nur wenig entlastet in die Tiefe und das Wasser eines unterirdischen Wasserlaufes ist seinen Eigenschaften nach nichts anderes als in die Tiefe gesunkenes Oberflächenwasser. Es muß dann alle die Eigenschaften besitzen, die es von der Oberfläche mitgebracht hat.

Nur ausnahmsweise ist aus grobklüftigen Gebirgsarten einwandfreies Wasser dann zu erwarten, wenn das Gebirge von filtrierenden Schuttablagerungen abgedeckt ist oder wenn das Gebirge die Fähigkeit besitzt, in Gesteinstrümmer von solcher Größe und Beschaffenheit zu zerfallen, daß diese die Rolle eines wirksamen Filters übernehmen können.

Abb. 190. Actinocrinus stellaris de Kon.

Derartige Erscheinungen sind nicht selten, und sie sind es dann in der Regel, welche dem sonst hygienisch unbrauchbaren Wasser hygienisch gute Eigenschaften verleihen.

Als Beispiel seien hier die Siebenseebadenquellen der 2. Wiener Hochwasserquelleitung (317) angeführt, welche aus den klüftigen Triasschichten in den vorgelagerten Moränenschutt eintreten. Auf diese Weise wird die Moräne zum Filterkörper.

Sind stark klüftige Gebirgsarten von ausgedehnten Sandflächen (z. B. Dünen) bedeckt, so übernehmen diese Abdeckungen die Rolle eines Vorfilters, und so ist es erklärlich, daß in manchen Fällen unterirdische Wasserläufe hygienisch nicht zu beanstanden sind.

Die Fähigkeit, in feinkörnige Gesteinstrümmer zu zerfallen, ist namentlich bei den verschiedenen Sandsteinarten groß, und daraus erklärt sich auch, warum vielfach sonst klüftige Sandsteine hervorragend reines Wasser liefern. So findet man nicht selten, daß weite und tiefe Spalten der Sandsteinformation mit feinen Sanden vollständig ausgefüllt sind, deren Filtrationswirkung von größter hygienischer Tragweite ist (Abb. 189).

Untersuchungen, welche z. B. in der klüftigen Buntsandsteinformation des Schwarzwaldes im Lappachquellengebiet angestellt wurden, ergaben nach den Mitteilungen von Steuer (61) nur 0—22 Keime.

Aber auch Kalkformationen können, wenn auch nur selten und unter besonders günstigen Voraussetzungen, trotz ihrer Klüftigkeit vorzügliches Wasser führen.

Einen derartigen besonderen Charakter zeigen die wasserführenden Muschelkalke im Gebiet der Saar, Mosel und in Luxemburg, wo die unter Stufe derselben nicht klüftig, sondern sandig ist und daher eine durchgreifende Reinigung des Wassers gewährleistet.

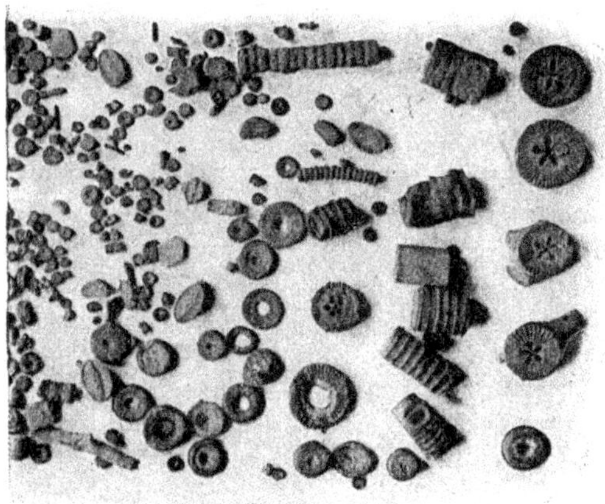

Abb. 191. Gesiebte Zersetzungstrümmer eines Krinoidenkalkes.

Besonders bemerkenswert ist vom hygienischen Standpunkt aus das Verhalten der sog. Krinoidenkalke von Tournai in Belgien, worüber van Broeck (209) ausführlich berichtet. Diese Kalke stellen bedeutende zusammenhängende Schichten bis zu 200 m Mächtigkeit dar. Ihre Eigenart besteht darin, daß sie leicht in feinkörnige Trümmer zerfallen, die infolge ihres hohen Gehaltes an Kieselsäure und Spat gegen Auflösung und weitere Zerstörung besonders geschützt sind. Ihre Hauptbestandteile sind verschiedene Krinoidenarten, und namentlich Actinocrinus stellaris de Kon., welcher in Abb. 190 dargestellt ist. Abb. 191 gibt die gesiebten Zersetzungstrümmer des Krinoidenkalkes wieder. Man erkennt, daß das Ergebnis eine feinkörnige Masse ist, die von hoher Filtrationswirkung sein muß. Aus diesem Grunde sind die Quellen, die aus Krinoidenkalken kommen, tatsächlich sehr rein. Sie zeichnen sich auch aus durch geringe Schwankungen der Temperatur und der Ergiebigkeit.

Ihrem Ursprung nach sind diese Filterschichten eine Art „biologischer Sand". Zufolge ihrer spatigen Beimengungen führen sie in Belgien den Namen „petit granit".

In welch verschiedener Weise mitunter der hygienische Wert der Teile eines unterirdischen Wasserlaufes zu beurteilen ist, geht aus Abb. 192 hervor.

Bis zur Grenze MN ist der unterirdische Wasserlauf hygienisch einwandfrei, da er seitlich aus den filtrierenden Sandsteinschichten

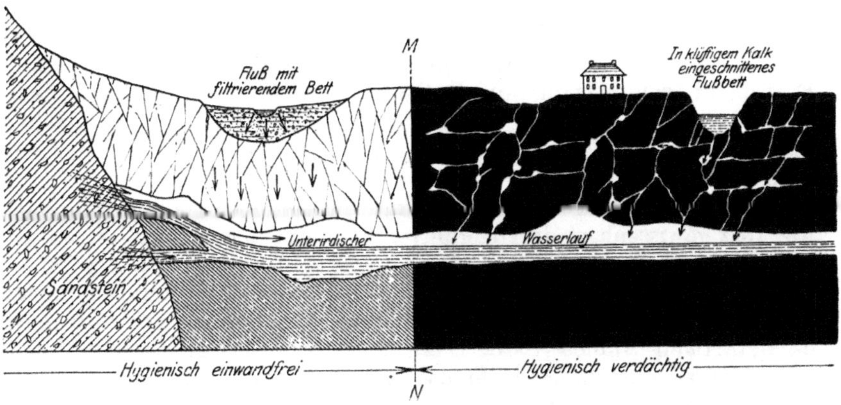

Abb. 192. Hygienisch verschiedenes Verhalten der Strecken eines unterirdischen Wasserlaufs.

kommt und von der Oberfläche aus mit Flußwasser angereichert wird, welches in dem sandigen Flußbett einen Reinigungsvorgang durchgemacht hat. Unterhalb *MN* wird das unterirdische Wasser von der Oberfläche aus durch das ungereinigte Spaltenwasser sowie durch bloßes Versickern des Flußwassers verunreinigt.

F. Fassung von Grundwasser.

I. Technische Vorarbeiten.

1. Allgemeines.

Die Vorarbeiten, welche den Nachweis des unterirdischen Wassers einleiten, müssen systematisch nach einem vorher ausgearbeiteten Plan durchgeführt werden. Als obersten Grundsatz bei allen Vorarbeiten sollte man stets festhalten:

„Die Vorarbeiten sind die Grundlage eines jeden Wasserwerkes. Mit den Vorarbeiten steht und fällt die bauliche Lösung einer jeden Wasserfrage.“

Leider findet man sehr oft, daß gerade an dem wichtigsten Teil der Wasserwerksplanungen, den Vorarbeiten, in kurzsichtiger Weise gespart wird, und nur daraus ist erklärlich, daß zahlreiche Wasserwerke entweder von vornherein oder nach kurzer Zeit versagen. Auf diese Weise gehen oft Hunderttausende Mark an Anlagekosten verloren. Sie hätten erspart werden können, wenn man, der Wichtigkeit und Tragweite der Vorarbeiten Rechnung tragend, wenige Hundertstel des verlorengegangenen Anlagebetrages zur Vornahme einwandfreier Vorarbeiten einem gewissenhaften, geschulten Hydrologen zur Verfügung gestellt hätte.

So haben sich z. B. beim Wasserwerk der Gemeinde Atherstone (England) fehlerhafte hydrologische Vorarbeiten bitter gerächt, da die anfängliche Brunnenergiebigkeit im Betrage von 1360 m^3/Tag im Laufe der Zeit bis auf 113 m^3/Tag, also auf weniger als 10 v. H., herabsank. Es scheint sich hier um die Entleerung eines unterirdischen Beckens ohne Zufluß zu handeln, dessen hydrologische Zustände ein Höhenschichtenplan des Grundwasserspiegels ohne Zweifel klar nachgewiesen hätte.

In Anbetracht des Umstandes, daß immer noch Fälle vorkommen, wo trotz gewissenhaft durchgeführter Voruntersuchungen hydrologische Mißerfolge zu verzeichnen sind, sollte man Angebote von sog. Quellfindern, Unternehmern u. dgl., Brunnenanlagen ohne Vorarbeiten und sogar unter Gewähr der Brunnenleistung herzustellen, stets ablehnen, da derartigen Anbietern die Tragweite ihrer Zusage entweder nicht ganz klar ist oder ihnen mehr daran liegt, ein Geschäft abzuschließen, als die Wasserfrage tatsächlich zu lösen. Das Ergebnis ist in vielen Fällen ein Rechtsstreit mit ungewissem Ausgang.

Sollen hydrologische Untersuchungen praktisch brauchbare Ergebnisse liefern, so müssen sie sich von hypothetischen Grundlagen freimachen und sich allein auf streng wissenschaftliche Beobachtungen, Messungen und einwandfrei festgestellte Wassermengen stützen.

Über den Wert hydrologischer Vorarbeiten berichtet an Hand praktischer Beispiele ausführlich Rutsatz (318).

Bei Vorarbeiten ist es erforderlich, sich von vornherein klar zu sein über die Kosten der Untersuchung. Gebiete, die nicht mit gewöhnlichen Mitteln und einem im Verhältnis zum praktischen Erfolg stehenden Aufwand an Geld untersucht werden können, sind zu vermeiden. Eine hydrologische Untersuchung, die erst Wasser nachweisen soll und dabei so viel kostet wie eine endgültige Wasserfassung, ist ein nicht zu verantwortender wirtschaftlicher Mißgriff.

Da man bei den meisten hydrologischen Aufgaben mehrere Untersuchungsfelder zur freien Wahl hat, so ist es Sache des Hydrologen, solche Gebiete zuerst zu untersuchen, wo die äußeren Umstände die Vorarbeiten erleichtern, wenn nicht überhaupt ermöglichen.

Das größte Hindernis sind vor allem tiefliegende Wasserspiegel, da sie nicht allein die Bohrlochtiefen unnütz vergrößern, sondern auch den erbohrten Wasserspiegel unzugänglich machen. Die Tiefenlage und Unzugänglichkeit des Spiegels führt zu ungenauen Messungen und erfordert umständliche Vorrichtungen bei Pumpversuchen, die zwecks Feststellung der Ergiebigkeit und Entnahme von Wasserproben vorgenommen werden müssen. Unzugänglichkeit und tiefe Lage des Spiegels verteuern indessen nicht allein die Vorarbeiten, sondern auch die Ausführung der Fassungsanlage, und erschweren den Betrieb namentlich dann, wenn es sich um längere Wasserfassungen handelt. Es ist daher Pflicht des praktisch tätigen Hydrologen, sich, sobald die Tiefenlage eines Wasserspiegels feststeht, auch Rechenschaft darüber zu geben, welche Schwierigkeiten, bauliche Maßnahmen und Kosten eine tiefliegende Wasserfassung zur Folge haben wird.

Wird dem Hydrologen für Vorarbeiten eine beschränkte Summe zur Verfügung gestellt, und hat er die Wahl zwischen einer mit allen

Feinheiten der Wissenschaft geführten Untersuchung von kurzer Dauer und einer mehr allgemein gehaltenen, die sich auf längere Zeit erstrecken kann, so ist in der Regel dem letzteren Verfahren der Vorzug zu geben, denn bei einer praktischen Einschätzung des hydrologischen Wertes des Untergrundes kommt es im allgemeinen weniger auf absolut genaue Zahlenwerte an als auf lange Versuchsreihen, aus denen man die charakteristischen Eigenschaften des Wasserträgers ableiten kann.

Selbstredend wird es stets das beste sein, über lange Reihen ganz genauer Messungen zu verfügen.

Da sich auf den meisten Versuchsfeldern die Spiegelschwankungen, Änderungen des Grundwassergefälles u. dgl. in Jahresabschnitten vollziehen, so sollten auf allen Versuchsfeldern die Spiegelmessungen auf mindestens ein Jahr ausgedehnt werden. Bei Versuchsfeldern, die im Überschwemmungsgebiete liegen, sollten sich die Beobachtungen auch über einen Überschwemmungszeitraum ausdehnen.

Hat sich der Hydrologe im Sinne der im Abschnitt „Aufsuchung von Grundwasser", S. 63, gegebenen Anleitungen über das zu untersuchende Gelände ein hinreichend klares Bild verschafft, so kann er an die Aufschließung des Untergrundes mit Hilfe von Bohrungen, Schürfungen usw. herantreten.

Die Lage der Bohrstellen und Schürfgruben sollte nach Möglichkeit stets so gewählt werden, daß sie keine Verkehrshindernisse darstellen und jederzeit als Beobachtungsstellen leicht zugänglich sind. Aus diesem Grunde sind namentlich Beobachtungsrohre tunlichst an Weg- und Feldrändern anzulegen. Es werden dadurch Unzuträglichkeiten und Flurschäden vermieden. Bei der Wahl der Bohrlochstellen ist ferner im Auge zu halten, daß jedes wasserführende Bohrloch abgepumpt werden soll. Dies ist ohne Schwierigkeit nur möglich, wenn die Bohrlochstelle eine bequeme Vorflut hat.

Das Herstellen der Beobachtungsbohrungen sollte stets nur durch Trockenbohrung erfolgen. Das Rammen oder Einspülen der Bohrrohre wird besser vermieden, da man auf diese Weise keinen oder nur einen unklaren Einblick in die natürlichen Lagerungsverhältnisse des Untergrundes gewinnt.

Von dem Bohrgut sind von Schichtenwechsel zu Schichtenwechsel Proben zu entnehmen, genau zu bezeichnen nach Ursprung und Tiefe und in besonderen Kästen aufzubewahren. Die Bohrproben sind bis zum Abschluß des Baues aufzuheben. Handelt es sich um Proben aus Fassungsanlagen, so sollten solche stets dauernd aufbewahrt werden, da es bei der Beurteilung der Zustandsänderungen im Untergrunde, Versagen von Brunnenanlagen, Erweiterungsbauten usw. von großem Werte ist, genau zu wissen, mit welchen tatsächlichen Untergrundverhältnissen man es zu tun hat. Bohrtabellen und zeichnerische Darstellungen von Schichtenfolgen sind nur ein mangelhafter, oft nichtssagender Ersatz hierfür.

Sämtliche Bohrergebnisse einschließlich eines genauen Bohrregisters sind auch der nächsten geologischen Landesanstalt zu senden.

Auf Grund der Bohrproben wird für jedes Bohrloch ein besonderes

Schichtenverzeichnis aufgestellt nach nachstehendem Muster und das Schichtenverzeichnis durch die Ergebnisse der Pumpversuche ergänzt.

Hydrologische Vorarbeiten 19 . .

. . . .
Kreis . . . .
Provinz . . . .

Schichtenverzeichnis von Bohrloch Nr. . . .

Proben sind aufbewahrt in . . . . (. . . . Stück)
Lage des Bohrloches . . . .
Bohrverfahren . . . .
Lichte Bohrweite mm . . . .
Höhe der Bohrlochflur über NN . . . . m
Beobachtungsrohr sitzt zwischen . . . . m und . . . . m
Beobachtungsrohr Oberkante über NN . . . . m
Ausgeführt vom . . . . bis zum. . . . .

Nr. der Schicht	Liegt üb. NN m	Schichten-stärke m	Tiefe u. Flur m	Bezeichnung der Schicht	Geologische Formation	Durch ein Sieb von. . . mm Maschenweite fallen . . . v. H. durch	
	196,32		0,00				
1		1,10		Lehm	Alluvium	—	—
	195,22		1,10				
2		1,25		Sand, lehmig	Diluvium	2,0 mm	68 v. H.
	193,97		2,35				
3		1,20		Schotter	„	6,0 „	42 „
	192,77		3,55				
4		0,05		Geschiebemergel	„	—	—
	192,72		folgt 3,60				

Abgepumpt am . . . . von . . . . bis . . . .
Filterkorb sitzt in der Schicht Nr. . . . . . . von . . . . . . m bis . . . . m
Freie Filterkorblänge . . . . m
Filterkorbdurchmesser . . . . cm
Natürlicher Grundwasserspiegel liegt . . . . m über N.N., über/unter Flur . . . . . m
Fördermenge (Q) = ... ltr/sk
Absenkung (s) = ... m

Spezifische Ergiebigkeit $= \frac{Q}{s} =$ . . . . . . ltr/sk

Wasserprobe . . . . (klar, trübt nach . . . Stunden, Bodensatz)
Temperatur . . . . ° C
Härte . . . . ° d
Chloride . . . . mg/ltr
Eisen . . . . mg/ltr
Freie Kohlensäure . . . .
Sonstige Bemerkungen . . . .

Aus den einzelnen Schichtenfolgen sind Querschnitte, den Zügen der Bohrorte folgend, zeichnerisch zusammenzustellen und fortlaufend zu ergänzen. Die Bohrlochschnitte in Zusammenhalt mit den aus den

Wasserspiegeln abgeleiteten Höhenschichtenplänen bestimmen die Richtung, in welcher zweckmäßig neue Bohrlöcher anzusetzen sind.

Während des Bohrvorganges ist namentlich das Spiegelverhalten des Bohrloches genau zu verfolgen. Plötzliche Änderungen in der Spiegellage sind im Sinne der im Abschnitt „Unechte Spiegel", S. 96, gegebenen Erläuterungen zu deuten und hydrologisch zu verwenden. Wichtig ist das Einmessen des Bohrlochspiegels am Abend nach Abbruch und morgens vor Beginn der Bohrarbeit. Steigt während der Ruhezeit der Bohrlochspiegel, so ist dies nicht selten ein Anzeichen dafür, daß in der Tiefe noch ein wasserführendes Stockwerk vorhanden ist, das die Spiegelhebung verursacht.

2. Das Abpumpen der einzelnen Bohrungen und Entsanden.

Jedes einzelne wasserführende Bohrloch sollte mit Hilfe einer Handpumpe abgepumpt werden. Zu diesem Zwecke wird in die am zweckmäßigsten erscheinende durchlässige Schicht ein Filterkorb eingeführt (Abb. 193), der aus Eisenstäben und Versteifungsringen besteht, mit entsprechendem Gewebe bespannt und am Boden durch einen Holzpfropfen *b* verschlossen ist. Zwecks Ziehens ist der Filterkorb an einem Drahtseil befestigt.

Dem Pumpversuch muß eine gründliche Entsandung vorausgehen, die sich nur dadurch erreichen läßt, daß das Saugrohr der Pumpe bis auf etwa 20—30 cm an die Oberfläche des in den Filterkorb eingetriebenen Sandes herabgelassen wird. Stoßweises Pumpen entsandet kräftiger als ein gleichmäßiger, ununterbrochener Betrieb. Ist ein Teil des Filterkorbes entsandet, so muß das Saugrohr nachgelassen und die Entsandung so lange fortgesetzt werden, bis der Filterkorb in seiner ganzen Länge sandfrei ist. Zu diesem Zwecke sollte stets ein Teil des Saugrohres als Gummischlauch ausgebildet sein, wodurch das Tieferlassen des Saugrohres erleichtert wird.

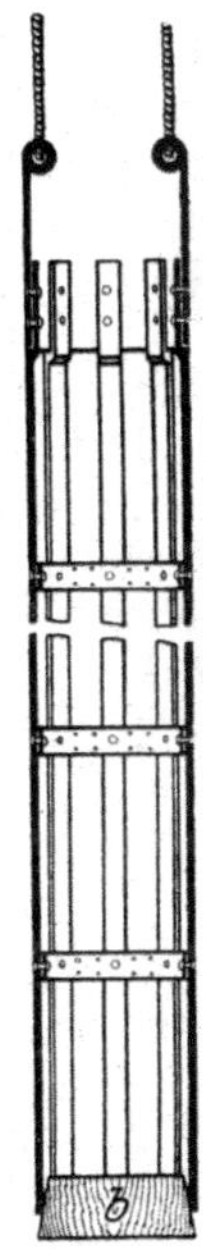

Abb. 193. Filterkorb zum Abpumpen der Bohrlöcher.

Nach den Erfahrungen des Verfassers kann je nach Umständen die aus einem 200—250 mm weiten Rohrbrunnen bei 5—10 m Filterkorblänge durch Entsandung zutage geförderte Sandmenge bis zu 0,5—1,0 m³ betragen. Besonders groß sind die Sandmengen, welche artesische Brunnen dann liefern, wenn es technisch unmöglich ist, besondere Schutzvorrichtungen gegen Sandeintritt (z. B. Gewebe, Bodenverschluß) anzuordnen.

Der artesische Brunnen von Maisons-Laffitte, der nach den Angaben von Péroux (319) bei 576 m unter Flur stark wasserführende Grünsande erschlossen hat, förderte in den ersten Tagen nach der Wassererschließung rund 20 m³ feinen Sandes pro Tag an die Erdoberfläche.

Nach 18 Tagen betrug die Sandmenge noch 1,21 g im Liter und erst vom 21. Tag ab begann das Wasser sich fortschreitend zu klären.

3. Messung der spezifischen Ergiebigkeit, Feststellung der Wasserbeschaffenheit im Felde.

Nach erreichter Sandfreiheit kann zur Ermittlung der spez. Ergiebigkeit geschritten werden, d. h. der Ergiebigkeit für den Absenkungsmeter (vgl. S. 130), welche einen Vergleichsmaßstab für die Durchlässigkeit des Untergrundes abgibt.

Zur Erzielung einwandfreier Meßergebnisse ist gleichmäßiges Pumpen unerläßlich, da nur dadurch genügende Annäherung an den Beharrungszustand in der Fördermenge und Spiegellage erreicht wird. Die Zahl der Pumpenhübe sollte stets durch einen Sekundenanzeiger nachgeprüft werden. Zum Messen des Förderwassers dient eine Tonne von etwa 100—200 Liter Inhalt. Der abgesenkte Spiegel ist bei Beginn der Faßfüllung und am Schluß der Füllzeit zu messen. Weichen die beiden Messungen erheblich voneinander ab, so ist dies ein Zeichen dafür, daß die Pumpenleistung ungleichmäßig war. Der Pumpversuch muß dann wiederholt werden. Auf alle Fälle ist es ratsam, die Messungen zur Bestimmung der spez. Ergiebigkeit zweimal durchzuführen und aus den doppelt berechneten Zahlen das Mittel zu nehmen.

Am Schluß des Pumpversuches werden die Temperaturen gemessen und die Wasserproben entnommen. Die Untersuchung des Wassers auf Geruch, Geschmack, Härte, Chloride, Eisen und freie Kohlensäure sollte stets an Ort und Stelle im Anschluß an den Pumpversuch stattfinden oder spätestens am nächsten Tage nachgeholt werden. Die Ergebnisse sind in die Bohrtafeln einzutragen.

Ist der Pumpversuch beendet, so wird ein Beobachtungsrohr in die durchlässigste Lage des Untergrundes eingeführt und die Rohrfahrt nebst Filterkorb gezogen, wobei mit dem Beobachtungsrohre der Holzboden *b* des Filterkorbes (Abb. 193) herauszustoßen ist.

Sind mittels eines Bohrloches mehrere Wasserstockwerke oder Schichten verschiedener Durchlässigkeit erschlossen worden, so ist der Pumpversuch in jedem Stockwerk bzw. jeder selbständig entwickelten wasserführenden Schicht zu wiederholen. Die Pumpversuche sind vom untersten Stockwerk nach oben fortschreitend vorzunehmen. Soll dann jedes Wasserstockwerk ein besonderes Beobachtungsrohr erhalten, so ist die Bohrung bis zum tiefsten Stockwerk neu niederzubringen. Die Fugen zwischen Beobachtungsrohr und Rohrfahrt in den trennenden, undurchlässigen Schichten sind tunlichst mittels Toneinschlages zu verdämmen.

Durch Eintragen der spez. Ergiebigkeiten in den Lageplan des Versuchsfeldes erhält man ein deutliches Bild über die Durchlässigkeitsverhältnisse desselben. Entsprechen die Stellen der größten Durchlässigkeiten den sonstigen Anforderungen, die man an eine zweckmäßige Fassung zu stellen hat (vgl. Abschnitt „Fassung“, S. 293), so kann man in dieser Lage zur Errichtung eines Versuchsbrunnens schreiten.

II. Der Versuchsbrunnen.

1. Allgemeines.

Sind die Vorarbeiten sachgemäß und erschöpfend durchgeführt, so wird der Versuchsbrunnen in den meisten Fällen in befriedigender Weise die hydrologische Untersuchung zum Abschluß bringen. Es ist verfehlt, einen Versuchsbrunnen dort zu errichten, wo die Vorarbeiten unvollständig geblieben sind.

Der Hauptzweck eines Versuchsbrunnens soll stets sein: Die auf Grund der Vorarbeiten gewonnene hydrologische Erkenntnis, daß ein Versuchsfeld zur Dauergewinnung einer bestimmten Grundwassermenge mit hoher Wahrscheinlichkeit geeignet sein wird, durch einen Pumpversuch im großen als unbedingt richtig zu erweisen.

Die Beweiskraft eines Pumpversuches im großen ist nicht hoch genug einzuschätzen, da jeder Sekundenliter tatsächlich fließenden Wassers auf den Laien weit überzeugender wirkt als wissenschaftliche Untersuchungen und rechnerische Ableitungen, die noch so richtig sind. Aus diesem Grunde sollte stets ein Versuchsbrunnenbetrieb das Schlußglied einer jeden, Erfolg versprechenden, hydrologischen Untersuchung bilden.

Die Zahl der Fehlerquellen, die der Ermittlung der Durchflußfläche, des Wassergefälles, der Durchlässigkeit, der Wassergeschwindigkeit usw. anhaften, ist in vielen Fällen ungemein groß, und auch der geschulteste und vorsichtigste Beobachter ist kaum in der Lage, die aus den einzelnen Fehlerquellen stammenden Ungenauigkeiten ihrer Tragweite nach richtig einzuschätzen. Auch ist nicht zu vergessen, daß der die Arbeiten leitende Hydrologe nicht alle Beobachtungen und Messungen selbst ausführen kann, sondern auf die Zuverlässigkeit und Beobachtungsgabe seiner Mitarbeiter angewiesen ist. Ein Versuchsbrunnen wirkt in dieser Hinsicht ausgleichend und ergänzend. In seinen Betriebsergebnissen sind all die unbekannten oder nicht richtig erkannten Fehlerquellen summarisch eingeschlossen. Sie kommen sowohl in der Fördermenge als auch in der Absenkung, also im Ergiebigkeitsgesetz, praktisch zum Ausdruck, wenn auch ihre Einzelgrößen nach wie vor unbekannt bleiben.

Der Zweck eines Versuchsbrunnens ist indessen nicht allein, die Größe der zu erwartenden Wassermenge zu bestätigen, sondern auch den Einfluß der Entwässerung des Untergrundes auf die Wasserbeschaffenheit festzustellen. Derartige Feststellungen sind oft ungemein wichtig, und es gibt kein anderes Mittel zu ihnen zu gelangen, als einen Probebetrieb, der den zukünftigen Entnahmeverhältnissen einigermaßen angepaßt ist.

2. Lage des Versuchsbrunnens.

Für die Lage des Versuchsbrunnens sind die auf S. 293 u. f. angegebenen Gesichtspunkte maßgebend.

Für einen glatten Betrieb ist es erforderlich, daß eine aufnahmefähige Vorflut in der Nähe des Versuchsbrunnens liegt. Lange Vorflutgräben mit ungenügendem Gefälle verkrauten sehr leicht im Sommer und sind im Winter Schneeverwehungen ausgesetzt.

3. Bauliche Anordnung des Versuchsbrunnens.

Wenn auch ein Versuchsbrunnen dem Zweck nach nur ein beweisführendes Hilfsmittel von vorübergehender Dauer ist, so kann man doch in den meisten Fällen den unterirdischen Teil desselben, also die Fassungskörper, so ausbilden, daß sie nach beendetem Versuchsbetrieb durch geeignete Abänderungen und Zusätze in eine endgültige Fassung umgewandelt werden und so erhalten bleiben können. Auf diese Weise wird ein großer Teil der Anlagekosten für den Bau nutzbar gemacht.

Als bequemes, einfachstes Fassungsmittel empfiehlt sich der Rohrbrunnen. Er hat den Vorzug der Billigkeit, des raschen Niederbringens, ist anpassungsfähig an die verschiedensten Untergrundverhältnisse, und wenn der Versuchsbrunnen den von ihm erhofften Leistungen nicht entspricht, so können die Rohrbrunnen leicht gezogen und an einer anderen Stelle wieder verwendet werden.

Auch in solchen Fällen, wo die Mächtigkeit der wasserführenden Schicht zu wünschen übrig läßt, kann man den Rohrbrunnen aus Sparsamkeitsgründen als Fassungsmittel verwenden, doch ist es dann erforderlich, die hydrologischen Beobachtungen namentlich auf die Art der Entwässerungswirkung der Versuchsanlage auszudehnen, um daraus ableiten zu können, ob als endgültiges Fassungsmittel eine lotrechte Fassungsanlage beibehalten werden kann, oder ob sie durch eine wagerechte ersetzt werden muß.

Schachtbrunnen sind meist mit Vorteil dort anzuwenden, wo der wasserführende Untergrund allenthalben in hydraulischem Zusammenhang steht, d. h. wenn nur ein wasserführendes Stockwerk vorhanden ist, dieses keine besonders große Mächtigkeit zeigt und der Bewegung des Grundwassers geringe Widerstände entgegensetzt. Diese Umstände ermöglichen selbst dann noch verhältnismäßig große Entnahmen, wenn der Wassereintritt nur an der Brunnensohle stattfindet. Der Schachtbrunnen gestattet bei Benutzung eines kleinen Bauplatzes die Beanspruchung eines verhältnismäßig großen Streifens des Grundwasserstromes und empfiehlt sich auch dort, wo der Wasserspiegel tief liegt, da man in einem Schachtbrunnen auch die Pumpe ohne weiteres tief einbauen kann.

Ist die Mächtigkeit des wasserführenden Untergrundes gering, so empfiehlt sich die Anlage eines Sickerschlitzes. Dies ist jedoch für Versuchszwecke nur dann von Vorteil, wenn die baulichen Schwierigkeiten nicht allzu groß sind. Im anderen Falle erreicht man den Versuchszweck wenigstens angenähert auch durch eine Reihe eng benachbarter Schachtbrunnen, die später beim Ausbau der Fassung als Zwischenschächte dienen. Zwischen den Schächten wird dann ein Sammelstrang eingeschaltet. Erforderlich ist hierbei, daß die Schachtbrunnen von vornherein die erforderlichen Anschlußöffnungen für die Sammelstränge erhalten.

Zur Kuppelung der einzelnen Rohrbrunnen können Guß- und Schmiedeeisenrohre verwendet werden. Als Dichtungsmaterial empfehlen sich rollende Gummiringe, welche den Vorteil der raschen Rohrverlegung haben und von der wechselnden äußeren Temperatur so gut wie gar nicht beeinflußt werden. (Vgl. die Mitteilungen G. Thiems (320).)

Werden die Dichtungen aus Blei ausgeführt, so sollten wenigstens die Muffen mit Erde bedeckt werden, da sonst die Dichtungen unter dem Einfluß der schwankenden Lufttemperatur nach und nach undicht werden.

Jeder einzelne Brunnenspiegel ist meßbar einzurichten. Zu diesem Zwecke werden in den Rohrbrunnen selbst entweder besondere Beobachtungsrohre angeordnet, oder die Messung erfolgt in dem zwischen Brunnenwand und Saugrohr entstehenden Zwischenraum. Auch zwischen den einzelnen Brunnen sind Beobachtungsrohre niederzubringen zwecks Feststellung der gegenseitigen Brunneneinwirkung. Von Vorteil ist es, wenigstens bei einzelnen Brunnen unmittelbar an der äußeren Brunnenwand Spiegelaufdeckungen zu haben, um auch die Brunnenwiderstände einmessen zu können. Auch die Längs- und Querachse des Versuchsbrunnens ist mit Beobachtungsrohren zu besetzen. Die Zahl und Verteilung dieser Stellen richtet sich nach den örtlichen Verhältnissen. Im allgemeinen ist in der Nähe des Brunnens die gegenseitige Entfernung der Beobachtungsstellen kleiner zu wählen als weiterhin. Unter Umständen werden die Betriebsergebnisse unschwer

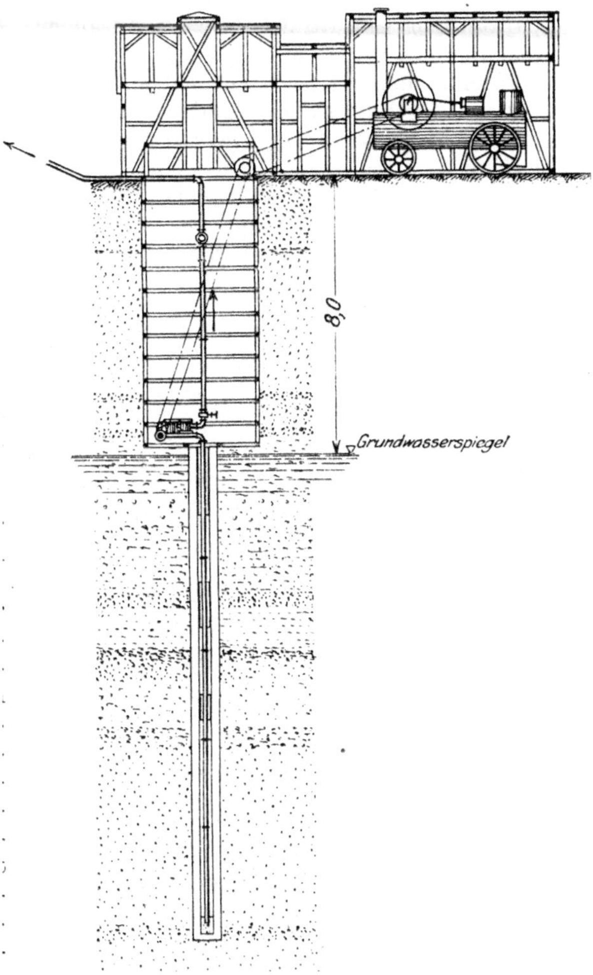

Abb. 194. Versuchsbrunnen mit Schacht bei tiefliegendem Wasserspiegel.

erkennen lassen, in welcher Richtung neue Spiegelaufdeckungen notwendig sind.

Als Betriebsmittel empfehlen sich vor allem Zentrifugalpumpen, die entweder durch Lokomobilen, Ölmotoren oder, falls in der Nähe der Betriebsstelle elektrische Kraft vorhanden ist, durch Elektromotoren angetrieben werden. Lokomobilen gestatten die Verwendung von Strahlapparaten zur Entlüftung und zum Ansaugen. Die saugende Wirkung sowie überhaupt der Dichtigkeitsgrad der Leitungen wird am besten fortlaufend mittels eines Quecksilbervakuummeters beobachtet.

Ist aus irgendwelchen Gründen die Errichtung eines Versuchsbrunnens in Lagen mit tiefliegendem Grundwasserspiegel unvermeidlich, so empfiehlt es sich, einen Schacht so tief niederzubringen, daß man mit der Sohle desselben nahezu den Grundwasserspiegel erreicht. Auf der Sohle selbst wird die Pumpe aufgestellt. Senkrechter Riemenantrieb führt in der Regel zu Betriebsschwierigkeiten und ist daher nur im Notfalle anzuraten (Abb. 194).

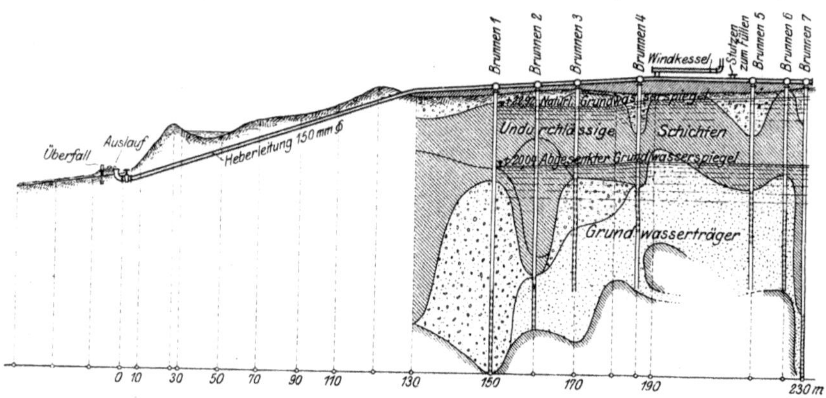

Abb. 195. Versuchsbrunnenanlage mit Heberbetrieb.

Der Schacht muß leicht zugänglich sein, um sowohl die Pumpe leicht warten als auch den Brunnenspiegel leicht messen zu können.

Ein brauchbares Fördermittel für Versuchszwecke bei tiefliegendem Spiegel sind auch die Drucklufttheber (Mammutpumpen). Man muß jedoch damit rechnen, daß Drucklufttheber eine tiefere Lage der Brunnensohle erfordern, und daß sowohl dadurch als auch durch den geringen Wirkungsgrad derartiger Anlagen eine Verteuerung des Versuchsbetriebes eintritt. Über Drucklufttheber berichten u. a. Josse (321), Guillery (322), Perényi (323), Lorenz (324).

Auch Pulsometer kann man für Versuchsbrunnenzwecke verwenden. Sie zeichnen sich durch niedrige Anlagekosten aus, haben aber den Nachteil, daß das Förderwasser durch sie erwärmt wird. Das ist bedenklich für Versuchszwecke, bei welchen auf bakteriologische Feststellungen besonderes Gewicht gelegt wird.

Gestatten es die Geländeverhältnisse, so ist ein Versuchsbetrieb mittels Heberleitung stets zu empfehlen. Es ist die einfachste und billigste

Art eines Versuchsbetriebes, da die Betriebskosten, Dichtheit der Heberleitung vorausgesetzt, nahezu Null werden. Der Heberbetrieb zeichnet sich auch durch große Regelmäßigkeit der entwässernden Wirkung aus. Lange Heberleitungen haben den Nachteil, daß man mit ihnen die Absenkung des Wasserspiegels nicht bis zur vollen Saughöhe einer Pumpe treiben kann, da die Reibungswiderstände in der Rohrleitung die sonst erreichbare Saughöhe verkleinern. Dieser Nachteil kann indessen bei den sonstigen Vorteilen der Heberanlagen nicht ins Gewicht fallen. Notwendiges Zubehör eines Versuchshebers ist ein möglichst großer Saugwindkessel mit Entlüftungsvorrichtung. In Abb. 195 ist eine vom Verfasser errichtete Versuchsbrunnenanlage mit Heberbewirtschaftung, die zum Nachweis des Wassers für den Truppenübungsplatz Weißenburg diente, dargestellt.

4. Der Versuchsbrunnenbetrieb.

Vor Beginn eines jeden Versuchsbrunnenbetriebes ist der natürliche Zustand des Grundwasserspiegels im Bereiche des ganzen Versuchsfeldes einzumessen einschließlich der Wasserstände benachbarter oberirdischer Wasserläufe. Der Vergleich mit vorherigen Spiegelmessungen wird ergeben, welchen Spiegelgang man während eines künstlichen Eingriffs in den Untergrund angenähert zu erwarten hat.

Der einfachste Versuchsbrunnenbetrieb wird stets derjenige sein, wo das Wasser entweder als Quelle zutage tritt oder artesisch ist, also über Tag frei abfließt. In einem solchen Falle stellt jede Quelle bzw. artesische Bohrung einen selbständigen Versuchsbrunnen dar, und die hydrologischen Maßnahmen beschränken sich auf Spiegel- und Ergiebigkeitsmessungen.

Auch bei künstlicher Förderung müssen die Fördermengen fortlaufend gemessen werden. Am besten eignen sich zur Messung die auf S. 74 beschriebenen Überfälle, die mit einer selbsttätigen Schreibvorrichtung zu verbinden sind. Ein Meßkasten mit einem Schreibapparat gibt genaue Auskunft sowohl über die jeweilig geförderte Wassermenge als auch über sämtliche Betriebsänderungen, Ungleichmäßigkeiten, Störungen u. dgl., wie kein anderes Hilfsmittel.

In Abb. 196 ist die selbsttätige Aufzeichnung einer derartigen Meßvorrichtung dargestellt. Man kann ihr für jeden beliebigen Zeitpunkt die herrschenden Betriebszustände entnehmen und hat auf diese Weise ein unfehlbares Mittel zur Überwachung des Maschinisten, dem die Wasserförderung anvertraut ist.

Aus diesem Grunde ist der Schreibapparat stets unter Verschluß zu halten. Er soll dem Maschinisten nur sichtbar, sonst aber unzugänglich sein.

Aus den täglichen Aufzeichnungen der Meßvorrichtung sind die Fördermengen auszuwerten und durch die Bestimmung von Temperatur usw. zu ergänzen. Ein fortlaufendes Auftragen der Fördermengen im Zusammenhange mit den Spiegelgängen gibt genaue Auskunft über die Brunnenwirkung.

Das Messen der Wassermenge mittels Wassermessers ist für Versuchsbrunnenanlagen weniger zu empfehlen, weil jeder Versuchsbrunnen eine gewisse Zeitlang Sand liefert. Durch den mitgeführten Sand werden die Wassermesser bald unbrauchbar gemacht. Will man trotzdem die Messung mittels Wassermessers vornehmen, so sollten Wassermesser hierzu erst dann eingebaut werden, wenn völlige Sandfreiheit des Förderwassers erreicht ist.

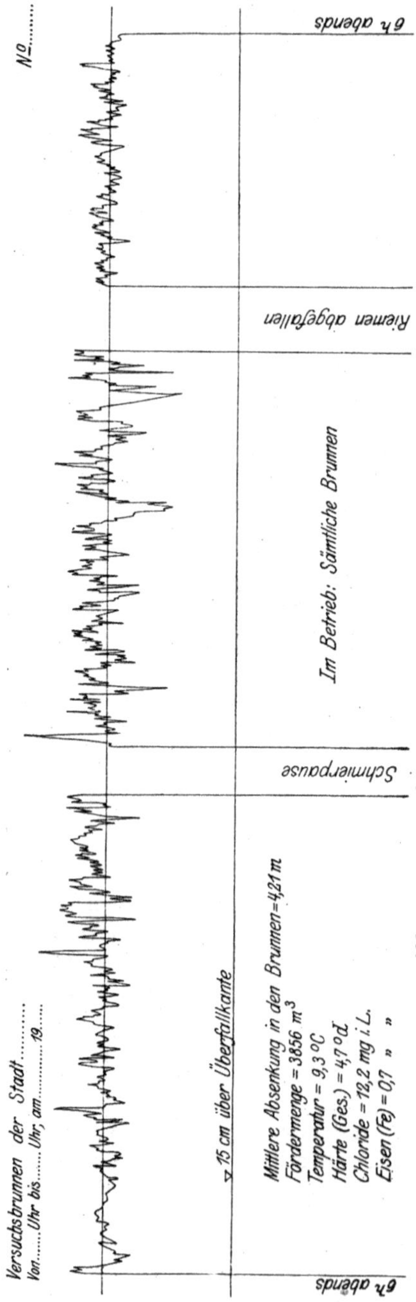

Abb. 196. Selbsttätige Aufzeichnung der Strahlhöhen eines Meßkastens.

Zwecks Vermeidung von Enttäuschungen ist es unerläßlich, den Eintritt des Beharrungszustandes gewissenhaft abzuwarten.

Zur möglichst schnellen Erreichung ist es vorteilhaft, den Versuch mit größerer Fördermenge oder größerer Absenkung einzuleiten, als für ihn endgültig vorgesehen ist, dann aber unter tunlichster Vermeidung aller Störungen dauernd auf dem vorgesehenen Maße zu verharren. Es wird dabei allerdings die größte verfügbare Leistung der Förderanlage an Menge und Absenkung für den Versuch selbst nicht ausgenutzt.

Im gleichen Sinne empfiehlt es sich, wenn mehrere Versuche mit verschiedenen Förderungen oder Absenkungen beabsichtigt sind, diese Reihe mit abnehmenden Fördermengen oder Absenkungen zu durchlaufen. Die Ausführung solcher mehrfacher Versuche aber ist erwünscht, weil ihre Ergebnisse bei der Bearbeitung der gegenseitigen Prüfung und Bestätigung dienen.

Liegen mehrere Versuche mit verschiedenen Förderungen oder Absenkungen vor, so entspricht im allgemeinen jeder anderen Fördermenge oder Absenkung nicht allein eine andere Absenkung oder Fördermenge, sondern auch eine andere Breite des Entnahmegebietes.

Jeder Entnahmebreite entspricht auch ein besonderer benetzter Querschnitt. Entwickelt man das Verhältnis Menge : Querschnitt, so stellt diese Verhältniszahl die natürliche Grundwassergeschwindigkeit dar in dem zugehörigen Querschnitt.

Im allgemeinen kann gelten, daß in derjenigen Richtung, in welcher die Brunnenspiegel gegen Schwankungen im Betrieb am empfindlichsten sind, auch die Lage der größten Durchlässigkeit und des größten Wasserzuflusses zu suchen sein wird.

A. Thiem (167) hat mittels des Versuchsbrunnenbetriebes im Gleisental den Zuwachs der Entnahme in Abhängigkeit von vier Stufen der Fördermenge ermittelt. Die Ermittelung (Abb. 197) der Entnahmebreite geschah entlang der Grundwasserhorizontalen +572 m, die, wie ihr Verlauf lehrt, vom Brunnen so weit entfernt ist, daß sie als nicht mehr beeinflußt gelten kann. Es wurden gefunden:

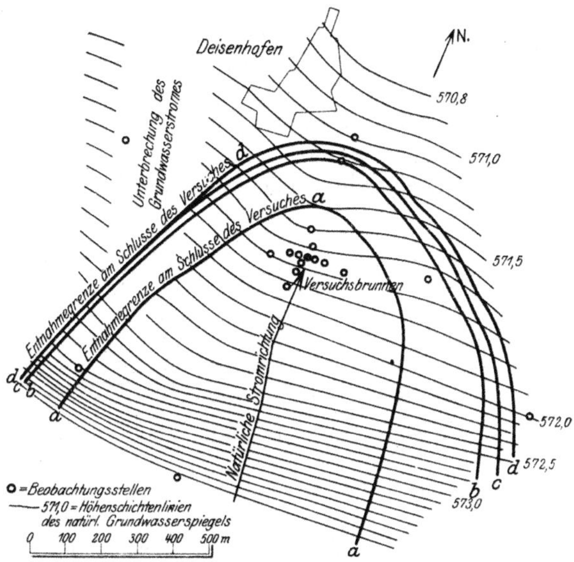

Abb. 197. Entnahmegrenzen des Versuchsbrunnens im Gleisental bei verschiedenen Entnahmemengen. (Nach A. Thiem.)

Versuch	*a*	*b*	*c*	*d*	
Entnahmebreite	365	620	655	700	m
Unterschied		255	35	45	„
Querschnittshöhe		7,1	7,3	7,4	„
Mengenzunahme		63	22	27	ltr/sk
Flächen		1810	256	333	m²
Grundwassergeschwindigkeit/Tag		3,06	7,82	7,0	m

Aus dieser Zusammenstellung ergibt sich, daß die Geschwindigkeit und somit auch die Durchlässigkeit gegen Osten stark zunimmt. Der Grund hierzu ist in dem Umstande zu suchen, daß der Brunnen am Rande des westlichen Stromufers steht, und daß in der Richtung nach Ost der Wasserreichtum sich findet, weil der Stromstrich des diluvialen Flusses, welcher den Wasserträger aufgebaut hat, weiter im Osten lag. Am westlichen Ufer sind die feinsten Geschiebe abgelagert worden, nach Osten nimmt ihre Größe bis zum Stromstrich, wo die Wassergeschwindigkeit am größten war, zu. Entsprechend diesen natürlichen Lagerungsverhältnissen im Untergrund wächst dann mit der Annäherung an den Stromstrich die Durchlässigkeit und Ergiebigkeit.

Man ersieht aus diesem Gedankengang, daß es möglich ist, aus den rein hydraulischen Ergebnissen eines Versuchsbrunnens auf den geologischen Aufbau zu schließen. Der tatsächlich erbohrte Querschnitt (Abb. 198) beweist, daß die Rückschlüsse aus dem Versuchsbetrieb der Wirklichkeit entsprechen.

Nach Abschluß des Versuches oder eines jeden Teilversuches sind die Spiegelmeßergebnisse des ganzen Versuchsfeldes zu einem Höhenschichtenplan zu verarbeiten, die eingetretenen hydrologischen Veränderungen mit den natürlichen Zuständen zu vergleichen und daraus die sich ergebenden Schlußfolgerungen zu ziehen.

Ganz besonders wichtig für die Beurteilung der Brunnenwirkung auf den Untergrund sind die Verhältnisse im unteren Teile des Längenschnittes dort, wo sich die Scheitelung ausbildet. Es empfiehlt sich, für jede Absenkung den Ort dieser Scheitelung festzustellen, selbst wenn dazu die Herstellung nachträglicher Bohrungen notwendig werden sollte.

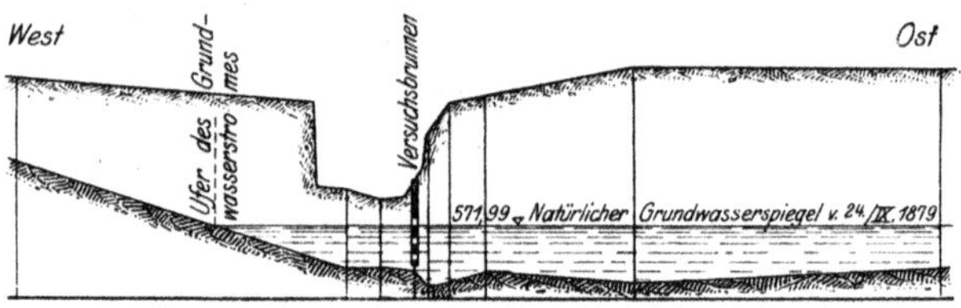

Abb. 198. Querschnitt durch den Versuchsbrunnen im Gleisental. (Nach A. Thiem.)

Wie wir auf S. 197 gesehen haben und Abb. 195 in der Anwendung auf einen wirklichen Fall gezeigt hat, ist die untere Scheitelung der Ausgangspunkt des neutralen Wasserweges, und man kann von ihm aus durch das Ziehen von Senkrechten auf die Höhenschichtenlinien des abgesenkten Spiegels die Entnahmegrenze des Versuchsbrunnens feststellen. Wenn auch einer derartigen zeichnerischen Ableitung eine gewisse Unsicherheit anhaftet, so ist doch das Ergebnis für die Praxis immerhin brauchbar. Man darf bei der Bewertung derartiger Hilfsmittel nicht vergessen, daß es in der Natur ein genaues Maß für die Entnahmebreite eines Brunnens nicht geben kann, da die Ergiebigkeit des Untergrundes keine unveränderliche Größe ist, sondern je nach den Begleitumständen, genau wie beim Oberflächenwasser, ständig schwankt.

Den Betrieb des Magdeburger Versuchsbrunnens hat G. Thiem (325) ausführlich beschrieben.

5. Der Beharrungszustand am Ende des Versuchsbrunnenbetriebes.

Je nach Art des Grundwasserträgers kann der Ergiebigkeitsrückgang monatelang anhalten, bevor der Beharrungszustand eintritt. Die Abnahme der ursprünglichen Ergiebigkeit kann bedeutend sein. So hat z. B. A. Thiem am Versuchsbrunnen der Stadt Abo festgestellt, daß die Anfangsergiebigkeit von 36 ltr/sk bis auf 16,9 ltr/sk, also auf weniger als die Hälfte fiel. Zur Erreichung des Beharrungszustandes waren nahezu 12 Monate erforderlich.

Beim Versuchsbrunnen für das Truppenlager Weißenburg, welchen Verfasser bewirtschaftete, wurde der Beharrungszustand bei einem Ergiebigkeitsrückgang von 17,6 auf 12,8 ltr/sk in 13 Monaten erreicht. Eine Verzögerung im Eintritt des Beharrungszustandes tritt namentlich dann ein, wenn sich im rückwärtigen Lauf eines gespannten Grundwasserstroms Lagen befinden, die kein gespanntes, sondern Wasser mit freiem Spiegel führen. Derartige Verhältnisse hat Verfasser (163) anläßlich der Vorarbeiten für die Stadt Wismar näher untersucht.

So unerläßlich die gewissenhafte Abwartung der oft recht unerwünscht langen Dauer bis zum Eintritt des Beharrungszustandes, so wichtig ist die richtige Auswertung der im Beharrungszustande gewonnenen Beobachtungsergebnisse. Nach Formel (19) auf S. 177 ist der Durchlässigkeitsbeiwert k umgekehrt proportional dem Unterschied $H^2 - h^2$, der Quadrate der Höhe H der wasserführenden Schicht und der Höhe h des abgesenkten Grundwasserstandes im Brunnen über der undurchlässigen Sohle oder dem Produkte $(H + h)(H - h)$, von Summe und Unterschied dieser beiden Höhen. Letzterer Unterschied bildet die im Brunnen zu beobachtende Spiegelabsenkung A, durch deren Einführung das genannte Produkt in die Gestalt $(2H - A)A$ übergeht. Ein Fehler, der dem beobachteten Maße A gegenüber dem im wirklichen Beharrungszustande richtig bestimmten anhaftet, überträgt sich, je größer besonders die Höhe H ist, fast in seiner vollen Höhe auf den Durchlässigkeitsbeiwert k. Jeder aus den Versuchsergebnissen zu ziehende Schluß leidet daher unter dem Mangel, daß bei ihm eine nahezu um den gedachten Fehler in entgegengesetztem Sinne von der Wirklichkeit abweichende Durchlässigkeit des Untergrundes vorausgesetzt wird. Zur Vermeidung des Fehlers ist es notwendig, wenigstens eine Beobachtungsstelle zu haben, die, wie die Stelle B in Abb. 199, außerhalb der Entnahme- und Einwirkungsgrenze des Versuchsbrunnens liegt, und unbeeinflußt von ihm die natürlichen Schwankungen des Grundwasserspiegels anzeigt. Nicht mit der vor Beginn des Versuchs im Brunnen festgestellten Spiegellage, sondern mit der Lage, die sich von dieser aus mit dem im unbeeinflußten Grundwasser beobachteten Schwankungsgange ergibt, ist der jeweilige abgesenkte Spiegel im Brunnen zu vergleichen, um die erzielte Annäherung an den Beharrungszustand zu beurteilen und, wenn sie genügend erscheint, das richtige Maß der Absenkung zu erhalten. Die Annäherung ist als ausreichend zu erachten, wenn der abgesenkte Spiegel im Brunnen bei unveränderter Entnahme eine angemessene Zeitlang dem für den ungestörten Spiegel seines Ortes

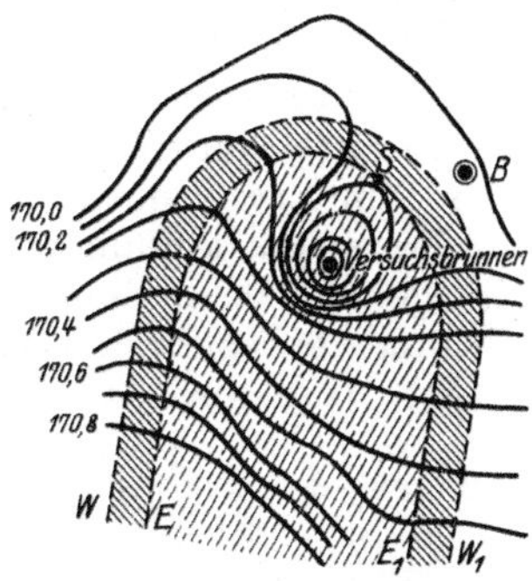

Abb. 199. Lage eines unbeeinflußten Beobachtungsrohres B außerhalb der Entnahme- und Einwirkungsgrenze eines Versuchsbrunnens.

abgeleiteten Schwankungsgange in genau gleichem Abstande ohne jede Veränderung des Höhenunterschiedes zwischen beiden Spiegeln folgt. Dieser unverändert gebliebene Höhenunterschied aber ist das richtige Maß der Absenkung. Findet sich der gleichbleibende Abstand der beiden Spiegel bei fallendem Gange, so wird die Dauer ihrer Bestätigung auf mindestens einige Tage auszudehnen sein. Bei steigendem Gange dagegen wird eine kürzere Zeit genügen.

6. Spiegelverhalten während und am Ende des Versuchsbrunnenbetriebes.

Der Spiegelgang eines Versuchsbrunnens für die Stadt Stendal ist in Abb. 200 nach Aufnahmen des Verfassers wiedergegeben. Man den ersieht aus dem Bild deutlich, wie Betriebsstörungen auf den Spiegelgang einwirken.

Die vom Versuchsbrunnen ausgehende Spiegelsenkung verläuft strahlenförmig in das Entnahmegebiet, und ihre Größe muß mit der Entfernung vom Brunnen abnehmen. Dasselbe gilt für Spiegelerhebungen. Im Brunnen sind die Spiegelbewegungen am größten.

Besonders auffällig tritt dies bei einer Herabsetzung der Fördermenge oder beim Einstellen des Betriebes hervor, indem dann die dem Brunnen benachbarten Spiegel langsamer steigen als der Brunnenspiegel selbst. Hier wird der Vorgang dadurch gesteigert, daß beim Rückgang der Ergiebigkeit ein Teil der Brunnenwiderstände fortfällt, wodurch eine sofortige Erhöhung des Brunnenspiegels eintritt. Für die Spiegel der Nachbarschaft gibt es derartige Widerstände nicht, und sie erholen sich nur langsam mit zunehmender Füllung des Absenkungstrichters.

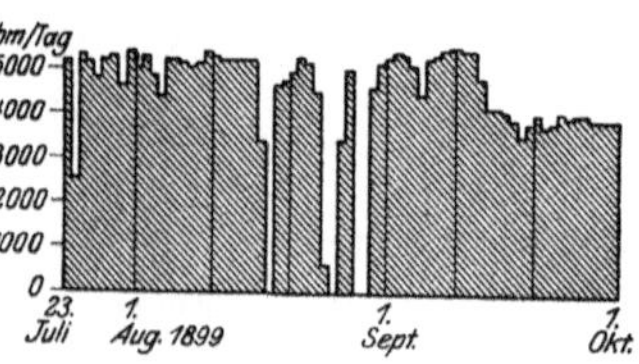

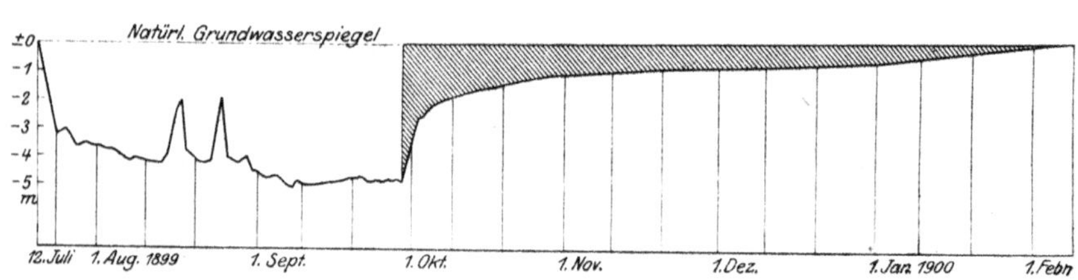

Abb. 200. Gang der Absenkung und der Fördermengen des Versuchsbrunnens für die Stadt Stendal.

Nach Abschluß eines jeden Versuchsbrunnenbetriebes sollte man den Gang der Spiegelsenkung auch während des Wiederaufstiegs bis zur Erreichung der natürlichen Spiegellage verfolgen, wie dies aus Abb. 200 hervorgeht. Je regelmäßiger der Wiederaufstieg sich vollzieht, für desto gleichmäßiger ist der Untergrund auch in der weiteren Umgebung des Brunnens zu erachten.

Beim Versuchsbrunnen der Stadt Stendal war zur angenäherten

Erreichung der natürlichen Spiegellage ein Zeitraum von etwa 110 Tagen erforderlich, nachdem die Fördermenge 4000 m³/Tag bei 5,1 m Absenkung betragen hatte.

7. Zahlenergebnisse verschiedener Versuchsbrunnenbetriebe.

Die Ergebnisse verschiedener Versuchsbrunnenbetriebe sind aus folgender Zusammenstellung ersichtlich:

Versuchsfeld	Grundwasser-gefälle	Menge ltr/sk	Absenkung m	Spez. Ergiebigk. ltr/sk	Eintritt d. Beharrungszustandes i. Tagen	Breite der Entnahme m	Breite der Einwirkung m	Beobachter
Salzwedel. .	1 : 380	29,20	5,00	1,92	18	600	1250	E. Prinz
Stendal . .	1 : 1000	46,40	5,10	1,75	53	—	—	„
Forst i. L. .	1 : 720	67,00	3,80	3,32	36	—	—	„
Grimma i. S.	1 : 1000	54,00	3,50	5,60	52	—	—	A. Gleitsmann
Luckenwalde	1 : 285	43,60	4,00	3,64	44	750	—	E. Prinz
Troisdorf . .	1 : 450	78,0	4,8	16,5	—	470	—	E. Rutsatz
Åbo	—	16,90	—	—	360	—	—	A. Thiem
Posen . . .	—	70,00	—	—	72	—	—	„
Trier. . . .	1 : 1350	34,50	—	—	—	800	—	C. Wahl

8. Ungesetzlicher Verlauf der Versuchsbrunnenergebnisse.

Die Ergebnisse eines Versuchsbrunnenbetriebes lassen sich nur dann zur Ableitung bzw. zur Begründung der Richtigkeit hydrologischer Gesetze verwenden, wenn der Untergrund aus regelmäßig aufgebauten Schichten besteht, für welche die Filtrationsgesetze uneingeschränkte Geltung haben.

Ist dem Untergrund grobes Gerölle beigemischt, so werden sich nach Ausspülung der feineren Bodenteile durch den Brunnenbetrieb im Untergrund einzelne Wasserkanäle bilden. Die Bewegung des Wassers in der Nähe des Brunnens findet dann nicht mehr statt nach den Filtrationsgesetzen allein, sondern auch nach den Gesetzen, die für Kanäle gelten. Derartige Kanäle werden meist höchst unregelmäßige Querschnitte aufweisen, die sich jeder Erkenntnis entziehen, und so wird sich in solchen Fällen in der Nähe des Brunnens eine gemischte Bewegung vollziehen, die weder mit den Filtrationsgesetzen, noch mit den Gesetzen, die für die Bewegung des Wassers in Kanälen gelten, im Einklang stehen wird.

9. Beharrungszustand eines Versuchsbrunnens und Dauerzustand im Fassungsgelände.

Es kann nicht genug hervorgehoben werden, wie wichtig es ist, im Versuchsbrunnenbetriebe ausreichende Annäherung an den Beharrungszustand anzustreben und abzuwarten. Nur unter dieser Bedingung kann damit gerechnet werden, daß eine in dem untersuchten

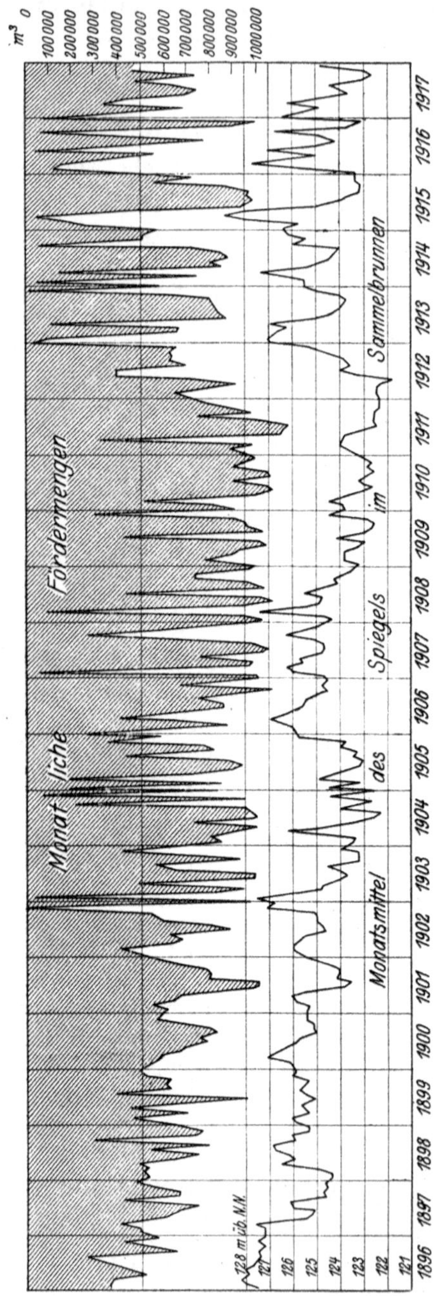

Gelände angelegte Dauerfassung den Erwartungen entsprechen werde, die nach den Ergebnissen des Versuchsbrunnenbetriebes zu erwarten sind.

Allerdings kommen auch dann noch Enttäuschungen und Fehlschläge vor. Wenn nicht Irrtümer anderer Art vorliegen, so ist meist der Grund darin zu suchen, daß der Versuchsbrunnen nicht die ganze, durch die Dauerfassung beanspruchte Geländebreite entwässerte, und daß gerade die von ihm nicht getroffenen Teile des Fassungsgebietes mit ihrer Ergiebigkeit unter dem Durchschnitt bleiben, der aus dem Ergebnis des Versuchsbrunnens für die ganze Fassungsbreite gefolgert worden ist. Die hier inliegende Gefahr wird nicht immer und um so schwerer zu vermeiden sein, je größer die nachzuweisende Wassermenge ist. Sicher aber wird sich bei Bewußtsein dieser Gefahr durch erschöpfende, vergleichende Feststellungen der hydrologischen Eigenschaften des Geländes in der ganzen Entnahmebreite der Dauerfassung und gehöriger Vorsicht bei einer Verallgemeinerung der Versuchsbrunnenergebnisse ein Mißerfolg ausschließen lassen.

Der Mißerfolg einer Dauerfassung kann indessen auch nur ein scheinbarer sein. Dies wird dann der Fall sein, wenn der Untergrund die aus dem Versuchsbrunnenbetrieb zu erwartende Wassermenge tatsachlich führt, wenn aber die Fassungsanlage nicht imstande ist, sie ohne zuverlässige Steigerung der in ihr zu erzeugenden Absenkung zu gewinnen. Unter Umständen kann ein bei der Ausführung der Fassung begangener Fehler die Ursache des Mißerfolges sein. Aber auch ein Wachsen der Widerstände der Fassungskörper infolge einer fortschreitenden Verlagerung der Eintrittsflächen (vgl. S. 371) kann die Ergiebigkeit einer Dauerfassung beeinträchtigen. Ein solcher Mißstand wird erst nach Beseitigung der Ursache des Ergiebigkeitsrückgangs verschwinden, sich aber oft bei abermaliger Steigerung der Widerstände von neuem zeigen.

Von einem wirklichen Mißerfolg kann nur dann die Rede sein, wenn die Betriebsfähigkeit der Fassung, gegebenenfalls selbst nach Reinigung oder Erneuerung der Eintrittsflächen, durch Steigerung der Absenkung über das vorausgesetzte Maß hinaus ihr Ende findet, bevor die erwartete Menge in gleichmäßiger Verteilung über die tägliche Betriebszeit gewonnen wird.

Dagegen ist es keineswegs ohne weiteres als ungünstiges Zeichen anzusehen, wenn selbst noch Jahre hindurch nach der Inbetriebnahme der Fassung eine fortdauernde Senkung der Wasserspiegel in ihrer Nachbarschaft sich beobachten läßt. Es ist dies meist eine völlig gerechtfertigte Erscheinung, die man namentlich bei Fassungen städtischer Anlagen wahrnehmen kann. Der Grund dieser Erscheinung ist darin zu suchen, daß bei städtischen Wasserwerken mit der Zunahme der Bevölkerung auch eine fortlaufend steigende Wasserentnahme stattfindet.

Es ist die Regel, die Leistungsfähigkeit der Fassung wesentlich größer vorzusehen als den Bedarf zur Zeit der Inbetriebnahme, so daß der Dauerbetrieb unter langsamer Annäherung der Entnahme an die gesetzte Grenze sich vollzieht. Dieser Betriebsgang, das Gegenteil desjenigen, der für die Bewirtschaftung eines Versuchsbrunnens zu fordern ist, verzögert entsprechend die Annäherung an den Beharrungszustand für die Grenzleistung. Solange aber der Beharrungszustand nicht erreicht ist, müssen die Spiegel in der Umgebung der Fassung notwendig fortlaufende Senkung erfahren.

In der geschilderten Weise sind z. B. die Spiegelgänge in Abb. 201 zu erklären, die für die Jahre 1896 bis 1917 Beobachtungen aus dem Bereiche der zweiten Leipziger Wasserfassung bei Naunhof wiedergibt. Die von Jahr zu Jahr fortschreitende Senkung ist nicht etwa auf eine Erschöpfung des Untergrundes zurückzuführen, sondern die natürliche Folge der stetig wachsenden Entnahme. Die Abbildung zeigt auch den Einfluß der ungleichförmigen Verteilung der Entnahme nach Größe und Dauer. Bemerkt sei noch, daß die starken Schwankungen, denen das Verhältnis zwischen Entnahme und Absenkung im Sammelbrunnen unterworfen ist, durch die Mitwirkung benachbarter Fassungen beeinflußt werden.

III. Allgemeine Gesichtspunkte bei Anlage von Grundwasser-Fassungsanlagen.

1. Wahl des Fassungsortes.

Für die Wahl des Fassungsortes sind neben sonstigen hydrologischen Gesichtspunkten u. a. ausschlaggebend: Oberflächenbeschaffenheit,

Tiefe des Wasserspiegels unter Flur, Höhenlage des Wasserspiegels über dem Verbrauchsort, Entfernung vom Versorgungsgebiet, Art der Straßen, und Verkehrswege, Vorflut, Besitzstand u. dgl.

Mitunter vereinigen sich die ungünstigen Nebenumstände, die nicht hydrologischer Art sind, so, daß man sich ihnen aus wirtschaftlichen Gründen fügen und den hydrologisch günstigsten Fassungsort preisgeben muß.

Der gewählte Standort der Fassungsanlage ist vor Beginn des Baues genau abzubohren, und zwar namentlich auch in jenen Lagen, wo die Betriebsanlage errichtet werden soll. Sind bei tiefgründigen Bausohlen die Herstellungsschwierigkeiten groß (z. B. bei Triebsand, moorigen Einlagerungen usw.), so ist einem solchen Befund durch Veränderung der Lagepläne Rechnung zu tragen.

2. Beschaffenheit der Oberfläche und Tiefenlage des Spiegels.

Als günstige Fassungsstellen kommen in erster Linie in Betracht möglichst ausgedehnte, ebene, wagerechte Geländeflächen mit geringer Tiefenlage des Spiegels.

Besonders günstige Fassungsstellen sind ferner wagerechte, tiefe Geländefalten und Taleinschnitte, da in solchen ebenfalls wegen der verhältnismäßig hohen Spiegellagen nicht allein die Vorarbeiten, sondern auch die endgültigen Fassungsanlagen einfach und billig durchzuführen sind.

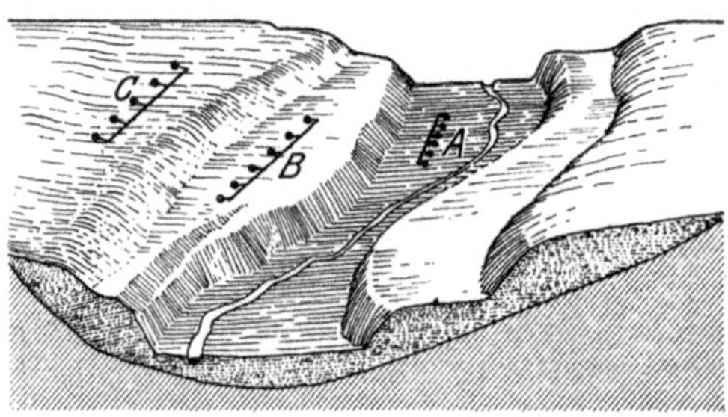

Abb. 202. Anordnung von Fassungsanlagen auf Flußterrassen.

Zur Anlage von Fassungen eignen sich endlich auch bestens Flußterrassen, deren hydrologische Bedeutung auf S. 65 beschrieben ist. Ihnen ist als Fassungsort namentlich dann der Vorzug einzuräumen, wenn sie hochwasserfrei sind. Hat man z. B. die Wahl zwischen der Flußniederung *A*, wo die Fassung im Überschwemmungsgebiet liegt (Abb. 202), und den Terrassen *B* und *C*, so ist die hochwasserfreie Terrasse *B* das bessere Fassungsgelände. Bei nicht genügender Längenentwicklung kann auch die Terrasse *C* in Frage kommen, doch wird hier meist Hochwasserfreiheit mit tiefer Spiegellage erkauft werden müssen.

Viele Städte des Rhein- und Maastals haben ihre Fassungsanlagen in den Niederterrassen angelegt. In der Mittelterrasse sind die Fassungen von Hürt und Efferen untergebracht.

3. Wahl der Fassungsrichtung.

Zwischen Fassungs- und Grundwasserstromrichtung gelten im großen und ganzen dieselben Beziehungen wie zwischen Stau- und Wehranlagen oberirdischer Wasserläufe, die man quer zur Stromrichtung abfaßt und dann nutzbar macht.

Auch die Richtung einer Grundwasserfassung hat nahezu senkrecht zur natürlichen Stromrichtung des Grundwassers zu verlaufen, den Grundwasserstrom also zu überqueren.

Bei längeren Fassungsanlagen ist es mit Rücksicht auf die in den Saug- bzw. Heberleitungen auftretenden Widerstände zweckdienlich, der Fassungsachse gegen die Grundwasserhorizontalen eine Neigung zu geben, und zwar um so viel, daß der natürliche Wasserspiegel am Fassungsende um die Widerstandshöhe höher liegt als am Sammelbrunnen. Bei zweiflügeligen Fassungen sollten daher, geradlinigen Verlauf der Grundwasserhorizontalen vorausgesetzt (Abb. 203), die Flügel nicht in einer Linie liegen, sondern stromaufwärts abschwenken. Man erreicht auf diese Weise für alle Brunnen gleiche Absenkungsgrößen.

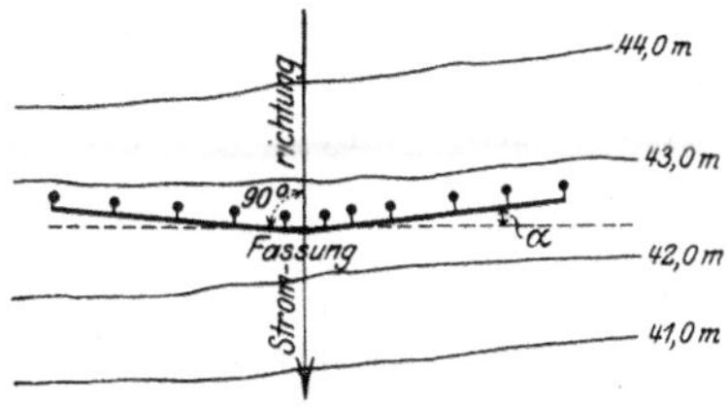

Abb. 203. Schematische Anordnung einer zweiflügeligen Wasserfassung, die stromaufwärts abschwenkt.

Bei kleinem Grundwassergefälle kann man ausnahmsweise der Fassungsachse starke Neigung zur natürlichen Stromrichtung geben, ja mit derselben sogar in die Stromrichtung einschwenken, ohne Gefahr zu laufen, daß durch eine solche Maßnahme das Ergebnis der Fassungsarbeit beeinträchtigt wird.

So sah sich z. B. infolge großer Schwierigkeiten beim Ankauf des Fassungsgeländes Verfasser veranlaßt, die Fassung des Wasserwerks der Stadt Stendal nahezu in der Richtung zur Grundwasserströmung anzulegen (163). Der Verlauf der Absenkungskurven des Versuchsbrunnens zeigt deutlich, daß bei dieser Anordnung der Fassungsachse der Ablenkungstrichter nahezu die Gestalt eines von der Strömungsrichtung unabhängigen kreisrunden Trichters annahm (Abb. 204).

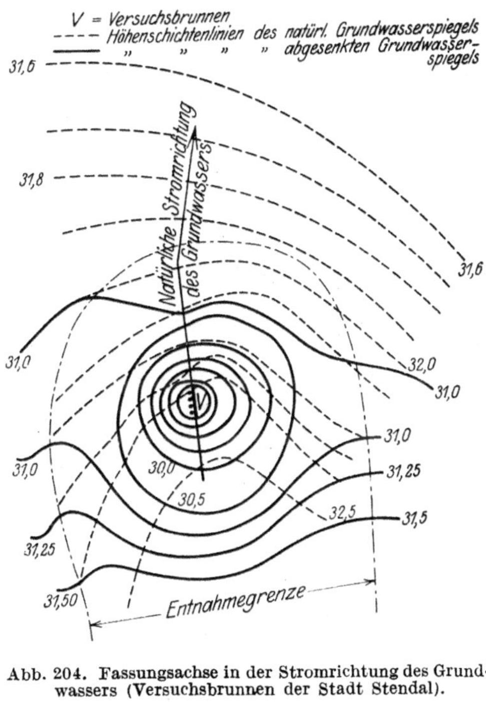

Abb. 204. Fassungsachse in der Stromrichtung des Grundwassers (Versuchsbrunnen der Stadt Stendal).

4. Fassung zwischen gestörten Höhenschichtenlinien.

Zeigen die Höhenschichtenlinien Störungen irgendwelcher Art, so sollte man bei der Anlage von Fassungen diese stets meiden, da Unregelmäßigkeiten der Höhenschichtenlinien nur durch Störungen im Untergrunde hervorgerufen sein können. Als Ursache solcher Störungen gelten vor allem: Wechsel in der Durchlässigkeit, Einschnürungen des Durchflußquerschnitts usw. Weisen bei unveränderlicher Grundwassermenge Unregelmäßigkeiten im Gefälle auf veränderte Durchlässigkeit des Untergrundes hin, so entspricht stärkeres Gefälle geringerer und schwächeres Gefälle größerer Durchlässigkeit des Untergrundes. Aus diesem Grunde soll man eine Fassungsanlage niemals in Ortslagen setzen, wo die Höhenschichtenlinien des Grundwasserspiegels näher zueinander rücken.

In vielen Lehrbüchern findet man die Behauptung, daß es zweckmäßig sei, eine Fassung gerade dort anzulegen, wo das Grundwassergefälle am größten sei. Diese Ansicht ist falsch, da beim Grundwasser die Wassergeschwindigkeit $v = k \cdot \frac{d\,y}{d\,x}$ nicht vom Gefälle allein, sondern auch vom Durchlässigkeitsbeiwert k abhängt. Je kleiner die Durchlässigkeit ist, desto größer sind im allgemeinen die Reibungswiderstände, die der Untergrund der Bewegung entgegensetzt, und desto mehr Ge-

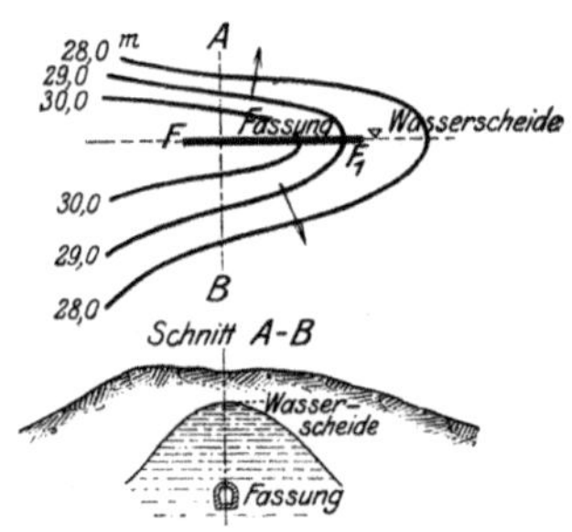

Abb. 205. Lage einer Fassung in einer ausspringenden Falte.

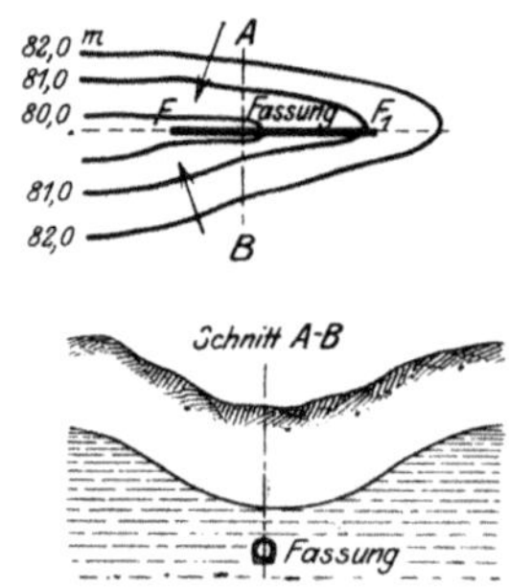

Abb. 206. Lage einer Fassung in einer einspringenden Falte.

fälle ist erforderlich zur Überwindung der erhöhten Bodenwiderstände. Daß kleinen Gefällen große Durchlässigkeit entspricht, geht bereits aus der auf S. 131 gegebenen Zusammenstellung der spez. Ergiebigkeiten hervor. (Vgl. auch die Mitteilungen Wahls über das Wasserwerk der Stadt Trier [129]).

Ebenso irrig ist die vielfach verbreitete Ansicht, daß es von Vorteil ist, eine Fassung dort anzulegen, wo der natürliche Grundwasserspiegel Falten bildet.

Hat man z. B. eine ausspringende Falte vor sich (Abb. 205), so liegt die Fassung $F\,F_1$ auf der Wasserscheide. Es bedarf keiner weiteren Beweisführung, daß eine solche Lage ungünstig ist.

Liegt dagegen die Fassung $F\,F_1$ (Abb. 206) in einer einspringenden Falte, so weist das bedeutende Grundwassergefälle auf hohe Widerstände hin oder auf natürlichen Entwässerungszustand.

In beiden Fällen wird bereits viel Gefälle zur natürlichen Grundwasserbewegung gebraucht, so daß durch eine künstliche, selbst große

Spiegelsenkung nur eine unbedeutende Ergiebigkeitsvermehrung erzielt werden kann.

Die Unzweckmäßigkeit, Fassungen in Falten anzulegen, hat u. a. A. Thiem (167) durch Beobachtung nachgewiesen. Er fand, daß bei einem Brunnen, der in einer einspringenden Falte liegt, die Ergiebigkeit des Brunnens nahezu oder ganz unabhängig wird von der Größe der künstlichen Absenkung im Brunnen, d. h., wenn man den natürlichen Spiegel um 1 m absenkt, so erhält man nahezu ebensoviel Wasser, als wenn man 3, 4 oder mehr Meter absenkt. Ganz ähnlich verhält sich ein Brunnen, der in einer ausspringenden Falte angeordnet ist.

Einspringende Falten eignen sich nur für Dränage- und nicht für Wassergewinnungszwecke, da es bei Dränagen nicht auf die zu gewinnende Wassermenge, sondern nur auf die trockenlegende Wirkung ankommt, die in einem solchen Falle mit verhältnismäßig geringer Bodenbewegung erreicht wird.

5. Fassungsspiegel von starkem Gefälle.

Bei engen Flußtälern, wo auch die Breite des Fassungsgeländes räumlich beschränkt ist, wird man unter Umständen dort, wo es sich um die Gewinnung von großen Wassermengen, also um lange Fassungen, handelt, gezwungen, die Fassungsachse in der Richtung des Flußlaufs anzuordnen. Die natürliche Folge einer solchen Maßnahme ist, daß der Fassungsspiegel nicht wagerecht, sondern im Gefälle liegt.

Die aus dem geneigten Spiegel sich ergebenden besonderen baulichen Anordnungen für die Saugleitungen u. dgl. sind auf S. 347 angedeutet.

Fassungen, die in stark geneigten Spiegeln liegen, sind nach den Angaben von A. Thiem ausgeführt in Breslau und in Prag.

6. Fassungen in tiefen Rinnen.

Ausnahmsweise werden Fassungen unbekümmert um die Richtung der natürlichen Grundwasserströmung in besonders tiefen, unterirdischen Rinnen oder Kesseln, die mit wasserführenden Ablagerungen von besonders großer Durchlässigkeit und Mächtigkeit ausgefüllt sind, angelegt, da es wahrscheinlich ist, daß derartigen Vertiefungen im Untergrund eine hervorragende entwässernde Wirkung zukommt. Beispiele hierfür sind die Wasserfassungen der Städte Kopenhagen bei Lille Vejleaa [(vgl. die Mitteilungen von Oellgaard (326)] und München (327).

7. Fassung bei tiefliegendem Grundwasserspiegel.

Hat man die Wahl zwischen einem tiefliegenden Wasserspiegel in der Nähe des Versorgungsgebietes und einem hochliegenden, der in größerer Entfernung zu erreichen ist, so lehrt ein vor Angriff der Vorarbeiten durchzuführender wirtschaftlicher Vergleich, welchem von den beiden Bezugsorten der Vorzug einzuräumen ist. Einen derartigen Abgleich hat z. B. Verfasser für das Wasserwerk der Stadt Friedeberg in Neum. aufgestellt (328).

Liegt die wasserführende Schicht im Stadtgebiet etwa 100 m und der natürliche Grundwasserspiegel rund 25 m unter Flur (Abb. 207), und soll in der Lage 1 das zur Versorgung der Stadt erforderliche Grundwasser nachgewiesen und gefaßt werden, so werden schätzungsweise nicht allein verschiedene Versuchsbohrungen von 80—100 m Tiefe ausgeführt, sondern zur endgültigen Wasserfassung mindestens 4—5 Brunnen von gleicher Tiefe angelegt werden müssen.

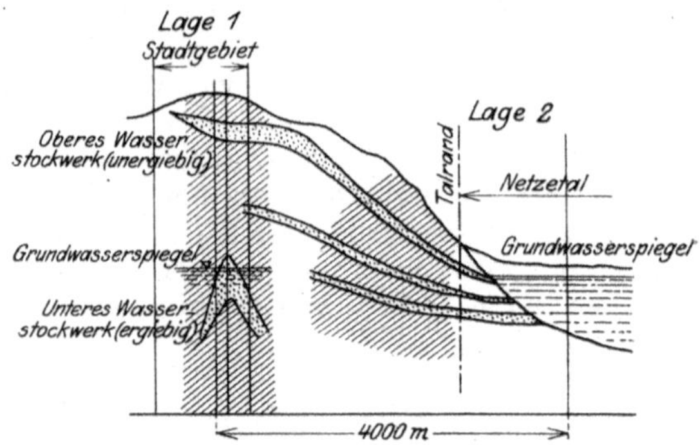

Abb. 207. Schnitt durch das Fassungsgelände der Stadt Friedeberg i. Neum.

Die Brunnen müssen, um einen wirtschaftlichen Betrieb zu erhalten, durch einen unterirdischen Stollen von etwa 25 m Tiefe unter Flur verbunden werden. Da die saugende Wirkung der Pumpen höchstens mit 7 m zu veranschlagen ist, so wäre zudem die ganze Hebungsanlage in einem unterirdischen Schacht anzulegen, der ebenfalls etwa 25 m tief werden müßte.

Mit derartigen tiefgründigen Bauwerken ist nicht allein ein erschwerter Betrieb verbunden, sondern auch die Baukosten stellen sich entsprechend hoch.

Die Ausgaben, welche der Nachweis von Grundwasser im Stadtgebiet erfordern würde, einschließlich der Baukosten einer tiefgründigen Fassungs- und Betriebsanlage, stellen sich schätzungsweise auf mindestens:

5 Versuchsbohrungen à 1800 M.	M. 9 000
Pumpversuch mit Drucklufthebern	„ 10 000
4 Brunnen (je 80—90 m tief) à 4000 M.	„ 16 000
Unterirdischer Stollen	„ 20 000
Pumpenschacht von 27 m Tiefe	„ 15 000
Mehrkosten für die Hebungsmaschinen	„ 5 000
	M. 75 000

Derartige hohe Ausgaben wären nur dann gerechtfertigt, wenn es unbedingt unmöglich wäre, genügendes und einwandfreies Wasser in wirtschaftlich günstigerer Lage zu finden.

Das zweite Fassungsgebiet (Lage 2) liegt von der Stadt etwa 4000 m entfernt, hat aber den Vorzug eines hochliegenden, leicht zugänglichen Wasserspiegels, geringer Fassungstiefe und somit einer erheblichen Verbilligung der Versuchs- und Baukosten der Fassungsanlage.

Die größere Entfernung von der Fassung zur Stadt muß mittels einer eisernen Rohrleitung überwunden werden. Die Kosten des Wassernachweises und der Fassung in Lage 2 werden angenähert betragen:

Vorarbeiten einschließlich Versuchsbrunnenbetrieb	M. 7000
Wasserfassung (4 Rohrbrunnen à 500 M.)	„ 2000
	M. 9000

Es werden demnach gegen eine Wassergewinnungsanlage im Stadtgebiet gespart 75 000 = 9000 = 66 000 M. Dieser Ersparnis gegenüber stehen die Ausgaben für die Zuleitung zur Stadt. Diese werden auf den laufenden Meter 10 M., also im ganzen 4000 · 10 = 40 000 M. betragen, so daß sich noch eine Ersparnis von rund 26 000 M. ergibt.

Daraus folgt, daß es wirtschaftlich vorteilhafter ist, trotz ihrer Entfernung von der Stadt der Lage 2 als Fassungsstelle den Vorzug einzuräumen.

8. Wahl zwischen einer Fassung mit natürlichem Abfluß und künstlicher Hebung.

In manchen Fällen wird der Hydrologe vor die Frage gestellt, ob es vorteilhafter ist, das Grundwasser so hoch zu fassen, daß es mit natürlichem Gefälle dem Versorgungsgebiet zugeleitet werden kann, oder ob es zweckmäßig ist, das gefaßte Wasser zu heben. Im ersteren Falle muß man in der Regel den natürlichen Zulauf mit langen Zuleitungen erkaufen.

Es ist Sache des Hydrologen, diejenigen technischen Grenzen festzulegen, innerhalb welcher eine aus weiter Entfernung kommende Gefällsleitung mit einer nahe am Versorgungsgebiet liegenden Hebungsanlage in wirtschaftlichen Wettbewerb treten kann. Vorausgesetzt, daß die verschiedenen Bezugsorte gesundheitlich gleichwertig sind, wird man jene bauliche Anordnung zur Ausführung empfehlen, für welche die Summe aus Anlage- und kapitalisierten Betriebskosten ein Kleinstes wird.

Die Reihenfolge der hydrologischen Bearbeitung der einzelnen, zur Wahl stehenden Versuchsgebiete wird durch derartige wirtschaftliche Abgleiche bestimmt. Man fängt mit den wirtschaftlich günstigsten an. Solche Vergleiche sind aber nur dann unanfechtbar, wenn in ihnen sämtliche örtlichen Verhältnisse berücksichtigt werden. Sie lassen sich nicht nach irgendeiner allgemeingültigen Faustregel behandeln.

Vergleichsweise sei hier in rohen Zügen nachstehendes Beispiel angeführt:

Einer Stadt stehen zwei Wasserbezugsquellen zur Verfügung, von denen die eine in der Nähe der Stadt, die andere dagegen in großer Entfernung vom Stadtgebiet liegt. Das Wasser der ersten Bezugsquelle muß in den Hochbehälter gehoben werden, das Wasser der zweiten fließt dem Behälter mit natürlichem Gefälle zu. Die Förderhöhe betrage im ersten Fall 50 m.

Die für den wirtschaftlichen Abgleich in Frage kommenden Grundzahlen sind:

Einwohnerzahl, die mit Rücksicht auf das Wachstum der Stadt zu versorgen ist	20 000	
Täglicher Durchschnittswasserverbrauch pro Kopf	0,060	m^3
Förderhöhe der Maschinen	50,0	m
Arbeitsleistung mit 1 kg Kohle	120,0	m/t
Preis von 100 kg Kohle vor dem Kessel	2,0	M.
Bedarf an Schmiere, Putzwolle, Instandhaltung, ausgedrückt in Hundertsteln des Kohlenverbrauchs	0,2	
Gehalt der Bedienungsmannschaft	3000	M.
Die laufenden Betriebskosten sollen mit 4 v. H. kapitalisiert, mithin vervielfältigt werden mit	25	
Baukosten der Betriebsanlage	40 000	M.

Es betragen dann die Bau- und kapitalisierten Betriebskosten der Hebungsanlage:

$$K = 40\,000 + \frac{[20\,000 \cdot 0{,}06 \cdot 365 \cdot 50 \cdot 2\,(1 + 0{,}2) + 3000]}{120 \cdot 100} \cdot 25$$

$$= 208\,075 = \text{rund } 210\,000 \text{ Mark.}$$

Dieser Betrag ist in Rohrleitungskosten umzusetzen. Befördert ein Rohr von 225 mm Durchmesser die erforderliche Wassermenge mit dem verfügbaren natürlichen Gefälle zum Hochbehälter und kostet 1 lfd. m fertig verlegtes Rohr einschließlich aller Nebenausgaben 15 M., so können $\frac{210\,000}{15} = 14\,000$ m Rohre verlegt werden, wenn sich die Hebungs- und Zuleitungskosten wirtschaftlich gegenseitig ausgleichen sollen.

Es ist demnach für die Stadt wirtschaftlich vollständig gleichgültig, ob das Wasser in der Nähe der Stadt künstlich auf 50 m gehoben oder aus einer Entfernung von 14 km mit einem natürlichen Gefälle von etwa 168 m herbeigeleitet wird.

Vom rein technischen Standpunkt wird man aber in diesem Falle der Gefällsleitung den Vorzug geben, da sie von Preisschwankungen der Betriebsmittel unabhängig und weniger der Abnutzung unterworfen ist, als die beweglichen Maschinenteile einer Hebungsanlage. Da der Durchmesser der Gefällsleitung abhängig vom Gefälle ist, so ist der vorstehende Abgleich ein willkürlicher. Man kann das spez. Gefälle vermehren, den Durchmesser verkleinern und die Entfernung somit größer nehmen, oder auch umgekehrt verfahren.

Eine nach diesem Gesichtspunkte angelegte Grundwasserfassung besitzt nach den Mitteilungen von Haller (329) Lugano, welches die Fassung nicht in der Talsohle, sondern 2500 m aufwärts an der Grenze von Bioggio errichten ließ.

Die Möglichkeit, Grundwasser in Höhenlagen zu erschließen, welche seine Zuleitung zum Versorgungsgebiet mit natürlichem Gefälle ermöglicht, wird in ihrer wirtschaftlichen Tragweite oft ungenügend eingeschätzt. Man sollte niemals versäumen, auch weiter entfernte Grundwasservorkommen, die hoch liegen, in das Bereich einer hydrologischen Untersuchung einzuziehen.

9. Fassungsanlagen zur Speisung ehemaliger Flußwasserwerke.

Die gesundheitlichen und sonstigen Vorteile, mit denen das Grundwasser ausgestattet ist, führen mitunter dazu, ein altes, seit Jahren bestehendes Flußwasserwerk in ein Grundwasserwerk zu verwandeln.

Der Hydrologe wird dann, dem Bau- und Betriebszustand des bestehenden Flußwasserwerks Rechnung tragend, zu entscheiden haben, in welchem Umfang bei der Wahl der Lage der Grundwasserfassung und ihrer sonstigen Ausgestaltung auf das Bestehende Rücksicht genommen werden muß.

Die Größe der Rücksichtnahme auf die bestehende Betriebsanlage ist abhängig von deren wirtschaftlichen Wert. Sind ihre Einrichtungen, also

Kessel, Maschinen und Pumpen, von hoher Vollkommenheit, so wächst das wirtschaftliche Gewicht derselben, und die neue Fassung muß ihnen nach Möglichkeit angepaßt werden. Haben wir es dagegen mit einer veralteten Hebungsanlage zu tun, die in absehbarer Zeit aus Betriebsgründen durch eine neue zu ersetzen sein wird, so ist es gleichgültig, ob die neu anzuschaffenden Betriebsmittel im alten oder in einem neuen Werke aufgestellt werden, und man kann dann ein neues Grundwasserwerk dort errichten, wo es aus rein hydrologischen Gründen zweckmäßig ist. Der Neubau erfolgt dann unter dem Gesichtspunkte, daß eine alte Hebungsanlage überhaupt nicht vorhanden ist.

Ist es möglich, in der Nähe der alten Betriebsanlage eine Grundwasserfassung anzulegen, und ist die Betriebsanlage hinreichend leistungsfähig und in guter Verfassung, so wird sich der Umbau bei sonst günstigen hydrologischen Verhältnissen auf den Ersatz der Flußwasserentnahmestelle durch eine Grundwasserfassung beschränken können. Die Kupplung der Fassung mit der bestehenden Betriebsanlage wird am einfachsten dann werden, wenn Grund- und Flußwasserspiegel auf angenähert gleicher Höhe liegen. Ist die Lage des natürlichen Grundwasserspiegels dagegen bedeutend tiefer als die Lage des Flußwasserspiegels, so wird man eine Vorhebung des Grundwassers einrichten müssen, wozu sich unter Umständen die Vorpumpen des Flußwasserwerks eignen werden. Ist dies nicht der Fall, so müssen besondere Zubringerpumpen angeordnet werden, welche im Bedarfsfall auch die Hebung des Wassers auf eine Enteisenungsanlage übernehmen.

Hat man es mit einem ziemlich großen Grundwassergefälle zu tun, so ist es ratsam, den Grundwasserspiegel aufwärts so weit zu verfolgen, daß das Grundwasser mit natürlichem Gefälle der bestehenden Anlage zufließen kann. Man erspart dann die Vorhebung, was nicht allein den Fortfall der Vorhebungsanlage, sondern auch Ersparnisse an Hebungskosten bedeutet.

Einen derartigen Umbau hat z. B. Verfasser in Ratibor durchgeführt. Es gelang hier, das Grundwasser bergwärts zu verfolgen und so hoch zu fassen, daß es mit natürlichem Gefälle der alten Betriebsanlage zufließt.

10. Technische Unmöglichkeit, Grundwasser zu fassen.

Die Anlage einer künstlichen Wasserfassung setzt stets voraus, daß der Grundwasserträger eine hydrologisch brauchbare Schichtung von solcher Mächtigkeit aufweist, daß in ihm die Unterbringung des Fassungskörpers technisch möglich wird.

Es gibt aber auch Fälle, wo ein an und für sich mächtiger Grundwasserträger in dünne Bänder von grob- und feinkörnigen Sanden derart zerlegt ist, daß eine Fassung des Wassers nicht durchführbar ist. Es kann sich dabei um erhebliche Grundwassermengen handeln.

Ein Beispiel für derartige ungünstige hydrologische Zustände liefert die Umgebung der Stadt Stralsund. Hier wurde durch Messungen nachgewiesen, daß Pütterteich und Borgwallsee zusammen 113 ltr/sk

Wasser unterirdisch empfangen. Das Wasser tritt jedoch in vielen verteilten und an sich unbedeutenden Wasserfäden durch den Seeboden in die Becken ein. An eine Fassung mit praktischen Hilfsmitteln war hier nicht zu denken, und deshalb mußte auf die Gewinnung dieser beträchtlichen Grundwassermenge verzichtet werden.

IV. Allgemeines über Fassungskörper.

Die Fassung des Grundwassers geschieht mittels besonderer Fassungskörper, deren Zweck die Erschließung und Überführung des Grundwassers aus seinem natürlichen Träger zum Verbrauchsort ist. Die Erschließung muß stets so erfolgen, daß das Wasser seine ursprünglich guten Eigenschaften nicht verliert.

Je nach Größe der zu erschließenden Wassermenge werden einzelne Fassungskörper zu ganzen Fassungsanlagen gekuppelt.

Die baulichen Eigentümlichkeiten des von Fall zu Fall anzuwendenden Fassungskörpers richten sich in erster Linie nach den hydrologischen Verhältnissen des Untergrundes, denen sie angepaßt sein müssen, wenn der Fassungskörper voll wirksam sein soll.

Auf S. 160 ist auseinandergesetzt worden, unter welchen besonderen Bedingungen lotrechte oder wagerechte Fassungskörper mit Vorteil zu verwenden sind.

Als lotrechte Fassungskörper gelten: Rohrbrunnen und Schachtbrunnen; als wagerechte: Sammelstränge, Sickerstollen u. dgl.

V. Rohrbrunnen.

1. Allgemeines.

Rohrbrunnen setzen sich aus einzelnen Rohrfahrten von verhältnismäßig kleinem Durchmesser zusammen. Sie sind nicht begehbar. Das Niederbringen derselben erfolgt fast ausnahmslos mit Hilfe des Bohrverfahrens.

Über Bohrtechnik geben gute Auskunft Tecklenburg (330) und Pengel (331).

Die Speisung der Rohrbrunnen erfolgt in der Regel durch die gelochte, durchlässige Brunnenwand. Den unteren Abschluß bildet ein fester, ungelochter Boden. Nur bei artesischen Brunnen sieht man mitunter von einem besonderen Bodenverschluß ab und beschränkt die Wasserzufuhr auf die Brunnensohle.

Der Durchmesser gebohrter Brunnen schwankt innerhalb weiter Grenzen. Es gibt Brunnen von 50—500 mm l. W. und darüber.

Wie auf S. 178 erläutert worden ist, ergibt sich für die meisten Fälle als wirtschaftlicher Durchmesser, für welchen bei einem Mindestaufwand an Anlagekosten die größte Brunnenergiebigkeit erreicht wird, ein solcher von 200 bis 250 mm i. L.

Rohrbrunnen werden überall dort mit Vorteil verwendet, wo die wasserführenden Schichten im lotrechten Sinne mächtig und ergiebig sind. Man kann mittels Rohrbrunnen undurchlässige Schichten von großer Dicke durchfahren und braucht sich bei der Wasserentnahme nicht auf ein Wasserstockwerk zu beschränken, sondern kann mehrere aufeinanderfolgende Stockwerke durch eine zusammenhängende Brunnenrohrfahrt erschließen.

Die größten Vorteile gebohrter Rohrbrunnen sind: schnelle und billige Herstellungsart, Anpassungsfähigkeit an jeden Untergrund und Ziehbarkeit dort, wo es erforderlich ist, den Brunnen wieder zu entfernen. Auf diese Weise geht das Brunnenmaterial, wenn das Bohrziel nicht erreicht wird, nicht verloren.

Diese Vorzüge haben dazu geführt, daß der Rohrbrunnen fast überall den Schachtbrunnen verdrängt hat. Dies gilt namentlich für räumlich ausgedehnte Fassungsanlagen städtischer und gewerblicher Betriebe.

2. Rammbrunnen.

Der einfachste Rohrbrunnen ist der Rammbrunnen, auch Norton- oder Abessinierbrunnen genannt, der allerdings nicht Anspruch auf die Bezeichnung einer leistungsfähigen Fassungsanlage erheben kann.

Seine Herstellung erfolgt durch Rammen und nicht durch Bohren. Er hat nur einen vorübergehenden Wert dort, wo es sich um rasche Beschaffung von Wasser handelt, und wo die wasserführenden Schichten nicht zu tief liegen und vorwiegend aus losen Sanden bestehen. Er hat den großen Vorteil, daß er sich leicht wieder ziehen und an anderen Stellen von neuem verwenden läßt. Es ist daher ganz besonders bei Forschungsreisen, Truppenbewegungen u. dgl. am Platze. Sein Dauerwert wird dadurch herabgedrückt, daß er sich leicht verstopft und undurchlässig wird. Namentlich dann, wenn beim Rammen lehmige und tonige Schichten zu durchfahren sind, wobei ein Verstopfen der Schlitze oder des Gewebes stattfindet, das sich durch Spülung nicht beseitigen läßt. Es hilft dann nur Ziehen und Reinigen über Tag, und man muß damit rechnen, daß beim Neurammen der alte unhaltbare Zustand bald wieder eintritt. Aufschluß über die Beschaffenheit und Lagerung der Erdschichten gibt ein gerammter Brunnen nicht, und es ist mehr oder weniger Sache des Zufalls, wenn man mit ihm eine besonders brauchbare wasserführende Schicht erschließt.

Abb. 208. Rammbrunnen.

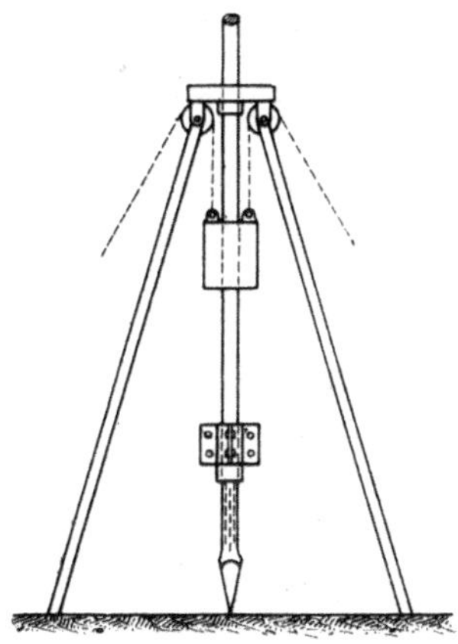

Abb. 209. Rammbock.

Rammbrunnen kann man bis etwa zu 20 m Tiefe und 25 mm l. W. verwenden. Sie bestehen aus einem schmiedeeisernen Brunnenrohr, dessen Unterteil mit Schlitzen und einer Spitze versehen ist. Bei feinen Sanden wird der gelochte Teil mit Gewebe bespannt, doch ist dann beim Rammen Vorsicht geboten, damit das Gewebe sich nicht loslöse oder beschädigt werde. Zum Schutz des Gewebes erhält die Spitze eine Ausladung (Abb. 208), welche das Nachgleiten des Rammstückes erleichtert. Zum Rammen wird mit Vorteil ein besonderer Bock (Abb. 209) verwendet, in dessen oberen Teil zugleich das einzurammende Rohr eingeführt wird. Der Rammbär schlägt auf eine Schelle, die, dem Vortreiben entsprechend, höher und höher gestellt wird.

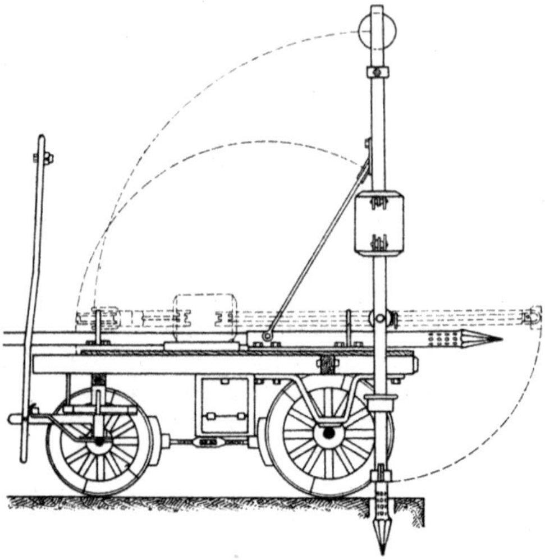

Abb. 210. Fahrbare Rammvorrichtung. (Nach Donnat.)

Für Forschungs- und militärische Zwecke empfiehlt sich nach Donnat (332) die Unterbringung der Rammvorrichtung nebst Zubehör auf einem besonders ausgebildeten Wagen (Abb. 210), dessen Räder durch geeignete Bremsen festgelegt werden müssen. Die Rammvorrichtung liegt während der Fahrt auf dem Wagen und wird zur Arbeit mittels eines Gestelles hochgeklappt. Das Fahrzeug trägt sämtliches Geräte und kann noch eine Spülvorrichtung erhalten zum Vortreiben der Rohre mittels Wasserspülung.

3. Gebohrte Rohrbrunnen.

Die verhältnismäßig einfache und billige Herstellung gebohrter Rohrbrunnen bringt es mit sich, daß man sie mit Vorteil sowohl für vorübergehende als auch dauernde Wassergewinnungszwecke verwenden kann.

Als Bauwerke von vorübergehendem Wert spielen Rohrbrunnen eine bedeutende Rolle bei der Grundwasserabsenkung. Sie eignen sich hierzu in hervorragender Weise nicht allein wegen ihrer Billigkeit, sondern auch wegen ihrer Ziehbarkeit und Verwendbarkeit an anderen Baustellen.

Auf die Verwendung von Rohrbrunnen zur Trockenlegung des Untergrundes soll hier nicht näher eingegangen und nur auf die diesen Gegenstand behandelnde Literatur aufmerksam gemacht werden. Als solche sind u. a. zu nennen die Arbeiten von: Bohlmann (125), Brennecke (333), Kreß (334), Kyrieleis (200), Prinz (335), Seyfferth (336), Siemens & Halske (337), Zimmermann (338), Nijhoff (339) und Enzweiler (340).

Ein Rohrbrunnen setzt sich im allgemeinen zusammen aus: dem Filterkorb, dem Futterrohr, dem Brunnenkopf und den sonstigen Ausrüstungsteilen desselben.

4. Ausrüstung der Rohrbrunnen.

a. Der Filterkorb.

Der wichtigste Teil eines gebohrten Rohrbrunnens ist der sog. Filterkorb, d. i. der unterste, gelochte Brunnenabschnitt, welcher den Eintritt des Wassers aus dem Untergrund in den Brunnen vermittelt.

Soll ein Filterkorb die ihm zufallende Aufgabe dauernd erfüllen, so muß er tunlichst den jeweiligen Untergrundverhältnissen angepaßt sein. Es ist irrig, anzunehmen, daß eine Filterkorbbauart für alle Zwecke gleich gut geeignet ist, und es wird in dieser Hinsicht nicht selten aus Bequemlichkeit und Unkenntnis zum Schaden des Brunnenbesitzers gesündigt.

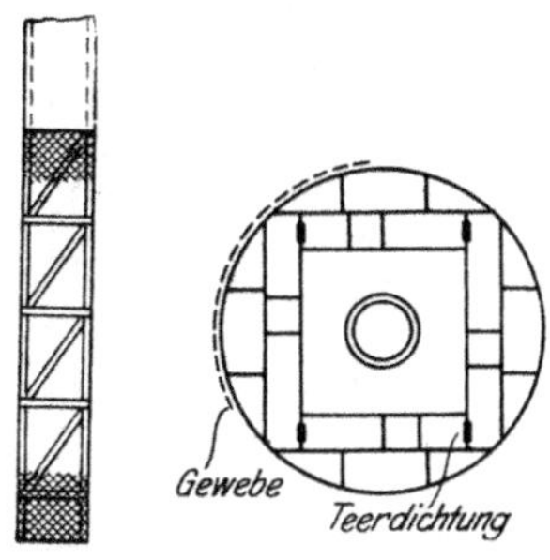

Abb. 211. Filterkorb aus Holz. (Nach Steen v. Ommeren.)

Aus technischen und gesundheitlichen Gründen soll die Oberkante des Filterkorbs in der Regel mindestens 1 m unter dem abgesenkten Wasserspiegel liegen, da derjenige Teil des Filterkorbs, der im abgesenktem Zustande trocken liegen würde, zwecklos wäre. Für verhältnismäßig geringe Tiefen und Anlagen vorübergehenden Wertes empfehlen sich leichtere Filterkörbe, bei größeren Tiefen ist dagegen auf hohe Widerstandskraft des Filterkorbgerüstes Wert zu legen. In der Praxis kommen Filterkorblängen bis zu 50 m vor.

Je einfacher eine Filterkorbanordnung ist, desto dauerhafter ist sie, da verwickelte Baukörper in dem schwer zugänglichen und jeder Aufsicht sich entziehenden Untergrund leicht versagen können.

Bei Filterkörben hat man zu unterscheiden:

1. das eigentliche Filterkorbgerüst,
2. den Schutz gegen Eindringen von Bodenteilen in den Filterkorb.

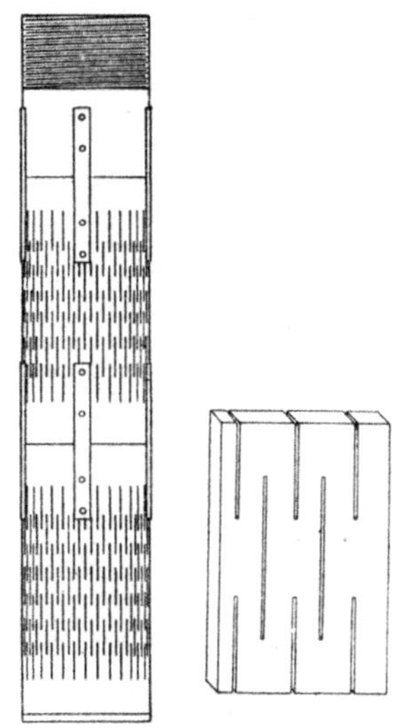
Abb. 212. Remkes Holzfilter (D. R. P.).

b. Das Filterkorbgerüst im allgemeinen.

Das Filterkorbgerüst soll widerstandsfähig sein nicht allein gegen äußere Kräfte, sondern auch gegen die angreifenden Eigenschaften des Wassers. Es ist namentlich die aggressive Kohlensäure des Untergrundes, welche bei der Zerstörung der Filterkörbe eine große Rolle spielt.

Als Baustoffe eignen sich für das Gerüst von Filterkörben Holz, Steinzeug, Eisen, Kupfer, Rotguß und sonstiges widerstandsfähiges Metall.

c. Das Filterkorbgerüst aus Holz.

Filterkorbgerüste aus Holz werden meist nur für vorübergehende Zwecke verwendet. Abb. 211 zeigt einen derartigen Filterkorb, der nach Angaben von Steen van Ommeren (341) bei Grundwassersenkungsarbeiten in Holland verwendet worden ist. Er ist aus einzelnen Bohlen zusammengesetzt und gegen die Wirkungen des Erddrucks innen versteift.

Ein Filterkorb aus Holz ist Remkes Filter (D. R. P.), der aus einem doppelwandigen Holzgerippe besteht (Abb. 212), welches von innen und außen mit 5 mm dicken Holzplatten bekleidet ist. Im Innern ist der Filter durch mehrere Ringe versteift. Der Hohlraum zwischen den Schalungen kann mit Kies oder Sand von passender Korngröße ausgefüllt werden zwecks Vermeidung des Sandeintritts. Der Wassereintritt wird durch Schlitze ermöglicht.

Über eine Dauerfassung mittels Filterkörben aus Lerchenholz von 200/270 mm Duchmesser, die in normale gußeiserne Filterrohre überführt sind, berichtet Forbáth (342). Sie sind mit Erfolg in Székesfehérvár und Ujvidék (Novisad) verwendet worden.

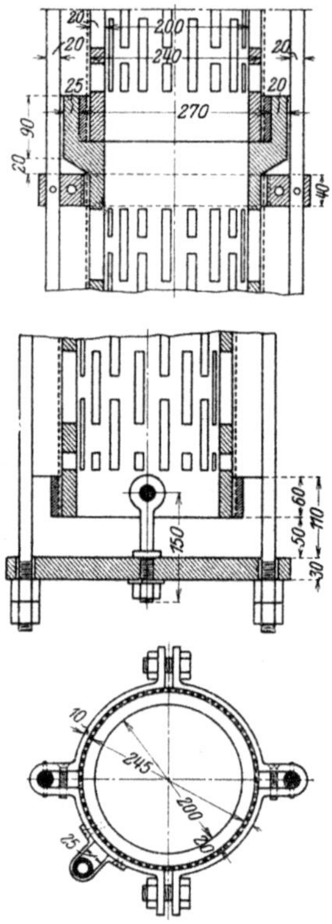

Abb. 213. Filterkorb aus Steinzeug.

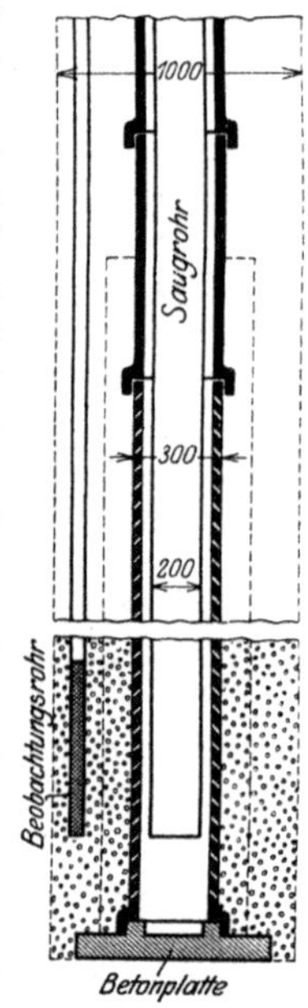

Abb. 214. Steinzeugfilterkorb nach Scheven.

d. Das Filterkorbgerüst aus Steinzeug.

Bei nicht allzu großen Tiefen haben sich gegenüber zerstörenden Eigenschaften laugen- und säurehaltiger Wässer Filterkörbe aus Steinzeug gut bewährt. Abb. 213 zeigt einen vom Verfasser entworfenen Steinzeugbrunnen für 25 m Tiefe. Die einzelnen Filterkorbstücke haben je 1,0 m Länge und werden mit Asphalt zusammengedichtet. Da diese Dichtung nicht imstande ist, Zugspannungen aufzunehmen, so sind unter jeder Muffendichtung besondere Schellen angebracht, durch welche Rundeisen als Anker gehen. Diese Versteifungsvorrichtung schützt den Brunnen auch gegen Knicken im Bohrloch.

Ein Steinzeugbrunnen, der durch besondere schräge Schlitze gegen Sandeintrieb gesichert ist, rührt von Scheven her (D. R. P.) (Abb. 214). Solche Steinzeugbrnnnen sind bis 650 mm i. L. ausgeführt worden und haben sich gut bewährt.

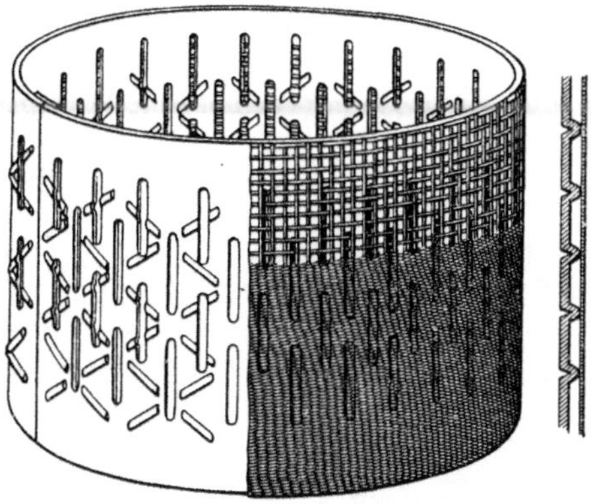

e. Das Filterkorbgerüst aus Schmiedeeisen.

Das einfachste schmiedeeiserne Filterkorbgerüst besteht aus einem schneckenartig gewundenen Stabeisen (Abb. 215) oder aus einem Stabgerippe, welches durch Querringe versteift wird, wie aus Abb. 193 ersichtlich.

Derartige einfache Vorrichtungen eignen sich neben dem schon auf S. 279 beschriebenen Filterkorb allerdings mehr für Vorarbeiten, Wasserhaltungszwecke u. dgl., also für Baustellen, wo die Brunnen nur eine kurze Zeit Verwendung finden und wieder gezogen werden.

Auch Filterkörbe aus gelochtem und geschlitztem Blech werden oft verwendet (Abb. 216). Filterkörbe aus Schmiedeeisen haben indessen geringen Dauerwert, da sie durch Untergrundsäuren leicht angegriffen und zerstört werden. Man sollte deshalb stets das Eisen durch einen metallischen Überzug (z.B.aus Zink) schützen. Wird ein gelochter Blechmantel verwendet und mit einem schützenden Metallüberzug versehen, so ist erforderlich, daß der Überzug erst nach der Lochung erfolge, damit die durch Lochen bloßgestellten Metallstellen ebenfalls Metallschutz erhalten.

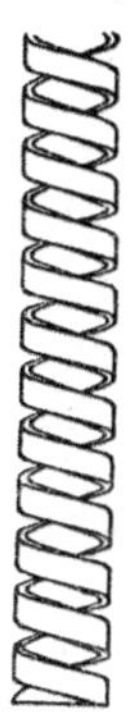

Abb. 215. Filterkorbgerüst aus einer Stabeisenschnecke.

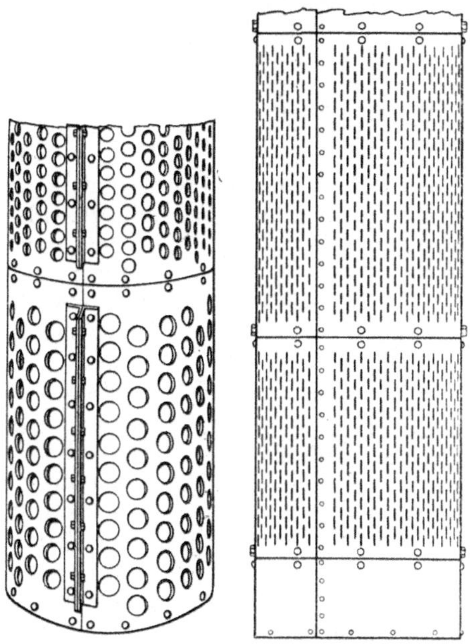

Abb. 216. Filterkörbe aus gelochtem Blech.

Zwei schmiedeeiserne amerikanische Filter, mit engen Schlitzen und ohne Gewebe verwendbar, geben nach Bowmann (343) die Abb. 217 und Abb. 218.

Abb. 217 ist der Laynefilter, Abb. 218 der Cookfilter. Beide sind patentiert und sollen sich durch hohe Widerstandsfähigkeit und geringe Neigung zum Verstopfen auszeichnen.

Filterkörbe mit einem Vieleck als Grundriß sind nach den Angaben von Lippmann beim Wasserwerk von Rambouillet verwendet worden. Der Filterkorb (Abb. 219) besteht nach den Mitteilungen von Diénert aus einer Reihe vernieteter, stumpfwinklig gebogener Führungsleisten, in welche besondere Filterplatten eingelassen sind, deren Öffnungen der Korngröße des Untergrunds angepaßt werden.

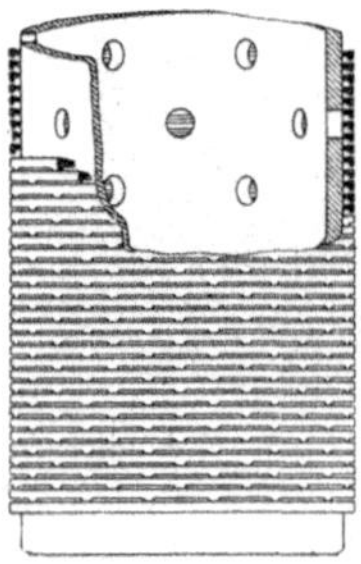

Abb. 217. Laynefilter. (Nach Bowmann.)

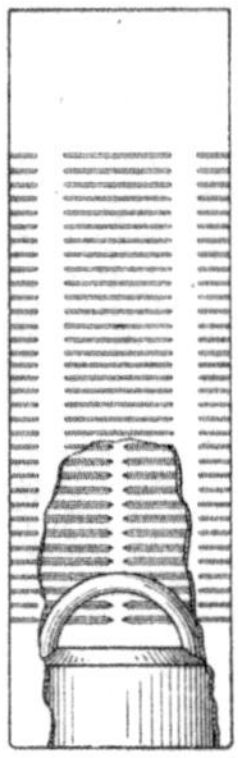

Abb. 218. Cookfilter. (Nach Bowmann.)

f. Das Filterkorbgerüst aus Gußeisen.

Der gußeiserne Filterkorb zeichnet sich vor allen anderen durch Billigkeit und hohe Widerstandsfähigkeit aus und ist aus diesem Grunde ein besonders geeignetes Fassungsmittel für größere Wasserwerksanlagen. In die Praxis wurde er von A. Thiem eingeführt und hat nicht allein in Deutschland, sondern auch im Ausland weite Verbreitung gefunden.

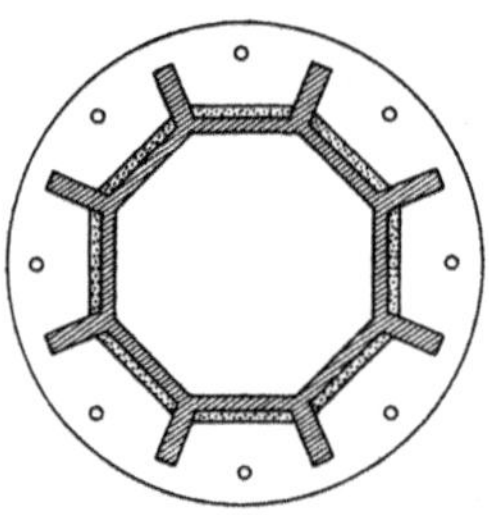

Abb. 219. Vieleckiger Filterkorb. (Nach Lippmann.)

Der Thiemsche Rohrbrunnen (Abb. 220) besteht aus einem gußeisernen Gerippe mit rechteckigen Durchbruchsöffnungen und wird je nach Bedarf aus 1—3 m langen Stücken zusammengesetzt. Als Verbindung dienen Muffen, die durch Messingschrauben gegen Auseinanderfallen und Drehen gesichert sind. Die Filterkörbe werden in lichten Weiten von 150—300 mm angefertigt und sind als Handelsware leicht zu haben.

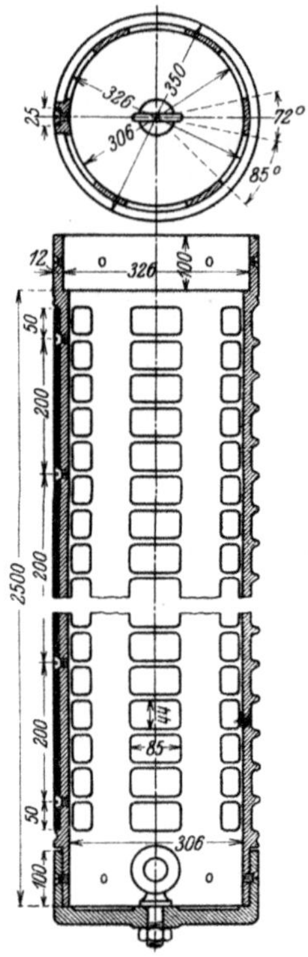

Abb. 220. Gußeiserner Filterkorb. (Nach A. Thiem.)

Den Verschluß nach unten bildet ein besonderer Filterkorbboden mit einer Öse, welche das Setzen und Ziehen des Filterkorbs erleichtert. Zur Gewebebespannung dienen besondere Nuten, die an den Muffen angebracht sind, sowie eine Schiene, die längs des Filterkorbs läuft und durch Messingschrauben befestigt wird.

Die Lebensdauer solcher Brunnen ist bei geringen Herstellungskosten nahezu unbegrenzt, wie u. a. die Erfahrungen beim Leipziger

Wasserwerk, wo die Brunnen seit mehr als 36 Jahren in Betrieb sind, beweisen. Unter dem Einfluß der Kohlensäure hat sich in Leipzig nur die äußere Gußhaut in eine Graphitschicht verwandelt, welche das Gußeisen vor weiteren Wasserangriffen schützt. Gänzliche Zerstörungen, wie sie bei schmiedeeisernen Brunnen so häufig vorkommen, konnten bei gußeisernen Rohrbrunnen bislang noch nicht festgestellt werden.

Ein aus einzelnen Gußrohrstücken zusammengesetzter Filterkorb mit verdeckten Öffnungen stammt nach den Angaben von Imbeaux (170) von Cuau her (Abb. 221).

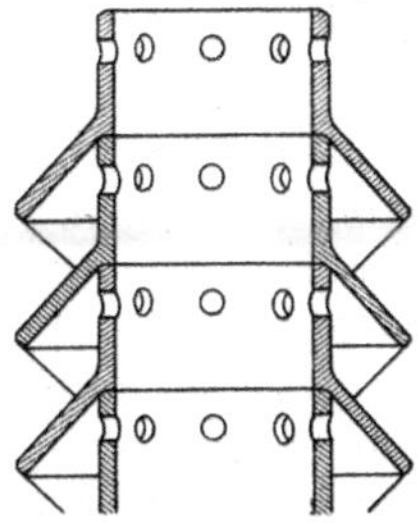

Abb. 221. Gußeiserner Filterkorb von Cuau.

g. Das Filterkorbgerüst aus Kupfer, Rotguß.

Mit Bezug auf Widerstandsfähigkeit sind Filterkörbe aus Kupfer, Rotguß und Messing solchen von Gußeisen meist noch überlegen, und man verwendet sie aus diesem Grunde in erster Linie bei tiefgründigen Fassungen. Doch ist dafür ihr Anschaffungspreis desto größer.

In Kupfer lassen sich ohne weiteres all jene Bauformen, welche unter den Filterkorbgerüsten aus Schmiedeeisen beschrieben worden sind, herstellen. Bei Rotguß und Messing hat man die Wahl zwischen zusammengesetzten Stabformen (Abb. 222) oder gegossenen Körpern. Erstere sind wegen ihres geringen Gewichts erheblich billiger herzustellen.

Ein zusammengesetzter Messingfilterkorb ist in Abb. 223 dargestellt. Er besteht aus einzelnen Stangen und Ringen, die ohne jede Lötung zusammengesetzt sind, und ist der Aktiengesellschaft Deseniß & Jacobi durch D. R. P. geschützt.

h. Filterkorbgerüste, zusammengesetzt aus verschiedenen Metallen.

Bei der Zusammensetzung von Filterkorbgerüsten sollte man stets die Wahl der einzelnen Metalle so treffen, daß durch ihr Zusammenwirken keine galvanischen Ketten entstehen, was unter Mitwirkung der im Boden und Wasser auftretenden Säuren ein durchaus natürlicher Vorgang ist, der zur Zerstörung der Brunnen führen muß.

Auf derartige Erscheinungen wird im Abschnitt „Lebensdauer von Fassungsanlagen“ S. 368 besonders hingewiesen werden.

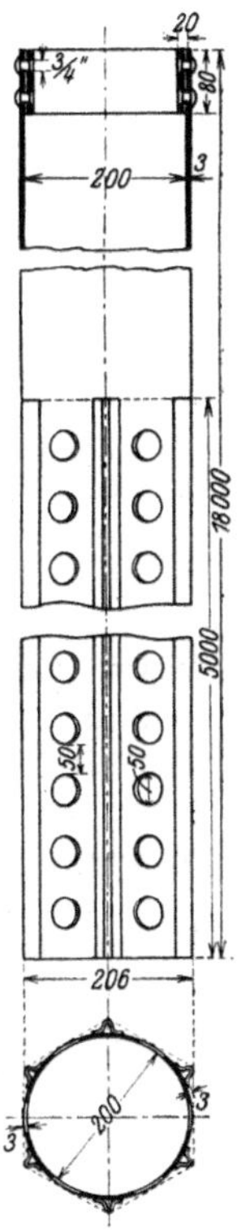

Abb. 222. Filterkorb aus Kupfer.

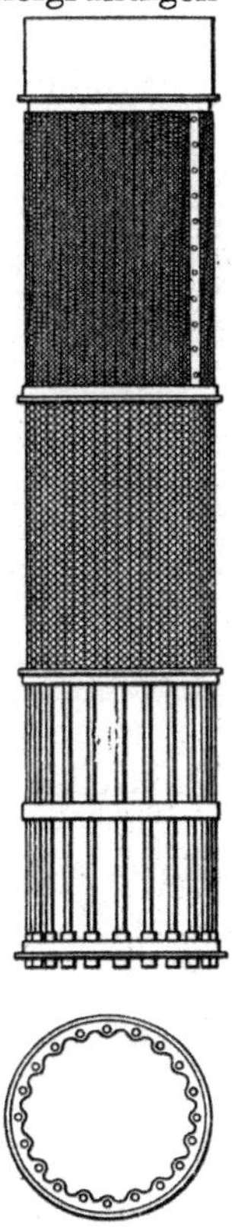

Abb. 223. Filterkorb aus Messing. (Nach Deseniß & Jacobi.)

Ist die Verwendung von Metallen, welche galvanische Strömungen auslösen können, unvermeidlich, so ist an den Berührungsstellen stets für genügende Isolierung zu sorgen.

i. Mehrstufige Filterkörbe.

Mehrstufige Filterkörbe finden dort Verwendung, wo die wasserführenden Schichten nicht einheitlich sind, sondern wo grobe, durchlässige Lagen mit solchen von feinerem Korn wechseln, oder wo durch undurchlässige Schichten der wasserführende Untergrund in einzelne Stockwerke zerlegt ist. Man nutzt dann die grobkörnigen Lagen oder die verschiedenen Stockwerke zu Fassungszwecken aus, und verbindet die Filterkorbstüeke mit vollwandigen Rohren. Derartige Filterkorbanordnungen besitzen zahlreiche Wasserwerke, u. a. das Wasserwerk der Stadt Worms (344). Es sind hier 4 Filterkörbe übereinandergeschaltet.

k. Schutz gegen das Eindringen von Bodenteilen in das Brunneninnere.

α. Allgemeines.

Ein Filterkorb ist nur dann imstande Wasser in hinreichender Menge zu liefern, wenn er sandfrei ist, wenn also der volle Filterkorbraum nur mit Wasser gefüllt ist. Tritt aus irgendeinem Grunde eine Versandung des Filterkorbs ein, so verringert sich die Höhe H der Eintrittsfläche (Abb. 224) um das Maß h der Versandung. Die Geschwindigkeit des Wassereintritts vergrößert sich infolgedessen, und dadurch wird der weitere Versandungsvorgang beschleunigt, bis endlich der Filterkorb vollständig versandet und unergiebig geworden ist.

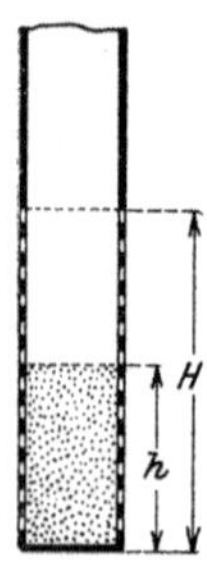

Abb. 224. Versandeter Filterkorb.

Nur dort, wo der Untergrund aus festem, klüftigem Gestein besteht oder sich aus grobkörnigen Haufwerken zusammensetzt, ist das Filterkorbgerüst ohne besondere Maßnahmen imstande, den Fassungskörper vor Versandung zu schützen. Es sind dies Ausnahmen. In solchen Fällen genügt eine unverdeckte Lochung oder Schlitzung der Filterkorbwand. Unverdeckte Filterkorböffnungen setzen, wenn es sich um Sand oder Kies handelt, bei ihrer Verwendung voraus, daß der Untergrund bis zu einem gewissen Grade grobkörnig sei. 2—4 mm Korngröße dürfte hier als das niedrigste Maß gelten. Sinkt das Korn des Untergrundes unter dieses Maß, so kann Sandfreiheit nur erreicht werden durch besondere Schutzvorrichtungen. Als solche kommen in Betracht: Gewebe und Kiesschüttungen.

Die in der Praxis am meisten verwendeten Schutzmittel gegen Brunnenversandung sind Gewebe.

β. Gewebe.

Das Gewebe der Dauerbrunnen sollte stets aus besonders widerstandsfähigem Metall bestehen, also aus Kupfer oder wenigstens Messing.

Kupfer verdient wegen seiner Zähigkeit und seiner Widerstandsfähigkeit gegen Angriffe des Wassers den Vorzug; es wird meist noch mit einem Zinküberzug versehen. Auch Phosphorbronze findet Verwendung bei der Herstellung von Geweben.

Da von der Maschenweite des Gewebes sowohl die Ergiebigkeit als auch die Dauerwirkung eines Brunnens in erster Linie abhängt, so ist auf die Wahl des richtigen Gewebes die größte Sorgfalt zu verwenden. Das Gewebe ist der Vermittler zwischen wasserführendem Untergrund und Filterkorb, und da die Korngröße des Untergrunds von Ort zu Ort und von Bohrlochtiefe zu Bohrlochtiefe meist stark wechselt, so sollte in jedem Falle die Maschenweite des Gewebes der Korngröße des Untergrundes angepaßt werden.

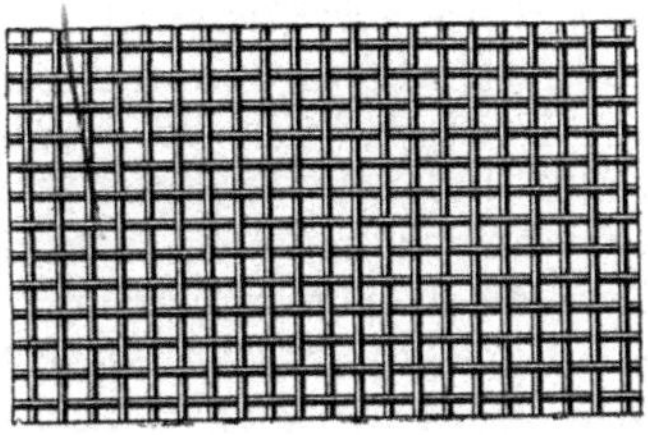

Abb. 225. Einfaches quadratisches Gewebe.

Abb. 226. Köpergewebe.

Ist der Untergrund grobkörnig und das Gewebe fein, so schafft man auf Kosten der Ergiebigkeit einen Brunnenmantel mit unnötig hohen Widerständen, und umgekehrt läuft man bei feinen Sanden und grobem Gewebe Gefahr, eine Fassung zu erhalten, die nach kurzer Zeit versandet und versagt.

Leider wird in der Praxis diesem Gesichtspunkte nur selten Rechnung getragen, und nichts schädigt den Brunnenbesitzer mehr, als wenn zünftige Brunnenbauer nur eine Rolle sog. Tressengewebes auf Lager halten und damit jeden Filterkorb bespannen, gleichgültig, ob es sich um groben oder feinen Untergrund handelt. Unergiebige und leicht verstopfbare Brunnen sind in der Regel die Folge.

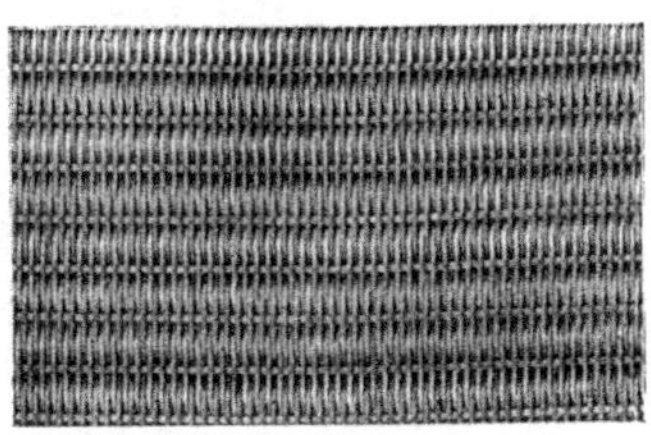

Abb. 227. Tressengewebe.

Der Wahl der Maschenweite des Gewebes sollte stets eine gewissenhafte Siebung der erbohrten Schichten vorausgehen (vgl. S. 129). Es ist zweckmäßig, im allgemeinen die Gewebeöffnungen dem wirksamen Korndurchmesser anzupassen. Dies ist der Fall, wenn etwa 50—60 v. H. des Untergrundes durch die Gewebemaschen zurückgehalten werden. Der zurückgehaltene, natürlich gewachsene Untergrund bildet außerhalb des Gewebes einen aus gröberen Kornsorten zusammengesetzten Filtermantel, welcher den Filterkorb gegen Versandung hinreichend schützt. Die durch das Gewebe in den Filterkorb eindringenden feineren Sande müssen sorgfältig durch Entsandung entfernt werden.

Die im Brunnenbau üblichsten Gewebe sind: Einfaches Gewebe (sog. quadratisches), Köpergewebe und Tresse.

Das einfache Gewebe besteht aus rechtwinklig gekreuzten Drahtfäden (Abb. 225) und wird meist bei groben Sanden und Kiesen oder als Unterlage für feinere Gewebe verwendet.

Unter Köpergewebe versteht man jene Art von Gewebe, bei welcher die Fäden des Einschlags die Ketten senkrecht oder schräg kreuzen, wobei zwischen den Bindungen eine bestimmte Anzahl von Fäden frei nebeneinanderliegen (Abb. 226).

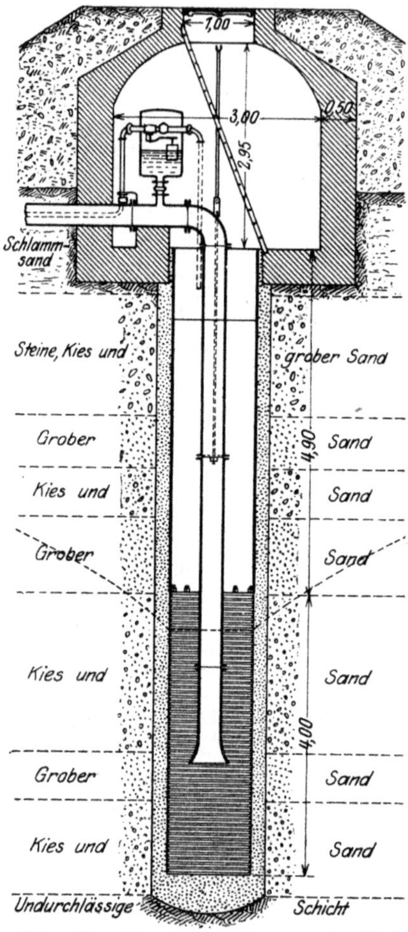

Abb. 228. Kiesschüttungsbrunnen der Stadt Luzern. (Nach Stirnimann.)

Durch das Freiliegen der Fäden wird eine weiche, lockere Beschaffenheit des Gewebes und größere Durchlässigkeit erreicht. Zweckmäßige Drahtstärken sind solche von 1,0—2,5 mm, die widerstandsfähig genug sind sowohl gegen Zerreißen, als auch gegen die zerstörenden Eigenschaften des Wassers. Es ist üblich, diese beiden Gewebearten nach Drahtstärke und Maschenweite in Millimetern zu bezeichnen.

Das Tressengewebe (Abb. 227) wird dadurch erzeugt, daß man die einzelnen Fäden des Gewebes mit geplättetem Draht schraubenartig überzieht, wodurch ein besonders feinmaschiges Gespinst entsteht. Tressengewebe werden nach Nummern bezeichnet. Gehen 10 Hauptdrähte auf 1″ = 26 mm, so hat das Gewebe die Nummer 10 usw.

Einen besonderen Filterbezug bilden seilartig zusammengedrehte, schwache Drähte (2—3 Stück), welche den ganzen Filterkorb dicht umwickeln. Es entsteht auf diese Weise ein widerstandsfähiger Überzug, der fester als Tresse ist und sich ebenfalls für feinkörnigen Untergrund eignet.

Zur Befestigung der Gewebe auf dem Filterkorbgerüst verwendet man Lötungen, Spanndrähte und Schienen. Bei feinen Geweben ist es von Vorteil, ein grobmaschiges Gewebe als Stütze darunter oder als Schutz darüber zu spannen. Auch durch Drahtspiralen kann man denselben Zweck erreichen.

γ. Sand- und Kiesschüttungen.

Kiesschüttungen werden vielfach bei feinsandigem Untergrund entweder als Ersatz des Gewebes oder zur Erzeugung eines grob durchlässigen Brunnenmantels von größerem Durchmesser angeordnet.

Gegen derartige Maßnahmen ist vom hydrologischen Standpunkt aus so lange nichts einzuwenden, als es sich um feinkörnige Fassungssande handelt, weil dadurch gewissermaßen ein größerer Brunnendurchmesser geschaffen und die Eintrittsgeschwindigkeit des Wassers herabgesetzt wird. Bei triebigen, feinkörnigen Sanden ist dies von Vorteil in Anbetracht der bestehenden Versandungsgefahr.

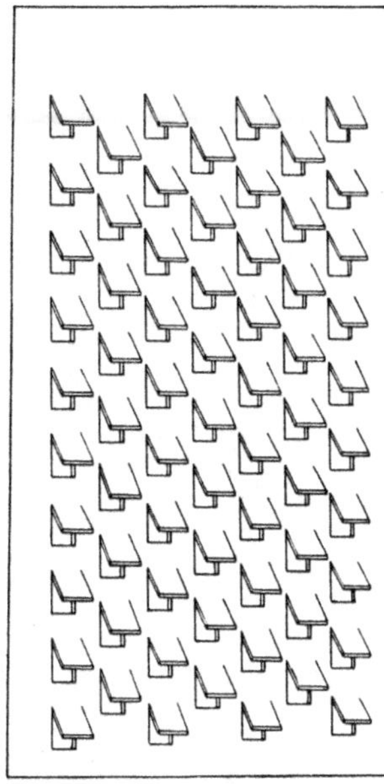

Abb. 229. Filterkorb mit überdachten Schlitzen. (Nach Garde.)

Vielfach wird jedoch mit kiesummantelten Rohrbrunnen insofern Mißbrauch getrieben, als auch dort, wo der Untergrund aus grobkörnigem Material zusammengesetzt ist, Kiesschüttungen zur Anwendung kommen. Es ist in den letzten Jahren beinahe Sitte geworden, Kiesschüttungen als eine Art Allheilmittel gegen das teilweise oder vollständige Versagen von Rohrbrunnen anzupreisen. Daß die Ursache des Versagens vieler Brunnenanlagen meist in der Wasserbeschaffenheit zu suchen, und daß ihre Bekämpfung mittels Kiesschüttungen vergeblich ist, wird hierbei ganz übersehen. Derartige Auswüchse der Brunnentechnik sind um so bedauerlicher, als die Kosten eines Kiesschüttungsbrunnens in der Regel das 10—20fache eines einfachen Rohrbrunnens betragen, der bei sachgemäßer Ausführung und richtiger Anpassung an die Untergrundverhältnisse den Leistungen eines Kiesschüttungsbrunnens kaum nachstehen würde.

Brunnen mit Kiesschüttung besitzt u. a. die Grundwasserfassung der Stadt Luzern nach den Mitteilungen von **Stirnimann** (345) (Abb. 228). Die Brunnen bestehen aus dem eigentlichen Brunnenrohr von 1000 mm i. L., um welches der Kiesmantel mit 1000—1200 mm Durchmesser läuft. Der Mantel besteht aus Kies von 12—15 mm Korngröße und ist mit Rücksicht auf den grobkörnigen Untergrund so grob gewählt worden. — Ein Filterkorb mit überdachten Wandöffnungen, der sich für Kiesschüttungsbrunnen wegen seiner Einfachheit eignet, ist das Gardefilter (Abb. 229, D. R. P.).

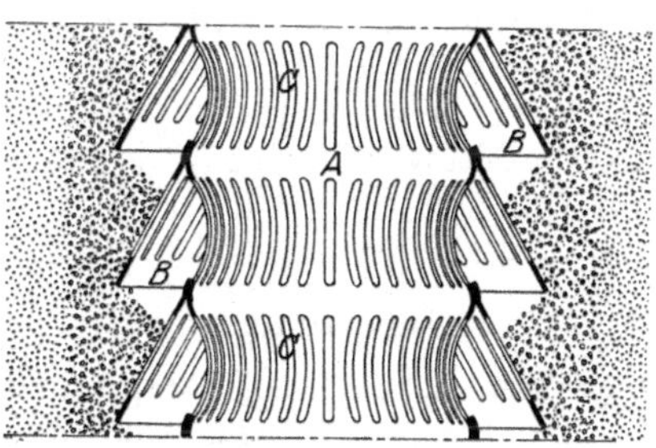

Abb. 230. Filterkorb nach F. v. Hof.

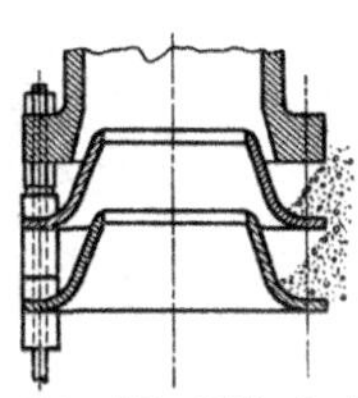

Abb. 231. Filterkorb von Rutsatz.

Einen Filterkorb, der mit besonderen Schutzmänteln über den

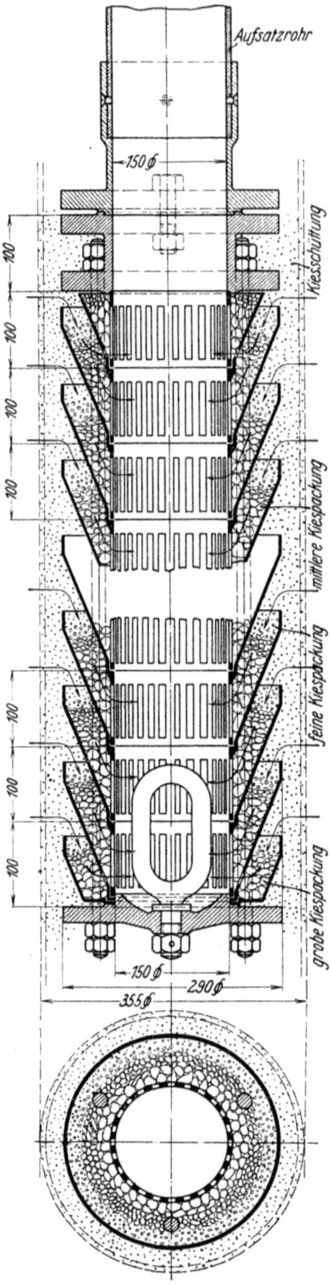

Abb. 232. Taschenfilter. (Nach Pollems.)

Schlitzen ausgestattet ist, gibt Abb. 230 nach dem Patent von F. v. Hof wieder.

Einen Filterkorb für Kiesschüttungen nach dem Patent von E. Rutsatz, aus einzelnen Ringen bestehend, stellt Abb. 231 dar.

Derartige Ringe lassen sich sowohl aus Schmiede- und Gußeisen, als auch aus Steinzeug herstellen. Sie haben den Vorzug, daß man aus ihnen auch Filterkörbe von ganz kleinen Längen herstellen kann.

Wegen seiner besonderen Eigentümlichkeiten ist der Filterkorb mit Kiesschüttung, welcher nach Anregungen von St. von Kraszewski von Pollems weiter ausgebildet worden ist, bemerkenswert (D. R. P.) (Abb. 232). Der Filter besteht aus gußeisernen, asphaltierten Taschen, die in beliebiger Länge über Flur zusammengesetzt und auch über Flur mit passenden Kiespackungen (bis zu drei Lagen verschiedener Korngröße) versehen werden können.

Der Vorzug dieser Filteranordnung besteht darin, daß die Kiespackung über Flur erfolgt, daß das Ziehen der Bohrrohre nach erfolgtem Einbau ohne Einfluß auf die Lagerung der Kiesschüttung ist, und daß man mit einem kleineren Bohrdurchmesser auskommt, weil an Stelle des horizontalen, radialen Eintrittsweges bei gewöhnlichen Kiesschüttungsbrunnen ein abwärts geneigter, radialer Eintrittsweg von größerer Länge gewählt ist.

l. Futterrohre.

Diejenigen Lagen des Untergrundes, welche nicht wasserführend sind oder Wasser enthalten, das aus irgendeinem Grunde von der Fassung ausgeschlossen werden soll, werden mit vollwandigen Rohren ausgefüttert, die man als Futterrohre bezeichnet.

Zu Futterrohren wird vorwiegend Schmiede- und Gußeisen verwendet. Kupfer und Rotguß ist weniger üblich, zumal Futterrohre oft große Längen haben und daher die Verwendung teurer Metalle die Brunnenkosten erheblich steigern würde.

Im Brunnenbau ist es vielfach üblich, die eigentlichen Bohrrohre als Futterrohre zu verwenden. In solchen Fällen nimmt man davon Abstand, die Bohrrohre auf die ganze erbohrte Länge zu ziehen und beschränkt sich darauf, die Bohrrohre nur so weit zu heben und zu beseitigen, als zum Freistehen des Filterkorbes unbedingt notwendig ist. Die Folge dieser Ausführung ist, daß der Filterkorb *F* (Abb. 233) mit den Futterrohren *R* nicht in fester Verbindung steht, sondern nur lose in diese hineinragt. Um eine Versandung des Filterkorbes durch die Fuge *b* zu verhindern, wird der Filterkorb mittels eines etwa 1—5 m langen Aufsatzrohres verlängert, doch ist es zweckdienlicher, die Fuge durch einen Gummiring abzudichten, der durch einen gewindeartig ausgebildeten Korbaufsatz so weit plattgedrückt wird, daß die Fuge *b* sanddicht verschlossen wird (Abb. 234).

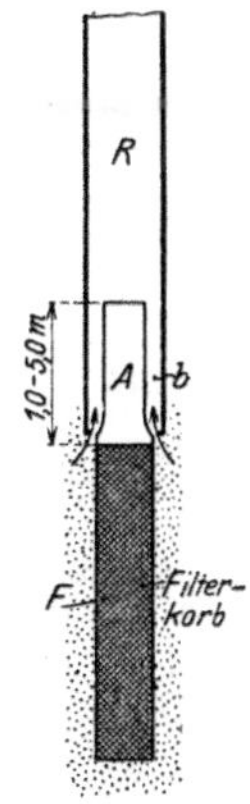

Abb. 233. Filterkorb mit Aufsatzrohr.

Der Filterkorb kann für sich gezogen werden, wenn man die Dichtung *b* löst. Ob sich aber mit den mitunter im Untergrund festsitzenden Bohrrohren das Bohrloch von neuem auf die alte Bohrlochtiefe vortreiben läßt, hängt ganz von den Untergrundverhältnissen ab.

Der Nachteil des Steckenlassens der Bohrrohre liegt darin, daß schmiedeeiserne oder Stahlbohrrohre kein billiges Verrohrungsmaterial sind. Weitaus billiger ist es, wenn man das Bohrloch in seiner ganzen Länge mit gußeisernen Futterrohren auskleidet und den Filterkorb mit den Futterrohren nach Abb. 241 fest verbindet, so daß der Rohrbrunnen ein zusammenhängendes Ganzes bildet.

Ein Ziehen des Filterkorbes ist bei dieser Ausführung nur in der Weise möglich, daß der ganze Brunnen gehoben wird.

m. Saugrohre.

Man kann Rohrbrunnen unter Umständen so ausbilden, daß das Futterrohr zugleich als Saugrohr benutzt wird. Auf diese Weise kann man das Saugrohr sparen. Diese bauliche Anordnung hat aber den Nachteil, daß das Brunneninnere während des Betriebes unzugänglich und Beobachtungszwecken entzogen wird. Es empfiehlt sich daher stets die Verwendung besonderer Saugrohre.

Die Saugrohre sollen selbst bei kleineren Saughöhen 1 m unter den tiefsten, abgesenkten Wasserspiegel reichen, da nur bei einer solchen Länge die Gefahr des Luftansaugens durch das Saugrohrende ausgeschlossen wird.

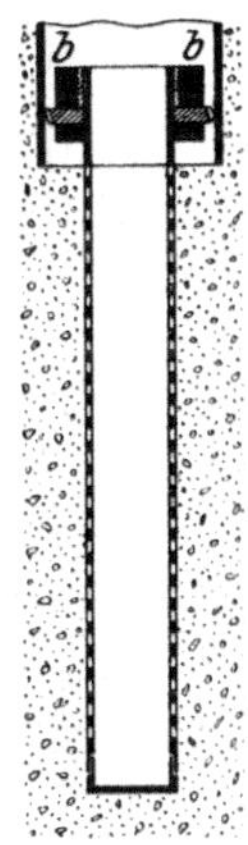

Abb. 234. Abdichtung eines Filterkorbes gegen das Futterrohr mittels Gummiring.

Kupfer hat sich als Material für Saugrohre besonders gut bewährt und kann namentlich für städtische Wasserwerksanlagen empfohlen werden.

n. Der Brunnenkopf.

Das obere Ende eines jeden Rohrbrunnens bildet der Brunnenkopf. Der Brunnenkopf soll möglichst einfach und leicht zugänglich sein. Er vermittelt den Anschluß des Brunnens an die Saug- bzw. gemeinschaftliche Sammelleitung und enthält die Absperrvorrichtungen sowie die sonstige Ausrüstung, welche zum Brunnendienst notwendig ist.

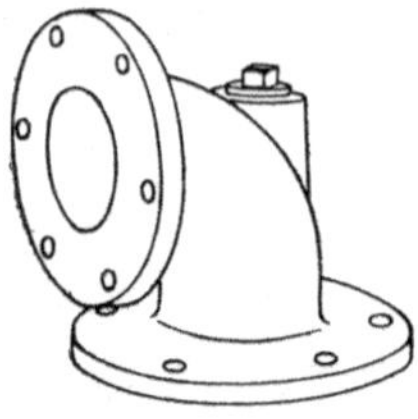

Abb. 235. Brunnenkopf mit Anschlußstutzen für das Beobachtungsrohr.

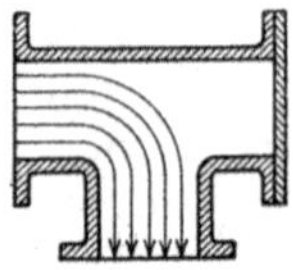

Abb. 236. Brunnenkopf, der als Luftsack ausgebildet ist.

Der einfachste Brunnenkopf läßt sich mit Hilfe eines Krümmers von 90° herstellen (Abb. 235).

Es ist nicht zweckmäßig, die Brunnenköpfe nach Abb. 236 als Luftsäcke auszubilden, da sich in denselben die gasförmigen Wasserausscheidungen (Luft, Kohlensäure, Schwefelwasserstoff) ansammeln können. Bei einer größeren Brunnenfolge können bei Wiederinbetriebsetzung nach einer längeren Pause die Gasansammlungen so groß werden, daß durch sie ein Abreißen der Saugwassersäule eintritt. Der Brunnenkopf sollte stets mit einem Stutzen zur Anbringung eines Beobachtungsrohres ausgerüstet sein. Das Beobachtungsrohr ist erforderlich zur Spiegelmessung im Innern des Brunnens und kann auch zur Entnahme von Wasserproben dienen (Abb. 235).

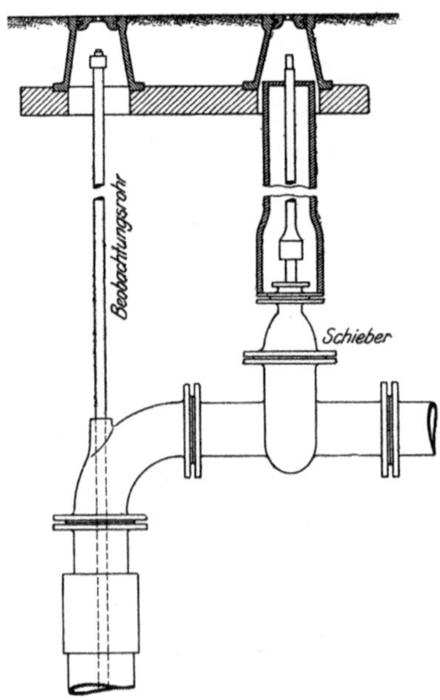

Abb. 237. Brunnenkopf mit Schieber.

Auch das untere Ende des Beobachtungsrohres soll wegen der unvermeidlichen Spiegelschwankungen im Brunnen mindestens 1 m unter dem tiefsten, abgesenkten Spiegel liegen. Sonst läuft man Gefahr, daß bei Öffnung des Beobachtungsrohrstutzens Luft in die Saugleitung gelangt.

Man kann den Brunnenkopf entweder in die Erde ohne besonderen Schutz einbetten oder aber, wenn man auf leichte Zugänglichkeit besonderen Wert legt, ihn in besteigbaren Schächten unterbringen.

Einen mit Erde eingedeckten Brunnenkopf besitzt der ursprüngliche Thiemsche Rohrbrunnen (Abb. 241), der bei zahlreichen Wasserwerken zur Anwendung gekommen ist. Seinen oberen Abschluß bildet eine gewöhnliche Straßenkappe, von der aus das Absperrventil bedient und der Brunnenspiegel gemessen werden kann.

Man kann einen Brunnenkopf auch in der Weise ausführen, daß zur Absperrung ein gewöhnlicher Schieber genommen wird (Abb. 237).

Legt man aus besonderen Gründen (z. B. häufige Reinigung, Entsandung u. dgl.) besonderen Wert auf leichte Zugänglichkeit des Brunneninnern, so ist es von Vorteil, den Brunnenkopf so auszugestalten, daß man in den Brunnen ohne große bauliche Maßnahmen gelangen kann. Zu diesem Zweck wird am besten das Brunnenrohr bis zur Flur mit gleichbleibendem Durchmesser hochgezogen und oben mit einer Glocke abgedeckt.

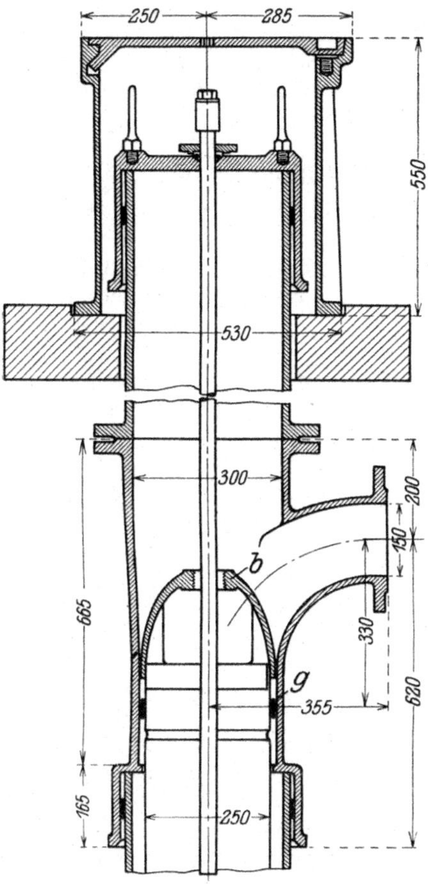

Abb. 238. Brunnenkopf mit leichtem Zugang in das Brunneninnere. (Nach G. Thiem.)

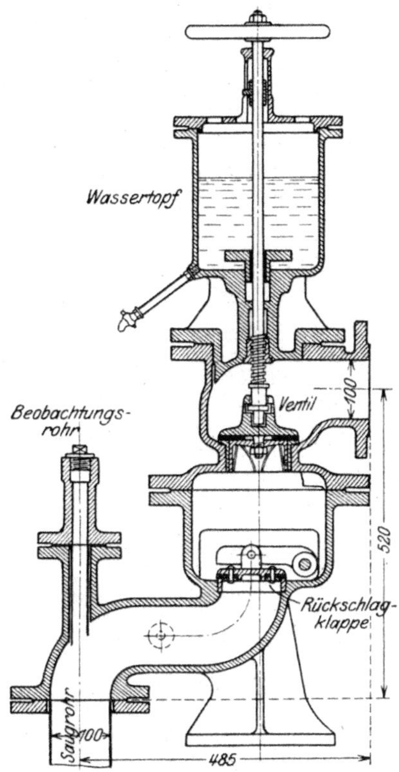

Abb. 239. Brunnenkopf der Prager Wasserfassung.

Derartige leicht zugängliche Brunnenköpfe haben u. a. G. Thiem (346) und v. Feilitzsch (347) ausgebildet. Beide Anordnungen sind gesetzlich geschützt.

Abb. 238 zeigt die Thiemsche Anordnung. Nach Entfernung der Abschlußglocke und des Beobachtungsrohres ist ohne weiteres das Brunneninnere zugänglich. Eine Eigenheit der Thiemschen Anordnung ist ferner, daß das Saugrohr ebenfalls leicht herausziehbar ist. Es kann mit Hilfe des Bügels *b* an einem Seil oder einer Kette herabgelassen und hochgezogen werden. Die Abdichtung des Saugrohres gegen die Brunnenwand erfolgt durch den Gummiring *g*.

Abb. 239 stellt den vom Verfasser wiederholt angewendeten Brunnenkopf dar, der in einem besonderen Schacht untergebracht ist.

Einsteigeschächte müssen namentlich dann, wenn sie im Überschwemmungsgebiet liegen, unbedingt wasserdicht sein und über den zu erwartenden Hochwasserspiegel geführt werden. Um beim Ziehen eines in einen Schacht endenden Rohrbrunnens die Schachtsohle nicht zu beschädigen, ist es angezeigt in die Sohle ein besonderes glockenartiges Formstück (Abb. 242) einzubinden, durch welches der Brunnenkörper in den Untergrund eingeführt wird.

o. Sonstige Ausrüstung des Brunnenkopfs.

Bei allen Absperrvorrichtungen mit Stopfbüchsen ist es namentlich dann, wenn lange Brunnenfolgen und große Saugspannungen vorhanden sind, zu empfehlen, die Stopfbüchsen gegen Eintritt äußerer Luft mit besonderen Wassertöpfen auszurüsten, so daß die Stopfbüchsen unter

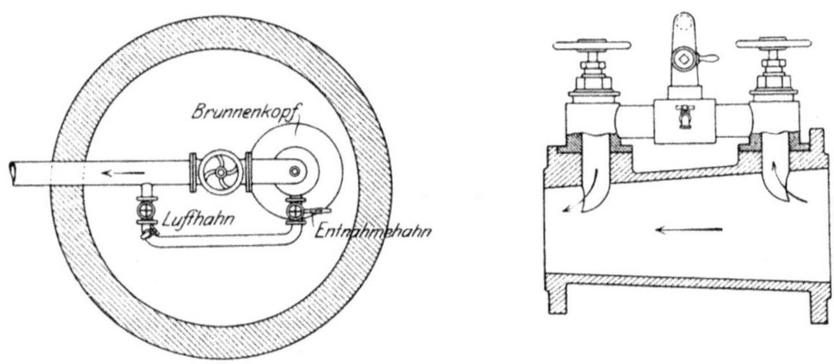

Abb. 240. Vorrichtung zur Entnahme von Wasserproben. (Nach Reichle.)

Wasserverschluß stehen. Eine solche Anordnung geht aus Abb. 239 hervor, welche den Brunnenkopf des Prager Grundwasserwerkes nach dem Entwurf des Verfassers darstellt.

Von Vorteil ist es stets, wenn jeder Brunnen mit einer besonderen Wasserentnahmevorrichtung ausgestattet wird. Eine bequeme Entnahmevorrichtung für Wasserproben besteht darin, daß man die Saugleitung des Brunnens an zwei Stellen anbohrt und die Anbohrstellen mit einer Umlaufleitung von etwa 20—25 mm i. L. verbindet. Die Umlaufleitung muß durch zwei Hähne abstellbar sein und erhält einen Lufthahn sowie einen Ablauf. Eine derartige Entnahmevorrichtung rührt nach den Mitteilungen von Gärtner (241) von Reichle her (Abb. 240). Sie hat den Vorzug, daß man bei gekuppelten Brunnen, die an einer gemeinschaftlichen Saugleitung hängen, während des Betriebes aus einem jeden Brunnen Proben entnehmen kann. Will man eine Probe entnehmen, so wischt man den Ablauf und den Lufthahn

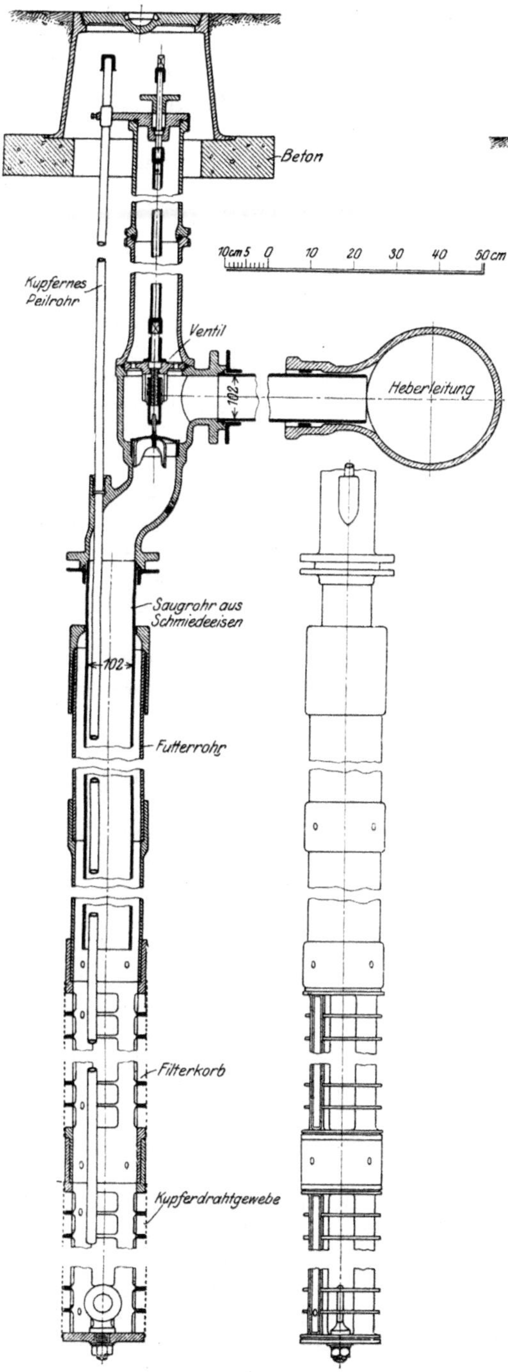

Abb. 241. Rohrbrunnen von Thiem.

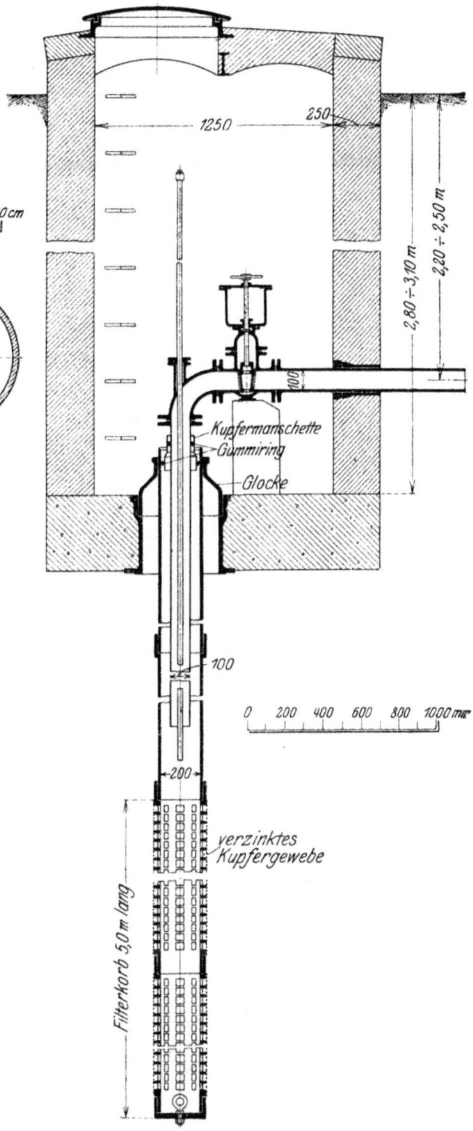

Abb. 242. Rohrbrunnen von Prinz.

mit 80° Alkohol ab, zündet den Alkohol an und läßt nach Schließen der Umlaufhähne und Öffnen des Lufthahnes das Wasser in ein steriles Auffangglas fließen.

5. Beispiel zweier vollständiger Rohrbrunnen.

Zwei vollständige Rohrbrunnen, die sich in der Praxis bewährt haben, geben die Abb. 241 und 242 wieder.

Über die bauliche Entwicklung des gußeisernen Rohrbrunnens macht nähere Angaben G. Thiem (346).

VI. Schachtbrunnen.

1. Allgemeines.

Schachtbrunnen sind Brunnen von so großem Durchmesser, daß sie begehbar oder wenigstens beschlüpfbar sind. Ihre Baulänge ist ziemlich eng begrenzt. Wasserwerksschachtbrunnen von über 30 m Tiefe sind eine Seltenheit.

Man bezeichnet Schachtbrunnen auch als Kessel- oder Senkbrunnen und unterscheidet solche mit durchlässiger und undurchlässiger Wand.

Ist die Sohle eines Schachtbrunnens mit durchlässiger Wand offen, so erfolgt die Speisung des Brunnens auch von unten. Bei Brunnen mit undurchlässiger Wandung erfolgt der Wassereintritt nur von der Brunnensohle aus.

Als zweckmäßiger Durchmesser gilt ein solcher von 1,5—3,0 m. Bei schwierigen Untergrundsverhältnissen können als größte Bautiefe etwa 15—20 m empfohlen werden.

Die Vorzüge der Schachtbrunnen gegenüber Rohrbrunnen bestehen in ihrer leichten Zugänglichkeit, der Möglichkeit, in ihnen tiefliegende Pumpen von größeren Abmessungen unterzubringen, ihrer Wirkung als Ausgleichsbehälter bei geringer Ergiebigkeit des Untergrundes und gegebenenfalls darin, daß infolge des großen Durchmessers bzw. der großen Durchgangsfläche die Eintrittsgeschwindigkeit des Wassers in den Brunnen klein wird.

In zahlreichen Fällen verhindert indessen eine Verkleinerung der Eintrittsgeschwindigkeit ein Versanden des Brunneninnern nicht, und man wird dann gezwungen, auch Schachtbrunnen gegen Sandeintrieb zu schützen. Es geschieht dies entweder mit Hilfe von Kiesschüttungen längs des ganzen durchlässigen Brunnenmantels oder durch geeignete Befestigung der Brunnensohle, wenn der Wassereintritt nur von der Sohle aus erfolgt.

Der Schutz von Schachtbrunnen gegen Sandeintrieb ist auf S. 324 näher behandelt.

Meist kommt der Schachtbrunnen nur als Einzelbrunnen zur Anwendung. Bei größeren Fassungsanlagen, die aus einer ganzen Brunnenreihe bestehen, ist es wirtschaftlicher Rohrbrunnen zu wählen.

Das Vortreiben der Schachtbrunnen in den Untergrund geschieht meist mittels Ausbaggerung und Senkung. Ausnahmsweise kann man den Untergrund aus dem Brunneninnern auch durch Sandpumpen oder Strahlapparate entfernen.

Je nach dem Material, aus welchem Schachtbrunnen hergestellt sind, unterscheidet man zwischen Brunnen aus Mauerwerk, Beton und Eisen.

2. Der gemauerte Schachtbrunnen.

Die Durchlässigkeit des Brunnenmantels gemauerter Schachtbrunnen läßt sich am einfachsten durch offene Stoßfugen innerhalb der wasserbenetzten Wandfläche des Brunnens erreichen. Das Mauerwerk ist stets in gutem Zementmörtel herzustellen. Sogenanntes Trockenmauerwerk ist niemals zuzulassen. Ebensowenig das Zusetzen großer Fugen mit Moos und Werg, wie dies oft noch auf dem Lande üblich ist. Eine derartige Ausführungsart ist gesundheitlich bedenklich und führt in der Regel zu einer schwer ausrottbaren Algenplage und ähnlichen Übelständen.

Ein durchlässiger Brunnenmantel läßt sich auch durch das Einbinden von Eisen- oder Dränrohren oder besonderen Lochsteinen und Eintrittsgittern erreichen. Bei sachgemäßer Arbeit kann das Flächenmaß der Brunnenöffnungen etwa ein Achtel bis ein Zehntel der gesamten Mantelfläche betragen.

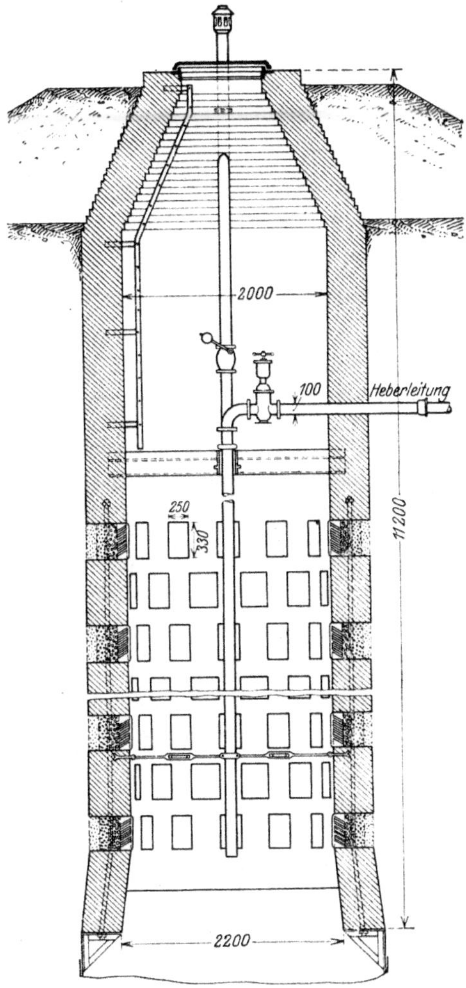

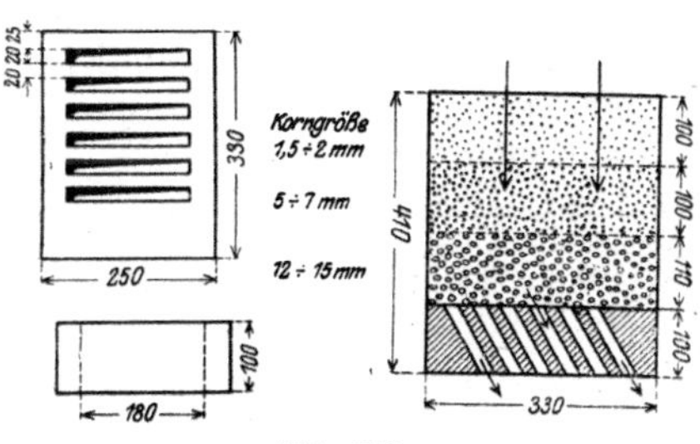

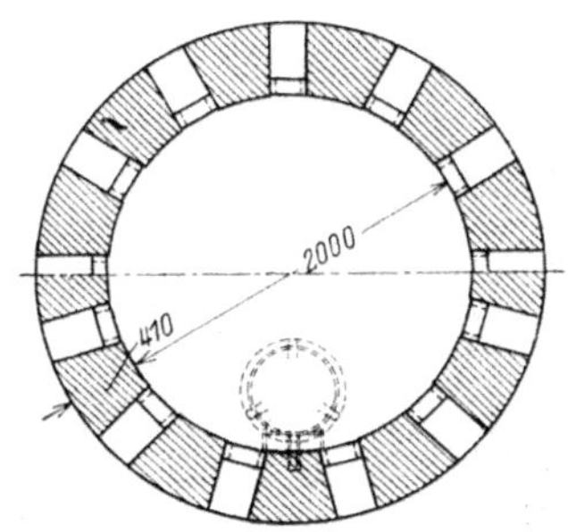

Abb. 243.
Schachtbrunnen mit Eintrittsgittern

Besondere Eintrittsgitter hat z. B. Verfasser bei den Schachtbrunnen der Wasserfassung der Stadt Wasa in Anwendung gebracht (274) (Abb. 243).

Für ein bequemes und gleichmäßiges Senken eignet sich am besten die kreisförmige Brunnengestalt, da mit einem kreisrunden Querschnitt bei einem Höchstmaß an Brunneninhalt ein Mindestmaß an Mauerwerksmasse und Reibungsfläche erzielt wird. Kreisrunde Brunnen haben indessen den Nachteil, daß sie leicht in drehende Bewegung geraten.

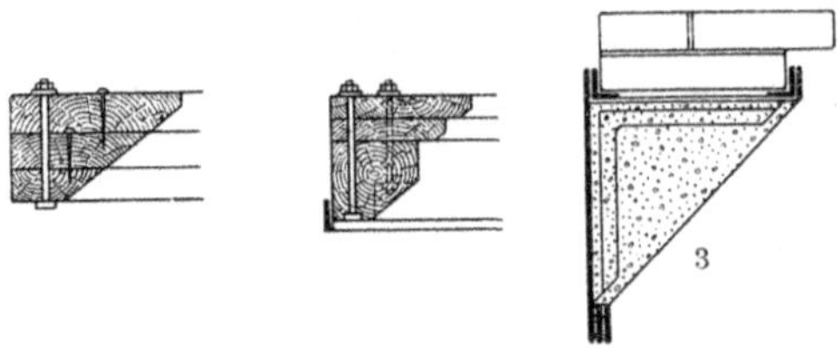

Abb. 244. Brunnenkränze aus Holz (1, 2) und Schmiedeeisen (3).

Um das Vortreiben des Brunnens zu erleichtern, ist es zweckmäßig, das untere Ende als Schneide auszubilden, die man als Brunnenkranz bezeichnet. Der Querschnitt eines Brunnenkranzes verjüngt sich nach unten zu einem Dreieck, das entweder aus Holz oder Schmiedeeisen hergestellt wird. Gußeisen ist wegen seiner Sprödigkeit nicht zu empfehlen. Hölzerne Brunnenkränze sind einfach herzustellen und billig. Sie erhalten einen Eisenbeschlag oder ein T-Eisen zur Erhöhung der Schneidenwirkung. Der schmiedeeiserne Kranz wird am besten mit Beton ausgefüllt. In Abb. 244 sind einige zweckmäßige Brunnenkränze dargestellt.

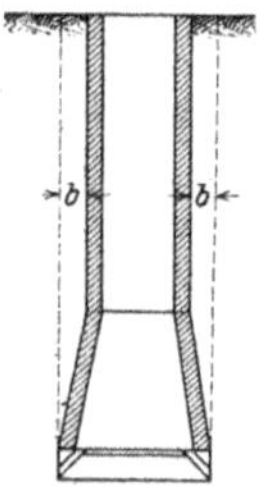

Abb. 245. Konische Anordnung des unteren Brunnenteils.

Die Verbindung des aufgehenden Mauerwerkes mit dem Brunnenkranz erfolgt durch schmiedeeiserne Anker, die in einzelnen Abständen noch an besonderen, in das Mauerwerk gelegten Zugringen befestigt werden. Der untere Brunnenteil sollte stets konisch angelegt werden, da auf diese Weise eine Fuge *b* zwischen Mauerwerk und Erdboden geschaffen und so die Reibung des gleitenden Mauerkörpers wesentlich vermindert wird (Abb. 245).

Eine statische Berechnung der Brunnenwände gibt Brennecke (333).

Die Wandstärke gemauerter Schachtbrunnen richtet sich, abgesehen von der Brunnentiefe, danach, ob der Brunnenmantel durchlässig ist oder nicht. Bei gelochten Wandungen findet eine Schwächung des Mauerquerschnittes statt, und hängt die Wandstärke von der Art der Lochung ab. Im allgemeinen sollte bei gelochtem Brunnenmantel 0,38 bis 0,50 m als Mindeststärke der Wandungen gelten. Bei vollwandigen Brunnenmänteln können für Brunnentiefen bis zu 15—20 m als praktisch erprobte Zahlen folgende Maße empfohlen werden:

Brunnenweite in m	Wandstärke in m	Brunnenweite in m	Wandstärke in m
1,0	0,25	3,0	0,51
1,5	0,25	3,5	0,51
2,0	0,38	4,0	0,64
2,5	0,38	5,0	0,64

3. Schachtbrunnen aus Beton.

Schachtbrunnen aus gewöhnlichem Beton werden in der Regel aus einzelnen Betonringen zusammengesetzt. Sie haben zwar den Vorzug der Billigkeit, doch sind sie meist wenig widerstandsfähig und nur bei großer Vorsicht und nicht schwierigen Untergrundverhältnissen risse- bzw. bruchfrei zu senken. Werden gelochte Betonringe verwendet, so ist ein Niederbringen in größere Tiefen nahezu ausgeschlossen.

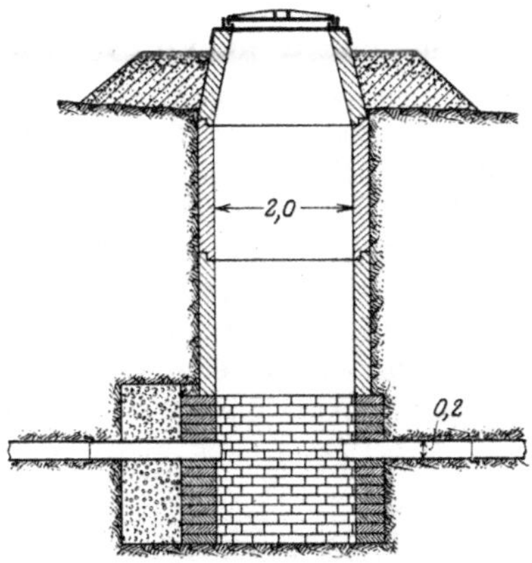

Abb. 246. Schachtbrunnen aus Beton mit durchlässigem Mantel aus Mauerwerk.

Bei kleineren Anlagen ist es, wenn man aus Gründen der Billigkeit gewöhnlichen Beton verwenden will, angezeigt, den durchlässigen unteren Teil auszumauern und das übrige aufgehende Mauerwerk, aus einzelnen Betonringen bestehend, aufzusetzen, wie in Abb. 246 dargestellt.

Besser als gewöhnlicher Beton eignet sich für Brunnenzwecke Eisenbeton. Man kann mit Senkbrunnen aus Eisenbeton bei verhältnismäßig geringer Wandstärke große Tiefen erreichen. Das feste Gefüge ihres Mantels leistet bei etwaigem Kanten während der Arbeit den hierbei auftretenden Zugspannungen, welche anderes Mauerwerk zum Zerreißen bringen, erfolgreich Widerstand. Man gibt dem Betonkörper senkrecht durchlaufende Zugeisen (am besten in U-Form), die in etwa 1,5—2,0 m Abstand durch 50—60 mm breite und etwa 5 mm starke Eisenreifen versteift werden.

4. Schachtbrunnen aus Eisen.

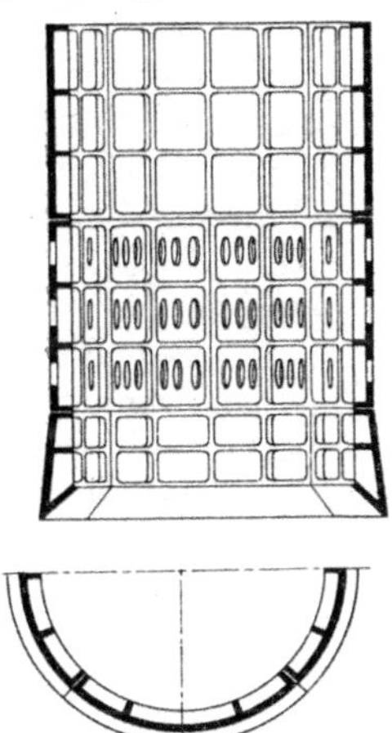
Abb. 247. Senkbrunnen aus Gußeisen.

Im treibenden Gebirge, wo Senkungen und Rutschungen des Brunnens infolge Beweglichkeit des schwimmenden Untergrundes zu befürchten sind, verwendet man mit Vorteil Brunnen aus Schmiede- oder aus Gußeisen, welche Zugspannungen besser als gemauerte und selbst aus Beton hergestellte Brunnen vertragen.

Abb. 247 zeigt einen derartigen gußeisernen Senkbrunnen, der aus einzelnen Trommeln zusammengesetzt ist. Bei größerer Lichtweite setzt sich auch jede Trommel aus Teilstücken zusammen, doch müssen zwecks Vermeidung äußerer Reibungsarbeit beim Senken sämtliche Verbindungsflanschen im Innern des Brunnens angeordnet werden. Gußeiserne Senkbrunnen sind erheblich teurer als solche in Mauerwerk, doch gestatten sie ohne weiteres die Anordnung seitlicher

Eintrittsstellen für das Wasser, wenn man sich nicht auf den Wasserzufluß von unten beschränken will. Es ist leicht, die seitlichen Zuflußöffnungen mit Rahmen zu versehen, in welche unter Umständen passendes Gewebe zum Fernhalten von feinen Bodenbestandteilen eingesetzt werden kann.

5. Schutz gegen die Versandung von Schachtbrunnen.

Auch bei Schachtbrunnen kommt man mitunter in die Lage besondere Vorkehrungen gegen das Eindringen von Sand in das Brunneninnere treffen zu müssen, wenn der wasserführende Untergrund feinkörnig ist. Man ordnet zu diesem Zwecke einen Kiesmantel an, bestehend aus einzelnen Schichten verschiedener Korngröße, die nach innen zu immer größer wird. Den Kiesmantel bildet man entweder nur als einfache Kiesschüttung aus, ähnlich wie bei Rohrbrunnen und außerhalb des Brunnenmantels, oder aber man stellt den Brunnen mit doppelter gelochter Wandung her, zwischen welche der Kiesmantel eingebaut wird.

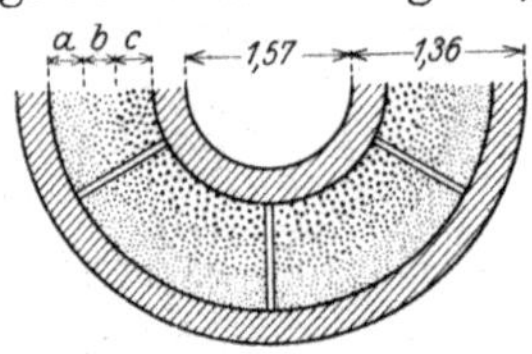

Abb. 248. Doppelwandiger gemauerter Brunnen mit Kiesschüttung des Wasserwerkes Tegel bei Berlin. (Nach Gill.)

Abb. 248 zeigt einen derartigen gemauerten Brunnen mit Doppelwandung, der von Gill beim Bau des Tegeler Wasserwerkes der Stadt Berlin verwendet worden ist. Die Buchstaben *a*, *b*, *c* geben die Lagen von feinem, mittelfeinem und grobem Kies an.

Das Einbringen der Kiespackung kann entweder mit Hilfe von Schüttungsblechen, die wieder hochgezogen werden, oder mittels gelochter Blechzylinder, die zwischen den Schüttungsschichten dauernd bleiben, erfolgen. Auf die konzentrische Lage der Schüttungsbleche ist stets besonders zu achten. Man hält sie in der notwendigen Lage am besten mittels einer stufenartig ausgebildeten Sohlenplatte fest, wie sie in Abb. 270 dargestellt ist. Derartige doppelwandige Brunnen sind entsprechend teurer und nur bei geringen Tiefen zu empfehlen.

Die Schichtenstärken des Kiesschüttungsmantels können im allgemeinen weniger hoch bemessen werden als die der Brunnensohle aus dem Grunde, weil die Mantelringe durch den gemauerten Brunnenschacht gegen jede Ortsveränderung hinreichend geschützt sind. Die Schichten des Brunnenbodens wirken dagegen nur mit ihrem Gewicht, das im übrigen durch den Auftrieb vermindert wird, gegen die Geschwindigkeit des durch den Boden in den Brunnen eintretenden Wassers.

Bei der Wahl der einzelnen Korngrößen, aus denen sich die Abdeckung der Brunnensohle und der Kiesmantel zusammensetzt, muß die Bedingung erfüllt werden, daß die Zwischenräume jeder feineren Schicht kleiner sind als der Korndurchmesser des gröberen Materials. Diese Bedingung wird erfüllt, wenn

$$\frac{\pi d_1^2}{4} = 0{,}04\, d^2, \qquad (32$$

worin d der Durchmesser des feineren und d_1 der Durchmesser des gröberen Materials ist.

Hieraus folgt $d = 4{,}42\, d_1$.

Man erhält unter Zugrundelegung dieser Formel folgende Korngrößen:

bei einem Korn von	0,2	mm erhält die nächste Schicht rund	0,9	mm Korndurchm.
„ „ „ „	0 5	„ „ „ „ „ „	2 2	„ „
„ „ „ „	1,0	„ „ „ „ „ „	4,4	„ „
„ „ „ „	1,5	„ „ „ „ „ „	6,7	„ „
„ „ „ „	2 0	„ „ „ „ „ „	8,9	„ „
„ „ „ „	3,0	„ „ „ „ „ „	13,3	„ „

Ein aus Stahlblech hergestellter, mit Schotten ausgestatteter Senkbrunnen ist nach den Mitteilungen von Maury (348) für das Wasserwerk Peoria, III errichtet worden. Er besteht aus zwei gelochten Stahlmänteln und hat 1,35 m innere lichte Weite (Abb. 249).

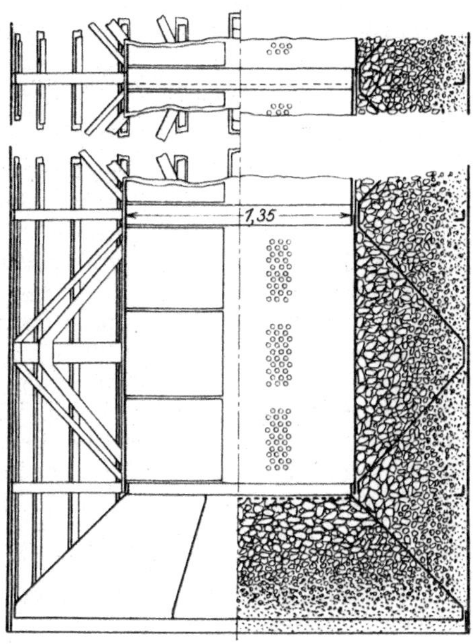

Abb. 249. Eiserner Senkbrunnen mit kiesgefüllten Schotten. (Nach Maury.)

Findet bei Schachtbrunnen mit undurchlässiger Wand die Brunnenspeisung nur von der Sohle aus statt, so muß man bei solcher baulichen Anordnung ganz besonders darauf Rücksicht nehmen, daß bei der Wasserentnahme nicht eine bestimmte, von der Korngröße des Untergrundes abhängige Geschwindigkeit überschritten werde, welche die aus losem Sand und Kies bestehende Brunnensohle in Bewegung setzt. Die Folge derartiger Bewegungserscheinungen wäre ein Versanden des Kesselbrunnens, Auskolkung des tragenden Untergrundes und Abrutschen des Brunnens in die Tiefe.

Man sollte daher stets bewegliche Brunnensohlen mit einer Art Filterpackung befestigen, deren Korngröße von unten nach oben zunimmt, und dafür sorgen, daß die Größe der Wasserentnahme bzw. der damit zusammenhängenden Wassergeschwindigkeit den zulässigen Grenzwert nicht überschreite.

VII. Gekuppelte Schacht- und Rohrbrunnen.

Bei zwei übereinanderliegenden Stockwerken, von denen das obere keine große lotrechte Mächtigkeit zeigt, und wo sich daher die Fassung mittels Schachtbrunnens empfiehlt, ist es beim Vorhandensein eines tieferen Wasserstockwerkes oft üblich, Schacht- und Rohrbrunnen nach Abb. 250 zu kuppeln in der Art, daß auf der Sohle des Schachtbrunnens ein in das tiefere Stockwerk reichender Rohrbrunnen niedergebracht wird. Eine derartige Kuppelung ist am zweckmäßigsten, wenn die Spiegel der beiden Stockwerke wenigstens angenähert auf gleicher Höhe liegen, da sonst Wasser aus dem einen Stockwerk an das andere verloren geht. Eine derartige Anordnung ist auch dann zu empfehlen, wenn eine aus Schachtbrunnen bestehende Fassung ungenügend ergiebig ist und die Möglichkeit vorliegt, durch weitere Absenkung einen Zuwachs der Fördermenge zu erreichen.

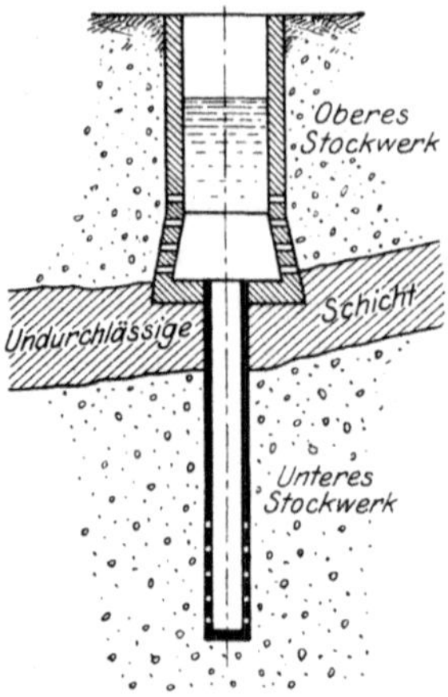

Abb. 250. Gekuppelter Schacht- und Rohrbrunnen.

Die gleiche Betrachtung gilt, wenn mittels Rohrbrunnen mehrere tiefliegende Stockwerke entwässert werden sollen.

VIII. Artesische Brunnen.

Dem artesischen, aus Brunnen frei ausfließen den Wasserkommen hinsichtlich seiner Güte ebensowenig besondere Eigenschaften zu wie natürlichen Quellaustritten, da artesisches Wasser sowohl Grundwasser sein als auch von unterirdischen Wasserläufen gespeist werden kann.

Zum Fassen artesischer Wässer eignen sich am besten Rohrbrunnen. Eine Fassung mittels Schachtbrunnen und Stollen ist dann ausgeschlossen, wenn die artesische Spannung, die das Wasser über Flur treibt, groß ist.

Zum Erschließen artesischen Wassers verwendet man am besten Bohrrohre aus verzinktem Schmiedeeisen, die in der Regel im Untergrunde steckengelassen und nach Erreichung des Bohrlochtiefsten nur so hoch gezogen werden, als zum Einsetzen der Filterkorblänge notwendig ist.

Bei sehr tiefen Bohrungen und hohem Auftrieb ist es oft unmöglich, in die Bohrung einen besonderen Filterkorb einzubringen, und man begnügt sich dann damit, in den während des Bohrens durch Beobachtung ermittelten günstigen Lagen des unterirdischen Zuflusses das Bohrrohr zu schlitzen, oder beschränkt sich auf den Wasserzutritt vom offenen Bohrlochende aus.

Besonders tiefe artesische Brunnen müssen in der Regel mit einer Verrohrung von nach unten zu abnehmendem Durchmesser niedergebracht werden. Man bezeichnet derartige Brunnenrohrfahrten als gestufte oder teleskopierte Verrohrungen.

Will man mehrere artesische Brunnen zusammenfassen und das gefaßte Wasser unterirdisch fortleiten, so ist es stets vorteilhaft, vor Angriff der Bohrarbeiten die Ableitungsschächte herzustellen und in die Schachtsohlen besondere Rohrstutzen einzubinden, durch welche die Brunnenfahrt durchgeht. Unterläßt man dies, so ist das nachträgliche Fertigstellen derartiger Schächte oft nur unter den größten Schwierigkeiten möglich.

Beim Durchfahren verschiedener Stockwerke bzw. von Lagen mit wasserführenden Spalten ist stets der Spiegel genau zu beobachten und die Ergiebigkeit in Abhängigkeit von der Spiegellage zu messen. Nur auf diese Weise lassen sich die besonders ergiebigen Stellen ermitteln, in welchen später Filterkörbe einzusetzen oder Schlitze herzustellen sind.

Sind Stockwerke mit unbrauchbaren oder nicht gewünschten Zuflüssen angefahren worden, so wird es im allgemeinen genügen, die deckende, undurchlässige Schicht durch geeignete Dichtmittel wieder zu schließen. Bei durchfahrenen wasserführenden Schichten erfolgt eine Verdämmung am besten mit Kugeln aus fettem Ton von etwa 8—10 cm Durchmesser. Zwecks der vorzunehmenden Absperrungsarbeit wird die Rohrfahrt innerhalb der deckenden, undurchlässigen Schicht gezogen, das Bohrloch auf volle Tiefe der Dichtungsstrecke, vermehrt um etwa 1 m Überstand nach oben und unten, mit den Tonkugeln ausgefüllt und die im Bohrlochwasser erweichte Tonmasse zu einem festen Pfropfen zusammengerammt. In diese Masse wird die gezogene Rohrfahrt von neuem vorgetrieben. Innerhalb einer durchlässigen Schicht wird man dagegen nur selten das Bohrrohr ziehen und dann die Dichtungsmasse einbringen können, weil die Schicht einstürzt. Man wird in einem solchen Falle die Dichtungsmasse in das Bohrrohr einbringen und erst dann, gegebenenfalles stückweise, die Rohrfahrt heben dürfen.

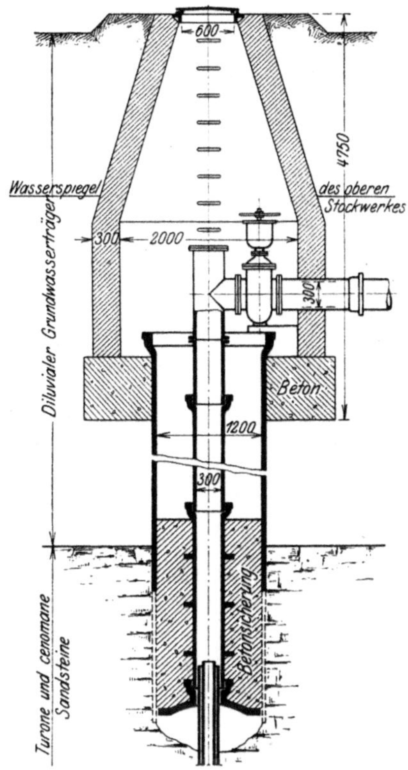

Abb. 251. Sicherung der artesischen Brunnen von Kárány gegen Wasserverlust.

Für Betondichtungen verwendet man Beton, der sich zweckmäßig aus etwa 1 Teil langsam bindendem Zement und 2 bis 3 Teilen reinem Sand zusammensetzt. Das Einfüllen des Betons in das Bohrloch muß zwecks Vermeidung von Ausspülung des Zements mit Hilfe von besonderen Füllrohren, Büchsen mit Verschluß usw. geschehen, die bis auf die Schüttungstiefe reichen. Liegt der Wasserspiegel des abzudämmenden Stockwerkes über Tag, so daß Wasserabfluß stattfindet, so ist durch ein Aufsatzrohr das Abfließen zu verhindern, damit eine Ausspülung des Zements oder der dichtenden Tonmasse vermieden werde.

Das neue Vortreiben der Rohrfahrt in die Tiefe muß stattfinden, bevor der Beton abgebunden hat, damit er sich ohne Schwierigkeit in der für die Durchtreibung der Rohrfahrt notwendigen Weite ausbohren läßt.

Soll die Verdämmungsarbeit in undurchlässigen Schichten besonders gesichert werden, so empfiehlt es sich, die Dichtungsstrecke mit einem größeren Bohrer auszubohren. Auf diese Weise kann die Wandstärke des Dichtungskörpers beliebig verstärkt werden.

Besondere Sicherungsmaßregeln sind auch dann nötig, wenn das artesische Wasser unter hohem Druck steht und Wasserverluste bei undichter Fassung an ein oberes, nicht gespanntes Stockwerk zu befürchten sind. Derartige hydrauliscde Verhältnisse herrschen z. B. in dem artesischen Flügel der Prager Grundwasserfassung, wo das artesische Wasser des turonen und zenomanen Untergrundes von spannungslosem Grundwasser überlagert wird. Die vom Verfasser angeordnete Sicherung gegen Verlust des artesischen Wassers ist aus Abb. 251 ersichtlich.

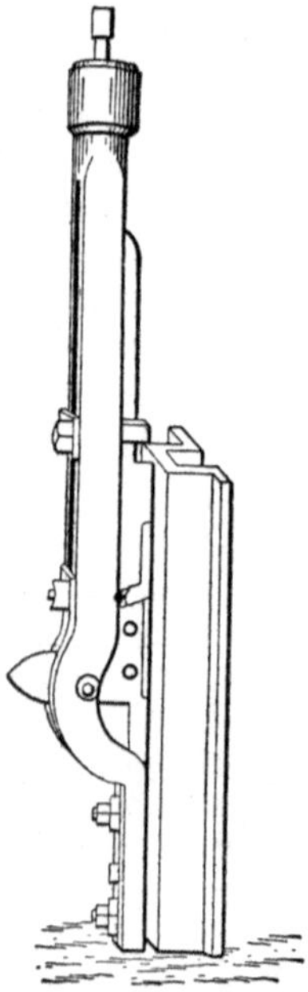

Abb. 253. Anbohrvorrichtung zum Erschließen tiefer Wasseradern. (Nach Herzog.)

Abb. 252. Schlitzvorrichtung für Bohrrohre. (Nach Slichter.)

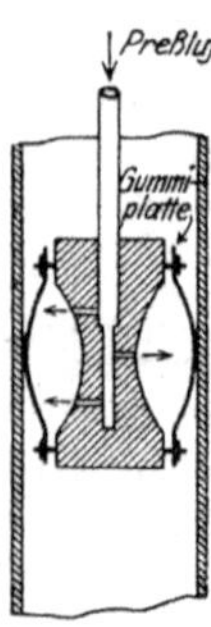

Abb. 254. Verschluß mittels Gummiplatte für artesische Brunnen.

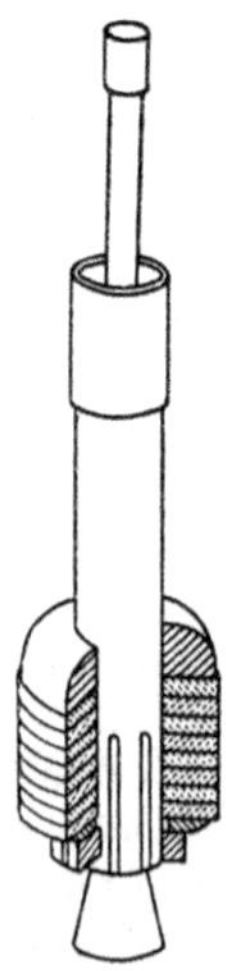

Abb. 255. Konusverschluß.

Dem Wasser einer bei der Herstellung der Bohrung durchfahrenen durchlässigen Schicht kann auch ohne Auswechseln der Rohrfahrt nachträglich der Eintritt in den Brunnen erschlossen werden durch geeignete Durchlochnng des Brunnenmantels mittels besonderer Schlitz- oder Anbohrvorrichtungen. Ein guter Erfolg setzt voraus, daß die Höhenlage des anzuzapfenden, wasserführenden Stockwerkes oder der Gebirgsspalten genau bekannt sei.

Einen amerikanischen Rohrschlitzer nach Slichter (164) zeigt Abb. 252.

Eine Anbohrvorrichtung nach Herzog (349) gibt Abb. 253.

Die Schlitzvorrichtung hat ein bewegliches Schneidemesser, welches durch Bewegung des Bohrgestänges in die Rohrwand eingedrückt wird. Es entstehen auf diese Weise Schlitze von etwa 20—25 mm Länge und 5—7 mm Breite. Die Anbohrvorrichtung besteht aus einem kapselförmigen Körper, welcher im Innern einen Bohrer trägt, der mittels des Gestänges von Tag aus bedient wird.

Bei artesischen Brunnen wird man oft in die Lage versetzt, Arbeiten am Brunnenkopf zu verrichten. Soll dies leicht möglich sein, so muß unterhalb der Arbeitsstelle das Wasser abgesperrt werden, damit die Arbeiten im Trockenen verrichtet werden können.

Als einfache, sicherwirkende Absperrmittel, die in jeder gewünschten Bohrlochtiefe eingesetzt werden können, empfehlen sich entweder der in Abb. 254 dargestellte Verschluß, der aus einer um einen eisernen Hohlkörper gelegten Gummiplatte besteht, die mittels Preßluft so aufgeblasen werden kann, daß sie sich dicht an die Bohrlochwand anlegt, oder ein Gummipfropfen (Abb. 255), der durch einen Konus gegen die Wand gedrückt wird. Das den Konus tragende Rohrende muß eine Stellvorrichtung besitzen.

IX. Verwilderte artesische Brunnen.

Das mühe- und kostenlose Abfließen artesischer Wässer bringt es leider mit sich, daß in den weitaus meisten Fällen das Wasser verschwendet wird, denn nur selten ist der Besitzer einer artesischen Bohrung gewillt, sich zu den Herstellungskosten des Brunnens noch die Ausgabe für eine geeignete Absperrvorrichtung aufzubürden.

Das aus der Erde hervorquellende Wasser fließt in voller Ergiebigkeit unausgenutzt ab, und die natürliche Folge dieses „Raubbaues", der mit dem wertvollen Bodenschatz getrieben wird, ist nicht selten eine teilweise oder sogar vollständige Erschöpfung des unterirdischen Wasservorrates, der im Absinken des Wasserspiegels unter Flur oder sogar im Versiegen der Brunnen zum Ausdruck kommt. Auf diese Weise kann eine Landschaft ihres „artesischen" Charakters vollständig verlustig gehen.

Das sorglose „Laufenlassen" oder „Verwildern" artesischer Brunnen ist eine bedauerliche Erscheinung, die mit Rücksicht auf eine gesunde Wasserwirtschaft von Staats wegen energisch bekämpft werden müßte.

Je geringer die Tiefe ist, in welcher das artesische Wasser angefahren wird, desto leichter wird es dem einzelnen fallen, an den Wasservorrat der Erde heranzukommen, um sich an dem Raubbau zu beteiligen, der zur Schädigung der Allgemeinheit führt.

Wohin eine derartige Verwilderung der Wasserversorgungszustände führt, zeigt am besten das Schicksal der artesischen Brunnen der Stadt Versec am Rande des Alföldes in Ungarn. Die Brunnen von Versec werden durch pannonische Schichten gespeist, deren sandige Lager reichlich gespanntes Wasser führen. Die wasserführende Schicht kann bereits bei einer geringen Tiefe von 28 m erreicht werden. Im Jahre 1860 wurde der erste Brunnen erbohrt, dem bald darauf mehrere benachbarte folgten, und da in Anbetracht der geringen Tiefe und kleinen Herstellungskosten der Wunsch, springendes Wasser auf eigenem Hofe zu haben, bald allgemein wurde, so erreichte im Jahre 1893 die Brunnenzahl die Höhe von 83. Sämtliche Brunnen liefen Tag und Nacht, was zur Folge hatte, daß der artesische Auftrieb über Flur auf Null sank, und der Wasserspiegel gegenwärtig unter statt über der Erde liegt.

Die artesische Herrlichkeit ist verschwunden, und die Brunnen von Versec müssen heute abgepumpt werden, wenn die Besitzer derselben Wasser brauchen.

So unerwünscht vom wirtschaftlichen Standpunkt aus das Nachlassen der artesischen Spannung ist, so gefährlich ist die Spannung dann, wenn die wasserführenden Schichten aus losen Sanden, Kiesen und tonigen Beimengungen bestehen, die durch den hydrostatischen Druck in Bewegung gesetzt werden können.

Besteht der wasserführende Untergrund aus losen Geschieben, und sitzt die Rohrfahrt im Deckgebirge so fest, daß ein seitlicher Durchbruch des gespannten Wassers ausgeschlossen ist, so ist es selbst beim Anfahren von Triebsand und schwimmendem Gebirge jeder Art leicht möglich, Auskolkungserscheinungen zu hindern. Man hat dann nur für eine Verlängerung der Rohrfahrt bis zu einer Höhe zu sorgen, welche den natürlichen Wasserabflnß unmöglich macht. Auf diese Weise werden triebige Bodenbestandteile zur Ablagerung im Brunnen gezwungen, und man hat es in der Hand, durch Verschiebung der Abflußhöhe die Wassergeschwindigkeit so zu regeln, daß die Gleichgewichtslage des Untergrundes nicht gestört und reines Wasser zutage gefördert werde.

Zapft man dagegen eine unter hoher Spannung stehende wasserführende Schicht mit Hilfe einer Rohrfahrt an, die im deckenden Gebirge lose sitzt, so wird unter Umständen das schwimmende Gebirge auch außerhalb der Bohrröhre in die Höhe getrieben. Es kommt auf diese Weise eine Menge Bodenmaterial in Bewegung. Die Folge sind unterirdische Hohlräume, die zusammenbrechen und schließlich zum Einsturz von Gelände und Gebäuden führen können. Derartige unsachgemäße Bohrungen können mitunter verhängnisvoll werden, wie z. B. die Brunnenunfälle von Schneidemühl und Briansk in Rußland beweisen. (Vgl. die Arbeiten von Corazza (350) und Prinz (351).)

Das unter stetem Druck stehende Wasser spült den Raum zwischen Rohrfahrt und Untergrund immer mehr aus, die Austrittsöffnung wächst im Umfang und in die Tiefe, und im Zusammenhange damit nehmen auch Geschwindigkeit und Menge des ausgebrochenen Wassers sowie Kolkung ständig zu, so daß die Schwierigkeiten einer Abdichtung immer gewaltiger werden.

Das Zustopfen der Kluft mittels Beton, Sand, Lehm und ähnlichen Dichtungsmitteln scheitert in der Regel an der hohen Geschwindigkeit und Spülwirkung des Wassers und führt nur dann zum Ziel, wenn es im Anfangszustand des Durchbruches des Wassers geschieht.

Ist die Kolkung noch nicht weit fortgeschritten und die deckende, wasserundurchlässige Schicht in nicht allzu großer Tiefe, so hilft unter Umständen das sofortige Ziehen der losen Rohrfahrt und Zurammen des Bohrloches mit einem Pfahl von nicht zu geringen Abmessungen. Der ausgebohrte Pfahl kann zur Wasserentnahme dienen.

In den weitaus meisten Fällen wird man jedoch auf derartige Dichtungsmittel verzichten und sich darauf beschränken müssen, das verwilderte Bohrloch unschädlich zu machen unter gleichzeitiger Preisgabe desselben. Wird man vor eine derartige Aufgabe gestellt, so heißt es: rasch zugreifen und dem Wasser keine Gelegenheit geben, die Dichtungsschwierigkeiten zu vergrößern.

Da das Zustopfen verwilderter Bohrungen vor allem an dem artesischen hohen Überdruck scheitert, so muß eine Abnahme dieses Druckes die Dichtungsarbeiten erleichtern.

Aus dieser Schlußfolgerung ergibt sich der einzuschlagende Weg, der darin besteht, daß man den artesischen Druck herabsetzt durch hinreichende Entlastung des artesischen Stromes. Ob und unter welchen Bedingungen eine solche Entlastung praktisch möglich ist, hängt von den geo- und hydrologischen Verhältnissen des Untergrundes ab, und sie wird desto leichter und schneller durchführbar sein, je einfacher die Untergrundverhältnisse sind und je weniger tief die wasserführende Schicht unter Flur liegt.

Die Entlastung eines verwilderten artesischen Bohrloches kann erfolgen mit Hilfe von benachbarten Bohrungen. Die entlastende Wirkung wird desto größer sein, je größer die Zahl der Hilfsbohrungen und je kleiner ihre Entfernung von dem zu entlastenden Bohrloch ist. Diese Wirkung ist dann praktisch genügend, wenn die Nachbarbohrungen eines verwilderten Bohrloches dem Grundwasserstrom so viel Wasser entziehen, daß der Spiegel im verwilderten Bohrloch bis auf mindestens Flur sinkt, da in diesem Falle das Abfließen aufhört und die Auskolkungen zum Stillstand kommen.

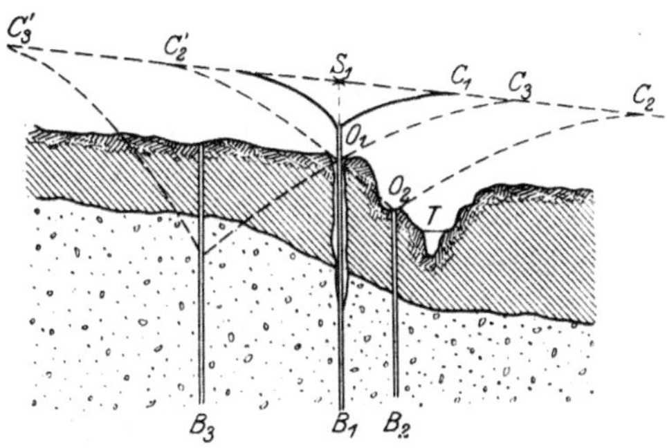

Abb. 256. Spiegelzustände in einem artesischen Bohrloch, das durch Nachbarbohrungen entwässert wird.

Steigt z. B. der natürliche Wasserspiegel des verwilderten Bohrloches B_1 bis auf die Höhe S_1 (Abb. 256), so daß der Ausfluß des Wassers aus dem Bohrloch auf der Höhe O_1 über Flur unter dem hydraulischen Druck $S_1 O_1$ erfolgt, so bildet sich im Grundwasserstrom eine Absenkungskurve mit den Ästen $O_1 C_1$ und $O_1 C_1'$. Bringt man nun in demselben Grundwasserträger das Hilfsbohrloch B_2 in der Talsenkung T nieder und läßt das erbohrte Wasser auf der Höhe O_2 abfließen, so bildet sich ein Absenkungstrichter mit den Ästen $O_2 C_2$ und $O_2 C_2'$. Wie aus Abb. 256 ersichtlich ist, schneidet der Ast $O_2 C_2$ die Bohrlochlage B_1 unterhalb der Flur, d. h. durch Wasserentnahme aus Bohrloch B_2 sinkt der Spiegel in B_1 so tief, daß der natürliche Abfluß aus Bohrloch B_1 aufhört und die mit dem Abfluß verbundene Gefahr beseitigt ist.

In der Praxis werden nur selten die natürlichen Vorbedingungen so günstig sein, daß sich die Niederbringung eines Entlastungsbohrloches B_2 in einer Talsenke mit Vorflut ermöglichen lassen wird. Wie indessen aus Abb. 256 hervorgeht, wird derselbe Zweck erreicht durch das Bohrloch B_3, dessen Spiegel künstlich unter die Flur gesenkt wird.

Die entlastende Wirkung von Bohrloch B_3 kommt jedem benachbarten, bereits vorhandenen Bohrloch zu, und man hat, sobald eine neue artesische Bohrung verwildert, nichts weiter zu tun, als bereits vorhandene artesische Brunnen so lange abzupumpen, bis der Wasserabfluß aus dem verwilderten Bohrloch aufhört, und die Dichtung des Wasserausbruches möglich wird.

Die praktischen Nutzanwendungen aus den vorstehenden Erörterungen sind:

1. Man soll aus wasserwirtschaftlichen und sonstigen Gründen artesische Brunnen, und wenn sie noch so ergiebig sind, niemals ständig laufen lassen, sondern sie mit selbsttätigen Absperrvorrichtungen versehen, welche die Wasserentnahme regeln. Stoßweise wirkende Verschlüsse erzeugen hydraulische Stöße, die zu einer Versandung des Brunnens führen können. Offene Entlüftungsvorrichtungen sind zu empfehlen. Am zweckmäßigsten ist ein offenes Standrohr mit möglichst großem Querschnitt.

2. In Gegenden mit hohem artesischen Auftrieb und losen Bodenschichten sollen niemals Bohrungen in unmittelbarer Nähe von wertvollen Gebäuden angesetzt werden.

3. Ist letzteres unvermeidlich, so ist beim Bohren große Vorsicht geboten, und wenn die Rohrfahrt einer Bohrung locker wird, das Bohrloch, und wenn es bereits noch so tief gediehen ist, aufzugeben.

4. Tritt wider alles Erwarten eine Verwilderung der Bohrung ein, so ist mit Aufwand aller zur Verfügung stehenden Mittel eine ganze Reihe von benachbarten Entlastungsbohrungen in Angriff zu nehmen oder mit Hilfe etwa vorhandener Nachbarbrunnen eine möglichst große Spiegelsenkung anzustreben.

X. Wagerechte Fassungskörper.

1. Allgemeines.

Wagerechte Fassungsanlagen werden auch als Sammelstränge, Sickerschlitze, Stollen und Galerien bezeichnet.

Zu wagerechten Fassungsanlagen kann man jeden Rohrbrunnenkörper verwenden, sowie gelochte Ton-, Steinzeug-, Betonrohre und gemauerte Kanäle. Es ist stets zweckmäßig, wagerechten Fassungen mit Rücksicht auf eine leichtere Entwässerung bei baulichen Maßnahmen etwas Gefälle zu geben.

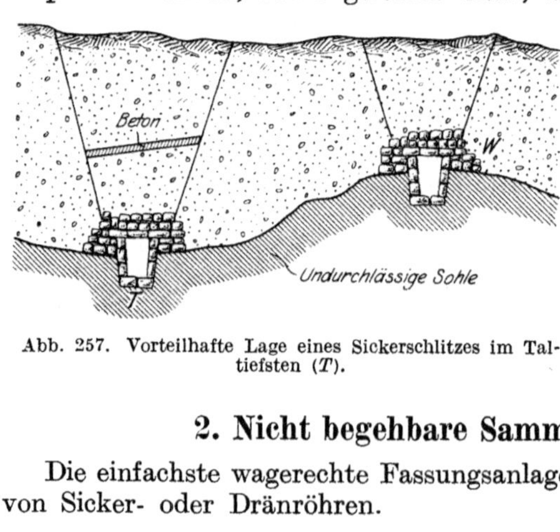

Abb. 257. Vorteilhafte Lage eines Sickerschlitzes im Taltiefsten (T).

Man kann unterscheiden zwischen nicht begehbaren, schlupfbaren und begehbaren wagerechten Fassungen.

2. Nicht begehbare Sammelstränge.

Die einfachste wagerechte Fassungsanlage entsteht durch Verlegung von Sicker- oder Dränröhren.

Die Technik der Herstellung von Sickeranlagen behandeln ausführlich **Friedrich** (111), **Reich** (352), **Faure** (353).

Bei der Anlage von Sickerschlitzen ist es stets erforderlich, zunächst den Verlauf der wassertragenden Sohle durch Schürfungen oder flache Bohrlöcher zu ermitteln. Der Sickerschlitz ist, wie aus Abb. 257 ersichtlich, im Taltiefsten T anzuordnen, da dadurch nicht allein eine

Abb. 258. Sickerstrang aus Beton und Trockenmauerwerk.

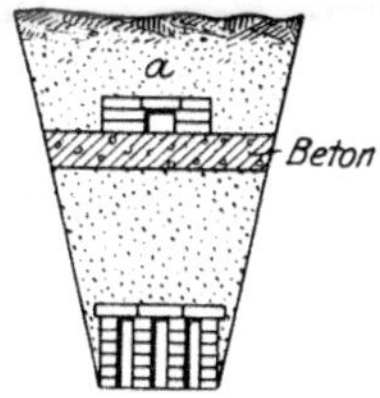

Abb. 259. Sickerstrang aus hochkantig gestellten Backsteinen.

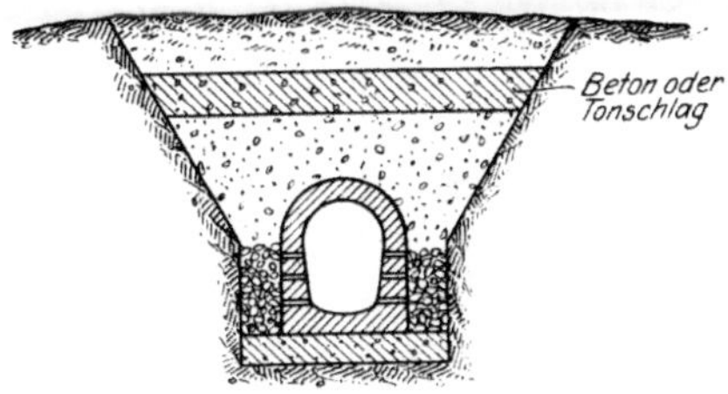

Abb. 260. Sickerstrang aus Betonmauerwerk mit Kiespackung.

größere Absenkung, also auch Ergiebigkeit, erreicht, sondern auch eine höhere Schutzdecke ermöglicht wird. Es ist falsch, mit Rücksicht auf etwaige Ersparnisse beim Aushub, den Sickerschlitz, wie dies manchmal geschieht, auf der verhältnismäßig leicht zu erreichenden Wasserscheide W zu errichten.

Eine einfache Sickerschlitzanordnung ist in Abb. 258 dargestellt. Sie besteht aus einem gestampften Betongerinne, welches mittels Trokkenmauerwerk gewölbeartig eingedeckt ist.

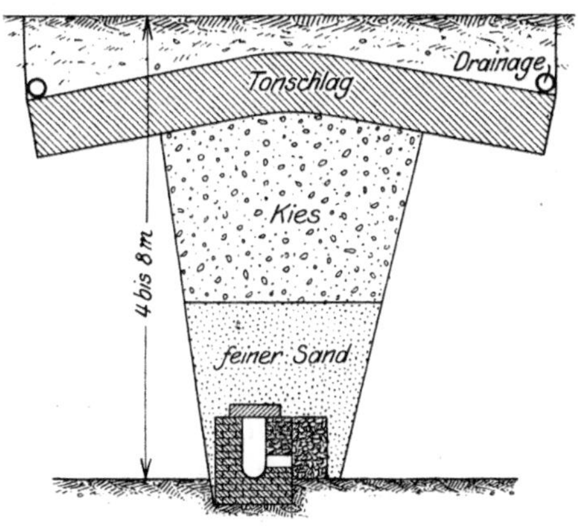

Abb. 261. Sickerstrang aus Mauerwerk mit seitlichen Einlässen und Kiesschüttung. (Nach **Imbeaux**.)

Eine ebenso einfache Anordnung ist aus Abb. 259 ersichtlich. Der Sickerstrang ist aus hochkantig gestellten, gut gebrannten Backsteinen hergestellt.

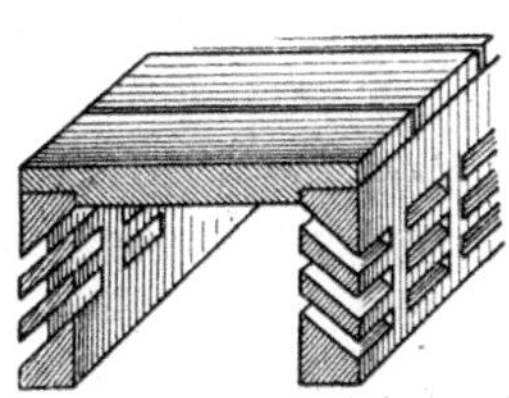

Abb. 262. Fassungskörper aus Steinzeug. (Nach **Cuau**.)

In Abb. 260 besteht der Fassungskanal aus Betonmauerwerk, in welchem seitliche Öffnungen ausgespart sind. Den Aussparungen ist ein Filtergerüst vorgepackt.

Es ist stets von Vorteil, über dem Fassungskörper zum Schutz gegen Verunreinigungen von der Oberfläche aus eine Betondecke von Grabenwand zu Grabenwand zu spannen. Nach **Huber** (354) ist eine Über-

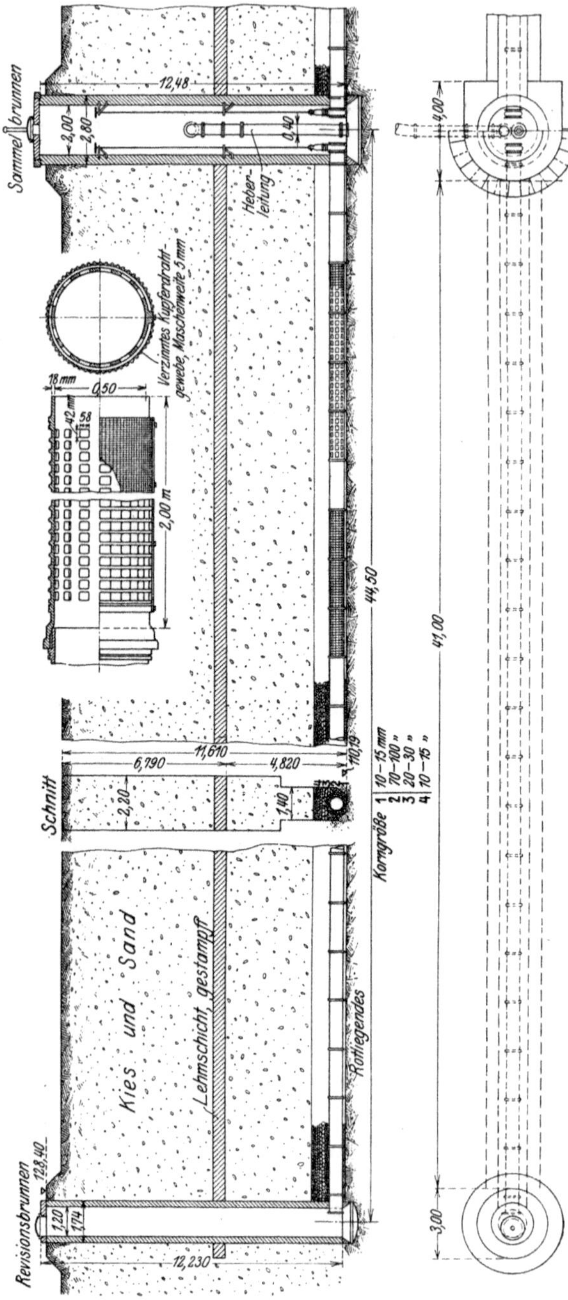

Abb. 263. Sickerstrang aus Gußeisen der Wasserfassung der Stadt Trier bei Kenn. (Nach Wahl.)

deckung von Schlitzen mit Tonschlag vorteilhafter als mittels Beton, da letzterer nach dem Erhärten häufig infolge von Durchquellungen undicht wird. Bei plastischem Ton, der sich an die Schlitzwandungen unter dem Erddruck anpreßt, sind Durchsickerungen kaum zu befürchten.

Empfehlenswert ist es, über der Schutzdecke noch eine besondere Ableitung *a* (Abb. 259) für versickerndes Oberflächenwasser anzuordnen, wodurch der gesundheitliche Wert der Fassung erhöht wird.

Eine Fassungsanlage, deren Sammelkörper aus einem gemauerten Kanal mit seitlichen Wassereinlässen besteht, gibt nach Imbeaux (170) Abb. 261 wieder. Besondere schräge Eintrittsschlitze zeigt ein von Cuau (Abb. 262) herrührender Steinzeugfassungskörper.

Gußeiserne Filtergalerien nach dem Muster des Thiemschen Rohrbrunnens hat Wahl (129) bei der Wasserfassung der Stadt Trier in den Moselalluvionen bei Kenn verwendet (Abb. 263). Die einzelnen gußeisernen Rippenkörper sind je 2 m lang und haben 500 mm lichte Weite.

Bei nicht begehbaren wagerechten Fassungen ist es zweckmäßig, als Mindestdurchmesser einen solchen von 30—40 cm zu wählen. An allen Stellen, wo Richtungswechsel stattfindet, sowie in Abständen von 50—100 m, sind Reinigungsschächte anzuordnen. Ein Filtergerüst von 50—60 cm Stärke längs des ganzen Sickerrohres ist das beste Mittel, um einen zuverlässigen Abschluß gegen das Eindringen von feinem Sand aus dem Untergrund zu erreichen.

3. Begehbare Sammelstränge.

Schlupfbare Fassungsanlagen sollen mindestens 70—80 cm Höhe und 60 cm Breite haben.

Begehbar werden Fassungsanlagen dann, wenn der Querschnitt etwa 1,6 × 0,7 m beträgt. Der Mehraufwand an Material und Arbeit ist bei

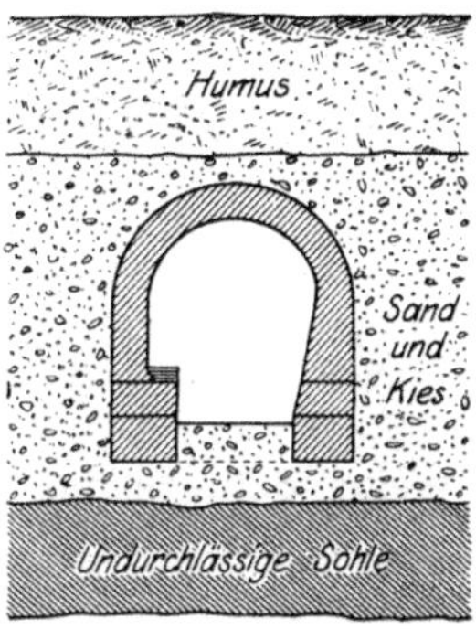

Abb. 264. Fassungsstrang der Stadt Toulouse (unten offen). (Nach Spataro.)

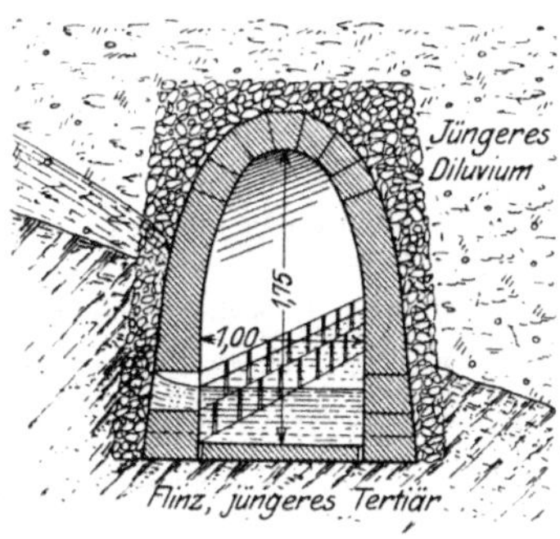

Abb. 265. Ablauf des gefaßten Wassers auf voller Sohle.

diesen Abmessungen im Vergleich zu dem Aufwand bei schlupfbaren Anlagen nicht erheblich, und in Anbetracht der vielen Vorteile, die einer begehbaren Anlage zukommen, wird man stets gut tun, den Querschnitt so zu bemessen, daß er begehbar wird. Die Begehbarkeit sowie das Arbeiten im Innern einer Fassungsanlage werden bedeutend erleichtert, wenn man den Querschnitt auf etwa 2,0 × 1,2 m erweitert.

Fassungsstollen, die unten offen sind, können zur Nachahmung nicht empfohlen werden. Eine derartige Fassungsanlage besitzt nach den Mitteilungen von Spataro (48) die Stadt Toulouse (Abb. 264).

Die Ableitung des Wassers erfolgt bei begehbaren Anlagen entweder auf voller Sohle (Abb. 265), oder man ordnet an der dem Wassereintritt gegenüberliegenden Seite oder beiderseitig einen besonderen Laufsteg an und vertieft die Sohle zu einem Sohlengerinne, wie aus Abb. 266 hervorgeht.

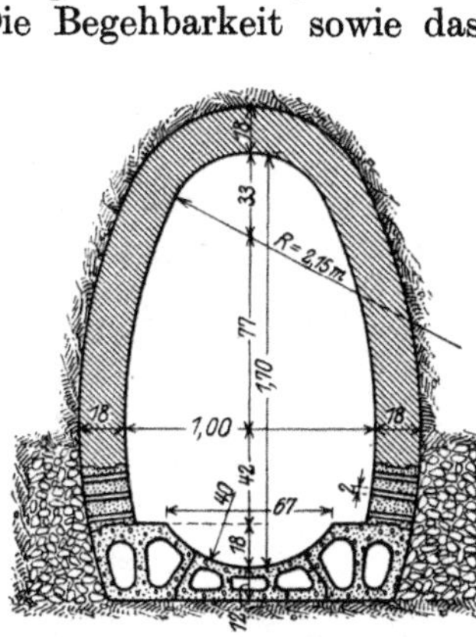

Abb. 266. Ablauf des Wassers in einem Gerinne mit seitlichen Laufstegen. (Nach Imbeaux.

Die hygienisch und technisch beste Anordnung ist die, bei welcher das gefaßte Wasser innerhalb eines begehbaren Stollens in einer allseitig geschlossenen Führung läuft.

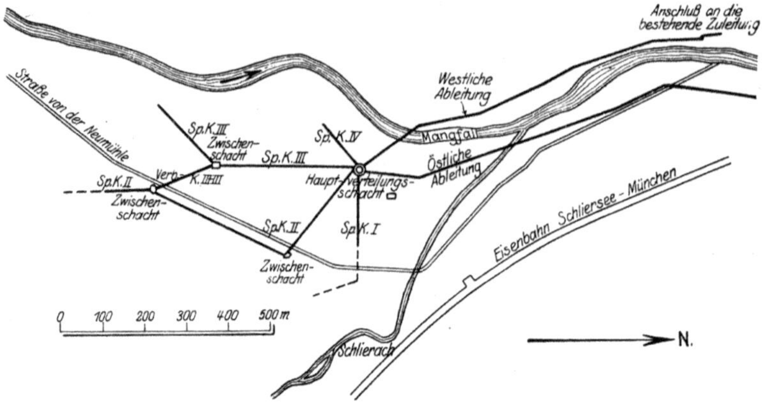

Abb. 267. Reisacher Grundwasserfassung der Stadt München. (Lageplan der Fassungskanäle.)

Eine höchst bemerkenswerte Grundwasser-Stollenfassung ist die Reisacher Fassung der Stadt München. Sie faßt das in einem Talkessel zusammenströmende Grundwasser in der Weise, daß die das Grund-

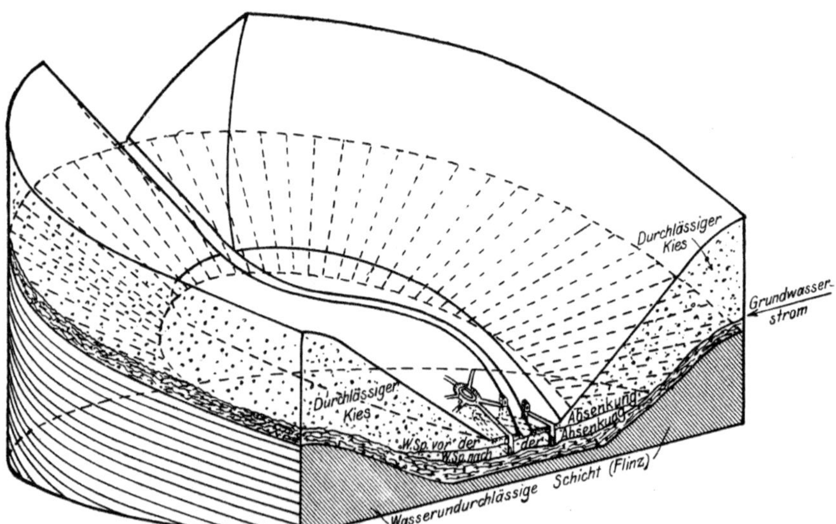

Abb. 268. Schematische Darstellung des Grundwasserkesssels bei Reisach.

wasser im Talkessel aufstauende Vorlagerung mit tiefen Kanälen durchschnitten wird, geradeso wie die Wasserableitung aus einer Talsperre mittels eines auf ihrer Sohle liegenden Abflusses geschieht.

Der Fassung liegt zugleich der Gedanke zugrunde, den Grundwasserkessel als Ausgleichsbehälter zu benützen. Es wurde angenommen, daß der wasserführende Untergrund mindestens 15 v. H. Wasser aufnehmen kann. Unter Voraussetzung eines 5 m betragenden Aufstaues des Grundwasserspiegels beträgt der Inhalt des unterirdischen Wasserbehälters rund 400 000 m³.

Die Fassung des Wassers geschieht durch vier Speisekanäle, die in einem als Fassungsknoten ausgebauten Sammelschacht zusammenlaufen. (Abb. 267.) Die Speisekanäle liegen mit Rücksicht auf die erforderliche Absenkung und beabsichtigte Aufstauung rund $9^1/_2$ m unter Flur. Die vier Speisekanäle haben einen Querschnitt von 2,0 × 1,35 bzw. 1,8 × 1,15 m und sind im ganzen 1726 m lang.

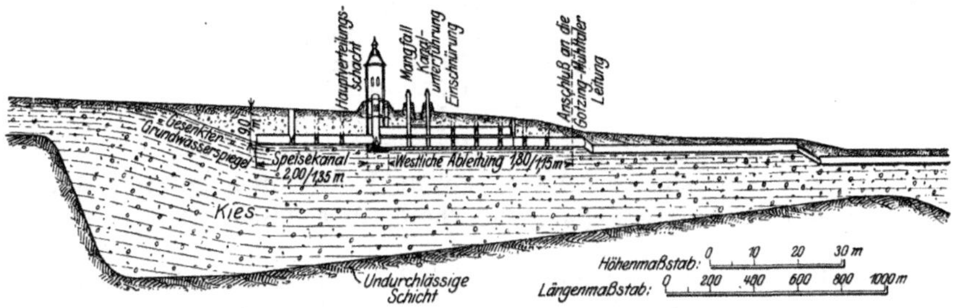

Abb. 269. Schematische Darstellung des Grundwasserkessels bei Reisach. (Querschnitt.)

Die Reisacher Fassung ist nach der Festschrift der Stadt München vom Jahre 1912 in den Abb. 268 und 269 schematisch veranschaulicht.

Je nach den örtlichen Verhältnissen werden begehbare Fassungsstollen entweder im Tagebau hergestellt oder bergmännisch vorgetrieben. Die Kosten derartiger Bauten sind bei schwimmendem Gebirge wegen baulicher Schwierigkeiten und des zu bewältigenden Wasserandranges meist sehr hoch.

XI. Fassung in feinen Sanden.

Eine der unangenehmsten und zum Teil gefährlichsten Untergrunderscheinungen nicht allein für den Tiefbautechniker, sondern auch für den praktisch tätigen Hydrologen sind feine Sande, namentlich sog. Trieb- der Schliefsande.

Triebsanderscheinungen sind u. a. behandelt von Toepfer (355) und in den „Séances du Boulant“ (356).

Man versteht unter Triebsand jene Sandschichten, die infolge einer Störung ihres hydraulischen Gleichgewichtes in Bewegung kommen. Während der oberirdische Triebsand nach Söknick (357) dadurch entsteht, daß ihm mehr Wasser zufließt, als er durch bloße Kapillarität aufnehmen kann, kommt der unterirdische Triebsand durch hydraulische Spannung zustande, wenn also der äußere Wasserspiegel höher ist als der Spiegel im Bohrrohre. Nach Spring (358) ist hierzu bei 0,01—0,05 mm

Korngröße und bei einer Sandsäulenhöhe von 75 mm ein Spannungsunterschied von 75—100 mm nötig. Der Inhalt einer unter Wasserdruck stehenden Sandsäule vermehrt sich dabei um etwa 4,66 v. H.

Die Beweglichkeit des Sandes hängt in erster Linie von der Korngröße und der Wassergeschwindigkeit ab. A. Thiem (359) fand, daß eine lotrecht aufwärts gerichtete Wassergeschwindigkeit von nur 0,028 m/sek die kleinsten Sandkörner im Gleichgewicht halten kann. Erhöht man diese Geschwindigkeit, so findet bereits ein Aufsteigen der Körner statt.

Nachstehende Zusammenstellung ergibt den Zusammenhang zwischen Korngröße und derjenigen Geschwindigkeit, bei welcher das Korn in Schwebe gehalten wird, ohne gehoben zu werden oder sich zu senken.

Korngröße:	Geschwindigkeit:
0—$^1/_4$ mm	0—0,029 m/sk
$^1/_4$—$^1/_2$ „	0,035—0,069 „
$^1/_2$—1 „	0,075—0,096 „
1—2	0,110—0,170 „
2—3 „	0,179—0,182 „

Man kann hieraus berechnen, welche Korngrößen gewählt werden müssen, um die Sandbewegung innerhalb einer Fassungsanlage zu verhindern.

Es ist irrig, anzunehmen, daß sich im Untergrund die Triebsanderscheinungen nur auf feines Korn von etwa 0,01—0,1 mm beschränken, da je nach der Größe des hydraulischen Auftriebes auch bedeutend größere Kornarten in Schwebe gehalten werden und zu den so lästigen triebigen Erscheinungen führen können.

Triebsande kommen in allen, aus losen Haufwerken sich zusammensetzenden Ablagerungen vor, also sowohl im Alluvium und Diluvium, als auch in tertiären Schichten. Namentlich die Braunkohlenstufe ist reich an triebigen Sanden. Oft sind die Triebsande vermischt mit tonigen Beimengungen, sowie von gröberen Sand- und Kieslagen durchsetzt. Auch Findlinge sind keine Seltenheit in Schliefsanden.

1. Rohrbrunnen im Triebsand.

Schwierigkeiten, welche das Auftreten von Triebsand im Untergrund zur Folge hat, treten bereits bei den Vorarbeiten auf, da Triebsand nicht allein das Bohren erschwert, sondern auch Bohrungen, die Versuchszwecken dienen, und Beobachtungsrohre versandet.

Auch bei Brunnenanlagen verursacht triebiger Sand nicht allein leicht eine Versandung der Filterkörbe, sondern auch Senkungen des Untergrundes, wenn beim Entsanden oder bei fortlaufender Wasserentnahme viel Sand aus dem Untergrund zutage gefördert wird. Durch Senkungen des Untergrundes werden dann leicht benachbarte Bauwerke, Rohrleitungen u. dgl. beschädigt.

Versandung der Brunnen und Senkungsvorgänge können am einfachsten dadurch vermieden werden, daß man die Filterkörbe mit einem möglichst engmaschigen Gewebe umspannt, welches auch die feinsten Sande nicht durchläßt. Da aber bei Verwendung solcher Gewebearten

(z. B. Tresse) nicht allein der Sand zurückgehalten, sondern auch der Eintritt des Wassers in den Brunnen erschwert wird, so empfiehlt es sich, die Fassungskörper so zu bauen, daß bei vollständigem Ausschluß von Sandeintritt auf die Dauer genügende Durchlässigkeit des Brunnenmantels ermöglicht wird. Dies kann erreicht werden durch Ummantelung des Fassungskörpers mit Kiesschüttung, wie bereits auf S. 332 geschildert worden ist.

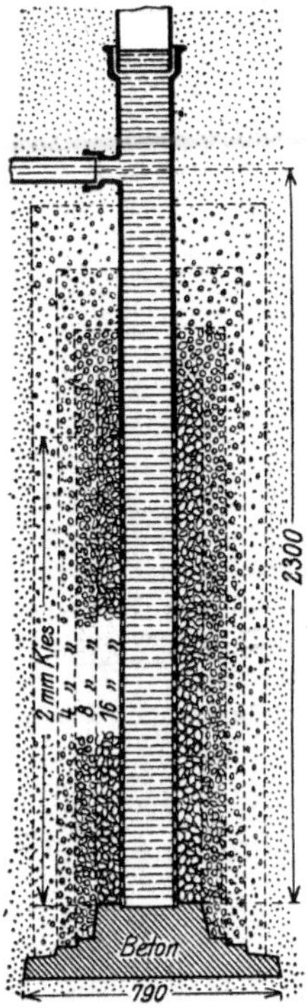

Abb. 270. Rohrbrunnen mit Kiesschüttung in den feinen Sanden der Ursprungwasserfassung der Stadt Nürnberg. (Nach A. Thiem.)

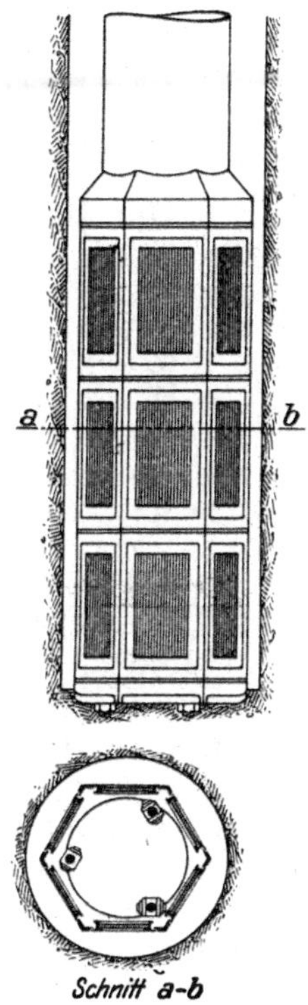

Abb. 271. Filterkorb mit Glasstreifenplatten. (Nach Putzeys.)

Ein derartiges Hilfsmittel wurde angewendet bei der Ursprungswasserleitung der Stadt Nürnberg (359). Die Wasserfassung besteht aus 83 Rohrbrunnen, die je durchschnittlich etwa 1,5 sk/ltr Wasser liefern. Die gußeisernen Brunnenrohre haben 2,5 m Länge bei 150 mm l. W. Der untere Teil des Brunnens ist auf 1,5 m Länge gelocht und ruht auf einer staffelförmig betonierten Sohlplatte auf (Abb. 270). Um den gelochten Brunnenmantel sind vier zylindrisch angeordnete Kiesschichten in einer Stärke von 100 mm bei 2 mm, von 60 mm bei 4 mm und 8 mm, sowie von 90 mm bei 16 mm Korngröße eingebracht. Der natürlich gewachsene wasserführende Untergrund setzte sich nach A. Thiem aus folgenden Korngrößen zusammen (in Hundertsteln des Gewichtes ausgedrückt)

Korngröße:	$0-\frac{1}{4}$	$\frac{1}{4}-\frac{1}{2}$	$\frac{1}{2}-1$	1–2	2–3	3 und mehr mm
	18,8	52,5	20,3	7,5	0,2	0,7

Eine gesetzlich geschützte Brunnenart, die zur Fassung in feinen Sanden besonders geeignet sein soll, stammt von Putzeys (360) und fand u. a. Verwendung bei den Brunnenbauten für die Städte Turnhout und Ostende (Abb. 271).

Der Filterkorb besteht aus einem Korbgerüst, in welches besondere Filterplatten eingesetzt sind, die sich aus 25 nebeneinander gelagerten Glassstreifen zusammenlegen. Das Wasser sickert dem Brunnen durch die Fugen zwischen den einzelnen Glasstreifen zu. Der Abstand der Glasstreifen kann so gewählt werden, daß selbst die feinsten Fugen des Untergrundes durch die Fugen nicht durchtreten können.

In Holland entstand nach den Angaben von Diénert (230) der in Abb. 273 dargestellte Rohrbrunnen von van Hasselt zur Fassung in feinen Dünensanden. Der Brunnen besteht aus einem Blechmantel von 30 cm i. L., ist vollständig ausgefüllt mit feinen Muscheltrümmern und im Innern mit einem Saugrohr ausgerüstet. Den Verschluß des Filterkorbes bilden nach oben und nach unten Holzscheiben, welche durch besondere Anker zusammengehalten werden. Die rings um die Holzscheiben herumlaufenden gelochten Rohre, welche noch eine Längsverbindung besitzen, sind Spülvorrichtungen, mit deren Hilfe die Brunnen in feine Dünensande hineingespült werden. Nach Lockerung der Anker kann die ganze Spülvorrichtung mit dem Blechmantel gezogen werden, so daß im Untergrund nur der aus Muscheln bestehende Kern mit dem Saugrohr zurückbleibt.

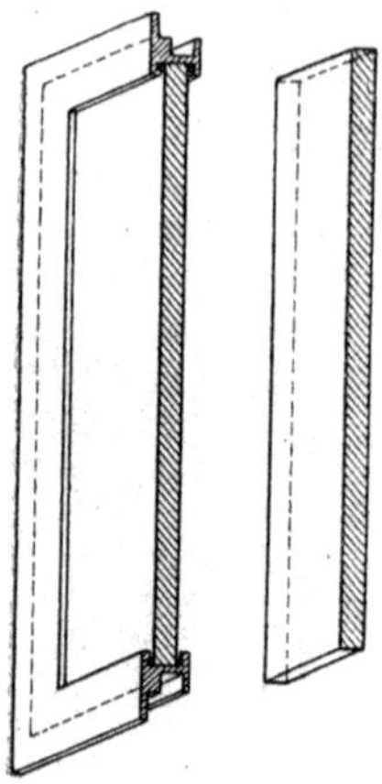

Abb. 272. Glasstreifenplatten zur Fassung von Wasser in feinen Sanden. (Nach Putzeys.)

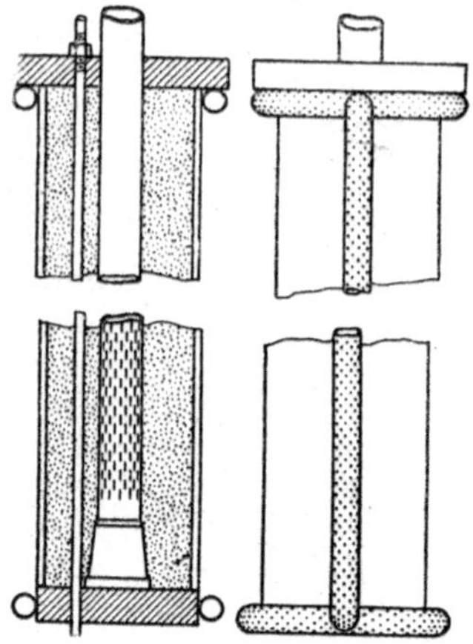

Abb. 273. Rohrbrunnen für Dünensande. (Nach van Hasselt.)

Ein in Holland ebenfalls zu Dünenwasserfassungen verwendeter Brunnen besteht aus sog. Grèsröhren. Er ist im „Gesundheitsingenieur“ 1911 beschrieben.

2. Schachtbrunnen im Triebsand.

Bei Schachtbrunnen soll man stets vorher durch eine Versuchsbohrung den Untergrund dahin aufklären, ob an der Baustelle etwa Triebsand vorhanden ist. Ist dies der Fall, so sollte man aus bautechnischen Gründen eine derartige Stelle meiden, da Triebsand das Abteufen von Schachtbrunnen erschwert und gefährdet. Es tritt beim Anfahren triebiger Stellen nicht selten der Fall ein, daß plötzlich der Untergrund hochschießt und das ganze Bauwerk entweder zum Kanten oder sogar zum Versinken bringt. Die stets nachtreibenden Sande lassen sich ungemein schwer bekämpfen und verzögern und verteuern den Bau oft derartig, daß es vorteilhafter ist, den Brunnen aufzugeben und an einer günstigeren Stelle einen neuen zu errichten.

Ist das Niederbringen eines Schachtbrunnens in triebigem Untergrund unvermeidlich, so geschieht dies am zweckmäßigsten unter Zuhilfenahme einer vom Schachtbrunnen unabhängigen Grundwassersenkungsanlage, welche den hydraulischen Auftrieb im Untergrunde teilweise beseitigt, oder mit Hilfe eines besonderen Vortreibzylinders, der nach unten gewölbt ist und eine Kolbenschleuse trägt, welche die Entfernung des Triebsandes gestattet.

3. Sammelstränge im Triebsand.

Wagerechte Fassungen sind nicht allein dort am Platz, wo die wasserführenden, aus feinen Sanden bestehenden Schichten geringe lotrechte Mächtigkeit haben, sondern wo auch eine große Störung des hydraulischen Gleichgewichtes vermieden werden soll, wie z. B. bei Dünenwasserfassungen, da hier leicht eine Versalzung des Süßwassers eintreten kann. Aus diesem Grunde sollte man im Dünengelände nach Tunlichkeit tiefgründige Fassungen mit großen Spiegelsenkungen vermeiden. Den natürlichen hydrologischen Verhältnissen Rechnung tragend, wird es sich stets empfehlen, die auf dem Salzkern liegende Süßwasserschicht, wenn man sich eines landläufigen Ausdruckes bedienen will, nur „abzuschöpfen“.

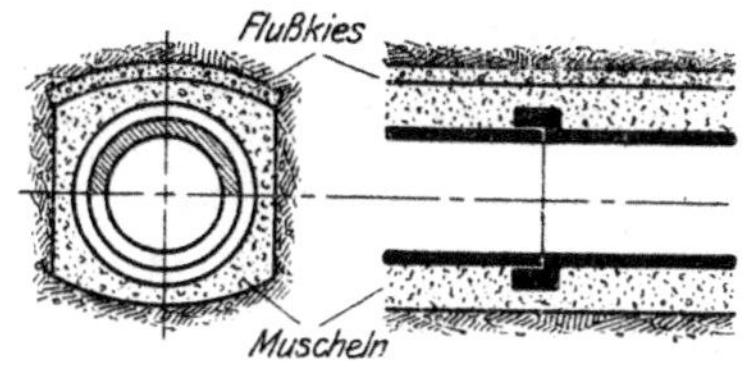

Abb. 274. Wagerechter Fassungsstrang für Dünensande. (Nach Stang.)

Zwei warnende Beispiele von Dünenwassergewinnungsanlagen, die aus Tiefbrunnen bestehen und durch übermäßige Störung des Gleichgewichtes zwischen Süß- und Salzwasser der Versalzung verfielen, beschreibt Imbeaux (170). Es sind dies die Wassergewinnungsanlagen in den Dünen der Jamaicabay (für die Wasserversorgung von Brooklyn) und von Baiselay, wo der Salzgehalt nach und nach von 8 bis auf 670 bzw. 2950 mg/ltr gestiegen ist.

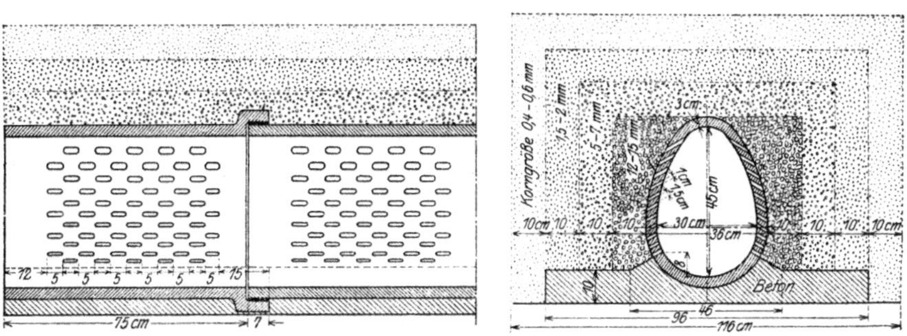

Abb. 275. Fassungsstrang mit Kiesschüttung der Stadt Wasa.

Nach den Erfahrungen von Stang (361) eignen sich Fassungskörper, die mit Geweben bespannt sind, nicht zur Fassung von Dünenwasser, da die feinen Dünensande die Gewebemaschen leicht verstopfen. Stang empfiehlt daher, ähnlich wie van Hasselt, die Umhüllung der Fassungskörper mit Schichten aus Flußkies und Muscheln, die an der holländischen Küste angespült werden, und verwendet zur Fassung einen wagerechten Sickerstrang aus Tonrohren (Abb. 274).

Einen Sammelstrang, der in feinen Sanden das Wasser fassen soll, hat Verfasser für die Wasserfassung der Stadt Wasa entworfen (Abb. 275). Er besteht aus eiförmigen Steinzeugröhren von 450 × 300 mm i. L., die mit Schlitzen von 50 × 10 mm versehen sind. Die Schlitze sind nach dem Rohrinneren zu unter einem Winkel von etwa 30° steigend angeordnet. Der untere Teil der Rohre ist nicht geschlitzt und dient als Laufrinne für das gesammelte Wasser. Die Filterpackung besteht aus vier verschiedenen Korngrößen von Sand und Kies, welche in einzelnen Lagen von je 10 cm Mächtigkeit sorgfältig gepackt sind.

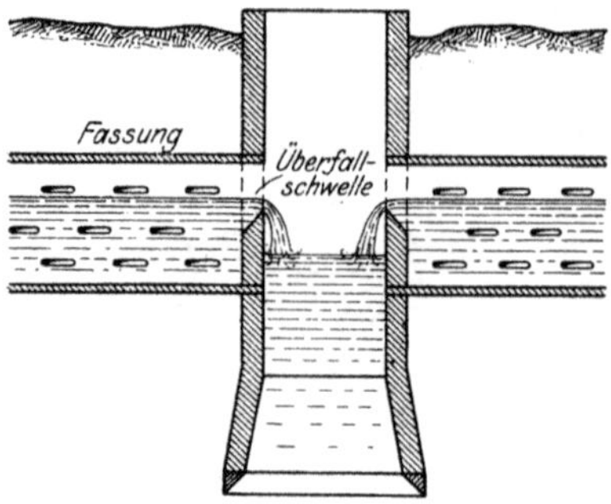

Abb. 276. Anordnung einer Überfallschwelle in einer Fassung, die in feinen Sanden steht.

Das Mitreißen von Sand und seine Folgeerscheinungen lassen sich bei Sammelsträngen in feinen Sanden dadurch verhindern, daß man den Fassungsspiegel auf eine bestimmte Höhe einstellt und ihn so der schwankenden Beeinflussung durch die Entnahme entzieht. Dies erreicht man in einfacher Weise durch die Anordnung eines besonderen Entnahmeschachtes, in dem eine Überfallsschwelle eingebaut wird (Abb. 276).

XII. Gegenseitige Entfernung und Tiefe der Fassungsbrunnen.

Die gegenseitige Entfernung der zu einer Fassung gekuppelten Brunnen wird vor allem bestimmt durch die Ergiebigkeit des Wasserträgers, seine Mächtigkeit, die Absenkung, die Entnahmemenge, den Brunnendurchmesser und die bauliche Zusammensetzung des Brunnens.

Da Stromergiebigkeit, Entnahmemenge und Absenkung schwanken, so ist es praktisch unmöglich, die Brunnenentfernungen so zu wählen, daß sich die einzelnen Entnahmegrenzen stets berühren. Ist die Stromergiebigkeit groß, so kann man die Brunnenabstände größer als die zu erwartenden höchsten Entnahmebreiten nehmen. Ist die zu erwartende Entnahmebreite nicht mit Sicherheit durch Vorarbeiten festzustellen, so empfiehlt es sich, in die Sammelleitung Abzweige einzubauen, an welche je nach Bedarf Zwischenbrunnen angeschlossen werden können.

Nachstehende Zusammenstellung enthält die Brunnenentfernungen verschiedener Fassungsanlagen:

Wasserfassung	Brunnenentfernung m	Brunnendurchmesser mm
	Rohrbrunnen	
Kiel (Schwentinetal) . . .	20	250
Leipzig	21	180
Salzwedel, Stendal, Ratibor	21	180
Berlin (Müggelsee)	25 (Mittel)	150
Hannover (Elze)	29	150
Prag	21—44	180
Kopenhagen (Lille-Veljaa)	50	130
Frankfurt a. M.	66	600
Baku	106	1000
	Schachtbrunnen	
Frankfurt a. M. (Wirtheim)	100	2650

Besteht der Wasserträger aus einzelnen ergiebigen Stockwerken, so ist man namentlich gezwungen in große Tiefen hinabzugehen, wenn die Ergiebigkeit der Tiefe besser ist als die der höheren Lagen. Es ergeben sich dann oft große Brunnentiefen. Die meisten Brunnen von großer Tiefe führen artesisches Wasser.

Einige der größten, Wasserversorgungszwecken dienenden Brunnentiefen enthält die nachstehende Zusammenstellung:

Ort	Brunnentiefe m
Alton (England)	144
Wilhelmsburg a. Elbe	270—290
Lockstedt	250—316
Ostende	306
Finkenwerder	365
Paris (Grenelle)	547
Paris (Passy)	586
Szabadka (Ungarn)	600
Budapest Stadtwald	970

XIII. Fassungswiderstände.

Zu dem Gefällsverluste, den die Bewegung des Grundwassers im Wasserträger bis nach der äußeren Wandung des Fassungskörpers hin bedingt, tritt hinzu der Verlust durch den Widerstand des Eintritts aus dem Wasserträger in den Fassungskörper.

Während die Bewegungswiderstände im Grundwasserträger in der von der Natur gegebenen Größe hingenommen werden müssen, hat man es in der Hand, den Eintrittswiderstand der Fassungskörper durch geeignete Bauart auf ein Mindestmaß herabzuziehen.

Die Fassungswiderstände sind also veränderlich und hängen von der Bauart der Fassungskörper und der Durchlässigkeit ihrer Wandung ab. Das Messen der Eintrittswiderstände erfolgt am zweckmäßigsten mittels besonderer Beobachtungsrohre, die unmittelbar an der äußeren Fassungswand angeordnet werden. Rohrbrunnen, die zur Messung von Widerständen mit einem besonderen Beobachtungsrohr ausgestattet sind, sind in den Abb. 145 und 214 dargestellt.

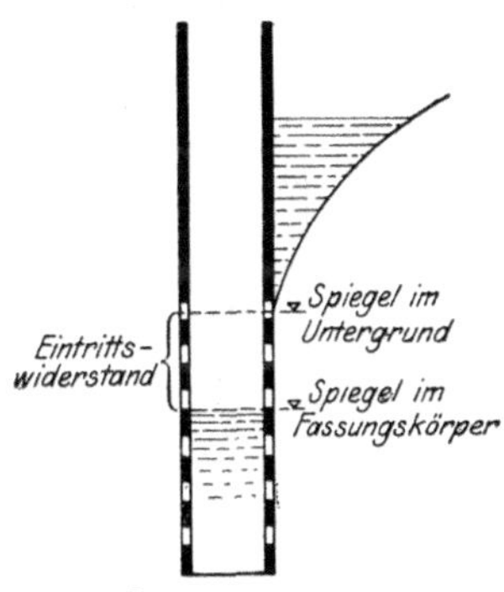

Abb. 277. Eintrittswiderstand eines Brunnens.

Bei freien Grundwasserspiegeln kann man durch plötzliches Außerbetriebsetzen des beanspruchten Brunnens die Größe des Eintrittswiderstandes angenähert auch ohne besondere Beobachtungsrohre ermitteln, da sich beim plötzlichen Stillegen des Brunnenbetriebes der Brunnenspiegel schnell bis auf die Höhe des äußeren Grundwasserspiegels hebt. Von da erfolgt die Hebung langsam, weil das steigende Wasser zugleich die entwässerten Hohlräume des Absenkungstrichters füllen muß (Abb. 277).

Mißt man den Brunnenspiegel vor und unmittelbar nach Stillsetzung des Brunnens, so gibt die Größe, um welche der Brunnenspiegel plötzlich in die Höhe schnellt, angenähert das Maß des Eintrittswiderstandes an. Je kleiner der Brunnendurchmesser ist, desto größer wird die Genauigkeit sein.

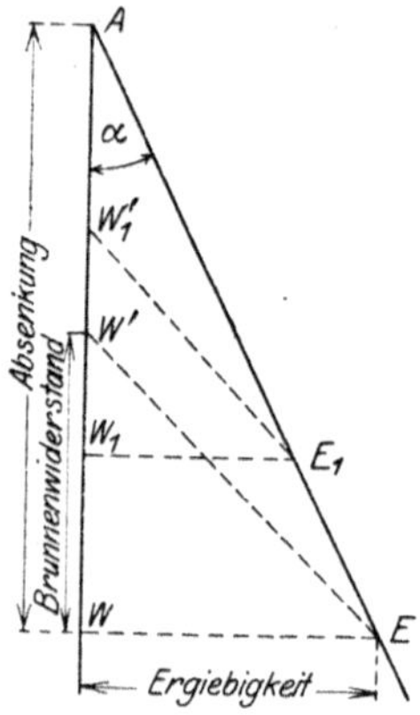

Abb. 278. Schaulinie der Brunnenwiderstände.

Zeichnet man die auf S. 173 erörterte Ergiebigkeitslinie eines im gespannten Wasser stehenden Brunnens (Abb. 278) und den zu einer bestimmten Absenkung AW und der Ergiebigkeit WE zugehörigen Brunnenwiderstand WW' auf, so erhält man unter der vereinfachenden Voraussetzung, daß der Eintrittswiderstand proportional der Menge sei, für eine andere Absenkung AW_1 bei der Menge W_1E_1 den zugehörigen Brunnenwiderstand im Maße W_1W_1' wenn E_1W_1' parallel zu EW' gezogen wird.

Dasselbe Verfahren läßt sich auch bei freiem Spiegel anwenden, nur tritt dann an Stelle der Geraden AE_1E eine Parabel.

Wie stark die Brunnenwiderstände mit der Menge und zugleich, wenn die Eintrittsfläche bis zum natürlichen Spiegel reicht, infolge der Abnahme der Eintrittsfläche bei wachsender Absenkung zunehmen, hat A. Thiem (359) bei den Vorarbeiten für die Wasserversorgung der Stadt Nürnberg festgestellt. Abb. 259 stellt die auf Grund der Thiem schen Angaben ermittelten Zustände dar. Es betrugen:

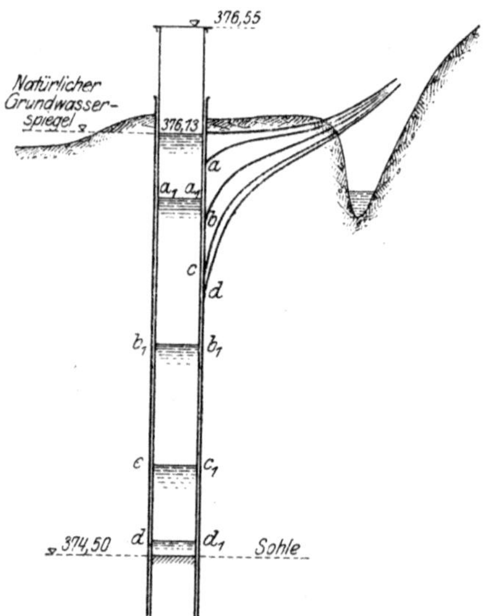

Abb. 279. Brunnenwiderstände in Abhängigkeit von der Absenkung und Menge. (Nach A. Thiem.)

Brunnen-spiegellage	geförderte Wassermenge	Brunnen-widerstand
a_1	1,76 ltr/sk	130 mm
b_1	2,83 „	360 „
c_1	3,50 „	780 „
d_1	4,21 „	900 „

Die Berücksichtigung der Fassungswiderstände kann unter Umständen wichtig werden bei der Entscheidung, welches Fassungsmittel (Rohrbrunnen, Schachtbrunnen oder Sammelstrang) gegebenen Untergrundverhältnissen am besten entspricht.

Eine derartige Untersuchung hat Verfasser (274) anläßlich des Versuchsbrunnenbetriebes für die Stadt Wasa durchgeführt. Während dieses Versuchsbetriebes hatte sich gezeigt, daß die verwendeten Rohrbrunnen, die infolge der geringen Mächtigkeit der wasserführenden Schichten nur flach sein konnten, in kurzer Zeit immer weniger und weniger Wasser lieferten bei gleichzeitiger Zunahme des Grundwasserstandes außerhalb der Fassung. Es wurde eine stetige Zunahme der Brunnenwiderstände festgestellt infolge Verstopfung des Brunnenmantels. Die Brunnen wurden wiederholt gereinigt, die Verstopfungen traten aber bald wieder ein. Da somit die Lebensdauer der Rohrbrunnen als nur kurz angenommen werden mußte, so wurde in die Fassung an Stelle eines Rohrbrunnens ein gemauerter Schacht eingeschaltet, dessen Zweck war, festzustellen, wie sich ein gemauerter Brunnen gegen Widerstände verhält. Das Ergebnis der Spiegelmessungen ist in Abb. 280 aufgetragen.

Der Grund für die Unbrauchbarkeit der Rohrbrunnen ist darin zu suchen, daß der Untergrund vorwiegend aus feinen, scharfkantigen Sanden besteht, welche wie Nadelspitzen in die Maschen des Brunnengewebes eintreten und diese verstopfen. Man muß daher trachten, die

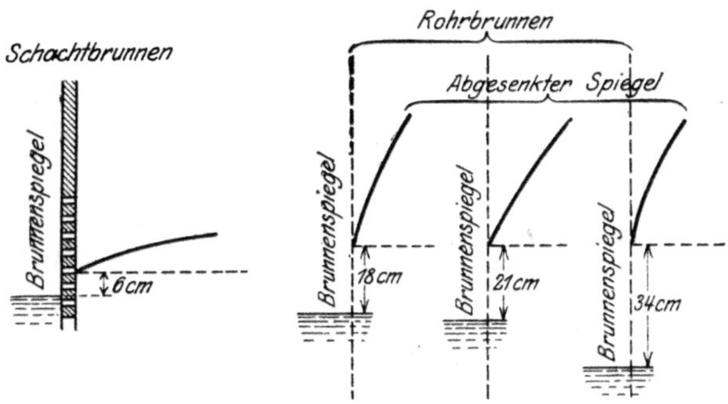

Abb. 280. Brunnenwiderstände in einem Schachtbrunnen und in drei Rohrbrunnen. (Versuchsbrunnen der Stadt Wasa.)

Sandbewegung und Verstopfung zu hindern durch Schaffung großer Eintrittsflächen und Erzeugung kleiner Wassergeschwindigkeit am Brunnenmantel. Der Betrieb mit dem gemauerten Brunnen hat in der Tat gelehrt, daß in diesem Falle der Schachtbrunnen dem Rohrbrunnen weit überlegen ist.

Die Erfahrung zeigt, daß sich die Brunnenwiderstände mit der Zeit nicht allein auf den eigentlichen Brunnenmantel beschränken, sondern daß durch fortschreitende Ansätze und langsames Vordringen von feinen Bodenteilen in die Umgebung des Brunnens die Ausbreitung der Brunnenwiderstände immer weiter und weiter wächst. Es bildet sich im Laufe der Brunnenbeanspruchung um den Fassungskörper ein Mantel besonderer Widerstände, welcher die natürliche Folge künstlich hervorgerufener Zustandsänderungen im Untergrunde ist. Solche fortlaufend wachsenden Widerstände beeinflussen in ungünstigem Sinne die Brunnendurchlässigkeit und führen zu einer fortschreitenden Durchlässigkeitsabnahme von Fassungen, die sich bis zum völligen Verstopfen steigern kann. (Vgl. Lebensdauer von Fassungsanlagen, S. 368.)

XIV. Zusammenleitung des gefaßten Wassers.

Bei größeren, aus einer Brunnenfolge oder einem Sammelstrang bestehenden Fassungsanlagen ist es aus betriebstechnischen Gründen stets zweckmäßig die Fassung als Doppelflügel auszubilden, und zwar so, daß der eine Fassungsflügel im Notfalle den Betrieb allein aufrechterhalten kann. Beide Flügel werden zusammengeführt in einem besonderen Sammelschacht, von dem aus die Fortleitung des gefaßten Wassers mit natürlichem Gefälle oder durch Hebung erfolgt.

1. Verbindungsleitungen.

Der Anschluß der von den einzelnen Brunnen ausgehenden Saugleitungen an die Heberleitung geschieht am besten in der in Abb. 281 angegebenen Weise. Es ist nicht zweckmäßig, die Brunnen nach Abb. 282 unmittelbar mit der Verbindungsleitung zu kuppeln, da es selten gelingen wird, den Brunnen haarscharf an der beabsichtigten Stelle zu setzen, wie es eine starre Flanschenverbindung erfordert.

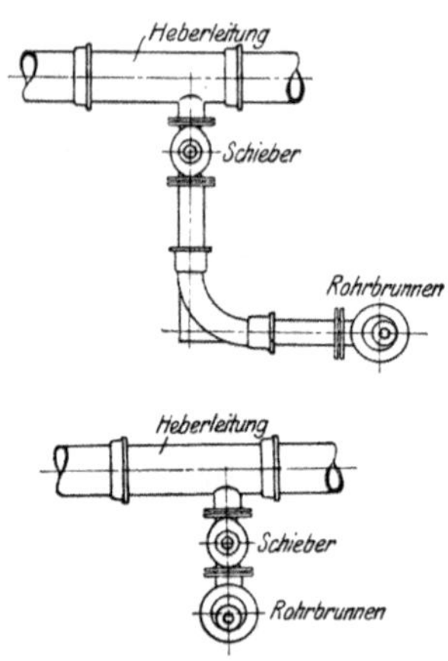

Abb. 281 und 282. Verbindungen zwischen Brunnen und Saugleitung.

Es empfiehlt sich vielmehr, den Anschluß durch eine einen rechtwinkligen Bogen enthaltende Leitung zu bewirken und hierbei recht ausgiebig Muffen zu benützen, da bei einer solchen Verbindungsweise große Beweglichkeit in den Anschlußleitungen erzielt wird.

Mit Rücksicht auf die mit der Entsandung von Rohrbrunnen auftretenden Sackungen des Untergrundes, wodurch die Dichtheit der Heberleitung in Gefahr kommen kann, ist es zweckmäßig, den Abstand des Rohrbrunnens von der Heberleitung nicht zu klein zu wählen. 3—4 m ist hierfür ein praktisch erprobtes Maß.

Hat man eine lange Brunnenreihe, so ist es zweckmäßig, die Brunnen zu einzelnen Gruppen zusammenzufassen und, wie aus Abb. 283 ersichtlich, an die gemeinschaftliche Heberleitung anzuschließen. Eine derartige Anordnung erleichtert wesentlich die Ausbesserungsarbeiten an einzelnen Fassungsstrecken, ohne daß die ganze Anlage außer Betrieb gesetzt werden muß.

In Abb. 284 ist eine Gruppenwasserfassung, wie sie das Wasserwerk der Stadt Frankfurt a. M. (362) in den Werken „Goldstein“ und „Forsthaus“ besitzt, dargestellt. Hier sind je 10 Rohrbrunnen zu einer Untergruppe vereint. Die Brunnen hängen an einem Nebensaugrohr und sind mit Hilfe eines Gruppenschachtes an das Hauptsaugrohr angeschlossen. Im ganzen sind 14 derartige Gruppen vorhanden. Außer diesen Rohrbrunnengruppen wurden zur Erhöhung der Betriebssicherheit zwischen je zwei Gruppen besondere Rohrbrunnen von 600 mm abgesenkt, die als Reserve bei der Ausschaltung einzelner Gruppen dienen.

Saug- bzw. Heberleitungen sind bei künstlicher Hebung so zu bemessen, daß die Wassergeschwindigkeit in denselben das wirtschaftliche Maß von 0,7—0,9 m in der Sekunde nicht überschreitet. Bei Ausnutzung natürlicher Gefällsverhältnisse läßt sich keine allgemeine Regel für die Bestimmung des zweckmäßigsten Durchmessers angeben. Sämtliche

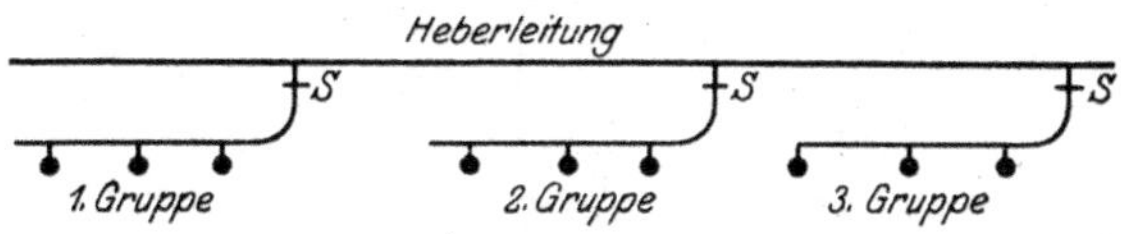

Abb. 283. Rohrbrunnen-Gruppenanschluß an eine gemeinsame Heberleitung.

Saugleitungen müssen in der Richtung der Wasserbewegung stetig ansteigen. Es genügt, wenn die Steigung 1 : 1000 bis 1 : 2000 beträgt.

Bei Fassungen, deren Spiegel im Gefälle liegt, müssen die Saug- bzw. Heberleitungen diesem Gefälle folgen; es ist dann erforderlich, die Saugleitung jedes Brunnens noch mit einer Rückfallklappe zu versehen, damit das Wasser nicht rückläufig aus der Saugleitung in die tieferen Brunnen fließen und den Untergrund überschwemmen kann.

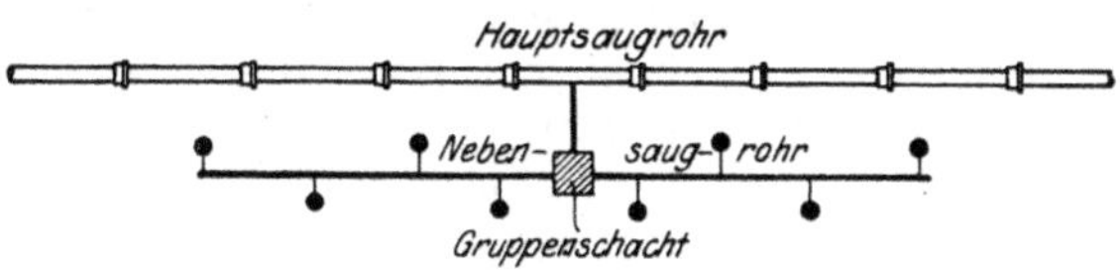

Abb. 284. Gruppenwasserfassung der Stadt Frankfurt a. Main.

Wird die Länge einer Fassung sehr groß, so kann man mit Rücksicht auf Absenkung und Nebenumstände gezwungen werden, die ganze Fassung in Unterabteilungen zu zerlegen, von denen jede für sich eine besondere Hebungsanlage bekommt. Diese Nebenanlagen werden in der Regel durch einen Sammelkanal, der das Förderwasser der Nebenstellen zu einer Hauptsammelstelle leitet, verbunden.

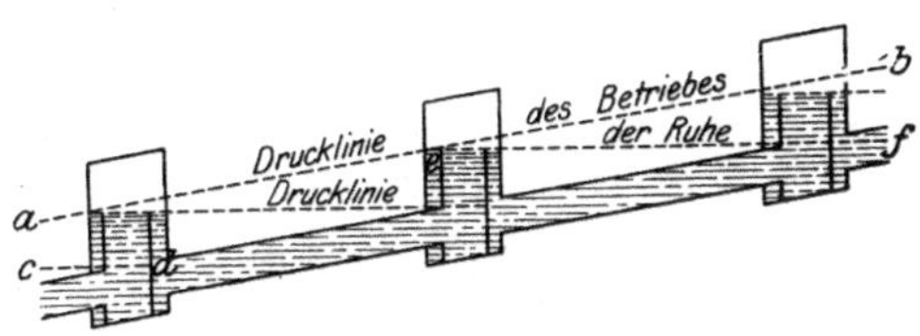

Abb. 285. Anordnung von Stufenschächten in einer im Gefälle liegenden Sammelleitung. (Nach A. Thiem.)

Liegen Fassung und Sammelkanal im Gefälle, und will man im Kanal nicht allzu hohe Wasserspannungen aufkommen lassen oder verhindern, daß er sich beim Stillstand der Nebenförderanlagen entleert, wodurch ein Teil des bereits geförderten Wassers verloren ginge, so kann man dies zweckmäßig verhindern durch die Anlage von sog. „Stufenschächten", wie sie nach den Angaben von A. Thiem in der Prager Grundwasserfassung angeordnet worden sind.

In Abb. 285 stellt die Linie *a b* die Drucklinie des regelrechten Betriebes und die gebrochene Linie *c d e f* die des Ruhezustandes dar; es entleert sich dann bei Eintritt der Ruhe nur der schraffiert angedeutete Inhalt der Stufenschächte. Durch die geschilderte Einrichtung wird für die Mengen, welche die Leistungsfähigkeit des Kanals nicht übersteigen, die Drucklinie in der Kanalleitung festgelegt.

Saug- oder Heberleitungen sollen stets leicht zugänglich sein, da oft kleine Undichtheiten zum Abreißen der Saugwassersäule und zu empfindlichen Betriebsstörungen führen können. Man sollte daher stets in der Lage sein, so rasch als möglich an Saugleitungen Ausbesserungsarbeiten vornehmen zu können. Aus diesem Grunde ist es angezeigt, tiefliegende Leitungen mit Saugspannung oder solche, welche in schwer zugänglichem Boden (Triebsand u. dgl.) untergebracht sind, in leicht zugängliche Kanäle zu verlegen. Solche Zugangskanäle können aus Eisen- oder Betonröhren und Mauerwerk hergestellt werden. Ihre Abmessungen sind so zu wählen, daß ein Auswechseln oder Nachdichten beschädigter Rohre leicht vor sich gehen kann.

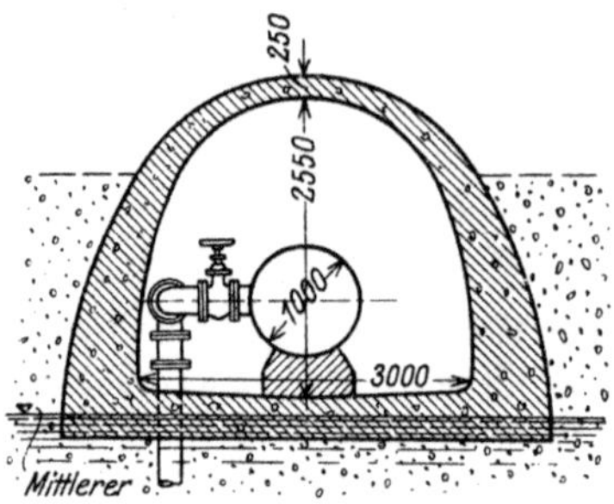

Abb. 286. Verlegung einer Saugrohrleitung in einem Kanal. (Nach Wahl.)

Abb. 286 zeigt die Unterbringung der Saugleitung der Kölner Wasserfassung bei Hochkirchen in einem aus Beton hergestellten Kanal nach dem Entwurf von Wahl (363). Ähnliche Anordnungen kamen zur Ausführung bei der Wasserfassung Hinkelstein der Stadt Frankfurt a. M. (362), wo das Saugrohr seitlich gelagert und die Brunnen in der Kanalmitte angeordnet sind, in Strausberg nach Angaben des Verfassers u. a. a. O.

2. Entlüftung der Saug- bzw. Heberleitungen.

Jedes Grundwasser enthält Gase, die aus einem Gemisch von Luft, Kohlensäure, Schwefelwasserstoff u. dgl. bestehen und die kurzweg als „Luft" bezeichnet werden sollen.

Die Luft einer Saugleitung muß nicht allein zwecks Einleitung der Förderung zu Beginn des Betriebes aus der Saugleitung entfernt, sondern ständig abgesaugt werden, da sie sich fortlaufend durch Ausscheidung ergänzt.

Zum ständigen Absaugen der in den Saugleitungen sich ansammelnden Luft müssen besondere Vorrichtungen angeordnet werden, die man als Entlüftungsanlagen bezeichnet.

Für die Abmessungen derartiger Entlüftungsanlagen kommen indessen nicht allein die im Wasser enthaltenen Luftmengen in Betracht, sondern auch diejenigen Luftmengen, die in die Saugleitungen infolge undichter Muffen, Stopfbüchsen usw. eindringen.

Die Menge der aus dem Wasser stammenden Luft läßt sich von Fall zu Fall ermitteln und als ziemlich gleichbleibend annehmen, die Menge der durch Leckstellen eindringenden dagegen nur roh einschätzen, da sie vom baulichen Zustand der Leitungen abhängt. Man hat es aber in der Hand, die Leckluft durch Nachdichtung auf ein haltbares Maß herabzusetzen.

Beim Absaugen der Luftleitungen findet eine Luftverdünnung statt, welche je nach der Saughöhe verschieden ist und wobei sich die im Wasser enthaltenen Gase nach dem Mariotteschen Gesetz ausdehnen, laut welchem der Rauminhalt des Gases bei gleichbleibender Temperatur dem Druck umgekehrt proportional ist. Erreicht man z. B. eine Saughöhe von 6 m, so kann in der Luftpumpe nur mehr eine Spannung von 4 m herrschen (äußerer atmosphärischer Druck = 10 m angenommen), wobei sich der Rauminhalt V der im Wasser enthaltenen gasförmigen Körper auf den Betrag von $\frac{V}{0,4}$ vergrößern muß.

Enthält das Wasser in 1000 Litern 0,5 Liter gasförmige Körper, so erhöht sich der Rauminhalt derselben auf $\frac{0,5}{0,4} = 1,25$ Liter.

Als Beispiel sei angeführt, daß das Wasserwerk Leipzig in Naunhof rund 0,85 Liter Gase in 1 m³ Wasser bei einem Luftdruck von 760 mm

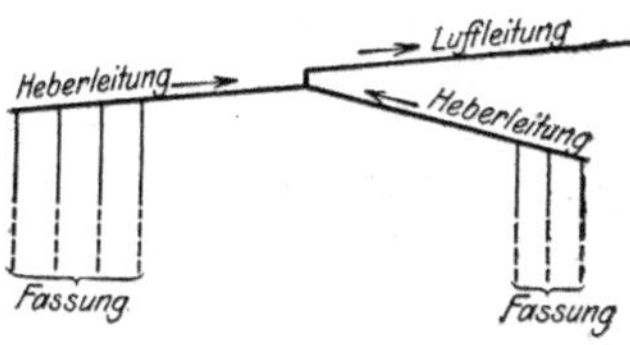

Abb. 287. Anschluß der Luftleitung an zwei Heberleitungen.

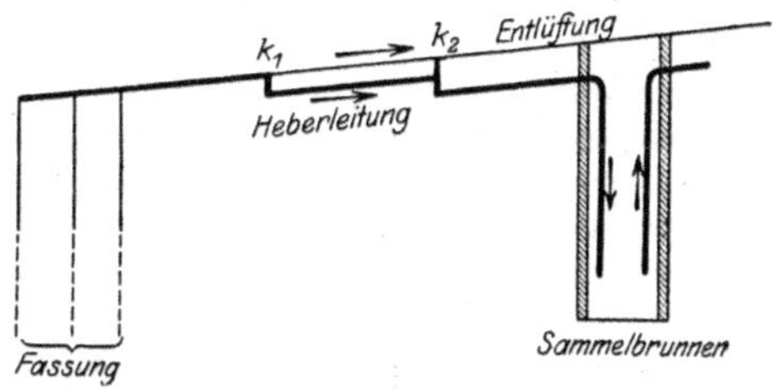

Abb. 288. Sägeartige Heberleitung mit den Entlüftungspunkten k_1 k_2. (Nach A. Thiem.)

Quecksilbersäule hat. Beim Fördern des Wassers wurden dagegen bei 4,98 m Saugspannung 2,65 Liter Luft in 1 m³ Wasser, das in 2,68 Sek. gefördert worden war, nachgewiesen. Es traten demnach 1,80 Liter Luft in die Saugleitung durch Undichtheiten ein. Die Naunhofer Fassung hat 1050 m Länge, so daß bei der genannten Saugspannung von 4,98 m auf 1 m Fassung in der Sekunde $\frac{1,80}{1050 \cdot 2,68} = 0,00064$ Liter Leckluft atmosphärischer Spannung kamen.

Aus Gründen der Vorsicht wird es sich stets empfehlen, Vorkehrungen für eine noch größere als die errechnete Luftmenge zu treffen. Es schadet nie, wenn Entlüftungsanlagen möglichst reichlich bemessen werden. Als bewährte Zahl kann man annehmen, daß bei 6—7 m Saugspannung auf etwa 1000 m³/Tag Wasserförderung rund 0,8—1,0 ltr/sk Luft kommt.

Ist es nicht möglich, die Saugleitung in stetiger Steigung an die Pumpe anzuschließen, so muß eine besondere Entlüftungsleitung angeordnet werden, die vom Höchstpunkt der Saugleitung abzweigt (Abb. 287).

Dies ist namentlich der Fall bei langen Heberleitungen, wo es technisch unmöglich ist, mit stetiger Steigung auszukommen. Man bricht in solchen Fällen nach der von A. Thiem für die Wasserfassung der Stadt Breslau angegebenen Bauart die Heberleitung sägeartig (Abb. 288) und verbindet die Höchstpunkte k_1 k_2 mit einer gemeinschaftlichen Entlüftungsleitung. Ist man dagegen gezwungen, mit Saugleitungen Talsenken, Flußläufe u. dgl. zu kreuzen, so hat man die Wahl zwischen einer Dückerung (Abb. 289) oder einer Überführung (Abb. 290).

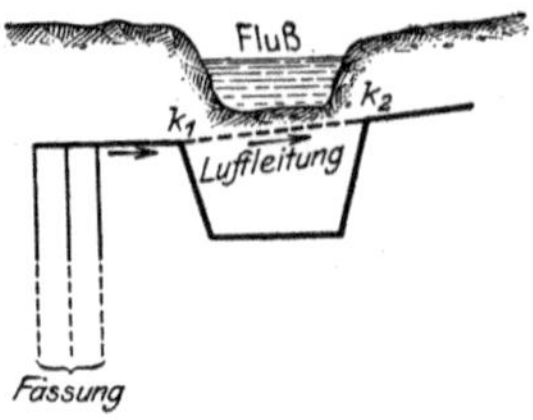

Abb. 289. Dückerartige Führung der Heberleitung.

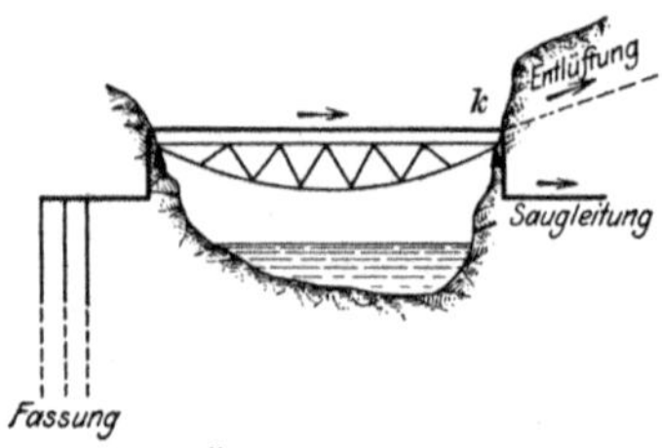

Abb. 290. Überführung einer Heberleitung.

Im ersteren Falle sind zwecks Entlüftung die beiden Scheitelpunkte k_1 und k_2 durch eine Luftleitung zu verbinden, im zweiten erfolgt die Entlüftung im Punkte k.

Als beste Entlüftungsvorrichtung empfiehlt sich eine Kolbenpumpe. Bei langen Saugleitungen schaltet man vor die Pumpe einen besonderen Saugwindkessel ein. Es ist von Vorteil, wenn bei langen Saugleitungen noch eine besondere Entlüftung durch einen Strahlapparat vorgesehen wird.

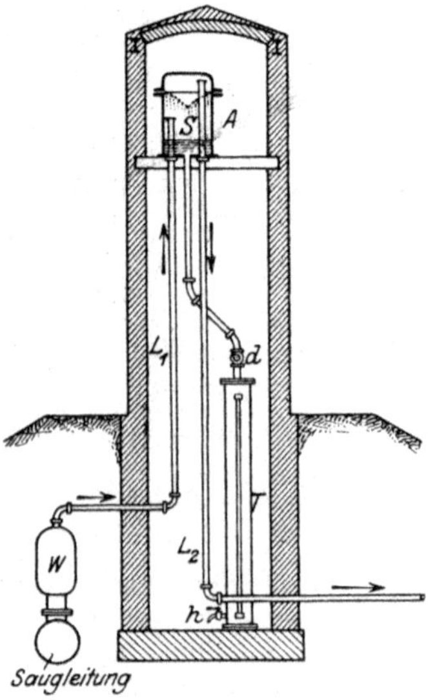

Abb. 291. Entlüftungsturm der Grundwasserfassung der Stadt Prag.

Damit bei der Entlüftung kein Wasser aus der Saugleitung in die Luftleitung mitgerissen werde, ist es zweckmäßig, die Luftleitung in Gestalt eines U hochzuführen. Eine derartige Anordnung, welche Verfasser in die Entlüftungsleitungen des Prager Grundwasserwerkes eingebaut hat, ist in Abb. 291 dargestellt.

An die Saugleitung ist mit Hilfe des Windkessels W die Luftleitung L_1 angeschlossen, die in einen haubenartigen Aufsatz A mündet. Das gegebenenfalls mitgerissene Wasser stößt gegen das Sieb S und fließt durch eine Leitung nach dem Wassertopf T. Die Fortsetzung der Luftleitung nach der Luftpumpe bildet der Leitungsast L_2. Der Wassertopf T ist mit einer Ablaßvorrichtung h und einem Standglas, sowie dem Dreiweghahn d ausgestattet. Die ganze Anordnung ist in einem besonderen Entlüftungsturm untergebracht. Derartige Entlüftungstürme sind an allen Flußdückerungen angeordnet. Die Entleerung der unter Flur liegenden Wassertöpfe erfolgt in Ermangelung einer geeigneten Vorflut durch eine Handpumpe.

Neben Kolbenluftpumpen eignen sich zur Entlüftung von Saugleitungen insbesondere Strahlluftsauger, die entweder als Dampf- oder Wasserstrahlvorrichtungen ausgebildet sind. Körtings Dampfstrahlluftsauger ist in Abb. 292 wiedergegeben. Seine Saugfähigkeit beträgt bis 8,5 m.

Wasserstrahlluftsauger zur Entlüftung von Saugleitungen finden immer mehr und mehr wegen ihrer Einfachheit und Betriebssicherheit Verwendung. Sie sind namentlich dort am Platze, wo Dampf zum Betriebe eines Dampfstrahlhebers nicht verfügbar ist, also wo Wasserkraft, elektrischer Antrieb und Gaskraftmaschinen den Betrieb besorgen. Abb. 293 zeigt einen Wasserstrahlluftsauger, der ebenfalls von Körting gebaut wird. Er überwindet bei 10 m Betriebsdruck Saug-

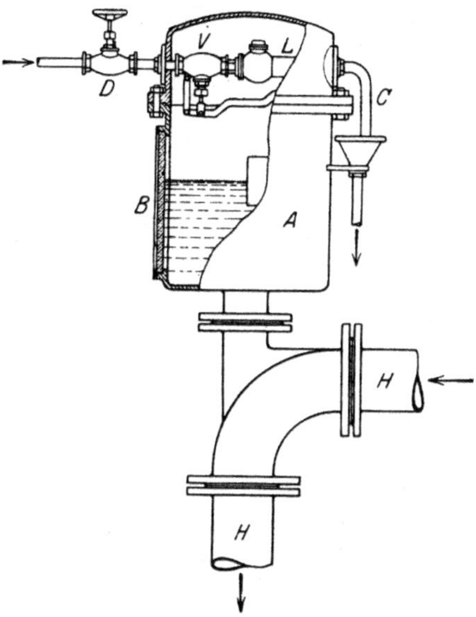

Abb. 292. Dampfstrahl-Luftsauger. (Nach Körting.)

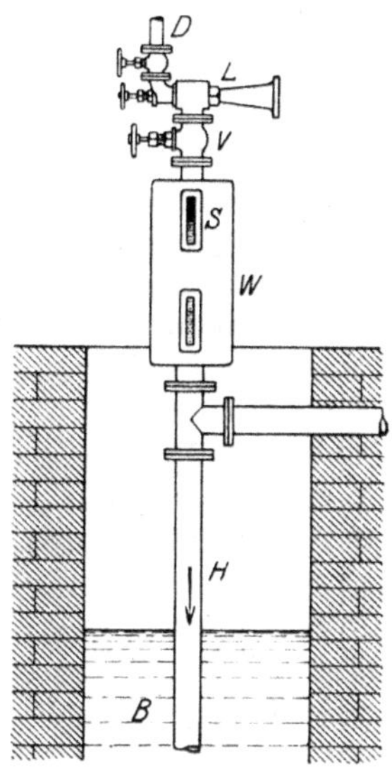

Abb. 293. Wasserstrahl-Luftsauger.

höhen von rund 7—8 m. Der Windkessel nimmt die Luft auf, die sich aus dem Wasser ausscheidet. Das Schauglas S läßt die Größe der Wasser- bzw. Luftfüllung leicht erkennen.

Wasserstrahlluftsauger verwendet u. a. das Grundwasserwerk der Stadt Luzern. Sie verbrauchen 4 ltr/sk Betriebswasser und wirken selbsttätig.

Eine selbsttätige Heberentlüftungsanordnung rührt von Lindley (364) her (Abb. 294). Sie ist in den abfallenden Schenkel einer etwa 1000 m langen Heberleitung von 750 mm i. L. der Wasserfassung der Stadt Baku angeordnet und besteht aus stufenweise abfallenden Abschnitten, die mit 1 : 4000 in der Strömungsrichtung des Wassers steigen. Jeder Abschnitt geht in den nächstfolgenden durch Falleitungen über, die in einem Fallschacht untergebracht sind. Diese sind entsprechend dem Verlauf der Bodenoberfläche angeordnet und haben eine Fallhöhe von 1,5—3,0 m. Die mit 1 : 4000 ankommende Leitung ist etwas in die Höhe gebogen und verjüngt sich gleichzeitig in einen kleineren Durchmesser (Abb. 295). Das Rohr wird durch einen Schwanenhalskrümmer in die senkrechte Richtung übergeleitet und geht, in der Höhenlage der folgenden Strecke angelangt, mittels eines zweiten Halskrümmers wieder in die mit 1 : 4000 steigende Richtung über. Der

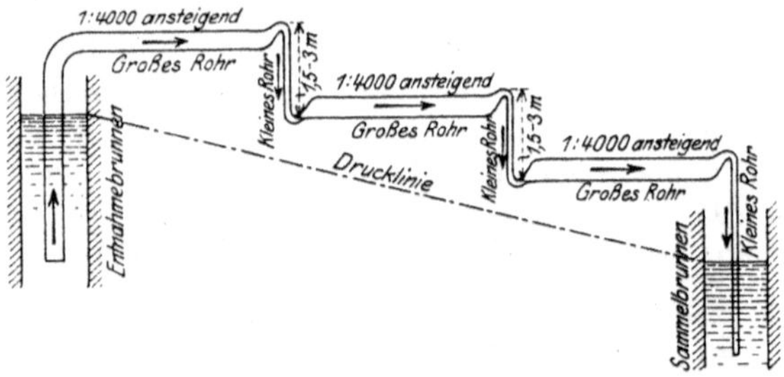

Abb. 294. Selbsttätige Entlüftungsvorrichtung einer Heberanlage. (Nach Lindley.)

Querschnitt der senkrechten Fallrohre ist so gewählt, daß das Wasser in diesen mit etwa 2 m/sk Geschwindigkeit fließt.

Um den Heber in Betrieb zu setzen, wird die Luft am oberen Knie der Halskrümmer abgesaugt mit einer durch alle Entlüftungspunkte gehenden Saugleitung. Während des Betriebes wird die weiter sich aus-

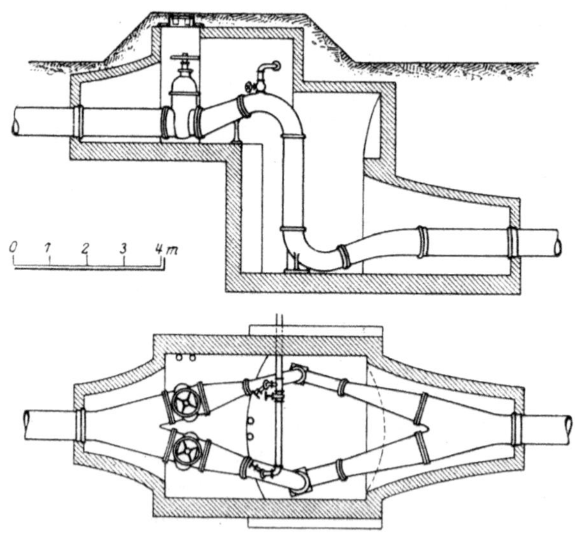

Abb. 295. Fallschächte der Heberentlüftungsvorrichtung. (Nach Lindley.)

scheidende Luft durch die in den verengten Fallrohren eintretende Geschwindigkeitsvermehrung nach abwärts mitgerissen und gelangt so bis in den unteren Schacht, wo sie austreten kann. Damit die Heberleitung auch bei geringerer Durchflußmenge nicht versage, sind die Fallrohre in zwei Teile geteilt ($^2/_3$ und $^1/_3$ Querschnitt). Absperrschieber ermöglichen eine Drosselung je nach der Größe des Durchflusses.

Mitunter wird die Luft aus Saugleitungen nicht durch besondere Entlüftungsvorrichtungen entfernt, sondern durch Nachfüllung von Wasser aus der Druckleitung herausgedrückt.

Eine derartige Anlage besitzt das Wasserwerk der Stadt Bamberg. Die Entlüftungsanlage besteht nach Hocheder (365) aus sechs einzelnen Windkessseln, die in gleichen Abständen längs der Heberleitung verteilt sind. Von der Druckleitung gelangt eine mittels Drosselscheibe auf 25 ltr/sk beschränkte Wassermenge zur Auffüllung in die Heberleitung (Abb. 296). Zum Nachfüllen sind Nachfüllkästen angeordnet und die Brunnen gegen Wassereintritt während der Füllung durch Gummiplattenverschlüsse gesichert.

Luftpumpen können entweder unmittelbar von den Wasserhaltungsmaschinen oder durch besondere Antriebsvorrichtungen betrieben werden.

Die Wasserhaltungsanlagen der Stadt Kopenhagen in Thorstunde und Solhöj-Huse sind nach den Angaben von Weyl (366) mit Luftpumpen ausgestattet, deren Antrieb durch Windmotoren erfolgt. Benzinmotoren sind als Reserve vorgesehen.

Ein empfehlenswertes Werk über Luftpumpen, Strahlapparate u. dgl. haben Hartmann-Knoke (367) geschrieben.

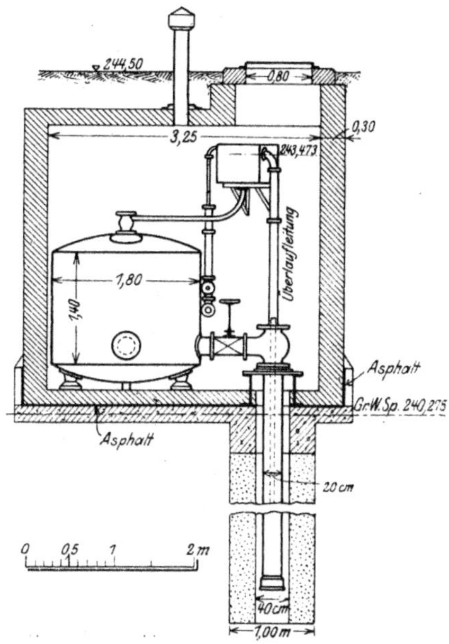

Abb. 296. Windkesselbrunnen der Stadt Bamberg. (Nach Hocheder.)

3. Der Sammelbrunnen.

a. Lage des Sammelbrunnens.

Der Sammelbrunnen ist das Verbindungsglied zwischen Fassung und Ableitung bzw. Entnahmevorrichtung. Ist die Fassungslinie und der Platz der Betriebsanlage durch äußere Rücksichten, Besitzstand, Wege usw. bestimmt, so muß die Lage des Sammelbrunnens sich nach der Betriebsanlage richten. Kann die Betriebsanlage verschoben werden, und gehen Druckrohr oder Gefällsleitung nahezu senkrecht zur Fassungsrichtung ab, so wird im allgemeinen aus hydraulischen, wirtschaftlichen und betriebstechnischen Rücksichten der Platz des Sammelbrunnens und der Betriebsanlage die Mitte der Fassung sein. Folgen dagegen Druckrohr oder Gefällsleitung fast der Richtung der Fassungslinie nach dem einen ihrer Endpunkte, so ziehen wirtschaftliche Rücksichten die Betriebsanlage und mit ihr den Sammelbrunnen nach diesem Ende hin.

Setzt sich die Fassung aus mehreren Flügeln zusammen, so kann die zweckmäßigste Lage des Sammelbrunnens auch graphisch ermittelt werden. Eine derartige Ermittlung hat z. B. Verfasser für die Prager Grundwasserfassung durchgeführt (Abb. 297).

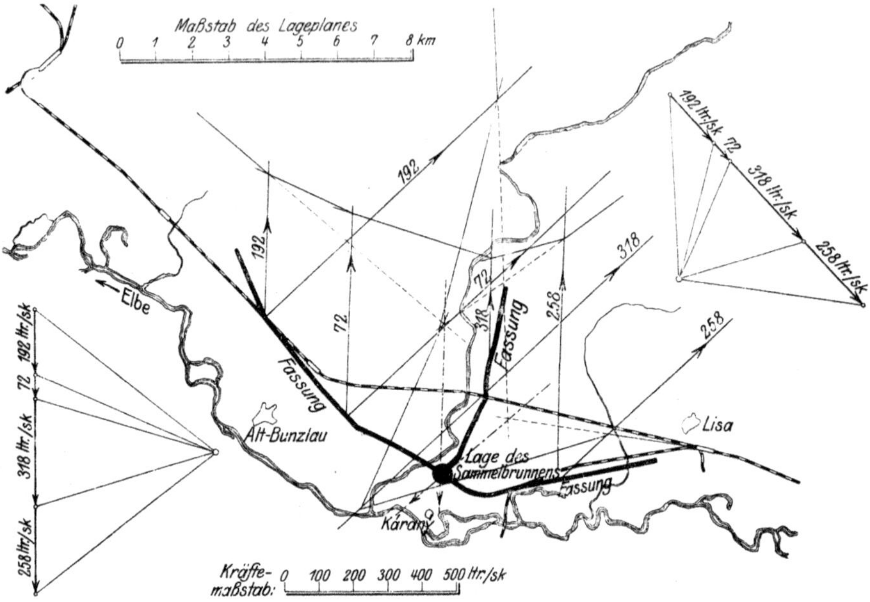

Abb. 297. Graphische Ermittelung der Lage eines Sammelbrunnens.

b. Bau und Wirkungsweise des Sammelbrunnens.

Den Sammelbrunnen führt man in der Regel in Gestalt eines gemauerten Schachtbrunnens mit wasserdichter Sohle aus.

Jeder Sammelbrunnen wirkt zunächst als Sandfang. Als Voraussetzung gilt, daß der Sammelbrunnen hinreichend groß und tief sei. Mag eine Wasserfassung noch so gut entsandet sein, im Anfang führt sie in der Regel Sand, der beim Fehlen eines Sammelbrunnens in die Pumpen mitgerissen wird, wodurch meist eine Beschädigung der Pumpenkolben eintritt.

Ein Sammelbrunnen hat ferner die Aufgabe, auf die beim Anlassen der Pumpen in Bewegung kommende Wassermasse ausgleichend zu wirken und die Pumpenstöße von den Fassungskörpern abzufangen. Sammelbrunnen wirken daher nicht allein als Sandfänge, sondern auch als Windkessel, deren Lufthaube die gesamte Atmosphäre ist.

Ein weiterer Vorteil eines Sammelbrunnens ist der, daß er bei Erweiterungsbauten die Kuppelung von Heber- und Pumpensaugleitungen in jeder beliebigen Anzahl und ohne Betriebsstörung ermöglicht. Man braucht zu diesem Zwecke nur von vornherein in den Brunnenmantel die erforderlichen Verbindungsstutzen einzubauen.

Die bei künstlicher Entnahme in einen Sammelbrunnen mündenden Saugleitungen bezeichnet man auch als Heberleitungen. Heberleitungen sind nichts anderes als Saugleitungen, welche durch den windkesselartig wirkenden Sammelbrunnen unterbrochen sind (Abb. 298). Aus dieser Auffassung folgt, daß es zweckmäßig ist, die beiden Endschenkel einer im Sammelbrunnen mündenden Heberleitung ohne erhebliche gegenseitige Überhöhung so zu verlegen, daß die Luft aus dem Schenkel A durch eine Verbindungsleitung nach dem Schenkel A_1 entweichen kann. Im allgemeinen genügt eine Überhöhung von 2—5 cm.

Es ist unzweckmäßig, die beiden Endschenkel einer Heberleitung um ein größeres Maß m bzw. n gegeneinander zu überhöhen, da im ersteren Falle die Entlüftung erschwert und im zweiten die Saugleitung A um das Maß n unnütz zu tief verlegt wird (Abb. 299 u. Abb. 300).

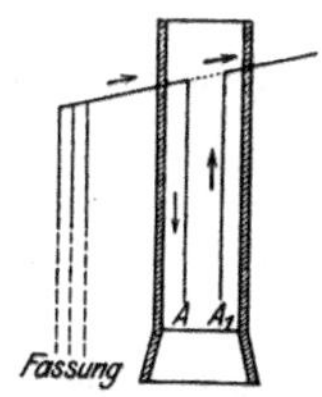

Abb. 298. Richtige Verbindung von Heber- und Saugleitungen.

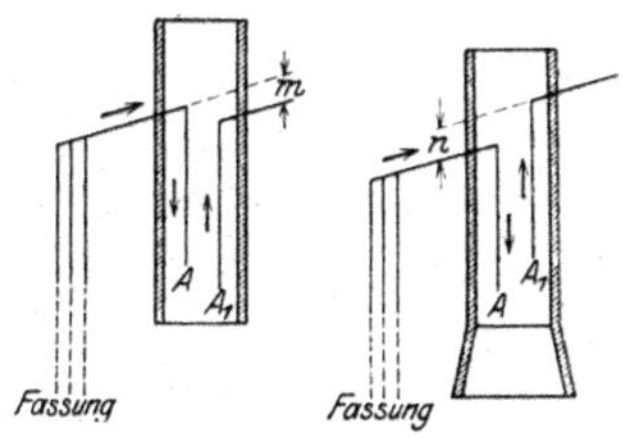

Abb. 299 und 300. Falsche Anordnungen der Heber- und Saugleitung.

In manchen Betrieben wird dem Sammelbrunnen aus Sparsamkeitsgründen nicht allein die Aufgabe als Ausgleichsbehälter bzw. Windkessel zugeteilt, sondern auch als Fassungskörper. In solchen Fällen wird der Sammelbrunnen nicht dicht ausbetoniert, sondern nach unten mit einem Filtergerüst abgeschlossen. Derartige Bauwerke mit doppelter Bestimmung sind unzweckmäßig, da bei starker Beanspruchung des Brunnens der Sand unter der Sohle in Bewegung kommen und der Brunnen abrutschen kann.

XV. Fassung in Nachbarschaft von Oberflächenwasser.

1. Natürliche Wechselbeziehungen zwischen Grund- und Oberflächenwasser.

Das gewöhnliche Verhältnis zwischen Grund- und benachbartem Flußwasser ist der Abfluß des Grundwassers in das Flußbett. Auf diese Weise wird Grundwasser zu Oberflächenwasser. Dieses hydraulische Verhältnis zwischen Grund- und Flußwasser kommt in dem flußwärts gerichteten Grundwassergefälle zum Ausdruck. Ändert sich weder Grundwasser- noch Flußwasserstand, so bildet sich ein Beharrungszustand aus, und der Grundwasserstrom führt dem Fluß eine nahezu unveränderliche Grundwassermenge zu.

Fällt der Flußspiegel, ohne daß sich der Grundwasserstand ändert, so wird sich bis zu einem gewissen, von Fall zu Fall wechselnden Abstand vom Fluß das Grundwassergefälle und die dem Fluß zufließende Grundwassermenge vergrößern, ohne daß die natürliche Ergiebigkeit des Grundwasserstromes geändert wird. Der Fluß wirkt auf den Grundwasserstrom wie eine Fassung mit erhöhter Absenkung.

Steigt dagegen der Flußspiegel über ein gewisses Maß, so tritt innerhalb einer gewissen Uferstrecke Richtungswechsel im Grundwassergefälle ein, es tritt Flußwasser in den Untergrund, und das Grundwasser wird im Grundwasserträger zurückgestaut (Abb. 301).

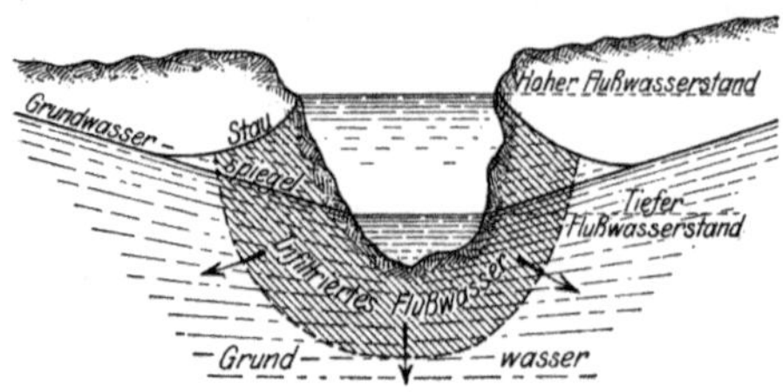

Abb. 301. Wechselbeziehungen zwischen Grund- und Flußwasser bei tiefem und hohem Flußwasserstand.

Besonders scharf kommen die vorstehend angedeuteten Wechselbeziehungen zwischen Grund- und Flußwasser in den Höhenschichtenlinien des Grundwasserspiegels zum Ausdruck, wie aus einem Vergleich der Abb. 302 mit Abb. 303 hervorgeht.

In Abb. 302 ist nach Lang (368) der Höhenschichtenplan des Grundwassers im Rheintal bei Düsseldorf wiedergegeben, und zwar bei tiefem Rheinwasserstand am 18. Dezember 1911. Man sieht aus dem Verlauf der Kurven, daß das Grundwasser nahezu senkrecht zur Richtung des Flußlaufes in denselben einfällt. Jedes Grundwasserteilchen, das vom Binnenlande kommt, beendet seinen Lauf im Rhein. In Abb. 303 sind

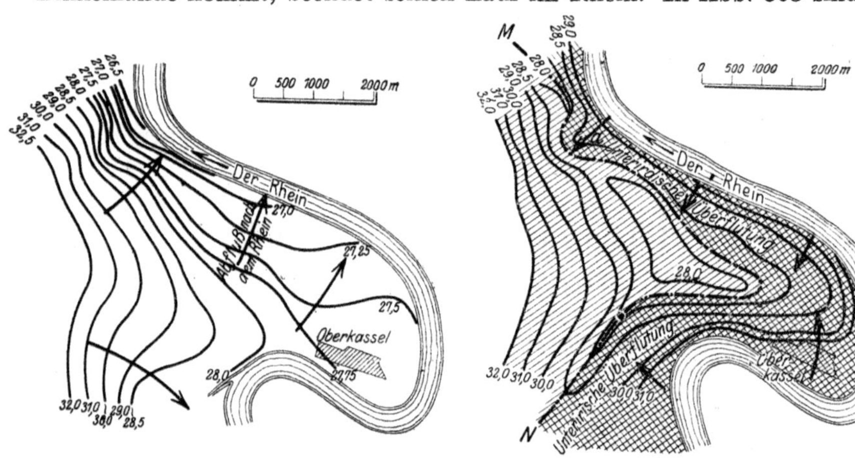

Abb. 302 und 303. Wechselbeziehungen zwischen Grund- und Rheinwasser bei tiefem und hohem Flußstand. (Nach Lang.)

die hydraulischen Vorgänge in demselben Untergrund zur Zeit des Rheinhochwassers vom 29. Dezember 1911 veranschaulicht. Man sieht aus dem Höhenschichtenplan, daß zur Zeit des Hochwasserstandes längs des ganzen dargestellten Flußufers eine Umkehr der Grundwasserstromrichtung stattgefunden hat. Der Untergrund wird allenthalben vom Rhein her gespeist und das Grundwasser in ihm zurückgestaut. Der Einbruch des Rheinwassers in den Untergrund ist nicht gleichmäßig, denn er zeigt z. B. an der Stelle *a* eine starke Einbuchtung, die auf hohe Durchlässigkeit an dieser Stelle hindeutet. Die Linie $M N$ stellt die Grenze der unterirdischen Überflutung durch das Rheinwasser dar.

Ähnliche natürliche Überflutungserscheinungen haben u. a. Rutsatz (369) und Wahl (363) beschrieben. Nach den Beobachtungen von Rutsatz reicht der Stau des Rheins unterhalb von Köln bei einem Pegelstand von + 6,12 m bis 1700 m landeinwärts.

Ein durchlässiger Untergrund, der im Bereich von unterirdischen Überflutungen liegt, welche durch benachbartes Oberflächenwasser hervorgerufen werden, führt daher zu Hochwasserzeiten nicht mehr reines Grundwasser, das sich flußwärts bewegt, sondern zum Teil auch infiltriertes Oberflächenwasser, das erst im Untergrund seine früheren Eigenschaften verliert und nach und nach Grundwasser wird.

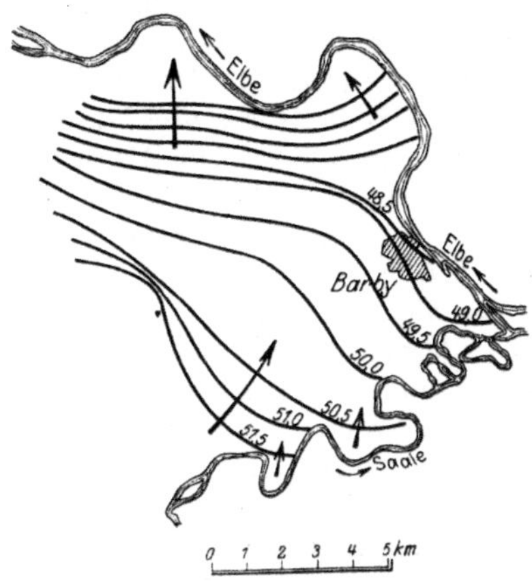

Abb. 304. Unterirdischer Ausgleich von Flußgefälle unter Grundwasserbildung.

Das infiltrierte Oberflächenwasser hat in der Regel die Gestalt einer Mulde, wie sie in Abb. 301 dargestellt ist. Bei hinreichender Mächtigkeit der wasserführenden Schicht ist diese Mulde allseitig von reinem Grundwasser eingeschlossen.

Natürliche Anreicherung durchlässigen Untergrundes mit benachbartem Oberflächenwasser sind indessen nicht allein auf Hochwasser beschränkt, sondern auch dann möglich, wenn der wasserführende Untergrund zungenartig zwischen zwei zusammenfließenden Flußläufen liegt, die verschiedenes Gefälle aufweisen. Es findet dann ein unterirdischer Gefällsausgleich zwischen den Flüssen statt, und das Grundwasser besteht vorwiegend aus versickertem Flußwasser, dessen unterirdisch zurückgelegter Weg je nach den Umständen ganz kurz sein kann.

Ein Beispiel eines derartigen Ausgleiches von Flußgefälle mit Grundwasserbildung zeigt Abb. 304.

2. Abstand zwischen Fassung und Oberflächenwasser.

Wird in der Nähe eines oberirdischen Wasserlaufes, dessen Spiegel natürlichen Schwankungen unterliegt, eine Fassung errichtet und beansprucht, so werden die natürlichen Wechselbeziehungen zwischen Grund- und Oberflächenwasser künstlich geändert. Durch die Wasserentnahme wird ein Teil des Durchflußquerschnittes trockengelegt und so zwischen Fluß- und Grundwasserspiegel ein künstliches Gefälle geschaffen, dessen Wirkung sich darin äußert, daß auch bei Niedrigwasser Flußwasser an den Untergrund abgegeben wird. (Vgl. auch S. 387.)

Die beste Wasserfassung wäre unstrittig diejenige, bei welcher die Senkung des Grundwasserspiegels höchstens den Betrag der natürlichen jährlichen Spiegelschwankung des Flusses, in den das Grundwasser mündet, erreichen würde. Man könnte auf diese Weise von vornherein einen Dauerzustand erreichen bei dem jede Anreicherung des Untergrundes durch benachbartes Oberflächenwasser, sowie irgendwelche Schädigungen der Fassungsnachbarschaft infolge von Wasserentziehung ausgeschlossen wären.

Eine derartige Fassungsanlage käme in ihrer Wirkung den natürlichen Fassungsvorgängen, die ein von Grundwasser gespeister Fluß auf das Grundwasser ausübt, gleich.

Welche Fassungslängen sich bei so weitgehender Berücksichtigung der natürlichen hydrologischen Zustände ergeben würden, zeigen die Berechnungen, welche Piefke (136) in seiner Arbeit über eine Grundwasserversorgung der Stadt Berlin durchgeführt hat. Unter der Annahme, daß die Spree auf 1 km Uferlänge rund 100 ltr/sk Grundwasser empfängt, müßte für eine Fassungsmenge von durchschnittlich 1600 ltr/sk und bei einem Verhältnis des durchschnittlichen zum höchsten Wasserverbrauch von 1 : 1,5 eine Fassungslänge zur Verfügung stehen von $16 \times 1{,}5 = 24$ km.

Da die Speisung der Spree von zwei Ufern aus erfolgt, und da ferner ein vollständiges Abfangen des zur Spree sich bewegenden Grundwassers ausgeschlossen ist, so wird man aus Sicherheitsgründen die Länge einer Wasserfassung, die ohne Störung des natürlichen hydraulischen Gleichgewichtes betrieben werden soll, auf mehr als das Doppelte der vorherberechneten Länge annehmen müssen.

Derartige, den natürlichen Verhältnissen angepaßte Fassungsanlagen lassen sich indessen nur selten praktisch durchführen. Man wird daher vielfach in der Praxis in die Lage kommen, sich bei Fassungen, die in der Nähe von Flüssen liegen, mit einer Anreicherung des Untergrundes durch infiltriertes Flußwasser abfinden zu müssen.

Wie groß die Entfernung zwischen Fassung und oberirdischem Wasser sein muß, damit das Oberflächenwasser überhaupt nicht oder erst nach einer bestimmten Zeit in die Fassung gelange, wird auf S. 392 näher erläutert werden.

3. Nachweis der Wechselbeziehungen zwischen Fassung und Oberflächenwasser.

Will man bei einer bereits bestehenden Fassung, die in der Nähe von Oberflächenwasser liegt, feststellen, ob und in welcher Menge Oberflächenwasser an den künstlich entwässerten Untergrund abgegeben wird, so eignen sich zur Beweisführung:

1. Messungen der an der Fassungsstelle vorbeifließenden Oberflächenwassermenge,
2. Spiegelaufnahmen des Grundwassers, und da in der Regel die physikalischen und chemischen Eigenschaften von Oberflächen- und Grundwasser voneinander abweichen,
3. chemische Analysen,
4. Temperaturmessungen.

1. Gibt der oberirdische Wasserlauf kein Wasser an den Untergrund ab, so muß während der Wasserentnahme durch die Fassung seine Wassermenge unverändert bleiben.

2. Ebenso läßt im allgemeinen ein unverändertes Spiegelverhalten des Grundwassers bei schwankendem Spiegelgang des Oberflächenwassers auf gegenseitige Unabhängigkeit schließen. Ein Grundwasser, das durch benachbartes Oberflächenwasser beeinflußt wird, zeigt in

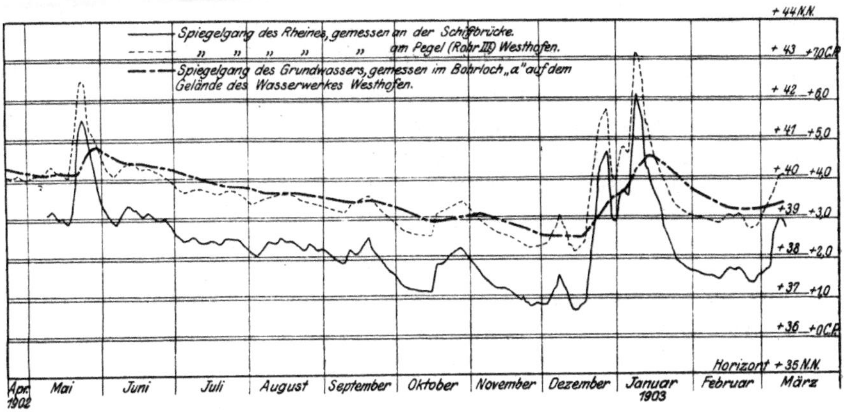

Abb. 305. Spiegelgänge des Rheins und des Grundwassers bei Westhoven.

der Regel Spiegelbewegungen, die gleichsinnig mit dem Spiegelgang des Flusses laufen. Abb. 305 zeigt die Spiegelgänge des Rheins und des Grundwassers bei Westhoven nach den Aufnahmen von Rutsatz (369). Die Grundwasserspiegel laufen nach. Das Zeitmaß des Zurückbleibens hängt von der Entfernung des beobachteten Grundwasserspiegels vom Fluß ab.

Auch die Höhenschichtenlinien des abgesenkten Grundwasserspiegels bzw. die Lage der unteren Scheitelung (vgl. S. 152) geben zuverlässige Auskunft darüber, ob eine Fassung vom benachbarten Fluß Wasser empfängt oder nicht.

Setzt sich eine Fassung aus mehreren Brunnen zusammen, so entwickeln sich für jeden Brunnen (vorausgesetzt, daß zwischen den einzelnen Brunnen ungefaßtes Wasser hindurchgeht) zunächst die Scheitelungen $s_1\ s_2\ s_3$ (Abb. 306).

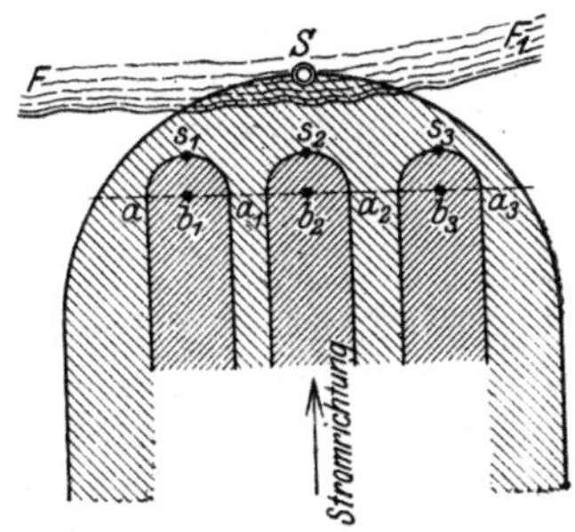

Abb. 306. Speisung des Untergrundes mit Flußwasser, wenn die Scheitelungen s_1, s_2, s_3 gemeinsamen Anschluß finden.

Solange diese Scheitelungen außerhalb des benachbarten Flusses $F\ F_1$ liegen, so lange wird an die Fassung kein Flußwasser abgegeben. Wird der Betrieb verstärkt, so daß zwischen den einzelnen Brunnen kein ungefaßtes Wasser mehr durchfließt, so finden die einzelnen Scheitelungen gemeinsamen Anschluß, und es entsteht ein gemeinschaftlicher Absenkungstrichter mit einer gemeinsamen Scheitelung S, welche um so sicherer in den Fluß fällt, je näher diesem bereits die Einzelscheitelungen s_1, s_2 und s_3 lagen, so daß dann Flußwasser in die Fassung gelangt.

Diese Beobachtung ist wichtig für den Fall, daß man durch Anlage wenig ergiebiger gekuppelter Brunnen das Einschneiden der Entnahmegrenzen $a\,s_1$, $a_1\,s_2$, $a_2\,s_3$ in den Fluß $F\,F_1$ und somit eine Heranziehung von Flußwasser vermeiden will. Es muß dann sorgfältig darauf geachtet werden, daß im Betriebe die Ansprüche an die Brunnen nicht über das vorausgesetzte Maß gesteigert werden.

3. und 4. Da im allgemeinen sowohl die chemischen als auch thermischen Eigenschaften von Oberflächen- und Grundwasser verschieden sind, so gibt es noch zwei Wege zur Bestimmung der Anteilswerte eines aus Oberflächen- und Flußwasser zusammengesetzten Mischwassers: einen chemischen und einen thermischen.

Ist ein chemischer Bestandteil vorhanden
im Grundwasser in der Menge g,
im Oberflächenwasser in der Menge o und
im Mischwasser in der Menge m,
so ist die Anteilsmenge des in dem Mischwasser enthaltenen Grundwassers

$$x = \frac{m - o}{g - o} \cdot 100\,. \tag{33}$$

Hat man demnach $g = 300$ mg/ltr, $o = 50$ mg/ltr und $m = 150$ mg/ltr Chloride, so ist

$$x = \frac{150 - 50}{300 - 50} = 40 \text{ v. H.}$$

Das Wasser setzt sich demnach zusammen aus 40 v. H. Grund- und 60 v. H. Flußwasser.

Auf thermischem Wege berechnen sich ähnlich die Anteilswerte, wenn Q und T Mengen und Temperaturen sind mit den Zeichen g für Grund-, o für Oberflächen- und m für Mischwasser, nach der Formel

$$\frac{Q_o}{Q_g} = \frac{T_m - T_g}{T_o - T_m}\,. \tag{34}$$

Bei Temperaturmessungen ist darauf zu achten, daß während der Beobachtungszeit die Temperaturgegensätze der beiden Wasserarten möglichst groß sind. Unter der Temperatur des Oberflächenwassers ist indessen nicht die Temperatur im Oberflächenwassergerinne selbst zu verstehen, sondern diejenige Temperatur, welche das Oberflächenwasser an der Eintrittsstelle in die Fassung hat, da das Oberflächenwasser auf dem Wege zur Fassung seine Temperatur ändert. Es ist zweckmäßig fluß- und binnenwärts längs der Leitung der Fassung besondere Temperaturbeobachtungsstellen einzurichten.

Chemische und Temperaturabweichungen treten nur dann unzweideutig in Erscheinung, wenn die Menge des in den Untergrund eintretenden Oberflächenwassers so groß ist, daß dadurch auch tatsächlich eine über das Maß der natürlichen Schwankungen hinausgehende Veränderung stattfindet.

XVI. Die Absenkung des Grundwasserspiegels und ihre Wirkung.

1. Allgemeines.

Wie bereits bemerkt worden ist, kann diejenige Fassungsart als die beste angesehen werden, bei welcher das natürliche hydraulische Gleichgewicht so wenig wie möglich gestört wird, wo also die Absenkung die Größe der natürlichen Grundwasserspiegelschwankung, das sind im Durchschnitt etwa 1—1,5 m, nicht wesentlich überschreitet.

Da bei derartig kleinen Absenkungen nur kleine Ergiebigkeiten zu erreichen sind, so müßte man namentlich bei großen Wassermengen große Fassungslängen in Kauf nehmen. Eine derartige Maßnahme ist nicht allein mit Rücksicht auf einen oft unmöglichen und teuren Grunderwerb, sondern auch deshalb unerwünscht, weil große Fassungslängen den Betrieb erschweren. Man zieht es daher im allgemeinen vor, Fassungsanlagen räumlich so kurz wie möglich zu bemessen und die Absenkung groß zu machen. Die Folge einer derartigen Anordnung ist eine kurze Fassungsanlage mit in vielen Fällen unter Flur liegenden Pumpen. Von diesem Gesichtspunkteaus ist eine große Anzahl städtischer Wasserwerksanlagen errichtet worden, bei welchen Absenkungsgrößen von 6 bis 7 m und darüber nichts seltenes sind.

Die Folge großer Absenkungen ist eine Trockenlegung des wasserführenden Untergrundes bis in große Tiefen hinab.

Solche tiefgründige Trockenlegungen können unter Umständen von großem Einfluß bzw. schädlicher Einwirkung sein:

1. auf die Wasserbeschaffenheit und
2. auf den Pflanzenwuchs, auf oberirdisches Wasser, vorhandene Brunnen u. dgl.

2. Einfluß der Absenkung auf die Wasserbeschaffenheit.

Wird der Untergrund in große Tiefen hinein entwässert, so dringt der Sauerstoff der atmosphärischen Luft in die entwässerten Schichten. Enthält der Boden Bestandteile (z. B. Eisen, Mangan), die durch Oxydationsvorgänge in lösliche Verbindungen umgesetzt werden, so können derartige gelöste Stoffe bei Überflutungen des Fassungsgeländes, Schneeschmelzen, steigendem Grundwasserspiegel u. dgl. ausgelaugt und in die Fassung eingeschwemmt werden.

Aus derartigen Vorgängen erklärt sich das nicht selten beobachtete Steigen des Eisengehaltes in Fassungsanlagen zu Zeiten der Überschwemmung des Fassungsgeländes.

Besonders gefährlich können große Absenkungen dort werden, wo die trockengelegten wasserführenden Schichten oder das über ihnen liegende Deckgebirge große Anhäufungen mooriger und schlickiger Massen enthalten.

Auf die hydrologische Bedeutung solcher organischen Stoffe, die oft alte Flußläufe und tote Täler ausfüllen, und die von ihnen ausgehenden Gefahren für Fassungsanlagen, hat besonders Luehrig (290) hingewiesen.

Die Ursache der Gefährlichkeit moorhaltiger Böden ist mit darin zu suchen, daß in ihnen Schwefelverbindungen vorkommen, die durch Umsetzung in Schwefeleisen, Schwefelwasserstoff und auch in freien Schwefel verwandelt werden können. Die an und für sich unlöslichen Schwefeleisenverbindungen haben die Eigenschaft, durch Aufnahme von Luftsauerstoff zu oxydieren und in wasserlösliche Verbindungen überzugehen, die durch weitere Sauerstoffaufnahme unter Abspaltung von Schwefelsäure zersetzend und schädlich auf Untergrund und Grundwasser einwirken können.

Die saueren Eigenschaften moorhaltiger Grundwässer sind den Tiefbautechnikern wohlbekannt, da sie in kurzer Zeit unterirdische Betonkanäle u. dgl. zu zerstören vermögen.

Weitere Kreise sind auf die früher kaum beachteten Gefahren moorhaltiger Grundwässer für Fassungsanlagen erst durch den Zusammenbruch der Breslauer Grundwasserfassung im Jahre 1906 aufmerksam gemacht worden (289).

Die in den Schlickmulden des Breslauer Fassungsgeländes enthaltenen Schwefeleisenverbindungen wurden infolge der Entwässerung des Untergrundes bis in größere Tiefen in lösliche Salze umgesezt, und als nach dem hochwasserfreien Jahr 1905 plötzlich eine Überschwemmung des Fassungsgeländes eintrat, verdreifachte sich der mineralische Rückstand des Wassers, der Eisengehalt stieg von 9 auf über 100 mg/ltr und die Reaktion des Wassers war stark sauer geworden. Die Untersuchungen haben gezeigt, daß in dem oxydierten Schlick auch freie Schwefelsäure enthalten war, und zwar etwa 31,89 g Säure in 1 kg Erdboden.

Über einen weiteren Fall von Wasserverschlechterung wird aus der Stadt O . . . berichtet. Hier trat die Veränderung der Wasserbeschaffenheit erst im 12. Jahre nach der Betriebseröffnung des Wasserwerkes ein.

Ähnliche Erfahrungen wie mit Eisenverbindungen hat man auch mit Mangan gemacht.

Aber auch dort, wo unter der Fassung Stockwerke mit salzhaltigem Wasser liegen, kann bei großen Absenkungen eine allmähliche Versalzung des Wassers eintreten durch Zusickern von salzhaltigen Wasserfäden aus der Tiefe.

Eine derartige Erscheinung hat Verfasser u. a. an der Fassung der Stadt Salzwedel beobachtet (vgl. S. 260).

Man sollte daher überall dort, wo über und unter der Fassung mineralische und lösungsfähige Stoffe lagern, bei der Bemessung der Absenkung stets vorsichtig sein, da bei einer größeren Störung des hydrologischen Gleichgewichtes, genau so wie bei Mineralwässern, eine Veränderung der chemischen Eigenschaften des Wassers zu erwarten ist.

Derartige Veränderungen treten oft erst nach einer langen Reihe von Betriebsjahren ein.

3. Einfluß der Absenkung auf den Pflanzenwuchs.

In welcher Art die Entwässerung des Untergrundes auf den Pflanzenwuchs wirkt, hängt von der natürlichen Lage des Grundwasserspiegels unter Flur, dem Alter der Pflanzen u. dgl. ab.

Liegt der Grundwasserspiegel hoch, so ist damit in der Regel eine übermäßige Durchfeuchtung des Untergrundes bis zur Flur und sogar eine Überflutung desselben verbunden. Die Folge derartig hoher Grundwasserstände ist die Bildung von oberirdischen Grundwasseraustritten, quelligen Landflächen, feuchten Feldern, saueren und nassen Wiesen, Sümpfen, Mooren usw. Auf solchen Gebieten mit hohen Grundwasserständen beschränkt sich der Pflanzenwuchs auf Wasser- und Sumpfpflanzen. Wiese und Feld haben in nassen Lagen nur geringen landwirtschaftlichen Wert, der höchstens in ganz trockenen Jahren etwas steigt.

Eine Wasserfassung in Bodenschichten mit hohen Grundwasserständen wirkt wie eine absichtlich angelegte Bodenentwässerung zwecks Entziehung der Bodenfeuchtigkeit und Überführung von Sumpf- und Moorland in Kulturflächen durch Änderung der Wachstumsbedingungen. An Stelle von sauren Wiesenpflanzen treten süße Gräser, und feuchtes Ackerland gewinnt an landwirtschaftlichem Wert.

Durch Entwässerung schwerer Böden sind Steigerungen des Ertrages von 40—300 v. H. erzielt worden. Es findet demnach durch die entwässernde Wirkung eine Steigerung des Bodenwertes statt, und Wasserfassungen leisten in solchen Fällen Kulturarbeit.

Es gibt zahlreiche Wassergewinnungsanlagen, die eine derartige Umwertung der Bodenbeschaffenheit bewirkt haben.

Nach Krueger (370) haben sich in der Landwirtschaft als angemessener Abstand des Grundwassers von der Oberfläche eingebürgert für Äcker 1,0 m, Weiden 0,8 m und Wiesen 0,5 m.

Für die Beurteilung der Frage, welches Maß der Grundwassersenkung zulässig ist, wenn eine Schädigung der Pflanzen nicht eintreten soll, ist es wichtig, zu wissen, wie weit eine Pflanze befähigt ist, Wurzeln in die Tiefe zu senden.

Nach Waechter (371) gibt Schulze als durchschnittliche Wurzeltiefen an:

199,2 cm für Winterroggen,
277,2 cm für Winterweizen,
247,3 cm für Hafer,
231,0 cm für Rotklee,
300,0 cm für Winterraps.

Baumwurzeln erreichen oft viel größere Tiefen. So wurden bei Pappeln Wurzeltiefen bis 12 m und bei Buchen sogar solche von 25 m festgestellt. Nach Walther (58) wurden beim Ausheben des Suezkanales 30 m lange Tamarixwurzeln gefunden, welche durch den trockenen Wüstenboden bis zum Grundwasserspiegel durchgewachsen waren.

Sinkt der Grundwasserspiegel unter die Wurzelenden, so gilt für die Beurteilung der Einwirkung der Grundwasserentziehung auf den

Pflanzenwuchs als maßgebend, daß Pflanzen die zu ihrem Aufbau notwendige Nahrung nur in flüssiger Gestalt aufnehmen. Ergänzend tritt hinzu die Fähigkeit der Pflanzen zur Wasseraufnahme aus der Luft mittels der Blätter.

In die Pflanzenzellen gelangen die gelösten Nährstoffe des Bodens durch Endosmose. Die Wanderung erfolgt stets von der schwächeren Lösung in die stärkere. Wird bei Wasserarmut im Untergrund die Bodenlösung gesättigter als die Pflanzenlösung, so tritt Exosmose ein, die Wanderung nimmt die umgekehrte Richtung an. Zum Wassermangel tritt dann Stoffmangel, so daß die Pflanzen welken und verdorren.

Wird dagegen durch Erzeugung eines hohen Grundwasserstandes die Bodenluft aus dem Bereich des Wurzelballens verdrängt, so hört das Atmen der Wurzeln auf, und die Pflanze leidet an Überbewässerung.

Soll demnach das Wachstum der Pflanzen gefördert werden, so muß den Wurzeln ein Gemisch von Grundwasser und Luft zur Verfügung stehen. Diese Bedingung erfüllt keineswegs das sauerstoffarme Grundwasser, sondern die über diesem lagernde Bodenfeuchtigkeit. Ein fortlaufender Ausgleich zwischen dem Wasserbedarf der Pflanzen und der ernährenden Bodenfeuchtigkeit kann auf Kosten des Grundwassers nur in der Weise erfolgen, daß der erforderliche Wasserzuschuß aus der Tiefe durch die Kapillarwirkung des Bodens gehoben wird. Das Grundwasser kommt daher als Feuchtigkeitsquelle nur so lange in Betracht, als sein Abstand von der Wurzellage kleiner ist als die Höhe des jeweiligen kapillaren Wasseraufstieges. Da nun diese Höhe mit der Feinheit des Bodenkorns zunimmt, so folgt daraus, daß in feinkörnigem Boden der Grundwasserspiegel tiefer absinken darf als in grobkörnigem, und daß es nicht möglich ist, ein einheitliches Maß für die in Rücksicht auf das Wachstum der Pflanzen zulässige Spiegelsenkung anzugeben.

Die vorstehenden Betrachtungen über den Einfluß der Absenkung des Grundwasserspiegels auf die Pflanzen sind jedoch dahin zu ergänzen, daß wohl zu unterscheiden ist zwischen einjährigen Pflanzen und mehrjährigem Baumwuchs, und bei letzterem wieder zwischen bereits bestehenden Anpflanzungen und neuem Nachwuchs.

Die Wurzeln als Nährvorrichtungen müssen sich stets den Untergrundverhältnissen anpassen, und dies ist am leichtesten dann der Fall, wenn wir es mit einjährigen Pflanzen zu tun haben, die sich, wenn auch in bedingtem Maße, mit der jeweiligen Grundwasserspiegellage am leichtesten abfinden.

Aus diesem Grunde sind Gräser, Getreide- und Gemüsearten gegen Grundwasserspiegelschwankungen verhältnismäßig unempfindlich. Sie werden es nur dann, wenn sie gänzlich ungeschützt im freien, flachen Lande stehen, so daß Wind und Sonnenschein die Verdunstung in den oberen Erdschichten besonders stark fördern. In solchen Fällen kann es vorkommen, daß der Ackerkrume durch Verdunstung mehr Wasser entführt wird, als ihr unterirdisch durch Kapillarwirkung und Niederschlag zufließt. Die Folge ist dann ein übermäßiges Austrocknen der oberen Erdschichten, wie es z. B. in den ungeschützten Dünenbezirken Hollands der Fall ist. In solchen Gebieten empfiehlt es sich unter allen

Umständen, die Grundwasserspiegelsenkung nur gering zu bemessen und das Fassungsgelände über den Stellen der tiefsten Absenkung durch Schutzpflanzungen gegen Sonnenbestrahlungen und Luftwechsel weniger empfindlich zu machen.

Im übrigen sei noch bemerkt, daß in unmittelbarer Nachbarschaft der Fassungskörper mit der Zeit eine gewisse Vermagerung der Pflanzendecke schon deshalb eintreten muß, weil es aus hygienischen Gründen hier nicht zulässig ist, die Ertragsfähigkeit des Fassungsstreifens mit Dungstoffen tierischen Ursprungs zu verbessern.

Wesentlich anders liegen die Verhältnisse, wenn es sich um mehrjährige Pflanzen handelt, also um Strauch- und Baumarten.

Da die Anpassungsfähigkeit der Wurzeln mehrjähriger Pflanzen an die veränderte Lage des Grundwasserspiegels mit dem Alter der Pflanzen abnimmt, so sind bei nachträglich auftretender Entwässerung des Untergrundes junge Pflanzen entschieden im Vorteil. Ihre Wurzeln folgen dem Wasser in die Tiefe und können dies um so leichter, als ihre Wurzelballen noch der Anpassung an die veränderten Verhältnisse fähig sind. Aus den Wurzelballen entwickeln sich statt flachgründiger tiefgehende Standwurzeln mit feinem Wurzelwerk als Zubringer. Man findet deshalb, daß in welligen Gebieten mit nahezu wagerechtem Grundwasserspiegel der Baumwuchs der Niederungen flachgründige, derjenige der höheren Lagen tiefgründige Wurzeln bildet. Von diesem Gesichtspunkt aus ist es erklärlich, daß der Abstand der Wurzelhälse vom Grundwasserspiegel in dem Wachstum nicht besonders zum Ausdruck kommt.

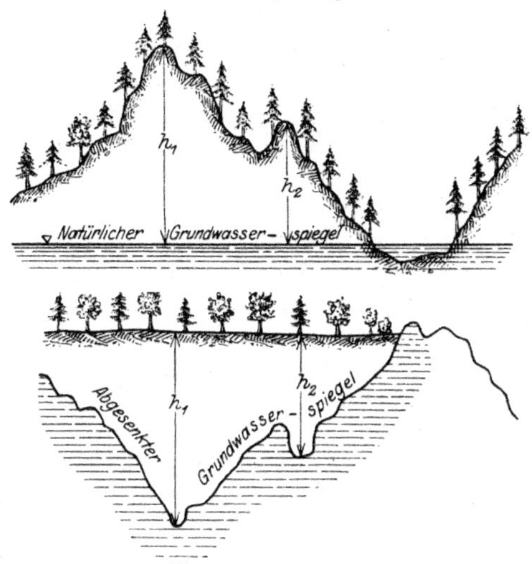

Abb. 307. Schematische Darstellung einer Landschaft mit verschiedenem Abstand der Wurzelhälse vom Grundwasserspiegel.

Einen einwandfreien Beleg für die große Anpassungsfähigkeit der Bäume an den stark wechselnden Abstand zwischen Wurzelballen und Grundwasserspiegel bilden die zahlreichen Wälder jener hügeligen Gebiete quartärer Ablagerungen, die von einem einheitlichen Grundwasserstrom unterteuft sind. Vergleicht man beispielsweise den Baumbestand auf den Hügeln des Grunewaldes oder der Müggelberge bei Berlin mit dem Baumwuchs in den benachbarten Geländesenken, so wird man zu der Überzeugung kommen, daß von einer Verschlechterung des Baumwuchses mit zunehmendem Grundwasserabstand nicht die Rede sein kann. Einen schematischen Querschnitt durch die Grunewaldlandschaft gibt Abb. 307. Die Abstände der Wurzelhälse der verschiedenen Bäume vom Grundwasserspiegel wachsen bis zu den Maßen h_1, h_2. Ihre Größe ist ohne Einfluß auf die Ernährung der Bäume. Fertigt man zu dem natürlichen Querschnitt das Spiegelbild an, in welchem das Gelände wagerecht und der Grundwasserspiegel wellenförmig verläuft, so ändert sich nichts an den ursprünglichen Abständen zwischen Flur und Wasserspiegel, und man erhält das Bild einer künstlichen Wasserabsenkung in flachem Lande. Die Wechselbeziehungen zwischen Flur und Wasserspiegel sowie die Wachstumsbedingungen sind in beiden Abbildungen die gleichen.

Es folgt daraus, daß dort, wo sich Bäume den Wasserverhältnissen anpassen können, Spiegelsenkungen ohne Einfluß auf das Wachstum sind.

Senkt man dagegen unterhalb eines flach gewurzelten alten Baumstandes den Grundwasserspiegel nachträglich in höherem Maße ab, so sind die flachliegenden, starken Standwurzeln nicht mehr imstande, sich den neuen Verhältnissen anzupassen, da die Bildung von neuen, tiefgehenden Standwurzeln ausgeschlossen ist. Es findet ungenügende Wasserzufuhr zu den Hauptwurzeln statt, und infolgedessen wird der alte Baumbestand schädlich durch die Grundwassersenkung beeinflußt.

Derartige Verhältnisse herrschen namentlich in alten Wäldern, die im Senkungsbereich von neu errichteten Wasserfassungen liegen. Hier handelt es sich um Baumwuchs von oft hundertjährigem und längerem Bestand, und die Erfahrung lehrt, daß hier der Schaden der Grundwasserentziehung in der Regel desto größer ist, je älter die Pflanzen und je edler die Holzarten sind.

Nach den Beobachtungen von Sinz (372) im Naunhofer Staatswald, in dessen Bereich die Wasserfassungen der Stadt Leipzig angelegt sind, liegt die Hauptmasse der Wurzeln der älteren Baumbestände infolge des früheren hohen Grundwasserstandes nahe an der Erdoberfläche. Die Wurzeln hatten es nicht nötig, zur Wasseraufnahme sich in die Tiefe zu entwickeln. Mit dem Sinken des Grundwasserspiegels wurden die hochliegenden Wurzeln trockengelegt, und die Wasseraufnahme aus dem tieferen Wasserstand beschränkte sich auf die wenigen Wurzeln, die in die Tiefe gehen. Auf diese Weise ist das ursprüngliche Gleichgewicht empfindlich gestört worden. Gelingt es dem Baum, möglichst bald neue Wurzeln in die Tiefe zu senden, so kümmert er zwar eine Zeitlang, bleibt aber am Leben. Bäume, welche sich den neuen Verhältnissen nicht anpassen können, sterben dagegen ab.

Die verminderte Wasserzufuhr führt oft zu einer Wachstumsminderung des Baumstandes, und man muß, um gleichstarkes Holz wie unter den früheren Umständen zu erzielen, die Umtriebsdauer erhöhen, also die Bäume später fällen. Dadurch sinkt nicht allein der Ertragswert des Waldes, sondern auch die Güte des Holzes. Das Verhältnis zwischen Nutz- und Brennholz verschiebt sich zuungunsten des ersteren.

Mit dem verminderten Wachstum sinkt auch die Widerstandsfähigkeit des Holzes gegen Krankheiten, und die Bäume werden viel leichter von Insekten und Pilzen befallen. Im Gegensatz hierzu gedeihen desto besser Forstunkräuter, wie z. B. Himbeeren, Heidelbeeren, Farn u. dgl., welche dem Holzbestand Nahrung entziehen und die Aufforstung erschweren.

Sinz berechnet für den Naunhofer Staatswald den Schaden für den Hektar Wald auf 100 M., was bei $3^1/_2$ proz. Verzinsung für eine hundertjährige Umtriebsdauer rund 2800 M. ausmacht.

Als weitere schädliche Nachwirkungen der Grundwassersenkung sind zu erwähnen: eine starke Vermehrung von Insekten, deren Larven in ausgetrocknetem Boden besser überwintern können, von wilden Kaninchen, Mäusen u. dgl., die nunmehr imstande sind, tiefe Baue ohne Gefahr der Überschwemmung anlegen zu können. In hygienischer Beziehung ist dies insofern von Bedeutung, als durch tiefgehende Schlupflöcher und Baue offene Verbindungswege zwischen Oberfläche und wasserführendem Untergrund entstehen, durch welche viel leichter als ehedem schädliche Stoffe in die Tiefe gelangen können.

Im großen und ganzen ist es ungemein schwierig, die austrocknende Wirkung von Fassungsanlagen auf die Pflanzenwelt richtig zu beurteilen, da es bis jetzt an gründlichen Untersuchungen fehlt, die über derartige Erscheinungen einwandfreien Aufschluß geben könnten.

Nach Waechter (371) findet man, daß bei gleicher Wurzeltiefe in demselben Boden nach Eintritt einer gleichwertigen Spiegelsenkung manche Pflanzen eher zugrunde gehen als andere und daß manche Pflanzen die Spiegelsenkung ohne weiteres vertragen. Hier scheint das Anpassungsvermögen der einzelnen Pflanzengattungen eine große Rolle zu spielen.

Dem Entwerten von Garten- und Wiesenflächen durch Absenkung des Grundwasserspiegels kann man nur dadurch vorbeugen, daß man die Absenkung nicht zu weit treibt und daß man dort, wo dies zulässig ist, den Grundwasserspiegel durch künstliche Erzeugung von Grundwasser, also durch Versickerungsanlagen, Teiche, Talsperren u.dgl. hebt.

Zugrunde gegangene alte Bäume und Waldbestände müssen durch jungen Nachwuchs ersetzt werden, der sich den abgeänderten Wasserverhältnissen leichter anpaßt und ebenso ertragfähig wird wie der frühere Baumbestand.

4. Einfluß der Absenkung auf den Wasserhaushalt.

Bei größeren Grundwassersenkungen liegt die Gefahr der Trockenlegung von Moor- und Torflagern vor, welche schwammartig ausgleichend auf die Wasserspeisung von Quellen, Bächen und Flüssen wirken. Man hat in dieser Hinsicht namentlich trübe Erfahrungen bei Flußkorrektionen gemacht. Z. B. im Donautal bei Donaueschingen und Villingen und im Höllental oberhalb Freiburg bei Zarten. Da Moore und Torfe abkühlend wirken und dadurch den Feuchtigkeitsgehalt der Luft günstig beeinflussen, so wirkt die Absenkung auch unmittelbar auf die Niederschlagsverhältnisse ein.

XVII. Lebensdauer von Fassungsanlagen.

Die Lebensdauer vieler Fassungsanlagen ist eine begrenzte. Sie hängt ab:

1. von den besonderen Eigenschaften des Grundwassers,
2. von dem Material, aus dem die Fassung gebaut ist, und
3. von den Zustandsänderungen im Untergrund.

Wie wir bereits auf S. 257 gesehen haben, besitzen die Grundwässer oft Mörtel und Metalle angreifende Eigenschaften, die zerstörend auch auf Fassungsanlagen einwirken.

Verhältnismäßig am widerstandsfähigsten sind Fassungen aus Steinzeug und Mauerwerk, da sich bei diesen die zerstörende Wirkung des Wassers meist nur auf die Muffendichtungen und Mauerwerksfugen beschränkt.

Durch kohlensäurehaltige Wässer und Bodensäuren werden nahezu sämtliche Metalle angegriffen. Torf, Humus und die Nähe von Kohlenflözen erheischen bei der Wahl des Fassungsmateriales besondere Vorsicht.

Abb. 308. Durch Grundwasser zerstörtes schmiedeisernes Bohrrohr. (Nach 3 Jahren.)

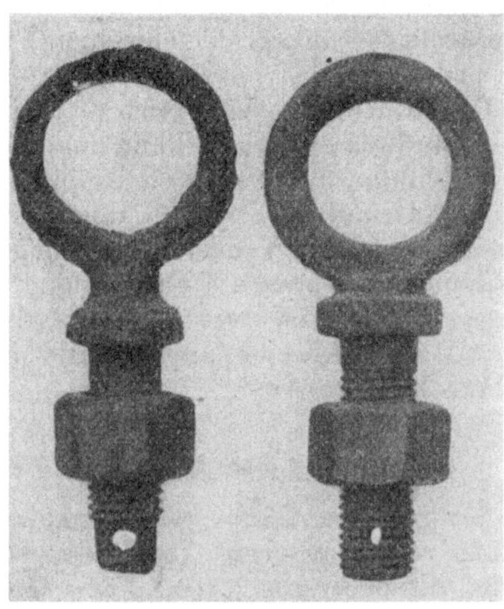

Abb. 309. Angriff von Grundwasser auf die schmiedeeiserne Öse eines Rohrbrunnens aus Gußeisen.

Am leichtesten verfällt der Zerstörung Schmiedeeisen und Zink. Bei verzinkten Eisenrohren verschwindet zunächst der Zinkmantel, dann folgt das Eisen. Am widerstandsfähigsten sind Gußeisen und Kupfer, während Messing infolge seines Zinkgehaltes den angreifenden Wirkungen des Wassers leichter unterliegt. Nach den Erfahrungen des Verfassers haben sich bis jetzt Rohrbrunnen aus Gußeisen und Kupfer am besten bewährt.

In welchem Umfange schmiedeeiserne Rohre eines Rohrbrunnens vom Grundwasser in kurzer Zeit zerstört werden können, zeigt Abb. 308. Die Rohre waren nur 3 Jahre im Untergrund.

Aus Abb. 309 ersieht man die Größe des Wasserangriffes auf eine schmiedeeiserne Öse eines gußeisenen Thiemschen Rohrbrunnens von 15jährigem Bestand. Das Gußeisen wurde in dieser Zeit nicht angegriffen.

Über besonders stark angreifende Grundwässer in Neu-Süd-Wales berichtet Wade (373). Hier mußten die Brunnenrohre, die aus weichem Stahl bestanden, schon innerhalb von 9 Monaten ausgewechselt werden. Versuche mit anderem Material hatten keinen besseren Erfolg. Die Ursache der Zerstörung wird in dem gashaltigen Grundwasser vermutet.

Die angreifenden Eigenschaften des Wassers werden mitunter dadurch verstärkt, daß im Untergrund unter Mitwirkung von Bodensäuren galvanische Ströme entstehen, die namentlich dort auftreten, wo Rohrbrunnen aus verschiedenen Metallen zusammengesetzt sind. Man sollte deshalb bei Rohrbrunnen, die aus verschiedenem Material bestehen, Metalle, welche die Bildung einer galvanischen Kette begünstigen, möglichst nicht zusammenbringen oder gegenseitig isolieren. Vielfach sind Lötungen der Ausgangspunkt der-

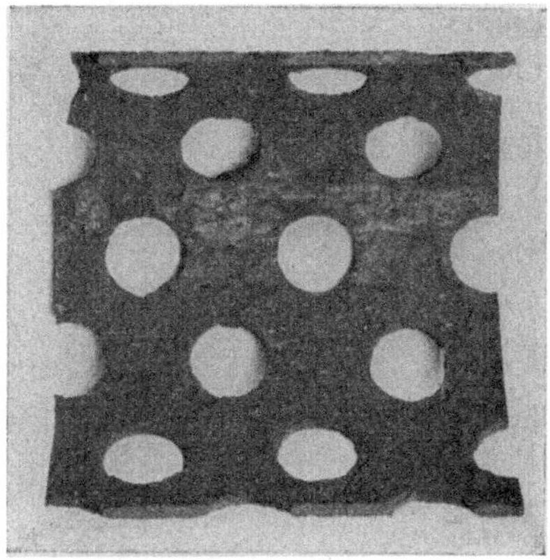

1. Ursprüngliche Beschaffenheit.

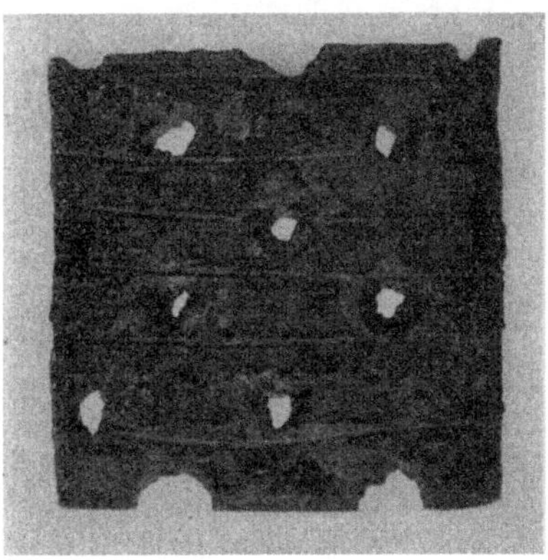

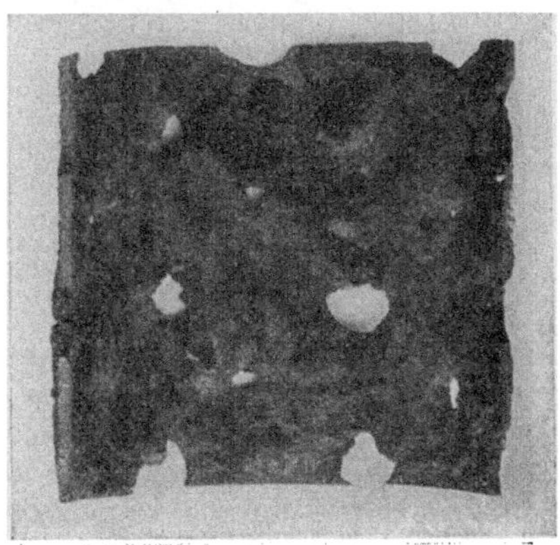

2. äußerer Mantel. Verstopfter Zustand: 3. innerer Mantel

Abb. 310. Durch Eisenockeransatz undurchlässig gewordener Filterkorb.

artiger galvanischer Ströme. Es ist daher von Vorteil, Filterkörbe, die aus verschiedenen Metallen bestehen, nach der in Abb. 223 gegebenen Bauweise mit Hilfe von Nieten und Schrauben zusammenzusetzen.

Die Lebensdauer der Fassungsanlagen hängt indessen nicht allein von den angreifenden Eigenschaften des Wassers und dem Material der Fassungskörper ab, sie wird mitbedingt durch etwaige während des Fassungsbetriebes eintretende Zustandsänderungen im Untergrunde.

Der den Fassungskörper einhüllende natürliche oder künstlich hergestellte Schutzmantel kann entweder auf mechanischem Wege oder infolge chemischer Umsetzung verstopft werden.

Im ersteren Falle wird meist die Verstopfung dadurch hervorgerufen, daß feine Sandteile infolge des durch die Wasserentnahme erzeugten Zuwachses der Grundwassergeschwindigkeit aus ihrer ursprünglichen

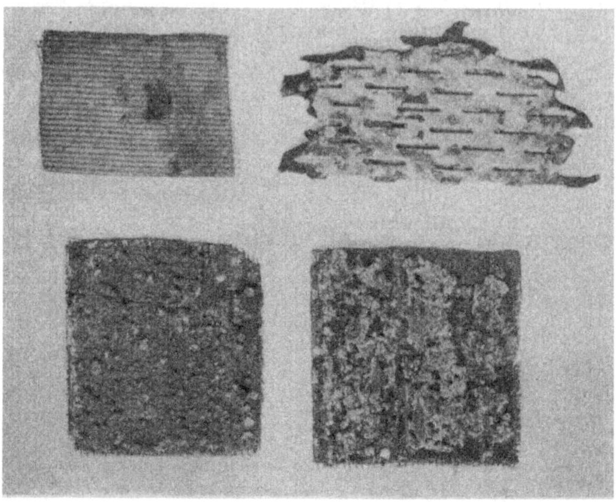

Abb. 311. Verstopfung eines Filters durch Eisen- und Kalkausscheidung.

Gleichgewichtslage gebracht werden. Sie setzen sich, wenn auch langsam, in Bewegung und wandern auf den Fassungsmantel zu. Auf diese Weise findet nach und nach eine Anreicherung der Fassungsumgebung mit feinen Sanden statt. Die Durchlässigkeit der Fassungsumgebung sinkt und mit ihr die Ergiebigkeit.

Im zweiten Falle finden Ausscheidungen von Eisen, kohlensauren und anderen Salzen statt, welche die Maschenöffnungen teilweise oder vollständig zusetzen können.

Vielfach findet ein Zusammenwirken beider Verstopfungsvorgänge in der Weise statt, daß die der Fassung vorgelagerten Sandkörner an den Berührungsflächen durch kohlensauren Kalk und Eisen zu einer festen betonartigen Masse verkittet werden. Die Erfahrung zeigt ferner, daß auch organische Beimengungen, welche zahlreichen Grundwässern eigentümlich sind, das Verstopfen der Filterkörbe in der Weise fördern, daß sie in Gestalt dunkel gefärbter, schleimartiger Überzüge die Wandung der Brunnen umhüllen, wodurch die Durchlässigkeit erheblich oder ganz unterbunden wird.

Beispiele von verstopften, im Laufe der Zeit gänzlich unergiebig gewordenen Filterkörben liefern die Abb. 310 bis 312. In Abb. 310 ist

Abb. 312. Verstopfung eines Filterkorbes durch Bildung eines betonartigen Mantels, bestehend aus Eisen, Kalk und Sand. (Nach 2 Jahren.)

der Teil eines gelochten schmiedeeisernen Filterkorbes dargestellt, der nach etwa 5 Jahren durch im Untergrund ausgeschiedenen Eisenocker vollständig undurchlässig geworden war. Abb. 311 gibt den Tressenbezug eines Filterkorbes wieder, der durch Eisen- und Kalkausscheidungen, die eine feste Kruste bilden, vollständig verstopft wurde. In Abb. 312 ist ein Filterkorb wiedergegeben, der aus einem gelochten Eisenmantel besteht und mit grobem, quadratischem Gewebe bespannt ist. Nach 2 Jahren hatte sich um den Filterkorb ein etwa 20—25 cm starker betonartig aussehender Mantel aus Eisen, Kalk und feinem Sand gebildet, so daß der Brunnen absolut undurchlässig war.

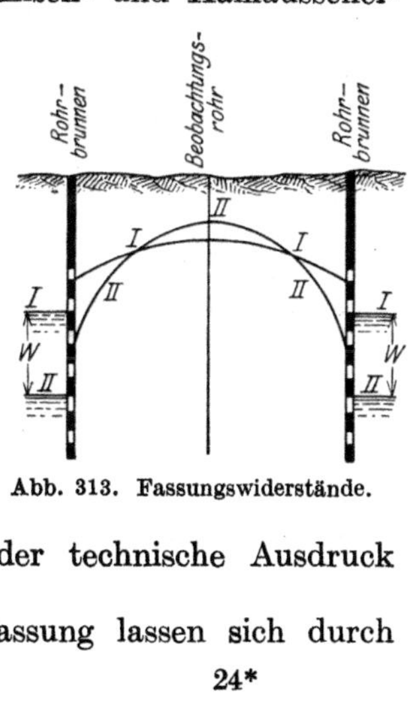

Abb. 313. Fassungswiderstände.

Aus diesen Feststellungen folgt, daß Fassungsanlagen ähnliche Zustandsänderungen zeigen wie künstliche Filteranlagen, die sich mit fortlaufender Beanspruchung verschlämmen und verstopfen oder, wie der technische Ausdruck lautet: „totlaufen“.

Derartige Zustandsänderungen in der Fassung lassen sich durch

Spiegelbeobachtungen genau teststellen, wie Abb. 313 zeigt. Es entspricht der mit I bezeichnete Fassungsspiegel der bei Inbetriebnahme der Fassung festgestellten Lage. Die Spiegellage II gibt den nach Verlauf von einigen Jahern eingetretenen Zustand wieder. Die Absenkung ist in dem späteren Zustande um das Maß W gestiegen. Die dabei zu bemerkende Verschlechterung der Brunnenergiebigkeit ist nicht auf eine Abnahme der Grundwassermenge zurückzuführen, sondern darauf, daß die Umgebung der Brunnen infolge nachträglicher Änderungen im Grundwasserträger undurchlässiger und zugleich der Widerstand des Filterkorbes größer geworden ist.

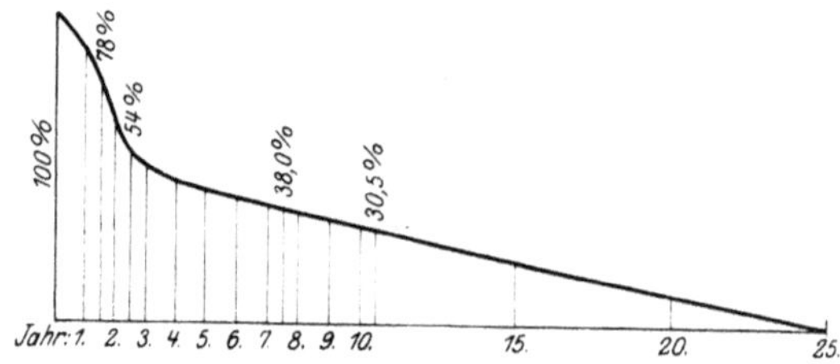

Abb. 314. Schaulinie der Ergiebigkeitsabnahme einer Fassung.

Wie im Laufe des Betriebes die Ergiebigkeit einer Wasserfassung heruntergehen kann, läßt sich in Abb. 314 verfolgen, welche die Ergiebigkeitsabnahme der Wasserfassung der Stadt N. in Abhängigkeit von der Zeit darstellt. Aus der Schaulinie ersieht man, daß die Ergiebigkeit im zweiten Jahre auf 78 v. H., im 8. Jahre auf 38 v. H. und im 11. Jahre auf 30,5 v. H. der ursprünglichen herabgesunken ist. Die Abnahme der Ergiebigkeit erfolgt vom 5. Jahre ab nahezu geradlinig und, wie die Ergiebigkeitslinine lehrt, würde der Ergiebigkeitswert der Fassung, diese sich selbst überlassen, nach Verlauf von etwa 25 Jahren auf Null sinken.

XVIII. Hydrologische Untersuchung unergiebig gewordener Fassungsanlagen.

Die Ergiebigkeitsabnahme von Grundwasserfassungen infolge von Ansätzen und Verstopfungen, die ein Wachsen der Widerstände in den Eintrittsflächen und dem ihnen benachbarten Untergrunde bedingen, ist ein natürlicher Vorgang, der sich schrittweise vollzieht und mit den Jahren ein erhebliches störendes Maß erreichen kann. Der praktisch tätige Hydrologe kommt daher unter Umständen in die Lage, Mittel und Wege angeben zu sollen, mit welchen sich eine unergiebig gewordene Fassung, die in ergiebigem Untergrund steht, wieder in brauchbaren Zustand überführen läßt.

Die hydrologischen Maßnahmen, die dahinzielenden Vorschlägen vorangehen müssen, werden ihrer Tragweite nach in der Praxis nur selten genügend gewürdigt. Deshalb ist auch die Literatur über diesen überaus wichtigen Gegenstand nur spärlich. Soweit dem Verfasser bekannt ist, haben sich nur Huber (374) und A. Thiem (375) mit einschlägigen Untersuchungen dieser Art befaßt.

Notwendig für die zielbewußte Lösung der Aufgabe ist eine Untersuchung der Fassung in ihrem veränderten Zustande, erwünscht die Kenntnis ihrer ursprünglichen Eigenschaften. Allerdings fehlen in der

Regel einwandfreie hydrologische Untersuchungen des Fassungsgeländes und der Fassung überhaupt oder sind nur in beschränktem Maße vorhanden. Auch werden die neu anzustrebenden Beobachtungen und Messungen dadurch erschwert, daß dabei Betriebseinschränkungen und Störungen in der Fassung tunlichst vermieden werden müssen.

Das einzuschlagende Verfahren sei geschildert unter der Annahme, daß es sich um eine aus mehreren Rohrbrunnen zusammengesetzte Fassung handle, die in einem Grundwasserstrom mit gespanntem Spiegel steht, so daß das Ergiebigkeitsgesetz der Rohrbrunnen trotz der herrschenden Eintrittswiderstände annähernd als geradlinig angesehen werden kann. Um dann die jetzt herrschenden Ergiebigkeitszustände jedes einzelnen Brunnens festzustellen, müssen die Brunnenspiegel der Messung zugänglich und die Brunnen absperrbar gemacht werden, so daß jeder für sich abgestellt werden kann, während die übrigen beansprucht bleiben. Wird darauf Vorsorge für einen gleichmäßigen Betrieb getroffen, so wird sich in einer gewissen Zeit in dem zu untersuchenden, außer Betrieb gesetzten Brunnen eine ruhende Spiegellage einstellen. Wir nennen sie die „eingestellte Spiegellage". Sobald die Einstellung erfolgt ist, wird der Brunnen mittels einer Baupumpe zwei- oder dreimal mit verschiedenen Entnahmemengen beansprucht. Mit Hilfe der so erhobenen Ergiebigkeitswerte und der zugehörigen Absenkungsgrößen kann, wie aus Abb. 315 ersichtlich, die Ergiebigkeitslinie des Brunnens dargestellt werden.

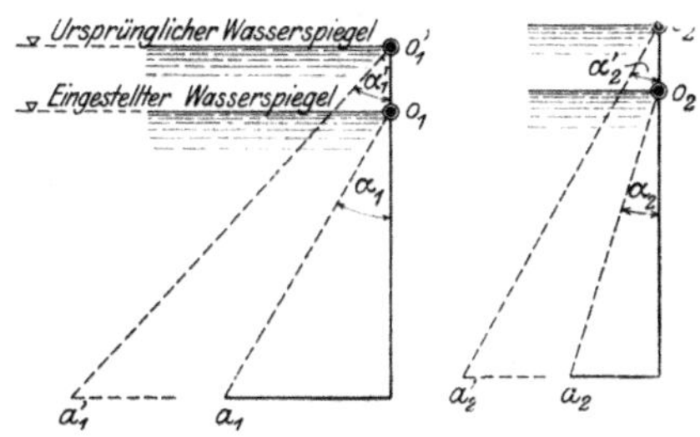

Abb. 315. Brunnenergiebigkeitslinien.

Nachdem dieses Verfahren für alle Brunnen der Reihe nach durchgeführt ist, entsprechen die Linien $o_1 a_1$, $o_2 a_2$ den zur Zeit in den Brunnen herrschenden Ergiebigkeitszuständen. Die $\sphericalangle \alpha$ sind für jeden Brunnen (solange sich im Untergrunde nichts ändert) unveränderlich. Wird die Entnahme verstärkt, so ändert sich nur die Höhenlage des Nullpunktes o, nicht aber der $\sphericalangle \alpha$. Für verschiedene Brunnen erhält man verschiedene $\sphericalangle \alpha$ und ist in der Lage, aus den Größen α abzuleiten, wie sich die Ergiebigkeitswerte der einzelnen Brunnen zueinander verhalten. Sind Untersuchungen aus der Zeit vor der Inbetriebnahme der Fassung vorhanden, so verfügt man auch über die Ergiebigkeitslinien $o_1' a_1'$, $o_2' a_2'$ und die $\sphericalangle \alpha_1'$, α_2', und kann aus einem Vergleich der $\sphericalangle \alpha_1$, α_2' mit den $\sphericalangle_1$, α_2 die Größe des Ergiebigkeitsrückganges für jeden einzelnen Brunnen ermitteln. Aus der Größe des Rückganges kann auch die Reihenfolge des Reinigens, Ziehens und der Erneuerung der Brunnen festgestellt werden.

Die trigonometrischen Tangenten $o_1 a_1$, $o_2 a_2$ geben nur die relativen Anteilswerte, welche je einem einzelnen Brunnen während des Betriebes zukommen, an. Die Linien $o_1 a_1$, $o_2 a_2$ gelten ferner nur für einen bestimmten Beharrungszustand der gesamten Brunnenanlage. Wird dieser gestört, so ändert sich die Lage der eingestellten Spiegel o_1, o_2 und damit auch die Wassermenge, welche ein Brunnen bei einer bestimmten Spiegellage liefert. Hat z. B. ein Brunnen bei isolierter Beanspruchung 1 ltr/sk bei 1 m Absenkung ergeben, und wird der gesamte Brunnenbetrieb so verstärkt, daß der eingestellte Spiegel um 1 m sinkt, so ist dessen Ergiebigkeit nunmehr Null, während sie bei schwächerem Betrieb 1 ltr/sk betrug.

Es ist demnach wohl zu unterscheiden, ob eine Spiegelsenkung veranlaßt wird durch isolierte Brunnenbeanspruchung oder durch Einwirkung der Nebenbrunnen auf ihn.

Mit Hilfe der relativen Anteilswerte und bei Kenntnis der Gesamtergiebigkeit kann man auch die absoluten Anteilswerte eines jeden in der Ergiebigkeit zurückgegangenen Brunnens bei verschiedenen Betriebszuständen ermitteln.

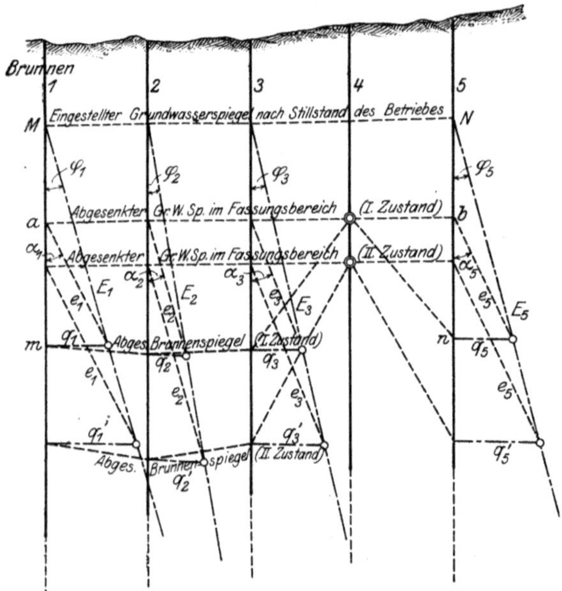

Abb. 316. Graphische Ermittlung der Ergiebigkeit gekuppelter Brunnen.

Man läßt zu diesem Zwecke eine längere Betriebspause eintreten bis zur Einstellung eines gewissen Ruhezustandes in den Brunnenspiegellagen und erhebt dann durch Messung die Linie $M\,N$ der ruhenden Spiegel, wie in Abb. 316 angegeben. Werden darauf sämtliche Brunnen mit Ausnahme eines einzigen in der in Abb. 316 dargestellten Fassung von fünf gekuppelten Brunnen mit einer gleichbleibenden Menge beansprucht, so wird die Linie der Spiegel in die Lage $m\,n$, I. Zustand, übergehen. Sämtliche Brunnen weisen eine Senkung auf, nur der nicht beanspruchte Brunnen 4 hat die eingestellte Spiegellage. Zieht man durch den eingestellten Brunnenspiegel 4 eine zur Linie $M\,N$ oder zum vorhandenen Grundwasserspiegel parallele Linie $a\,b$, so erhält man mit genügender Sicherheit den abgesenkten Grundwasserspiegel im Fassungsbereich für diesen I. Zustand. Jeder Schnittpunkt mit der Brunnenachse gibt also die Lage des eingestellten Spiegels an, der dem I. Zustand entspricht, und von diesem Schnittpunkt aus folgt die Ergiebigkeitslinie der unter dem zugehörigen $\sphericalangle\,\alpha$ geneigten Geraden. Da ferner die Lage des abgesenkten Spiegels bekannt ist, so erhält man durch Errichtung von Senkrechten auf die Brunnenachse die absoluten Ergiebigkeiten q_1, q_2, welche diesen Lagen entsprechen.

Die Summe sämtlicher q muß gleich sein der Ergiebigkeit der Fassung während des Versuches, d. i. der Gesamtergiebigkeit der Fassung abzüglich der Ergiebigkeit von Brunnen 4.

Führt man denselben Versuch mit einer größeren Absenkung durch, so erhält man den II. Zustand und aus diesem die absoluten Ergiebigkeiten q_1', q_2'.

Wenn der Versuch genau durchgeführt ist, und die gemachten Annahmen einigermaßen erfüllt sind, so müssen die den Ergiebigkeiten q und q' zukommenden Ordinatenlängen und die Lage des eingestellten Wasserspiegels auf der Linie M N annähernd eine gerade Linie ergeben, wie in Abb. 316 dargestellt ist.

Die Linien E_1, E_2 stellen den Ergiebigkeitsgang eines jeden einzelnen Brunnens dar, wenn er gemeinschaftlich mit den anderen (mit Ausnahme von Brunnen 4) beansprucht, während die Linien e_1, e_2 die Ergiebigkeitslinien für den Fall sind, wenn jeder Brunnen für sich allein abgepumpt wird.

Durch Variation des Versuches läßt sich sodann auch die Ergiebigkeit von Brunnen 4 ermitteln, wenn man sich nicht damit begnügen will, sie rechnerisch aus dem Zuwachs zu bestimmen, den die Ergiebigkeit der Fassung erfährt, wenn Brunnen 4 wieder angestellt wird, während die Absenkung der übrigen Brunnen derjenigen vom I. bzw. II. Zustand gleichgehalten wird.

Wird, wie bei Grundwasser mit freiem Spiegel sicher zu erwarten ist, das Ergiebigkeitsgesetz nicht durch eine Gerade, sondern durch eine Parabel ausgedrückt, so ändert dies nicht viel an dem vorstehend beschriebenen Untersuchungsgang, macht ihn aber umständlicher.

Das vorstehende Verfahren ist auch geeignet, bei neuen Wasserfassungen die Ergiebigkeiten einzelner Brunnen dann auszuwerten, wenn sie als Brunnenfolge gemeinsam zu einer Fassung gekuppelt sind und beansprucht werden.

XIX. Mittel zur Verlängerung der Lebensdauer von Fassungsanlagen.

Das beste Mittel zur Verlängerung der Lebensdauer von Fassungsanlagen wird stets bleiben: eine richtige, einfache, widerstandsfähige bauliche Anordnung und sachgemäße Behandlung der nachträglich auftretenden Zustandsänderungen.

Hat man es lediglich mit Eisen- und Kalkausscheidungen zu tun, so läßt sich mitunter durch Spülungen mit verdünnter Salzsäure der frühere Zustand der Ergiebigkeit erreichen. Doch ist dieses Mittel nur mit großer Vorsicht zu verwenden. So bildeten sich z. B. in dem Brunnen des Gutes Liebenhof (376) beim Spülen desselben mit Salzsäure so große Kohlensäuremengen, daß sich der Brunnenschacht damit füllte und der Brunnenarbeiter erstickte.

Sandanhäufungen in Brunnen entfernt man leicht durch Ventilbohrer oder Hand- und Zentrifugalpumpen. Gegen Verschlämmung, Ansätze und Sandversetzungen außerhalb der Brunnen wird dagegen mit diesen einfachen Mitteln in der Regel wenig ausgerichtet.

Um Widerstände durch Sandversetzungen zu beseitigen, sind Maßnahmen erforderlich, die den Wasserträger in Bewegung setzen, lockern und durcheinander wirbeln. Hierzu eignet sich am besten der Stoß vom Brunneninnern aus. Stoßwirkungen kann man durch Einführung von Dampf in die Brunnen erzielen. Der Dampf muß allerdings dem Brunnen so zugeführt werden, daß er explosiv wirken kann.

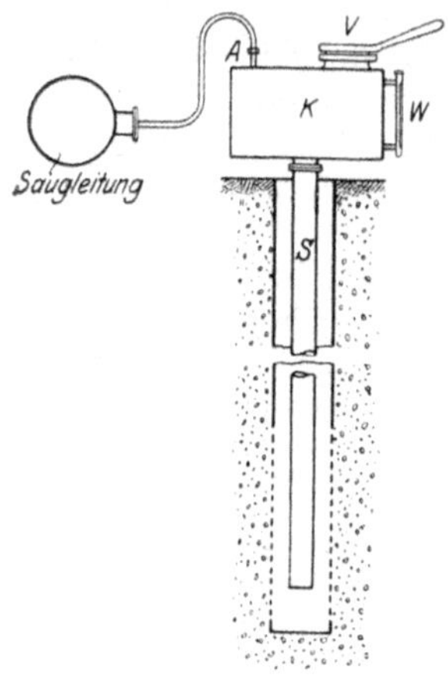

Abb. 317. Stoßvorrichtung zum Entsanden von Brunnen.

Eine durch Stoß wirksame Vorrichtung ist in Abb. 317 dargestellt. Sie besteht aus dem Kasten *K*, der auf das Brunnensaugrohr *S* aufgesetzt wird und mit einer Verschlußklappe *V*, einem Wasserstandsrohr *W* und einem Abgangsstutzen *A* versehen ist. Der Kasten wird mittels eines Schlauches an die Saugleitung der Wasserfassung angeschlossen, der Hahn bei *A* geöffnet und so der Kasten *K* vollgesaugt. Ist der Kasten gefüllt, so wird der Hahn bei *A* geschlossen und die Verschlußklappe plötzlich geöffnet. Es stürzt dann der Gesamtinhalt des Kastens in das Brunneninnere, den gewünschten Stoß auf den Untergrund erzeugend.

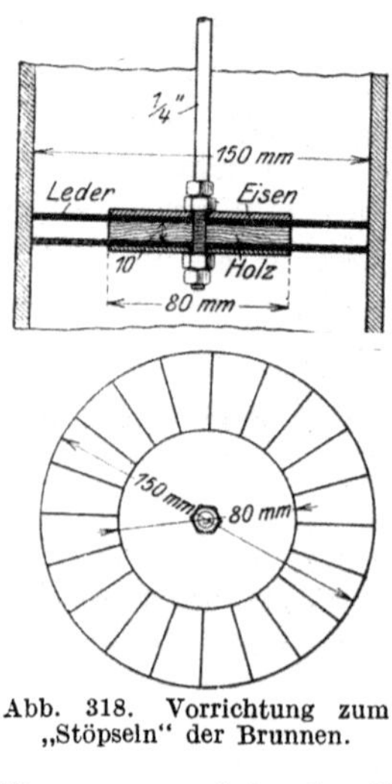

Abb. 318. Vorrichtung zum „Stöpseln" der Brunnen.

Ein anderes einfaches Mittel zur Stoßerzeugung zeigt Abb. 318. Das Verfahren besteht darin, daß man in den Brunnen einen Kolben (mit oder ohne Dichtungsvorrichtung) einführt und durch Auf- und Abwärtsbewegung des Kolbens im Brunnen ein Heben und Senken des Wasserstandes herbeiführt. Es lassen sich auf diese Weise Stöße im Brunnen und in der Umgebung des Brunnens von äußerster Wirkung erzeugen. Das Verfahren bezeichnet man als „Stöpseln der Brunnen".

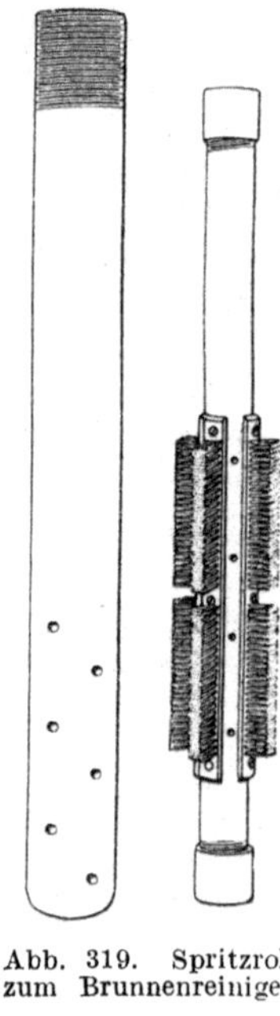
Abb. 319. Spritzrohr zum Brunnenreinigen.

Zur Beseitigung von Ansätzen im Brunneninnern eignet sich ein gelochtes Spritzrohr, durch dessen Öffnungen unter hohem Druck Wasser gegen die Brunnenwandung gespritzt wird. Die Wirkung des Spritzrohres wird wesentlich unterstützt durch besondere Stahlbürsten, die seitlich der Spritzlöcher angeordnet sind. (Abb. 319.) Die Spritzlöcher müssen eng sein. Durch Einziehen von Kopfschrauben in einzelne Spritzlöcher kann man die Spritzwirkung an gewünschten Stellen steigern.

Das Reinigen von Fassungen, die zur Versandung bzw. Verstopfung neigen, sollte regelmäßig erfolgen. Die Zeitabschnitte, in welchen die Reinigung stattfinden muß, richten sich nach den Betriebserfahrungen. So werden z. B. die Brunnen der Ursprungswasserleitung der Stadt Nürnberg (377) jährlich einmal gespült. Die Reinigung nimmt einen Tag in Anspruch. Von den 119 Brunnen des Schwentniger Wasserwerkes der Stadt Breslau wurden im Jahre 1912 98 Brunnen je einmal und 5 Brunnen je zweimal gereinigt und entsandet (378).

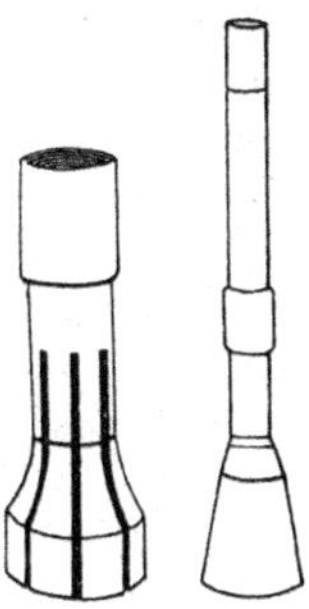

Abb. 320. Federnde Hülse zum Brunnenziehen.

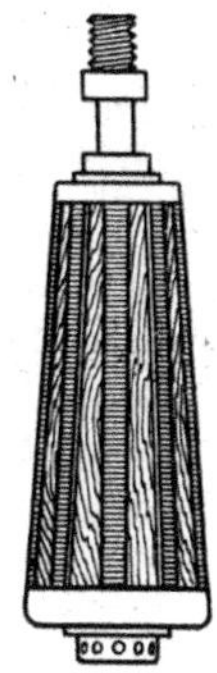

Abb. 321. Fangbirne.

Versagen sämtliche Reinigungsmittel und gelingt es nicht, einen Rohrbrunnen wieder in brauchbaren Ergiebigkeitszustand zu versetzen, so bleibt nichts anderes übrig, als den Brunnen zu ziehen und über Tag zu reinigen oder durch einen anderen zu ersetzen.

Zum Ziehen von Rohrbrunnen kann man eine geschlitzte federnde Hülse verwenden, die durch einen Innenkeil so weit aufgetrieben wird, daß sie sich gegen die Wandungen des Rohrbrunnens festklemmt (Abb. 320).

Eine noch einfachere und zweckmäßigere Vorrichtung zum Ziehen von Rohrbrunnen ist die sog. „Fangbirne" (Abb. 321). Sie besteht aus einem hölzernen Kegel, dessen größte lichte Weite etwa 10 mm kleiner ist als der Durchmesser des Rohrbrunnens und wird an einem durchgehenden Gestänge befestigt. Der Raum zwischen Birne und Brunnenwand wird mit scharfem Sand voll und mit Überhöhung ausgefüllt. Beim Ziehen klemmt sich die Birne so fest, daß es möglich ist, den ganzen Rohrbrunnen zu heben. Diese Ziehvorrichtung hat den Vorteil, daß Verletzungen des Filterkorbes und besonders seines Gewebes, die bei der Verwendung von hakenförmigen Fanggeräten nahezu unausbleiblich sind, kaum vorkommen können.

XX. Künstliche Erzeugung von Grundwasser.

Das meiste Grundwasser ist unstrittig das Ergebnis natürlicher Versickerungsvorgänge, bei denen das Oberflächenwasser den Rohstoff, der natürlich gewachsene Untergrund das Filter und das Grundwasser das veredelte Erzeugnis darstellt.

Der Natur stehen zu diesem Veredelungsvorgang Filterflächen von großer Mächtigkeit und nahezu unbegrenzte Zeiträume zur Verfügung.

Verfolgt man die natürlichen Versickerungsvorgänge, die sich zum Teil nur stoßweise in unregelmäßigen Zeitabschnitten vollziehen, so liegt der Gedanke nahe, sich von den veränderlichen Niederschlagsverhältnissen unabhängig zu machen und die Anreicherung des Untergrundes mit Oberflächenwasser künstlich und regelmäßig zu fördern.

Eine unbeabsichtigte künstliche Grundwassererzeugung erfolgt auf den städtischen Rieselfeldern. Nach Keller (379) beträgt z. B. die Menge des auf den Rieselfeldern der Stadt Berlin versickernden und dem Grundwasser zugute kommenden Wassers etwa 24 Mill. m^3 im Jahr. In welcher Weise durch Rieselfelder der Grundwasserstand bzw. die Grundwassermengen erhöht werden, geht nach Frühling (380) aus Abb. 322 hervor, welche die Grundwasserstände auf dem Charlottenburger Rieselfeld Karolinenhöhe bei Spandau darstellt.

Die Uranfänge künstlicher Grundwassererzeugungsanlagen sind in jenen Fassungen zu suchen, die absichtlich in die Nähe von Flußufern gelegt worden sind und bei denen von vornherein mit einer seitlichen Anreicherung des Untergrundes von den Flußufern aus gerechnet wurde. Die seitliche Infiltration von Fluß- und Seebetten aus versagt indessen, wie die Erfahrung lehrt, oft leicht und schnell, wenn das Oberflächenwasser Verunreinigungen führt, welche die Uferwände verstopfen und undurchlässig machen. Ein lehrreiches Beispiel hierfür ist die alte Wasser-

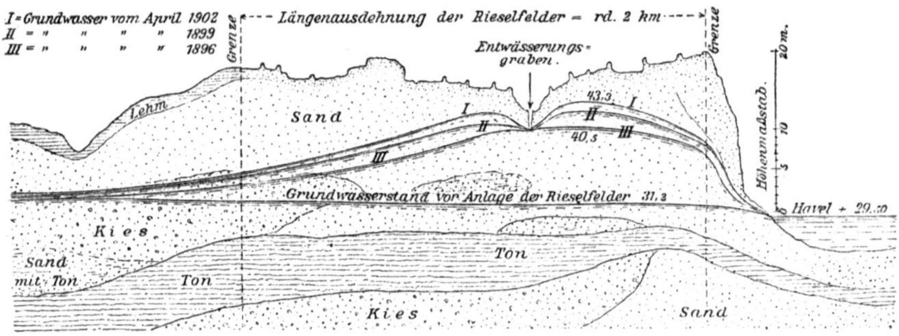

Abb. 322. Erhöhung des Grundwasserstandes auf dem Rieselfeld Karolinenhöhe bei Spandau. (Nach Fruehling.)

fassung der Stadt Toulouse. Man kann nur dort auf eine Erhaltung der Filterwirkung der Fluß- und Seeufer rechnen, wo bei Hochwasser ein Abspülen oder Abscheren der Filterhaut stattfindet.

Es ist das Verdienst von A. Thiem, die Wege angedeutet zu haben, die man einschlagen muß, um bei seitlicher Infiltration Dauererfolg zu haben. Thiem (381) weist nach, daß ein Dauererfolg nur dann zu erwarten ist, wenn das Gefälle zwischen Fluß- und Fassungsspiegel bzw. die Eintrittsgeschwindigkeit des Wassers eine gewisse Grenze nicht überschreitet, da sonst eine allgemeine Verschlammung des Untergrundes eintritt, an der die dauernde Infiltration scheitert. Diese Gefällsgröße hängt von Fall zu Fall von den örtlichen Verhältnissen ab und ist praktisch oft schwer einzuhalten.

Diese Schwierigkeiten der unmittelbaren seitlichen Infiltration von Flußufern aus haben dazu geführt, die Anreicherung des Untergrundes durch besondere Sickeranlagen, bei denen das Flußufer als Zubringer ausgeschaltet ist, zu bewirken.

Derartige Sickeranlagen liegen entweder auf der Erdoberfläche oder unter derselben, und das Wasser muß in der Regel vor der Versickerung gehoben werden. Als Versickerungsanlagen unter der Erdoberfläche kommen wagerechte gelochte Rohre und lotrechte Brunnen in Frage. Die Anreicherung des Untergrundes von der Oberfläche aus kann geschehen entweder durch Berieselung oder mittels besonderer Stauteiche u. dgl.

Bei der Oberflächenberieselung wird das Wasser nur in dünnen Schichten über die Oberfläche verteilt. Die Beschickung kann entweder ununterbrochen oder in regelmäßigen Zeitabschnitten erfolgen. Die stoßweise Beschickung des Untergrundes mit Oberflächenwasser hat den Vorzug, daß die Versickerungsflächen stets zugänglich sind und daß eine ständige Belüftung des Untergrundes stattfindet. Das Verfahren ist einfach und in den Anlagekosten billig. Sein Nachteil ist, daß es im Winter bei Frostbildung zu einer Vereisung der Oberfläche kommen kann, wodurch die Filterflächen undurchlässig werden. Dieser Mißstand wird beseitigt durch Verlegen von besonderen Sickerleitungen in frostfreier Tiefe.

Die natürlichste Verrieselungsanlage sind Rieselwiesen. Ihre Flächen sollen nicht übermäßig angestrengt werden. Die ältesten Rieselwiesen in Deutschland zur künstlichen Erzeugung von Grundwasser besitzt die Stadt Chemnitz (382). Sie sind an den Ufern des Zwönitzflusses angelegt. Besondere Rieselwiesen sind auch unterhalb der Remscheider Talsperre angelegt worden (383).

Ist das Flußwasser unrein, so wird es in Klärteichen vorgereinigt.

Stauteiche, die zur Beschickung des Untergrundes dienen, sind mindestens to tief anzulegen, daß sie nicht ausfrieren können. Eine Wassertiefe von 1—2 m wird hierzu im allgemeinen genügen. Ähnlich wie Stauteiche wirken auch Versickerungsgräben.

Nach Reichle (384) ist es vorteilhaft, wenn der natürlich gewachsene Untergrund der Staubecken aus feinem Sand von etwa 1 mm Korngröße besteht, damit die Verschmutzung nicht tief in den Untergrund eindringt. Wo derartige Sandschichten fehlen, kann man sie auch künstlich anschütten.

Besonders günstig sind natürliche oder künstliche Teiche und Seen von großem Wasserinhalt, da in denselben durch Ablagerung und Tätigkeit des tierischen und pflanzlichen Planktons eine weitgehende Vorreinigung des Wassers stattfindet. Wählt man besondere Staubecken zum Ausgangspunkt künstlicher Grundwassererzeugung, so empfiehlt es sich, zwecks besserer Reinigung dieselben mindestens zweiteilig zu machen, so daß ein Becken zur Reinigungszeit entleert werden kann.

Die reinigende Wirkung des natürlich gewachsenen Bodens ist desto größer, je größer der Abstand ist zwischen Beschickungsfläche und dem Grundwasserspiegel. Die Bodentemperaturschwankungen hören bereits in verhältnismäßig geringer Tiefe auf. (In Berlin z. B. beträgt die jährliche Temperaturschwankung bei 8 m Tiefe nur 1° C und verschwindet bei 20 m gänzlich.)

Die zweckmäßige Entfernung der Fassungsanlage von der Versickerungsstelle hängt von den örtlichen Verhältnissen ab und muß von Fall zu Fall mit Rücksicht auf Wasser- und Untergrundbeschaffenheit durch praktische Versuche ermittelt werden.

Bei Versickerungsanlagen wird man stets dafür sorgen müssen, daß die Beziehungen zwischen Versickerung und Fassung innige sind, damit nicht ein Teil des versickerten Wassers verloren gehe und so Verluste an Hebungs- und sonstigen Kosten entstehen. Beim Betrieb hat man auch darauf zu achten, daß zwischen Versickerung und Abfluß stets Gleichgewicht herrsche. Große Unterschiede in den Spiegeln, welche zu großen Wassergeschwindigkeiten führen können, sind zu vermeiden.

Besondere Verdienste um die systematische Errichtung und Behandlung von Anlagen zur künstlichen Erzeugung von Grundwasser hat sich Richert (55) erworben, der u. a. bei dem Wasserwerk der Stadt Gothen-

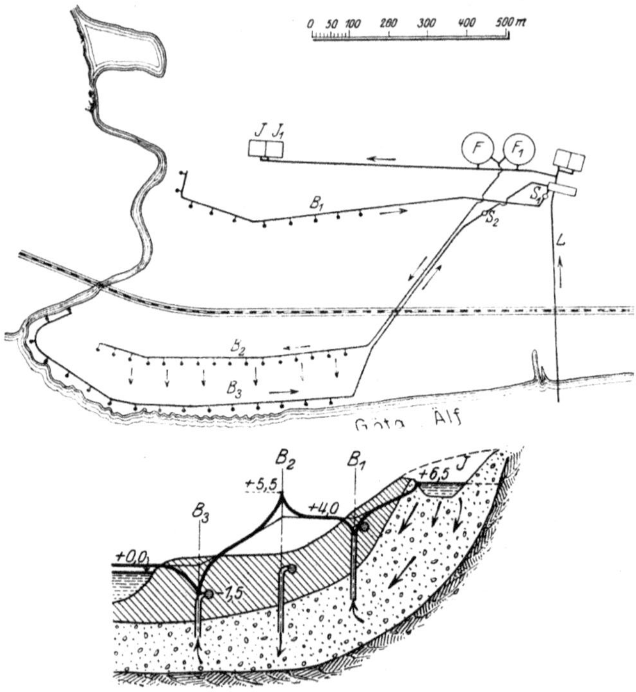

Abb. 323 und 324. Anlage zur Erzeugung von Grundwasser für die Stadt Gothenburg. (Nach Richert.)

burg dargetan hat, daß es möglich ist, durch künstliche Anreicherung durchlässigen Untergrund zu einem dauernd ergiebigen Fassungsgelände zu machen.

Vorversuche an der bestehenden Fassungsanlage hatten ergeben, daß es möglich war, durch Infiltratien von einer benachbarten Sandgrube aus die Ergiebigkeit der artesischen Fassungsbrunnen von 8,6 auf 19,1 ltr/sk zu erhöhen bei einer Spiegelerhebung von 0,7 m. Von der infiltrierten Wassermenge im Betrage von 1360 m³/Tag gingen nur 8 v. H. verloren. Die Filtrationsgeschwindigkeit betrug 20 m in 24 Stunden.

Die auf Grund der Vorversuche von Richert entworfene und gebaute Anlage besteht aus den Versickerungsbecken J und J_1 von zusammen

5600 m² Sandfläche. Die Sohle der Becken besteht aus feinem Sand von 0,5 m Tiefe. Das Flußwasser wird aus dem Götaälf durch die Leitung L nach dem Becken J und J_1 gehoben. Als Fassung dienen 20 Brunnen, die zu der Brunnenreihe B_1 gekuppelt sind. Das versickerte Wasser fließt aus der Fassung mit natürlichem Gefälle dem Sammelbrunnen S_1 zu.

Diese ursprüngliche Anlage lieferte 70 ltr/sk Wasser und ist später durch eine Zusatzanlage auf 100 ltr/sk Leistung erweitert worden. Die Zusatzanlage besteht aus den Filterbecken F und F_1, den Anreicherungsbrunnen B_2 und der Wasserfassung B_3, aus welcher das Wasser nach dem Sammelbrunnen S_2 fließt. Den Grundriß und schematischen Schnitt durch die Anlage zeigen Abb. 323 und Abb. 324.

Besonders bemerkenswerte Versuche über künstliche Erzeugung von Grundwasser hat Scheelhaase (385) in Frankfurt a. M. angestellt.

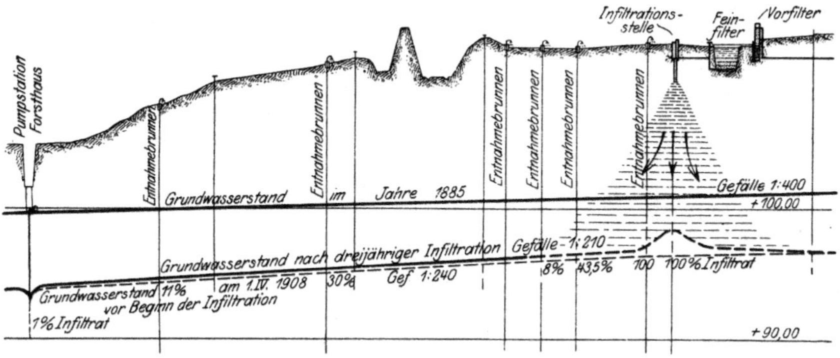

Abb. 325. Anlage zur Erzeugung von Grundwasser der Stadt Frankfurt a. M. (Nach Scheelhaase.)

Das Frankfurter Fassungsgebiet besteht aus 30—40 m mächtigen Sand- und Kiesschichten, deren Einzugsgebiet etwa 90 km² groß und nach unten durch undurchlässige Schichten abgeschlossen ist. Im Fassungsbereich herrscht eine Absenkung von etwa 5 m gegen den ursprünglichen Wasserstand.

Die Versickerungsversuche erfolgten im östlichen Teil des Stadtwaldes und bestanden im Einleiten von vorgereinigtem Mainwasser durch die Brunnen in solcher Tiefe, daß eine Wasserverunreinigung des vorgereinigten Wassers von der Oberfläche aus ausgeschlossen war, jedoch in solcher Weise, daß der über dem Grundwasser liegende Bodenkörper zur Belüftung des Wassers und Mineralisierung der organischen Stoffe ausgenützt werden konnte. Das Mainwasser wurde zunächst einem rückspülbaren Vorfilter (Abb. 325) zugeführt, trat dann auf das Feinfilter, um hier mit einer Geschwindigkeit von höchstens 3 m in 24 Stunden filtriert zu werden. Von hier floß es der 3 m tiefen, aus Kies und Dräns gebildeten zweiarmigen Infiltrationsstelle zu, deren Hälften abwechselnd in Tätigkeit waren, so daß die Beaufschlagung des Untergrundes nicht stetig, sondern abschnittweise geschah. Das versickerte Wasser hatte in fein verteiltem Zustand eine 13—14 m hohe feinkörnige Schicht zu durchsinken. Dann vereinigte es sich mit dem natürlichen Grundwasser und floß der Fassungsanlage Forsthaus zu.

Die praktischen Ergebnisse der Versuche waren folgende:

1. Eine wesentliche Veränderung der chemischen Eigenschaften des Mainwassers durch das Vorfilter fand nicht statt. Zur Vorbehandlung des Rohwassers genügte das Grobfilter allein.

2. Durch die Infiltration wurde das Wasser bakteriologisch bereits nach 20 m Weglänge (in 45 Tagen) dem Grundwasser gleich (Abb. 326).

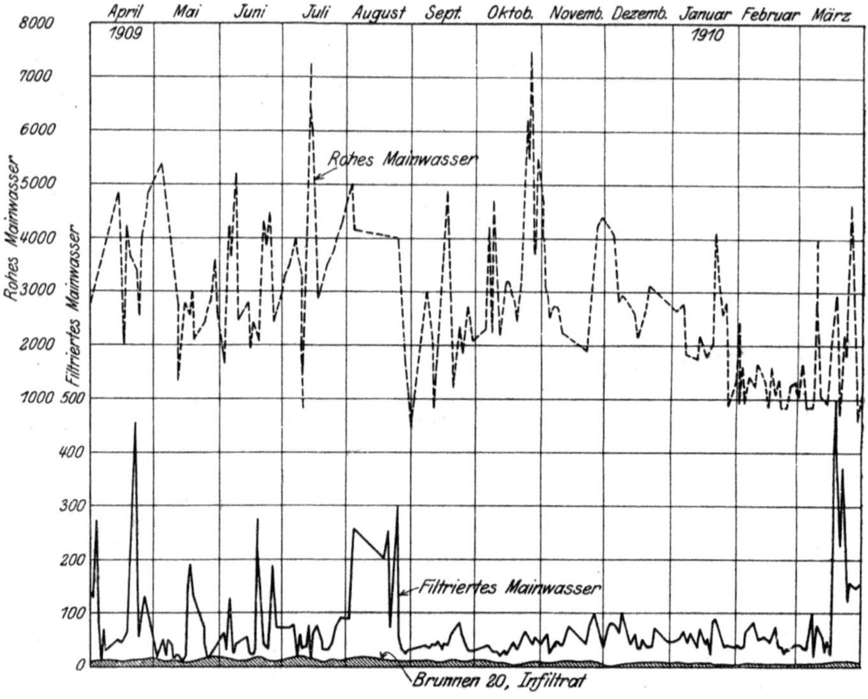

Abb. 326. Schaulinien der Keimzahlen, beobachtet in der Grundwassererzeugungsanlage der Stadt Frankfurt a. M. (Nach Scheelhaase.)

3. Die Temperatur des Infiltrats wurde in einer Entfernung von 75 m (nach 140 Tagen) als der des natürlichen Grundwassers gleichgefunden (Abb. 327).

4. Der Geruch und Geschmack des Infiltrats war bei 100 m (nach 190 Tagen) so gut wie verschwunden.

5. Die Verluste, die durch die Infiltration entstehen, konnten nach 3jähriger Betriebszeit nicht genau ermittelt werden.

6. Das Infiltrat schritt im Untergrund mit etwa 0,5 m Tagesgeschwindigkeit fort.

Als Gesamtergebnis ist festzustellen, daß bereits auf 100 m Entfernung von der Versickerungsstelle, welche das Wasser in 190 Tagen zurücklegt, das Mainwasser, welches den am meisten verunreinigten

Flußwässern Deutschlands zuzuzählen ist, zu einem dem Grundwasser nahezu gleichwertigen Wasser veredelt werden konnte.

Die Vorteile der künstlichen Grundwassererzeugung sind groß, und es ist anzunehmen, daß dieses Verfahren in der zukünftigen Wasserversorgung der Städte eine bedeutende Rolle spielen wird.

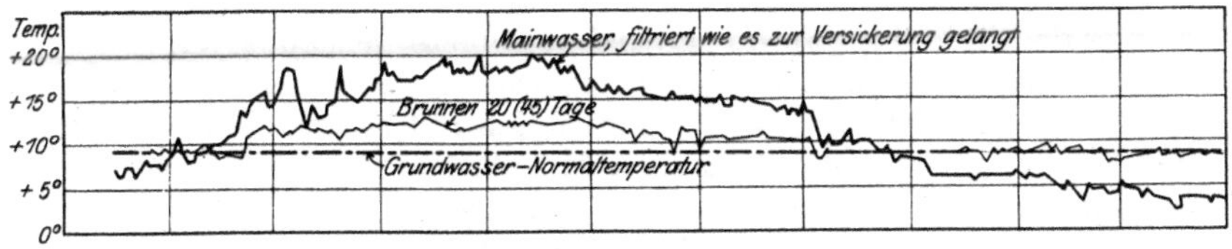

Abb. 327. Schaulinien der Temperatur, beobachtet in der Grundwassererzeugungsanlage der Stadt Frankfurt a. M. (Nach Scheelhaase.)

Kurz zusammengefaßt, bestehen diese Vorteile darin, daß man bei einer künstlichen Grundwassererzeugungsanlage

1. von den schwankenden Niederschlagsverhältnissen unabhängig ist,
2. in vielen Fällen Erweiterungen von Fassungsanlagen wird sparen können,
3. Schäden, die sich aus großen Spiegelsenkungen ergeben, mildern bzw. ganz aufheben kann.

Man braucht, wenn die örtlichen Verhältnisse es zulassen, nur den abgesenkten Grundwasserspiegel durch Versickerung zu heben und erreicht auf diese Weise eine erhöhte Ergiebigkeit der Fassung. Dieser Vorteil ist namentlich dort von großer wirtschaftlicher Tragweite, wo neue Wassergewinnungsstellen nur schwer zu haben sind oder wo solche in immer größerer Entfernung gesucht werden müssen.

Eine erwähnenswerte Abhandlung über „Künstliches Grundwasser" hat Schwarz (386) geliefert

XXI. Schutz der Fassungsanlagen.

1. Allgemeines.

Der Schutz von Fassungsanlagen ist nur dann vollkommen, wenn er sich sowohl auf die Wassermenge als auch auf die Wasserbeschaffenheit erstreckt.

Im allgemeinen läßt sich sagen, daß mit der Zunahme der Mächtigkeit des Wasserträgers, dem Abstand des Wasserspiegels von der Flur und der Stärke einer schützenden Decke der Schutz des Wassers wächst. Seicht liegende unterirdische Wässer unterliegen störender Beeinflussung mehr als tiefgründige.

2. Schutz der Wassermenge.

Die Menge des einer Fassung zufließenden Wassers kann eine Minderung erleiden durch natürliche oder künstliche Änderungen bzw. Eingriffe in das Speisegebiet der Fassung.

Zu den natürlichen Eingriffen gehören: Änderungen der klimatischen und Niederschlagsverhältnisse, Veränderungen an der Erdoberfläche und im Untergrund durch natürliche Abtragung, Schichtenstörung u. dgl. Als künstliche Eingriffe sind zu bezeichnen: Spiegelsenkungen durch Wasserentnahme, Verlegung unterirdischer Wasserscheiden, Abgrabungen usw.

Beim Grundwasser tritt am häufigsten eine Minderung der Wassermenge dadurch ein, daß die Entnahmegebiete benachbarter Fassungen ineinandergreifen und sich daher gegenseitig entwässernd beeinflussen. Es ist dies namentlich in Industriegebieten mit hohem Wasserverbrauch der Fall, wo nicht selten benachbarte Fabrikbetriebe miteinander einen hartnäckigen Kampf um das Wasser führen.

Über einen bemerkenswerten Fall der Ergiebigkeitsabnahme einer Fassungsanlage berichtet Rutsatz (387).

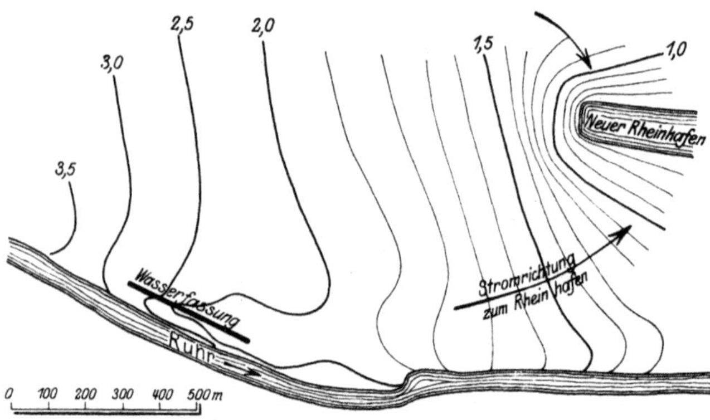

Abb. 328. Beeinflussung der Duisburger Wasserfassung durch den benachbarten Hafen. (Nach Rutsatz.)

Die Duisburger Fassung ließ im Winter 1899/1900 plötzlich so stark nach, daß die früheren Wassermengen, wiewohl die Fassungs- und Betriebsmittel unverändert geblieben waren, nicht mehr gefördert werden konnten. Ursache dieser auffallenden Erscheinung war der neue Duisburger Hafen, der bis auf 1000 m an die Fassung herangeschoben worden war und der, wie die Grundwasserhöhenschichtenlinien in Abb. 328 zeigen, infolge seiner tieferen Spiegellage entwässernd auf den Untergrund wie eine benachbarte Fassung wirkte.

Liegt der Grundwasserspiegel unter Flur, so daß das Wasser künstlich gehoben werden muß, so beschränkt sich mit Rücksicht auf die Hebungskosten die schädigende Entnahme des Nachbarbetriebes meist auf dessen tatsächliche Bedarfsmenge. Steigt dagegen der Wasserspiegel über Flur, ist also das Wasser artesisch, so tritt nicht selten der Fall ein, daß man das mit Überdruck zutage tretende Wasser in voller Überlaufmenge abfließen läßt, wodurch nicht allein eine nutzlos gesteigerte schädliche Beeinflussung der benachbarten Brunnen, sondern auch eine folgenschwere Entwässerung des Wasserträgers eintritt. Über derartige, die Dauerergiebigkeit des Untergrundes herabsetzende, Anlagen ist auf S. 329 ausführlich berichtet worden.

Aus diesem Grunde sollte man auch bei der Fassung von Grundwasserquellen, die hoch liegen und infolge ihrer natürlichen Abflußfähigkeit besonders wertvoll sind, stets Vorrichtungen schaffen, die eine Wasserentnahme nur so weit gestatten, als zur Deckung des natürlichen Verbrauches notwendig ist. Die Tätigkeit der Überläufe ist auf das Notwendigste zu beschränken und, wenn tunlich, die überschüssige Ergiebigkeit in die Hohlräume des Wasserträgers einzustauen.

3. Schutz der Wasserbeschaffenheit.

Eine schädliche Beeinflussung der Wasserbeschaffenheit kann sowohl von oben als auch durch Zuflüsse von der Seite und aus der Tiefe erfolgen. Derartige schädliche Beeinflussungen können chemischer und bakteriologischer Art sein.

4. Beeinflussung des Grundwassers von oben aus.

Verhältnismäßig einwandfrei ist ein Fassungsgelände dann, wenn seine Oberflächen nicht mit Stoffen menschlichen und tierischen Ursprungs gedüngt und der darunterliegende Untergrund nicht von Schmutzwasser u. dgl. durchzogen wird.

Nach den Mitteilungen von Kabrhel (308) hat sich ergeben, daß landwirtschaftliches Düngen keinen hygienisch nachteiligen Einfluß auf das Grundwasser dann ausübt, wenn der Grundwasserspiegel 2—3 m unter Flur liegt, und die deckende Schicht aus durchlässigen Sanden besteht.

Es sei hierzu ergänzend bemerkt, daß beim Düngen die durchschnittliche Dungmenge auf 1 m^2 etwa 3 kg beträgt, wobei aber zu berücksichtigen ist, daß sich die Düngung nicht jedes Jahr, sondern in 2—3jährigen Zeitabschnitten wiederholt. Die Hauptmasse des Dungstickstoffes geht in die Pflanzenkörper über, und nur ein geringfügiger Teilwert gelangt in Gestalt von Salpetersäure in die Tiefe bzw. in das Grundwasser.

Schmutzwasserkanäle, Jauche- und Abortgruben sind vom Fassungsgelände stets fernzuhalten. Es empfiehlt sich stets, bei Abwässern von Betriebsanlagen, welche auf dem Fassungsgelände oder in seiner Nachbarschaft entstehen, besondere Sicherheitsmaßregeln zu ergreifen. Zu ihrer Ansammlung und Fortleitung sollten eiserne Behälter und eiserne oder wenigstens Steinzeugrohre verwendet werden. Auf zuverlässige Dichtung der Rohrleitungen ist besonders zu achten. Gemauerte Behälter und Schächte werden am besten durch eiserne Einlagen ausgekleidet. Mauerwerk ohne Auskleidung ist in der Regel gefährlich, da es rissig und durch die angreifenden Eigenschaften der Abwässer undicht werden kann.

Eine schädliche Beeinflussung von Fassungsanlagen von oben her ist auch durch deckende Schichten, die aus Moor und Torf bestehen, möglich. Wie wir auf S. 361 gesehen haben, kann aus solchen Schichten saueres, eisen- und manganhaltiges Wasser in die Tiefe gelangen und die Fassungsanlage unbrauchbar machen. Man sollte daher mit Rücksicht auf diese Gefahr stets vermoorten und vertorften Niederungen aus dem

Wege gehen. Ist dies nicht möglich, so empfiehlt es sich auf alle Fälle, die schädlichen Ablagerungen abzutragen und durch reinen Sand oder Kies zu ersetzen.

Besonders schwerer Gefahr sind Fassungsanlagen ausgesetzt durch überschwemmende Hochwässer benachbarter Wasserläufe. Abgesehen von Schädigungen des baulichen Zustandes der Fassungsanlagen kann die Wasserbeschaffenheit durch Infiltration von Oberflächenwasser in den Untergrund, außerdem aber auch durch unmittelbaren Zufluß von Flußwasser in die Fassungsanlagen leiden.

Ein solcher unmittelbarer Zufluß tritt oft bei neuen Fassungsanlagen ein, wenn sich nach dem ersten Hochwasser das Erdreich der Rohrgräben setzt und infolgedessen Klüfte im Boden entstehen, welche unfiltriertes Wasser in die Filterkörbe einleiten können. Es ist daher ratsam, die Filtereintrittsflächen mindestens so tief unter Flur zu setzen, daß sie nicht mehr im Bereich von Sackungserscheinungen liegen.

Derartige Erscheinungen sind vorübergehend und werden durch natürliche oder künstliche Zuschlämmung der entstandenen Spalten beseitigt, so daß sie sich bei späteren Hochwässern nur noch gemildert zeigen oder gänzlich verschwinden.

In Abb. 329 ist der Anstieg der Keime infolge des ersten Hochwassers in der neuen Grundwasserfassung der Stadt P . . . zur Darstellung gebracht. Man sieht den ersten Anstieg der Keime, der beim nächsten Hochwasser nicht wieder aufgetreten ist.

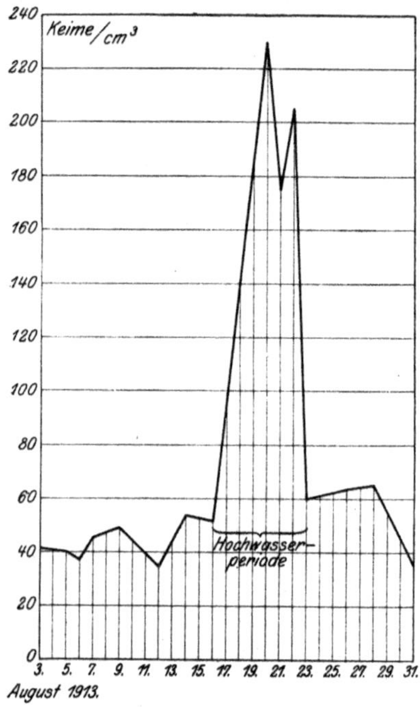

Abb. 329. Schaulinie des Anstiegs der Keime bei Hochwasser in der neuen Fassung der Stadt P.

Die weitaus häufigsten Hochwassererscheinungen sind mittelbarer Art und bestehen darin, daß das Grundwasser durch das Hochwasser zurückgestaut und durch Infiltration von der Seite oder Oberfläche aus in physikalischer, chemischer oder bakteriologischer Weise beeinflußt wird.

In physikalischer Hinsicht kann die Temperatur des Grundwassers geändert werden und eine Trübung desselben durch feinen Sand oder Tonbeimengungen eintreten. Diese Trübungen können hervorgerufen werden durch die erhöhte Grundwassergeschwindigkeit im Untergrunde, welche feine Bodenteile nach den Fassungskörpern in Bewegung setzt. Derartige Trübungen treten z. B. nach den Mitteilungen von Kruse (388) beim Saloppewasserwerk der Stadt Dresden ein.

Die chemischen Hochwasser-Folgen bestehen in der Regel aus Veränderungen der Härte, der organischen Substanz und namentlich einer Zunahme der Eisen- und Mangansalze. Näheres darüber enthält S. 361.

Eine gewöhnliche Hochwassererscheinung ist die Zunahme der Bakterien. Nach Kruse ist anzunehmen, daß Bakterien durch Ausschwemmung in die Brunnen gelangen, wobei die Vermehrung der Keime in dem trockengelegten Absenkungsgebiete und die herabgesetzte Filterwirkung des nur mit Luft gefüllten Bodens eine Hauptrolle spielt. Es handelt sich hier in erster Linie also um Bodenbakterien, und daraus erklärt sich die verhältnismäßig geringe Schädlichkeit der Keimvermehrungen durch Hochwasser, die in der Mehrzahl der Fälle festgestellt worden ist.

Doch kommt es bei grobkörnigen Grundwasserträgern (wie z. B. an der Ruhr) vor, daß auch zahlreiche Bakterien aus dem Flusse in den Untergrund eingeschwemmt werden. In solchen Fällen spielt die Durchlässigkeit des Untergrundes und die Infiltrationsgeschwindigkeit eine ausschlaggebende Rolle.

5. Seitliche Beeinflussung der Fassungen durch benachbartes Oberflächenwasser.

In der Nachbarschaft von Flüssen und Seen findet in der Regel eine seitliche Beeinflussung der Fassungsanlagen und Anreicherung des Untergrundes mit infiltriertem Oberflächenwasser statt, vorausgesetzt, daß das Fluß- oder Seebett durchlässig ist.

In gewöhnlichem Zustand speist das Grundwasser die oberirdischen Wasserläufe; sobald jedoch Hochwasser oder bei Mittel- und Niedrigwasser in der Fassung eine so große Absenkung eintritt, daß das Entnahmegebiet der Fassung in das Oberflächenwasser einschneidet, tritt Oberflächenwasser rückläufig in den Untergrund. Das Maß einer derartigen Infiltration hängt von der Durchlässigkeit des Fluß- oder Seebettes, sowie der Größe des Unterschiedes zwischen Fluß- und Fassungsspiegel ab. Je größer dieses Maß ist, desto größer ist die infiltrierte Flußwassermenge. Man bezeichnet das zwischen einem Oberflächenwasser und einer in seiner Ufernähe befindlichen Fassungsanlage sich bewegende Infiltrationswasser als Ufergrundwasser. Da Oberflächenwasser und Fassungsspiegel schwanken, so ist die Infiltrationsmenge veränderlich. Sie wird Null, wenn Fluß- und Fassungsspiegel in der Wage liegen und erreicht den Höchstwert, wenn im Fluß Hochwasser und in der Fassung die größte Absenkung eingetreten ist.

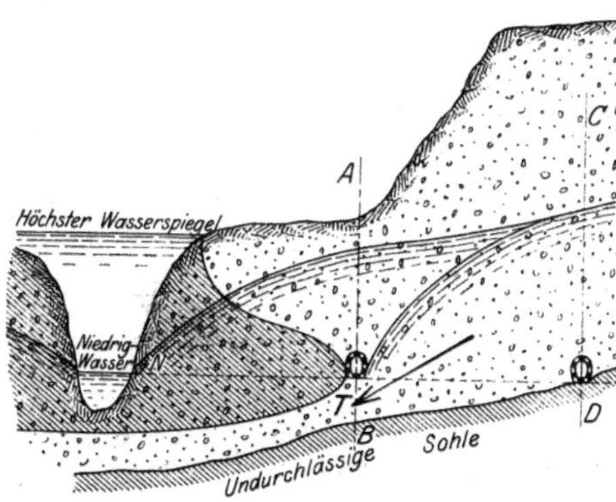

Abb. 330. Fassung in der Nähe eines Flusses.

Liegt eine Wasserfassung in unmittelbarer Nähe eines Flusses, so ist es so gut wie ausgeschlossen, Fluß- und Fassungsspiegel auf eine gemeinschaftliche Horizontale zu bringen, da, abgesehen von den sich hier am stärksten äußernden Flußspiegelschwankungen schon aus rein technischen Gründen der Fassungskörper unter den Niedrigwasserspiegel des Flusses gelegt werden muß. Rückt man mit der Fassung vom Flusse ab, so erreicht man endlich eine Lage *A B* (Abb. 330), welche die Grenze darstellt, bis zu der sich die Wirkung des Flußhochwassers fühlbar macht. Ein im Schnitt *A B* auf der Niedrigwasserwagerechten N_1 angelegter

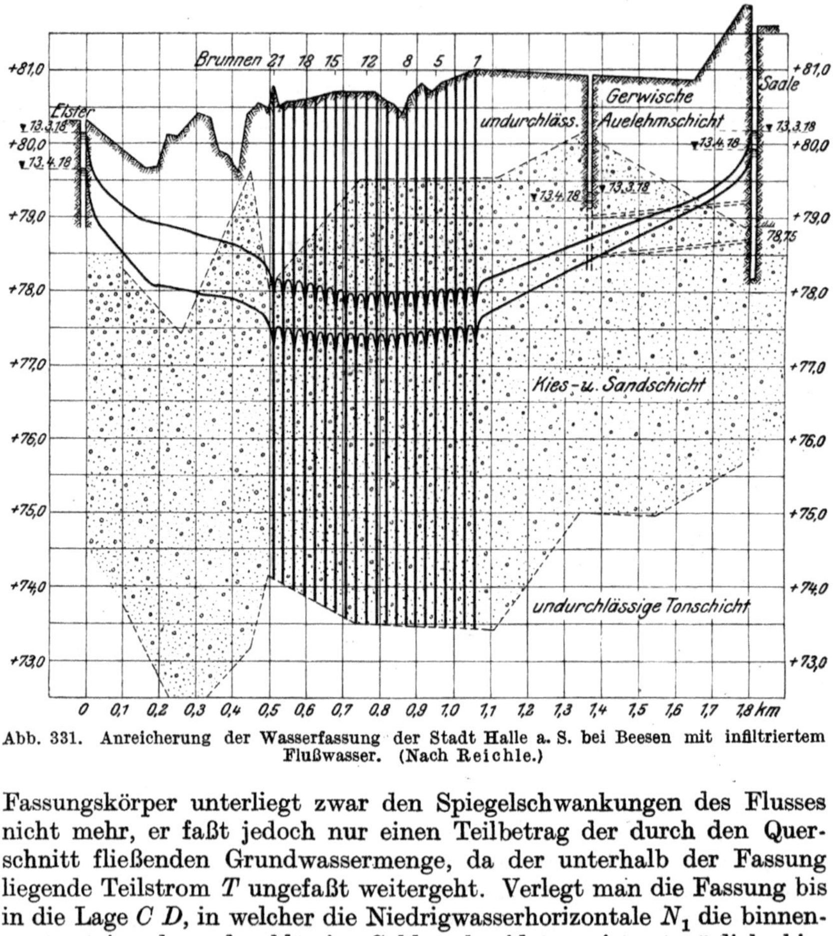

Abb. 331. Anreicherung der Wasserfassung der Stadt Halle a. S. bei Beesen mit infiltriertem Flußwasser. (Nach Reichle.)

Fassungskörper unterliegt zwar den Spiegelschwankungen des Flusses nicht mehr, er faßt jedoch nur einen Teilbetrag der durch den Querschnitt fließenden Grundwassermenge, da der unterhalb der Fassung liegende Teilstrom *T* ungefaßt weitergeht. Verlegt man die Fassung bis in die Lage *C D*, in welcher die Niedrigwasserhorizontale N_1 die binnenwärts steigende undurchlässige Sohle schneidet, so ist es möglich, hier den gesamten Grundwasserstrom zu fassen. Eine Beeinflussung durch Flußhochwasser ist hier ebenfalls ausgeschlossen.

Vorstehende Betrachtung bestätigt den alten Erfahrungssatz, daß es zwecks Gewinnung von reinem Grundwasser, welches von Flußinfiltrationen unbeeinflußt bleiben soll, das zweckmäßigste ist, mit dem

Fassungskörper so weit als möglich vom Fluß abzurücken. In der Praxis läßt sich indessen dieser Anforderung nur in den seltensten Fällen genügen, da es oft technisch und wirtschaftlich unmöglich ist, sich genügend weit vom Fluß zu entfernen.

Und so finden wir denn in der Praxis, daß viele Fassungsanlagen in großer Höhe von Oberflächenwässern angelegt werden müssen. Namentlich dann, wenn die Talsohlen keine Breiteentwicklung haben oder wenn das Fassungsgelände von zahlreichen Wasserläufen durchzogen wird.

Ein geradezu klassisches Beispiel für die Anreicherung des Untergrundes mit infiltriertem Flußwasser und die Entstehung von

Ufergrundwasser

bildet die Wasserfassung der Stadt Halle a. d. S. bei Beesen. Nach den Ermittlungen von *Reichle* und *Klut* (389) wird die Fassung auf drei Seiten von der Elster und Saale eingeschlossen. Wie aus Abb. 331 ersichtlich, fließt in Folge des großen Unterschiedes zwischen Fassungs- und Oberflächenwasserspiegel der Brunnenanlage Elster- und Saalewasser zu. Bei einer täglichen Fördermenge von 25 000 m^3 ergeben sich auf Grund rechnerischer Betrachtungen rund 21 000 m^3 Ufergrundwasser, die nur aus den benachbarten Flußläufen stammen können.

Für ein auf dem Wege der Uferfiltration entstehendes Grundwasser sind nach *Reichle* und *Klut* folgende Anzeichen besonders charakteristisch im Vergleich zu „echtem" Grundwasser ohne jede Oberflächenwasserzumischung:

Uferfiltriertes Grundwasser:	Echtes Grundwasser:
1. Der Grundwasserspiegel fällt vom Fluß weg ständig nach dem Brunnen ab.	1. Der Grundwasserspiegel fällt zum Fluß.
2. Er steigt und fällt mit dem Flußwasserspiegel mehrmals jährlich.	2. Er schwankt wenig und zeigt während eines Jahres nur *einen* höchsten und tiefsten Stand mit allmählichem Übergang.
3. Trotz gleichbleibender Entnahme wechselt die Absenkung in den Brunnen; sie ist am größten, wenn die Flußsohle nach langem Niederwasser am stärksten verschlammt ist, am kleinsten bei Hochwasser, durch welches die Verschlammung fortgeführt wird.	3. Das Maß an Absenkung ist praktisch gleichbleibend.
4. Die höchste und niederste Temperatur des uferfiltrierten Grundwassers im Jahre liegen je nach dem Aufenthalte des Wassers im Boden um mehr oder weniger, jedenfalls *eine Reihe von Graden* auseinander.	4. Die Temperatur schwankt nicht oder nur sehr wenig (1—2° C).

5. Je nach der Entfernung einzelner Brunnen vom Oberflächenwasser ist zur selben Zeit die Temperatur in dem Wasser der Brunnen verschieden.
6. Die Beschaffenheit des Wassers wechselt mit derjenigen des Flußwassers, allerdings in einem der Aufenthaltsdauer und Vermischung des Wassers im Boden entsprechenden, gemilderten Grade.

5. Die Temperatur ist allen Brunnen die gleiche.
6. Die Zusammensetzung wechselt nicht oder sehr wenig bei allmählichem Übergang.

Einen bemerkenswerten Beleg dafür, in welcher Weise der Ergiebigkeitsgang einer Fassungsanlage vom benachbarten Oberflächenwasser beeinflußt wird, bilden die hydrologischen Wechselbeziehungen zwischen dem Rhein und der Wasserfassung der Stadt Düsseldorf bei Flehe in dem außerordentlich trockenen Jahr 1921 und den beiden Nachbarjahren 1920, 1922. Nach den Mitteilungen von Lang (390) läßt sich in

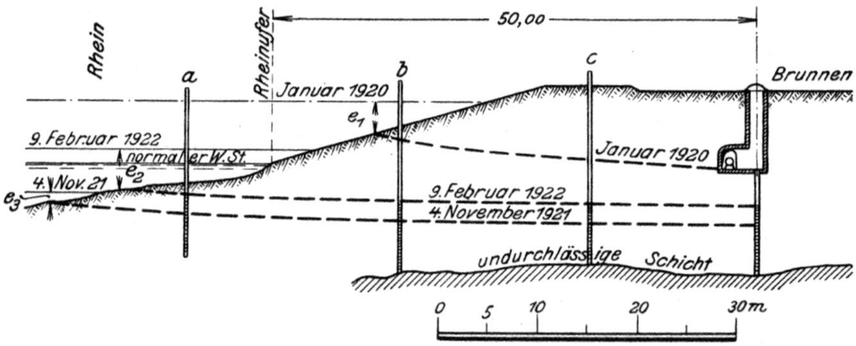

Abb. 332. Hydrologische Wechselbeziehungen zwischen Rhein und Wasserfassung der Stadt Düsseldorf bei Flehe. (Nach A. Lang.)

Abb. 332 deutlich erkennen, wie mit abnehmendem Rheinwasserstand auch der Grundwasserstand abnimmt und im Zusammenhange damit die Eintrittsfläche der Brunnen. Die Absenkungslinien verlaufen konvex nach dem Rhein zu und lassen aus dem Maß der Spiegelunterschiede e_1, e_2, e_3 erkennen, daß die Widerstände am Uferrand größer sind als

Rheinstand am Ortskegel	Ergiebigkeit eines Brunnens in ltr/sk der Brunnengruppe des		Bemerkungen
	Pumpwerks IV 25 m	Pumpwerks V 50 m	
m	vom Rheinufer entfernt		
+ 2,50	21,1 ltr/sk	18,5 ltr/sk	Mittl. Rheinwasserstand
± 0,00	17,7 „	8,5 „	Tiefer „
— 0,38	15,0 „	7,0 „	Tiefster beob. „

nach der Strommitte zu. Das läßt sich dahin deuten, daß die Verschlickung des Strombettes nach der Strommitte, also der Fahrrinne zu, abnimmt. Aus der Zusammenstellung (S. 390) ergibt sich, in welchem Maße die Ergiebigkeit der Brunnen vom Rheinwasserstand und ihrer Entfernung vom Fluß abhängig ist.

Vorstehende Zahlen lehren, daß z. B. bei mittlerem Rheinwasserstand der Ergiebigkeitsunterschied zwischen Brunnengruppe IV und V nur 12,5 v. H., bei tiefem und tiefstem Rheinwasserstand dagegen mehr als 50 v. H. beträgt. Es folgt aus diesen Zahlen, daß es sich unter Umständen mit Rücksicht auf die Erreichung einer höheren Ergiebigkeit bei Niedrigwasser empfehlen kann, mit der Fassung so nahe als möglich an das Flußufer zu gehen. Dies hat allerdings seine Grenzen, da mit dem Näherrücken an den Fluß die Stärke der zwischen Fluß und Fassung liegenden Filtrationsschicht abnimmt und sinngemäß auch die Filterwirkung, sowie der Temperaturausgleich.

In vielen Fällen greift der Einfluß des Flußhochwassers über die Talsohle hinaus. Eine Fassung der gesamten Grundwassermenge, wie dies im Querschnitt *C D* (Abb. 333) gedacht ist, ist nur mit Hilfe des dort angedeuteten wagerechten Stollens möglich. Da nun das Gelände binnenwärts in der Regel steigt, so ergeben sich im Querschnitt *C D* Bautiefen und Bauschwierigkeiten, welche die Herstellungskosten der Fassung in dieser Lage unwirtschaftlich machen.

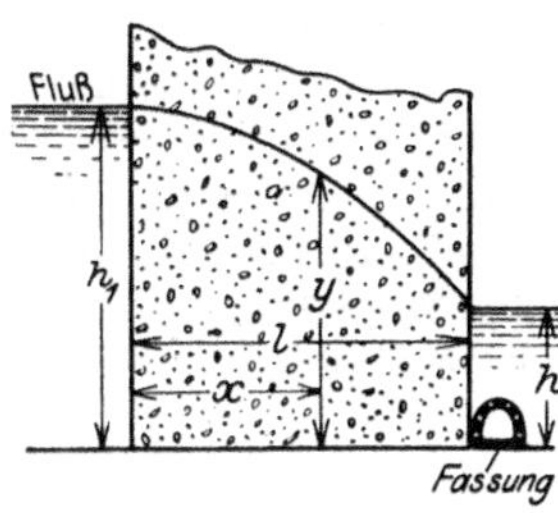

Abb. 333. Wasserbewegung zwischen Fluß und Fassung.

Die hydrologisch zweckmäßigste Lage einer Fassung in Flußnähe wird stets eine Mittellage zwischen Fluß und Ufer sein, die etwa dem Querschnitte *A B* entspricht. Würde man hier aber das Grundwasser mit Hilfe eines wagerechten Stollens fassen wollen, wie dies in Abb. 333 mit Rücksicht auf Ausschaltung der Flußwirkung dargestellt ist, so geht unter allen Umständen die ungefaßte Grundwassermenge T verloren. Eine wirtschaftliche Gewinnung der Menge T ist unter den dargestellten Verhältnissen nur möglich durch eine Brunnenanlage, die dem Grundwasserspiegel unter die Wagerechte N_1 senkt und auf dieses Weise das Wasser zum Eintritt in die Fassung zwingt.

Die Möglichkeit des Flußwassereintrittes in die Brunnen liegt erst dann vor, wenn der untere Scheitelpunkt des Brunnenentnahmegebietes in den Fluß fällt oder in das linksseitige Talgelände wandert, d. h. wenn das Entnahmegebiet der Brunnenanlage den Fluß schneidet.

Steigt der Flußspiegel über den Grundwasserspiegel, so wird das Grundwasser an seinem Eintritt in den Fluß gehindert und im Grundwasserrträger eine Staukurve erzeugt. Der untere Scheitelpunkt wird durch den Stau binnenwärts geschoben, d. h. der Fluß drückt das zwischen ihm und der Fassung liegende Grundwasser in die Brunnen, vergrößert deren Ergiebigkeit und, falls die Entnahme gleich bleibt, wird zugleich der Fassungsspiegel gehoben. Ob das bei diesem Vorgang in den Untergrund getretene Flußwasser die Fassung erreicht, hängt in erster Linie von der Größe des Gefälles zwischen Fluß- und Fassungsspiegel und dem Abstand der Brunnenanlage vom Flusse ab. Je kleiner dieser Abstand ist, desto früher wird Flußwasser in die Fassung eintreten können. Der Eintritt erfolgt erst dann, wenn es zur Ausbildung einer Scheitelung in dem zwischen Fassung und Fluß liegenden Ast der Absenkungskurve nicht mehr kommt.

Sind die Hochwasserzeiten eines Flusses ihrer Dauer nach und die hydrologischen Zustände des benachbarten Untergrundes bekannt, so läßt sich rechnerisch ermitteln, welchen Abstand eine Fassung vom Fluß haben muß, damit bei einer bestimmten Absenkung überhaupt kein Flußwasser oder solches erst nach einer gewissen Zeit in die Fassung gelange.

Bedeutet in obenstehender Abb. 334, freien Spiegel vorausgesetzt, in Sekunden und Metern:

q die Durchflußmenge auf der Länge Eins des Grundwasserträgers, senkrecht zur Bildfläche gemessen,
l die Weglänge des Wassers vom Fuß bis zur Fassung,
t die Zeit für den Durchlauf dieser Länge,
v die Wassergeschwindigkeit in den Hohlräumen,
p den Hohlrauminhalt des Grundwasserträgers,
h und h_1 die Wasserstände im Fluß und in der Fassung,
ε die Einheitsergiebigkeit, d. h. die Wassermenge, die von der Flächeneinheit in der Zeiteinheit bei herrschender Gefällseinheit geliefert wird,
x, y Koordinaten,

so ist einerseits:

$$q = pyv \quad \text{mit} \quad v = \frac{dx}{dt}, \quad \text{also} \quad dt = \frac{p}{q} \cdot y\,d\,x,$$

andererseits nach dem Darcyschen Gesetz:

$$q = -\varepsilon y \frac{dy}{dx}, \; dx = -\frac{\varepsilon}{q} y \cdot dy, \quad \text{oder auch} \quad dt = -\frac{\varepsilon p}{q^2} \cdot y^2 dy,$$

und daraus:

$$t = \frac{\varepsilon p}{q^2} \cdot \frac{h_1^3 - h^3}{3} \quad \text{neben} \quad l = \frac{\varepsilon}{q} \cdot \frac{h_1^2 - h^2}{2}.$$

Die Elimination der Menge q ergibt:

$$l = \frac{h_1^2 - h^2}{2} \cdot \sqrt{\frac{3\varepsilon t}{p \cdot (h_1^3 - h^3)}}. \tag{35}$$

In ähnlicher Weise findet sich für gespannte Spiegel:

$$l = \sqrt{t \cdot \varepsilon \cdot \frac{(h_1 - h)}{p}}. \tag{36}$$

Auf diese Weise hat z. B. A. Thiem anläßlich der hydrologischen Vorarbeiten für die Stadt Prag ermittelt, wie groß die Entfernung zwischen dem Iserfluß und der Wasserfassung sein muß, damit Flußwasser in die Fassung nicht früher als nach Ablauf von 4 Monaten gelange.

Es wurde gefunden $\varepsilon = 0{,}0018$ (im Mittel), und angenommen, daß der Fassungsspiegel während 4 Monaten ununterbrochen um 1 m tiefer liegt als der benachbarte Flußspiegel, und daß der Hohlrauminhalt $= 0{,}3$ sei.

Damit innerhalb von 4 Monaten das Flußwasser die Fassung nicht erreiche, muß der Fassungsabstand vom Flusse sein:

$$l = \sqrt{\frac{4 \cdot 30 \cdot 86400 \cdot 0{,}0018 \cdot 1}{0{,}3}} = 246 \text{ m},$$

also rund 250 m.

Da die Hochwässer und Spiegelanschwellungen der Iser stets nur eine kurze Reihe von Tagen dauern, und das Maß 0,3 für den Hohlrauminhalt der Iserschotter eher zu hoch als zu niedrig iist, so liegt in der berechneten Entfernung eine überschüssige Sicherheit.

Nach anderweitig gemachten Erfahrungen (vgl. S. 265) sind 4 Monate mehr als hinreichend zur Überführung des Iserwassers in einwandfreies Grundwasser.

6. Beeinflussung des Grundwassers aus der Tiefe.

Eine Verschlechterung der Eigenschaften des Grundwassers aus der Tiefe ist nur in chemischer Hinsicht denkbar, und zwar dann, wenn der Grundwasserträger von tieferen Stockwerken unterlagert ist, die stark mineralisiertes Wasser (z. B. kochsalzhaltiges) führen. Es kann in solchen Fällen bei erheblicher Störung des ursprünglichen hydrologischen Gleichgewichts oder bei großen Unterschieden in der hydraulischen Spannung das untere Stockwerk in das obere entwässern oder ein Durchbruch des mineralreichen Wassers in die süßen Schichten stattfinden. Die Folge ist dann ein allmähliches oder plötzliches Versalzen des viele Jahre hindurch vielleicht einwandfrei gewesenen Grundwassers. Versalzungserscheinungen, die aus der Tiefe kommen, sind namentlich bei Dünenfassungen zu befürchten, wenn die Absenkung zu weit getrieben wird. Van Hasselt (391) berichtet über einen solchen Fall aus Amsterdam. Hier wurde durch jahrelange Beobachtungen ein dauerndes Ansteigen der Chloride festgestellt, so daß zwei Dünenfassungen umgebaut werden mußten.

7. Schutzmaßnahmen gegen Verunreinigung der Fassungen.

Die Art der Schutzmaßnahmen, die zur Sicherung von Wasserfassungen gegen Verunreinigung ergriffen werden müssen, hängt von der Richtung ab, aus der die Wasserbeeinflussung zu erwarten ist.

Gegen Verunreinigung des Grundwassers von oben ist das wirksamste Mittel nicht allein eine Fernhaltung von Dungstoffen tierischen Ursprungs von der Oberfläche und Sicherung gegen schädliche Abwässer, sondern auch die Schaffung besonderer Schutzstreifen und Schutzgebiete längs der Fassungen. Die zweckmäßige Breite solcher Schutzgebiete hängt sowohl von der Beschaffenheit der Oberfläche als auch des Untergrundes ab.

Am wenigsten schutzbedürftig sind Fassungsanlagen, deren Untergrund aus weit ausgedehnten Sand- und Kieselablagerungen von hoher filtrierender Wirkung sich zusammensetzt.

Handelt es sich um Fassungsgebiete, deren hydrologische Zustände durch Schürfungen, Bohrungen, Bodenbewegungen, Bergbau usw. gestört werden können, so ist unter allen Umständen notwendig, das Schutzgebiet so zu bemessen, daß durch keinerlei künstliche Eingriffe in den Untergrund der Bezug, die Menge und die Eigenschaften des Grundwassers eine ungünstige Beeinflussung erleiden können.

Wirkungen von unabsehbarer Ausdehnung und Tragweite können namentlich Bergbaubetriebe ausüben, und es ist deshalb besonders notwendig, Wasserfassungen in solchen geologischen Formationen zu schützen, wo Vorbedingungen für die Entstehung und Entwicklung von Bergwerksanlagen vorhanden sind.

Ist das Fassungsgebiet bewaldet, so ist unveränderte Erhaltung des Waldes auf dem Fassungsgelände anzustreben. Der beste Schutz ist es, wenn das Fassungsgelände nebst genügend großen Schutzstreifen, wobei auch auf die Erweiterunsgmöglichkeit der Wassergewinnungsanlagen Rücksicht zu nehmen ist, sich im Besitz des Wasserwerksbetriebs befindet.

Das Hygienische Institut Leipzig hat auf Grund vielfacher Untersuchungen und Messungen über die schädlichen Einflüsse von Wirtschafts- und Wohnstätten auf die Güte des Grundwassers 100 m als hinreichenden Grenzwert der Entfernung ermittelt.

Die Abmessungen verschiedener Fassungsschutzgebiete gehen aus folgender Zusammenstellung hervor:

	Fassung in	Gesamtfläche des Schutzgebietes ha	Mittlere Breite m
Gruppenwasserfassung	Apulien	1765	—
Dresden	Hosterwitz	rund 86	—
Leipzig	Naunhof	250 und 870 angrenzender Staatswald	2300—2600
,,	Canitz	700	—
München	Mangfallgebiet	1300 und 400 für zukünftige Fassungen	—
Nürnberg	Ranna	3340	—
Prag	Káraný	—	15
Wien	Erste Hochquelleitung	4560	—
,,	Zweite ,,	6058	—

Zur Erhöhung des Schutzes werden vielfach ganze Gehöfte und Ortschaften angekauft und nach Grundsätzen der heutigen Gesundheitspflege be- und entwässert. Die bei Ackerwirtschaft mitunter vorgenommene Ausschließung von Naturdung und Ersatz desselben durch künstliche Erzeugnisse läßt sich bei größeren Flächen auf die Dauer nicht durchführen und zwingt naturgemäß zur Aufgabe der Landwirtschaft und Aufforstung der in der Nähe von Fassungen liegenden Landflächen.

Um sich vor Abgrabungen und Störungen durch Bergwerksbetriebe zu schützen, ist es namentlich in Quellgebieten angezeigt, jeglichen Schurf- und Bergbaubetrieb zu hindern. Die Gemeinde Wien (317) hat diesen Schutz nur für die durchlässigen Schichten erwirkt, da sie annimmt, daß für die tieferliegenden wasserundurchlässigen Schichten des Fassungsgebietes Störungen nicht zu erwarten sind. Im Schutzgebiete von Ranna (377) sind durch die Bergbehörde auch solche Aufschlußarbeiten eingestellt worden, welche auf Grund älterer Rechte hätten betrieben werden können.

Den von benachbarten Flußläufen ausgehenden Hochwassergefahren beugt man am besten vor, wenn man die Fassungsanlagen in hochwasserfreien Gebieten anlegt. Ist dies nicht möglich, so sind geeignete Schutzmaßregeln zu ergreifen. Uferbefestigungen, Dämme, Sicherung der Brunnen- bzw. Eintrittsschächte gegen Eisgang, Erhöhung der Schachtmauern über Hochwasserstand, fortlaufende Prüfung der Grundwasserbeschaffenheit usw. sind unerläßlich, wenn man dem Hochwasser wirksam begegnen will.

Sind Brunnenschächte undicht, und erweist sich eine nachträgliche Abdichtung gegen das von oben eindringende Hochwasser als technisch undurchführbar, so ist es ratsam, auf ungehinderten Zugang zu den Brunnenköpfen zu verzichten und den Schacht mit reinem Flußsand, der gut filtrierend wirkt, auszufüllen.

Als weitere Schutzmaßnahmen gegen Hochwassergefahren kommen in Betracht: Belegung des Fassungsgeländes mit Rasen, Ausfüllung des Geländes über Hochwasserspiegel, Anlage von Talsperren, Wehren und sonstigen Bauten, welche die Hochwassergefahr mildern, Ausschaltung überschwemmter Fassungsteile, Herabsetzung der Absenkung während des Hochwassers u. dgl.

Besteht die Gefahr, daß von einem benachbarten Fluß oder See, dessen Wände durchlässig sind, nicht genügend gereinigtes bzw. veredeltes Oberflächenwasser in die Fassung seitlich eindringt, so sollte man stets dafür sorgen, daß der Weg, den das Wasser vom Fluß oder See aus zur Fassung zurücklegt, möglichst lang wird. Stark versalzenem Oberflächenwasser weicht man, wenn sich dies nur halbwegs wirtschaftlich durchführen läßt, am besten aus. Aus diesem Grunde hat man es z. B. nach den Mitteilungen von Bock (392) vorgezogen, die neue Fassungsanlage der Stadt Hannover nicht in den Niederungen der stark versalzten Leine zu bauen, sondern in das günstiger beschaffene, jedoch weiter entfernte Wietzetal zu verlegen.

Ist die lotrechte Entwickelung des Grundwasserträgers mäßig, und gelingt es nicht, die Entfernung der Fassung vom Oberflächenwasser groß zu nehmen, so sind Filtergalerien und Schachtbrunnen mit Wassereintritt auf der Sohle auch aus hygienischen Gründen Brunnen mit durchlässigen Seitenwänden vorzuziehen, da bei wagerechten Fassungsanlagen und Schachtbrunnen, deren Eintrittsfläche sich auf den Boden beschränkt, jedes Wasserteilchen gezwungen wird, die Filterschicht ihrer ganzen Länge nach zu durchlaufen, bevor es Eingang in die Fassung findet.

Die Abstände der Fassungen von Flüssen schwanken bedeutend. So beträgt z. B. der Flußabstand:

In Bochum I	30 m	von der Ruhr
„ Bochum II	32 „	„ „ „
„ Hagen i. W.	30 „	„ „ „
„ Barmen	15 „	„ „ „
„ Mülheim a. Ruhr	20 „	„ „ „
„ Oberhausen	100 „	„ „ „
„ Verden	20 „	„ „ „
„ Essen	77—250 „	„ „ „
„ Köln	100 „	vom Rhein
„ Mülheim a. Rhein	40 „	„ „
„ Düsseldorf	15,7—2,7 „	„ „
„ Elberfeld	13—30 „	„ „
„ Koblenz	45 „	„ „
„ Boppard	15 „	„ „
„ Kassel	42—54 „	von der Fulda
„ Dessau	73 „	„ „ Mulde
„ Ems	25 „	„ „ Lahn
„ Hanau	80—100 „	„ „ vom Main
„ Prag	250 „	„ Elbe und Iser.

Einen bemerkenswerten Schutz gegen das seitliche Eindringen von Flußwasser hat die Stollenfassung längs des Bocq, welche zur Versorgung der Vororte von Brüssel dient. Nach Wallin (393) besteht dieser Schutz aus besonderen unterirdischen Dämmen (Abb. 334). Dort, wo die Entfernung zwischen Fassung und Fluß mindestens 8 m beträgt, ist ein Tondamm angeordnet, etwa 50 cm stark und bis 50 cm unter Flußsohle reichend. In besonders gefährlichen Lagen, und wo die Fassung näher an den Fluß heranrückt, sind zwei gleichartige Dämme hintereinandergeschaltet. Zum Schutz von oben ist noch eine besondere Anschüttung vorgesehen.

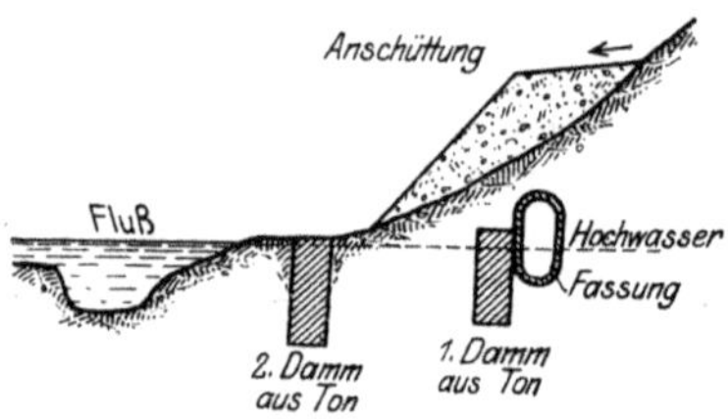

Abb. 334. Unterirdische Schutzdämme der Wasserfassung der Stadt Brüssel (Bocq). (Nach Wallin.)

XXII. Überwachung von Fassungsanlagen.

Vollständig geschützt sind Fassungsanlagen nur dann, wenn der bauliche Zustand und der Betrieb derselben fortlaufend überwacht wird.

Zum Überwachungsdienst gehört vor allem eine regelmäßige Beobachtung der Wasserbeschaffenheit. Dies gilt namentlich für Wasserfassungen, die von benachbartem Oberflächenwasser beherrscht werden. Häufige Untersuchungen, namentlich zu Hochwasserzeiten, geben besten Aufschluß darüber, ob und in welchem Maß eine Verschlechterung des Wassers stattfindet, und nach welcher Richtung hin Abwehrmaßregeln zu ergreifen sind.

In welcher Weise die Anteilswerte des von benachbarten Flüssen und Seen in die Fassung eindringenden Wassers festgestellt werden können, ist auf S. 381 erörtert.

Ein verhältnismäßig einfaches und zuverlässiges Verfahren zur Ermittelung der chemischen Änderungen des Wassers und zur Überwachung von Fassungsanlagen ist das auf S. 233 erwähnte Verfahren der Bestimmung des elektrischen Leitungsvermögens des Wassers. Man kann mit Hilfe dieses Verfahrens, welches von Pleißner, Spitta (256), Weldert und von Karaffa-Korbutt (394) näher beschrieben worden ist, den Trockenrückstand der untersuchten Wässer bis auf etwa ± 2 v.H. ermitteln. Es ist möglich, mit diesem Verfahren Änderungen der Wasserbeschaffenheit infolge von Regen, Zutritt von Wasser aus anderen Quellen, Änderung der Oberflächenbeschaffenheit, künstlicher Eingriffe in den Untergrund usw. ohne besondere Schwierigkeiten festzustellen und auf diese Weise jede bedeutende Veränderung der Zusammensetzung bzw. Verunreinigung des Wassers zu erkennen.

Die Stadt Paris benützt dieses Verfahren nach den Angaben von Diénert (226) zur Überwachung derjenigen Quellen, welche die Stadt mit Wasser versorgen.

Prausnitz (395) stellte durch Messungen an den Brunnen des Wasserwerks der Stadt Graz fest, daß unter dem Einfluß des in den Untergrund eintretenden Murwassers das elektrische Leitungsvermögen des Brunnenwassers in den Grenzen von $1{,}88 \cdot 10^{-4}$ bis $4{,}65 \cdot 10^{-4}$ schwankte.

Die Vorteile dieses Meßverfahrens, welches noch verbesserungsfähig ist, bestehen vor allem in der Einfachheit und Schnelligkeit, mit welcher sich Änderungen der Wasserbeschaffenheit erkennen lassen, so daß es als besonders bequemes Mittel zur Überwachung von Wasserfassungsanlagen bezeichnet werden kann.

Eingehende Vorschriften zur Überwachung von Wasserfassungen enthält die vom Bundesrat im Jahre 1907 empfohlene Anleitung. (Abel) (291).

G. Wasserwirtschaft.

Der Wert unterirdischer Wassergewinnungsanlagen hängt, abgesehen von der Beschaffenheit des Wassers, von der Wassermenge ab, welche der Untergrund unter allen Umständen führt. Dieser Wert ist nur dann ein dauernder, wenn bei unverändert brauchbarer Beschaffenheit zwischen Zufluß und Abgang des Wassers Gleichgewicht herrscht, indem das unterirdische Wasser, gleichviel welchen Ursprungs, sich in mindestens der Wasserentnahme gleicher Menge fortlaufend ergänzt. Da nun die Entstehung des unterirdischen Wassers nach Art und Menge von den örtlichen Verhältnissen des jeweiligen Speisegebietes abhängt, so setzt das hydrologische Gleichgewicht eines bestimmten Grundwasserträgers unveränderliche Verhältnisse seines ober- und unterirdischen Speisegebietes voraus. Eine Änderung des letzteren muß auch eine Veränderung des unterirdischen Wassers nach sich ziehen, sei es mit Bezug auf physikalische, chemische und hygienische Eigenschaften, sei es mit Bezug auf Menge.

Ergebnisse hydrologischer Untersuchungen, seien sie noch so gewissenhaft und erschöpfend durchgeführt, werden durch natürliche und künstliche Zustandsänderungen der Oberfläche und des Untergrundes entwertet und müssen daher durch ergänzende Arbeiten richtiggestellt werden.

Soll das hydrologische Gleichgewicht, auf welches sich seinerzeit die Vorschläge zur dauernden Gewinnung einer bestimmten Grundwassermenge gestützt haben, und auf welche die bauliche Anordnung der Fassung aufgebaut ist, nicht ins Wanken geraten, so müssen sämtliche günstigen Bestimmungsgrößen, die bei der Bildung von unterirdischem Wasser mitwirken, dauernd erhalten und, wenn es angängig ist, sogar verstärkt werden.

Eine Änderung bzw. Störung des hydrologischen Gleichgewichtes erfolgt überall dort, wo eine Änderung des Durchflußquerschnittes vorkommt, sei es infolge von Hebung des Festlandes gegen die Vorflut oder beim Tieferlegen der letzteren.

Landerhebung findet z. B. statt im nördlichen Finland.

Flüsse, die ihr Bett stark vertiefen, weisen sinkende Spiegellagen auf und ziehen demgemäß den natürlichen Grundwasserspiegel ebenfalls in die Tiefe. So sinkt nach den Angaben von Weyrauch (147) der Rheinspiegel oberhalb Breisach jährlich um 0—9 cm. Die gemittelten Spiegelgänge des Rheins bei Mannheim lagen

von	1852—1881	auf	+ 89,64	NN
,,	1882—1891	,,	+ 89,51	,,
,,	1891—1900	,,	+ 88,97	,,
,,	1900—1906	,,	+ 88,74	,,

Die Unterhaltung bzw. Förderung der wasserbildenden Größen des unterirdischen Wasserhaushaltes faßt man unter der Bezeichnung „Wasserwirtschaft“ zusammen.

Eine zweckdienliche Wasserwirtschaft, deren Hauptziel die systematische Unterhaltung bzw. Vermehrung des unterirdischen Wasserreichtums und Verhütung von Wassermangel zur Zeit unterirdischer Trockenheit ist, soll versuchen, unnützen Wasserabfluß zu verhüten und nutzbare Wasseraufspeicherung zu fördern. Der nicht ausgenutzte Überschuß des winterlichen Abflusses ist zurückzuhalten für die Speisung der oberirdischen Wasserläufe und des unterirdischen Wassers. Dies kann sowohl mit natürlichen als auch künstlichen Mitteln erfolgreich betrieben werden.

Als natürliche Hilfsmittel einer guten Wasserwirtschaft können unter anderem gelten: Die Erhaltung mineralischer, filternd wirksamer Bodenbedeckungen, Schonung und Pflege vorhandener Bodenpflanzen und Unterlassung von Düngung mit tierischen Stoffen.

Als künstliche Mittel kommen in Betracht: Einebnung von Spalten und Klüften mit reinem Filtermaterial, Lockerung des Bodens, Ansamung von Gras, Anpflanzung von Unterholz und Wald, künstliche Schaffung von Versickerungsflächen und -gräben, Anlage von Abflußhindernissen, Stauvorrichtungen, Talsperren, Rieselwiesen und Rieselfeldern, sowie die künstliche Erzeugung von unterirdischem Wasser durch Errichtung besonderer Sickeranlagen.

Eine ausführliche, zum Teil mathematisch begründete Abhandlung über Wasserwirtschaft wurde von Ney (396) veröffentlicht.

Vielfach wird indessen die Bedeutung des unterirdischen Wasservorrates deshalb unterschätzt, weil man sich damit begnügt, ihm nur eine Rolle beim Speisen von Quellen und Fassungsanlagen, sowie bei der Ernährung der Pflanzendecke zuzuschreiben.

Wir haben aber auf S. 69 gesehen, daß die Wechselbeziehungen zwischen oberirdischem und unterirdischem Wasser sich auch auf die Speisung von Bächen und Flüssen erstrecken. Die Bedeutung dieser Wasserabgabe liegt weniger in der Menge, als in dem ständigen Zulauf, der dadurch ermöglicht wird, daß die unterirdischen Hohlräume nicht allein großes Fassungsvermögen, sondern auch eine große rückhaltende Aufspeicherungswirkung besitzen. Es gilt dies namentlich von den feinkörnigen Grundwasserträgern, die der Bewegung des Wassers großen Widerstand entgegensetzen, und die deshalb wie ein Schwamm ungeheure Wasservorräte im Untergrund festhalten und langsam den Gerinnen über Tag zufließen lassen.

Diese Rolle des unterirdischen Wassers ist wohl die wichtigste, denn sonst würde ein großer Teil unserer Bäche, Flüsse und Ströme in der niederschlagsarmen Zeit trocken sein.

Die vielfach festgestellte Zunahme der Verwilderung oberirdischer Wasserläufe, die in außergewöhnlichen Hochwässern und darauffolgender ungenügender Wasserführung zum Ausdruck kommt, ist nicht immer die Folge einer Änderung bzw. Minderung der Niederschlagsverhältnisse, sondern darauf zurückzuführen, daß sich der Oberflächenabfluß auf Kosten der unterirdischen Sammelbecken vermehrt hat, so daß die ausgleichende Speisewirkung der letzteren immer mehr und mehr ausgeschaltet wird. Während also auf der einen Seite Hochwassererscheinungen in höherem Maße auftreten, vermindern sich auf der anderen Seite die unterirdischen Zuflüsse zu Zeiten der Trockenheit.

Schuld an diesen beklagenswerten Erscheinungen tragen nicht allein übermäßige Abholzungen im Gebirge, wodurch der Boden seine rückhaltende Decke verliert, sondern auch die Beseitigung von Teichen und sonstigen oberirdischen Wasserbehältern, das Trockenlegen von Mooren und die übermäßige Anlage von Entwässerungsgräben, welche die unterirdische Entwässerung durch gesteigerte Vorflut erleichtern.

Eine gesteigerte Versickerungsmöglichkeit zwecks Erhöhung des unterirdischen Wasserreichtums hat indessen nur dann einen Sinn, wenn tatsächlich genügend große unterirdische Hohlräume vorhanden sind. Ist dies der Fall, so sollte man danach trachten, nach Möglichkeit den nutzbaren Inhalt derselben zu vergrößern.

Auch bei Wasserfassungsanlagen kann der künstlich entwässerte Raum des Wasserträgers mit Vorteil als Aufspeicherungsbehälter dienen. Es lassen sich dann zu Zeiten des größten Bedarfes bedeutendere Wassermengen aus dem Untergrund entnehmen, als seiner laufenden Ergiebigkeit entspricht. Der Untergrund wirkt dann wie ein Ausgleichsbehälter für die jährlichen Tagesschwankungen, und zwar genau so wie ein Hochbehälter, der die Schwankungen zwischen dem höchsten und niedrigsten Stundenverbrauch eines Tages ausgleicht.

Eine ausgleichende Wirkung des Untergrundes ist indessen nur so lange möglich, wie die mittlere Entnahmemenge nicht größer ist als die mittlere natürliche Ergiebigkeit. Es ist daher nicht immer nötig, daß die laufende Ergiebigkeit einer Fassungsanlage imstande ist, den Höchstbedarf zu decken. Wie groß der unterirdische Rauminhalt sein muß, um die benötigten Zusatzmengen aufzuspeichern, muß von Fall zu Fall entschieden werden.

Wird der trockengelegte Untergrund künstlich mit Wasser angereichert, so erhöht dies wesentlich die gewinnbare Wassermenge und Betriebssicherheit der Fassung. Anregungen in dieser Richtung hat u. a. Keller (379) veröffentlicht.

Bei Wasserträgern mit gespanntem Spiegel ist eine derartige ausgleichende Wirkung so lange ausgeschlossen, als der wasserführende Querschnitt unter Spannung steht, da der Querschnitt vollständig mit Wasser gefüllt ist.

Es gibt indessen in der Natur zahlreiche durchlässige Schichten mit tiefliegendem Spiegel, deren Hohlräume im natürlichen Zustand trocken sind und die ein großes Aufspeicherungsvermögen besitzen. Um den Grundwasserstand solcher Schichten zu erhöhen und Grundwasser unterirdisch aufzuspeichern, ist namentlich in Ländern mit langer Trockenzeit und grobdurchlässigen Schichten die Errichtung unterirdischer Sperrmauern in Vorschlag gebracht worden und zur Ausführung gekommen. Eine derartige Anlage besteht im Pacoimatale in Kalifornien, wo sie in einer Länge von 180 m in Abschnitten von 15 m und in Gestalt eines Betondammes errichtet worden ist. Der Damm ist auf eine Tiefe von 30 cm in gewachsenen Felsen eingebaut und hat eine Mauerstärke von 60 cm. Hinter dem Damm sind Sammelrohre verlegt, welche das Wasser in zwei gemauerte Brunnen, die auf der Talseite des Dammes liegen, leiten.

Das Aufspeicherungsvermögen des Untergrundes beschränkt sich aber nicht auf Grundwasserträger allein, es erstreckt sich auch auf klüftiges Gebirge, dessen Hohlräume von der Natur gegebene Behälter darstellen, die zur Zeit meist noch unausgenützt sind und welche zur Hebung des Grundwasservorrates dienen könnten.

Mit Recht betont Sympher (397), daß sich zur unterirdischen Wasseraufspeicherung nicht allein Grundwasserträger eignen, sondern auch diejenigen Gebirgsarten, die von Klüften, Spalten, Höhlen und unterirdischen Hohlgerinnen durchzogen werden. Es sind dies also in erster Linie die verschiedenen Kalk- und Kreidestufen, welche sich durch große Hohlräume besonders auszeichnen.

Die Anlage von Stauwerken in von Hohlräumen durchzogenen Schichten erfordert genaue Kenntnis der unterirdischen Hohlräume, damit Stauwirkungen und Wasserverluste an unzulässigen Stellen vermieden werden.

Sympher führt eine ganze Reihe von Fällen an, wo in klüftigen Gebirgen Deutschlands durch unterirdische Abschlußbauten nicht allein der unterirdische Wasservorrat vermehrt, sondern auch die Wasserführungsverhältnisse der oberirdischen Läufe verbessert werden können.

Derartige Beeinflussungen des Abflusses infolge verzögernder Mitwirkung unterirdischer Hohlräume haben, wie Ballif (398) an praktischen Beispielen aus Bosnien und der Herzegowina zeigt, den Vorteil, die Gefahren und Schäden von Hochwässern überhaupt zu mildern. Das Auftreten der ersten, meist kleineren Hochwasserwelle zeigt sehr oft das baldige Auftreten einer zweiten, meist größeren Hochwasserwelle an, so daß man dann in der Lage ist, beizeiten die erforderlichen Schutzmaßregeln gegen das zu erwartende höchste Hochwasser zu treffen.

H. Umrechnungstafel.

1 geographische Meile	= 7420,43	m
1 Seemeile (Knoten)	= 1855,11	„
1 bayerischer Fuß	= 0,292	„
1 preußischer Fuß	= 0,314	„
1 sächsischer Fuß	= 0,283	„
1 württembergischer Fuß	= 0,286	„
1 österreichischer Fuß	= 0,316	„
1 französischer Fuß (Pariser)	= 0,325	„
1 schwedischer Fuß	= 0,297	„
1 schweizerischer Fuß	= 0,300	„
1 preußische Rute^2	= 0,142	a
1 preußischer Morgen = 180 Ruten^2	= 0,225	ha
1 sächsischer Morgen (Acker) = 300 Ruten^2	= 0,533	„
1 württembergischer Morgen = 384 Ruten^2	= 0,330	„
1 bayerischer Morgen (Tagwerk) = 400 Ruten^2	= 0,341	„

England, Amerika.

1 engl. Meile (London mile) = 5000 engl. Fuß	= 1523,973	m
1 engl. Meile (Statute mile) = 1760 Yards = 5280 Fuß	= 1609,315	„
1 Kilometer	= 0,6214	mile
1 Yard = 3 Fuß zu 12 Zoll	= 0,91438	m
1 Fuß (pied)	= 0,30479	„
1 Zoll (inch)	= 0,02540	„
1 Yard^3	= 0,76451	m^3
1 Fuß^3 (pied^3)	= 28,31533	l
1 Zoll^3 (inch^3)	= 0,01639	„
1 Imperial Gallon	= 4,54358	„
1 United States Gallon	= 3,78531	„
1 Liter	= 0,220093	Imp. Gallon
1 Liter	= 0,264180	U. S. Gallon

Rußland.

1 Werst = 500 Saschén	= 1066,781	m
1 Saschén = 7 Fuß zu 12 Zoll	= 2,13356	„
1 Wedro	= 12,285	l

Literaturverzeichnis.

Selbständige Werke über Hydrologie.

Friedrich, A.: Kulturtechnischer Wasserbau. Berlin 1907.
Handbuch der Ingenieurwissenschaften: Die Wasserversorgung der Städte, III. T., Bd. 3. Leipzig-Berlin 1914.
Höfer v. Heimhalt, H.: Grundwasser und Quellen. Braunschweig 1920.
Keilhack, K.: Lehrbuch der Grundwasser- und Quellenkunde. Berlin 1917.
Lueger - Weyrauch, R.: Die Wasserversorgung der Städte. Der städt. Tiefbau. Bd. II. Stuttgart 1914/16.
Mead, Daniel W.: Hydrology, New York und London, 1919.
Auscher, E. S.: L'art de découvrir les sources. Paris 1905.
Chalon, P. F.: Eaux souterraines. Paris-Liège 1913.
Daubrée, A.: Les eaux souterraines. Paris 1887.
Debauve, A., et Ed. Imbeaux: Distributions d'eau. Paris 1905/06.
Diénert, F.: Hydrologie agricole. Paris 1907.
Grossi, M.: Ricerca delle acque sotterranee. Milano 1912.
Spataro, D.: Igiene delle abitazioni. Milano 1882.
Garcia, G.: El Agua. Barcelona 1905.

Laufende Auskunft über die neueste Literatur enthält:

Wasser und Abwasser, Sammelblatt für Wasservers. und Beseitigung flüssiger und fester Abfallstoffe. Leipzig.

Abkürzungen.

G. Ing.	= Gesundheits-Ingenieur, München.
Jbch. Gk.	= Jahrb. der Gewässerkunde Norddeutschlands, Berlin.
J. Gas.	= Journal f. Gasbeleuchtung u. Wasserversorgung, München, seit dem Jahre 1921.
G. u. Wf.	= Das Gas- u. Wasserfach.
Ktechn.	= Der Kulturtechniker, Breslau.
M. Hkde.	= Mitteilungen für Höhlenkunde, Graz.
M. Whyg.	= Mitteilungen der Landesanstalt für Wasserhygiene, Berlin.
Ö. öff. B.	= Österr. Wochenschr. f. den öffentl. Baudienst, Wien.
W. u. G.	= Wasser u. Gas.
W. S. P.	= Water-Supply and Irrigation Paper, Washington.
Z. d. Ing.	= Zeitschr. des Vereins deutscher Ingenieure, Berlin.
Z. öst. A. I.	= Zeitschr. des österr. Arch.- u. Ing.-Vereins, Wien.
Z. Gkde.	= Zeitschr. f. Gewässerkunde, Leipzig.
Z. Was.	= Zeitschr. (Internationale) für Wasserversorgung, Leipzig.
Zbl. B.	= Zentralblatt der Bauverwaltung, Berlin.

1. Fritzsche, R.: Niederschlag, Abfluß und Verdunstung. Halle a. d. S. 1906.
2. Supan, A.: Grundzüge der phys. Erdkunde. Leipzig 1916.
3. Jefferson, M.: Am. Geogr. Soc. Research Series Nr. 7. 1921.
4. Luedecke: Über die Wasserbewegung im Boden. Ktechn. 1909.
5. Volger, O.: Die wissensch. Lösung der Wasser- insbesondere der Quellfrage. Z. d. Ing. 1877.
6. Henle: Der Einfluß des Waldes a. d. Wasserversorgung. J. Gas. 1914.
7. Soyka, J.: Die Schwankungen des Grundwassers. Wien 1888.
8. König, F.: Die Verteilung des Wassers. Jena 1901.
9. Mezger, Chr.: Die Dampfkraft als Ursache der Grundwasserbildung. G. Ing. 1906.

10. Mezger, Chr.: Über die unterirdischen Dampfströmungen. G. Ing. 1918.
11. Mezger, Chr.: Die Bildung des Grundwassers und die sonstigen hydrologischen Vorgänge. G. Ing. 1922, H. 17 u. f.
12. Haedicke, H.: Die Entstehung des Grundwassers. Bayer. Ind.- u. Gewerbeblatt 1912.
13. Luedecke: Das Verhältnis zwischen Menge des Niederschlages und des Sickerwassers nach engl. Versuchen. Ktechn. 1912.
14. Latham, B.: Quarterly Journal of the Royal meteor. Society, London 1909.
14a. Reichle, E.: Kondensationsanlagen zur Gewinnung von Trinkwasser aus der Luftfeuchtigkeit. W. u. G. 1921.
15. Suess, Ed.: Über heiße Quellen. Vortr. d. Ges. f. Naturf. u. Ärzte 1902.
16. Delkeskamp, L.: Juvenile und vadose Quellen. Balneol. Ztg. 1905.
17. Winkel, Hch.: Städt. Wasserversorgung während der Wasserklemme 1911 und juveniles Wasser. Zeitschr. f. ges. Wasserwirtsch. 1912.
18. Heilmann, A.: Neuzeitliche Wasserversorgung. München-Berlin 1914.
19. Schneider, K.: Beiträge zur Theorie der heißen Quellen. Geol. Rundschau 1913.
20. Brun, A.: Quelques Rech. s. l. vulcanisme. Extr. d. Arch. d. Sc. phys. et nat. 1908, 1909, u. Eclogae geol. Helv. 1906.
21. Stutzer, O.: Juvenile Quellen. Intern. Kongreß Düsseldorf 1910, Abt. IV.
22. Fischer, K.: Niederschlag und Abfluß im Odergebiet. Jbch. Gk., Bes. Mitt. Bd. 3, Nr. 2.
23. Keller, H.: Hochwassererscheinungen in den deutschen Strömen. Jena 1914.
24. Thürnau, K.: Der Zusammenhang der Ruhmequelle mit der Oder und Sieber. Jbch. Gk. Bes. Mitt. Bd. 2, Nr. 6.
25. Stille, H.: Geol.-hydrol. Verhältnisse im Ursprungsgebiet der Paderquellen. Abh. d. preuß. geolog. Landesanst. Berlin 1903.
26. Gravelius, H.: Grundriß der Gewässerkunde. I. Bd.: Flußkunde. Berlin-Leipzig 1914.
27. Neumann, L.: Gerlands Beiträge zur Geophysik 1900.
28. Hann, T.: Einfluß des Waldes auf das Klima. Mitt. der Deutschen Dendrologischen Ges. 1919, Nr. 28.
29. Ney, K. E.: Die Bedeutung des Waldes f. d. Wasserversorgung. Das Wasser 1914.
30. Marchand, M. E.: Einfluß des Waldes des Landes auf die Regenmenge. Meteor. Zeitschr. 1905.
31. Ototzky, P.: Der Einfluß der Wälder auf das Grundwasser. Z. Gkde. Bd. I.
32. Ebermayer, E.: Einfluß der Wälder auf die Bodenfeuchtigkeit. Stuttgart 1900.
33. Ebermayer und O. Hartmann: Untersuchungen über den Einfluß des Waldes auf den Grundwasserstand. Jbch. d. kgl. bayer. hydrotechn. Bureaus 1903.
34. Kruemmel, O.: Handbuch der Ozeanographie. I. Teil. Stuttgart 1907.
35. Dellesse, M.: Recherche sur l'eau. Bull. de la Soc. de géol. de France 1861/62.
36. Halbfass, W.: Über die im Elb- und Oderstromgebiet mutmaßl. vorhandenen Wassermengen. Z. Was. 1916.
37. Hoerbiger, H.: Wirbelstürme, Wasserstürze usw. Kaiserslautern 1914.
38. Hoerbiger, H., u. Ph. Fauth: Glacialkosmogonie. Kaiserslautern 1913. (vgl. auch: Voigt. H.: Eis, ein Weltbaustoff. Veröff. d. allg. Ver. f. deutsche Literatur, Abt. 39, Bd. 2. Berlin 1920).
39. Brueckner, Ed.: Klimaschwankungen seit 1700. Wien 1890.
40. Domaszewsky, A. von: Das Wasser als Quelle der Verwüstung und des Reichtums. Wien 1879.
41. Wang, Fr.: Die Gesetze der Bewegung des Wassers und der Geschiebe. Wien 1899.
42. Collet, L. W.: Le charriage des alluvions. Ann. der schweiz. Landeshydrographie, Bd. 2. Bern 1916.
43. Bonney, T. G.: The Work of Rain and Rivers. Cambridge 1912.
44. Geikie, T.: The Great Ice Age. London 1894.

45. Woldstedt, Paul: Die Durchbrüche von Schtschara und Bug durch den westrussischen Landrücken. Zeitschr. d. Ges. f. Erdkunde zu Berlin. 1920, Nr. 5/7.
46. Penck, A., und Ed. Brueckner: Die Alpen im Eiszeitalter. Leipzig 1909.
47. Thiem, A., Wasserversorgung der Stadt München. Vorprojekt. München 1876.
48. Spataro, D.: Igiene delle Abitazioni, Vol. III. Milano 1892.
49. Milano, Dati Statistici, publ. dall'Ufficio Municipale.
50. Torino, Relazione della Com. per l'esame delle cond. techn. et igien. dell' acquedotto, 1911.
51. Thiem, A.: Die Wasserversorgung der Stadt Leipzig, Vorprojekt. Leipzig-Fulda 1878.
52. Smreker, O.: Vorarb. f. d. Wasserwerk Mannheim. Mannheim 1884.
53. Wright, G. F.: The Ice Age in North-Amerika. New York 1889.
54. Wahnschaffe, F.: Die Oberflächengestaltung des norddeutschen Flachlandes. Stuttgart 1909.
55. Richert, J.: Die Grundwasser. München-Berlin 1911.
56. Behrend, G.: Die bish. Aufschlüsse des märk.-pomm. Tertiärs. Abh. z. geol. Spezialkarte von Preußen. 1886.
57. Keilhack, K.: Ein artes. Grundwasserhorizont in der Berliner Gegend. Z. Was. 1916.
58. Walther, J., Das Gesetz der Wüstenbildung. Berlin 1910.
59. Tornquist, A.: Geologie von Ostpreußen. Berlin 1910.
60. Haas, H.: Begleitworte zum geolog. Profil des Kaiser-Wilhelm-Kanals. Berlin 1898.
61. Steuer, A.: Hydr. Unters. v. Trink- und Grundwasser. Gesundheit 1908.
62. Sokolow, N.: Hydrolog. Unters. im Gouvernement Gerson. Mém. du Com. géol., Vol. XIV. St. Petersburg 1896.
63. Rinne, F.: Gesteinskunde. Leipzig 1914.
64. Kansas: Rapport of the Board of Irrigation Survey and Exp. Topeka 1897.
65. Reuter, L.: Die Wasservers. a. d. quartären Ablagerungen des bayer. Juragebietes. Z. Was. 1916.
66. Tillo, A. von: Petermanns Mitt. 1893.
67. Ramann, E.: Bodenbildung und Bodeneinteilung. Berlin 1918.
68. Brandes, Th.: Schichterfolgen Mitteldeutschlands. Leipzig-Berlin 1913.
69. Hucke, Kurt: Die Sedimentärgeschiebe des nordd. Flachlandes. Leipzig 1917.
70. Roedel, H.: Literaturzusammenstellung über die sedim. Diluvialgeschiebe des mitteleurop. Flachlandes. Frankfurt a. M. 1913.
71. Geinitz, E.: Das Diluvium Deutschlands. Stuttgart 1920.
72. Woodward, H. B.: The Geology of Water Supply. London 1910.
73. Nordenskjöld, A. E. von: Cpt. rend. hebdom. des séances de l'acad. des sciences, Vol. 120.
74. Salomon, W.: Der Wasserhaushalt der Erde. Z. Was. 1917.
75. Pichard: Aplitude des terres à retenir l'eau. Comptes rend. 1883.
76. Luehrig, H.: Verseuchung e. zentr. Grundwasservers. Zeitschr. f. Unters. der Nahrungs- u. Genußmittel 1913.
77. Thumm, K., E. Gross u. R. Kolkwitz: Gutachten betr. die Beschwerden einer Reihe von Kaliwerken. M. Whyg. 1917, H. 23.
78. Stur, D.: Jahrb. der k. k. geol. Reichsanstalt Wien 1883.
79. Howson, L. R.: Artesian Well experience at Baton-Rouge, Louisiana. Eng. News. Recc. Bd. 82, Nr. 24.
80. Mesa y Ramos, J.: Pozos artesianos. Madrid 1909.
81. Rolland, M. G.: Hydrologie du Sahara algérien. Paris 1894.
82. Gradenwitz, A.: Die künstl. Bewässerung von Oberägypten. Prometheus 1911.
83. Knight, W. C.: A preliminary Rep. of the artes. basin of Wioming. Univ. of Wiom. Bull. 1900.
84. Richert, J. G.: The subterranean Waters of Australia. Stockholm 1917.
85. Todd, J. E., und C. M. Hall: Geology and Water Resources of part of South Dakota. Washington 1904. W. S. P. Nr. 90.

86. Thiem, A.: Leipzig und seine Bauten. Leipzig 1892.
87. Thiem, G.: Grundwasserströme bei Leipzig und deren Ausnützung. J. Gas. 1911.
88. Hug, T.: Die Grundwasservorkommnisse der Schweiz. Ann. d. schweiz. Landeshydrographie. Bern 1918.
89. Mendenhall, W. C.: Development of Undergr. Waters. Washington 1905. W. S. P. Nr. 137, 138, 139.
90. Keilhack, K.: Lehrbuch der Grundwasser- und Quellenkunde. Berlin 1917.
91. Hoegboom, A. G.: Handbuch der regionalen Geologie, IV. Bd., 3. Abt. Heidelberg 1913.
92. Mandoul, H.: Les eaux d'alim. de la ville de Toulouse. Paris 1898.
93. Kurtz, E.: Die dil. Flußterrassen am Nordrand von Eifel und Venn. Verh. d. naturwiss. Ver. d. preuß. Rheinlands 1913.
94. Huber, U.: Über das Messen der Quellen. Ö. öff. B. 1917.
95. Bornemann, R.: Hydrometrie. Freiberg i. S. 1849.
96. Bubendey, J. H.: Prakt. Hydraulik. Leipzig 1911.
97. Flamant, A.: Hydraulique. Paris 1909.
98. Ruehlmann, M.: Hydromechanik. Hannover 1880.
99. Weyrauch, R.: Hydraulisches Rechnen. Stuttgart 1912.
100. Gerhardt, P.: Handb. d. Ing.-Wiss. Der Wasserbau. III. Teil, I. Bd. Leipzig 1911.
101. Luedecke: Wassermessung mittels des Überfalls von Cipoletti und mittels dreieckigen Überfalls für kleine Wassermengen. Ktechn. 1917.
102. Engels, H.: Handbuch des Wasserbaues. Leipzig 1914.
103. Rother, M.: Theorie der Einschnittsform von Überfällen. W. u. G. 1921.
104. Bazin, H.: Exp. nouvelles sur l'écoulement en déversoir. Paris 1898.
105. Rehbock, Th.: Der Abfluß von Wasser über Wehre. Zeitschr. d. Verb. d. A.- u. Ing.-V. 1912.
106. Meinzer, O. E., und F. C. Kelton: Geology and Water Resources. Washington 1913. W. S. P. Nr. 320.
107. Budau, A.: Kurzgefaßtes Lehrbuch der Hydraulik. Wien-Leipzig 1913.
108. Lummert, R.: Schreibwerk für Überfälle. G. u. Wf. 1921.
109. Kretschmer, H.: Meßkarte zur Bestimmung der Wassermengen bei Überfallwehren. Z. d. Ing. 1919.
110. Moeller, M.: Grundriß des Wasserbaues. Leipzig 1906.
111. Friedrich, Ad.: Kulturtechn. Wasserbau. Berlin 1907.
112. Müller, R.: Messungen neuer Art von Quell-, Bach- und Grundwassermengen für Wasserläufe mit sehr geringem Gefälle usw. G. Ing. 1920.
113. Fischer, J.: Die mittlere Geschwindigkeit des Wassers in offenen Gerinnen. München 1916.
114. Groeger, O.: Eine neue Geschwindigkeitsformel. Z. öst. A. I. 1913, 1914.
115. Hajós, Hydrologie und Hydrographie in Ungarn. Ö. öff. B. 1914.
116. Fuller, M. L.: Contribution to the hydrology of Eastern U. S. Washington 1905. W. S. P. Nr. 110.
117. Koehne, W.: Grundwasserbeob. der Landesanstalt für Gewässerkunde. Zbl. B. 1918.
118. Thiem, G.: Meßwerkzeug für die Lagebestimmung des Grundwasserspiegels. G.-Ing. 1908.
119. Stocker, L. W.: An electric wellsounding Instrument. Eng. News 1915.
120. Prinz, Artes. Grundwassererscheinungen. J. Gas. 1908.
121. Gennerich, Ed.: Die Flüsse Deutschlands. Z. Gkde. VIII. Bd.
122. Mezger, Chr.: Die Schwankungen der Grundwasserstände in München. G. Ing. 1908.
123. Friedrich, P., Die Beziehungen unseres tieferen artes. Grundwassers zur Ostsee. Mitt. d. geogr. Ges. in Lübeck 1916.
124. Friedrich, P.: Die Grundwasserverhältnisse der Stadt Lübeck. Lübeck 1917.
125. Bohlmann, A.: Die Grundwassersenkung bei dem Schleusenbau zu Brunsbüttelkog. Braunschweig 1913.

126. Geinitz, E.: Die Grundwasserverhältnisse in Mecklenburg. Landw. Ann. 1912.
127. Keilhack, K.: Grundwasserstudien. Zeitschr. f. prakt. Geologie 1913.
128. Voller, A.: Das Grundwasser in Hamburg. Hamburg.
129. Wahl, C.: Das Grundwasserwerk der Stadt Trier. J. Gas. 1918 u. Denkschr. über die Ergänzung des Wasserwerks Trier. 1912.
130. Dumont, G.: Les eaux alim. de la ville de Liège. Liège 1856.
131. Mendenhall, W. C.: Ground Waters and Irrigation. Wash. 1905. W. S. P. Nr. 219.
132. München. Ber. ü. d. Verh. u. Arb. f. Wasserversorgung von M. München 1877.
133. Basel. Festschr. d. naturf. Ges. zu B. Basel 1867.
134. Piefke, C.: Die Bodenfiltration. Berlin 1883.
135. Smreker, O., Bericht über die Wasserversorgung von Mainz. Mainz 1904.
136. Piefke, C.: Beiträge zur Hydrologie der Mark Brandenburg. J. Gas. 1900.
137. Prinz, E.: Unterirdische Wasserscheiden. Z. Was. 1915.
138. Entwässerungsplan für das Gebiet des linken Niederrheins. Verein z. Aufstellung eines Entwässerungsplans usw. Homberg-Niederrhein 1910.
139. Mayer, A.: Vorschläge zu einer rationellen Folge von Siebversuchen. Zeitschrift f. anal. Chemie 1902.
140. Hazen, A.: The filtration of public water supplies. New York 1895.
141. Koehler, E. J.: Über einige phys. Eigenschaften des Sandes. Nürnberg 1906.
142. Thiem, G.: Einfluß des Gefälles, der Korngröße und der Lagerung auf die Wasserdurchlässigkeit der Geschiebe. Das Wasser 1913.
143. Darcy, H.: Les fontaines publiques de la ville de Dijon. Paris 1856.
144. Thiem, G.: Hydrologische Methoden. Leipzig 1906.
145. Forchheimer, Ph.: Hydraulik. Leipzig-Berlin 1914.
146. Lummert, R., Neue Methoden der Bestimmung der Durchlässigkeit. Braunschweig 1917.
147. Weyrauch, R., u. O. Lueger: Der städtische Tiefbau. Bd. IIa: Die Wasserversorgung der Städte. Leipzig 1914.
148. King, F. H.: Principles and conditions of the movement of Ground Water. 19. Ann. Rep. U. S. Geol. Survey 1897/98.
149. Lueger, O.: Der städtische Tiefbau. Bd. II: Die Wasserversorgung der Städte. Darmstadt 1895.
150. Flügge, C.: Die Porosität des Bodens. Beitr. z. Hygiene. Leipzig 1879.
151. Renk, F.: Über die Permeabilität des Bodens. Zeitschr. f. Biologie Bd. XV.
152. Welitschkowsky, D.: Beitrag z. Kenntnis der Permeabilität des Bodens. Archiv f. Hyg. Bd. II.
153. Wollny, E.: Unters. ü. d. spez. Gewicht, das Volumgew. usw. der Bodenarten. Forschungen a. d. Geb. d. Agrikulturph. 1885.
154. Schwarz, Erster Ber. ü. d. Arb. d. k. k. landw. chem. Versuchsanst. Wien 1870/71.
155. Soyka, J.: Der Boden. Handb. der Hygiene. I. Teil, 2. Abt. Leipzig 1887.
156. Slichter, Ch. S.: Theoretical investigation of the motion of underground waters. 19. Ann. Rep. of the U. S. geol. Survey 1897/98.
157. Hofmann, F., Grundwasser u. Bodenfeuchtigkeit. Archiv f. Hygiene 1883/84.
158. Grebe, H.: Zeitschr. f. Forst- u. Jagdwesen 1885.
159. Spöttle, Handb. der Ing.-Wiss. III. Teil, 7. Bd. Leipzig 1911.
160. Scheelhaase, F.: Wasserversorg. kleiner u. mittlerer Städte. J. Gas. 1911.
161. Hess: Beob. ü. d. Grundwasser. Z. d. A. u. Ing.-V. Hannover 1870.
162. Thiem, A.: Neue Messungsart natürl. Grundwassergeschw. J. Gas. 1887.
163. Prinz, E.: Bau u. Bewirtschaftung von Versuchsbrunnen. J. Gas. 1901.
164. Slichter, Ch. S.: Field measurements of the rate of movement of underground waters. Wash. 1906. W. S. P. Nr. 140.
165. Diénert, F.: De la découverte des eaux etc. Rev. prat. de Hyg. nouv. 1913.
166. Baudisch, H.: Eine graph. Bestimmung der Bahnkurven. Z. öst. A. I. 1910.
167. Thiem, A.: Bericht ü. d. Anlage e. Versuchsbrunnens im Gleisental. III. Beil. z. IV. Ber. d. Com. f. Wasservers. d. Stadt München. 1880.

168. Thiem, A.: Zur Wirkungsweise von Schachtbrunnen. Wochenschr. d. V. d. Ing. 1882.
169. Pennink, J. M. K.: Over de Beweging van grondwater. De Ingenieur 1905 u. J. Gas. 1907.
170. Imbeaux, Ed., et A. Debauve: Distribution d'eau. Paris 1906.
171. Lorenz, H.: Lehrbuch der techn. Physik. III. Bd.: Hydrodynamik. München-Berlin 1910.
172. Lueger, O.: Theorie der Bewegung des Grundwassers. Stuttgart 1883.
173. Slichter: The motions of ground waters. Wash. 1902. W. S. P. Nr. 67.
174. Smreker, O.: Der Wasserbau. Handb. d. Ing.-Wiss. 3. Bd. Leipzig-Berlin.
175. Thiem, A.: Über die Ergiebigkeit artes. Bohrlöcher, Schachtbrunnen usw. J. Gas. 1870.
176. Versluys, J.: Le principe du mouvement des eaux souterr. Amsterdam 1912.
177. Versluys, J.: Contribution à la theorie de l'écoulement de l'eau souterraine. Amsterdam 1914.
178. Poisseuille: Recherches exp. s. l. mouvement des liquides dans les Tubes etc. Mém. d. Sav. étr. acad. des Sc. Paris 1846.
179. Dupuit, J.: Traité de la conduite et de la distribution des eaux. Paris 1865.
180. Piefke, C.: Bericht über die Fortführung eines Versuchs behufs Gewinnung eines reinen Brunnenwassers. Berlin 1886.
181. Forchheimer, Ph.: Wasserbewegung im Boden. Z. d. Ing. 1901.
182. Kresnik, P.: Wasserbewegung durch Boden. Ö. öff. B. 1906.
183. Reynolds, O.: Papers on mech. and phys. subjects. Cambridge 1901.
184. Smreker, O.: Z. d. Ing. 1878.
185. Smreker, O.: Das Grundwasser, seine Erscheinungsformen, Bewegungsgesetze und Mengenbestimmung. Leipzig u. Berlin 1914.
186. Kröber, C.: Z. d. Ing. 1884.
187. Smreker, O.: J. Gas. 1915, 1916, 1919, 1920, Z. Was. 1915, 1916 u. W. u. G. 1921, 1922.
188. Rother, M.: J. Gas. 1919, 1920, Z. Was. 1915, 1916 u. W. u. G. 1921.
189. Lummert, R.: Zur Berechnung der Ergiebigkeit von Grundwasserströmen. J. Gas. 1917.
190. Hocheder, F.: Das Grundwasserbewegungsgesetz. Geschäftsber. des kgl. bayr. Wasserversorgungsbureaus 1915.
191. Versluys, J.: Voruntersuchung und Berechnung der Grundwasserfassungsanlagen. München u. Berlin 1921.
192. Rother, M.: Das Widerstandsgesetz bei der Bewegung des Grundwassers. W. u. G. 1922.
193. Zunker: Das allgemeine Grundwasserfließgesetz. J. Gas. 1920.
194. Lee, W. Th.: Underground Waters of Salt River Valley, Wash. 1905. W. S. P. Nr. 136.
195. Budau, A.: Der gegenwärtige Stand der Hydraulik. Z. öst. A. I. 1912.
196. Forchheimer, Ph.: Zeitschr. d. Arch.- u. Ing.-Ver. Hannover 1886.
197. Thiem, G.: Vorarbeiten f. d. Stadt Landeshut i. Schl. J. Gas. 1909.
198. Forchheimer, Ph.: Grundwasserspiegel bei Brunnenanlagen. Z. öst. A. I. 1898, 1905.
199. Rother, M.: Ergiebigkeit unvollkommener Brunnen. J. Gas. 1904.
200. Kyrieleis, W.: Grundwassersenkungen bei Fundierungsarbeiten. Berlin 1913.
201. Detienne, Edm.: Les eaux alim. de la ville de Liège. Ann. de trav. publ. de Belgique. 1906.
202. Thiem, A.: Bericht ü. d. Vorarb. z. Erweiterung des Wasserwerks der Stadt Leipzig 1906.
203. Nourtier, Ed.: Importance hyg. et procédés de captage. Rev. techn. 1914.
204. Boussinesq, J. V.: Journ. des Mathématiques pures et appliquées 1904.
205. Pochet, M. L.: Etudes des sources. Paris 1905.
206. Grupe, O.: Über die Zechsteinformation. Zeitschr. f. prakt. Geol. 1909.
207. Bock, H.: Der Karst und seine Gewässer. M. Hkde. 1913.
208. Stapff, M. F.: Les eaux du Tunel St. Gothard. 1891.
209. Broeck van den, Martel u. Rahir, Les cavernes et les rivières souterr. de la Belgique. Bruxelles 1910.

210. Schenkel, Th.: Karstgebiete und ihre Wasserkräfte. Wien 1912.
211. Boegan, E.: Le sorgenti d'Aurisina. Trieste 1906.
212. Knebel, W. von: Höhlenkunde. Braunschweig 1906.
213. Bock, H.: Höhlen im Dachstein. Graz 1913.
214. M. Hkde., Graz.
215. Grund, A.: Die Karsthydrographie. Leipzig 1913.
216. Katzer, F.: Karst und Karsthydrographie. Sarajewo 1909.
217. Waagen, L.: Karsthydrographie und Wasserversorgung in Istrien. Z. f. prakt. Geol. 1910.
218. Katzer, F.: Die geol. Grundlagen der Wasserversorgungsfrage von D. Tuzla in Bosnien. D. Tuzla 1899.
219. Boegan, E.: La grotta di Trebiciano. Trieste 1910.
220. Gutzmann, W.: Der Wasserhaushalt der Lippe. Z. Gkde. XI. Bd.
221. Chalon, P. F.: Eaux souterraines. Paris et Liège 1913.
222. Diénert, F.: Eaux douces et minérales. Paris 1912.
223. Martel, E. A.: Über die Versuche mit Fluorescein. Cpt. rend. hebdom. des séances de l'acad. des sciences. 157.
224. Quitzow, W.: Die Wasserfärbung mit Uranin O. Das Wasser 1915.
225. Gärtner, A.: Die Quellen und ihre Beziehungen zu Grundwasser und Typhus. Jena 1902.
226. Diénert, F.: Les méthodes empl. p. surveiller les eaux etc. Ann. de l'inst. Pasteur 1905.
227. Diénert, F.: Etude des projets d'adduction d'eau présentés en vue de l'alimentation de Paris. Paris 1913.
228. Michael, R.: Zeitschr. f. oberschles. Berg- u. Hüttenmänner S. 1911.
229. Hache, E. F.: Die jetzige und zukünftige Wasserversorgung der Stadt Gleiwitz. G. Ing. 1913.
230. Diénert, F.: Hydrologie agricole. Paris 1907.
231. Rahozée et Rahir: Rés. synth. de la discussion rel. sur l'emploie de la fluorescéine. Soc. belg. de géol. 1914.
232. Le Couppey de la Forest: L'étude des eaux souterr. Soc. belge de géol. 1904.
233. Reinach, A.: Über die Wassergewinnung. Abh. d. k. preuß. geol. Landesanstalt 1904.
234. Tarnuzzer, Ch.: Geol. Verhältnisse d. Albulatunnels. 46. Jahresber. der naturf. Ges. Graubündens. Chur 1904.
235. Huber, U.: Hydr. Vorarb. zwecks Wasserversorgung der Stadt Teschen. Ö. öff. B.
236. Huber, U.: Über die Klüftigkeit des Jeschkengebirges. Z. Was. 1916.
237. Maillet, Edm.: Essais d'Hydraulique souterraine et fluv. Paris 1905.
238. Löwy, H., u. G. Leimbach: Eine elektrodyn. Methode zur Erforschung des Erdinnern. Phys. Zeitschr. 1910.
239. Löwy, H.: Elektrodynamische Erforschung des Erdinneren und Luftfeuchtigkeit. Wien 1920.
240. Z. d. Ing. 1918.
241. Gärtner, A.: Hygiene des Wassers. Braunschweig 1915.
242. Grünhut, L.: Trinkwasser und Tafelwasser. Leipzig 1920.
243. Klut, H.: Untersuchung des Wassers an Ort und Stelle. 4. Aufl. Berlin 1922.
244. Ohlmüller, W., u. O. Spitta: Die Untersuchung und Beurteilung des Wassers und Abwassers. Berlin 1910.
245. Spitta, O.: Grundriß der Hygiene. Berlin 1920.
246. Tiemann, F., u. A. Gärtner: Handb. der Untersuchung u. Beurteilung des Wassers. 4. Aufl. Braunschweig 1895.
247. Tillmans, J.: Die chem. Untersuchung von Wasser u. Abwasser. Halle a. d. S. 1915.
248. Winkler, J. W.: Trink- und Brauchwasser in Lunges chem.-techn. Untersuchungsmethoden. Berlin 1910.
249. Werveke, L. von: Gegen die schematische Wasseranalyse. Z. Was. 1917.
250. Opitz, K., Die Desinfektion von Brunnen. Der prakt. Desinfektor 1912.
251. Mezger, Chr.: Über Grundwasser- und Quellentemperaturen. G. Ing. 1904.

252. Krebs, N.: Die Dachsteingruppe. Z. d. d.-ö. Alp.-Vereins 1915.
253. Knoblauch - Hencky: Anleitung zu genauen technischen Temperaturmessungen. München-Berlin 1919.
254. Thumm, K.: Über Schöpfthermometer usw. Hyg. Rundschau 1916.
255. Friedmann, A.: Über den Geschmack des harten Wassers. Zeitschr. f. Hyg. u. Infektionskrankh., 47. Bd. 1914.
256. Spitta, O., u. M. Pleissner: Neue Hilfsmittel f. d. hyg. Beurteilung u. Kontrolle des Wassers. Arbeiten a. d. kais. Gesundheitsamt 1909, Heft 3.
257. Starke, W., Die Radioaktivität einiger Brunnen der Umgegend von Halle a. d. S. Halle a. d. S. 1911.
258. Ruff, O.: Über die Radioaktivität der Danziger Wässer. Schriften der naturf. Ges. in Danzig 1913.
259. Sieveking, H.: Die Radioaktivität der Heilquellen. Naturwissenschaften 1913.
260. Gockel, A.: Die Radioaktivität von Boden und Quellen. Braunschweig 1914.
261. Tuma, J.: Die Radioaktivität der Heilquellen. Österr. Bäderbuch. Berlin-Wien 1914.
262. Curie, Mme. P.: Die Radioaktivität. I. u. II. Bd. Leipzig 1912.
263. Centnerszwer, M.: Das Radium und die Radioaktivität. Aus Natur u. Geisteswelt. 405. Bd. Leipzig 1913.
264. Rutherford, E.: Radioactivity. Cambridge 1904. (Deutsche Übersetzung von Aschkinass 1907.)
265. Klut, H.: Gegenwärtiger Stand der Forschung ü. d. gesundh. Bedeutung der in natürl. Wässern vorkommenden Stoffe. Zentralbl. f. d. ges. Hyg. Bd. I, Heft 5.
266. Kurtz, E.: Die Verbreitung der dil. Hauptschotter von Rhein und Maas. Verh. d. nat.-hist. Ver. d. preuß. Rheinlandes 1913.
267. Prinz, E.: Hydrol. Nachweis v. weichem Grundwasser. Z. Was. 1915.
268. Bundesrat. Die vom B. erl. Anleitung f. d. Errichtung, den Betrieb u. die Überwachung öff. Wasservers.-Anl. Berlin 1906.
269. Stooff, H.: Zur Frage der Beseitigung der Kaliabwässer. G. u. Wf. 1922, Heft 5.
270. Marzahn, W.: Beitr. z. Beurteilung der Frage über die Geschmacksgrenze. M. Whyg. Heft 20. 1915.
271. Stooff, H.: Beiträge z. Beurt. d. Frage i. d. Verwendung v. Kaliendlaugen. M. Whyg. Berlin 1917.
272. Jackson, D. D.: The normal distribution of Chlorine. Wash. 1905. W. S. P. Nr. 144.
273. Finkener, Gutachten über das Ergebnis der vier Versuchsstationen auf den Müggelbergen bei Köpenick. Berlin 1886.
274. Prinz, E.: Die Grundwasserfassung der Stadt Wasa. Z. Was. 1914.
275. Gagel, C.: Zeitschr. f. prakt. Geologie 1913.
276. Badon - Ghyben: Tijdschr. v. h. kon. Inst. v. Ing. Gravenshage 1889.
277. Herzberg, A.: Die Wasserversorg. einiger Nordseebäder. J. Gas. 1914.
278. d'Andrimont, R.: Note sur l'hydrologie du litoral belge. Ann. de la Soc. géol. de Belgique 1902, 1903, 1905.
279. Wintgens, P.: Beitrag zur Hydrologie v. Nordholland. Freiberg i. S. 1911.
280. Uitgewerkt Rapport betr. de centrale Drinkwatervoorziening in Zuidholland usw. Rapport Nr. 6. 1915.
281. Pennink, J. M. K.: Prise d'eau dans les dunes. Inst. R. des Ing. Haag 1914.
282. Piefke, C.: Über die Nutzbarmachung eisenhaltigen Grundwassers. Zeitschr. f. d. ges. Brauwesen 1891.
283. Oesten, G.: Grundwasser-Enteisenung mittels Regenfall. G. Ing. 1895.
284. Wasser und Abwasser. Bd. 8, Nr. 5.
285. Lehmann, K. B.: Die Methoden der prakt. Hygiene. Wiesbaden 1901.
286. Weiß: Das Mangan im Grundwasser. Hannover 1909.
287. Proskauer, B.: Off. Bericht über die 18. Hauptvers. der preuß. Medizinalbeamten 1901.
288. Luedecke: Das Wasser des Odertals und die Wasserkalamität in Breslau. Gesundheit 1907.

289. Breslau. Ergebnisse d. Unters. ü. d. Ursachen d. Grundwasserverschlechterung in B. 1907.
290. Luehrig, H.: Über den Einfluß von Moor- und Schlickboden auf die Zusammensetzung von Grundwasser. Z. Was. 1915.
291. Abel, R.: Die Vorschriften z. Sicherung gesundheitsgemäßer Trink- und Nutzwasserversorgung. Berlin 1911.
292. Flügge, C.: Grundriß der Hygiene. 8. Aufl. Leipzig 1915.
293. Spitta, O.: Die Wasserversorgung. Handb. d. Hygiene. Leipzig 1911.
294. Volhard, Ann. Chem. u. Pharm. 1879.
295. Gärtner, A., u. F. Tiemann: Handb. d. Unters. u. Beurteilung des Wassers. Braunschweig 1895.
296. Klut, H.: Über die Rotfärbung von Fleisch durch Wasser beim Kochen. M. Whyg. 1913, Heft 17.
297. Glotzbach, J.: Über die Schmeckbarkeit der gewöhnl. Wasserverunreinigungen. Würzburg 1908.
298. Klut, H.: Metalle und Mörtel angreifende Wässer. Hyg. Rundschau 1915.
299. Klut, H.: Bleivergiftungen der Wasserleitungen. Med. Klin. 1914.
300. Klut, H.: Die Angriffsfähigkeit des Wassers auf Bleirohre usw. Das Wasser 1920, Nr. 13.
301. Tillmans: J. Gas. 1913.
302. Klut, H.: Über die aggressiven Wässer. Med. Klin. 1918.
303. Dunbar, W. P.: Die Abwässer der Kaliindustrie. München-Berlin 1913.
304. Imbeaux, Ed.: Z. Was. 1916.
305. Kisskalt, K.: Die Ursache der Wirkung von Sandfiltern. J. Gas. 1917.
306. Fodor, J. von: Hygiene des Bodens. Jena 1893. Handb. der Hygiene.
307. Fränkel, C.: Zeitschr. f. Hyg. Bd. 2 u. 6.
308. Kabrhel, G.: Studien ü. d. Filtrationseffekt d. Grundwässer. Arch. f. Hyg. Bd. LVIII.
309. Petri: Gutachten ü. d. Jungfernfriedhof zu Havelberg. Arbeiten a. d. kais. Gesundheitsamt, IX. Bd., 1894.
310. Matthes: Zur Frage der Erdbestattung. Zeitschr. f. Hyg. 1903.
311. Fleck, H.: Untersuchung der Kirchhofwässer in Dresden. 2. Jahresber. der chem. Zentralstelle f. öff. Gesundheitspflege, Dresden 1873.
312. Schumacher, K.: Über das Wasser der Rostocker Friedhofsbrunnen. Vierteljahrsschr. f. öff. Gesundheitspflege Bd. XXIII.
313. Rószahegyi, von: Untersuchung der Friedhofswässer auf dem Kerepescher Kirchhof. Vierteljahrsschr. f. öff. Gesundheitspflege Bd. XIV.
314. Kruse, W.: Über die Einwirkung der Flüsse auf Grundwasservers. Zentralbl. f. allg. Gesundheitspflege, 19. Jg.
315. Schill und Renk, Fr.: Jahresber. d. Ges. f. Natur- u. Heilkunde in Dresden 1895/96.
316. Lehmann, K. B.: Vier Gutachten über die Wasserversorgungsanlage Würzburgs. Würzburg 1900.
317. Wien. Die zweite K.-Franz-Josephs-Hochquelleitung der Stadt W. Wien 1910.
318. Rutsatz, E.: Die hydrologischen Vorarbeiten für den Bau und Betrieb von Wasserwerken. Z. d. Ing. 1921, Nr. 43.
319. Péroux, E.: Le puits artes. de la comp. des eaux de Maisons-Lafitte. Paris 1910.
320. Thiem, G.: Die Dichtung von Heberleitungen. J. Gas. 1912.
321. Josse: Z. d. Ing. 1907.
322. Guillery, E.: Mammutpumpe. Org. f. Fortschritte d. Eisenbahnwesens 1907.
323. Perényi, A.: Rat. Konstruktion u. Wirkungsweise des Druckluftwasserhebers. Wiesbaden 1908.
324. Lorenz, H.: Z. d. Ing. 1909.
325. Thiem, G.: Betrieb des Magdeburger Versuchsbrunnens. G. u. Wf. 1921.
326. Oellgard, F.: Die städt. Wasserversorgung von Köbenhavn. Fortschr. d. Ing.-Wiss., 2. Gruppe, 14. Heft. Leipzig 1907.
327. München. Festschr. z. 53. Vers. d. V. d. Gas- u. Wasserfachmänner. 1912.
328. Prinz, E.: Die hydr. Vorarbeiten z. Nachweis v. Grundwasser z. Wasservers. der Stadt Friedeberg i. Neum. J. Gas. 1917.

329. Haller, K.: Die Wasservers. von Lugano. Gesundheit 1911.
330. Tecklenburg: Handb. der Tiefbohrkunde. Leipzig-Berlin 1887/1900.
331. Pengel, W.: Der praktische Brunnenbauer. Berlin.
332. Mohr, U., u. P. Roch: Die Wasserförderung. Leipzig 1907.
333. Brennecke, L.: Der Grundbau. Berlin 1906.
334. Kress, H.: Der heutige Stand d. Grundwasserhaltungsverfahrens. Mitt. a. d. Ges. Siemens & Halske, Siemens-Schuckertwerke 1914.
335. Prinz, E.: Die Trockenlegung des Untergrundes. Zbl. B. 1906.
336. Seyfferth, A.: Zbl. B. 1898.
337. Siemens & Halske: Trockenlegung von Baugruben. Berlin 1913.
338. Zimmermann: Die Anwendung von Grundwasserabsenkungen zu Neubauten. Zbl. B. 1906.
339. Nijhoff, G. P.: Rapporten en mededeelingen van den Rijkswaterstaat, Nr. 15. 's Gravenhage 1919.
340. Enzweiler, M.: Die Grundwasserabsenkungsmethode und ihre Anwendung auf den Unterwassertunnelbau usw. Dortmund 1918.
341. Steen van Ommeren: Methode van fundering door middel van Verlaging van den Grundwaterspiegel. De Ing. 1903.
342. Forbáth, E.: Entwurf für die Wasserversorgung der Stadt Ujvidék in Ungarn, jetzt Novisad in Jugoslavien. G. Ing. 1921, Heft 42.
343. Bowmann, J.: Well drilling methods. Wash. 1911. W. S. P. Nr. 257.
344. Worms. Denkschrift über das neue Grundwasserwerk der Stadt W. Worms a. Rh. 1905.
345. Stirnimann, V.: Die Grundwasservers. der Stadt Luzern. Schweiz. Bauztg. 1909.
346. Thiem, G.: Die Entwicklung des gußeisernen Rohrbrunnens. Z. Was. 1917.
347. Feilitzsch, A. von: J. Gas. 1909.
348. Maury, H.: Some recent developments in wells. Water Vol. 7.
349. Herzog, Edm.: Wasserbeschaffung mittels artes. Brunnen. Wien 1895.
350. Corazza, O.: Geschichte der artes. Brunnen. Wien-Leipzig 1902.
351. Prinz, E.: Verwilderte artes. Bohrungen. Z. Was. 1916.
352. Reich, A.: Das Meliorationswesen. Leipzig 1905.
353. Faure, L.: Drainage. Paris 1903.
354. Huber, U.: Das Wasserwerk der Stadt Herrmannstadt. Ö. öff. B. 1916.
355. Toepfer, T. A.: Zur Kapillarchemie des Schwimmsandes. Steinbruch und Sandgrube 1922, Heft 15.
356. Séances du Boulant. Mém. de la Société Belge de Geol., de Patéol. et d'Hydrologie. Bruxelles 1901.
357. Soecknick, K.: Triebsandstudien. Schriften d. phys.-ökon. Ges. zu Königsberg i. Pr. 1904.
358. Spring, W.: Quelques exp. sur l'imbibition du sable. Bull. de la Soc. belge de géol. 1903.
359. Thiem, A.: Das Wasserwerk der Stadt Nürnberg. Fulda-Leipzig 1879.
360. Putzeys, F.: Nouveau système de captage des eaux. Bruxelles 1904.
361. Stang, Th.: Über die Gewinnung von Grundwasser aus Dünen. J. Gas. 1911.
362. Frankfurt a. M. Die Wasserversorgung von F. Herausgeg. v. Städt. Tiefbauamt 1903.
363. Wahl, C.: Vorarbeiten u. Projekte f. d. Wasserwerk Hochkirchen d. Stadt Köln. J. Gas. 1903.
364. Lindley, W.: Heberanordnung mit selbsttät. Entlüftung. J. Gas. 1909.
365. Hocheder, F.: Wasservers. der Stadt Bamberg. J. Gas. 1915.
366. Weyl, Th.: Die Assanierung von Köbenhavn. Fortschr. d. Ing.-Wiss., 2. Gruppe, 14. Heft. Leipzig 1907.
367. Hartmann, K., und J. O. Knoke: Die Pumpen. Berlin 1897.
368. Lang, A.: Hydrol. Vorarbeiten f. ein linksrhein. Wasserwerk der Stadt Düsseldorf. J. Gas. 1912.
369. Rutsatz, E.: Die Wasservers.-Anlagen d. Rhein. Wasserwerksges. J. Gas. 1907.
370. Krüger, E.: Für und wider die Drainage. Ktechn. 1914.
371. Wächter, W.: Wurzelwachstum d. Pflanzen. M. Whyg. 1916, 2. Heft.

372. Sinz: Einfluß der Grundwasserentziehung a. d. Wald. Z. Was. 1915.
373. Wade: The artes. Waters of New South Wales. Engineering 1912.
374. Huber, U.: Graph. Ergiebigkeitsbestimmung gekuppelter Brunnen. Prag 1891. Techn. Blätter.
375. Thiem, A.: Bericht ü. d. Erweiterung d. Wasserwerks d. Stadt Potsdam. 1890/92.
376. G. Ing. 1903.
377. Nürnberg. Die Wasservers. der Stadt N. Festschr. z. Eröff. d. Wasserleitung von Ranna 1902.
378. Breslau. Verwaltungsbericht der städt. Wasserwerke 1912.
379. Keller, H.: Wasserhaushalt und Wasserwirtschaft. Zbl. B. 1914.
380. Frühling, A.: Handb. der Ing.-Wiss.: Der Wasserbau, III. Teil. IV. Bd. Leipzig 1910.
381. Thiem, A.: Die künstl. Erzeugung von Grundwasser. J. Gas. 1897.
382. Nau,. E. F.: Künstliches Grundwasser. J. Gas. 1911.
383. Remscheid. Wasserversorgung der Stadt R. Das Wasser 1911.
384. Reichle, C.: Über künstl. Grundwasser. München 1910.
385. Scheelhaase, F.: Beitrag z. Frage d. Erzeugung künstl. Grundwassers. J. Gas. 1911.
386. Schwarz: Küstliches Grundwasser. Zeitschr. d. Ver. d. Gas- und Wasserfachmänner Österr.-Ung. 1919, Nr. 6.
387. Rutsatz, E.: Gutachten f. d. Stadt Duisburg 1901 (Manuskript).
388. Kruse, W.: Über die Beeinflussung v. Grundwasserwerken durch Hochwasser. Z. Was. 1915.
389. Reichle, C., und H. Klut: Untersuchung der L.-A. für Wasserhygiene über das Beesener Wasserwerk der Stadt Halle a. d. S. M. Whyg. 1921, Heft 27.
390. Lang, A.: Einwirkungen und Ergebnisse der außergewöhnlichen Trockenheit des Jahres 1921 bei den Grundwasserwerken im Rheintal usw. G. u. Wf. 1922, Heft 38.
391. Hasselt, J. von: Grundwasserbewegung in der Nähe von Brunnen. De Ing. 1913.
392. Bock, A.: Die neue Grundwasserwerkserweiterung der Stadt Hannover. J. Gas. 1912.
393. Wallin, Ed.: Les travaux de dérivation des sources du Bocq. Ann. de l'ass. d. Ing. etc. Bruxelles 1899.
394. Weldert, R., und Karaffa - Korbut: Über die Anwendbarkeit d. Best. d. elektr. Leitvermögens b. d. Wasseruntersuchung. M. Whyg. 1914. Heft 18.
395. Prausnitz, W.: Über die natürl. Filtration des Bodens. Zeitschr. f. Hyg. 1908.
396. Ney, K. E.: Die Gesetze der Wasserbewegung im Gebirge. Neudamm 1911.
397. Sympher, L.: Künstliche Quellspeisung. Zbl. B. 1912.
398. Ballif, Ph.: Wasserbauten in Bosnien u. Herzegowina. Wien 1899.

Verzeichnis der Gewässer und Orte.

Sachverzeichnis.

GPSR Compliance

The European Union's (EU) General Product Safety Regulation (GPSR) is a set of rules that requires consumer products to be safe and our obligations to ensure this.

If you have any concerns about our products, you can contact us on ProductSafety@springernature.com

In case Publisher is established outside the EU, the EU authorized representative is:

Springer Nature Customer Service Center GmbH
Europaplatz 3
69115 Heidelberg, Germany

Batch number: 10682323

Printed by Printforce, the Netherlands